KB093148

NCS를 기초한 이론과정 교과서!

친환경자동차 전기문화

Eco-Friendly Power Automotive

이진구, 박경택, 이상근 지음

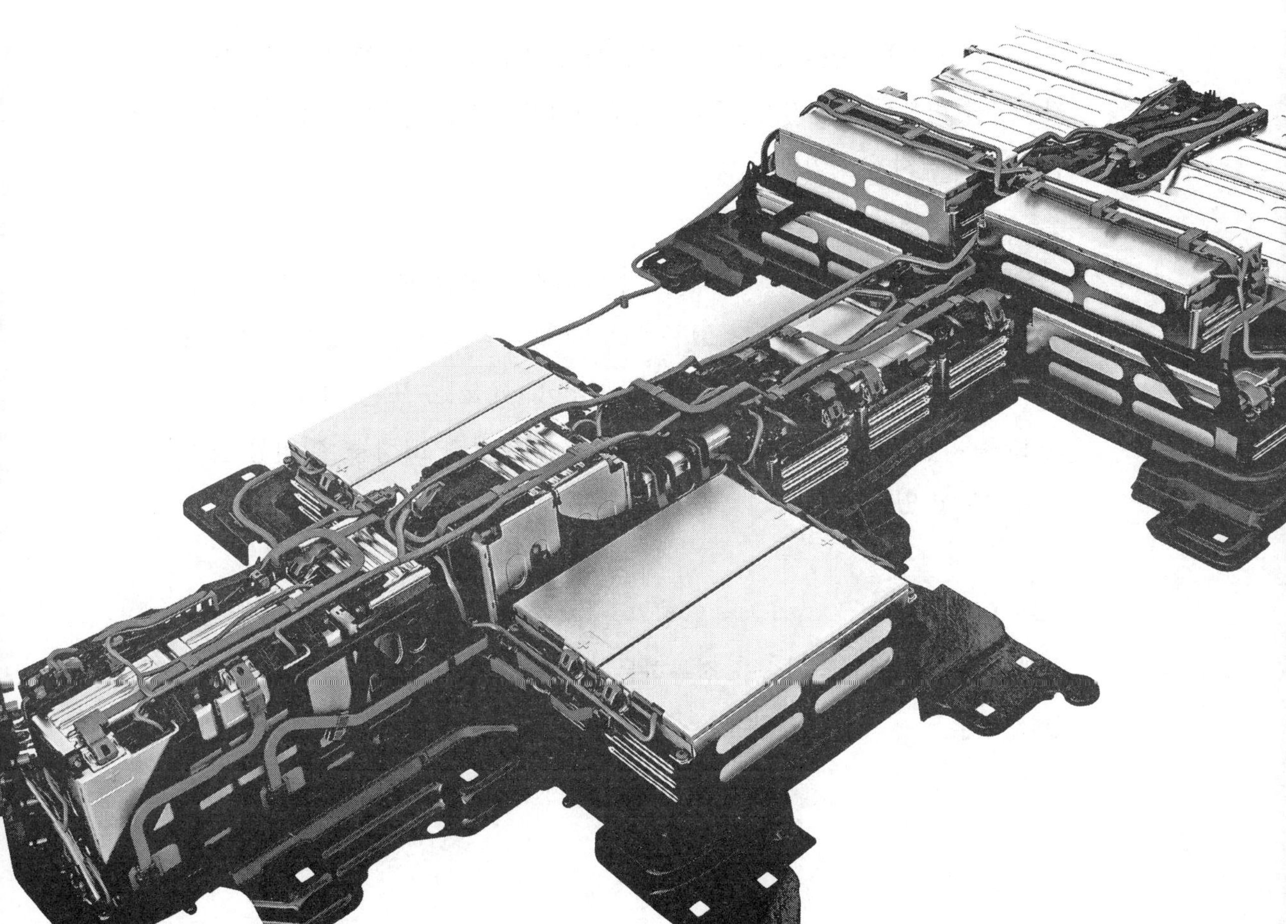

GoldenBell

머리말
preface

미래형 차세대 자동차 기술을 논하다!

최근 글로벌 자동차 산업의 패러다임(paradigm)은 지구환경오염을 방지하기 위한 친환경을 비롯하여 고출력과 고성능 추구에 따른 안전성 및 정보화 기능을 확대하는 미래형 차세대 자동차 기술에 중점을 두고 발전하고 있는 것이 역력하다.

우리나라 자동차산업도 세계 환경규제에 맞추어 연료소모가 적은 하이브리드 자동차를 비롯하여 전기자동차 및 연료전지자동차를 미래의 자동차산업으로 집중 육성 발전시키고 있다.

친환경자동차는 연료소모를 비롯한 에너지 소모를 줄이기 위하여 소형 경량화를 추구하고 있다. 그러나 요즘 코로나 팬데믹(pandemic)에 따른 소비 패턴의 변화에 가족 중심의 RV(recreational vihicle) 또는 SUV(sport utility vehicle)자동차를 중심으로 대형화에 따른 고효율과 고성능, 편의성 및 안전성이 추구되고 있다.

즉, 인간의 생명을 지켜주는 안전기술, 오감을 만족시켜주는 감성기술, 지구의 미래를 생각하는 환경기술을 접목하는 글로벌 자동차산업의 경쟁력을 개척하고 있다.

요즘 소비자들의 욕구를 들여다보면 고출력, 고성능에 따른 가성비 등을 정보의 바다에서 사후에 벌어질 A/S의 충실도까지 면밀히 계산하여 고객 만족을 추구하는 것이 현실이다. 이러한 현장에서 고객이 만족하는 서비스를 제공하며 고객과 함께 자동차와의 삶이 더욱 안전하고 행복한 삶을 추구하는 인재를 육성하는 것 또한 우리의 사명이라 하겠다.

본 교재에서는 엔진, 섀시, 전기의 기본 장치에서부터 최신 첨단장치에 이르는 각 장치의 구조와 성능까지 다루고 있다. 지구온난화에 따른 연료소비율과 주행 성능향상 및 안전운행, 편의장치 등 각종 전자제어장치들의 구조와 성능을 비교 분석하였다. 한편으로는 자동차를 공부하는 학생들의 표준 지침서가 되어 자동차 산업과 애프터 산업 및 서비스 산업의 발전을 도모하여 우리나라 경제발전에 초석이 되기를 간절히 바라는 마음이다.

끝으로 이 책의 출간을 위해 애써주신 ㈜골든벨 김길현 대표님을 비롯하여 편집 요원들의 노고에 감사드린다.

2022. 1

집필자 일동

차 례
Contents

차 례
Contents

차 례
Contents

자동차 전기장치의 구성

일반적인 자동차의 전기장치는 다음과 같이 구성되어 있다.

1 배터리(battery)

배터리는 화학적 에너지를 전기적 에너지로 변환하는 기구이다. 주된 기능은 엔진 시동 시에 기동모터에 전원을 공급하는 것이다. 또한 발전기의 발전량보다 차량의 소모전류량이 많은 경우 일시적으로 전류를 공급하며, 발전기와 전장부품 부하와의 사이에 전압불평형이 발생하였을 경우에도 일시적인 충방전에 의한 전압 안정화 역할을 한다.

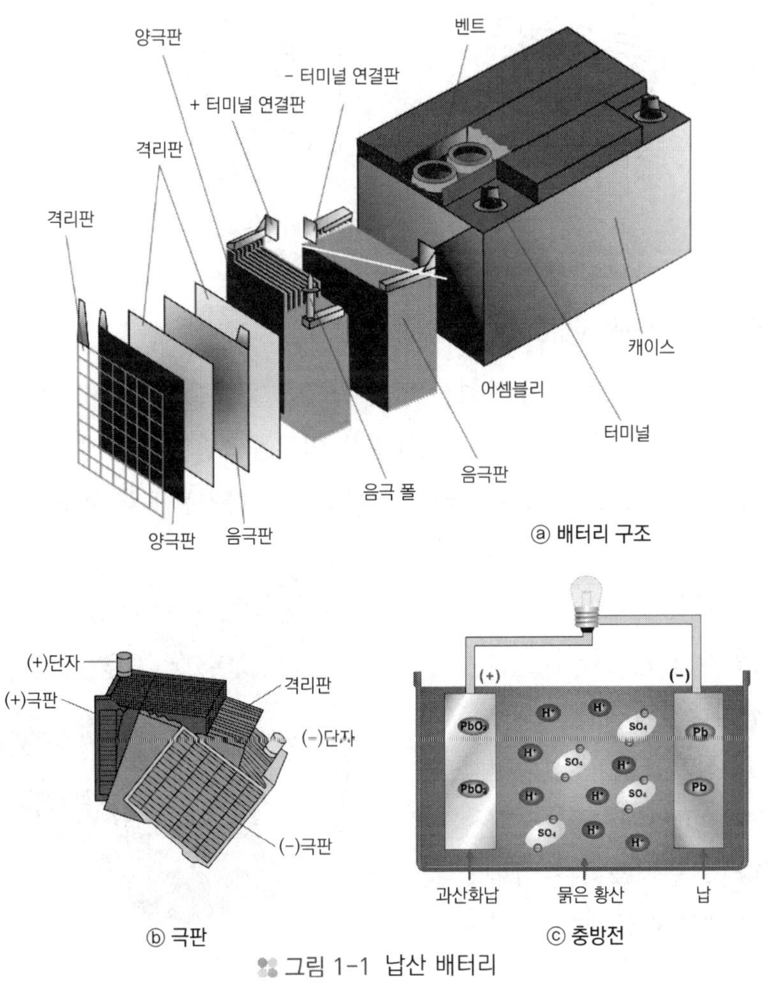

그림 1-1 납산 배터리

2 기동장치(starting system)

자동차 내연기관은 스스로 기동(self starting)을 할 수 없기 때문에 외부의 힘으로 구동시키는 장치를 기동장치라 한다. 기동장치의 구성요소는 배터리, 점화스위치(IG switch), 시동 릴레이, 기동모터, 배선 등이다.

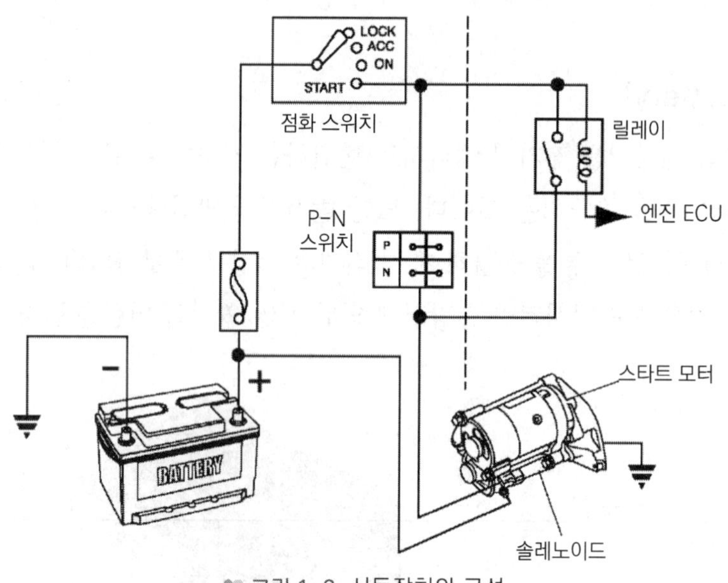

그림 1-2 시동장치의 구성

3 점화장치(ignition system)

디젤엔진은 압축열을 이용하여 착화를 하기 때문에 점화장치가 필요 없다. 하지만 착화점이 높은 가솔린연료를 사용하는 가솔린엔진은 이론공연비로 혼합된 가연성기체를 착화하기 위하여 점화장치로 쓰인다. 배터리의 직류전원을 자기유도와 상호유도 원리에 의해 고전압(약 25,000V)으로 유도하는 장치로서, 강한 불꽃으로 연소실 내에 압축된 혼합가스를 점화하는 기능을 한다. 점화장치의 구성요소는 배터리, ECU, 점화스위치, 점화코일, 트랜지스터, 고압케이블, 점화플러그 등이다. 트랜지스터는 점화코일 또는 ECU내부에 설치한다.

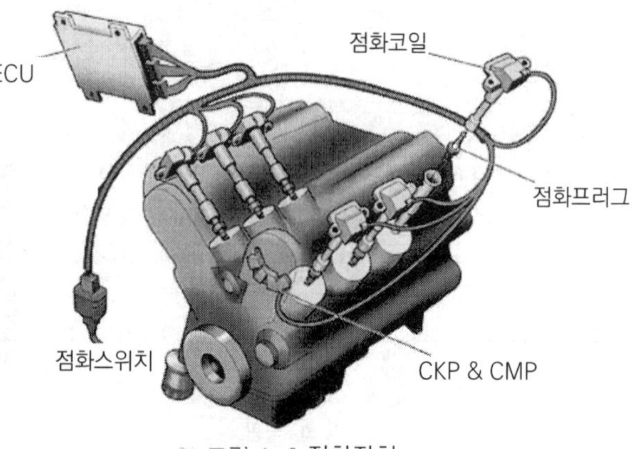

그림 1-3 점화장치

4 충전장치(charging system)

충전장치는 엔진을 시동할 때 소요된 배터리 전류량을 충전하고, 운행 중 필요한 전류를 전장부품에 공급하는 장치이다. 구성요소는 발전기, 전압조정기, 충전경고등 등이다.

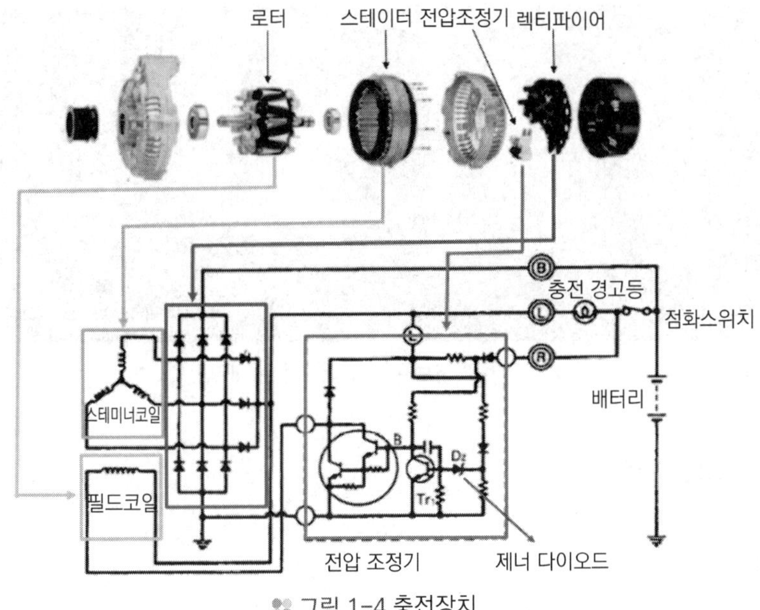

그림 1-4 충전장치

5 등화장치(light system)

등화장치는 자동차를 안전하고 편리하게 운행하는데 필요한 장치로 구성되어 있다. 주행용 등화장치는 전조등, 미등, 차폭등, 번호등, 후퇴등 등이 있으며, 신호용 등화장치에는 방향 지시등, 제동등 등이 있다.

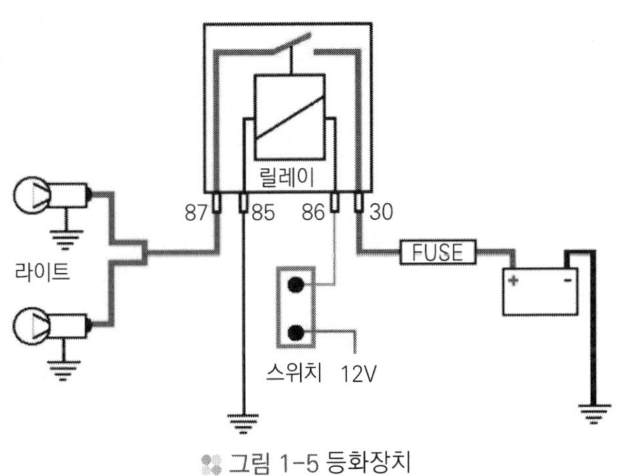

그림 1-5 등화장치

6 계기장치

계기장치는 자동차의 상태를 운전자에게 제공하는 장치이다. 계기판을 중심으로 종합적으로 설치되어 있으며, 아날로그 방식과 디지털 방식이 있다.

그림 1-6 람보르기니 어드벤쳐 계기판

7 안전 및 부속장치

(1) 안전장치

자동차 운행의 법적 안전기준에 따라 안전장치에는 윈드 실드 와이퍼, 윈드 와셔, 경음기, 방향지시등, 제동등, 번호등, 미등 등이 있다.

(2) 부속장치

운전자와 승객의 쾌적성 향상을 위한 부속장치는 냉난방장치, 오디오, 내비게이션, 도난방지장치 등이 있다.

Part 02 전기와 전기회로

학습목표

1. 원자의 구성 및 자유전자의 이동에 대해 알 수 있다.
2. 정전기 및 동전기에 대해 알 수 있다.
3. 옴의 법칙과 저항의 접속방법에 대해 알 수 있다.
4. 전압강하 및 키르히호프의 법칙에 대해 알 수 있다.
5. 전력과 전력량에 대해 알 수 있다.
6. 자기와 전기와의 관계에 대해 알 수 있다.
7. 전류가 형성하는 자계에 대해 알 수 있다.
8. 전자력에 대해 알 수 있다.
9. 전자유도 작용에 대해 알 수 있다.
10. 자기유도 작용과 상호유도 작용에 대해 알 수 있다.

Chapter 01 전기의 개요

인류가 전기의 존재를 알게 된 것은 BC 600년 그리스의 철학자 탈레스(Thales)가 호박(amber)을 헝겊으로 마찰시키면 가벼운 종이나 털(毛)을 잡아당기는 현상을 발견하면서부터이다. 16세기경 영국의 물리학자 길버트(William Gilbert)는 호박뿐만 아니라 유리(glass), 황(sulfur), 레진(resin) 등도 호박과 같은 작동을 하는 것을 발견하였다. 길버트는 호박의 라틴어 “elek - tron”을 사용하여 이것으로부터 전기(electricity), 전자(electron)와 같은 용어를 만들었다.

전기(electricity)라는 용어는 16세기 말 영국의 물리학자 토마스(Thomas Brown)가 처음으로 사용하였다. 1672년에는 독일의 게릭(Otto von Guerick)은 마찰전기를 일으키는 장치를 발명하였으며, 이것을 이용하여 전기불꽃을 얻는 데 성공하였다.

1700년대 미국의 프랭클린(Benjamin Franklin)은 “전기는 모든 물질에 존재하며 물질을 서로 마찰하면 이동할 수 있음”을 알았다. 또 연의 실험을 통해 번개에는 전기가 있다는 것을 알게 되었으며, 2종류의 전기에 대해 양전기(positive electron)와 음전기(negative electron)라는 용어를 처음 사용하였다.

1785년 프랑스의 물리학자 쿨롱(Charles Augustin de Coulomb)은 대전된 물체 사이에 작용하는 전기력인 "인력과 반발력에 관한 법칙"을 제안하였다. 1819년 덴마크의 과학자 에르스테드(Hans Christian Oersted)는 전기가 자기(磁氣)를 일으킨다는 사실을 발견하여 전기 - 자기학의 비약적인 발전을 가져왔다. 그 후 영국의 페러데이(Michael Faraday)는 전기와 자기를 더욱더 연구하여 1831년에 자기가 전기를 발생 시킨다는 "전자유도 작용"을 발견하였으며, 이 법칙은 현재의 발전기나 변압기의 기본원리로 사용되고 있다.

그리고 전기를 전자론에 의하여 설명하면, 모든 물질은 분자로 구성되어 있고 이 분자는 원자의 집합체로 구성되어 있다. 또 원자는 양전기(陽電氣)를 지닌 원자핵과 음전기(陰電氣)를 띤 전자로 구성되어 있으며, 원자핵은 다시 양성자와 중성자로 분류되며 양성자와 중성자는 쿼크(quark)라고 하는 작은 입자로 구성되어 있다.

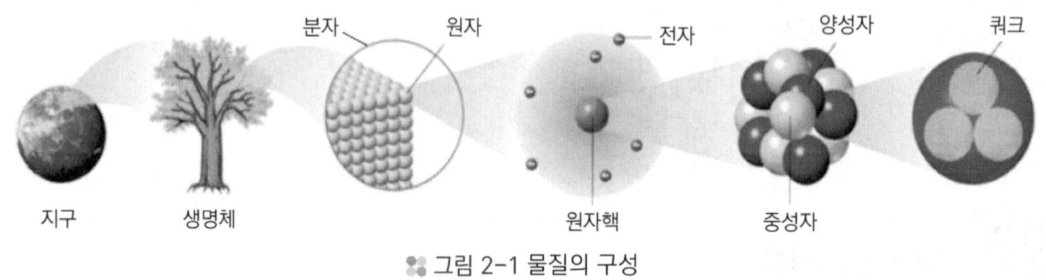

그림 2-1 물질의 구성

일반적으로 물질의 구성체인 원자는 중앙에 원자핵이 있고, 그 주위를 전자가 빛의 1/10 정도의 속도로 회전을 하고 있다. 양성자와 전자의 전하량은 같고 부호가 반대이며, 한 원자의 양성자 수와 전자 수는 같다.

그러나 원자는 성질이 정반대인 양자와 전자의 결합물이므로 원자 전체는 중성상태이며 외부에 대해서는 아무런 전기적 성질을 나타내고 있지 않으나, 중성상태로 있는 원자에 외부로부터 마찰·가열·자력·빛을 가하는 등의 자극을 가하여 전자를 1개 빼앗는다면, 원자는 중성상태의 균형을 상실하여 양자가 1개 많은 양전기를 띤 원자상태로 된다.

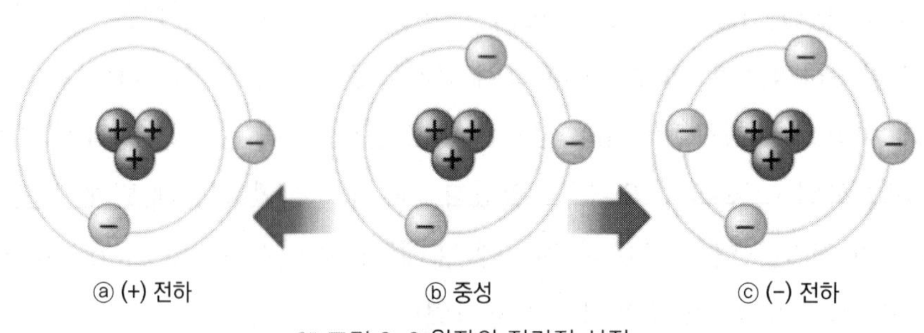

그림 2-2 원자의 전기적 성질

이때 이탈된 전자가 중성상태인 다른 원자에 들어가면, 그 원자는 전자가 1개 더 많은 상태로 되어 음전기를 지닌 원자가 된다. 또한 원자를 형성하고 있는 전자 중에서 가장 바깥쪽 궤도를 회전하고 있는 전자는 원자핵으로부터 멀리 떨어져 있어 구속력이 약하기 때문에 궤도에서 쉽게 이탈할 수 있으며, 이와 같은 전자를 자유전자(free electron)라 한다.

이 자유전자들이 외부로부터의 자극에 의해 일정한 방향성을 가지고 움직일 때 발생하는 전하 흐름을 전류라 하고, 전류가 발생할 때에는 상대론적인 효과에 의해 자기장이 생성된다.

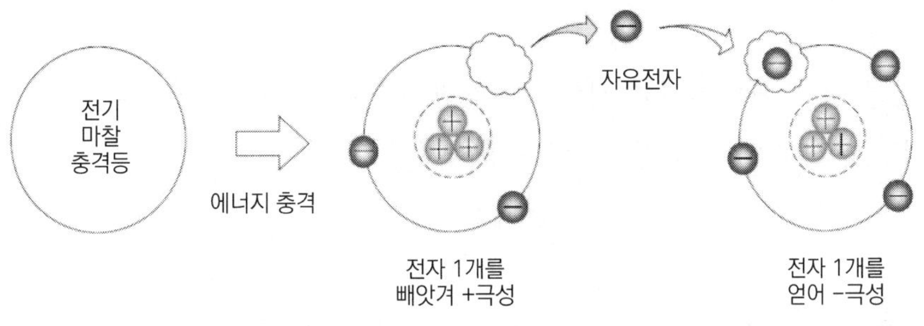

그림 2-3 자유전자의 이동

Chapter 02 정전기

전자가 잘 흐를 수 없는 부도체에 머물러 있는 전기를 정전기(static electricity)라고 한다. 발생하는 전압은 약 1만 볼트, 순간 전류는 수 A에 달한다. 하지만, 실제로 정전기가 흐를 수 있는 매우 짧은 시간(약 0.000002 초)의 순간 전류를 에너지원으로는 이용할 수 없으며, 자기작용 또는 줄(Joul)열의 현상이 발생하지 않는다. 그러나 정전기로 인한 유류, 가스 화재 사고 방지대책을 강구하여야 한다. 정전기는 (+)전기와 (-)전기가 있으며 (+)전기와 (-)전기 사이에는 쿨롱의 법칙(Coulomb' law)에 따른 흡인력과 반발력이 작용한다.

> Reference **❶쿨롱의 법칙** : 두 대전물체 사이에 작용하는 힘은 대전물체가 가지고 있는 전하량의 곱에 비례하고, 두 대전물체 사이 거리의 2승에 반비례한다.
>
> **❷1쿨롱** : 진공 중에서 같은 양의 전하를 지니고 있는 두 대전물체가 1m만큼 떨어져 있고 작용하는 힘이 (N)일 때 그 대전물체가 지니고 있는 전기량을 말하며, 기호는 C로 표시한다.

1 마찰전기

서로 다른 두 종류의 부도체를 마찰시켰을 경우 물체에 발생하는 전기를 마찰전기(정전기)라고 하며, 이 현상을 대전(帶電)되었다고 한다. 또한 대전된 전자는 한곳에 머물러 있는 경우가 많으며 발생 과정은 다음과 같다.

① 원자구조가 다른 두 부도체 마찰.

② 두 마찰 면에서 열 발생.

③ 열 발생에 의해 무거운 원자핵에 비해 가벼운 전자의 운동이 상대적으로 활발하게 발생.

④ 서로 다른 원자 중에 전자와 친화력이 강한 물질이 전자를 끌어당김.

⑤ 전자가 많은 물질이 (-)전하를 형성.

⑥ 전자가 부족해진 물체는 (+) 전하를 형성.

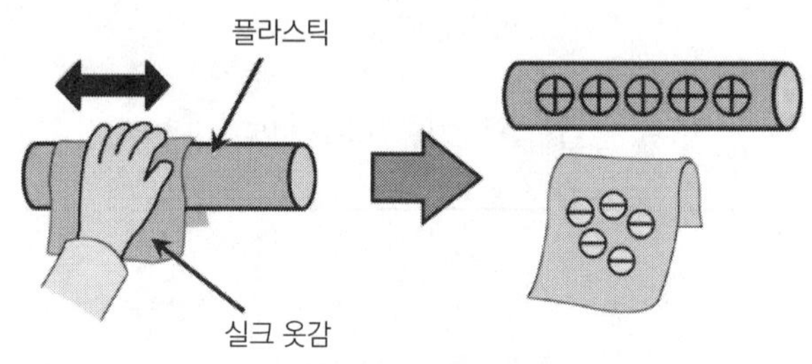

그림 2-4 마찰전기

2 마찰전기의 극성

원자 속에 포함된 전기적 성질을 전하라고 하며 원자핵은 (+)전하이고 전자는 (-)전하이다. 더불어 전자를 잃은 물체를 (+)대전체, 전자를 얻은 물체를 (-)대전체라고 한다. 대전이 잘 이루어지는 순서를 대전열(帶電列)이라고 한다. 대전 경향은 (+) → 털가죽 ↔ 상아 ↔ 유리 ↔ 명주 ↔ 나무 ↔ 고무 ↔ 플라스틱 ↔ 에보나이트 ← (-) 순으로 나타난다.

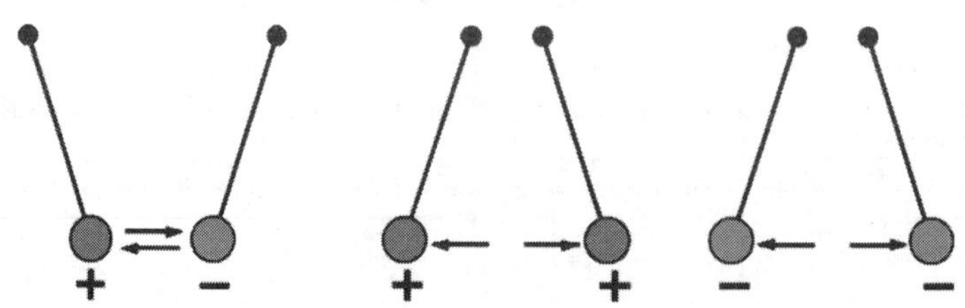

그림 2-5 마찰전기의 극성

3 정전유도

그림의 ⓐ와 같이 절연되어 있고, 전기적으로 중성인 도체 B에 양전하를 지닌 대전물체 A를 근접시키면 도체 B내의 자유전자는 A의 양(+)전하 흡인력에 의해 A와 가까운 쪽으로 모이고, A에서 먼 곳에는 정전기에 반발하는 척력에 의해 양(+)전하가 모인다.

이와 같이 도체에 대전물체를 근접시켰을 때 대전물체의 가까운 곳에는 대전물체와 다른 전하를, 먼 곳에는 같은 전하를 발생 시키는 현상, 즉, 물체A의 전기 때문에 물체B의 표면에 전기가 나타나는 현상을 정전유도라 한다.

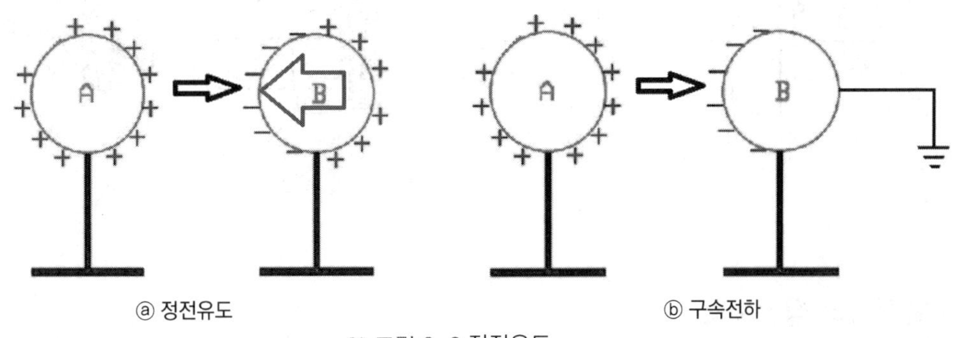

ⓐ 정전유도 ⓑ 구속전하

그림 2-6 정전유도

정전유도는 대전물체를 근접시키는 것에 의해 발생하는 정전력(靜電力)에 의한 것이며, 대전물체의 전하를 주는 것이 아니므로 대전물체 B를 제거하면 도체의 양 끝에 나타났던 전하는 중화하여 소멸한다. 그러나 그림 ⓑ에서와 같이 정전유도가 발생하였을 때 도체 B에 손을 댄 후 대전물체 A를 제거하면, 도체 B는 음(-)전하를 띤다. 이것은 대전물체 A에서 가까운 곳의 음(-)전하가 A의 양(+)전하의 흡입력에 의해 구속되어 자유롭게 이동하지 못하기 때문이며, 이것을 "구속전하"라 한다.

이와 반대로 도체 B와 먼 곳에 발생한 양전하는 대전물체의 구속을 받지 않으며 오히려 반발력을 받으므로, 손을 대면 인체를 거쳐 대지(大地)로 흐르게 된다. 이것은 자유롭게 유도되는 전하이므로 "자유전하"라 한다.

4 축전기(Capacitor)

축전기란 보통 2장의 얇고 편평한 금속판 A와 B사이에 절연체(유전체)를 넣은 구조이다. 두 도체 사이에 전압을 가하면 2장의 금속판으로 (+), (-)의 전하가 이동하여 A판의 (+)전하와 B판의 (-)전하가 서로 흡인하여 같은 양의 전하가 모이며, 전하량은 전압에 비례한다.

이와 같이 전압을 가하여 전하를 저장할 수 있는 기구를 “축전기”라고 하며 전자회로에서 전하를 충전하거나 방전하는 역할을 한다.

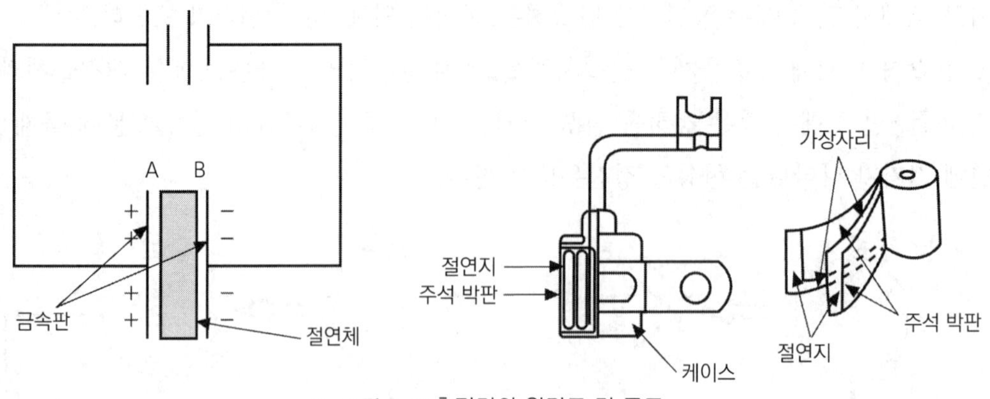

그림 2-7 축전기의 원리도 및 구조

(1) 축전기의 정전용량

축전기에 저장되는 전기량(coulomb)은 가해지는 전압에 비례한다. 즉, 전압이 높을수록 많은 양의 전기를 저장할 수 있으며, 이들 사이에는 다음과 같은 관계가 있다.

$Q = CE$ 　 여기서, Q : 축전기에 저장되는 전기량 C : 정전 용량 E : 축전기에 가해지는 전압

그리고 축전기에 저장되는 정전용량은 다음과 같다.

① 가해지는 전압에 정비례한다.

② 상대하는 금속판의 면적에 정비례한다.

③ 금속판 사이의 절연체의 절연도에 정비례한다.

④ 금속판 사이의 거리에 반비례한다.

정전용량은 이 관계에 따라 결정되며, 1V의 전압을 가하였을 때 1쿨롱(coulomb)의 전기가 저장되는 축전기 용량을 1패럿(farad)이라 하며, 단위는 다음과 같다.

- 1밀리 패럿(1mF) $=10^{-3}F$
- 1마이크로패럿(1μF) $= 10^{-6}F$

(2) 축전기의 연결방법

1) 축전기의 직렬연결

여러 개의 축전기를 그림 2-8과 같이 직렬로 연결하면, 정전용량과 관계없이 일정한 양의 전하가 축전기에 충전되므로 정전용량을 감소시킨다.

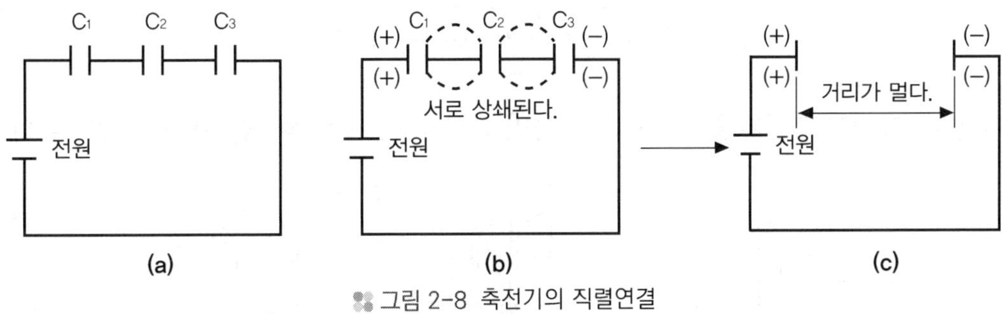

그림 2-8 축전기의 직렬연결

그리고 합성용량은 각각의 정전용량 중 가장 작은 것보다도 더 작다. 또 축전기를 직렬로 연결하면 전체전압의 일부만 인가되므로 전압에 대한 내구성이 향상된다.

축전기 직렬연결에서의 전압과 합성용량은 다음과 같다.

① 축전기 직렬연결에서의 전압

$$E = E_1 + E_2 + E_3 + \cdots\cdots + E_n$$

② 축전기 직렬연결에서의 합성용량

$$\frac{Q}{C} = \frac{Q}{C_1} + \frac{Q}{C_2} + \frac{Q}{C_3} + \cdots\cdots + \frac{Q}{C_n}$$ ------- 여기서 각 항을 Q로 나누면

$$\frac{Q}{C} = \frac{Q}{C_1} + \frac{Q}{C_2} + \frac{Q}{C_3} + \cdots\cdots + \frac{Q}{C_n}$$

이 된다. 그리고 축전기를 직렬로 연결할 때 합성용량의 역수(逆數)는 각각의 정전용량의 역수의 합과 같다.

2) 축전기의 병렬연결

여러 개의 축전기를 그림 2-9과 같이 병렬로 연결하면 금속판의 면적을 증가시킨 것과 같은 효과를 나타낸다. 따라서 합성용량 C는 각각의 축전기 용량의 합과 같다. 병렬연결에서의 전압은 다음과 같다.

$$E = E_1 = E_2 = E_3 = \cdots\cdots = E_n$$

그리고 합성용량은 각각의 전하의 합과 같다.

$$Q = Q_1 + Q_2 + Q_3 + \cdots\cdots + Q_n$$
$$Q = C_1E + C_2E + C_3E \cdots\cdots + C_nE$$

여기서 양변을 전압 E로 나누면

$$C = C_1 + C_2 + C_3 + \cdots\cdots + C_n$$

이 된다. 그리고 축전기를 병렬로 접속하면 합성용량은 각각의 정전용량의 합과 같다.

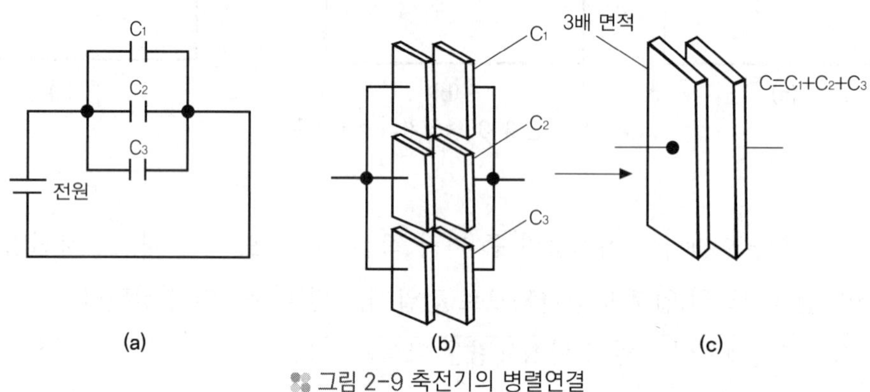

그림 2-9 축전기의 병렬연결

(3) 축전기의 충·방전작용

축전기는 직류(DC : Direct Current)는 통전되지 않으나 교류(AC : Alternate Current)는 통전된다. 이것은 그림 2-10과 같이 축전기에 전지를 접속하면 축전기에 충전이 시작되어 축전기의 양쪽 전극의 전압이 전지의 전압과 같아질 때까지 유입되며, 충전이 완료되면 전류의 흐름은 차단된다. 축전기가 충전된 상태에서 전지를 분리하면 전하가 축적된 상태로 있으나, 축전기를 단락(short)시키면 방전되어 축적된 전하가 소멸한다.

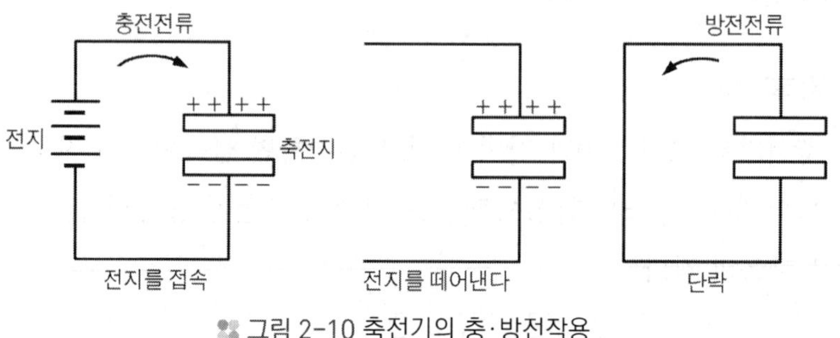

그림 2-10 축전기의 충·방전작용

이와 같이 축전기의 충·방전 작용은 순간적으로 이루어지며, 교류에서는 (+), (-)가 차례로 흐르기 때문에 충·방전이 반복되고 있는 것과 같은 상태를 이루어 전류가 흐른다. 그러나 축전기의 용량이 작을 경우에는 적은 전류가 흘러도 곧바로 전압이 상승하여 그 이상의 전류가 흐르지 않게 된다. 따라서 용량이 작은 축전기는 교류(AC)가 흐르지 않으며, 축전기가 교류에 대해 일종의 저항의 성질을 갖게 된다. 이 축전기의 교류적 저항을 용량 리액턴스(capacitive reactance)라 한다.

(4) 축전기의 종류

축전기는 절연체의 유전율에 따라 여러 종류가 있으며 공기, 세라믹, 필름, 탄탈, 전해, 오일, 마이카, 메탈축전기 등이 있다. 커패시터의 용량은 면적과 유전율에 비례한다. 따라서 면적이 같다고 할지라도 유전율이 높은 유전체를 가운데 두면 저장용량은 커지지만 저항값이 낮아질 수 있으므로 유의하여야 한다. 또한 온도, 습도에 따른 유전률 변화도 없어야 하고, 내압도 높아야 한다.

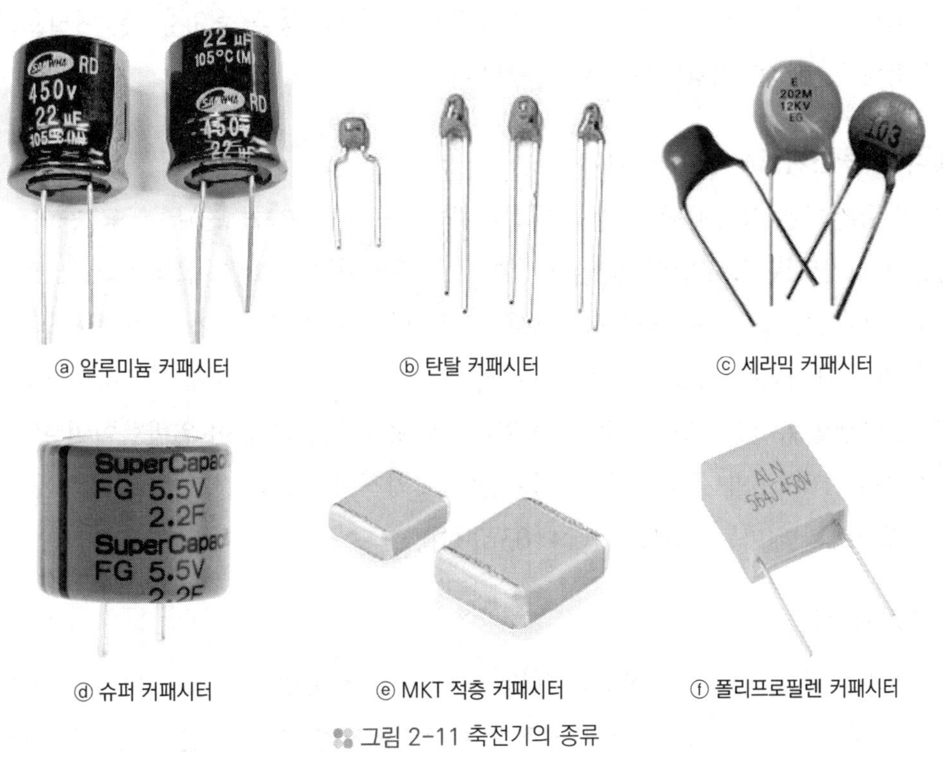

ⓐ 알루미늄 커패시터
ⓑ 탄탈 커패시터
ⓒ 세라믹 커패시터
ⓓ 슈퍼 커패시터
ⓔ MKT 적층 커패시터
ⓕ 폴리프로필렌 커패시터

그림 2-11 축전기의 종류

1) 전해(電解) 축전기(알루미늄 전해 축전기)

이 축전기는 케미컬 콘덴서(chemical condenser)라고도 하며 양(+)극판으로 알루미늄 박지를, 음(-)극판으로는 전해액을 바른 종이를 사용한다. 절연층은 양(+)극판 위에 매우 얇은 산화알루미늄 유전체를 사용하므로, 콘덴서의 체적에 비해 큰 용량을 얻을 수 있다. 전해 축전기의 특성은 각 단자에 (+), (-)극이 지정되어 있으므로 반드시 극성을 맞추어서 사용하여야 한다는 것이다. 용량은 1μF부터 수만μF까지 비교적 크며, 주로 전원의 평활회로 또는, 저주파 성분을 어스등에 패스시키는 저주파바이패스 등에 사용하지만, 코일 성분이 많아 고주파에는 적합하지 않다.

2) 고체 탄탈 전해 축전기 (탄탈 축전기, Tantalum capacitor)

이 축전기는 전극에 탄탈륨 재료를 사용하는 전해 축전기이며 알루미늄 전해 축전기와 같이 비교적 큰 용량을 얻을 수 있다. 탄탈축전기도 절대로 극성을 잘못 접속해서는 안 되며, 온도 특성과 주파수 특성은 전해 축전기 보다 우수하다. 또한, 알루미늄 전해 축전기에서 발생하는 서지형상의 전류가 나오지 않으므로 신호파형을 중요시하는 아날로그신호계통은 탄탈 콘덴서를 사용하는 것이 적합하다.

3) 세라믹 축전기 (Ceramic capacitor)

세라믹 축전기는 유전율이 강한 티탄산바륨(Titanium-Barium)을 전극 간의 유전체로 사용한다. 인덕턴스(코일의 성질)가 작아서 고주파 성분 또는 잡음을 어스로 통과시키는 고주파 바이패스회로에 흔히 사용하며, 전해 및 탄탈커패시터와 달리 전극의 극성은 없다. 그러나 세라믹은 강유전체의 물질이라서 아날로그 신호회로에 사용하면 신호에 일그러짐이 발생할 수 있으므로 사용할 수 없다. 외형은 그림과 같이 원반형이며 용량은 비교적 작아서, 100pF의 세라믹 축전기는 원반의 직경이 3mm 정도이다. 그림에 표기된 103Z커패시터의 의미는 0.01μF(10×103pF)이다.

4) 슈퍼 커패시터

이 축전기는 통상적인 전원회로의 평활커패시터로서 용량은 보통 1,000μF 정도이며 초대용량의 0.47F(470,000μF)은 순간적으로 충전되지만, 이와 같은 대용량을 전원회로 등에 사용할 때에는 각별한 주의가 필요하다. 그 이유는 커패시터가 완전방전(전기가 축적되어 있지 않을 때)상황에서 연결하면 전류가 계속 유입되어 회로 내의 정류기 등이 과 전류로 인해 파괴될 수 있기 때문이다. 또한, 대용량의 커패시터를 사용하면 충전이 완료되기까지 회로가 쇼트되어 있는 것과 같으므로 보호회로를 설치하여야 하며 극성에 유의하여야 한다. 슈퍼커패시터는 용량이 크기 때문에 단시간 백업(예: 에어백 ECU 공급 전원)전원 등에 사용할 수 있다.

5) MKT 적층 커패시터

이 축전기는 메터라이즈드 폴리에스테르 필름 커패시터라고도 하며 전극으로 증착 금속피막을 사용한다. 전극이 얇기 때문에 소형화가 가능하고 전극의 극성은 없다. 하지만 리드가 떨어지기 쉽기 때문에 취급에 주의할 필요가 있다.

6) 폴리프로필렌 커패시터

이 축전기의 유전체 재료는 폴리프로필렌(polypropylene) 필름을 사용한다. 100kHz 이하의 주파수에서 폴리에스테르보다 정밀도가 좋으며 사용 연한 따른 용량 변화가 없다.

Chapter 03 동전기

동전기(dynamic electricity)란 전원자주변의 전자가 물질 속을 이동하는 것이다. 흐르는 량을 전류라고 하며 교류(AC, Alternating Current), 직류(DC, Direct Current), 맥류(PC, Pulsating Current)가 있다. 교류란 시간의 흐름에 따라 전압과 전류의 극성이 주기적으로 변화하는 전기이다. 직류란 시간의 변화에 따라 전류가 한 방향으로 연속하여 흐르는 전기이다.

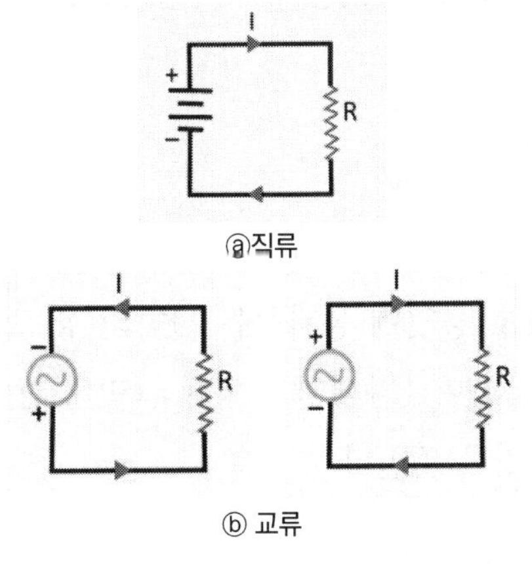

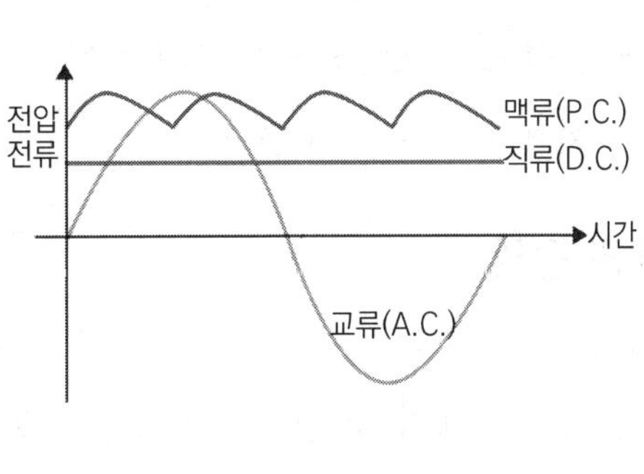

그림 2-12 직류와 교류

1 전류

전류(電流, electric current)는 전하의 흐름으로, 단위 시간 동안에 흐른 전하의 양으로 정의한다. 더불어 전하량은 "어떤 지점을 흘러간 전하의 총량"으로 수로에서 '흘러간 물의 양'과 비슷한 개념이다. 도체 속의 전자(전하) 이동은 전선을 따라 전위가 높은 곳(+)에서 낮은 곳(-)으로 흘러가며, (+)전하가 양측 모두 전위가 같아질 때까지 지속된다. 이때 전하의 흐름을 전류(電流)라고 한다.

실제로 전자의 이동은 (-)전하로 대전(帶電)한 물체(A)와 (+)전하로 대전한 물체(B)를 도체로 연결하면, (+)전하 대전체의 부족한 전자를 보충시켜주기 위해 (-)전하 대전체의 과잉전자가 이동하는 전자들의 흐름이다. 즉 전자는 전위가 낮은 곳(-)에서 높은 곳(+)으로 이동하지만, 전자가 발견되기 이전에 과학자들은 실제 전류가 흐르는 방향이 정반대로 정의하였다. 까닭은 전류의 흐름을 발견할 당시 과학자들이 전자의 존재를 몰랐기 때문이다. 양전하가 이동할 때나 음전하가 이동할 때 만들어진 전류에 현상적인 차이는 없으므로 과학자들은 전류의 방향을 양전하의 흐름으로 통일하였다.

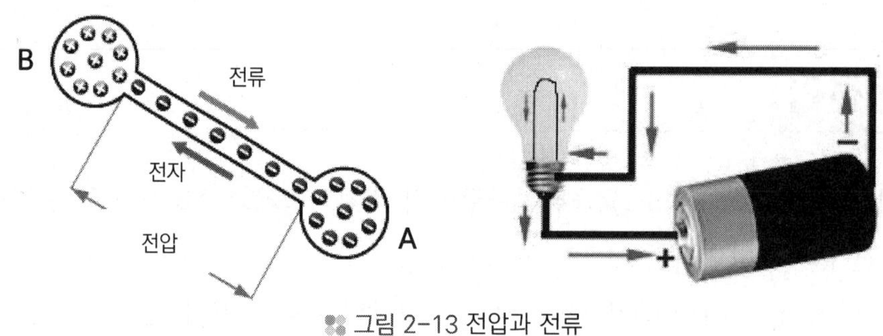

그림 2-13 전압과 전류

이에 따라 "전류는 +전위에서 -전위로 흐른다."라고 약속된 이후 기본개념으로 굳혀졌으며 전류를 식으로 표현하면 다음과 같다.

$I=\frac{dQ}{dt}$ I-전류, Q-전하, t-시간

(1) 전류의 단위

도체를 흐르는 전류의 크기는 도체의 한 점을 1초 동안에 통과하는 전하의 양으로 표시하며 그 단위는 암페어(Ampere, 기호는 A)를 사용하며 1암페어는 도체 단면의 임의의 한 점을 1초 당 1쿨롱(6.25×10^{18})의 전하가 흐르는 것을 뜻한다.

$A = \frac{C}{s}$ A-암페어, C-쿨롱, s-초

전류의 단위 종류는 다음과 같다.

• 1A=1,000mA • 1mA=1,000μA
mA-밀리암페어, μA-마이크로암페어, nA-나노암페어

Reference **쿨롱(Coulomb)**이란 전하의 단위이며, 전하는 전기량과 같은 뜻이므로 이를 측정하는 단위로 사용된다.

(2) 전류의 3대 작용

전류, 즉, 전기의 기능을 크게 분류하면 전류의 발열작용, 전류의 자기작용, 전류의 화학작용이라는 전류의 3대 작용이 있다.

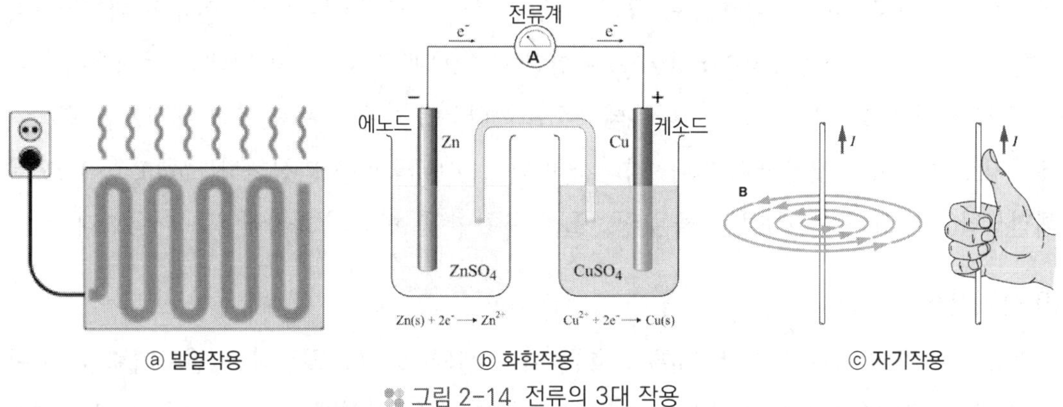

그림 2-14 전류의 3대 작용

1) 발열작용

전류가 흐를 수 있는 도체에 전류가 흐를 때, 전자의 흐름을 방해하는 도체 내부의 저항으로 인하여 전기 에너지를 소비함과 동시에 열이 발생한다. 주울열이라 한다. 주울열의 발생량은 저항값과 전류가 클수록 증가하며, 발열부분의 온도가 상승하면 적열(赤熱)에서 백열(白熱)로 변하여 많은 빛을 발생하기도 한다. 이와 같이 저항체에 전력을 공급하면 전기에너지가 열에너지로 변환하는 발열작용으로 발생한 열량 즉 열에너지는 저항 R[Ω]에 전류I[A]가 t[s] 동안 흘렀을 때 발생한 열에너지는 다음과 같다.

$$H = I^2 \cdot R \cdot t[J]$$
$$H = 0.24I^2Rt[cal]$$
$$\text{여기서, } 1[J] = 0.24cal$$

자동차에서 전류의 발열작용의 열을 이용하는 장치는 예열플러그, 유리 성애 제거용 열선, 열선시트, 스티어링 휠 열선 등이 있으며, 빛을 이용하는 것은 등화장치의 전구(lamp) 등이다.

2) 화학작용

전류가 도체 속을 흐를 때 물질에 다양한 화학변화 또는 전기분해 작용이 일어나는 것을 이용하는 것이다. 전류의 화학작용을 이용한 것 중 대표적인 것이 건전지 또는 배터리이다. 더불어 수소를 만들기 위한 물의 전기 분해과정도 화학 작용이며, 미관이 멋진 제품을 위해 금속에 도금을 하는 것도 전류의 화학 작용 중 하나이다.

예를 들어서 구리도금을 할 경우 전해액을 넣은 용기에 플러스(+)극에 구리 막대를 설치하고 마이너스(-)극에는 도금한 금속을 연결하고 전류를 흐르게 한다. 그러면, 플러스(+) 측의 구리는 구리 이온이 전해액에 녹고, 구리 이온은 플러스이므로 마이너스(-)극 측으로 끌어당겨지며 이로 인해 마이너스(-) 극의 금속에 구리가 도금된다. 이는 전류의 화학작용에 의한 것이다. 자동차의 배터리(battery)는 황산(H_2SO_4)과 증류수의 혼합액인 전해액에 전류를 흐르게 하면 화학반응이 일어나는데, 이 화학반응을 이용하여 전기적 에너지를 화학적 에너지로 변환시켜 저장한 것이다. 따라서 배터리는 (+)극판을 과산화납(PbO_2), (-)극판은 해면상납(Pb), 그리고 전해액은 묽은 황산을 사용하여 충·방전의 화학작용을 이용한다.

3) 자기작용

전류의 자기 작용은 도선에 전류가 흐를 때 도선의 둘레에 발생하는 전자기력을 이용하여 물리적인 에너지로 변환하는 작용을 의미한다. 즉, 철심에 코일(coil)을 감고 전류를 흐르게 하면 전자석(solenoid)이 된다. 전류가 흘러 코일 주위에 발생하는 자기장에 의해 전자석이 되고, 전자석의 세기는 코일의 권수가 많을수록, 전류의 흐름이 클수록 세진다. 자동차에서 강한 자계를 사용하는 부품으로는 기동모터, 발전기, 솔레노이드, 릴레이 등이 있다.

2 전압(또는 전위차)

물이 담긴 용기 A와 B사이를 파이프로 연결하면 물은 수위(水位)가 높은 A 쪽에서 수위가 낮은 B 쪽으로 흐르며, 이때 흐르는 수량은 용기 A와 B의 수압과 조절밸브에 의해 결정된다. 이 원리를 전기회로에 응용하면, A(+)전하와 B(-)전하 사이를 전선(파이프)으로 연결하면 (+)전하가 저항에 해당하는 조절밸브를 통하여 (-)전하를 향하여 흘러서 전류가 생긴다.

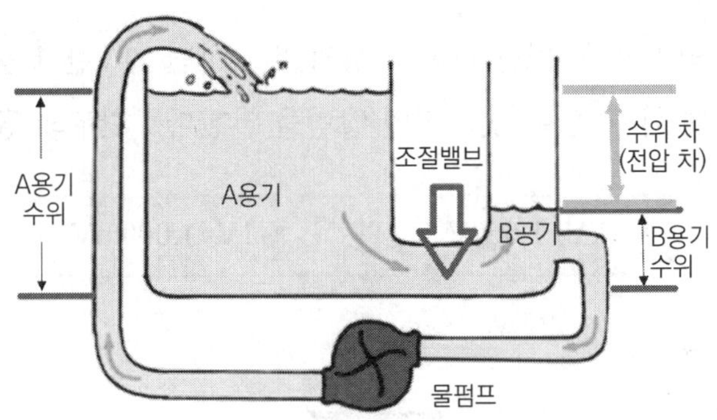

그림 2-15 수압과 전압

이때 A에서 B를 향하여 특정 크기의 전기적 압력이 가해졌다고 가정할 수 있는데, 이 전기적인 압력을 전압(電壓, electric pressure) 또는 전위차(電位差, electric potential difference)라고 한다. 즉, 기전력(起電力, electromotive force)과 전기가 흐를 수 있도록 설치된 닫힌 전기 회로에서 두 지점 사이의 전위차를 전압이라고 하며, 전기가 흐르게 하는 전원(電源)이다.

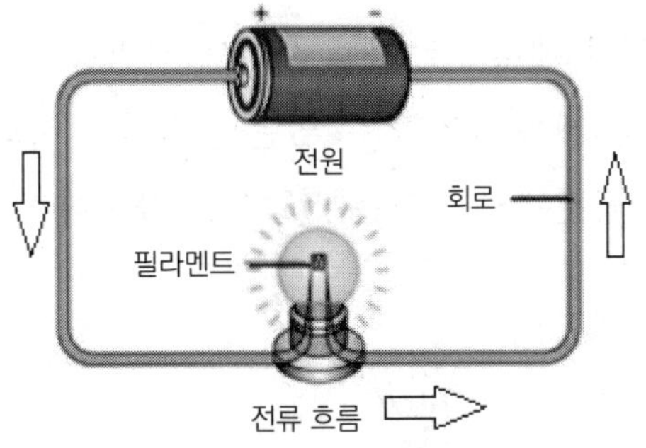

그림 2-16 전기 회로

(1) 전압의 단위

전기는 전위가 높은 곳에서 낮은 곳으로 이동하며 높은 곳과 낮은 곳의 차이, 즉, 전위차가 클수록 힘이 커지지만, 두 지점의 높이가 같으면 전위차가 없기 때문에 전기가 이동하지 않는다. 전위차의 단위는 1745년에 건전지를 발명한 이탈리아 물리학자 알레산드로 볼타(Alessandro Giuseppe Antonio Anastasio Volta)의 이름에서 따와 볼트(Volt, 기호는 V)라는 단위를 사용하고 있다.

전압의 단위 1볼트는 1쿨롬(C, Coulomb)의 전하가 두 지점 사이에서 이동하였을 때 하는 일이 1 줄(J) 일 때의 전위차이다. 1C는 전류 1암페어(Ampere)가 1초 동안 흘렀을 때 이동한 전하량을 의미한다. 이를 다시 저항과 비교하면 "1V란 1옴(Ω)의 도체에 1암페어(A)의 전류를 흐르게 할 수 있는 전기적인 압력을 말한다." 단위의 종류는 다음과 같다.

- 1kV=1,000V
- 1V=1,000mV

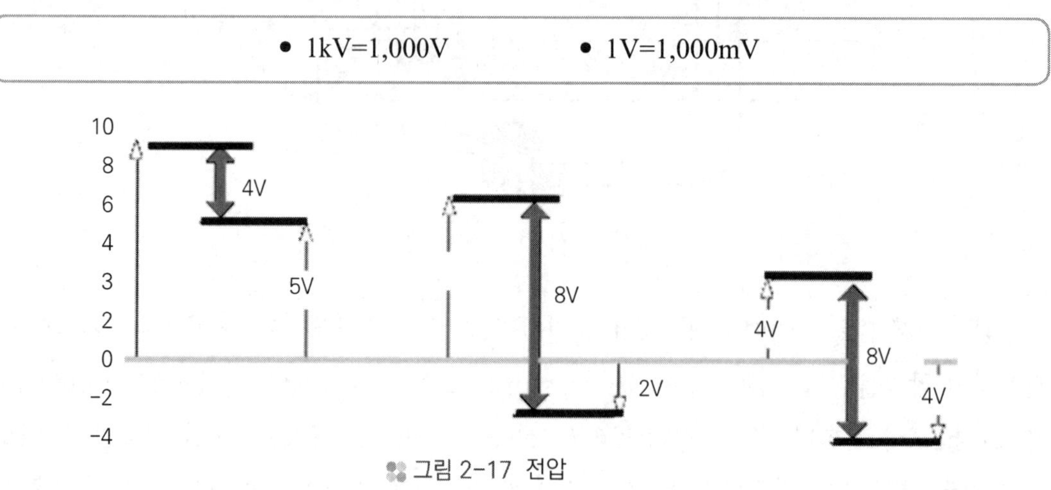

그림 2-17 전압

(2) 기전력(起電力, Electromotive force)

물리 또는 화학변화에 의한 에너지로 물체 사이에 전위차를 만들어내는 힘이다. 즉, 도체 양 끝에 일정한 전위차를 계속 유지할 수 있는 능력을 기전력이라 하며 기전력은 전류를 흐르게 압력을 가한다. 기전력의 크기는 전압으로 표시하며, 단위도 볼트(voltage, V)이다.

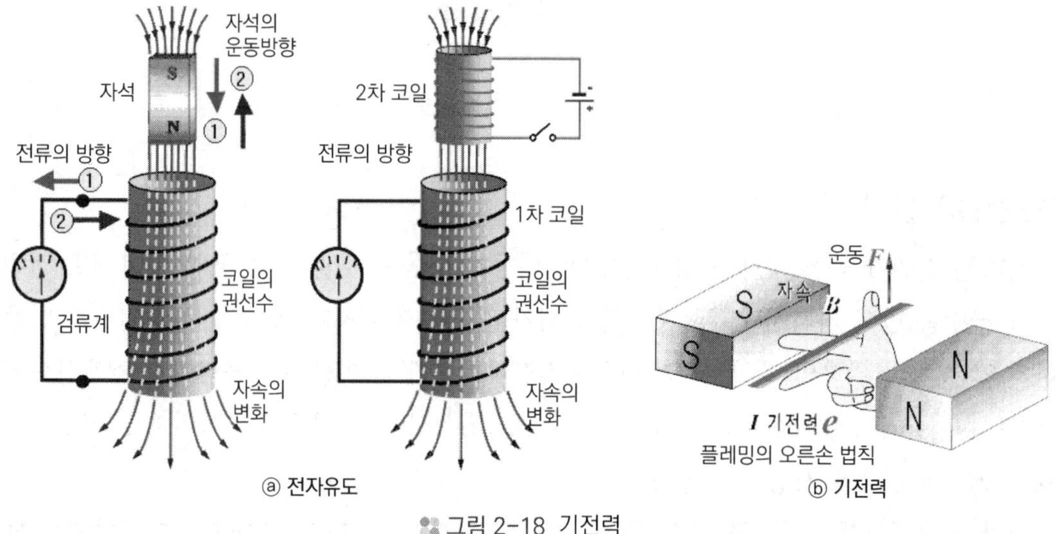

그림 2-18 기전력

(3) 전원과 부하(electric source & electric load)

전기 에너지를 공급하는 장치를 전원(electric source)이라고 하며 크기와 극성이 일정한 직류(direct current : DC)와 크기와 극성이 주기적으로 변하는 교류(alternating current : AC)가 있다. 전기 에너지를 소비하는 모든 장치를 부하(electric load)라고 한다.

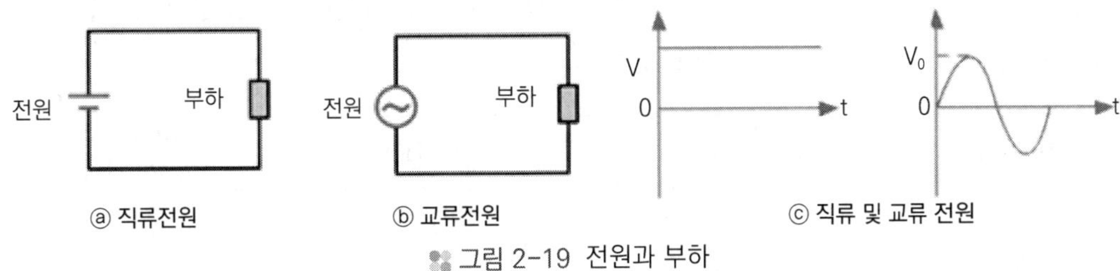

그림 2-19 전원과 부하

3 저항

전자가 도체 속을 이동할 때 원자와 충돌을 하면서 전류의 흐름을 방해하는 요소가 발생하는데, 이를 저항이라고 한다. 도체가 지니고 있는 자유전자의 수·원자핵의 구조 및 도체의 형상 또는 온도에 따라서 저항값은 변화한다.

어떤 도체에 흐르는 전류 I는 도체에 걸린 전위차 V에 비례한다. 이것이 옴의 법칙이며 식으로

$$V = IR$$

로 나타낼 수 있다. 이때 비례상수 R이 도체의 저항이며 단위는 Ω (옴)을 사용하고, 1Ω의 도체는 1V의 전압으로 1A를 흐를 수 있는 저항체이다.

(1) 저항의 단위

도체에 흐르는 전류는 가해진 전압, 도체의 단면적 및 도체의 고유저항에 따라 변화하며 저항의 단위는 옴(Ohm, 기호는 Ω)을 사용한다. 1옴이란 도체의 두 지점 사이의 전압이 1볼트 일 때 1암페어의 전류가 흐를 수 있는 그 두 지점 사이의 물리적 저항의 크기를 말한다. 단위의 종류는 다음과 같다.

- $1M\Omega = 1{,}000{,}000 = 10^6\,\Omega$
- $1k\Omega = 1{,}000\,\Omega = 10^3\,\Omega$
- 1Ω
- $1\mu\Omega = 1/1{,}000{,}000 = 10^{-6}\,\Omega$

(2) 물질의 고유저항

물질의 저항은 재질·형상 및 온도에 따라 저항값이 변화하며 길이 1m, 단면적 $1m^2$인 도체의 두 면 사이의 저항값을 그 재료의 고유저항 또는 비저항이라 한다. 고유저항의 기호는 로(ρ)로 표시하며, 단위는 Ωm이다.

실제로 $1m^3$는 그 크기가 너무 크므로 $1cm^3$의 고유저항의 단위 Ωcm를 일반적으로 사용한다. 도체의 고유저항은 다음 표와 같다.

도체의 명칭	고유저항 (μΩcm)20℃	도체의 명칭	고유저항 (μΩcm)20℃
은(Ag)	1.62	니켈(Ni)	6.9
구리(Cu)	1.69	철(Fe)	10.0
금(Au)	2.40	강	20.6
알루미늄(Al)	2.62	주철	57~114
황동(Cu+Zn)	5.70	니켈-크롬(Ni-Cr)	100~110

※. 1.62μΩcm는 1.62×10^{-6}Ωcm이다.

(3) 도체의 형상에 의한 저항

도체의 저항은 도체의 단면적, 길이, 재료 및 온도에 따라서 변화하며 단면적이 커지면 저항이 감소하고, 길이가 증가하면 그만큼 원자 사이를 통과하기 힘들기 때문에 저항이 증가한다.

즉, "도체의 저항은 그 길이에 정비례하고 단면적에 반비례한다." 도체의 단면 고유 저항을 ρ(Ωcm), 단면적을 $A(cm^2)$, 도체의 길이가 ℓ(cm)인 도체의 저항을 R(Ω)이라 하면 $R = \rho\frac{\ell}{A}$ 의 관계가 있으므로 도체의 고유저항값과 형상으로 저항을 계산할 수 있다.

예를 들어 전압과 도체의 길이가 일정할 때 도체의 지름을 1/2로 하면 단면적이 $\frac{\pi d^2}{4}$ 이므로 저항은 4배로 증가하고 전류는 1/4로 감소한다. 그리고 길이가 2배로 증가하면 저항도 2배로 증가하지만, 단면적이 2배 증가하면 저항은 1/2로 감소된다.

(4) 절연저항

절연체의 저항에 대하여 말하자면, 그림 2-20과 같이 절연체를 사이에 둔 두 물체 사이에 전압을 가하면 절연체의 절연 저항정도에 따라 매우 적은 양이기는 하지만 화살표 방향으로 누설전류가 흐른다. 이때의 전압과 전류의 비를 그 절연물의 절연저항이라고 한다. 절연체의 전기저항은 온도나 습도의 증가에 따라서 감소한다. 일반적으로 도체의 저항에 비하여 대단히 크기 때문에 메거 옴(MΩ)을 사용하며, 절연저항은 다음의 공식으로 표시한다.

$$R = \frac{E}{I} \times 10^{-6}$$

여기서, R : 절연저항(MΩ)
E : 공급한 전압(V)
I : 공급한 전류(A)

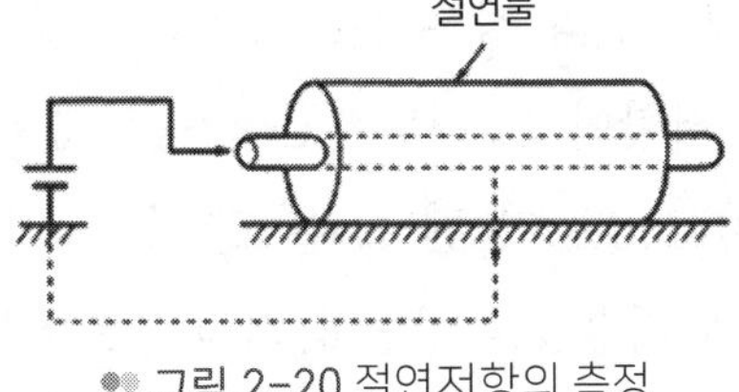

그림 2-20 절연저항의 측정

(5) 온도와 저항의 관계

도체의 저항은 온도에 따라서 변화하며 온도의 상승에 따라서 저항값이 증가하는 것과, 반대로 감소하는 것이 있다. 일반적으로 금속은 온도의 상승에 따라 저항값이 증가하지만, 탄소·반도체 및 절연체 등은 감소한다.

보편적으로 금속의 저항값은 온도가 올라가면 원자의 진동이 격렬해지면서 전자가 이동할 때 원자와의 접촉이 심해져 전자운동이 방해를 받아 저항이 증가한다. 반도체의 경우에는 전자가 풍부하지 않은 물질이므로 온도상승에 따라 원자핵의 핵력이 감소하여 원자핵에 구속되었던 전자들이 들떠서 자유전자로 풀리게 되어 전자의 이동이 활발해지고 이에 따라 저항이 낮아진다.

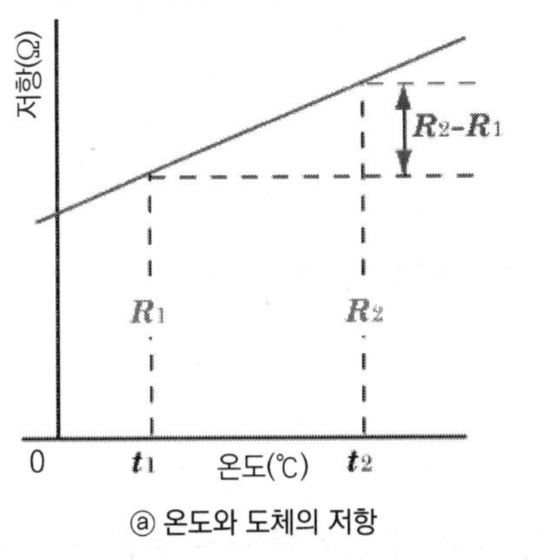

ⓐ 온도와 도체의 저항

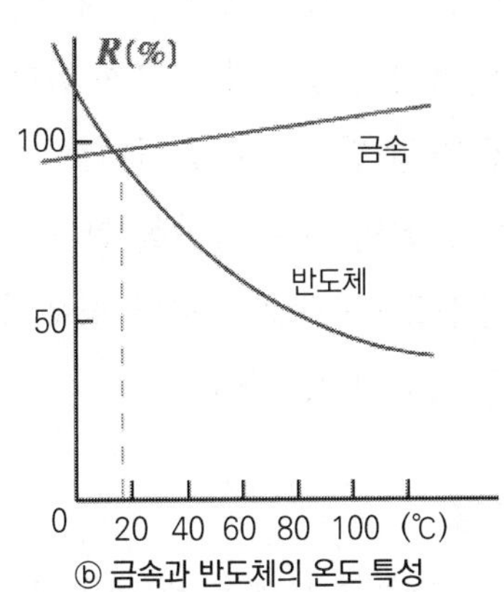

ⓑ 금속과 반도체의 온도 특성

그림 2-21 온도와 저항 관계

그림과 같이 자유전자가 많은 물질인 금속은 온도가 증가할수록 원자의 접촉을 심화시키면서 전자운동에 방해가 되어 저항이 증가하는 결과를 가져온다. 반면에 반도체는 온도 증가가 전자의 에너지 증가로 이동이 더욱 쉬워져 저항의 감소현상이 일어난다.

온도가 1℃ 상승하였을 때 저항값이 어느 정도 커졌는지 그 비율을 표시하는 것을 그 저항의 온도계수라 한다.

구리선의 경우 온도가 1℃ 상승하면 그 저항은 약 0.004배가 증가한다. 따라서 이것의 저항이 1Ω이면 1℃ 상승하였을 때 1.004Ω이 되고, 20℃ 상승하면 1Ω+(0.004Ω×20)=1.08Ω이 된다. 온도계수는 일반적으로 기호 알파(α)를 사용하며, 어떤 온도 t_1℃일 때의 저항값을 알면 임의의 온도 t_2℃에서의 저항은 다음의 공식으로 표시할 수 있다.

$$R_2 = R_1[1 + \alpha_1(t_2 - t_1)]$$

여기서, R_2 : t_2℃일 때의 저항값 R_1 : t_1℃일 때의 저항값
α_1 : t_1℃의 온도 계수

(6) 접촉저항

접촉저항이란 도체와 도체를 연결할 때 헐겁게 연결하면 그 접촉 면 사이에 저항이 발생하여 전류의 흐름을 방해하는 것이다. 즉, 도체의 기계적 접촉부에 존재하는 저항을 말한다. 예시로는 전기배선의 볼트(bolt)나 너트(nut) 조임의 헐거움, 스위치 접점의 손상에 의한 접촉 불량, 배터리 단자의 산화에 따른 부식 등에서 의해 발생하는 저항 등이 있다. 접촉저항이 발생하면 전류의 흐름을 방해하므로 부하에 필요한 전류공급이 원활히 이루어지지 않아 제 기능을 발휘할 수 없게 된다. 이 접촉저항을 감소시키는 방법은 다음과 같다.

① 접촉 면적과 접촉압력을 크게 한다.
② 같은 굵기의 전선을 사용한다.
③ 전선을 연결할 경우 납땜을 한다.
④ 단자에 볼트·너트로 체결할 경우에는 조임을 확실히 한다.
⑤ 접점은 깨끗이 청소한다.

(7) 접지저항

접지저항은 접지전선과 차체(일반전기는 땅) 사이의 전기저항을 뜻한다. 차량에서는 접지저항을 최소한의 값으로 유지하여야 하며 특히 많은 전류가 흐르는 경우에는 작은 접지저항값이 큰 영향을 초래하므로 녹이나 페인트 및 절연물질을 완전히 제거하여야 한다. 즉, 접지배선을 차체에 연결할 경우에는 접지 전용 볼트(bolt)를 사용하며 조임의 헐거움 때문에 발생하는 접지 불량에 유의하여야 한다.

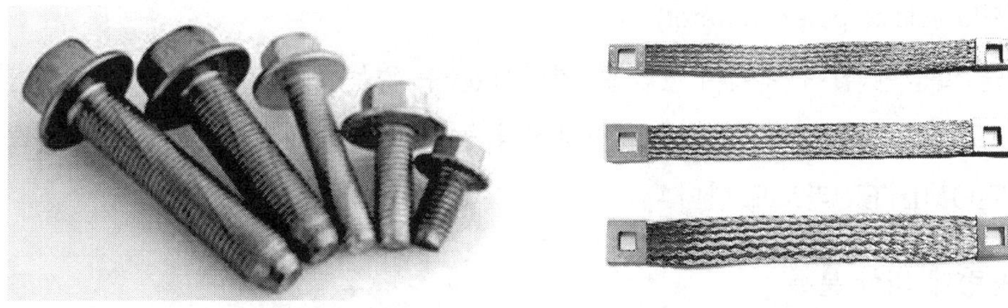

ⓐ 접지 볼트 ⓑ 접지선

그림 2-22 접지 볼트 및 접지선

(8) 전기회로의 저항

전기회로가 구성되어 동작하려면 전압, 전류, 저항이 존재해야 한다. 저항은 전류가 잘 흐르지 못하게 방해하는 역할을 하여 전압을 강하시키거나 또는 전류를 제한하는 요소이지만, 전기회로 내에서 없어서는 안 될 필수 요소이다. 회로에 저항이 없는 것은 합선을 의미하고 합선에 의해 단락전류가 흐를 경우 화재의 우려가 있다.

전기 회로의 저항에서 열이 발생하는 이유는 저항을 통과하는 전자들이 저항 내의 원자들과 충돌하면서, 전기적 위치에너지의 일부분이 열에너지로 바뀌어 저항이 뜨거워지기 때문이다. 이때 저항은 전류를 감소시켜 목적을 수행한다.

또한 저항을 선택할 때 허용전력을 참고하여야 하는 이유는 모든 저항은 전기에너지를 소산할 때 열을 발생 시키므로 잘못된 저항을 고르면 저항이 열을 견디지 못하는 문제가 발생할 수도 있기 때문이다. 사용 용도, 재료, 허용전력(watt)용량 및 형태를 분석하여 올바른 저항을 선택하여야 한다.

1) 저항의 종류

저항기는 크게 고정 저항기와 가변 저항기로 나눈다. 사용하는 재료에 따라 탄소계와 금속계로 분류한다. 또한 저항에는 허용 오차라는 것이 있는데, 이는 알파벳(B, C, D, F, G, J, K M) 혹은 저항의 띠 색깔로 표기한다.

① 사용 용도에 의한 분류

가) 고정저항

가장 일반적인 저항으로 일정한 저항값을 가지고 있다. 산화피막저항 등이 해당된다.

나) 가변저항(precision potentiometer)

저항치를 일정한 범위 내에서 임의로 변화시킬 수 있는 저항이다. 음량조절 볼륨, 자동차의 스로틀포지션 센서와 같이 회전방식과 슬라이드 방식이 있으며, 포텐시오미터(POTENTIOMETER)라고도 한다.

② 전력 용량에 의한 분류

전자회로상에서 저항을 사용하기 위해서는 저항에 흐르는 전류를 고려하여 적당한 전력 용량을 가진 저항을 선택하여야 한다. 적정 전력 용량보다 작은 저항을 사용하면 발열로 인해 주위 회로에 영향을 미치거나 심할 경우에는 화재를 일으키기도 한다. 반대로 용량이 큰 저항을 사용하면 회로 상의 공간과 비용을 낭비하게 된다. 현재 전자 기기에서 주로 사용하는 저항의 전력 용량의 크기는 1/16w에서 1/2w까지 여러 단계가 있다.

③ 형태에 의한 분류

가) 칩(CHIP) 저항

저항을 SMD(Surface Mount Device)화한 것이다. 아주 작은 크기의 직사각형 모양이 주종으로 대게는 핀셋으로만 집을 수 있다. 전력 용량은 대략 1/16W에서 1/8W 정도이다.

나) 리드타입 저항

원통형의 저항체 양 끝에 전선을 붙여서 만든 것으로, 작은 저항은 양 끝의 캡(CAP)에 리드선을 붙이며 큰 저항은 원통형의 끝부분에 도선을 감아서 이곳에 리드선을 붙인다. 리드타입 저항은 주로 1/6W 이상의 저항에 쓰이며, 허용전력의 크기가 커지면 리드타입보다는 나사로 고정할 수 있는 터미널 방식을 선택한다.

④ 재료에 의한 분류

가) 탄소피막저항

절연체의 표면에 탄소 가루를 얇게 발라서 만든 저항이다. 탄소의 두께, 농도, 도포방법에 따라서 저항치가 결정되며, 원통형 저항의 경우 저항치를 크게 하기 위하여 탄소를 나선형으로 칠하는 것이 일반적이다. 아주 고운 입자의 탄소 알갱이들을 접촉시켜 저항체를 형성하기 때문에 주파수 특성이 좋지 않으므로, 고주파전류가 직접 흐르는 곳에는 사용하지 않는다.

나) 금속피막저항

모양이 사각형의 칩 또는 탄소피막저항과 흡사한 저항체이다. 탄소 가루 대신에 저항성분이 있는 금속을 사용하기 때문에 신뢰성, 수명, 주파수 특성이 양호하다.

다) 권선저항

가장 처음부터 사용한 저항 제조 방법이다. 진공관 시절 저항의 대명사이며, 원통형의 절연체에 망간선 등 저항성분을 가진 도선을 나선형으로 감아서 만든다. 단점은 코일과 같은 모양이 되기 때문에 자체 인덕턴스로 인하여 높은 주파수에는 사용하지 못하는 점이다. 또한 제조 단가가 높기 때문에 현재는 큰 전력 용량이 필요한 곳에만 사용한다. 권선저항은 절연과 방열을 목적으로 표면에 바르는 물질에 따라 법랑저항, 시멘트저항으로 부르기도 한다. 원통형의 수 [w]에서 건축구조물 형태의 수 백[kw]이상의 엄청난 크기의 저항도 있는데, 전자회로에 쓰이지는 않고 발전기의 부하시험 등 산업용으로 쓰인다.

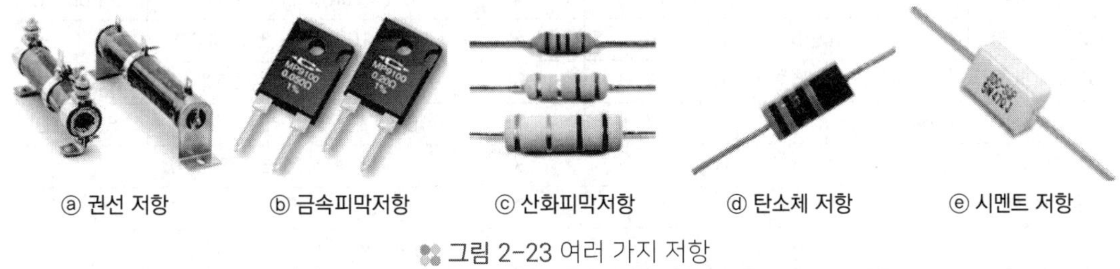

ⓐ 권선 저항 ⓑ 금속피막저항 ⓒ 산화피막저항 ⓓ 탄소체 저항 ⓔ 시멘트 저항

그림 2-23 여러 가지 저항

2) 저항값 읽는 방법

① 컬러코드(color code) 읽는 방법

저항의 부품은 모양이 동일하여도 저항값이 다르다. 저항의 크기를 여러 가지 문자로 표기하는 것이 어려우므로 서로 다른 저항값을 컬러코드로 나타낸다.

컬러코드를 읽는 방법은 컬러코드의 수에 따라 차이가 있으나 6code 저항을 예로 들면, 저항의 끝부분에서 가까운 쪽부터 3개의 선이 유효숫자이고, 3번째 선이 승수, 5번째 선이 허용오차(%), 6번째 선은 20℃를 기준으로 설정된 온도변화계수이다. 예를 들어 컬러코드가 첫 번째 선부터 빨강색, 주황색, 노란색, 초록색, 파란색, 빨강색으로 되어 있다면 저항값은 23.4 MOhms 이고, 허용 오차는 ±0.25%, 온도허용계수는 50ppm/℃이다.

즉, 저항값 = (첫 번째 유효숫자×10 + 두 번째 유효숫자) ×세 번째 승수(Ω) =

$$=(2\times100+3\times10+4)\times10^5=23,400,000ohm$$

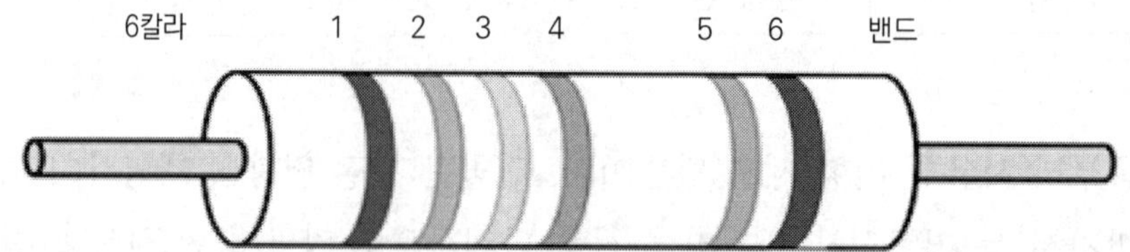

색 명		제1색대	제2색대	제3색대	제4색대	제5색대	제6색대
		제1숫자 (100 자릿수)	제2숫자 (10 자릿수)	제3숫자 (1 자릿수)	승 수 (배수)	공칭저항값	온도계수
검은색(흑색)		0	0	0	10^0(×1)	0	
갈색		1	1	1	10^1 (×10)	±1%(F)	100ppm/℃
빨간색(적색)		2	2	2	10^2 (×100)	±2%(G)	50ppm/℃
주황색(등색)		3	3	3	10^3 (×1K)	±3%	15ppm/℃
노란색(황색)		4	4	4	10^4 (×10K)	±4%	25ppm/℃
초록색(녹색)		5	5	5	10^5(×100K)	±0.5%(D)	
파란색(청색)		6	6	6	10^6 (×1M)	±0.25%(C)	10ppm/℃
보라색(자색)		7	7	7	10^7 (×10M)	±0.1%(B)	5ppm/℃
회색		8	8	8	10^8	±0.05%(A)	
흰색(백색)		9	9	9	10^9	–	1ppm/℃
금색		–	–	–	10^{-1} (×0.1)	±5%(J)	
은색		–	–	–	10^{-2} (×0.01)	±10%(K)	
무표시(無標示)						±20%(M)	

【예】 적2, 등3, 황4, 녹105, 청0.25%, 적50ppm, 적50ppm = 23,400,000Ω ± 0.25% 50ppm/℃
= 23,400kΩ ± 0.25% 50ppm/℃
= 23.4 MOhms ±0.25% 50ppm/℃

제1색대 적색 2
제2색대 등색 3
제3색대 황색 4
제4색대 녹색 105
제5색대 청색 ±0.25%
제6색대 적색 50ppm/℃

그림 2-24 컬러코드 읽는 방법

② 가변저항의 코드(code) 읽는 방법

가변저항은 변화할 수 있는 최댓값을 세 자리의 숫자 코드로 나타낸다. 첫 번째와 두 번째 숫자는 두 자리의 숫자를 나타내고, 세 번째 숫자는 10의 배수를 나타낸다.

예) 102 : 10 × 100 = 1000 = 1KΩ (변경 가능한 최대 저항값)

③ SMD 저항 코드 읽는 방법

SMD는 SMT (Surface Mount Technology)로부터 유래되었다. 작은 칩에 표기된 3자리 또는 4자리의 숫자 형 코드와 E 계열로 구분되는 문자 숫자 조합의 코드로 저항값을 표시한다. 일반적으로 허용 오차는 3자리 숫자 코드는 ±5%, 4자리 숫자 코드는 ±1% 이다.

가) 3자리 SMD저항 코드 읽기

첫 번째와 두 번째 숫자는 두 자리의 수를 나타내고, 세 번째 숫자는 10의 배수를 나타낸다. 그리고 "R" 표시는 10Ω 미만의 저항일 경우 소수점 위치를 나타낸다.

예) 220 : 22 × 1 = 22Ω
103 : 10 × 1000 = 10000 = 10KΩ
915 : 91 × 100000 = 9100000 = 9.1MΩ
4R7 : 4.7Ω
R56 : 0.56Ω

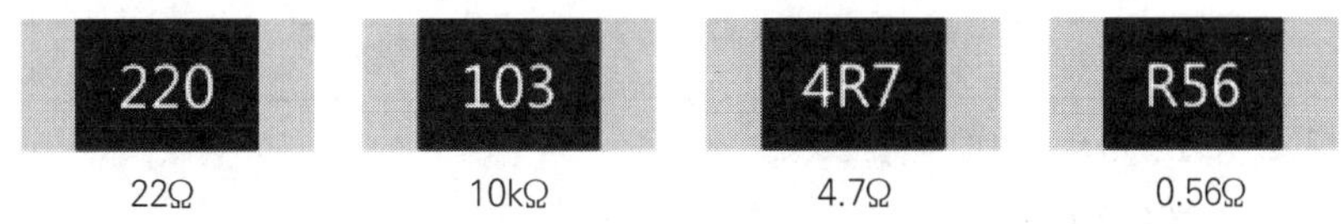

그림 2-25 3자리 SMD 저항

나) 4자리 SMD저항 코드 읽기

첫 번째에서 세 번째까지의 숫자는 세 자리의 수를 나타내고, 네 번째 숫자는 10의 배수를 나타낸다. 그리고 100Ω 미만의 저항을 표시하기 위한 "R"의 표시는 "R" 표시된 곳에 소수점을 나타내고 있다.

예) 2201 : 220 × 10 = 2200 = 2.2kΩ
1000 : 100 × 1 = 100Ω
1004 : 100 × 10000 = 1000000 = 1MΩ
R102 : 0.102Ω
25R5 : 25.5Ω

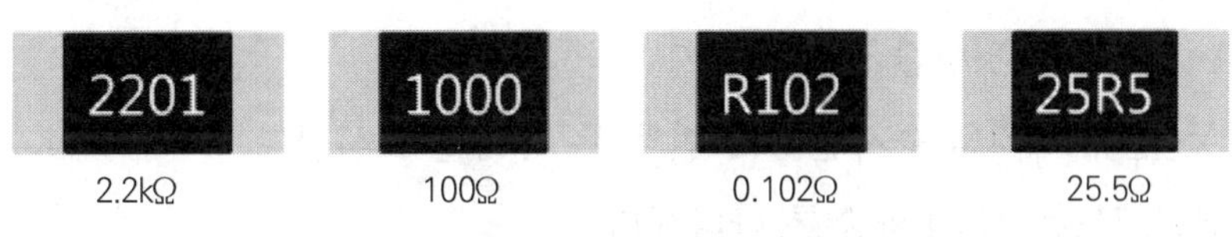

그림 2-26 4자리 SMD 저항

다) EIA-24 SMD 저항 코드 읽기

EIA-24 SMD 저항 코드는 5% 오차를 지니는 SMD저항에 사용하는 표기방법이다. 2자리 코드로 구성되며, EIA-96 저항 코드와는 다르게 영문코드는 숫자 값을 나타내고 숫자는 10의 배수를 나타낸다. 그러므로 영문코드의 값과 숫자인 10의 배수의 곱으로 저항값을 알 수 있다.

다음은 EIA-24 SMD 저항값 표기 방법이다.

- 첫 번째 문자는 영문코드이며 해당하는 값을 나타낸다.
- 두 번째 숫자는 해당 숫자의 10의 배수를 나타낸다.

영문코드	값	영문코드	값	영문코드	값	영문코드	값
A	1	G	1.8	M	3.3	S	5.6
B	1.1	H	2	N	3.6	T	6.2
C	1.2	I	2.2	O	3.9	U	6.8
D	1.3	J	2.4	P	4.3	V	7.5
E	1.5	K	2.7	Q	4.7	W	8.2
F	1.6	L	3	R	5.1	X	9.1

- 예) C3 = 1.2 × 1000 = 1200 = 1.2KΩ
  T2 = 6.2 × 100 = 620Ω
  Q6 = 4.7 × 1000000 = 4.7MΩ

그림 2-27 EIA-24 SMD 코드

라) EIA-96 SMD 저항 코드 읽기

EIA-96 SMD 저항 코드는 1% 오차의 SMD 저항에 사용하는 표시 방법이다. 3자리 코드로 구성되며, 숫자 코드(값)에 대한 값과 영문코드(배율)의 값의 곱으로 저항값을 알 수 있다.

다음은 EIA-96 SMD 저항값 표기 방법이다.

- 첫 번째, 두 번째 자리의 숫자는 코드번호 두 자리를 표시한다.
- 세 번째 영문코드는 10의 배수를 나타낸다.

EIA-96 숫자 코드						EIA-96 영문코드	
코드	값	코드	값	코드	값	영문코드	배율
01	100	33	215	65	464	Z	0.001
02	102	34	221	66	475	R or Y	0.01
03	105	35	226	67	487	S or X	0.1
04	107	36	232	68	499	A	1
05	110	37	237	69	511	Bor H	10
06	113	38	243	70	523	C	100
07	115	39	249	71	536	D	1000
08	118	40	255	72	549	E	10000
09	121	41	261	73	562	F	100000
10	124	42	267	74	576	-	-
11	127	43	274	75	590	-	-
12	130	44	280	76	604	-	-
13	133	45	287	77	619	-	
14	137	46	294	78	634	-	
15	140	47	301	79	649	-	
16	143	48	309	80	665	-	
17	147	49	316	81	681	-	
18	150	50	324	82	698	-	
19	154	51	332	83	715	-	
20	158	52	340	84	732	-	
21	162	53	348	85	750	-	
22	165	54	357	86	768	-	
23	169	55	365	87	787	-	
24	174	56	374	88	806	-	
25	178	57	383	89	825	-	
26	182	58	392	90	845	-	
27	187	59	402	91	866	-	
28	191	60	412	92	887	-	
29	196	61	422	93	909	-	
30	200	62	432	94	931	-	
31	205	63	442	95	953	-	
32	210	64	453	96	976	-	

- 예) 01F = 10M

  01E = 1MΩ

  01B = 1kΩ

  66X = 475 × 0.1 = 47.5Ω (숫자코드, 66 = 475, 영문코드 X = 0.1)

  85Z = 750 × 0.001 = 0.75Ω (숫자코드, 85 = 750, 영문코드 Z = 0.001)

  36H = 232 × 10 = 2320Ω = 2.32kΩ (숫자코드, 36 = 232, H = 10)

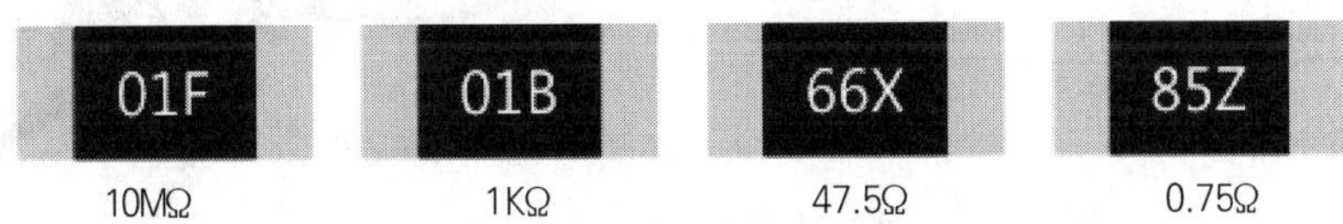

그림 2-28 EIA-96 SMD 코드

Chapter 04

옴(Ohm)의 법칙과 저항의 접속방법

1 옴의 법칙(Ohm' law)

전기회로 내에서 전압·전류 및 저항 사이에는 일정한 관계가 있다. 두 지점 사이의 도체에 일정한 전위차가 존재할 때, "도체에 흐르는 전류는 도체에 가해진 전압에 비례하고, 그 도체의 저항에 반비례한다." 독일의 물리학자 옴(Ohm)은 1827년에 전압과 전류와 저항의 관계를 정리하였으며 이를 옴의 법칙이라 한다.

I : 도체를 흐르는 전류(A)

E : 도체에 가해진 전압(V)

R : 그 도체의 저항(Ω)이라 하면

$$I = \frac{E}{R} \quad \cdots\cdots ①$$

의 공식으로 표시된다.

또 ①의 공식을 변형하면

$$R = \frac{E}{I} \quad \cdots\cdots ②$$

$$E = IR \quad \cdots\cdots ③$$

이 된다.

공식 ③의 전압(E)은 회로 중의 저항(R)에 I의 전류가 흐르면 이 저항의 양 끝에서 $E = IR$(V)의 전압이 소비되는 것을 의미한다. 또한 저항 R인 도체에 I의 전류를 흐르게 하려면 E의 전압이 필요하다는 것을 의미한다.

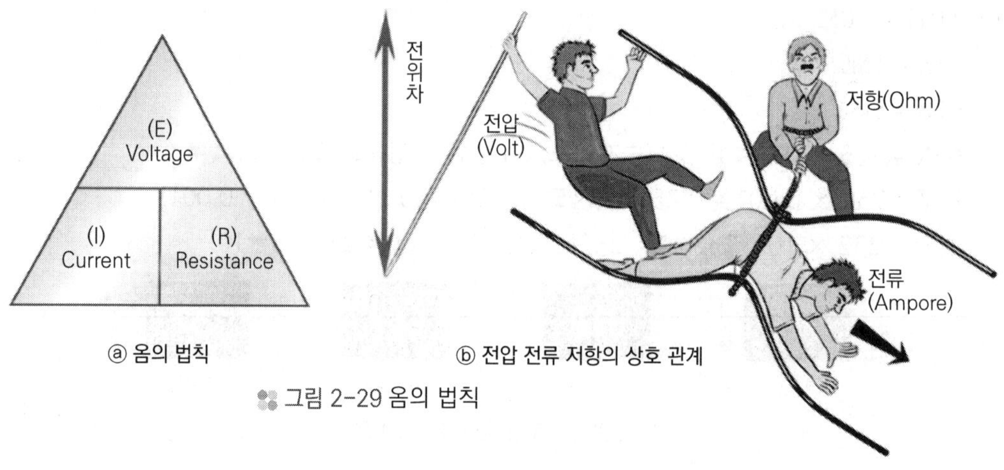

그림 2-29 옴의 법칙

2 저항의 접속방법

다수의 저항을 접속하는 방법에는 직렬접속과 병렬접속이 있다. 직렬연결은 도체의 길이가 길어지는 효과가 있고, 병렬연결은 도체의 단면적이 넓어지는 효과가 있다. 어느 접속이든지 저항(R)의 합은 전압(E)을 전류(I)의 합으로 나눈 $R=\frac{E}{I}$ 이며, 회로 내의 저항 전체를 합한 값을 합성저항 또는 전체저항이라 한다.

(1) 저항의 직렬접속

직렬연결은 서로 직선으로 연결하는 것으로, 끝과 끝이 연이어 연결된 형태를 직렬접속이라 한다. 가변된 전압을 이용할 때 사용한다. 그림 2-30에서 2개의 저항을 직렬로 접속하면, 들어간 전류와 나간 전류가 동일하므로 각 저항에 흐르는 전류는 일정하고, 각 저항에는 전원전압이 나누어져 흐르게 된다. 그리고 합성저항은 각 저항의 합과 같으며, 각각의 저항에 흐르는 전류는 똑같다. 또 각 저항에 공급되는 전압의 합은 전원전압과 같다.

저항의 직렬접속은 다음과 같은 특징이 있다.

① 합성저항은 각 저항의 합과 같다.

② 어느 저항에서나 똑같은 전류가 흐른다.

③ 전압이 나누어져 저항 속을 흐른다. 즉, 각 저항에 가해지는 전압의 합은 전원전압과 같다.

④ 큰 저항과 매우 작은 저항을 연결하면 매우 작은 저항은 무시된다.

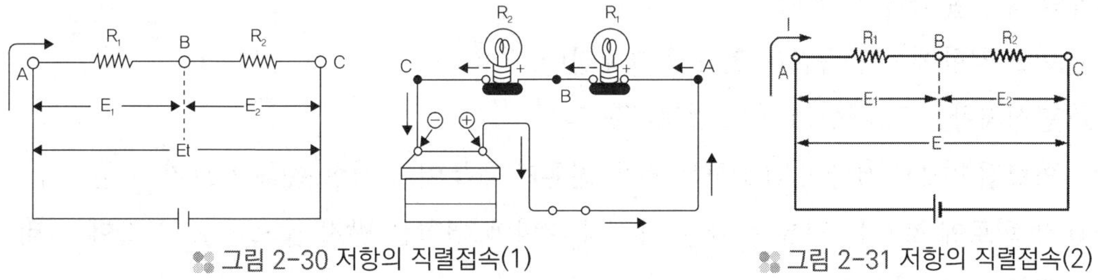

그림 2-30 저항의 직렬접속(1)

그림 2-31 저항의 직렬접속(2)

그리고 직렬접속에서는 어느 저항에서나 항상 똑같은 전류가 흐른다. 즉 R_2에 흐르는 전류와 R_1에 흐르는 전류는 같다. 그림 2-31에서 각 저항의 양 끝의 전압을 E_1, E_2라 하면 옴의 법칙에 따라

$$E_1 = IR_1 \qquad E_2 = IR_2$$

가 된다. 따라서

$E = E_1 + E_2 = IR_1 + IR_2 = I(R_1 + R_2)$이 되므로, A와 C사이의 합성저항을 R이라 하면 $E = IR$이 되어 $IR = I(R_1 + R_2)$가 되므로 $R = R_1 + R_2$가 된다.

따라서 n개의 저항 R_1, R_2, R_3……R_n을 직렬로 접속하였을 때 합성저항 (R)은 각 저항의 합과 같게 되므로 $R = R_1 + R_2 +$ ㅇ$R_3 + \cdots\cdots + R_n$으로 되어 직렬접속의 합성저항은 각 저항은 어느 하나보다 크게 된다.

(2) 저항의 병렬접속

몇 개의 저항을 그림 2-32과 같이 접속한 것을 병렬접속이라 한다. 모든 저항을 두 단자에서 접속점을 공통으로 연결하는 것으로, 작은 저항을 얻고자 할 경우와 전류량을 조절 할 때 사용한다.

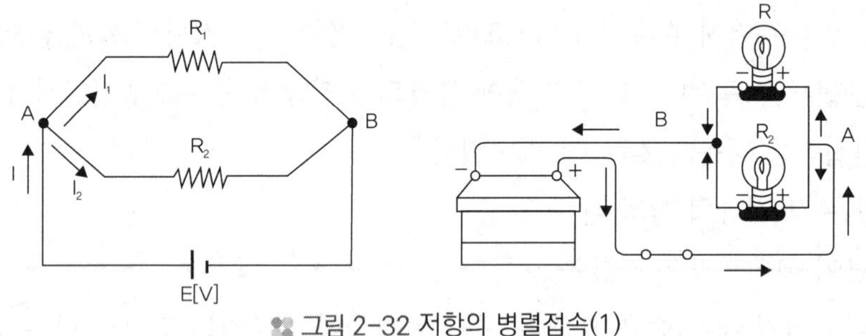

그림 2-32 저항의 병렬접속(1)

2개의 저항을 병렬로 연결하면 어느 저항이나 똑같은 전압이 공급되고, 전류는 각 저항 값에 따라 변화하지만, 전원에서 공급된 전류는 각 저항에 흐르는 전류의 합이 된다. 병렬접속의 특징은 다음과 같다.

① 어느 저항에서나 똑같은 전압이 가해진다.

② 합성저항은 각 저항의 어느 것보다도 작다.

③ 병렬접속에서 저항이 감소하는 것은 전류가 나누어져 저항 속을 흐르기 때문이다.

④ 각 회로에 흐르는 전류는 다른 회로의 저항에 영향을 받지 않으므로 양 끝에 걸리는 전류는 상승한다.

⑤ 매우 큰 저항과 적은 저항을 연결하면 그 중에서 큰 저항은 무시된다. 그리고 그림 2-33와 같이 A, B사이에 전압 E를 가하면 각 저항 R_1, R_2, R_3에는 똑같은 전압이 가해진다. 그러므로 각 회로의 전류는 옴의 법칙에 따라 다음과 같이 구할 수 있다. A점에 들어온 전류를 I라 하면 전류 I는 A에서 나누

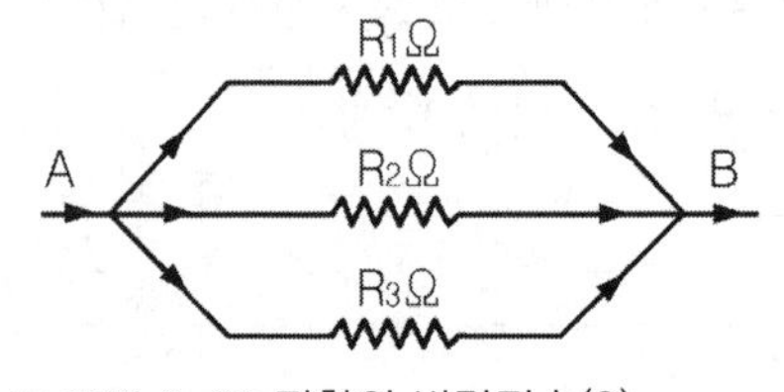

그림 2-33 저항의 병렬접속(2)

어져 I_1, I_2, I_3 가 되어 각 저항에 흐르므로, I는 I_1, I_2 및 I_1, I_2 의 합과 같다.

즉, $I = I_1 + I_2 + I_3$ 가 되고 $I = \frac{E}{R_1} + \frac{E}{R_2} + \frac{E}{R_3} = E\left(\frac{1}{R_1} + \frac{1}{R_2} + \frac{1}{R_3}\right)$ 이 된다. 그리고 A, B 사이의 합성저항을 R이라 하면 $I = \frac{E}{R}$가 되며, $\frac{E}{R} = E\left(\frac{1}{R_1} + \frac{1}{R_2} + \frac{1}{R_3}\right)$ 이므로

$\frac{1}{R} = \frac{1}{R_1} + \frac{1}{R_2} + \frac{1}{R_3}$ 이 된다.

따라서 n개의 저항 R_1, R_2, R_3……R_n을 병렬로 접속하였을 경우 그 합성저항을 R이라 하면 $\frac{1}{R} = \frac{1}{R_1} + \frac{1}{R_2} + \frac{1}{R_3} + \cdots\cdots + \frac{1}{R_n}$ 이 된다.

(3) 직·병렬연결

직·병렬연결이란 직렬과 병렬을 혼합한 연결 방식이며, 그 특징은 다음과 같다.

① 합성저항은 직렬합성 저항과 병렬합성 저항을 더한 값이다.

② 회로에 흐르는 전류와 전압이 상승한다.

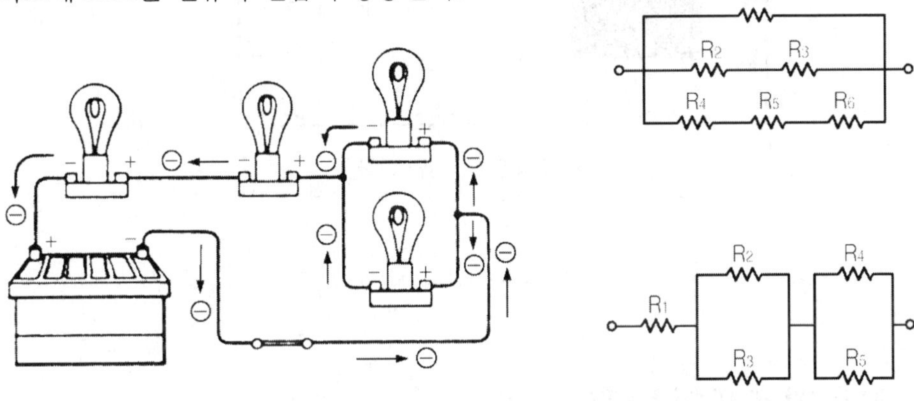

그림 2-34 저항의 직·병렬연결

Chapter 05 전압강하(voltage drop)

전원에서 전기에너지인 전류가 전선을 타고 이동할 때 저항을 지나면서 전압의 크기가 작아지는 현상을 전압강하라고 한다. 전장부품에 전류가 흐를 때는 도중의 전선저항(R) 때문에 전압이 소비되며, 옴의 법칙에 따라 $V = IR$이란 공식을 적용한다. 이 전압은 전원에서 멀어짐에 따라 점점 낮아진다. 그림과 같이 단자전압이 E(V), 저항이 R(Ω)인 전선을 통하

여 전장부품(전구)에 전류 I(A)를 흐르게 하면, 스위치 및 전선에서 12(V)의 전압을 소비하며 전장부품(전구)의 양 끝 전압 V_L은 11.7(V)가 된다.

즉, 전원에 주어진 전압은 전장부품 쪽으로 진행됨에 따라 낮아지며, 전장부품 전압 V_L은 그림에서와같이 접지라인의 저항으로 인한 0.2(V) 접촉저항이 발생한다. 이처럼 전기회로에서 사용하는 전선의 저항이나 회로 접속부분의 접촉저항 등에 소모하는 전압을 그 저항에 의한 전압강하라 한다. 전압강하가 커지면 전장부품의 기능이 저하하므로 회로에 사용하는 전선은 알맞은 굵기여야 한다.

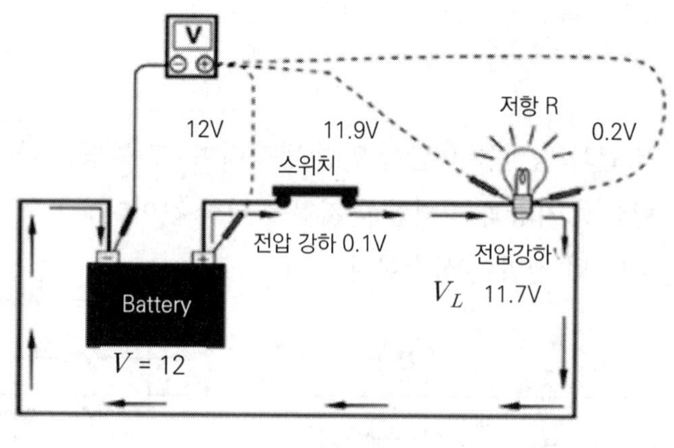

그림 2-35 전압 강하

Chapter 06 키르히호프의 법칙(Kirchhoff's Law)

복잡한 회로의 전압·전류 및 저항을 다룰 경우에는 옴의 법칙을 발전시킨 전기회로에서의 전하량과 에너지 보존을 다루는 키르히호프의 법칙을 사용한다. 즉, 전원이 2개 이상인 회로에서 합성전력 측정이나 각 부분의 전류분포 등을 구할 때 사용하며 제1법칙과 제2법칙이 있다.

1 키르히호프의 제1법칙

키르히호프의 제1법칙은 전류에 관한 공식이며 전기회로가 직렬로 구성된 회로의 전체 전류는 각각의 저항을 통하여 흐른다. 하지만, 병렬회로는 전체 회로가 2군데 이상의 회로에 나누어져 있어서 전류는 각각의 회로를 흐른 후 다시 합쳐져 흐른다.

전류가 통과하는 분기점(만나는 지점)은 들어온 전류의 양과 나간 전류의 전하량의 합이 같아서 전류량은 0이다. 또는 도선망(회로) 안에서 전류의 대수적 합은 들어온 전류의 양을 양수로, 나아간 전류의 양을 음수로 가정하고, 더불어 도선 상에 전류의 손실은 없다고 가정한다면 전류량은 0이다. 이와 같이 "회로 내의 어떤 한 점에 유입된 전류의 총합과 유출한 전류의 총합은 같다"고 정리한 관계를 키르히호프의 제1법칙이라 한다. 그림 2-36의 0점에서는 다음의 공식이 성립된다.

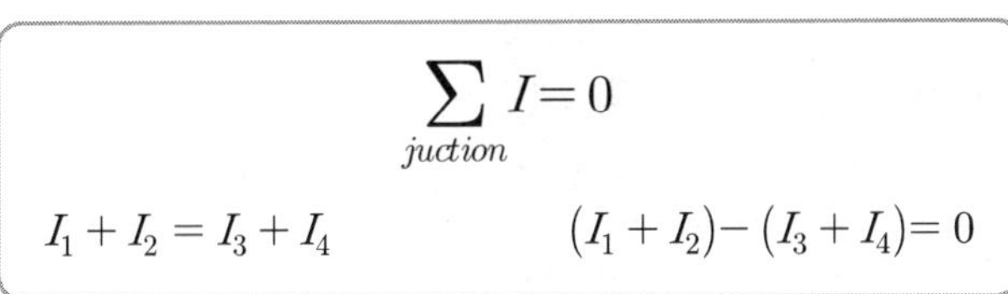

$$\sum_{juction} I = 0$$

$$I_1 + I_2 = I_3 + I_4 \qquad (I_1 + I_2) - (I_3 + I_4) = 0$$

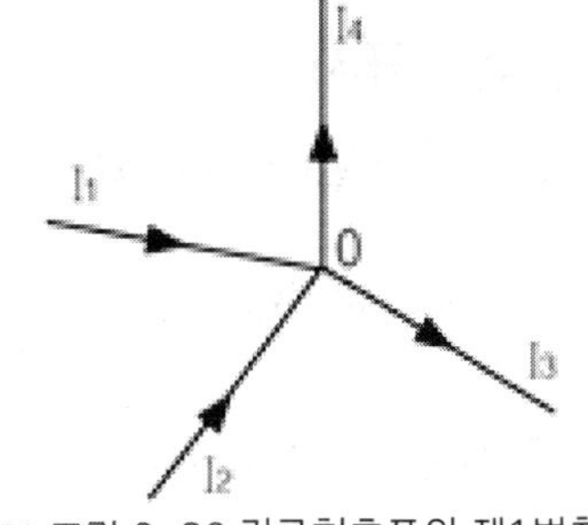

그림 2-36 키르히호프의 제1법칙

2 키르히호프의 제2법칙

이 법칙은 전압에 관한 공식이다. 에너지 보존의 원칙은 기전력 E(V)에 의해 R(Ω)의 저항에 I(A)의 전류가 흐르는 회로에서 옴의 법칙에 따라 $E = IR$이 된다. 이것을 문자로 나타내면, "기전력=전압강하에 의한 전압의 합"으로 되어 A → B → C → D의 방향에서는 기전력과 전압강하가 같다는 것을 뜻한다.

즉 "임의의 폐회로(하나의 접속점을 출발하여 전원·저항 등을 거쳐 본래의 출발점으로 되돌아오는 닫힌회로)에 있어 기전력의 총합과 저항에 의한 전압강하의 총합은 같다."

$$\sum_{clsedloop} \triangle V = 0$$

$$V_1 + V_2 + V_3 - V_4 = 0$$

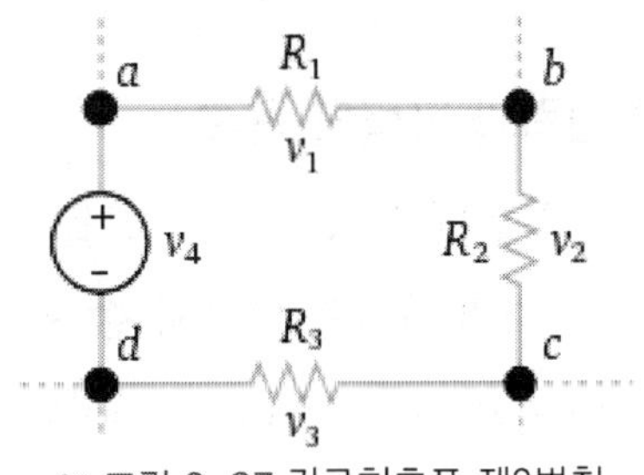

그림 2-37 키르히호프 제2법칙

Chapter
07 전력과 전력량

1 전력(電力)

전구나 모터 등에 전압을 가하여 전류를 흐르게 하면 빛 또는 열이 발생하거나 기계적인 일을 한다. 이와 같이 전기가 단위 시간 동안 하는 일의 양을 전력이라고 하며, 주로 전기·전자 기기의 소비 전력을 나타낼 때 사용한다. 전력은 전압과 전류가 클수록 커진다.

(1) 전력의 표시

E(V)의 전압을 가하여 I(A)의 전류를 흐르게 할 경우 전력 P(W)는

$$P = EI(\text{W}) \quad \text{①}$$

로 표시된다. 만약, I(A)의 전류가 R(Ω)의 저항 속을 흐르고 있다면 $E = IR$의 관계가 있으므로

$$P = EI = IR \times I = I^2R \text{ 즉, } P = I^2R \quad \text{②}$$

이 되어 전력은 모든 저항에 소비된다는 것을 알 수 있다. 또 $I = \frac{E}{R}$의 관계가 있으므로

$$P = EI = \frac{E}{R} \times E = \frac{E^2}{R} \quad \text{③}$$

으로 표시할 수 있다. 전력의 단위는 와트(Watt, 기호 W)를 사용하며 큰 단위로는 1,000W, 즉, 1킬로와트(kW)를 사용한다.

(2) 전력과 마력의 관계

1초 동안에 75kgf·m의 일을 하였을 때 일의 비율을 동력, 1마력(PS)이라 하며, 이 마력과 전력의 관계는 다음과 같다.

1PS = 75kgf·m/sec = 736W = 0.736kW

1HP = 550ft·lb/sec = 746W = 0.746kW

2 전력량(電力量)

전류가 일정 시간 동안 한 일의 양을 전력량이라고 한다. 주로 전기·전자 기기의 소비 전력량은 소비전력과 소요 시간을 곱한 값으로, 단위는 와트시(watt hour)를 사용하고 [Wh]로 표시한다. 따라서 P(W) 의 전력을 t초(sec) 동안 사용하였을 때 전력량 (W)는

$$W = Pt \text{(Wh, 와트 초 또는 줄(Joule, 기호 J)} \quad ①$$

로 표시된다. 그리고 I(A)의 전류가 $R(\Omega)$의 저항 속을 t초 동안 흐르는 경우에는

$$W = I^2Rt \quad ②$$

의 전력량이 모두 열로 소비되기 때문에 이때 발생하는 열량을 H칼로리(cal)라 하면

$$H \fallingdotseq 0.24I^2Rt\text{(cal)} \quad ③$$

의 관계 공식이 성립된다.

공식 ③은 저항에 의하여 발생하는 열량은 도체의 저항과 전류의 제곱 및 도체저항에 비례한다는 것을 의미하며 이를 줄의 법칙(Joule' Law)이라 한다. 이와 같이 전류가 저항 속을 흘러 발생하는 열을 줄 열이라 하며, 전열기구, 예열플러그 등에서 사용한다.

3 전선의 허용전류와 퓨즈

(1) 전선의 허용전류

전선에 전류가 흐르면 전류의 제곱에 비례하는 줄 열이 발생하며, 이 열이 절연피복을 변질시키거나 손상시켜 전기화재의 원인이 된다. 이에 따라 전선에는 안전한 상태로 사용할 수 있는 전류 값이 정해져 있는데, 이것을 허용전류라 한다. 모든 전기회로에서 사용하는 전선은 이 허용전류의 한계 내에서 사용하여야 하며, 허용전류와 안전전류는 같다고 생각해도 된다.

그리고 그림 2-38(a)와 같이 전압을 가한 전선의 절연피복이 손상되어 전선이 직접 차체와 접촉하면, 부하를 거치지 않고 전원과 접촉하므로 많은 양의 전류가 흐르게 된다. 이와 같이 부하를 거치지 않고 전원이 접속되는 상태를 단락(short)이라 한다.

(2) 퓨즈(fuse)

퓨즈는 전기회로에서 일정 값 이상의 전류(A)가 안전통전 시간 이상으로 지속 통전 되었을 경우, 퓨즈 가용체(엘리멘트)가 내부에서 발생하는 열에 의하여 용단되어 회로를 개방하는 장치이다. 전장회로에 단락전류(과전류) 발생 시 전류 흐름을 차단하며 기기 및 회로를 보호한다. 또한 일반적으로 전자제품의 과전류 보호용으로 사용하는 퓨즈는 과전류가 흘렀을 때 1회용 보호소자로서 동작되며, 제품의 재동작을 위해서는 퓨즈의 교체가 불가피하다. 더불어 Fuse는 스위치의 On↔Off 반복동작과 순간적인 서지(Surge)전류에 의해서도 손상되는 경우가 종종 발생한다.

단락보호와 과부하 보호겸용 퓨즈에는 기기의 최대부하전류(Full Load Ampere, F.L.A)의 125%를 적용하는 것이 이상적이지만, 단지 단락보호용으로 사용할 때는 200%를 초과하지 않는 범위에서 선택하는 것이 좋다.

퓨즈 소자에 사용하는 재료는 주석, 납, 은, 동, 아연, 알루미늄 및 납과 주석의 합금이며 용융점(melting point)은 알류미늄 665℃, 주석 240℃, 구리 1,090℃ 정도이다.

1) 단락과 접지

① **단락(Short Circuit)**: 흔히 쇼트(short)라고 불리는 단락은 전류가 원래 흐르는 경로에서 벗어나 저항이 거의 없거나 아예 없는 곳으로 흐르는 것을 의미하며, 전선 피복 안쪽의 심이 다른 선과 접촉하는 경우 발생한다. 그림 2-38(b)와 같은 전선 절연피복의 열화로 인한 전기배선 간의 단락을 합선이라 하고, 단락 이전의 전압은 거의 0이 되어 단락지점에는 과도한 전류가 흐른다.

② **접지(Ground Fault)**: 접지결함이란 그림과 같이 전원이 존재하는 핫라인(Hot line)의 절연부분이 열화 또는 손상으로 인하여 도체(전선)가 타 물체와 접촉하여 접지선(Ground)또는 차체(earth)를 통해 비정상적인 방향으로 전류가 흐르는 경우를 말한다. 기술적으로는 접지결함은 단락의 한 종류로 볼 수 있다. 접지결함이 발생하면 단락과 마찬가지로 전류 흐름이 퓨즈에 의해 차단될 수 있으며, 퓨즈의 용량은 암페어(A)로 표시한다.

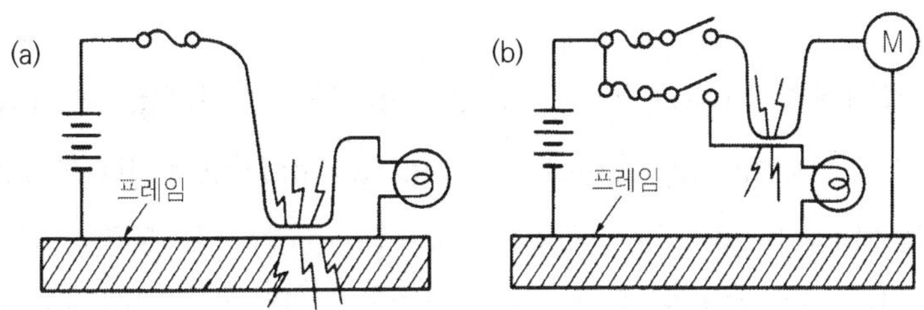

그림 2-38 퓨즈가 있는 회로의 단락과 접지

2) 폴리 스위치(Poly Switch)

전기전도성 폴리머로 이루어져 있는 Raychem사의 자기복구형 폴리 스위치는 부품의 교체 없이 반영구적으로 반복 사용할 수 있다. 동작원리는 회로에 과전류가 유입되면 이 전류에 의해 발생하는 Joule열에 의하여 폴리 스위치가 저저항체에서 고저항체로 변하면서 과전류를 제한하여 기기의 내부회로를 보호하는 것이다. 이어서 과전류 요인이 제거된 후, 소자의 온도가 낮아지면, 저항값이 다시 초기상태의 낮은 값으로 복귀하여 회로가 정상작동하는 구조이다.

폴리 스위치는 기존의 Fuse나 과전류 보호 소자에 비하여 진동, 습기, 먼지 등의 열악한 환경조건에서도 우수하다는 특성이 있으며, 어떤 형태 및 조건에서도 간단히 장착이 가능하도록 설치조건도 까다롭지 않고, 작업성도 우수하다.

폴리머 스위치의 동작 특성

모양		동작 및 구성
		특수한 폴리머(Polymer)와 전도성 물질로 구성된다. 정상상태에서는 전도성물질이 강하게 결합한 상태로 낮은 전기저항을 가지는 Chain으로 구성된다. 따라서 전기저항이 낮을 때 폴리스위치를 통과하는 전류에 의한 Joule열이 미세하여 결정구조의 변화가 발생하지 않는다. 하지만 과전류에 의한 Joule열이 발생하면 결정구조가 무정형의 폴리머구조로 변화하여, 전도체 내부의 전기저항은 급격히 증가하고, 이로 인하여 소자에 흐르는 과전류를 제한한다.

3) 퓨즈의 특성

① 저전압 퓨즈

공칭전압이 1,000V 미만인 교류 회로나 1,500V 미만인 직류 회로를 보호하기 위한, 정격 차단 용량이 6kA 미만인 전류-제한용 퓨즈-링크 또는 퓨즈를 말한다.

② 퓨즈의 종류

퓨즈의 종류는 크게 일반형(Non-Time delay type)과 지연형(Time-delay type)으로 나눌 수 있다. 일반형은 Fast-acting, Quick-acting, Normal-blow, Fast-blow 등으로 불린다. 또한 지연형은 Slow-blow, Time-lag, Surge-proof 등으로 불린다. 일반적으로 퓨즈의 정격전류를 높이면 다른 부품의 용량도 키워야 할 뿐 아니라, 차단(open) 시의 아크에너지(arc energy)도 그만큼 커지기 때문에 서지(Surge)전류가 큰 기기에서 소자 보호 및 단락 시 안전 확보 역할을 동시에 수행하기 위하여, 퓨즈의 정격전류를 높이지 않고도 기기의 통상적인 ON-OFF시 발생하는 서지(surge)전류를 견디도록 제작한 퓨즈이다.

② 퓨즈와 전압

전압의 최댓값은 퓨즈 정격전압의 110%를 초과하지 않아야 한다. 교류를 정류하여 얻은 직류의 경우, 리플이 정격전압의 110% 평균값의 5% 이하 또는 9% 이상의 변동을 발생 시키지 않아야 한다. 만일 퓨즈의 정격전압에 비해 상당히 낮은 전압에서 퓨즈-링크가 동작하는 경우에 퓨즈가 동작하지 않을 수 있으므로 주의가 필요하다.

③ 퓨즈 접촉부와 단자의 온도 특성

표준 사용 조건에서 퓨즈는 정격전류를 연속적으로 흘릴 수 있도록 설계 및 조정되어야 한다. 퓨즈의 정격 허용 전력 손실에서 퓨즈 접촉부의 온도상승한계값은 엘리먼트의 소재에 따라 구리 40~65℃, 주석도금 55~65℃, 니켈도금 70~85℃이다. 니켈 도금 도체를 사용하여 접촉부를 설계할 경우에는, 상대적으로 높은 전기적 저항으로 인해 다른 도체를 사용하는 것이 비해 상대적으로 높은 접촉 압력을 사용하여야 한다.

④ 전류-시간특성(I-T characteristics)

정격전류의 결정 방법으로서 몇 개의 point에서 통전전류비와 해당 불용단/용단시간 범위를 만족하면 그 정격전류를 인정하고 있다. 예를 들어, 정격전류의 110%에서는 불용단, 135%에서는 60분 이내 용단, 200%에서 2분 이내에 용단되는 3 points만 만족하면 된다.

⑤ 용단 시간- 전류 특성

차단 용량은 퓨즈의 정격전류(In current)와 시간의 관계이며 아래 표와 같다.

종류	2.1 In	2.75 In		4 In		10 In
	최대	최소	최대	최소	최대	최대
Fast fuse	30분	50mS	2 S	10mS	300mS	20mS
Time leg	2분	600mS	10 S	150mS	20mS	300mS

Chapter 08 자기와 전기의 관계

1 자기(magnetism)

자철광은 철이나 니켈 등을 흡인하는 성질을 지니고 있는데, 이 성질을 자성(磁性)이라 하며, 흡인하는 힘을 자기(磁氣)라 한다. 자성을 지닌 물체를 자석이라 부른다. 또한 철, 니켈, 코발트 등과 같이 자기작용을 느끼거나 자석이 될 수 있는 물체를 자성체라 하며, 알루미늄, 구리 등과 같이 자기를 거의 느끼지 않는 것을 비자성체라 한다. 자석의 양 끝은 자극(磁極)이라 부르며, 자력이 가장 크다.

자석에는 자철광과 같은 천연자석 이외에 직류 발전기의 계자철심에 사용하는 영구자석과 기동모터의 솔레노이드 스위치에서와같이 코일에 전류를 흐르게 하면 자석이 되는 인공자석(=전자석) 등이 있다.

자동차의 전기장치 중 기동모터의 계자코일과 계자철심 및 솔레노이드 스위치, 각종 릴레이, 냉각 팬 모터 등에는 인공자석을 사용하고, 와이퍼 모터, 전자제어 엔진의 연료펌프에는 영구자석과 인공 자석을 병용한다. 자석의 성질은 같은 종류의 자극은 서로 밀어내고, 다른 종류의 자극은 서로 흡입하는 것이다. 자석의 극은 N(North)극과 S(South)극이 있다.

2 쿨롱의 법칙(Coulomb's Law)

전하는 전기의 덩어리라고 말할 수 있다. 플러스 전하와 마이너스 전하를 가진 자석의 자극세기는 그 부근에서 다른 자석을 놓았을 때 양쪽 자극 사이에 작용하는 흡인력 또는 반발력의 크기를 표시한다. 즉, 2개의 자극의 세기를 각각 M_1, M_2라 하고 자극 사이의 거리를 r이라 하면 양쪽 자극 사이에 작용하는 힘 F는 다음의 관계 공식으로 표시된다.

$$F = k\frac{M_1 \cdot M_2}{r^2} \quad [N]$$

F: 두전하이 반발력 또는 흡인력, 단위 뉴턴(N)

M_1: 첫번째 전하의 전하량, 단위[C]

M_2: 두번째 전하의 전하량, 단위[C]

k: 비례정수 $k=\frac{1}{4\pi\varepsilon_0} \fallingdotseq 8.9876 \times 10^9 \quad [Nm^2/C^2]$

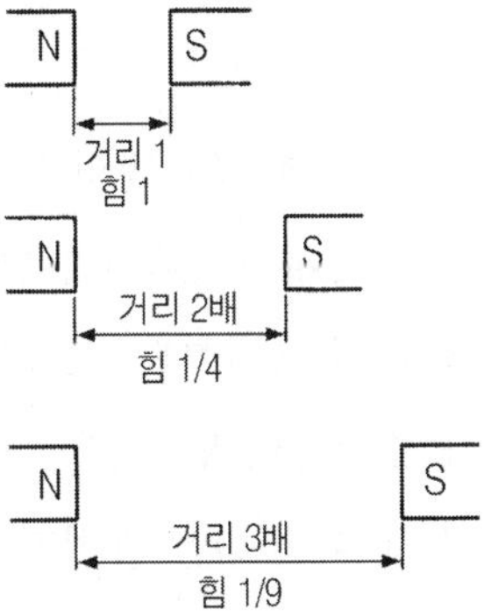

N S
거리 1
힘 1
N S
거리 2배
힘 1/4
N S
거리 3배
힘 1/9

그림 2-39 쿨롱의 법칙

이 공식에서 알 수 있듯이, 정적인 상태에서 자석의 흡입력 또는 반발력은 전하 사이 거리의 2승에 반비례하고, 자극 세기의 곱(M_1, M_2)에 비례한다. 이것을 쿨롱의 법칙이라 한다.

3 자계와 자력선

자석 위에 유리판을 올려놓고 그 위에 쇳가루를 뿌린 후 유리판을 가볍게 두드리면 그림 2-40과 같이 N극과 S극을 연결하는 곡선의 모양이 생긴다. N극에서 S극으로 향하는 방향을 정방향으로 정의하며 단위는 웨버(Weber, [Wb])이다.

이와 같이 자석이 작용하는 범위를 자계(磁界) 또는 자장(磁場)이라 한다. 그리고 쇳가루가 배열되는 이유는 자기유도 현상에 의해 쇳가루 입자 하나하나가 모두 작은 자석이 되어 자력이 작용하는 방향으로 배열되기 때문이다. 이것은 N극과 S극 사이에서 자기의 힘, 즉, 자력이 어떤 경로를 거쳐서 작용하는지를 나타내는 선이며, 이 선을 자력선(磁力線)이라 한다.

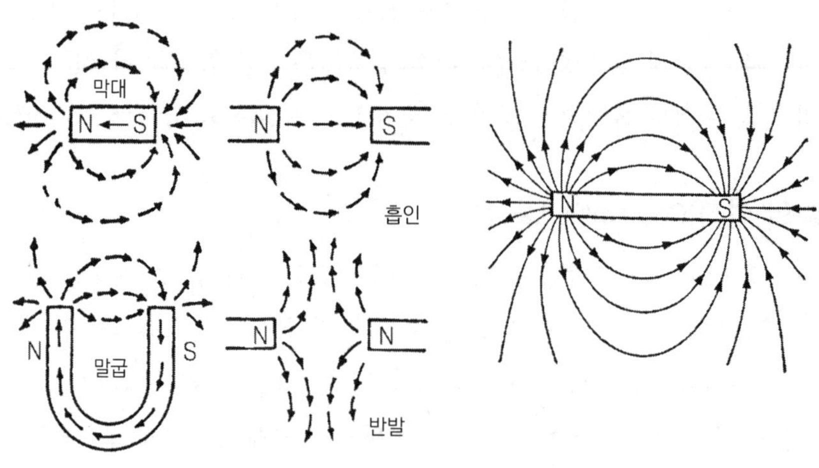

그림 2-40 자력선

이 자력선의 방향과 직각인 단면적(1cm²)을 통과하는 전체의 자력선을 자속(磁束 ; magnetic flux)이라 한다. 자력선은 일반적으로 N극에서 S극으로 향하는 방향에 화살표를 넣어 표시한다. 또 자력선의 성질은 N극과 S극을 마주하면 서로 잡아당기고, N극과 N극 또는 S극과 S극을 마주하면, 자력선이 서로 반발하여 서로 멀어지는 현상이 발생한다. 이 가설(假設)은 발전기와 모터를 공부하는 데 있어서 매우 중요하다.

4 자성체의 종류

물질을 자계 내에 놓았을 때 자기적 성질, 즉 자성을 나타내는 물질을 자성체(magnetic substance)라고 하며, 자화되지 않는 물질을 비자성체(non-magnetic substance)라고 한다.

또한 자화의 성질에 따라 자성체를 분류하면

① **상자성체** : 외부 자계에 대하여 반대 방향으로 자화되는 물질로서 백금(Pt), 알루미늄(Al), 산소(O_2), 공기 등.

② **반자성체(또는 역자성체)** : 외부 자계에 대하여 같은 방향으로 자화되는 물질로서 은(Ag), 구리(Cu), 비스무트(Bi), 물(H_2O) 등.

③ **강자성체** : 상자성체 중에서도 특히 강하게 자화되는 자성체이며 철(Fe), 니켈(Ni), 코발트(Co) 등.

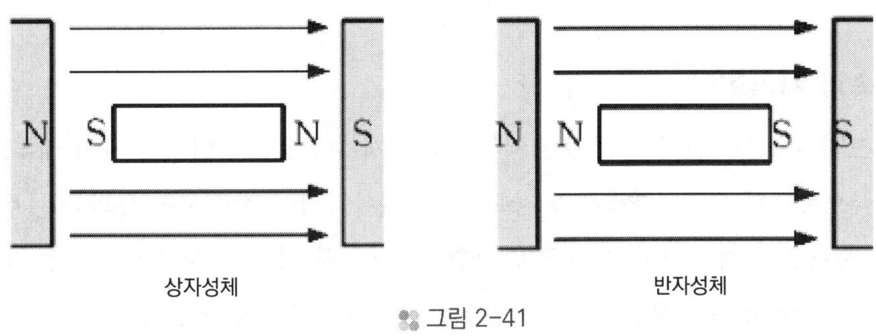

그림 2-41

5 자기유도 작용

자기를 지니지 않은 철이나 니켈 등에 자석을 접근시키면 잡아당기게 되는데, 이것은 자석이 형성하는 자계에 의하여 철이나 니켈이 자기를 띠어 자석이 되기 때문이다. 즉, 철편을 자석에 가까이 접근시키면 철편에 자극에서 먼 쪽에 같은 종류의 자극이 가까운 쪽에 다른 종류의 자극이 생겨 자극에 흡인되는 현상이다. 이와 같이 자석이 아닌 것을 자계 속에 넣으면 새로운 자석이 되는 작용을 자기유도 작용이라 하고, 이 물체는 자기유도 작용에 의하여 자화(磁化)되었다고 한다.

연강(鍊鋼)은 자석이 가까이 있을 때는 자화가 되지만 자석을 멀리하면 자기가 없어지므로 일시자석이라 한다. 경강(硬鋼)의 경우에는 일단 자화가 되면 자석을 멀리하여도 자기가 남아 있게 되며, 이때 남아 있는 자기를 잔류자기라 한다.

이처럼 경강이 자화할 때에는 자기적인 경력이 나타나는데, 이를 히스테리시스(hysteresis, 이력현상)라 한다. 경강을 자화하는 방향을 주기적으로 변화시키면 히스테리시스로 인하여 열이 발생한다.

강자성체에 일단 자계를 가하면 잔류자기가 안정되어 시간이 지나도 자기가 변화하지 않는 것을 영구자석이라 한다. 자화에 의한 잔류자기를 소실시키는 방법으로는

① **직류법** : 처음에 준 자계와 같은 정도의 직류 자계를 반대 방향으로 가하는 조작을 반복하여 잔류자기를 감소시킨다.

② **교류법** : 자화할 때와 같은 정도의 교류자계를 가하고 그 값이 0이 될 때까지 잔류자기를 점차로 감소시킨다.

③ **가열법** : 강자성체의 온도를 퀴리점 이상이 될 때까지 상승시킨다.

철의 경우 약 770[℃]에서 강자성을 잃는데, 이 온도를 퀴리점(Curie point)이라고 한다.

6 자속과 자기회로

자속은 그림 2-42과 같이 공기 중에서는 N극에서 S극으로 들어가고 자석 내부에서는 S극에서 N극으로 이동한다. 자력선과 자속의 관계는 물질에 자력선이 통과하는 비율로 결정되므로, 자력선이 증가하면 자속도 증가한다. 자속의 양을 표시하는 단위는 웨버(Wb)이며, 자속이 링(ring)모양으로 되어 통과하는 회로를 자기회로라 한다.

자기회로의 자속은 대부분 철심 속을 통과하지만, 매우 적은 자속이 공기 속으로 새어나가게 되는데, 이를 누설자속이라 한다. 전기회로에서 전선은 절연물질이 매우 양호하기 때문에 누설전류가 매우 작으나, 자기회로는 자기적인 절연이 어려워 누설자속이 많으므로 자기회로를 취급할 때 주의하여야 한다.

Reference **웨버(Wb)란** 자속이 하나의 둥근회로에서 1초 동안에 균일한 속도로 0으로 감소하여 1볼트의 기전력을 생성하는 자속을 1웨버라고 한다.

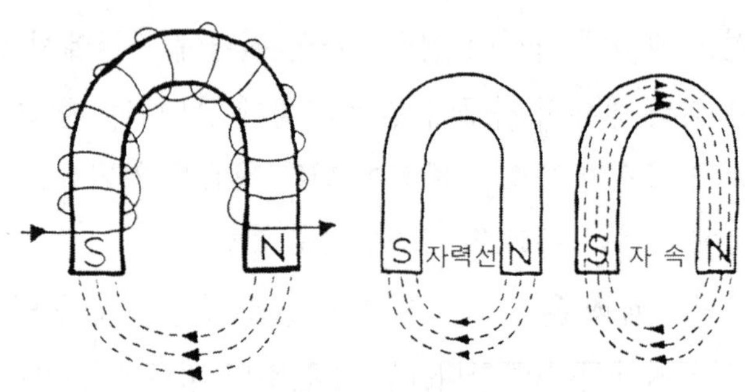

그림 2-42 자속과 자기회로

Chapter 09

전류가 형성하는 자계

그림 2-43과 같이 두꺼운 종이에 구멍을 뚫고 전선을 통과시킨 후 전선에 전류를 흐르게 하고 종이 위에 쇳가루를 뿌리면, 쇳가루는 전선을 중심으로 하여 여러 갈래의 링 모양을 형성한다. 이것은 전선에 전류가 흐르면 전선 주위에 맴돌이 자력선이 발생하기 때문이다. 자동차에서는 이 자력선을 각종 릴레이와 모터 등에 사용한다.

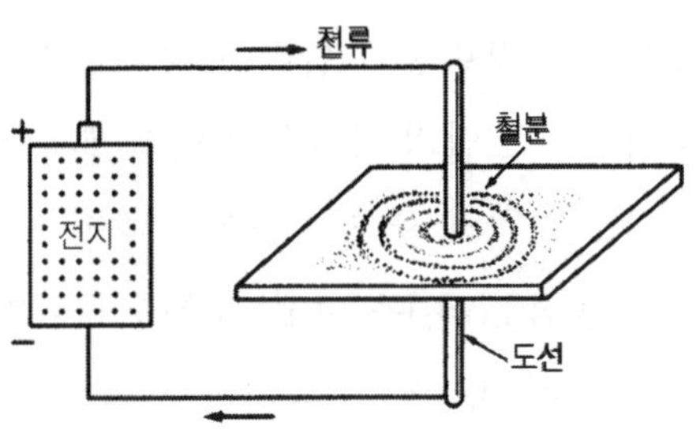

그림 2-43 전류가 형성하는 자계

1 앙페르의 오른나사 법칙(Ampere's right hand screw rules)

전선에 전류가 흐르면 그 주위에 전류의 세기에 비례하고 전선으로부터의 거리에 반비례하는 자계가 발생한다. 이때 전류가 자계를 발생 시키는 관계를 오른나사에 비유한 앙페르의 오른나사 법칙은 "전류가 나사의 진행 방향으로 흐르면 자계는 그 나사의 회전방향으로 발생하고, 전류가 나사의 회전방향으로 흐르면 자계는 그 나사의 진행방향으로 발생한다."는 법칙이다. 전류와 자력선의 방향을 기호로 표시하고자 할 때는, 전류가 들어가는 곳은 자력선을 오른나사가 회전하는 방향으로, 전류가 나오는 곳은 그 반대방향으로 표기한다.

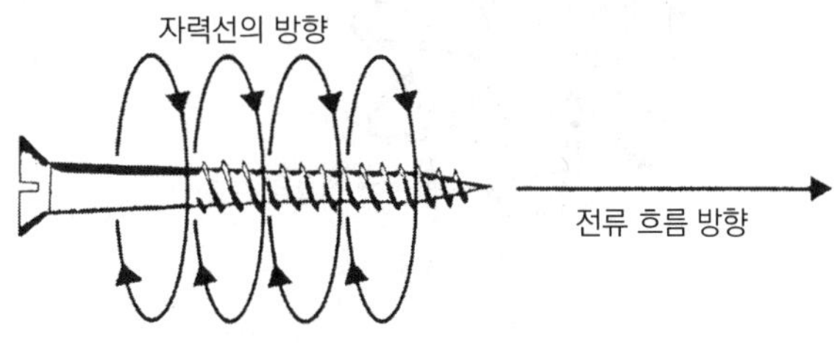

그림 2-44 오른나사의 법칙

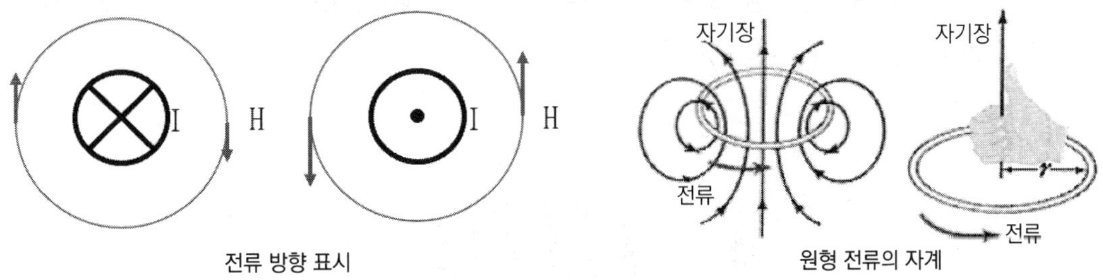

그림 2-45

2 코일이 형성하는 자기장

전선을 코일모양으로 여러 번 감고 전류를 흐르게 하면, 자력선의 세기는 각 코일에서 발생하는 자력선의 합이 된다. 자력선이 나오는 쪽이 N극, 들어가는 쪽이 S극이며, 이때 자기장은 코일의 바깥쪽과 안쪽에서 하나로 연결된다.

코일 주위의 자계는 전류가 많이 흐를수록, 코일의 권수(卷數)가 많을수록 크며, 코일 내부에 철심(core)을 넣고 전류를 흐르게 하면, 철심에서 발생하는 자속은 코일의 권수와 전류의 곱에 비례하여 증가하고 막대자석과 같은 작용을 한다. 이 원리를 이용하여 자동차에서는 기동모터의 솔레노이드 스위치, 전기자 코일 및 계자코일 등에 사용한다.

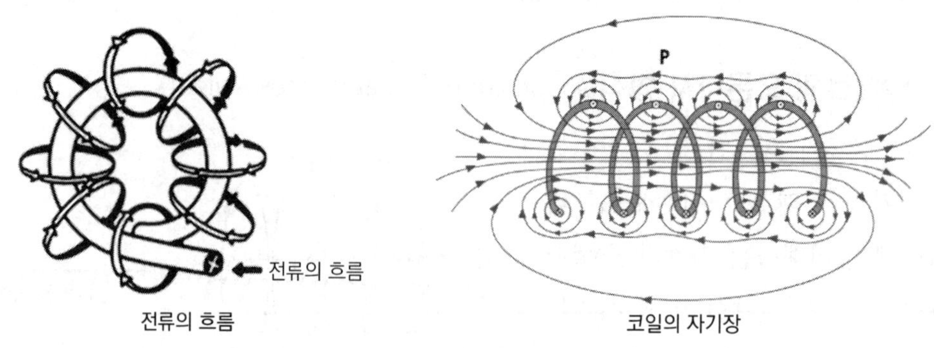

그림 2-46 코일이 형성하는 자계

(1) 솔레노이드(solenoid)

솔레노이드에 대해 말하자면, 강자성체철심 위에 코일을 촘촘하게 여러 번 감고 전류를 흘리면 철심에 자속이 발생하는데, 이를 전자석이라 한다. 이 자속은 철심에 포화되지 않는 한 솔레노이드의 권수 N과 여기에 흐르는 전류 I와의 곱 NI에 비례하여 증가한다. NI는 자속을 발생 시키는 능력을 표시하는 것이며, 기자력(起磁力)이라고도 한다. 그 단위는 암페어 회수(AT: Ampere Turn)이다.

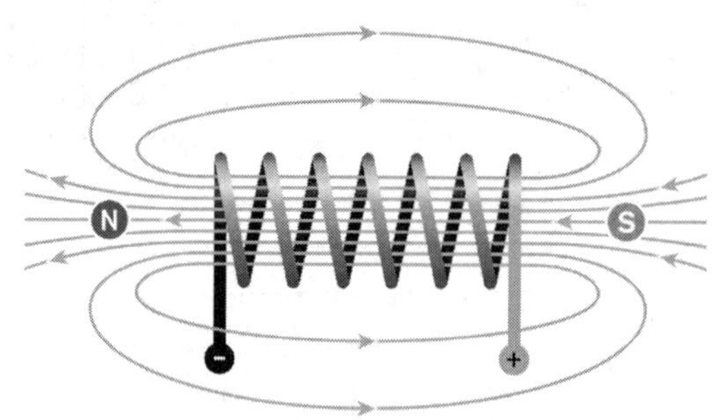

그림 2-47 솔레노이드의 자기장

(2) 오른손 엄지손가락(Right-hand rule)의 법칙

코일에 흐르는 전류에 의해 발생하는 자력선의 방향을 오른손에 비유한 앙페르의 오른손 엄지손가락의 법칙을 이용하여, 자력선의 방향을 쉽게 파악할 수 있다. 즉, 단일 도선에 전류가 흐를 때, 엄지손가락을 세우고 나머지 4개의 손가락으로 그림과 같이 쥐었을 때, 전류가 엄지손가락 방향으로 흐르면 자계는 나머지 손가락들이 가리키는 방향으로 발생한다.

또한 원형 코일에 전류가 흐를 경우에는, 전류의 흐름방향과 나머지 손가락들이 일치하도록 쥐었을 때 엄지손가락 방향으로 자력선(자계)이 나온다. 이때 엄지손가락이 N극의 방향이 되며, 전류의 흐름 방향과 코일이 감은 방향이 바뀌면 자극의 극성도 바뀐다.

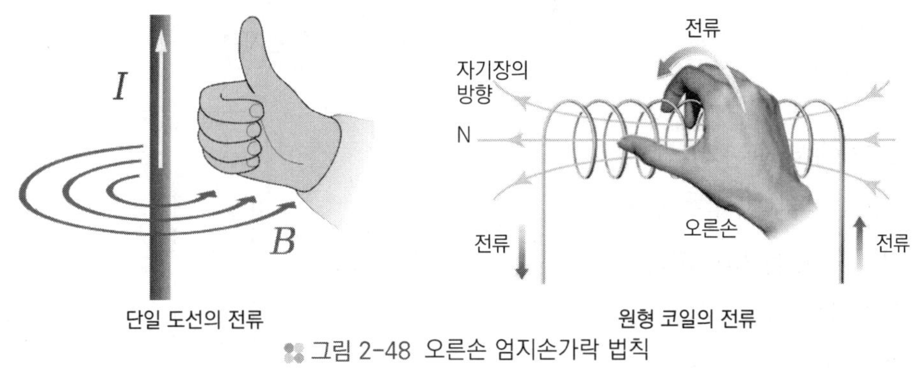

그림 2-48 오른손 엄지손가락 법칙

Chapter 10 전자력(電磁力)

1 전자력의 발생

전류가 흐르는 도체의 주위에는 자계가 발생하며, 자석의 자속은 항상 N극에서 S극으로 향한다. 따라서 자계 속에 전류가 흐를 수 있는 도체를 두고, 그 도체에 전류를 흘리면 자계와 전류의 상호작용에 의해 도체가 움직이는 힘을 전자력(electromagnetic force)이라 한다. 이때의 전류, 힘의 운동방향, 자속의 방향은 플레밍의 왼손법칙에 따라 정해진다.

이 전자력의 크기는 자계의 방향과 전류의 방향이 직각일 때 가장 크며, 도체의 길이, 전류의 크기 및 자계의 세기 등에 비례해서 증가한다. 전자력을 받는 방향은 도체에 흐르는 전류의 방향과 주위의 자계 방향에 따라 결정된다.

즉, $F = BI\ell$

여기서, F : 전자력
B : 자계의 세기
I : 전류
ℓ : 도체의 길이

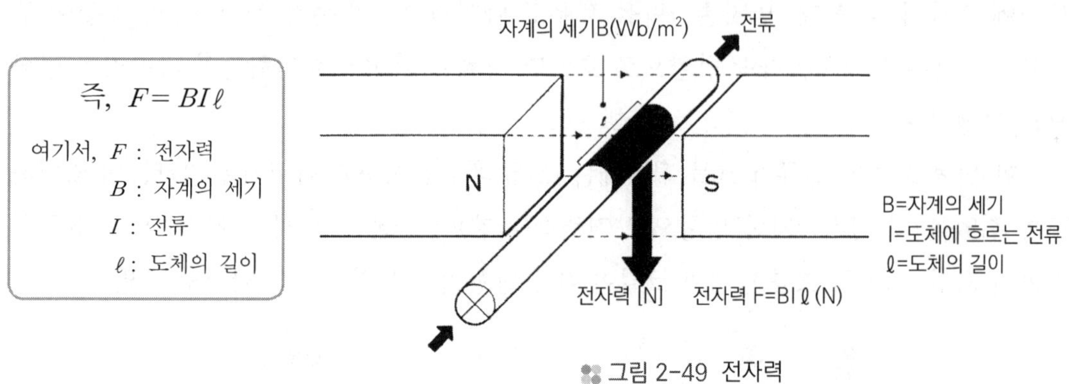

그림 2-49 전자력

그림 2-50에서 보는 바와 같이, 도선에 흐르는 전류가 만드는 자력선의 상태를 (a), 자계의 자력선 상태를(b)라고 하자. (a)와 (b) 양쪽 자력선을 합성한 자력선의 상태는 (c)와 같다. 즉, 자력간의 간섭때문에 도체의 우측은 자속밀도가 높아지고, 도체의 좌측은 자속이 상쇄되어 도체는 좌측으로 밀리는 형태의 전자력을 받게 된다. 또한, 전류와 자계의 방향 중에서 어느 하나의 방향을 바꾸면 전자력의 방향으로 역(逆)이 된다.

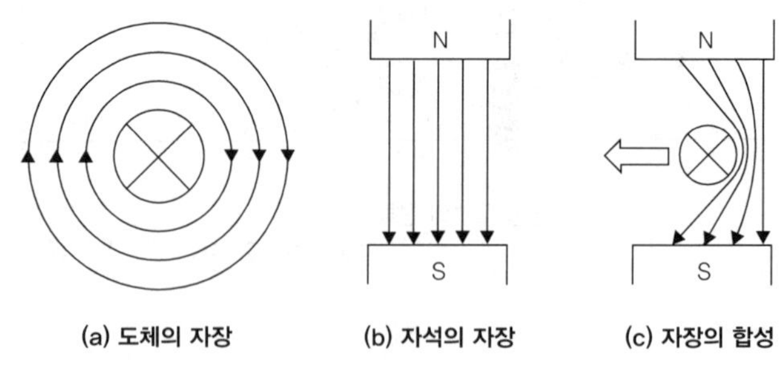

그림 2-50 전자력의 방향

더불어 두 자계의 흐름 방향이 같을 때에는 자속밀도가 높아지면서 자력이 강해지고, 자계 방향이 서로 반대방향일 경우에는 서로 상쇄되어 자력이 약해지는데, 이를 자력선의 간섭이라고 한다.

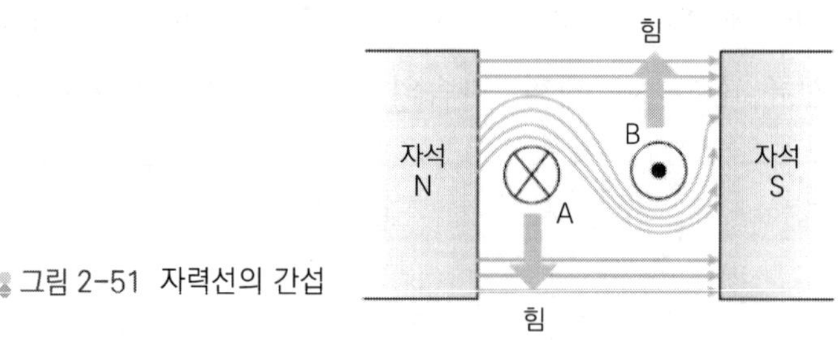

그림 2-51 자력선의 간섭

2 플레밍의 왼손법칙(Fleming's left hand rule)

자력선의 방향, 전류의 방향 및 도체가 움직이는 힘의 방향(자기력의 방향)을 결정하는 관계를 왼손을 이용하여 결정하는 규칙이다. 전류와 자계 간에 작용하는 힘의 방향을 결정하거나 자계 속에서 전류가 흐르는 도선이 받는 힘의 방향을 알 수 있다.

즉, 그림 2-52에 나타낸 바와 같이 "왼손의 엄지손가락, 인지 및 가운뎃손가락을 서로 직각이 되게 펴고, 인지를 자력선의 방향에, 가운뎃손가락을 전류의 방향에 일치시키면 도체에는 엄지손가락 방향으로 전자력이 작용한다."는 것을 표시한 것이 플레밍의 왼손법칙이다. 이 법칙은 기동모터, 전류계, 전압계 등에서 사용한다.

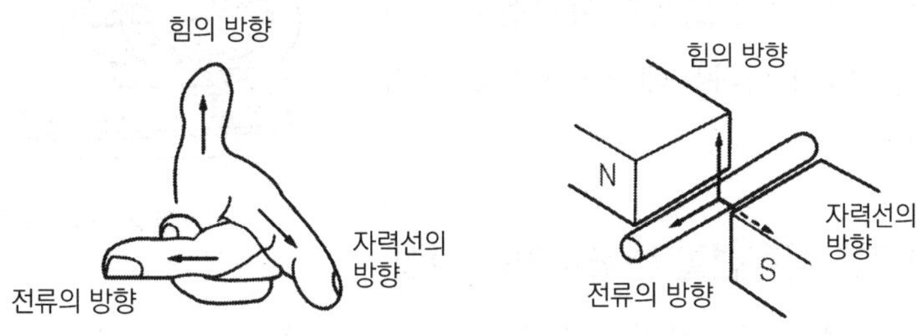

그림 2-52 플레밍의 왼손법칙

Chapter 11 전자유도 작용

1 전자유도를 발생 시키는 방법

영국의 물리학자 '패러데이'는 "전류가 흐를 때 그 주위에 자기장이 생긴다면? 자기장을 변화시켜 도선에 전류가 흐르게 할 수는 없을까?"라는 의문점 실험을 통해, 코일과 자석이 상호 간에 상대적인 운동을 하게 되면 따로 전지를 연결하지 않아도 자석의 운동만으로 자기장이 형성되고, 따라서 코일에 전류가 흐른다는 전자유도법칙을 정립하였다.

이때 발생한 전류를 유도 전류라고 한다. 반드시 코일과 자석 간의 상호운동이 있어야만 발생하며, 코일 속이라도 정지 상태에서는 발생하지 않는다. 유도 전류세기는 코일의 권선수가 많을수록, 코일 또는 자석의 운동이 빠를수록, 즉, 자속의 시간적 변화율이 클수록 증가한다. 코일 양 끝에서 발생한 기전력을 유도 기전력이라고 한다.

이와 같이 전자유도기전력을 발생 시키는 방법에는 도체와 자력선과의 상대운동에 의한 방법과 도체에 영향을 미치는 자력선을 변화시키는 방법이 있다.

(1) 도체와 자력선과의 상대 운동에 의하는 방법

자계 내에 자력선과 직각이 되도록 도체를 넣고, 그 양 끝에 전류계를 접속한 후, 도체를 자력선과 직각방향으로 움직이면 도체에 전류가 발생하여 전류계의 바늘이 움직인다.

여기서 도체나 자석 중 어느 것을 움직여도 전류계 바늘이 움직이며, 움직이는 방향을 반대로 하면 전류계 바늘의 움직임도 반대방향이 된다. 또 도체를 움직이는 속도가 증가할수록 전류계 바늘의 움직임도 커지며, 도체가 정지하면 전류계 바늘의 움직임도 정지한다. 이와 같이 도체와 자력선이 교차하면 도체에 기전력이 발생하는데, 이 현상을 전자유도 작용이라 한다.

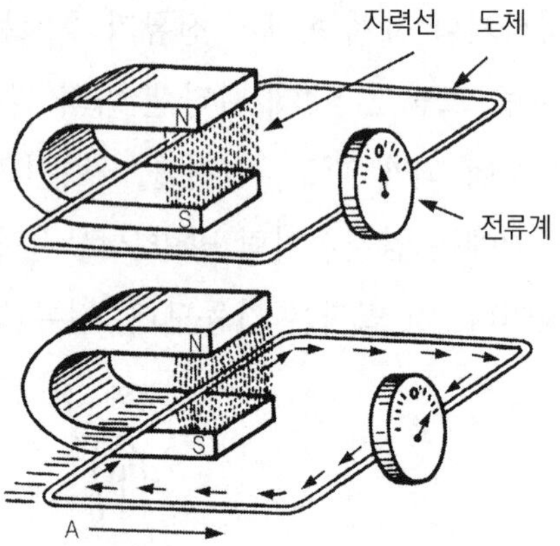

그림 2-53 전자유도(1)

(2) 도체에 영향하는 자력선을 변화시키는 방법

이 방법에 따라 그림 2-54(a)에 나타낸 것과 같이 코일에 자석을 가까이하였다가 멀리하든지, (b)와 같이 코일과 대립한 다른 코일의 전류를 증감시키든지, (c)와 같이 코일 자신의 전류를 증감하여 그 자속수를 증감시키면, 코일에 기전력이 발생한다.

코일 내를 통과하는 자속수가 변화하면, 변화한 양에 상당하는 자력선과 코일이 교차하게 되므로, 이 변화가 계속되는 동안 그 코일에 기전력이 발생한다.

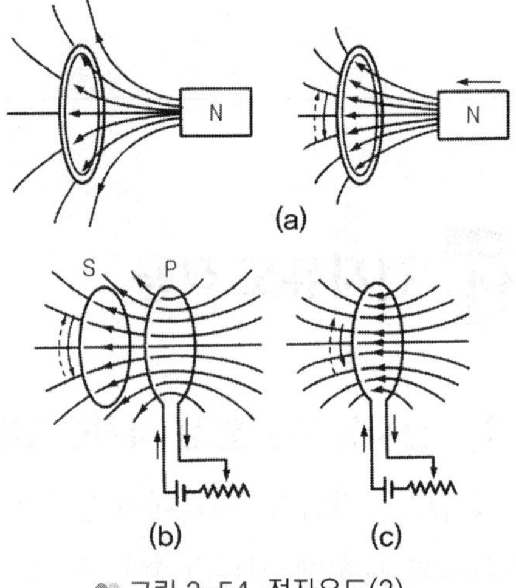

그림 2-54 전자유도(2)

2 유도 기전력(induced electromotive force)의 방향

(1) 렌츠의 법칙(Lenz' Law)

유도기전력의 방향에 대해 정의하는 렌츠의 법칙은 전자기 유도 현상이 일어날 때 유도되는 전류의 방향을, 폐회로를 통과하는 자속의 변화를 방해 방향으로 유도하는 자기장에 형성한다."는 것으로서 자기장에 대하여 속성을 변화하지 않으려고 하는 관성의 법칙에 의해 정의하였으며, 가장 중요한 소자는 L(Lenz 의 L)에 의해서 존재한다.

전기회로에서 전기의 흐름을 방해하는 요소는 L(코일 Coil, 인덕터 Inductor, 리액터 Reactor), C(커패시터 Capacitor) R(저항 Resistor)이 있다. 저항(R)은 전류의 흐름을 방해하는 요소이지만, 인덕턴스(L)는 전류의 변화를 방해하는 요소로서, 전류가 통과할 때 관성의 룰에 따른 반항성 자속형성에 의하여 기전력이 생성된다.

$$\epsilon = -n\frac{\Delta\Phi}{\Delta t}$$

ϵ : 기전력 n : 코일의 감긴수

Δt : 변화시간 $\Delta\Phi$: 자속의 변화

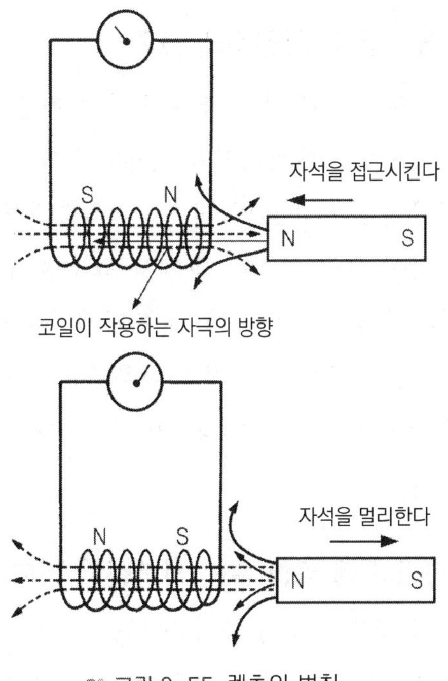

그림 2-55 렌츠의 법칙

이 식에서 (-)부호는 유도기전력의 자속 변화를 방해하는 방향을 의미한다. 자석의 N극을 코일에 접근시킬 경우에는 많은 자력선이 코일 쪽으로 다가오므로, 코일은 대항하기 위하여 자석으로부터 가까운 쪽에 같은 종류의 극이 생기도록 기전력을 발생시켜 자석의 접근을 방해한다. 또 자석의 N극을 코일에서 멀리할 경우에는 코일 쪽으로 날아오는 자력선의 숫자가 감소하므로, 이를 방해하기 위하여 자석에서 코일 방향으로 향하는 자력선이 생기도록 기전력을 발생시켜 자석이 멀리 가려는 것을 방해한다.

(2) 플레밍의 오른손 법칙(Fleming's right hand rule)

그림 2-56에 나타낸 바와 것과 같이 "오른손 엄지손가락, 인지, 가운뎃손가락을 서로 직각이 되게 하고 인지를 자력선 방향에, 엄지손가락을 운동 방향에 일치시키면 가운뎃손가락이 유도 기전력의 방향을 표시한다." 이것을 플레밍의 오른손 법칙이라 하며, 발전기의 원리로 사용한다.

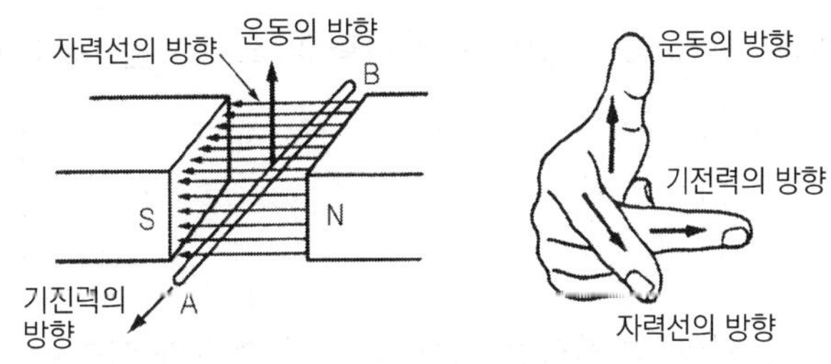

그림 2-56 플레밍의 오른손 법칙

3 유도 기전력의 크기

유도 기전력에 대한 렌츠의 법칙을 패러데이는 원리적으로 해석하였다. L성분의 코일에서 자속의 변화속도가 빠르면 더 많은 유도전류가 흐르고, 자석이 코일 안이나 밖에서 멈추면 더 이상 유도전류가 발생치 않으며, 유도기전력은 코일의 면을 지나는 자속의 시간적 변화율과 코일의 감은 횟수에 비례한다는 것이 패러데이의 전자기 유도 법칙이다.

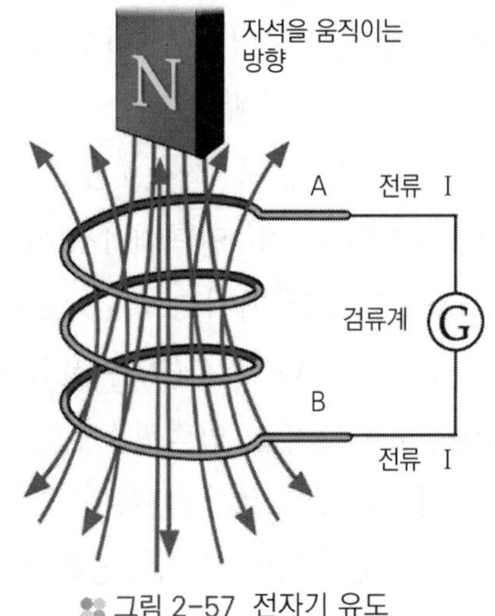

그림 2-57 전자기 유도

(1) 도체에 영향 주는 자력선을 변화시켰을 때

맨 처음 도체와 교차되어 있는 자력선의 수가 Φ이었다고 하면 이 자력선이 t인 시간에 변화하여 Φ′가 되었을 때 발생하는 기전력 E의 크기는 다음과 같이 표시한다.

$$E = \frac{\Phi - \Phi'}{\Delta t}$$

도체가 N권의 코일이면 유도 작용이 겹치기 때문에 다음과 같이 표시한다.

$$E = N \times \frac{\Phi - \Phi'}{\Delta t}$$

(2) 도체와 자력선과의 상대운동에 의할 때

이때의 기전력의 크기는 단위 시간에 끊은 자력선의 수에 비례한다. 즉, t초(sec) 동안에 Φ의 자력선을 끊었다면 기전력의 크기 E는 다음과 같 이 표시한다.

$$E = \frac{\Delta\Phi}{\Delta t}$$

가 되며, 기전력은 상태 운동의 속도가 빠를수록, 끊은 자력선의 수가 많을수록(자속 밀도가 클수록) 커진다.

4 맴돌이 전류(Eddy Current)

맴돌이 전류란 도체 내부를 통과하는 자기장에 의해 도체 전체나 일부분에 소용돌이 모양으로 만들어져 흐르기 때문에 맴돌이 전류라고 한다. 맴돌이 전류에 의해 생성된 자기장은 도체 내부를 통과하던 자기장의 이동을 방해한다. 또한, 전자기 유도에 의해 코일에 흐르는 전류를 유도 전류라고 하며, 자석을 빠르게 움직이거나, 세기를 강하게 하거나, 코일을 많이 감을수록 커진다. 이와 같이 도체에 유도된 전류의 크기에 따라 자석 링이 떨어지는 속도가 달라지는 원리를 전기적산전력계, 자이로드롭과 같은 놀이기구에 응용한다.

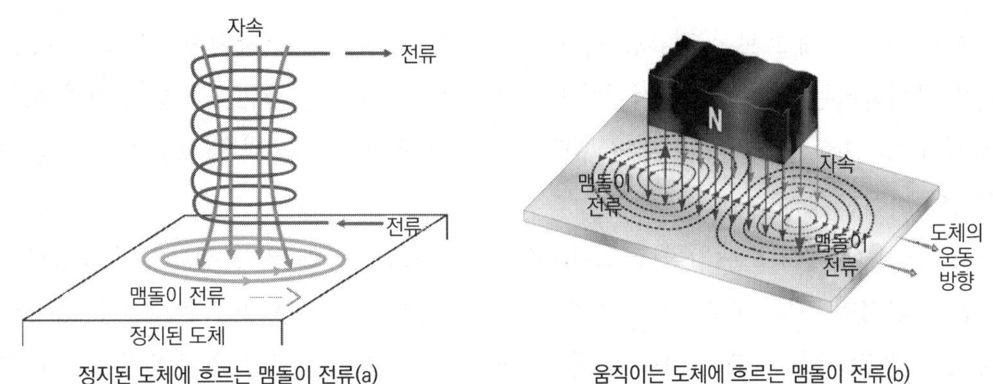

그림 2-58 도체에 흐르는 맴돌이 전류

그림 (a)와 같이 전류량이 변화하는 자력선이 도체 속을 통과하는 경우, (b)와 같이 자력선과 도체가 상대 운동을 하면 전자유도 작용에 의하여 도체에 기전력이 발생하며, 이 기전력으로 인하여 흐르는 유도전류는 그 도체 중에서 저항이 가장 적은 통로를 통하여 맴돌이(와류)를 형성하면서 흐른다. 이와 같은 전류를 맴돌이 전류(Eddy current)라 한다.

맴돌이 전류가 흐르고 있는 도체에는 그 도체의 저항에 해당하는 열이 발생하여 에너지가 손실되는데 이를 맴돌이 전류손실이라고 한다. 교류회로에서 사용하는 변압기의 철심이 사용 중 서서히 온도가 상승하는 것은 이 맴돌이 전류 때문이다.

또 그림 2-59와 같이 원판(disc)의 자극 바로 아래쪽에 플레밍의 오른손 법칙에 의한 맴돌이 전류가 유기되며, 이에 따라 맴돌이 전류가 흐른다. 이 맴돌이 전류와 자

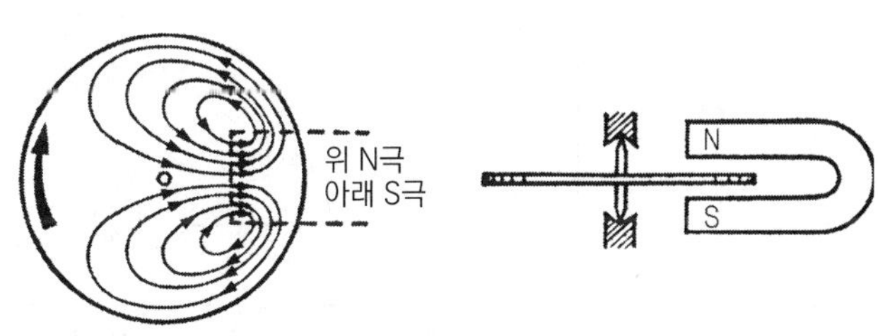

그림 2-59 맴돌이 전류 브레이크의 원리

극 사이에는 플레밍의 왼손법칙에 의한 회전력이 작용하여 원판의 운동이 저지된다. 이것을 맴돌이 전류 브레이크라고 하며, 자동차 감속 브레이크의 하나인 맴돌이 전류 리타더(eddy current retarder)로 사용한다.

Chapter 12 자기유도 작용과 상호유도 작용

1 자기유도 작용(Self-magnetic induction)

코일(coil) 자신에 흐르는 전류를 변화시키면 코일과 교차하는 자력선도 변화하므로, 그 변화를 방해하려는 방향으로 기전력이 발생한다. 이와 같은 전자유도 작용을 자기유도 작용(self induction)이라 한다. 자체 유도 작용에 의한 유도 기전력은 코일의 권수와 전류 변화량에 비례한다.

즉, 그림 2-60에서 스위치를 닫으면(ON) 자기유도 작용에 의해 전류의 반대방향으로 흐르는 기전력이 코일 내부에서 발생한다. 이로 인하여 전류는 비교적 천천히 증가하여 일정 값을 유지한다. 이때는 자속의 변화속도가 작기 때문에 코일 내에 발생하는 기전력도 전원(배터리)전압보다 높아지지 않는다. 그러나 스위치를 열면 자력선이 급격히 감소하므로 큰 유도 기전력이 발생한다. 이에 따라 자기유도 작용도 그만큼 커져 전원전압보다 훨씬 높은 전압이 발생한다. 일반적으로 자기유도 작용에 의해 발생하는 기전력은 전류의 변화 속도에 비례한다.

즉, 기전력∝전류의 변화속도로 되어, 유도 기전력 = 자기 인덕턴스(L)×전류의 변화속도가 된다. 따라서

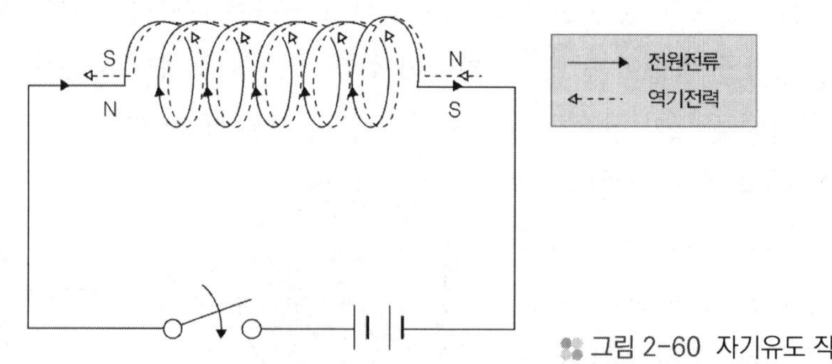

그림 2-60 자기유도 작용

$$L = \frac{\text{기전력}}{\text{전류의 변화속도}}$$

이 비례상수 L은 코일의 자기 인덕턴스(self - inductance)라 하며, 자기 인덕턴스 (단위 Henry, 기호 : H)의 코일에서 그 코일에 흐르는 전류가 t초 동안 I(A)의 전류로 변화하였을 때 유도 기전력의 크기 E는

$$E = L\frac{\Delta I}{\Delta t} \quad \cdots\cdots ①$$

로 나타낸다.

2 상호유도 작용

그림 2-61과 같이 A, B 2개 코일을 가까이한 후 A코일에 전원을 연결하면, 전류가 흐르면서 자력이 발생한다. 이어서 A코일의 스위치를 열면 자계변화에 의하여 A코일에 자기유도 기전력이 발생함과 동시에, B코일에도 자계변화에 의한 유도 기전력이 발생한다.

이와 같이 인접한 다른 코일에 기전력이 발생하는 현상을 상호유도 작용(mutual induction)이라 하며, 기전력의 방향은 렌츠의 법칙에 따라 유도원의 반대방향이다. 전원과 연결된 A코일을 1차 코일, B코일을 2차 코일이라 하며 자동차에서는 점화코일의 2차 코일에서 상호유도 작용을 이용하여 약 25,000~30,000V의 높은 전압을 얻는다. 상호유도 작용에 의해 2차 코일에 발생하는 유도기전력의 비례 정도를 상호인덕턴스(M)라고 하며, 비례상수 M을 상호 인덕턴스라 한다. 단위는 자기 인덕턴스와 마찬가지로 헨리(H)이다. 2차 코일의 기전력의 크기는 1차 코일의 전류 변화 속도에 비례한다. 즉, 2차 코일의 기전력∝1차 코일 전류의 변화속도,

2차 코일의 기전력=상호 인덕턴스(M)×1차 코일 전류의 변화속도가 된다.

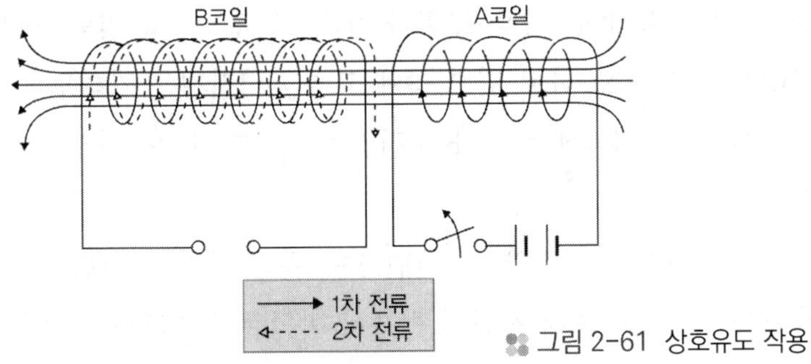

그림 2-61 상호유도 작용

$$M = \frac{\text{2차코일의 기전력}}{\text{1차코일 전류의 변화속도}}$$

즉 2개 코일 사이의 인덕턴스가 M헨리인 경우, 1차 코일의 전류가 t초 동안에 I(A)의 전류비율로 변화하였다고 하면, 2차 코일에 유도되는 기전력 E는 다음과 같이 표시한다.

$$E = M\frac{I}{t} \quad \text{------- ②}$$

로 표시하며, 상호유도 작용은 1차 코일의 전류변화가 같아도 양쪽 코일의 권수, 형상, 상호위치 등에 따라서 달라진다. 상호 인덕턴스는 자기유도 작용의 경우와 같이 그 작용이 일어나는 비율을 표시하는 것이다.

Reference 자기 인덕턴스 L과 상호 인덕턴스 M은 코일의 권수, 권선방법, 철심의 재질, 코일의 구조 등에 의하여 결정되는 상수이다. 또 공식 $E = L\frac{\Delta I}{\Delta t}$ 과 $E = M\frac{I}{t}$ 에서 둘 다 1차 전류의 변화속도에 비례하여 1차 전압, 2차 전압이 변화함을 알 수 있다. 그리고 상호 인덕턴스 M은 다음과 같이 나타낼 수 있다.

$M = K\sqrt{L_1 \cdot L_2}$ [H]

여기서, K: 정수 L_1 : 1차 코일 자기 인덕턴스 L_2 : 2차 코일 자기 인덕턴스.

정수 K는 1차 코일과 2차 코일의 전자적인 결합 정도를 나타낸 것으로, 철심의 재질, 코일의 권선방법 등에 따라 달라진다. 1차 코일과 2차 코일의 권수비율을 a라 하면, 자기 인덕턴스 L_1 과 L_2 는 다음과 같은 관계가 성립한다.

$L_2 = a^2 L_1$ [H] 여기서, $a = \frac{N_2}{N_1}$ 이다.

따라서 1차 전압과 2차 전압의 관계를 정리하면 다음 공식으로 표시된다.

$E = L\frac{I}{t} = E = M\frac{I}{t}$

$\therefore E_2 = E_1 \times \frac{N_2}{N_1}$ 가 된다.

상호유도 작용을 이용한 기구로는 변압기와 점화코일 등이 있다. 또 상호유도 작용은 그림 2-62(a)와 같이 철심에 2개의 코일을 감고 그 중 1개를 입력 쪽(1차 코일), 다른 하나를 출력 쪽(2차 코일)으로 하고 입력 쪽에 교류(AC)전원을 가하면, 1차 쪽의 자력이 변화하므로 2차 쪽의 권수비율에 비례하는 전압이 발생한다. 이 원리는 변압기의 원리로 이용된다.

그림 2-62(b)와 같이 직류(DC)회로이면 1차 쪽의 자력선이 변화하지 않으므로, 스위치가 닫힌 상태에서는 2차 쪽에 전압이 발생하지 않는다. 따라서 스위치를 ON-OFF하여 1차 쪽의 자력선에 변화를 주어야만 2차 쪽에 전압이 발생한다. 자동차의 점화코일은 이 원리를 이용한다.

또 N_2(2차 쪽) > N_1(1차 쪽)이면 전압이 상승하고, $N_2 < N_1$이면 낮아진다. 따라서 권수 비율을 알맞게 하면 자유롭게 전압을 바꿀 수 있다.

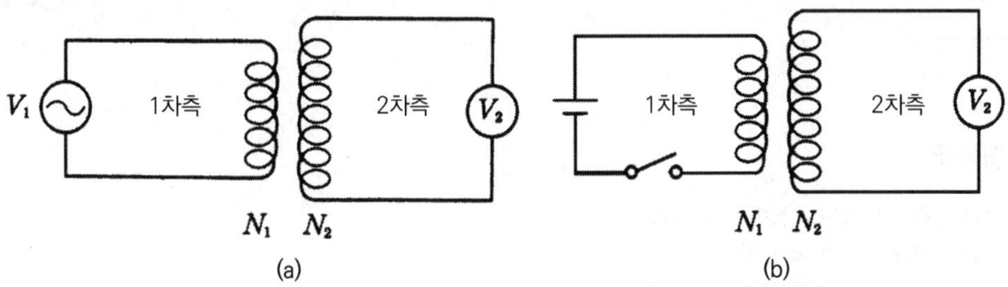

그림 2-62 변압기와 점화코일의 원리

반도체

학습목표

1. 반도체에 대한 일반적인 사항을 알 수 있다.
2. 반도체의 종류에 대해 알 수 있다.
3. 다이오드의 작용 및 종류에 대해 알 수 있다.
4. 트랜지스터의 작용 및 종류에 대해 알 수 있다.
5. 서미스터의 작용에 대해 알 수 있다.
6. IC에 대해 알 수 있다.
7. 마이크로컴퓨터에 대해 알 수 있다.
8. 논리회로에 대해 알 수 있다.

Chapter 01 반도체의 개요

반도체란 도체와 절연체 사이에 있으면서 어느 것에도 속하지 않는 물질로, 고유저항을 10^{-3}~$10\Omega cm$ 정도 지니고 있다. 실리콘(Si)·게르마늄(Ge) 및 셀렌(Se) 등이 있다. 이들의 결정은 상온(常溫)에서도 몇 개의 자유전자가 있기 때문에, 열이나 빛 등의 에너지를 가하면 원자핵의 구속을 이기고 튀어나오는 전자의 수가 증가한다.

즉, 매우 낮은 온도에서는 부도체처럼 동작하고 온도가 상승하면 고유저항이 낮아지는 성질에 따라 실온에서는 도체처럼 동작한다. 반도체는 일반적으로 몇 가지 독특한 특징을 가진다.

① 쇠붙이는 가열하면 저항이 커지지만 반도체는 반대로 작아지는 특성이 있으며, 두 금속 양단의 온도차에 의해 전류가 흐르는 지백(Zee Back Effect)을 이용할 수 있다.

② 매우 적은 양의 다른 원소를 첨가하면 고유저항이 크게 변화한다.

③ 교류전기를 직류전기로 바꾸는 정류작용을 할 수도 있다.

④ 반도체가 빛을 받으면 저항이 작아지거나 전기가 발생하는데, 이를 광전효과라 한다.(포토 다이오드의 경우)

⑤ 어떤 반도체는 전류를 흘리면 빛을 내기도 한다.

⑥ 피에조 반도체의 경우, 압력을 받으면 전기가 발생한다.

⑦ 자력(磁力)을 받으면 도전도가 변화하는 홀(hall)효과가 생긴다.

⑥ 전류가 흐르면 열을 발열 또는 흡수하는 펠티에(peltie)효과가 생긴다.

Chapter 02 반도체의 기초사항

그림 3-1은 전기장치에서 사용하는 재료의 고유저항을 표시한 것이다. 전기재료로 많이 사용하는 구리(Cu)는 고유저항이 1.69$\mu\Omega$cm로 매우 낮으며, 저항선으로 이용되는 니켈 - 크롬(Ni - Cr)도 고유저항이 $10^{-6}\Omega$cm 정도이며, 전기가 잘 흐르기 때문에 도체라 한다. 그러나 고유저항이 $10^{10}\Omega$cm 이상 되면 전기가 잘 흐르지 못하기 때문에 이들을 절연체라 한다.

절연체에는 전자는 있으나 원자핵에 굳게 구속되어 있어 전압을 가하여도 전자가 이동을 못하기 때문에 전류가 흐르지 못한다. 그러나 금속의 경우에는 맨 바깥쪽에 있는 몇 개의 전자는 원자핵과 유리(遊離)되어 자유롭게 이동할 수 있기 때문에, 전압을 가하면 전자가 움직여 전류가 흐른다.

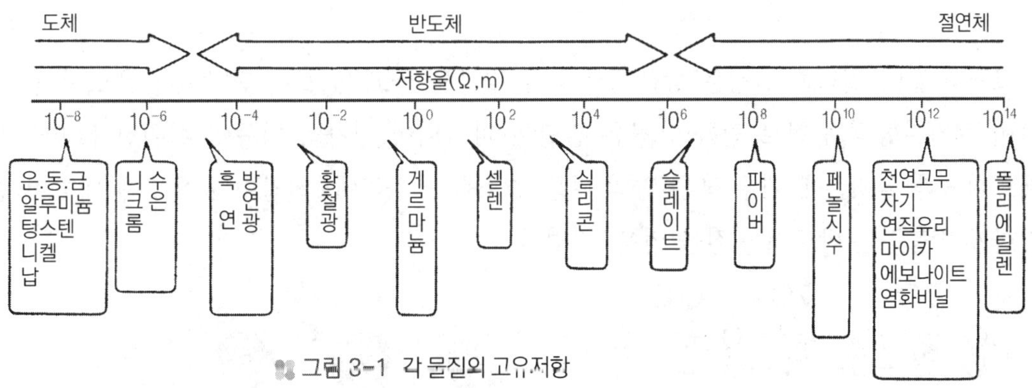

그림 3-1 각 물질의 고유저항

반도체 재료인 게르마늄이나 실리콘의 결정은 그림과 같이 규칙적인 원자의 배열로 되어 있다. 실리콘의 경우 가전자(價電子) 4개가 각각 인접한 원자와 결합되어 있고, 동시에 인접한 원자 1개의 가전자와 결합하여 모든 원자가 4방향에서 2개씩의 전자로 둘러싸여 있다.

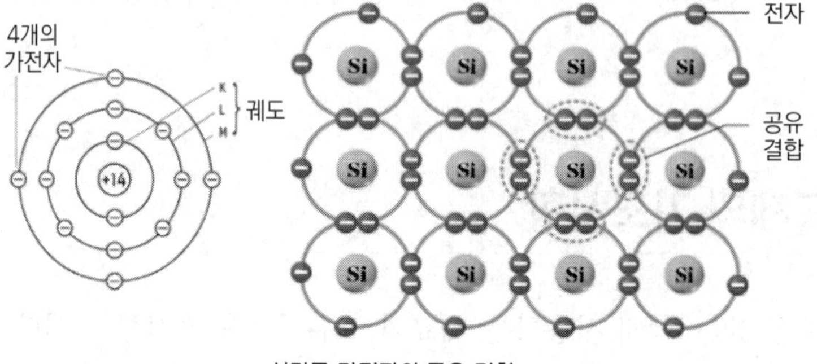

실리콘 가전자의 공유 결합

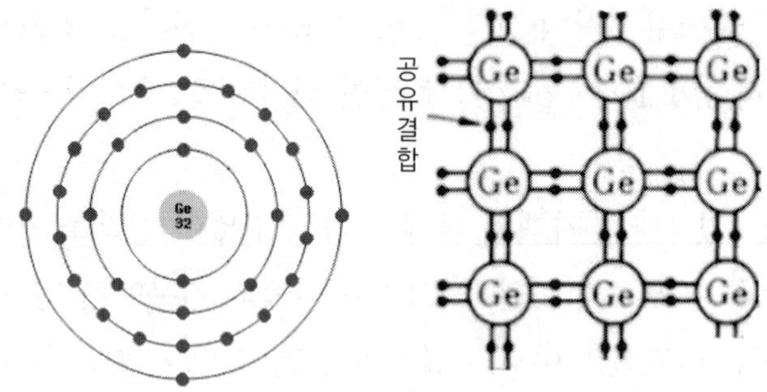

게르마늄의 가전자 공유 결합

그림 3-2 가전자 공유 결합

그림과 같이 실리콘 결정은 상온에서 공유 결합을 하고 있으나, 전압이나 온도 등을 가하면 전기저항의 변화로 인하여 공유 결합이 파괴되어 전자의 이동이 쉬워진다. 따라서 게르마늄과 실리콘에 매우 작은 양의 다른 원소를 첨가하여, 전압이나 온도에 대하여 민감하게 반응하는 반도체 성질을 얻을 수 있다.

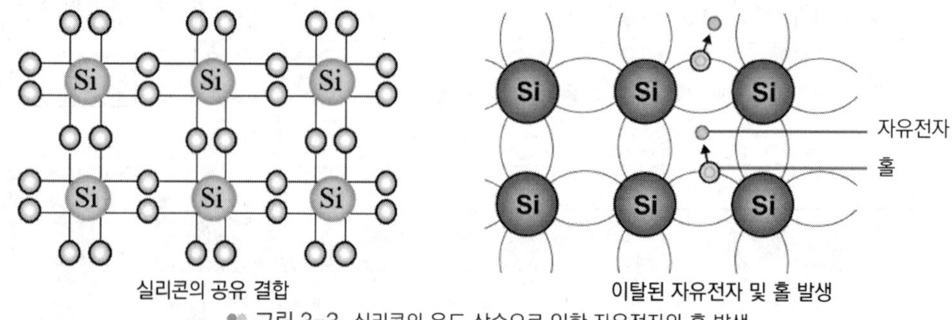

실리콘의 공유 결합

이탈된 자유전자 및 홀 발생

그림 3-3 실리콘의 온도 상승으로 인한 자유전자와 홀 발생

1 가전자(Valence Electron)의 작용

모든 물질은 원자들로 이루어지며, 또 모든 원자는 전자, 양자 그리고 중성자들로 이루어진다. 그 물질의 특성을 유지하는 원소 중 가장 작은 입자를 원자(atom)라고 한다. 이미 알려진 109개의 원소는 각각의 원자를 갖고 있는데, 그 원자의 구조는 서로 다르다. 각 원소는 독특한 원자 구조로 되어 있다. 고전적인 보어의 원자 모형에 의하면 원자는 중앙의 핵과 핵 주위의 궤도를 돌고 있는 전자들로 구성된다. 원자핵은 양(+)으로 대전된 양자(proton)라는 입자와 비대전된 중성자라는 입자로 구성되며, 음(-)으로 대전된 기본적인 입자를 전자(electron)라고 한다. 각각의 원자는 모든 다른 원소의 원자와 구별할 수 있는 특정한 수의 전자와 양자를 갖는다.

원자핵으로부터 멀리 떨어진 궤도상에 있는 전자들은 핵 가까이에 있는 전자보다 높은 에너지를 가지며, 원자에 대한 구속력이 약하다. 이것은 양(+)으로 대전된 원자핵과 음(-)으로 대전된 전자 사이의 인력이 핵과 전자 사이의 거리가 멀어질수록 감소하기 때문이다.

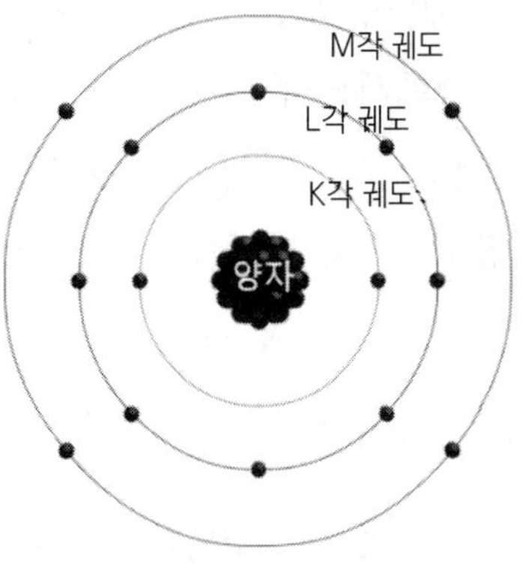

그림 3-4 최 외곽의 가전자

가장 높은 에너지준위를 갖는 전자는 원자의 최외각에 존재하며, 상대적으로 원자에 대한 구속력이 약하다. 이 최외각을 가전자 궤도라고 하며 그림의 M각 궤도 내에 있는 전자들을 가전자(Orbit)라고 한다. 이들은 원자핵으로부터 가장 멀기 때문에 원자핵과의 결속력이 약하다.

그림과 같이 안정상태의 어떤 원자로부터 1개의 가전자가 튀어나온다고 가정하면, 그 원자는 1개 분량만큼 음(-)전하를 상실하므로, 그때까지의 전기적 평형이 무너져 원자는 양(+)전하를 지니게 된다. 또한, 다른 것으로부터 전자를 1개라도 받으면, 1개 분량만큼 음(-)전하가 증가한 것이 되어 원자는 음(-)전하를 가지게 된다.

그런데 원자로부터 전자가 튀어나가게 하려면 외부의 에너지가 필요하다. 가전자는 원자핵으로부터 가장 멀리 떨어져 있기 때문에 원자핵의 인력(引力)이 다른 전자에 비해 약하다. 따라서 그 인력보다 큰 전압, 열, 빛 등의 에너지가 가해지면 가장 바깥쪽 궤도로부터 튀어나와 자유전자가 된다. 이 자유전자의 움직임이 물질의 전도성에 큰 영향을 끼치고, 또 이 자유전자가 원자들의 결합 속에서 매우 큰 역할을 한다. 원자들의 결합방법에는 2가지가 있는데, 하나는 이온결합이라 하여 소금(NaC1)이 대표적인 예이다. 소금은 나트륨

(Na^+)이온 (+)와 염소(Cl)이온 (-)가 전기적으로 결합되어 있다. 다른 하나는 공유 결합이라 하며, 실리콘과 같이 몇 개의 원자가 전자를 공유(共有)하며 결합하고 있는 것이다.

2 반도체의 결합

실리콘 원자는 공유 결합을 한다. 공유 결합이란 다음과 같은 것을 말한다. 실리콘 원자는 원자핵의 둘레에 전자가 14개가 있는데, 이것이 *K*각에 2개, *L*각에 8개를 채워져 있으며, 가장 바깥쪽 궤도인 *M*각에는 4개의 가전자가 있다. 실리콘 원자는 이 4개의 가전자로 결합되어 있으므로 4개의 원자가 필요하다. 즉, 1개의 실리콘 원자는 인접한 4개의 원자와 가전자를 공유하여 결합되어 있다. 실리콘과 같이 4개의 가전자를 공유하는 물질에는 게르마늄, 납, 주석, 다이아몬드 등이 있다.

이 중에서 공유 결합이 가장 강한 다이아몬드는 외부에서 에너지를 가해도 결합이 깨지지 않으므로 절연체이나, 실리콘이나 게르마늄은 공유 결합의 세기가 절연체와 도체의 중간 정도이므로 반도체라 부르며, 약간의 전도성이 있다.

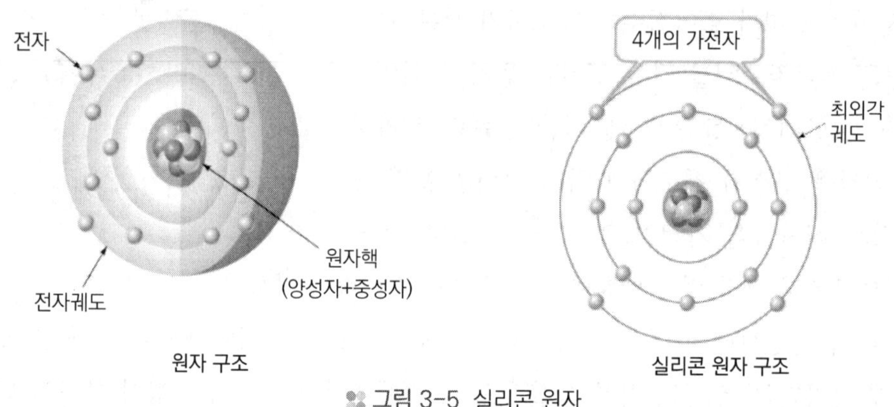

그림 3-5 실리콘 원자

3 반도체의 전류 흐름

공유 결합을 한 반도체 원자들은 절연체 보다 결합력이 약하므로, 외부로부터 에너지가 가해지면 결합된 원자의 가전자가 이탈하면서 자유전자로 변환한다. 실리콘을 예로 들면, 그림 3-6과 같은 상태에서 실리콘의 전압을 서서히 높이면, 어떤 점에서 전압에 의한 힘에 의해 가전자는 원자핵

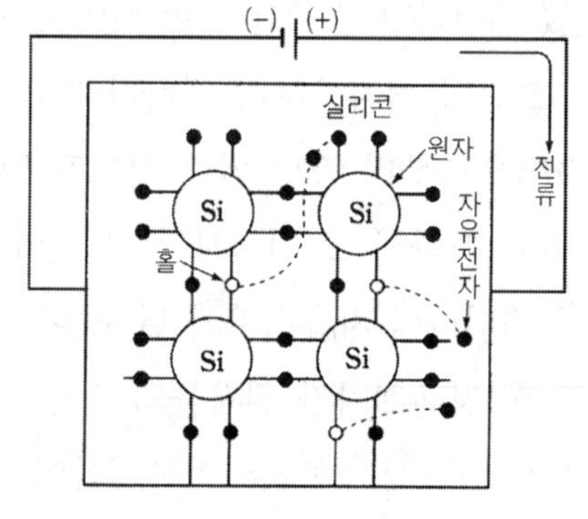

그림 3-6 자유전자의 생성

으로부터의 인력보다 큰 에너지를 충분히 얻어 가전자 궤도에서 튀어나와 자유전자(free electron)가 된다.

가전자가 자유전자로 되면 그때까지 가전자가 있었던 곳에 전자가 존재하지 않는 빈자리가 발생하는데 이것을 정공(hole : 正孔)이라 하며, 자유전자가 지니는 음(-)전하에 대해서 양(+)전하를 가지게 된다.

이와 같이 가전자를 잃는 과정을 이온화(ionization)라고 하며, 그 결과 양(+)으로 대전된 원자를 양이온이라고 한다. 예를 들면 수소의 화학적 기호는 H이다. 중성인 수소 원자가 가전자를 잃고 양이온이 됐을 때 이것을 H+로 표시한다. 또한 자유전자가 중성인 수소 원자의 최외각에 합류하면, 그 원자는 음(-)으로 대전되고 음이온이라 하며 H-로 표시한다.

또한 정공은 가까이 돌고 있는 자유전자를 붙잡아 빈자리를 메우려고 한다. 결국 반도체의 양 끝에 전압을 가하면 음(-)전하의 자유전자를 가진 자유전자는 전극(+)방향(전류흐름의 반대방향)으로 이동하고, 양(+)전하를 가진 정공은 전극(-)방향(전류흐름과 같은 방향)으로 이동하게 되어 전류가 흐른다.

또 자유전자와 정공의 수는 반도체에 가해지는 전압이 높을수록 증가하므로, 반도체에 흐르는 전류도 정공에 따라 증가한다. 그리고 자유전자와 정공은 반도체의 전기전도를 관장하므로 캐리어(carrier : 전기 운반자)라 부른다.

Chapter 03 반도체의 분류

1 진성(순물질) 반도체(intrinsic semiconductor)

진성 반도체란 다이오드나 트랜지스터 등을 제작할 수 있는 게르마늄이나 실리콘이다. 진성 캐리어 농도는 전도대에 있는 전자들의 개수와 가전자대에 있는 정공의 개수가 동일한 순도 99.99999999% 이상의 반도체를 말한다. 즉, 일반적으로 실리콘(Si) 원자의 최외각 전자는 8개를 채우려는 경향에 따라 서로 이웃하는 전자끼리 공유 결합하여 안정된 상태를 유지한다. 이와 같이

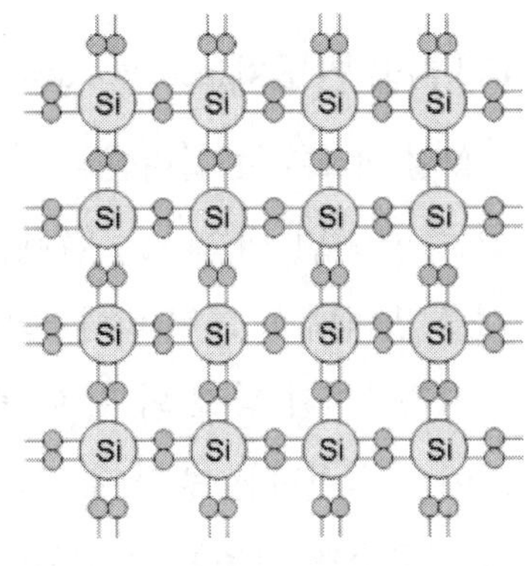

그림 3-7 진성반도체-실리콘

순도 100% 실리콘은 원자핵에 결합된 전자가 움직일 수 없기 때문에, 외부에서 실리콘에 전압을 걸어도 전류가 흐르지 않으며 이를 '진성 반도체(Intrinsic semiconductor)'라고 한다. 더불어 진성 반도체는 자유롭게 움직일 수 있는 자유전자가 없기 때문에 전류가 흐르지 않는다. 그러나 외부로부터 전압, 열, 빛 등의 에너지를 가하면 자유전자나 정공수가 증가하여 서서히 전도성이 높아진다. 도핑하지 않은 진성반도체는 전자산업에서 거의 사용하지 않는다. 진성반도체의 온도 특성은 다음과 같다.

1) 절대온도 0도에서는 가전자대의 모든 에너지상태는 전자로 채워진다. 따라서 전도대로 이전할 정도로 충분한 에너지를 가진 캐리어가 하나도 없어서, 전도대의 모든 에너지상태는 비어있는 상태이므로, 재료는 자유 캐리어가 없는 절연체이다.
2) 온도가 올라가면 일부 가전자대의전자들은 전도대에 도달할 수 있는 충분한 에너지를 얻어서, 전자-정공(e-h)의 쌍이 생성되면서 캐리어들은 자유롭게 움직일 수 있다. 이어서 재료는 전기적으로 약간의 전도성을 가지게 된다.
3) 더 높은 온도에서는 더 많은 전자-정공(e-h) 쌍이 생성되어 전도도가 더 증가한다. 그러나 실온에서 열에 의해 생성된 e-h 쌍의 개수는 극히 적어서 전도도는 매우 낮다.

2 불순물 반도체(extrinsic semiconductor)

불순물 반도체는 순수한 진성반도체에 다른 원소를 혼합하여 전류 흐름이 쉽도록 제작한 것이다. 소량첨가(Doping)하는 원소에 따라 캐리어가 홀인 P형 반도체, 캐리어가 전자인 N형 반도체를 얻을 수 있다. 이 불순물 반도체는 불순물 원소의 최외각전자수에 의존하며, 첨가하는 불순물의 작용은 2가지인데, 하나는 반도체 사이의 자유전자 수를 증대시키는 작용이며, 또 다른 하나는 반도체 내의 정공을 증가시키는 작용이다.

(1) N형 반도체(negative semi conductor)

N형 반도체는 실리콘의 결정(가전자 4개)에 5가의 원소(가장 바깥쪽에 5개의 가전자가 있는 물질)인 비소(As), 안티몬(Sb), 인(P) 등을 조금 섞으면, 5가의 원자가 실리콘 원자 1개를 밀어내고 그 자리에 들어가 실리콘 원자와 공유 결합을 한다. 이때 5가의 원자에는 전자가 1개가 남게 되며, 이때 남은 전자를 과잉전자라 한다.

이 과잉전자는 원자에 구속되는 힘이 약하기 때문에, 약간의 에너지로 반도체 결정 속을 자유롭게 이동할 수 있는 자유전자가 된다.

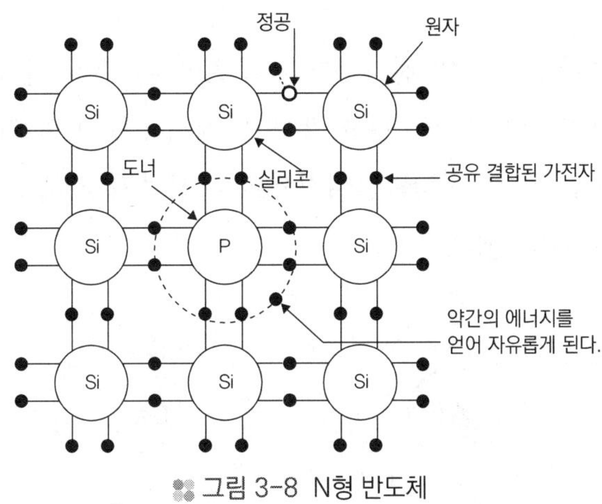

그림 3-8 N형 반도체

이 자유전자는 전기의 캐리어(carrier) 역할을 하며, 5가의 원자를 혼합한 반도체는 (-)로 대전한 다수의 자유전자 캐리어가 (+)로 대전한 소수의 정공보다 많아 N형 반도체라 한다. 이와 같이 전도성이 강한 자유전자들을 보다 많이 생성하기 위해 의도적으로 주입하여 혼합하는 5가의 전자를 도너(donor)라 부른다.

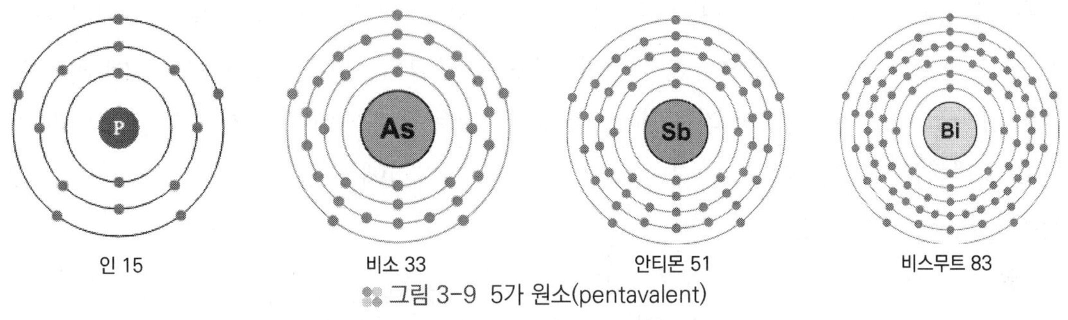

그림 3-9 5가 원소(pentavalent)

(2) P형 반도체(positive semi conductor)

P형 반도체는 실리콘의 결정에 3가의 원소인 알루미늄(Al), 인듐(In), 붕소(B) 등의 원소를 첨가하면 실리콘 원자와 공유 결합을 한다. 이때 3가의 원소에는 가전자가 3개이므로 전자가 부족해지고, 전자가 부족하다는 것은 (+)전기를 지니는 정공이 발생하였다는 의미이며, 이 정공은 전류의 흐름을 발생 시키는 캐리어(carrier)가 된다.

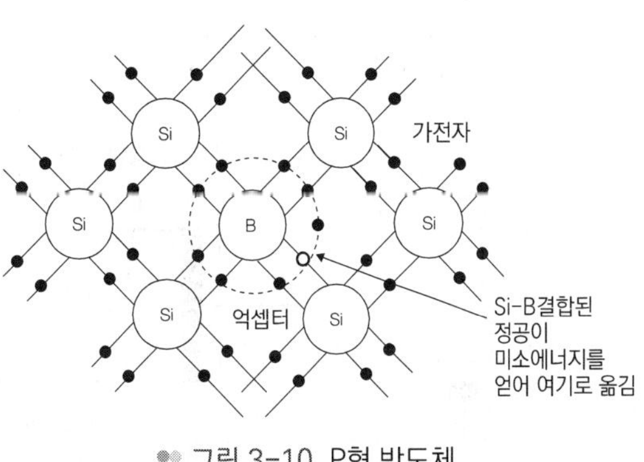

그림 3-10 P형 반도체

이때 완전한 공유 결합을 하려면 전자 1개가 부족(이온 주입 원자 당)해지며, 전자 1개가 들어갈 자리인 정공이 발생하므로 (+)라는 의미에서 P형 반도체라 한다. 이와 같이 전자를 받아들이기 쉬운 많은 정공들을 인위적으로 생성하기 위해 혼합하는 3가의 불순물 원소를 억셉터(acceptor)라 한다.

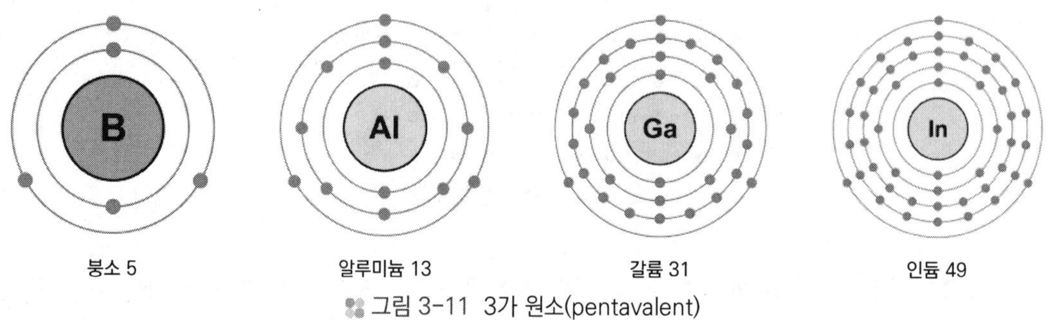

그림 3-11 3가 원소(pentavalent)

3 불순물 반도체의 전류 흐름

불순물 반도체에 전압, 열, 빛 등의 전기적 에너지, 즉 외부 전기장 $\vec{E}$ 를 계속해서 가하는 경우 전자가 흐른다. 그러나 전자의 이동속도는 물질의 격자 구조나 결합 등에 의해 충돌(collision)과 산란 과정의 감속(deceleration)작용을 거치면서 전기적 특성에 따라 전기를 운반하는 작용을 한다. 이때 전자가 튀어 나간 자리에는 정공만 남는다. 그림 3-12는 이 상태를 나타낸 것이다.

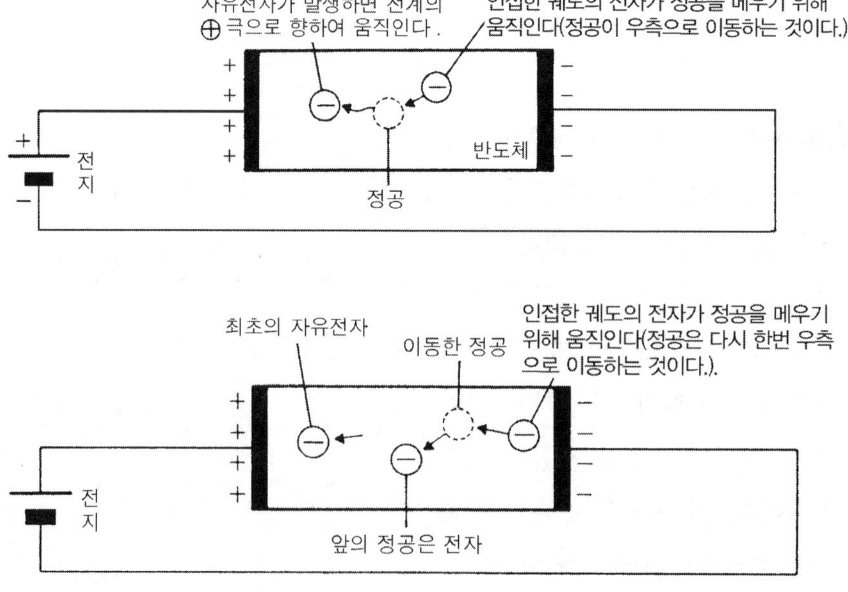

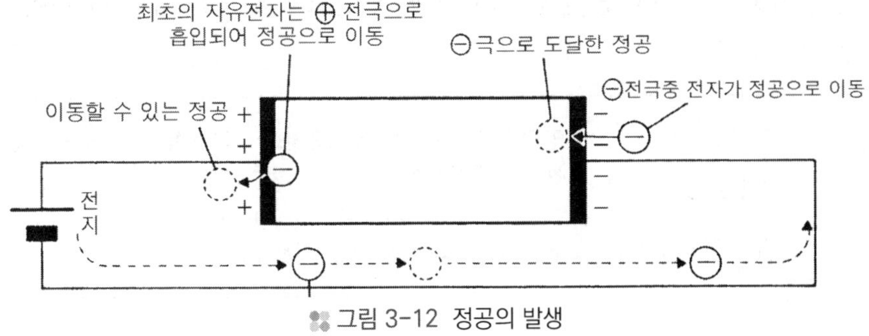

그림 3-12 정공의 발생

정공이 발생한 상태는 전자가 부족한 상태이므로, 이 정공은 가까이 있는 전자를 흡인하여 안정상태가 되려고 한다.

그림 3-13에서 (+)점을 정공이라 하면, 가까이 있는 a점의 전자가 이동하여 메우고, a점의 전자가 이동하면 다시 b점의 전자가 이동하여 메우며, 이와 같은 작용을 하여 c점에 정공이 계속 발생한다. 이것은 정공이 a → b → c로 움직인 것과 같다. 전자가 이동하는 것은 전류가 흐르는 것과 같으므로, 정공이 움직인 것은 전류가 흐른 것과 같다. 정공은 전지(電池)의 (-)쪽으로 흐르므로, 그 방향은 전류의 방향과 같다.

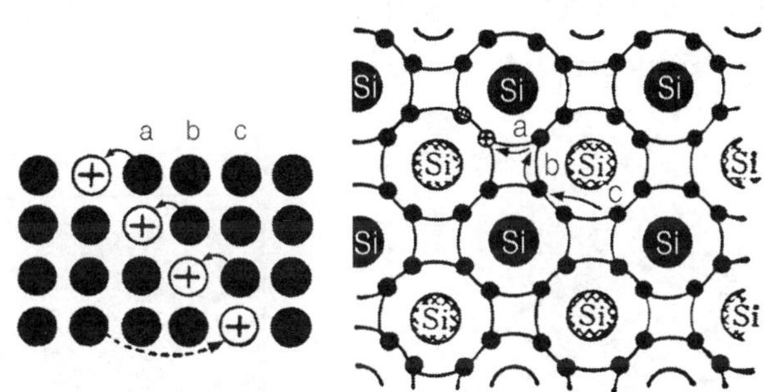

그림 3-13 정공의 이동

4 PN 반도체의 접합

(1) PN 반도체 접합의 종류

게르마늄이나 실리콘의 결정에 3가의 억셉터원소를 혼합한 P형과 5가의 도너를 혼합한 N형반도체를 붙여서 제작한 것을 PN접합이라 한다. 연속적으로 P층에서 N층으로 변화해 가는 구조를 형성하고 있으며, PN 접합 면이 1개인 것을 단접합(單接合), 2개인 것은

2중 접합, 3개 이상인 것은 다중 접합이라고 한다. 반도체 소자를 접합 면 수에 따라 분류하면 아래 표와 같다.

이중 접합	PNP NPN	PNP 트랜지스터, NPN 트랜지스터, 가변 용량 다이오드, 발광 다이오드, 전계효과 트랜지스터
다중 접합	PNPN	사이리스터, 포토트랜지스터, 트라이악
무접합	P N	서미스터, 광전도 셀(CdS)
단접합	PN	다이오드, 제너다이오드, 단일 접합 또는 단일 접점 트랜지스터

(2) PN 반도체 접합의 특징

전도율이 좋은 P형 반도체와 N형 반도체를 접합하면, 서로 마주 보는 접합 면에서는 P형 반도체의 운반자인 정공(hole)과 N형 반도체의 운반자인 전자(electron)가 끌어당기고 재결합하면서 상쇄되어 전도율이 떨어지는 공핍영역(depletion zone)형성되며, 이를 공핍층(depletion layer)이라고 한다. 더불어 공핍층은 캐리어의 이동을 방해하므로 전위장벽(potential barrier)이라 한다.

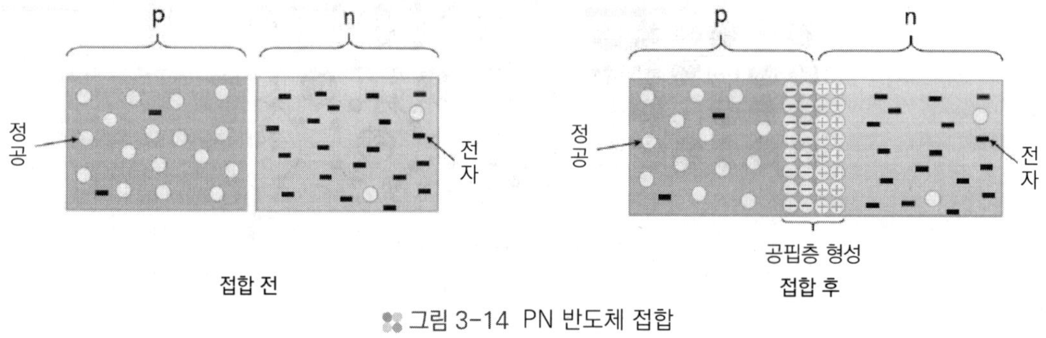

그림 3-14 PN 반도체 접합

이 공핍층은 정공과 자유전자의 이동을 방해하므로 P형 영역과 N형 영역의 캐리어는 평형을 이룬 상태가 된다. 그리고 전계(電界 ; field)가 발생한 공핍층에는 전위구배(電位勾配)가 있어, 캐리어가 공핍층을 통과하려면 이 전위구배를 넘어서는 전압이어야 한다.

이에 따라 전위구배는 캐리어의 이동을 방해하므로 PN접합에 전류를 흐르게 하려면 전위구배를 넘어갈 수 있을 만큼의 에너지, 즉, 정전압 바이어스가 걸렸을 때, 전자와 홀이 전계방향으로 움직이므로 공핍층의 두께가 얇아지면서 큰 전류가 흐르게 된다.

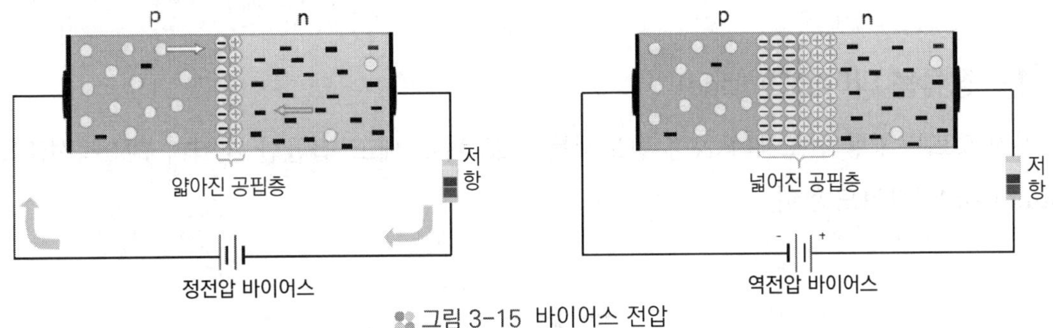

그림 3-15 바이어스 전압

(3) 반도체의 장·단점

1) 반도체의 장점

① 매우 소형이고 경량이다.

② 내부 전력손실이 매우 적다.

③ 예열을 요구하지 않고 곧바로 작동 한다.

④ 기계적으로 강하고 수명이 길다.

2) 반도체의 단점

① 온도가 상승하면 특성이 매우 불량해진다(게르마늄은 85℃, 실리콘은 150℃ 이상 되면 파손되기 쉽다).

② 역내압(逆耐壓)이 낮다.

③ 정격값 이상 되면 파괴되기 쉽다.

Reference **역내압이란 역방향**으로 전압을 점차 상승시키면 어느 값에 이르러 통전(通電)되는 현상이며, 이 상태가 되면 반도체가 파손되어 사용할 수 없게 된다.

반도체 소자의 종류

1 정류용 다이오드(diode)

다이오드는 P형 반도체와 N형 반도체를 서로 마주 대고 접합한 것이며 PN 정션(PN junction)이라고도 한다.

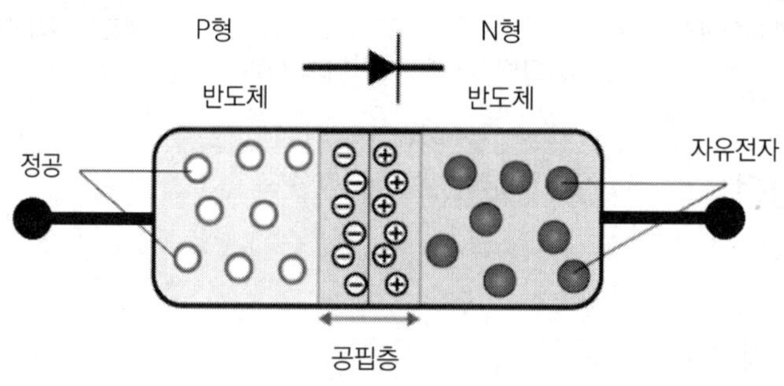

그림 3-16 다이오드 구조

(1) 다이오드의 순방향 전류

그림과 같이 P형 쪽에 (+)전원을, N형 쪽에 (-)를 연결하면, PN접합 부분의 전위장벽이 외부전압보다 현저히 낮으므로 공핍층의 폭이 좁아지고, 정공과 자유전자는 전위장벽을 통과하여 이동한다. 이와 같이 정공은 전원의 (+)극에 반발하여 N형으로 흘러 들어가고, 전자는 (-)극에 반발하여 P형으로 흘러 들어가는 것을 순방향 전류라 한다.

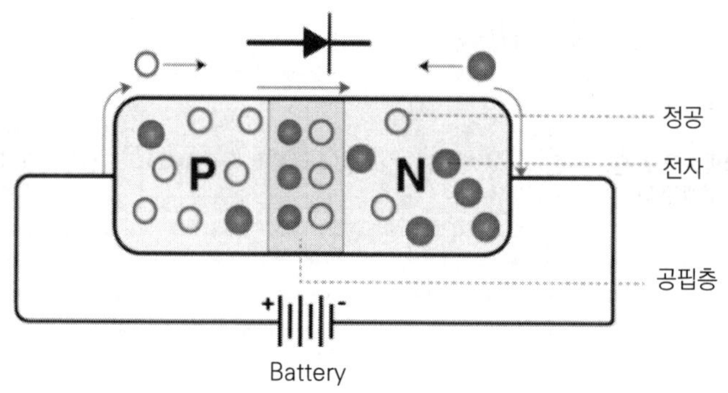

그림 3-17 다이오드의 순방향 전류흐름

(2) 다이오드의 역방향 전류

그림과 같이 P형 쪽에 (-)전원을, N형 쪽에 (+)를 연결하면 PN 접합부분의 전위장벽은 외부전압에 의해 공핍층의 폭이 더욱 넓어지면서, 캐리어는 P형에서 N형으로, 또는 N형에서 P형으로 공핍층을 통과하지 못하는 것을 역방향 전류라고 한다.

이와같이 다이오드에 역방향으로 전압을 가하면 전류가 흐르지 않지만, 규정된 역방향 한계전압(PIV, peak-inverse-voltage)을 넘어서는 전압을 공급하면, 다이오드는 전자사태 항복(avalanche breakdown)을 일으켜 역방향으로 커다란 전류가 흘러 다이오드 소자가 파손된다.

다이오드는 가하는 전압의 전극에 따라서 전류가 흐르거나 차단되는데 전류가 흐르는 상태를 순방향 전류, 흐르지 못하는 상태를 역방향 전류라고 하며, 이와 같은 작용을 정류작용이라고 한다.

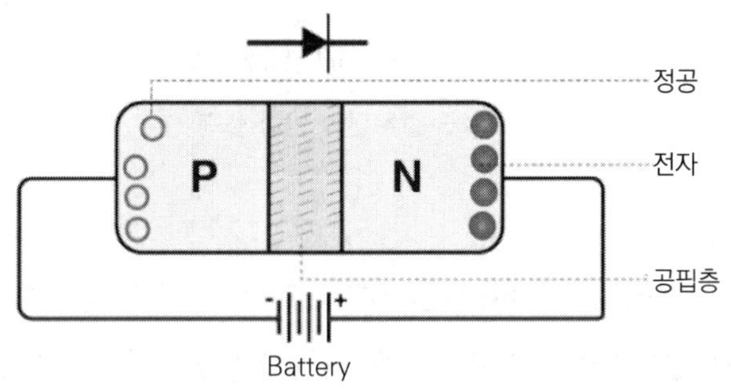

그림 3-18 다이오드의 역방향 전류차단

(3) 다이오드 정류 작용

다이오드의 가장 중요한 기능은 한쪽으로만 전류가 흐르는 다이오드의 성질을 이용하여 교류(AC)를 직류(DC)로 변환하는 것이며, 이 기능을 전원공급장치 또는 신호처리 시 정류작용을 활용한 회로에 적용할 수 있다. 정류방법에는 단상반파 정류, 단상전파 정류, 삼상전파 정류가 있다.

1) 단상반파 정류

이 정류방법은 교류전류 회로 중에 플러스 전극 또는 마이너스 전극의 한쪽에 다이오드 1개를 사용하여 교류전원을 정류하는 방식이며, (+)쪽 또는 (-)쪽의 1/2사이클 동안 전류가 흐른다. 이때 전류 이용률은 부전압분이 소거되어 1/2의 맥류(脈流)이므로 직류로는 부적합하지만 커패시터의 축방전을 이용하여, 파형을 평활화하여 직류로 변환한다. 또한, 평활 후에 나타나는 리플 전압은, 커패시터 용량과 부하 (LOAD)에 따라 변화한다.

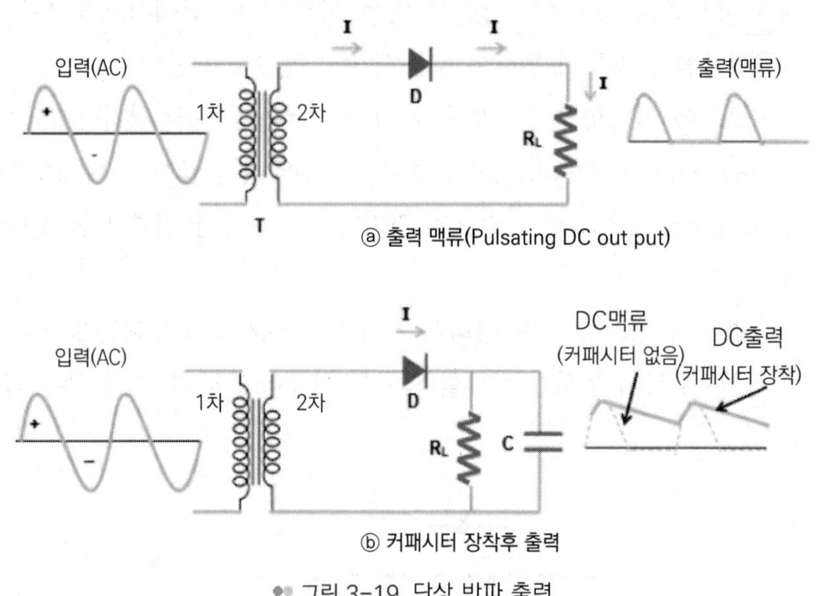

ⓐ 출력 맥류(Pulsating DC out put)

ⓑ 커패시터 장착후 출력

그림 3-19 단상 반파 출력

2) 단상전파 정류

이 정류방법은 다이오드를 브리지(bridge)형태의 회로로 구성하여, 입력전압의 부전압분을 정전압으로 변환 정류하여 직류(맥류)로 변환하여 출력한다. 즉, 교류전류가 (+)파형일 경우에는 그림 3-20의 실선으로 표시한 방향으로 흐르고, (-)파형에서는 점선으로 표시한 방향으로 흐른다.

따라서 교류전류가 (+)파형 또는 (-)파형에 관계없이 저항에는 항상 일정한 방향으로 전류가 흐르므로, 직류로 사용할 수 있다.

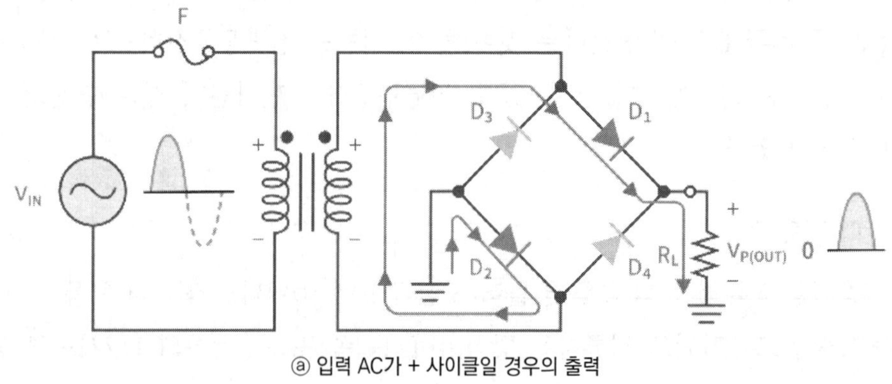

ⓐ 입력 AC가 + 사이클일 경우의 출력

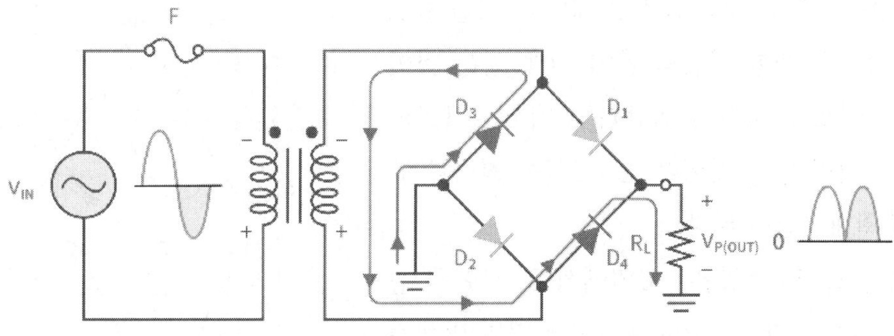

ⓑ 입력 AC가 - 사이클일 경우의 출력

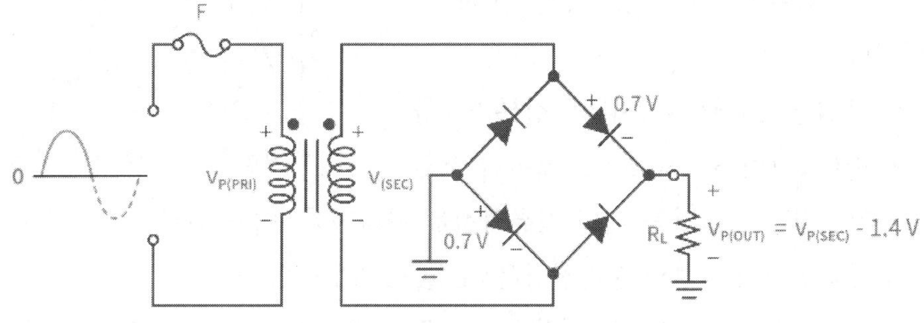

ⓒ 브릿지 정류회로의 출력 전압

그림 3-20 단상 반파 정류

3) 삼상전파 정류

이 정류방법은 자동차의 교류발전기에서 사용하며, 그림은 6개의 다이오드를 이용한 삼상교류 전파정류회로이다.

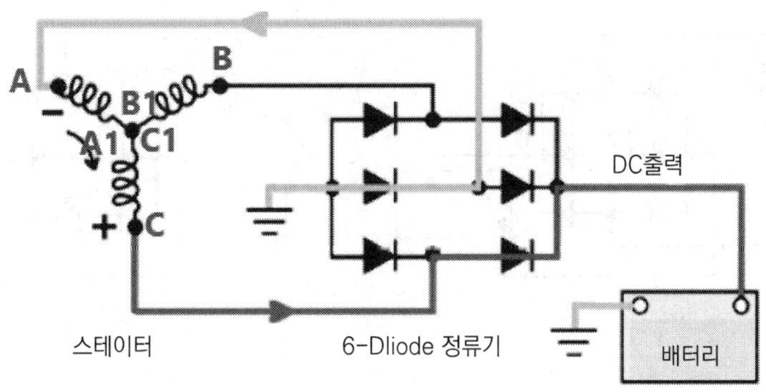

그림 3-21 3상교류 전파정류회로

그림 3-22에서 BA곡선은 스테이터 코일 A_1A와 B_1B에서 발생한 전압의 합에 의해 얻은 것이다. 즉, B에서 B_1사이의 전압과 A_1에서 A사이의 전압을 합하여 얻은 것이다. BA곡선이 최대를 표시할 때 최대전압이 된다.

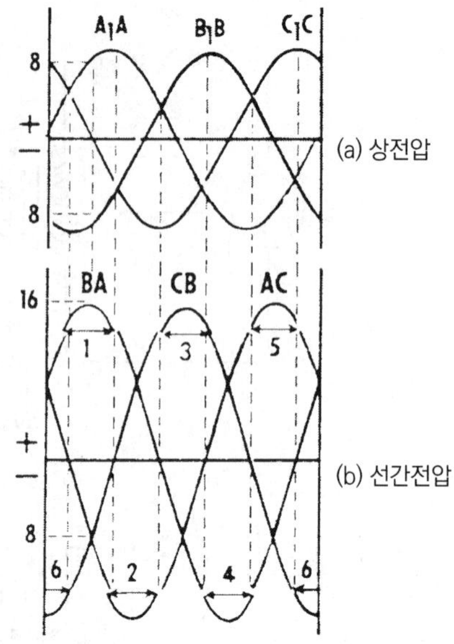

그림 3-22 스테이터의 발생 전압

또 이때 B_1B의 전압은 -8V(에서 B_1 사이의 전압은 +8V)가 된다. 이 값에 A_1A의 코일의 발생전압 8V를 더하면 BA곡선의 최댓값 16V가 얻어지며, 마찬가지로 하여 BA, CB, 및 AC의 전 체 곡선이 얻어진다.

다음으로 그림 3-23에서 (a)~(f)의 정류과정을 설명하도록 한다. 그림 3-23(a)는 스테이터 코일 단자 BA에 최대전압이 걸렸을 때의 정류과정을 나타낸다. 이때 전류는 B에서 A로 흘러 다이오드를 통과하며, B와 A의 선간전압은 16을 표시하고 있다.

이것은 B의 전압은 0V이고 A의 전압은 16V임을 뜻한다. 같은 방법으로 하여 이 순간 CB의 선간전압은 -8V가 된다(이것은 C의 전압이 8V임을 의미한다. 그러나 C에서 B로, 또는 8V에서 0V로 흐르기 때문에 (-)로 표시된다.). 또 이때 AC의 선간전압도 -8V이다. 이 전압이 각각 다이오드에 걸려 정류작용이 이루어진다.

그림 3-23(a)는 1단계 정류과정을 나타내며, 오른쪽 다이오드 부분에 표시된 숫자는 각 다이오드에 가해지는 전압을 표시한다(이 숫자는 전선의 전압강하는 무시하고, 다이오드를 통과할 때 1V의 전압강하가 생겼다고 가정한 것이다.).

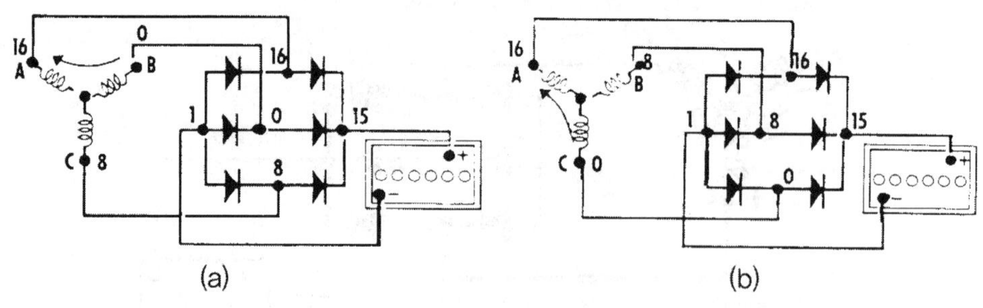

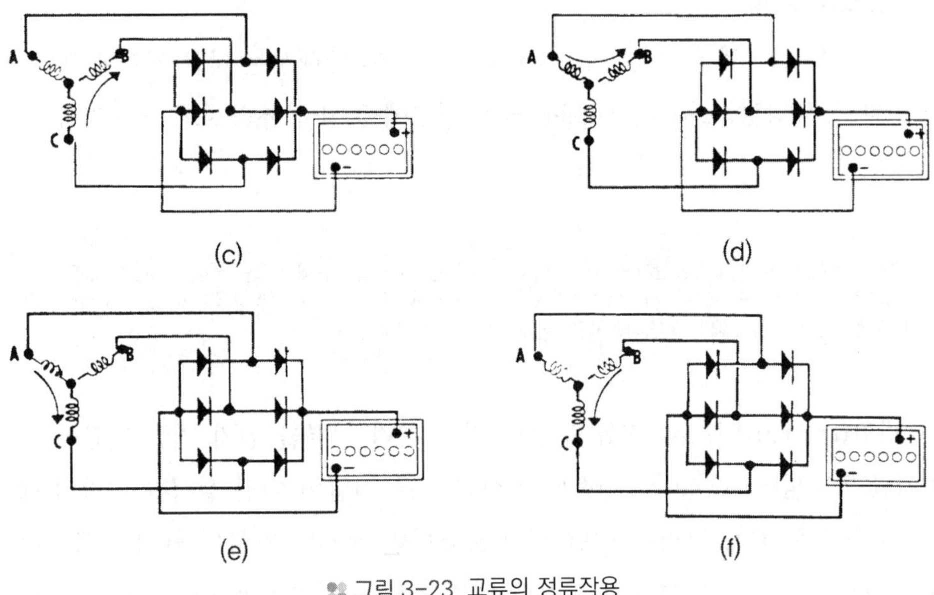

그림 3-23 교류의 정류작용

따라서 전류를 통과시킬 수 있는 다이오드는 2개뿐이고, 다른 것은 역방향이 되기 때문에 전류를 통과시키지 못한다(예를 들면, 오른쪽 밑의 다이오드에는 7V의 역방향의 전압(15 - 8=7)이 걸리고, 오른쪽 중앙의 다이오드에는 15V의 역방향의 전압(15 - 0=15)이 걸린다. 따라서 전류가 흐르지 못한다.).

이에 따라 1단계 정류과정에서는 그림 3-23(a)에 표시한 대로 전류가 흐르게 된다. 이때 각 부분의 전압은 수시로 바뀌나 이 변화가 다이오드의 순방향과 역방향을 바꿀 정도의 것은 못 된다. 마찬가지로 하여 각 상에 유기된 전류가 다이오드를 거쳐 정류되며, 그림 3-23의 (b), (c), (d), (e), (f)는 그 과정을 보인다.

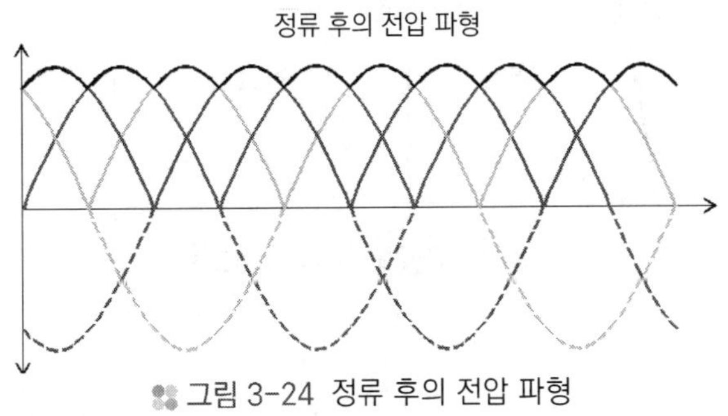

그림 3-24 정류 후의 전압 파형

위의 정류방식을 통해 얻는 교류발전기의 정류전압 곡선은 완전한 직선상의 직류 전압은 아닐지라도 그림 3-24의 선간전압 곡선에서 얻어진 정류곡선을 나타낸다.

(4) 다이오드의 성질

정류용 다이오드는 전류의 순방향(forward bias)에 대해서는 낮은 저항에 의해 전류를 흐르도록 하고, 역방향(reverse bias)은 높은 저항에 의해 전류의 흐름을 저지하는 성질을 이용한 것이다.

> Reference 자동차에서 사용하는 교류발전기는 타려자 방식(다른 전원으로부터 전류를 공급받아 로터(rotor)코일을 자화시키는 방식)이며, 잔류자기에 의해서 발전이 시작되는 전압을 0.5~0.6V 이상으로 다이오드에 공급할 수 없기 때문에 로터코일에 전류가 흐르지 못한다. 따라서 배터리 전류를 공급받아서 로터코일을 여자시킨다.

즉, 순방향(forward bias) 전류 특성의 경우 정격 전류를 얻기 위한 전압이 약 0.7V 정도이지만 역방향(reverse bias)전류 특성의 경우 전압이 어떤 설정값 미만일 때, 전류는 거의 흐르지 못한다. 그러나 어떤 값에 도달하면 전류의 흐름이 급격히 증가하며, 이와 같이 급격히 큰 전류가 흐르기 시작할 때의 전압을 항복전압(brake down voltage) 또는 역내압이라 한다.

다이오드를 사용할 때에는 순방향으로는 정격전류, 역방향으로는 역내압 등에 주의하여야 한다. 다이오드 규격표의 값은 특수한 것을 제외하고는 주위의 온도를 25℃로 하고 있다.

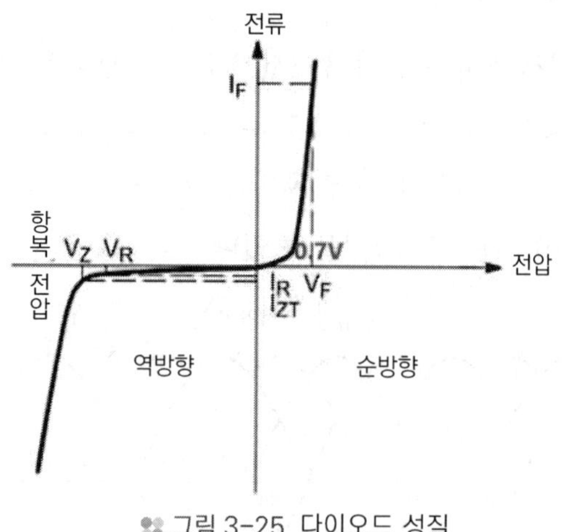

그림 3-25 다이오드 성질

2 제너다이오드(zener diode) – 정전압 다이오드

제너 다이오드는 실리콘 다이오드의 일종이다. 다이오드의 역방향 특성을 이용하기 위하여 P형 반도체와 N형 반도체에 불순물의 양을 증가시켜 역방향의 전압이 어떤 값에 도달하면, 역방향 전류가 급격히 증가하여 흐르게 된다. 이런 현상을 제너현상이라 하며, 이때의 전압을 제너전압(zener voltage or brake down voltage)이라 한다.

또한 역방향에 가해지는 전압이 점차 감소하여 제너전압 이하로 되면, 역방향 전류가 흐르지 못한다.

(1) 제너다이오드의 작용

PN접합 다이오드에서 그림 3-26과 같이 역방향의 전압이 점차 상승하여 어느 전압에 도달한 시점에, 공유 결합 부분의 가전자는 역방향 전압의 에너지에 의해 자유전자로 변화하여 튀어 나가고 그 빈자리에는 새로운 정공이 발생하여 떠돌아다니는 자유전자를 흡입하려고 한다.

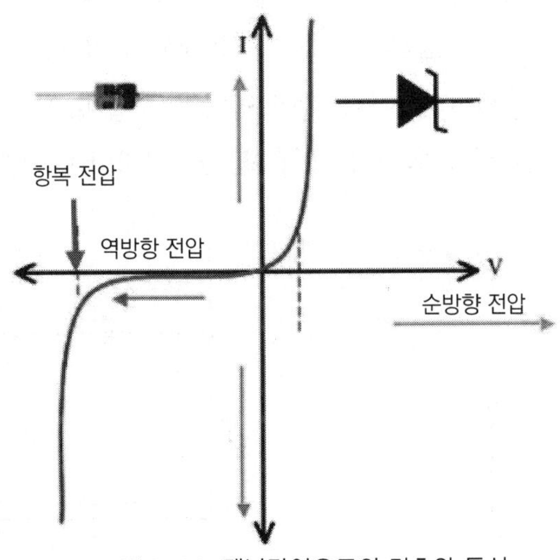

그림 3-26 제너다이오드의 기호와 특성

이로 인하여 접합부분을 넘어서 가전자로 변화한 자유전자와 새롭게 발생한 정공이 캐리어가 되어 전류가 흐르기 시작한다. 또 제너전압보다 높은 역방향 전압을 제너다이오드에 가하면 급격히 큰 전류가 흐르기 시작하는데, 이를 브레이크다운 전압(brake down voltage)이라 한다.

제너다이오드에 역방향 전압을 점차 증가시키면, 자유전자의 힘이 강해져 공유 결합을 하고 있던 가전자를 끌어내어 자유전자와 정공의 수를 증가시키므로, 큰 전류가 흐를 수 있다. 제너다이오드에 제너현상이 발생하는 정도의 전압보다 높은 전압을 가했을 경우에는, 전류는 급격히 증가하지만 전압은 일정해지는 정전압 작용이 발생한다.

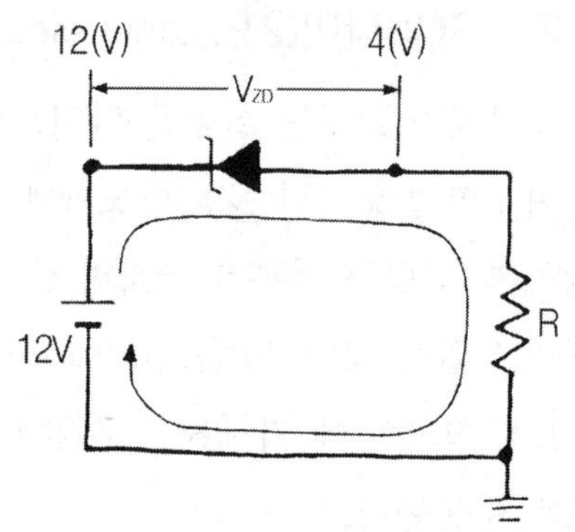

그림 3-27 제너다이오드의 정전압 회로

제너다이오드는 역방향 전압을 가했을 때 정전압 작용을 하므로, 안정화된 전원회로에 널리 사용된다. 자동차에서는 점화장치, AC발전기의 전압조정기 등에 사용한다.

(2) 제너다이오드의 특성

그림 3-28(a)에서 제너다이오드에 가하는 역방향 전압이 제너전압보다 낮을 경우에는 전류가 흐르지 않는다. 그림 3-28(b)에서는 제너다이오드에 가하는 역방향 전압이 제너전압보다 크므로 역방향 전류가 흐른다. 그러나 순방향의 경우와는 다르게 제너다이오드의 양 끝에는 제너전압이 발생한다. 이와 같이 역방향 전압이 제너전압보다 클 때 제너다이오드 양 끝의 전압 차이는 항상 일정한 값이 되므로 정전압 다이오드라 한다.

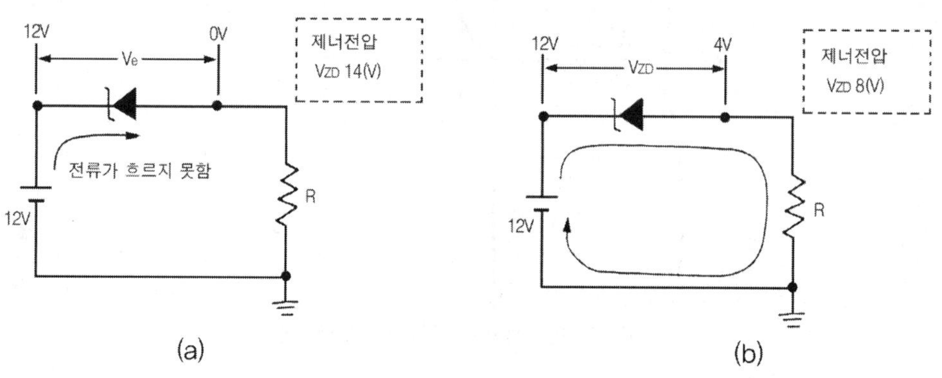

그림 3-28 제너다이오드의 특성

3 포토 다이오드(photo diode)

포토 다이오드는 태양전지의 원리인 광기전력(photovoltaic) 효과로 인해 생성된 전자와 정공에 의한 광전류(photocurrent)로 작동하는 다이오드이다. 그림 3-29와 같이 역방향 상태에서 빛을 받으면 PN 접합 면에 전류가 흐르게 되고, 빛의 양을 변환시키면 회로에 흐르는 전류는 빛의 양에 비례하여 변화한다.

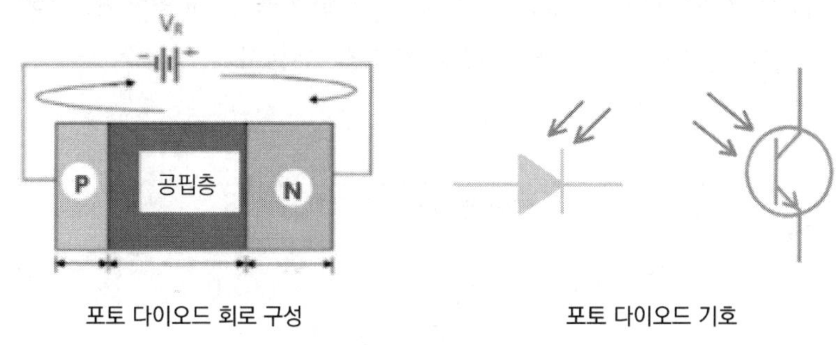

그림 3-29 포토 다이오드

(1) 빛을 받지 않았을 때

빛을 받지 않은 포토 다이오드는 저항값이 크다. 따라서 그림 3-30의 회로에서는 트랜지스터 TR_1의 베이스에 전류가 흐르지 못하기 때문에 OFF상태가 된다. 따라서 트랜지스터 TR_2도 OFF되어 부하전류인 컬렉터 전류 I_{C2}가 흐르지 못한다.

(2) 빛을 받았을 때

포토 다이오드에 빛이 가해지면 트랜지스터 TR_1의 베이스에 전류가 흐르게 되므로, 트랜지스터 TR_1이 ON이 되어 컬렉터 전류가 흐른다. 이때 트랜지스터 TR_2도 ON으로 되어 부하전류인 컬렉터 전류 I_{C2}가 흐르게 된다.

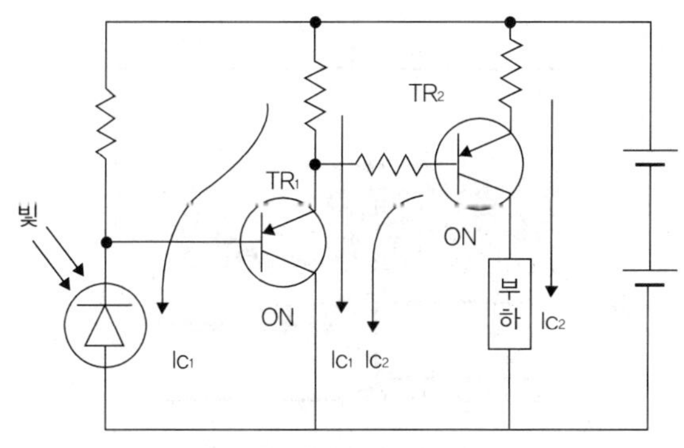

그림 3-30 포토 다이오드의 응용회로

4 발광다이오드(LED ; Light Emitting Diode)

발광다이오드는 PN접합 다이오드에 순방향 전류를 흐르게 하면 빛이 발생하는 2종 이상의 원소로 이루어진 이중 화합물 반도체소자이다. LED는 주로 갈륨비소(GaAs), 갈륨인(GaP), 갈륨비소인(GaAsP), 갈륨질소(GaN) 등으로 만들어진다. 어떤 화합물을 쓰느냐에 따라 LED 빛은 가시광선부터 적외선까지 여러 가지 빛을 발생 시킨다. 또한 적외선 LED는 리모트컨트롤라, 적외선통신, CCTV 적외선 카메라 등에 사용하며, 자외선 LED는 살균, 피부치료 등 생물·보건 분야와 검사 목적 등으로 사용한다.

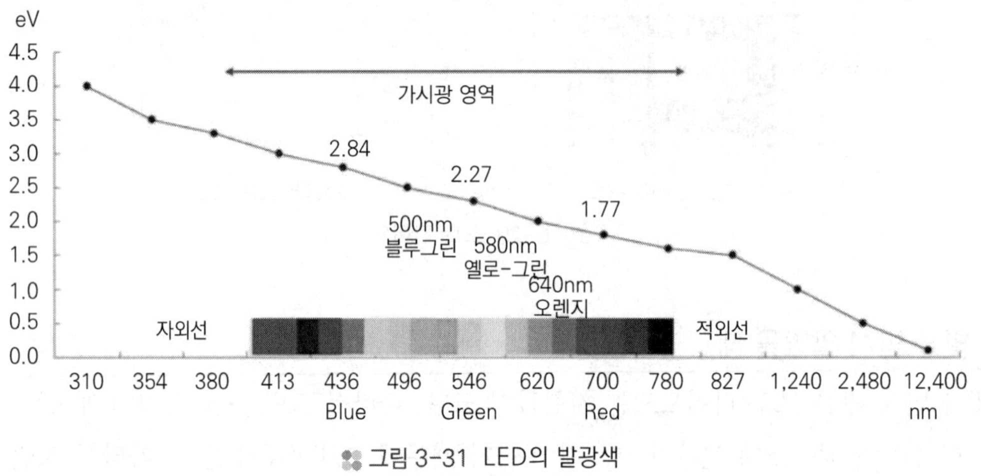

그림 3-31 LED의 발광색

발광다이오드는 전기적 에너지를 빛으로 변환시키는 것으로, 특징은 다음과 같다.

① 수명이 백열전구의 10배 이상으로 반영구적이다.

② 낮은 전압(2~3V)에서도 발광작용을 한다.

③ 소비전력이 0.05W 정도이고, 전류는 10mA 정도이다.

④ 점멸 응답성능이 초(sec) 단위로 매우 빠르다.

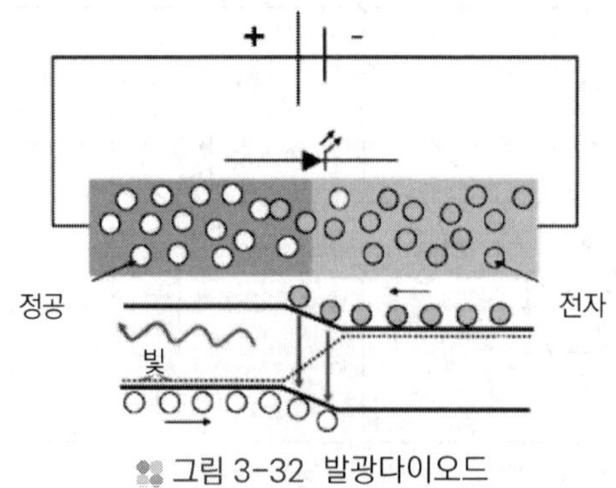

그림 3-32 발광다이오드

5 트랜지스터(TR ; Transistor)

(1) 트랜지스터의 개요

얇은 N형 반도체를 P형 반도체 사이에 끼워 넣어 접합한 것을 PNP형 트랜지스터라고 하며, 얇은 P형 반도체를 N형 사이에 끼워 넣어 접합한 것을 NPN형 트랜지스터라고 한다. 3개의 부분에는 각각 인출선이 부착되어 있으며, 중앙부분을 베이스(base : B), 트랜지스터의 형식과 관계없이 각각의 전극에서 끌어낸 리드선 단자를 이미터(emitter : E), 그리고 나머지 단자를 컬렉터(collector : C)라 한다.

PNP형은 이미터에서 컬렉터로의 전류흐름이 순방향 흐름이며, NPN형은 컬렉터에서 이미터로의 전류 흐름이 순방향 흐름이다. 그리고 트랜지스터는 작은 신호전류로 큰 전류를 단속(ON - OFF)하는 스위칭(switching)작용과 증폭작용 및 발진작용을 한다.

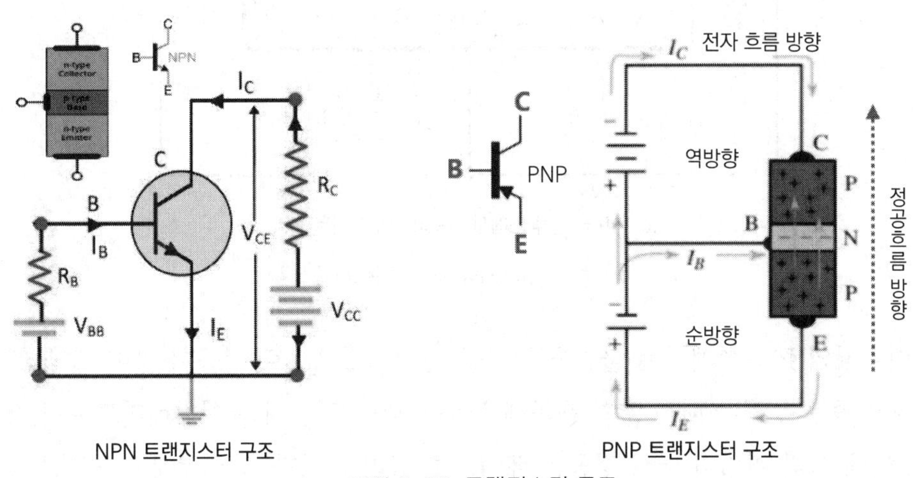

그림 3-33 트랜지스터 구조

(2) 트랜지스터에서 전류가 흐르는 경우

1) PNP형 트랜지스터의 경우

PNP형에서 그림 3-33(a)와 같이 베이스(B)에 (+)를, 컬렉터에 (-)전원을 연결하면, 베이스와 컬렉터에는 역방향 전압이 가해지므로 외부전원에 의한 흡인작용으로 전류가 흐르지 못한다.

그러나 그림 3-34(b)와 같이 이미터(E)에 (+)를, 베이스에 (-)전원을 연결하면 이미터와 베이스사이에는 순방향 전압이 가해지므로, 외부에서 공급되는 전원의 극성에 반발하여 전류가 흐른다.

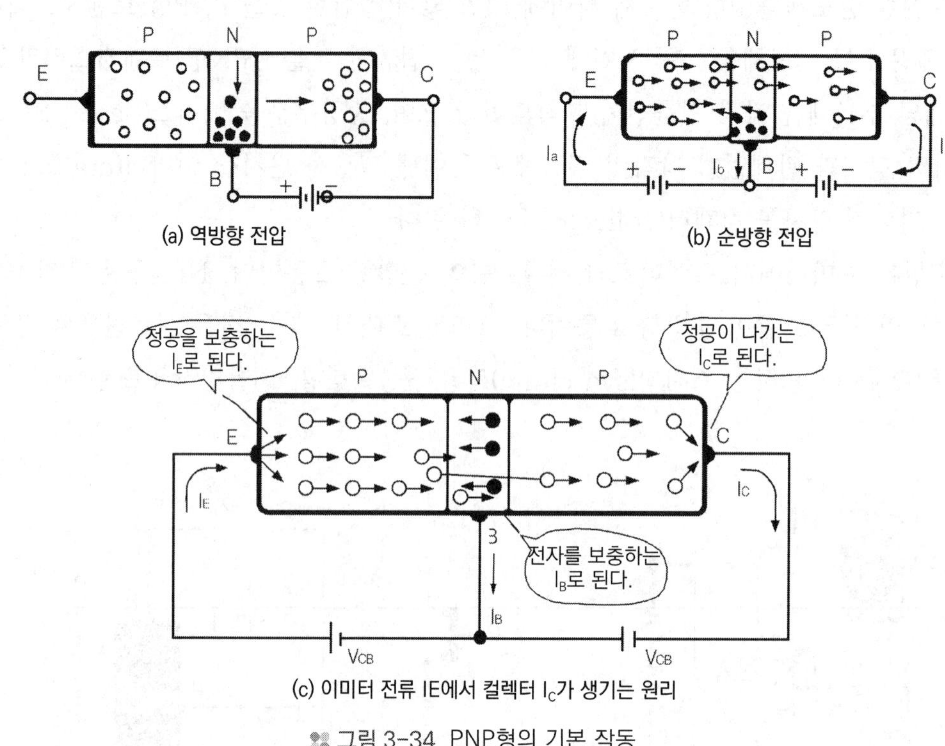

그림 3-34 PNP형의 기본 작동

이때 이미터의 P형 쪽에서는 불순물 농도를 증가시켰으므로 정공이 많이 발생하고, 베이스의 N형 쪽은 두께가 매우 얇기 때문에 불순물의 농도는 더욱 희박해지므로 전자가 매우 적다. 이에 따라 이미터 내의 정공은 베이스로 흘러 들어가 그 일부분의 베이스 전자와 결합하여 소멸하므로, 약간의 베이스 전류가 된다.

또 그림 3-34(c)와 같이 이미터에 (+), 베이스에 (-), 컬렉터에 (-)전원을 각각 연결하면, 이미터에서 나온 정공은 베이스의 전자와 결합하지 못한 정공이 컬렉터 전압에 의해 컬렉터 쪽으로 이동하여 컬렉터 전류로 된다. 그리고 이미터의 정공은 전원의 (+)에서 점차 공급되어 이것이 이미터 전류로 된다. 따라서 이미터 전류의 대부분은 컬렉터 전류로 되며, 베이스 전류는 매우 적다.

2) NPN형 트랜지스터의 경우

그림 3-35(a)와 같이 베이스에 (-), 컬렉터에 (+)전원을 연결하면 베이스와 컬렉터 사이에는 역방향 전압이 가해지므로 전위장벽이 높아 전류가 거의 흐르지 못한다.

그러나 그림 3-35(b)와 같이 이미터에 (-), 베이스에 (+)전원을 연결하면 이미터와 베이스 사이에는 순방향 전압이 가해지므로 전류가 흐른다. 이때 이미터 N형 쪽에는 불순물의 농도를 증가시켰으므로 전자가 많이 발생하고, 베이스 P형 쪽은 두께가 매우 얇고 불순물의 농도를 낮추었으므로 정공의 발생이 적다.

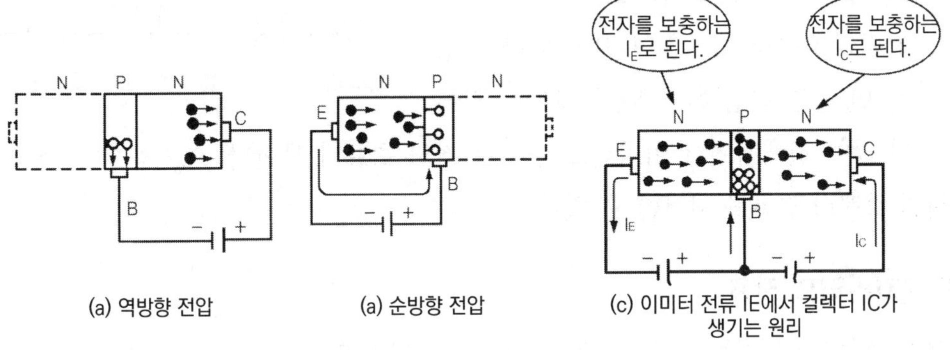

그림 3-35 NPN형의 기본 작동

또 그림 3-35(c)와 같이 이미터에 (-), 베이스에 (+), 컬렉터에 (+)전원을 연결하면 이미터 내의 전자는 베이스 쪽으로 흘러 들어가서 그 일부분의 정공과 결합하여 소멸하며, 적은 수의 정공은 전원의 (+)극에 의해 계속 공급되므로 이것이 약간의 베이스 전류로 된다. 또 베이스 전류와 결합하지 못한 이미터의 전자는 컬렉터 쪽의 전압에 의해 컬렉터 쪽으로 이동하여 컬렉터 전류가 된다. 일반적으로 이미터 전류 중 95~98%가 컬렉터 전류가 되고, 나머지 2~5%는 베이스 전류가 된다.

(3) 트랜지스터에서 전류가 흐르지 않을 때

1) PNP형 트랜지스터의 경우

그림 3-36과 같이 이미터에 (-), 베이스에 (+), 컬렉터에 (-)전원을 연결하면 이미터 쪽의 정공은 전원의 (-)극에 의하여 흡인되고, 베이스 내의 전자는 전원의 (+)극에 흡인되어 경계 부분

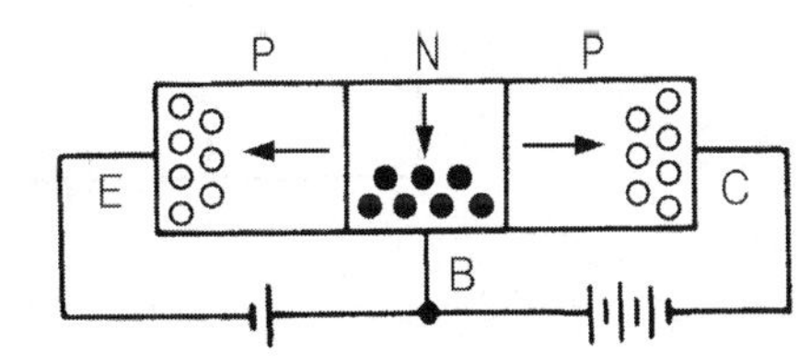

그림 3-36 PNP형에서 전류가 흐르지 못할 때

은 빈 공간(결핍층)이 되므로, 베이스 전류는 거의 흐르지 못하게 되어 이미터에서 컬렉터로 전류가 흐르지 못한다. 이와 같이 베이스 전류를 단속(ON - OFF)함에 따라 컬렉터 전류를 제어할 수 있다.

2) NPN형 트랜지스터의 경우

그림 3-37과 같이 이미터에 (+), 베이스에 (-), 컬렉터에 (+)전원을 연결하면 이미터 쪽의 전자는 전원의 (+)극에 흡인되고, 베이스 내의 정공은 전원의 (-)극으로 흡인된다. 따라서 경계 부분은 빈 공간(결핍층)이 되어 베이스 전류가 흐르지 않아 컬렉터에서 이미터로 전류가 거의 흐르지 못한다. 이처럼 베이스 전류를 단속하면 컬렉터 전류를 제어할 수 있다.

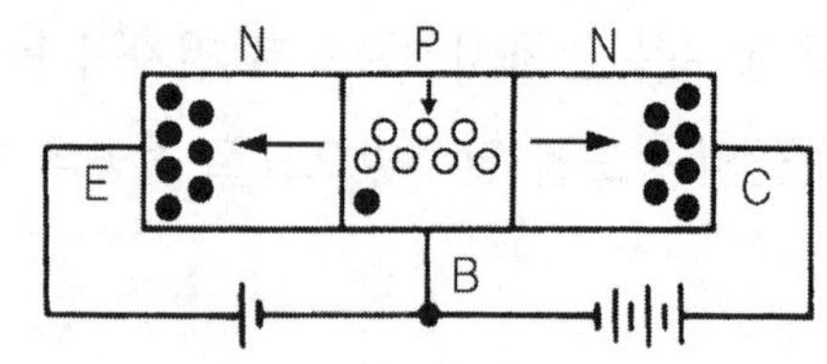

그림 3-37 NPN형에서 전류가 흐르지 못할 때

(4) 트랜지스터의 작용

트랜지스터의 작용에는 증폭작용과 스위칭 작용이 있다.

1) 트랜지스터의 증폭작용

그림 3-38과 같이 베이스에 저항 Rb를 통하여 (+)전원을 접속하면 이미터의 전자는 베이스의 (+)전원에 의해 흡인되므로 베이스 전류가 흐른다. 그러나 베이스는 두께가 매우 얇고, 이미터의 전자는 컬렉터의 전자와 함께 컬렉터의 (+)전원으로 흡인되므로 이미터와 컬렉터 사이가 통전상태로 되어 컬렉터 전류가 된다.

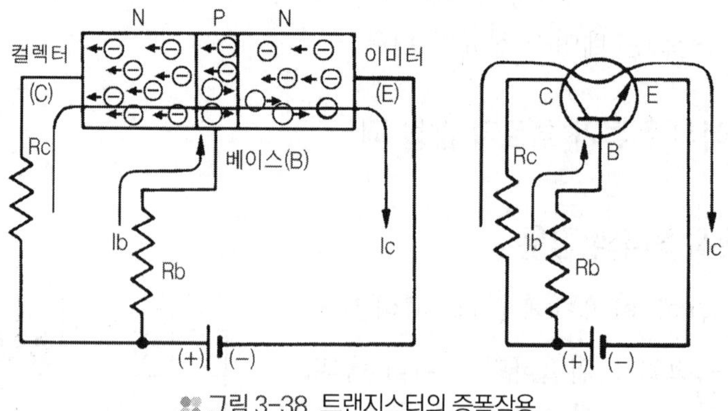

그림 3-38 트랜지스터의 증폭작용

또 베이스 두께가 매우 얇기 때문에 베이스 내에 존재하는 정공 수가 매우 작아, 이미터 전자는 베이스의 정공 쪽으로 이동하는 양보다 컬렉터 (+)전원 쪽으로 이동하는 양이 압도적으로 많아진다.

즉, 베이스보다 컬렉터에 전류가 약 10~200배 정도 많이 흐른다. 적은 양의 베이스 전류로 큰 컬렉터 전류를 얻을 수 있으며, 또 베이스 전류를 바꿈으로서 컬렉터 전류의 양을 증가시킬 수 있는데, 이 작용을 트랜지스터의 증폭작용이라고 한다. 증폭률은 다음과 같이 나타낸다.

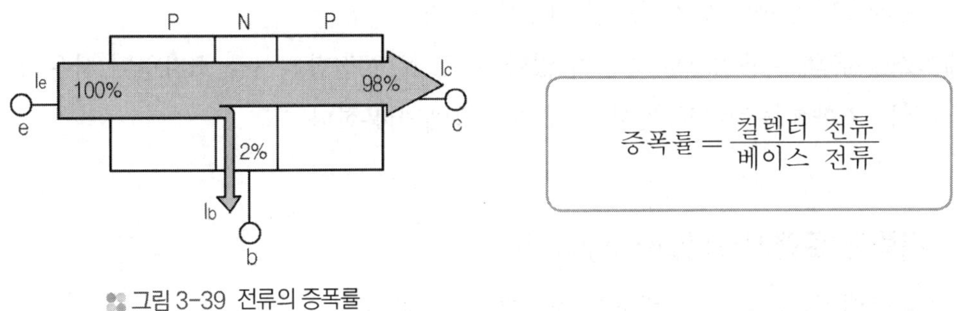

그림 3-39 전류의 증폭률

2) 트랜지스터의 스위칭(switching) 작용

증폭작용에서 트랜지스터의 이미터와 컬렉터 사이를 통전상태로 하려면 베이스에 전류가 흐르도록 하면 된다고 설명하였다. 이와는 반대로 베이스 전류를 단속하면 이미터와 컬렉터 사이를 단속할 수 있다. 이것을 트랜지스터의 스위칭 작용이라 하며, 이 트랜지스터의 스위칭 작용을 이용하면 릴레이와 같은 작용을 할 수 있다.

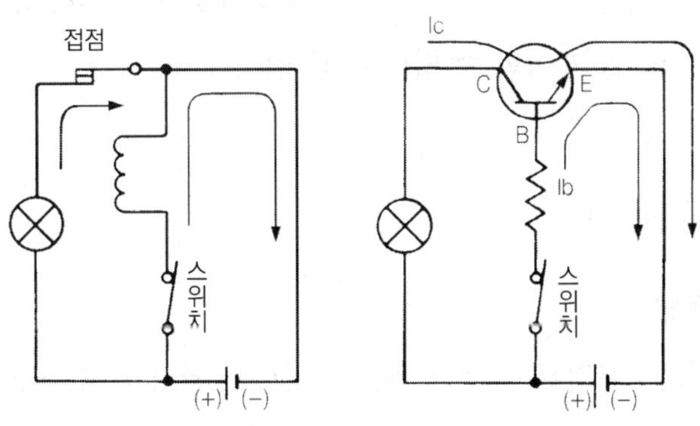

그림 3-40 트랜지스터의 스위칭 작용

6 포토트랜지스터(Photo TR)

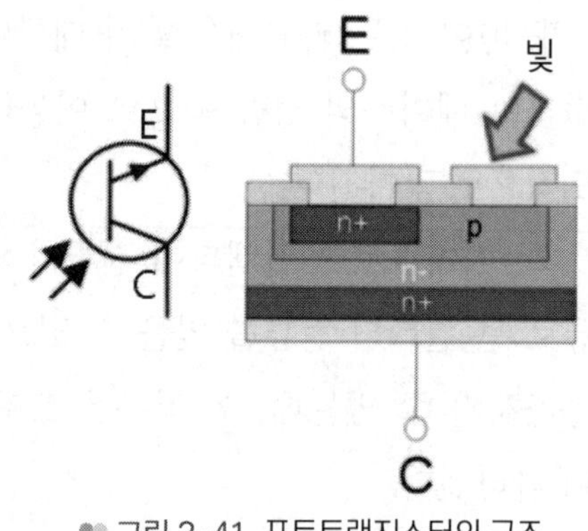

그림 3-41 포토트랜지스터의 구조

포토트랜지스터는 포토 다이오드와 같이 PN접합부분에 빛을 가하면 빛의 에너지에 의해 발생한 정공과 전자가 외부회로에 흐르게 된다. 입사광선에 의해 정공과 전자가 발생하면 역방향 전류가 증가하여 입사광선에 대응하는 출력전류가 얻어지는데 이를 광전류(光電流)라 한다.

이 트랜지스터는 베이스 전극은 끌어냈으나, 빛이 베이스 전류의 대용이므로 전극이 없다. 주로 NPN접합의 3극 소자형이 사용되며, 자동차에서는 조향핸들 각속도 센서, 차고센서 등에 이용한다.

7 다링톤 트랜지스터(Darlington TR)

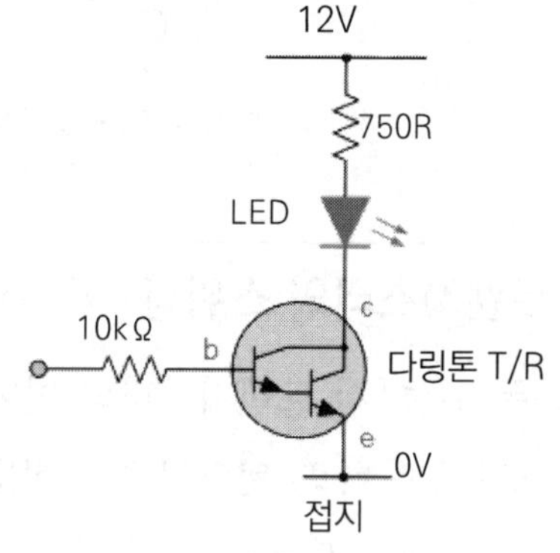

그림 3-42 다링톤 트랜지스터의 구조

다링톤 트랜지스터는 높은 컬렉터 전류를 얻기 위하여 2개의 트랜지스터를 1개의 반도체 결정에 집적(集積)하고, 이것을 1개의 하우징에 밀봉한 것이다. 2개의 트랜지스터가 컬렉터를 공유하며 베이스, 컬렉터의 3개 단자를 가지고 있다.

자동차에서는 높은 출력 회로와 높은 전압에 대하여 내구성이 요구되는 회로에 사용한다. 다링톤 트랜지스터의 특징은 1개의 트랜지스터로 2개의 증폭 효과를 발휘할 수 있으므로, 매우 적은 베이스 전류로 큰 전류를 제어할 수 있다는 점이다.

8 사이리스터(Thyristor)

(1) 사이리스터의 개요

사이리스터는 실리콘제어정류기(SCR, Silicon Controlled Rectifier)라고도 부르며, PNPN 접합 또는 NPNP 접합의 4층 또는 그 이상의 여러 층 구조로 되어 있다. ON상태와 OFF상태의 2가지 형태를 지닌 스위칭 작용의 소자이다.

그림 3-43과 같이 PN형 다이오드 2개를 합하여 P형이나 N형의 한쪽에 제어 단자인 게이트(G ; gate)단자를 부착한 구조이다. (+)쪽을 애노드(A ; anode)단자, (-)쪽을 캐소드(C ; cathode)단자라 부른다. 그리고 게이트의 위치에 따라서 캐소드-게이트형과 애노드-게이트형 2가지가 있다.

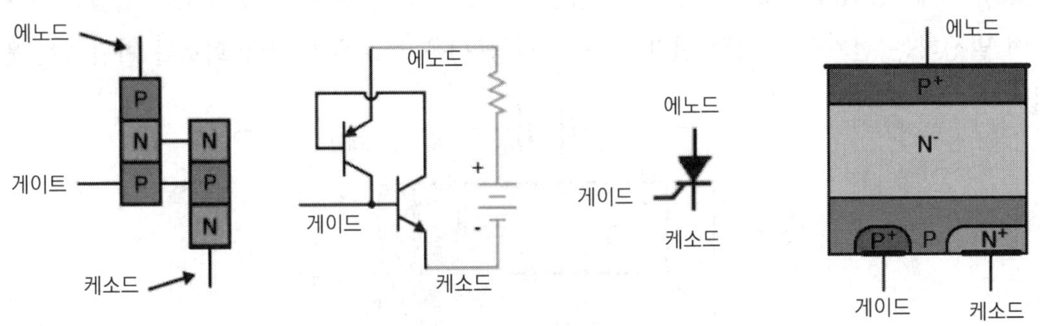

그림 3-43 사이리스트 구조

(2) 사이리스터의 작동원리

그림 3-43과 같이 2개의 PNP형의 컬렉터와 NPN형의 베이스가 접합된 상태이며, PNP의 컬렉터 전류가 NPN형의 베이스로 작용하는 (+)의 피드 백(feed back)회로이다. PNP형 트랜지스터를 Q_1, NPN형 트랜지스터를 Q_2 라 하고 애노드에 (+), 캐소드에 (-)전원을 연결하면 PNPN접합에서 표면상으로는 순방향 특성이지만, 각 트랜지스터의 작동조건을 충족하지 못하므로 사이리스터에는 전류가 흐르지 못한다.

이때 Q_2의 트랜지스터 게이트 단자에 (+), 캐소드 단자에 (-)전원을 연결하면 트랜지스터 Q_2가 작동한다. 따라서 컬렉터와 이미터 사이에 흐르는 전류는 트랜지스터 Q_1의 베이스 전류가 되어 트랜지스터 Q_1에 전류가 흐른다. 이때 트랜지스터 Q_1의 컬렉터와 이미터 사이에 흐르는 전류는 다시 트랜지스터 Q_2의 베이스 전류가 되어, 이때부터 외부에서 공급되는 게이트 신호가 없어도 사이리스터에 전류가 흐른다.

> Reference 사이리스터는 애노드에서 캐소드로 전류가 흐르는 방향을 순방향 흐름이라 하고, 캐소드에서 애노드로 전류가 흐르는 방향을 역방향 흐름이라 한다. 순방향 흐름은 전류가 흐르지 못하는 상태이지만 이 상태에서 게이트에 (+)를, 캐소드에는 (-)전원을 연결하면 애노드와 캐소드 사이가 순간적으로 통전하여 릴레이와 같은 작용을 한다. 이후에는 게이트 전류를 차단하여도 계속 통전상태가 되므로 애노드의 전압을 0으로 하여야만 통전이 중단된다. 즉 사이리스터는 턴온은 제어할 수 있지만, 턴오프 제어는 할 수 없다.

9 전계효과 트랜지스터(FET ; Field Effect Transistor)

(1) 전계효과 트랜지스터의 구조

전계효과 트랜지스터에는 트랜지스터의 이미터, 베이스, 컬렉터에 해당하는 게이트(gate), 드레인(drain), 소스(source)의 3단자가 있다. 게이트(G)에 공급되는 전압을 제어하여 발생하는 전기장에 의해 전자(-) 또는 양공(+)을 흐르게 하거나 회로를 차단하는 원리이다.

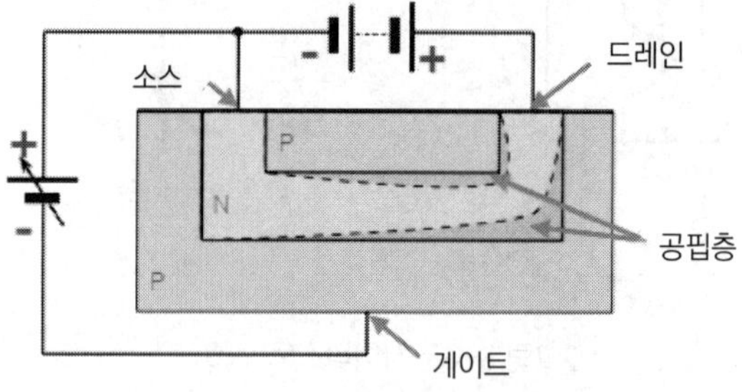

그림 3-44 전계효과 트랜지스터의 구조

전계효과 트랜지스터는 드레인과 소스 사이에 흐르는 전류가 게이트와 소스 사이의 전압에 의해 형성되는 전계(field)에 의하여 제어되므로, 전계효과 트랜지스터라고 한다. 일반적인 트랜지스터는 베이스 전류를 제어하여 컬렉터에서 이미터로 전류가 흐르지만, 전계효과 트랜지스터는 게이트(gate)제어전압에 의해 드레인 전류가 제어된다.

전계효과 트랜지스터(FET)의 종류는 게이트에 사용하는 금속과 유전물질(유전체)에 따라 PN반도체를 붙여 놓은 접합형(JFET, junction field-effect transistors)과 비접합형 구조의 모스펫(MOSFET, metal-oxide-semiconductor field-effect transistor)형이 있다. JFET는 MOSFET과 원리와 기능이 유사하지만, 차이점은 JFET의 경우 D-S채널이 형성되어 있으며, 게이트단자에 전압을 제어하여 D-S채널의 전류를 감소시킨다. 즉, 게이트전압을 V_{GS}(off)로 제어하면 D-S채널이 완전히 공핍되어 I_D가 0Ampere가 된다.

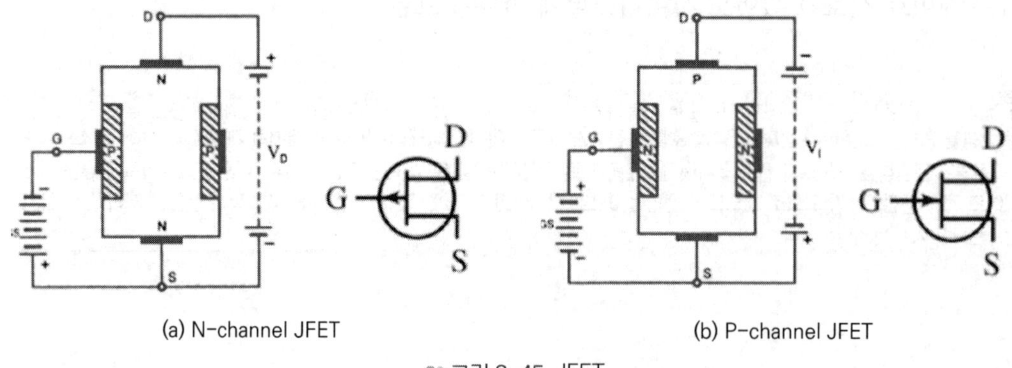

(a) N-channel JFET (b) P-channel JFET

그림 3-45 JFET

MOSFET의 경우 공핍형(Depletion-type)과 증가형(Enhancement-type)이 있다. 금속 산화물 절연체를 배치하므로, MOSFET는 JFET보다 매우 높은 입력 임피던스에 의해 전원을 공급하지 않은 상태에서 양호하게 절연된다.

D-S채널이 형성되어 있는 공핍형(Depletion-type)MOSFET은 V_{GS}(게이트-소스전압) 인가전압에 따라 D-S채널이 공핍되면서 I_{Drain}이 감소하는 구조이다.

한편 D-S채널이 형성되어 있지 않은 증가형(Enhancement-type)MOSFET은 공핍형과 반대로, V_{GS}(게이트-소스전압)전압이 MOSFET의 문턱전압(VTh)보다 높으면 D-S채널이 형성되면서 I_{Drain}이 증가하는 구조이다.

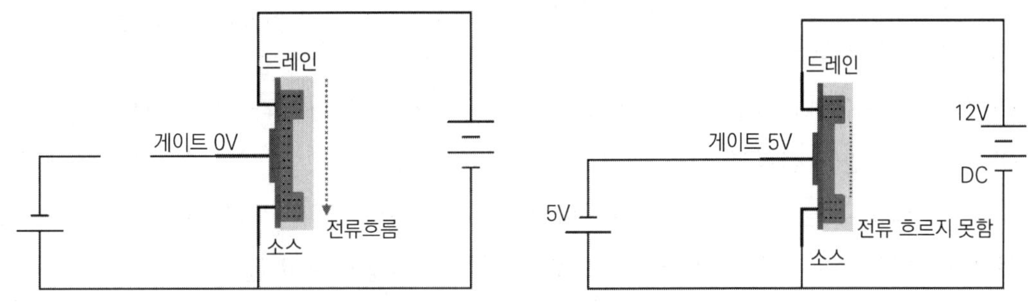

그림 3-46 공핍형 전류흐름의 예

또한 전계효과트랜지스터는 다양한 종류가 있지만, 가장 많이 사용하는 것은 MOS형으로, N형처럼 자유전자(-)가 이동하면 NMOS형, P형처럼 양공(+)이 이동하면 PMOS형으로 구분하며, 이 두 가지가 직렬로 연결된 CMOS(complementary metal-oxide-semiconductor)가 있다.

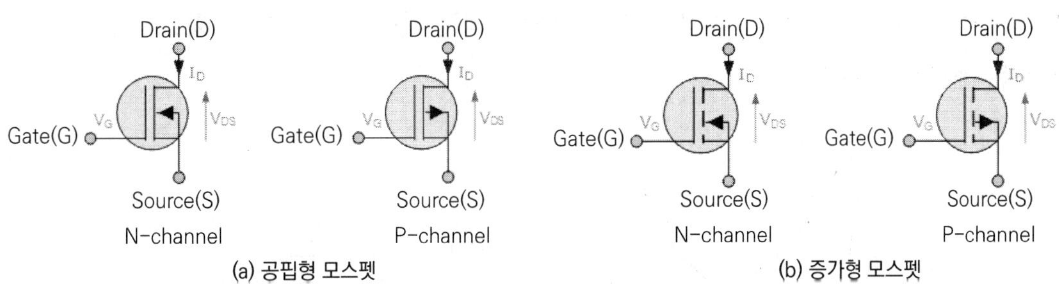

그림 3-47 모스펫 심볼

(2) MOSFET의 동작 특성

증가형 MOSFET의 전압전류 특성은 게이트전압에 따라 차단상태와 도통상태로 동작하는데, 게이트전압이 문턱전압보다 낮으면 드레인과 소스는 차단된 상태이다. 또한 게이트전압이 문턱전압보다 높은 상황에서는 드레인과 소스는 도통 상태를 유지하며, 드레인전압의 크기에 따라 비포화영역과 포화영역으로 구분하여 제어한다.

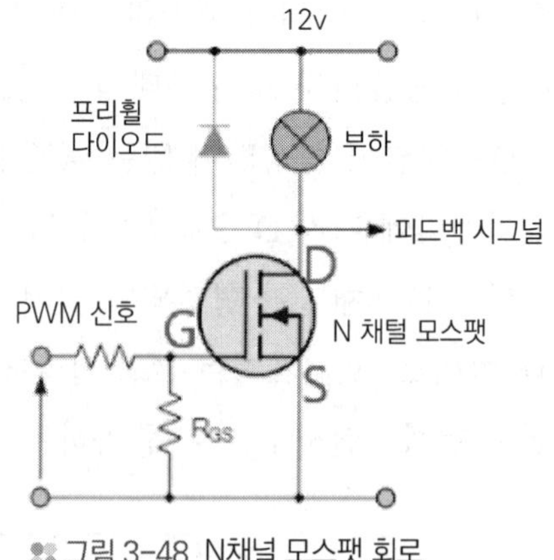

그림 3-48 N채널 모스팻 회로

그림 3-48은 작은 PWM신호의 의해 모터나 램프를 스위칭하는 용도에 N 채널 증가형 MOSFET를 사용한 예이다. 전계효과 트랜지스터의 작동은 다음과 같다. 게이트의 전압이 0V이면 드레인에 전류가 흐르지 않으므로 부하는 OFF되고, 게이트 전압이 게이트 단자의 문턱전압보다 높으면 드레인에서 소스로 전류가 흘러 부하가 작동한다. 이때 전계효과 트랜지스터는 스위치와 같이 작동하므로 스위칭 작용을 한다고 말한다.

10 서미스터(Thermistor)

서미스터는 온도에 따라 물질의 저항이 변화하는 성질을 이용하는 저항의 한 종류이다. 온도가 상승하면 그 저항값이 감소하는 부특성(NTC ; Negative Temperature Coefficient) 서미스터와 온도가 상승하면 그 저항값도 증가하는 정특성(PTC ; Positive Temperature Coeffi- cient) 서미스터가 있다. 일반적으로 서미스터란 부특성 서미스터를 의미하며, 주로 회로의 전류가 일정량 이상이 되는 것을 방지하거나, 회로의 온도를 감지하는 센서로 사용한다.

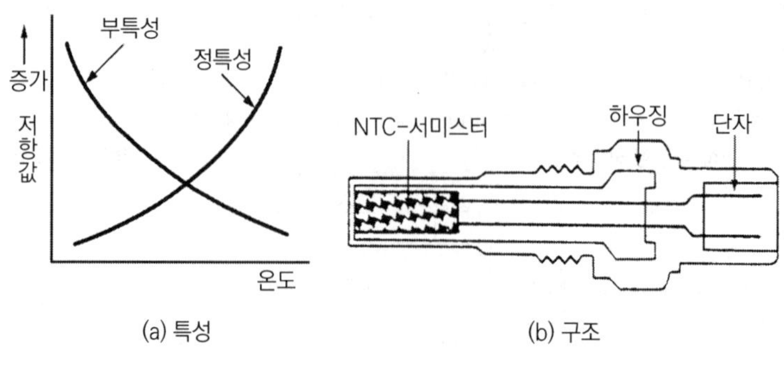

(a) 특성 (b) 구조

그림 3-49 서미스터의 구조

(1) 부특성 서미스터

부특성 서미스터는 니켈(Ni), 구리(Cu), 아연(Zn), 마그네슘(Mg) 등의 금속 산화물을 적당히 혼합하여 1,300~1,500℃의 높은 온도에서 소결하여 만든 반도체 온도 검출 소자이다. 이 서미스터는 부(-)의 온도계수를 지니며, 온도계수는 일반적으로 상온(20℃)에서의 값으로 주어진다. 상온에서의 온도계수는 금속의 온도계수보다 10배 정도 크지만 부(-)의 값을 가진다. 그리고 저항값은 온도 상승에 따라 급격히 감소하며, 감소 폭은 0~150℃ 범위에서 지수적으로 약 100 이상이다. 부특성 서미스터는 전류가 흐르면 자기 가열에 의해 저항값이 시간과 함께 변화하는 성질을 이용하여 전자회로의 온도보상과 증폭기의 정전압제어, 온도측정 회로, 엔진의 수온센서, 연료보유량 센서, 에어컨의 일사센서 등으로 사용한다. 또 부특성 서미스터에는 외부가열 방식과 자체가열 방식이 있다.

(2) 정특성 서미스터

정특성 서미스터는 바륨 타이타늄산($BrTiO_3$)에 금속 산화물을 혼합하여 소결·성형한 것이며, 온도가 상승하면 저항값이 증가하는 특성이 있다. 전류가 흐르면 전류에 의한 열 발생으로 인하여 온도가 상승하므로 저항값이 증가하여 전류흐름이 급격히 감소한다. 즉, 온도가 상승함에 따라 처음에는 다른 반도체와 마찬가지로 자유전자 수가 증가하여 저항값이 감소하지만, 특정 온도에서는 저항값이 급격히 1,000배 이상 증가하는 형식이다.

(3) 서미스터의 응용회로

1) 연료보유량 경고등 회로

그림 3-50와 같이 점화스위치를 ON으로 하였을 때 서미스터가 연료 면보다 아래쪽에 있으면 연료에 의해 냉각되어 온도가 낮아지므로, 서미스터의 저항값이 커지기 때문에 경고등이 소등된다. 반대로 연료가 부족하면 서미스터가 공기 중에 노출되므로, 서미스터의 발열로 온도가 상승하여 서미스터의 저항값이 작아지므로, 회로에 전류가 흘러 경고등이 점등된다.

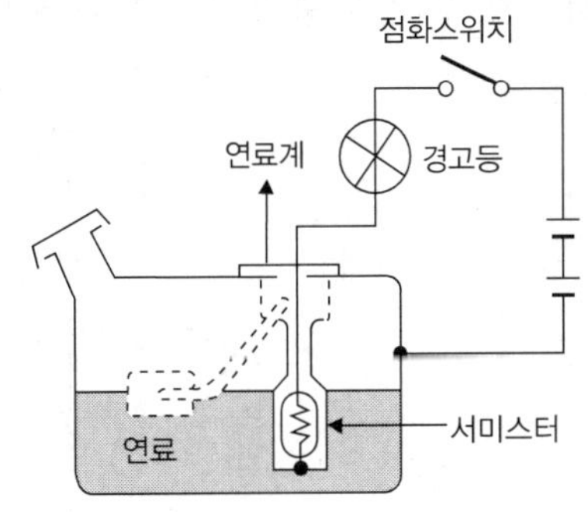

그림 3-50 연료보유량 경고등 회로

2) 도어로크 액추에이터 회로

그림 3-51는 도어로크(door lock)에서 사용하는 정특성 서미스터 회로이다. 점화스위치를 ON으로 한 후 도어로크 스위치를 ON으로 하면, 전류는 퓨즈를 거쳐 액추에이터(모터) 쪽으로 흐른다. 만약 센터로킹(center locking) 스위치를 계속 작동시켜 한곗값 이상의 전류가 공급되면, 서미스터가 발열하여 급격히 저항값이 증가하여 액추에이터로 유입되는 전류를 제한한다.

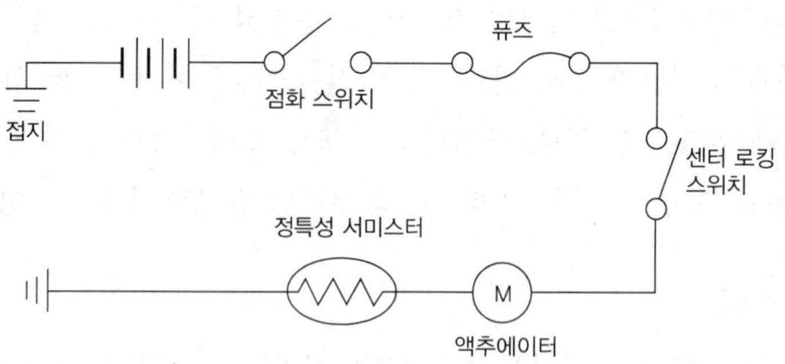

그림 3-51 도어로크 액추에이터 회로

3) 수온센서(WTS)

그림 3-52는 엔진의 수온센서에 사용하는 서미스터 회로를 나타낸다. 그림 3-52(a)와 같이 회로를 직렬로 결선하면 서미스터의 온도가 상승하여도, 컴퓨터 내부의 풀업(pull up)저항이 고정되어 있어 서미스터에 가해지는 출력전압은 온도와 관계없이 출력전류만 작아질 뿐 항상 일정한 출력이 가해지므로, 센서의 출력신호를 얻는 데는 부적합하다. 따라서 그림 3-52(b)와 같이 병렬로 결선하면, 서미스터의 온도에 따라 출력 전압값이 변화하므로 센서의 출력신호를 이용할 수 있다.

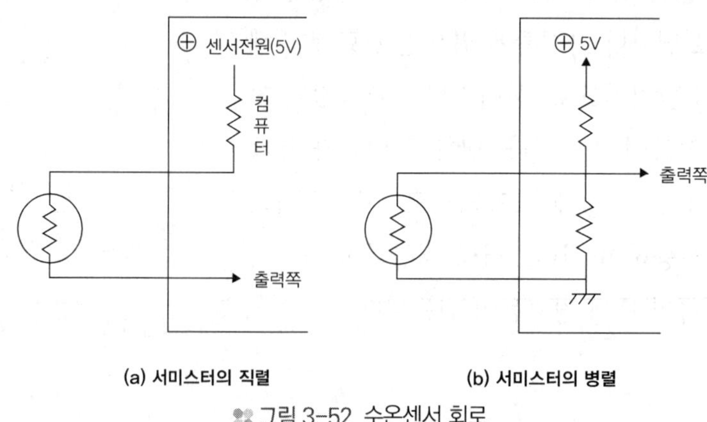

(a) 서미스터의 직렬 (b) 서미스터의 병렬

그림 3-52 수온센서 회로

11 광전도셀(Photo conductive Cell ; 광량센서)

광전도셀은 광전변환 소자 중 대표적인 것이다. 황화카드뮴(CdS)셀이 빛의 세기에 따라 그 양 끝의 저항값이 변화하며, 빛이 강할 경우에는 저항값이 감소하고, 빛이 약할 경우에는 저항값이 증가한다. 그리고 2전극 사이에 전압을 가하여 빛에 의한 저항의 변화를 전류의 변화로 바꾸어 외부회로로 끌어낸다.

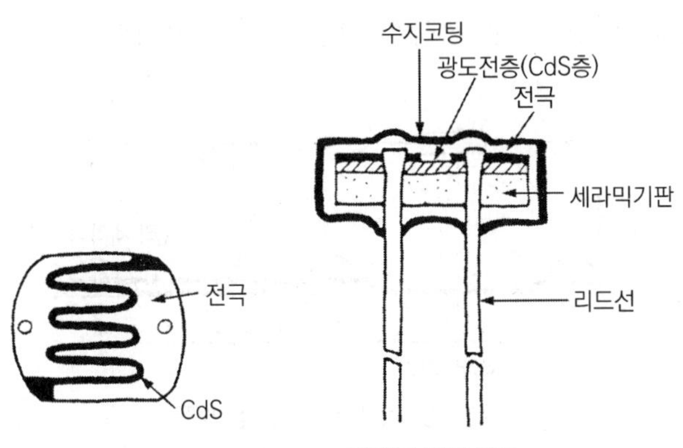

그림 3-53 광전도 셀의 구조

자동차에서는 조명장치의 광량검출 회로에 사용한다. 황화카드뮴의 작동은 다음과 같다. 황화카드뮴의 주위가 어두워지면 절연상태로 되어, 트랜지스터가 ON이 되어 램프(lamp)가 점등되고, 주위가 밝아지면 저항이 감소하여 전류가 흐르므로 트랜지스터가 OFF되어 램프가 소등된다.

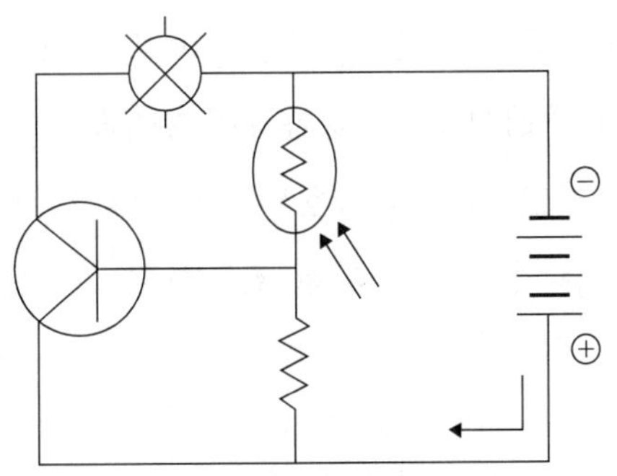
그림 3-54 광전도 셀의 회로

Chapter
05 IC(Inter grated Circuit : 집적회로)

IC란 많은 회로소자(저항, 축전기, 다이오드, 트랜지스터 등)가 1개의 실리콘 기판 또는 기판 내에 분리할 수 없는 상태로 결합한 것이며, 초소형화되어 있는 것을 말한다. 이 IC는 각 소자를 만든 후 결합한 것이 아니라, 회로 제작과정에서 여러 개의 소자를 합하여 제작한 것이다. 이와 같이 IC는 회로 소자가 일체로 되어 회로를 구성하므로, 신뢰도가 높고 회로의 소형·경량화, 대량 생산, 제작비 경감 등이 가능하다.

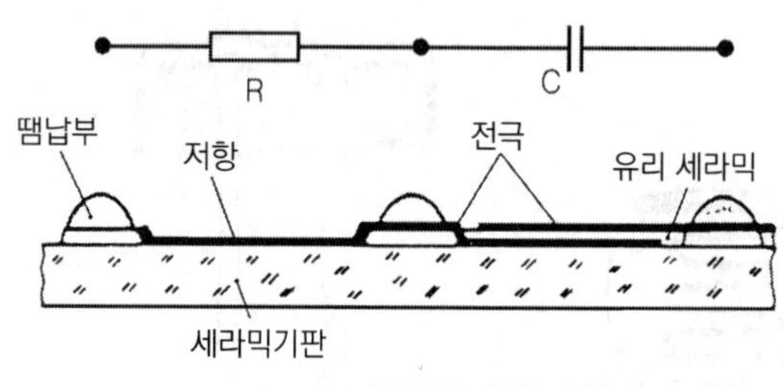

그림 3-55 IC를 구성하는 부품

1 IC의 기능

IC는 그 기능에 따라서 디지털 형식과 아날로그 형식이 있다.

(1) 디지털 형식(Digital type)

디지털 형식은 Hi와 Low의 2가지 신호를 취급하여 이 사이를 스위칭하는 기능이 있어 "전압이 발생한다 또는 발생하지 않는다"는 신호를 이용한다. 즉, 전압이 발생할 때는 1, 발생하지 않을 때는 0으로 표현하므로, 신호가 1인 경우와 0인 경우의 차이를 어느 정도 크게 하면 매우 안정된다. 그리고 디지털 신호는 1과 0의 2종류 밖에 없으며, 이것만으로는 여러 가지 신호를 표현할 수 없어 몇 가지를 조합하여 신호를 나타낸다.

(2) 아날로그 형식(Analog type)

아날로그 신호의 입력파형을 증폭하여 출력하는 기능이 있어서 선형(linear) IC라 부른다. 아날로그 신호란 저항의 온도에 따른 전류의 변화와 같이 연속적으로 변화하는 신호이다.

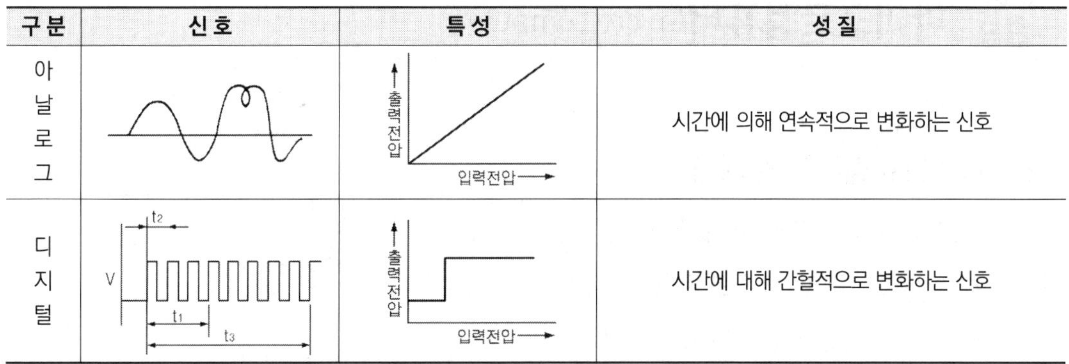

구분	신호	특성	성질
아날로그		출력전압 / 입력전압	시간에 의해 연속적으로 변화하는 신호
디지털	V, t_1, t_2, t_3	출력전압 / 입력전압	시간에 대해 간헐적으로 변화하는 신호

그림 3-56 디지털 형식과 아날로그 형식의 차이

2 IC의 특징

(1) IC의 장점

① 소형·경량이다.

② 대량 생산이 가능하므로 가격이 저렴하다.

③ 여러 가지 특성을 골고루 지닌 트랜지스터가 된다.

④ 1개의 칩(chip) 위에 집적화한 모든 트랜지스터가 같은 공정에서 생산된다.

⑤ 납땜 부위가 적어 고장이 적다.

⑥ 진동에 강하고 소비전력이 매우 적다.

(2) IC의 단점

① 내열성이 30~800℃이므로, 큰 전력을 사용하는 경우에는 IC에 방열기를 부착하거나 장치 전체에 송풍장치를 설치하여야 한다.

② 대용량의 축전기(Capacitor)는 IC화가 어렵다.

③ 코일의 경우에는 모노리틱형식(monolithic type) IC가 어렵다.

Chapter 06

마이크로컴퓨터(micro computer)

1 마이크로컴퓨터의 개요

마이크로컴퓨터는 중앙처리장치(CPU), 기억장치, 입력포트 및 출력포트 등의 4가지로 구성되며, 산술연산, 논리연산을 하는 데이터 처리장치라고 정의된다. 그림 3-57, 그림 3-58에 점선을 둘러 컴퓨터(ECU)를 표시하였다. 컴퓨터의 구성은 다음과 같다.

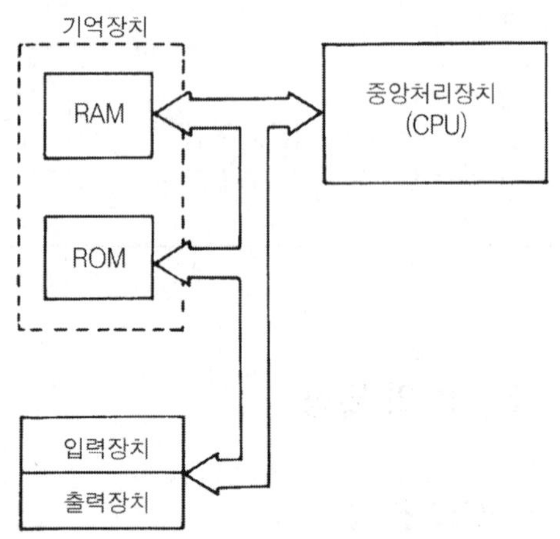

그림 3-57 컴퓨터의 개요도

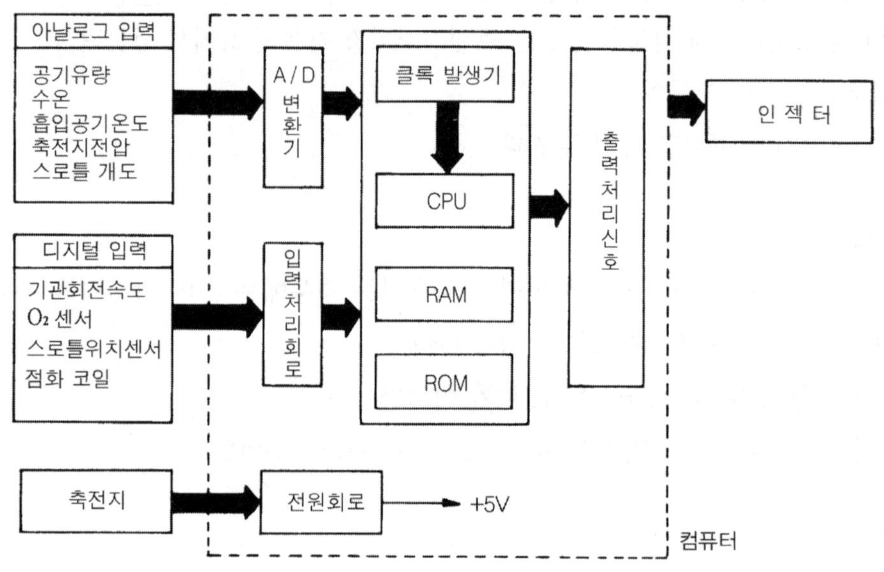

그림 3-58 컴퓨터 제어회로의 예

2 마이크로컴퓨터의 구조

(1) 중앙처리장치(CPU : Central Processing Unit)

중앙처리장치는 컴퓨터의 두뇌에 해당하는 부분이다. 미리 기억장치에 담겨 있는 프로그램의 순서에 따라 기억장치에서 실행명령을 불러내어 디코드(중앙처리장치 내부에서의 처리에 필요한 제어신호로 변환함)한다. 그리고 중앙처리장치는 오퍼랜드(명령의 실행대상이 되는 데이터)를 입력포트나 기억장치로부터 읽어내어 데이터에 대한 산술연산과 논리연산을 하여 그 결과를 기억장치에 저장시키거나 출력포트를 통해 출력시켜 액추에이터 등을 작동시키기도 한다.

(2) 입·출력장치(I/O ; In put/Out put)

이 장치는 중앙처리장치의 명령에 의해서 입력장치(센서)로부터 데이터를 받아들이거나 출력장치(액추에이터)에 데이터를 출력하는 인터페이스 역할을 한다. 중앙처리장치로부터 기억장치 및 입·출력장치는 어드레스 버스(address bus : 번지 명을 전송하는 공통신호선)를 통하여 필요한 번지를 호출하여, 해당하는 기억장치 또는 입·출력 장치의 데이터 버스(dater bus : 데이터를 전송하는 공통신호선으로 양방향 통신)에 데이터를 실어 보낸다. 이때 중앙처리장치로부터 동시에 제어신호가 전송되므로 제어신호가 입력일 때에는 기억장치 및 입력장치는 자기의 데이터를 중앙처리장치로 출력한다. 반대로 출력일 경우에는 기억장치는 중앙처리장치에서 보내온 데이터를 저장하고, 출력장치는 출력변환회로에 데이터를 보낸다.

(3) 기억장치(Memory)

이 장치는 읽기 전용의 ROM과 임의의 회로에서 데이터를 읽어 들이기도 하고 읽어내기도 하는 RAM으로 구성된다. 프로그램 및 고정 데이터를 저장하거나 각 센서로부터 시시각각 변화하는 데이터를 읽는데 사용한다.

1) ROM(Read Only Memory)

이 기억장치는 한번 기억시키면 전원을 차단하더라도 데이터가 지워지지 않는 영구기억소자이다. 변경이 전혀 필요없는 고정 데이터의 기억에 사용하는 것이며 컴퓨터의 작동프로그램과 계산 결과의 참조 값을 저장해 두는 데 사용한다. 즉, 자동차의 정비제원을 장기적으로 저장하는 데 사용한다.

2) RAM(Random access Memory)

이 기억장치는 데이터의 변경을 자유롭게 할 수 있으나, 전원을 차단하면 기억된 데이터가 지워지는 소자이다. 데이터의 일시적인 기억과 시시각각으로 변화하는 리얼 타임(real time) 데이터값을 기억하는 용도로 사용한다. 즉, 임의의 회로에서 데이터를 읽어 들이기도 하고, 센서로부터 시시각각 변화하는 데이터를 읽어 들이기도 한다.

(4) 클록 발생기(Clock Generator : 기준신호 발생기구)

이 발생기는 중앙처리장치의 작동에 기준 타이밍을 부여하고, 수정 발진기에서 클록 펄스를 발생시킨다. 발진기의 주파수는 컴퓨터의 제어대상에 따라서 수만 MHz 정도이다.

(5) A/D(Analog/Digital) 변환기구

이 변환 기구는 버퍼와 A/D컨버터를 경유하면서 제어기구에 적합하게 아날로그 양을 디지털 양으로, 또는 디지털값을 아날로그값으로 변환하는 장치이다. 버퍼를 거쳐서 액추에이터가 필요로 하는 전력까지 증폭되어 액추에이터를 작동시킨다.

(6) 연산부분

이 부분은 중앙처리장치(CPU) 내에 연산이 중심이 되는 가장 중요한 부분이다. 컴퓨터의 연산은 스위치의 ON, OFF를 1 또는 0으로 나타내는 2진법과, 0~9까지의 10진법 또는 16진법으로 나타내어 계산한다.

3 마이크로컴퓨터의 논리회로

마이크로컴퓨터의 논리회로는 입력처리를 출력처리로 바꾸는 기본적인 전기회로를 말한다. 논리기본 회로(논리적, 논리화, 부정 회로 등)와 논리복합 회로(부정 논리적, 부정 논리화 등)를 결합하여 데이터를 해독, 기억, 연산하고, 액추에이터에 명령하는 기능이 있다.

(1) 논리기본 회로

1) 논리적 회로(AND circuit)

이 회로는 그림 3-59과 같이 회로 중에 2개의 A, B스위치를 직렬로 접속한 회로이다. 램프(lamp)를 점등시키려면 입력 쪽의 스위치 A와 B를 동시에 ON시켜야 한다. 1개만

OFF 되어도 램프가 소등된다. 따라서 액추에이터를 작동시킬 경우에는 2개의 센서에서 입력신호를 동시에 컴퓨터로 입력하여야 한다.

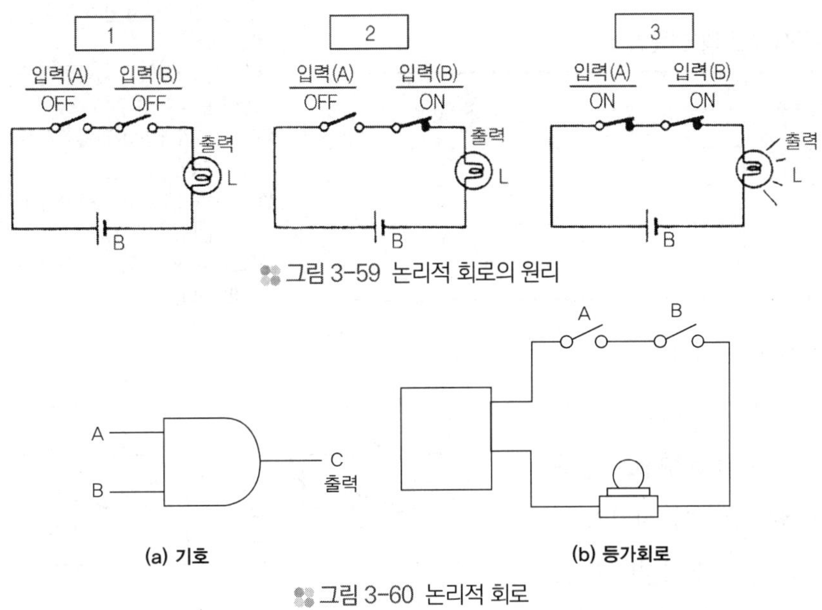

그림 3-59 논리적 회로의 원리

그림 3-60 논리적 회로

그림 3-61에서 트랜지스터를 사용하는 경우와 다이오드를 사용하는 경우 모두 입력 A와 입력 B 또는 A, B, C 모두가 1이 되어야 출력도 1이 된다. 그림 3-61(a)에서 트랜지스터 TR_1에 0이 입력되고, TR_3에도 0이 입력되면 TR_1이 OFF되고 TR_2는 ON이 되어 출력이 0이 된다. 또 TR_1과 TR_3에 1이 입력되면 TR_1과 TR_3이 ON되고, TR_2와 TR_4가 OFF되어 1이 출력된다.

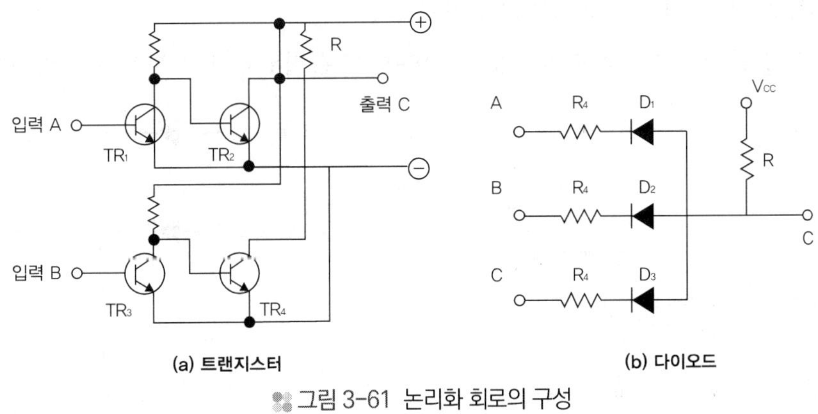

그림 3-61 논리화 회로의 구성

그리고 〈표 3-1〉은 논리적 회로의 진릿값 표이다. A와 B의 입력에 대한 출력 Q와의 관계를 나타낸 것으로서 숫자 0은 OFF를 나타내고, 숫자 1은 ON을 나타낸 것이다. 입력 A, B 모두 1(ON)이 되어야 출력이 1이 된다.

〈표 3-1〉 논리적 회로의 진릿값 표

입력		출력(Q)
A	B	
0	0	0
1	0	0
0	1	0
1	1	1

> Reference 논리화 회로의 진릿값 표를 풀이하면 다음과 같다.
> ❶ 입력 A가 0이고 입력 B가 0이면 출력 Q는 0이 된다.
> ❷ 입력 A가 1이고 입력 B가 0이면 출력 Q는 1이 된다.
> ❸ 입력 A가 0이고 입력 B가 1이면 출력 Q는 1이 된다.
> ❹ 입력 A가 1이고 입력 B가 1이면 출력 Q는 1이 된다.

2) 논리화 회로(OR circuit)

이 회로는 그림 3-62과 같이 회로 중에 A, B 스위치를 병렬로 접속한 회로이다. 램프를 점등시키기 위해서는 입력 쪽의 A 스위치나 B 스위치 중 1개만 ON 시키면 된다. 또 A나 B 스위치를 동시에 ON 시켜도 점등된다. 따라서 액추에이터(actuator)를 작동시킬 경우에도 1개 또는 2개의 센서에서 입력 신호를 컴퓨터로 입력하면 된다.

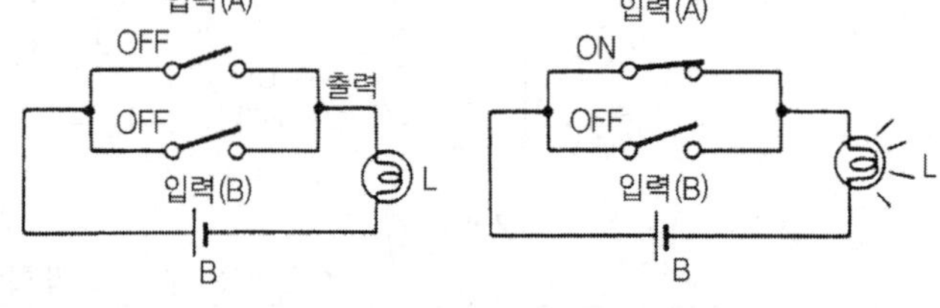

그림 3-62 논리화 회로의 원리

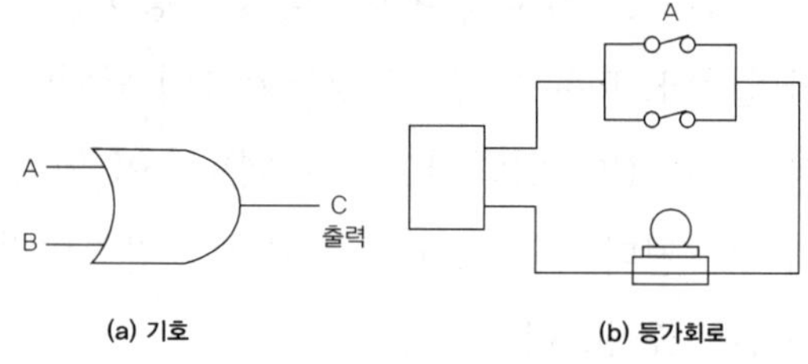

그림 3-63 논리화 회로

그림 3-64는 논리화 회로의 내부를 나타낸 것이다. 트랜지스터 TR_1이나 TR_2 어느 하나에 1의 입력신호가 들어오면, TR_3가 OFF되어 출력 C로 1의 신호가 출력된다.

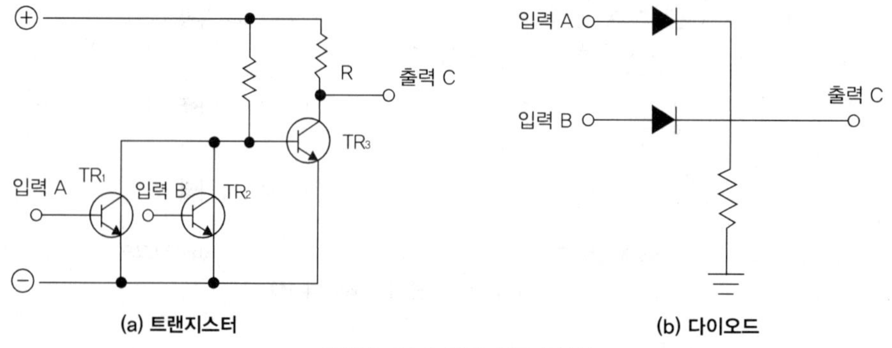

그림 3-64 논리화 회로의 구성

이러한 회로는 자동차 도어 열림 경고등 회로에 사용한다. 즉 4개의 도어 중 어느 한 개라도 열리면 그 신호 출력으로 계기판에 열림 경고등이 점등된다.

그리고 〈표 3-2〉는 논리화 회로의 진릿값 표이며 A와 B의 입력에 대한 출력 Q와의 관계를 나타낸 것이다. 숫자 0은 OFF를 나타내고, 숫자 1은 ON을 나타낸 것으로 입력 A, B모두 1(ON)되거나 입력 A나 B에 1(ON)되어야 출력이 1이 된다.

〈표 3-2〉 논리화 회로의 진릿값 표

입력		출력(Q)
A	B	
0	0	0
1	0	1
0	1	1
1	1	1

Reference 논리화 회로의 진릿값 표를 풀이하면 다음과 같다.

❶ 입력 A가 0이고 입력 B가 0이면 출력 Q는 0이 된다.
❷ 입력 A가 1이고 입력 B가 0이면 출력 Q는 1이 된다.
❸ 입력 A가 0이고 입력 B가 1이면 출력 Q는 1이 된다.
❹ 입력 A가 1이고 입력 B가 1이면 출력 Q는 1이 된다.

3) 부정회로(NOT circuit)

이 회로는 입력스위치 A와 출력램프가 병렬로 접속된 회로이다. 회로 중의 스위치를 ON시키면 출력이 없고, 스위치를 OFF시키면 출력이 되는 것으로서, 스위치 작용과 출력이 반대로 되는 회로를 말한다.

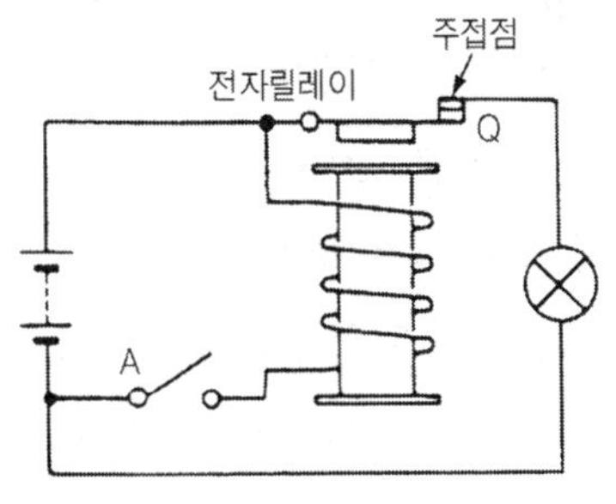

그림 3-65 정회로의 작동원리

액추에이터를 작동시키려면 컴퓨터에 입력신호가 없어야 한다. 즉, 그림 3-65와 같이 스위치 A가 ON 되면 릴레이 코일에 전류가 흐르므로 주접점은 전자력에 의해 OFF된다. 따라서 Q단자에는 출력이 없게 되지만 스위치 A가 OFF되면 릴레이 코일에 전류가 흐르지 않기 때문에 전자력이 소멸하여 주접점이 ON으로 되어 Q단자에 출력 된다. 입력이 ON이면 출력은 OFF, 입력이 OFF이면 출력이 ON이 되는 회로이다. 그림 3-66은 부정회로의 기호와 작동원리를 설명하기 위한 내부구조를 나타낸 것이다.〈표 3-3〉은 부정회로의 진릿값 표이며 A와 B의 입력에 대한 출력 Q와의 관계를 나타낸 것이다. 숫자 0은 OFF를 나타내고, 숫자 1은 ON을 나타낸 것으로 입력 A가 0(OFF)이 되어야 출력이 1이 된다.

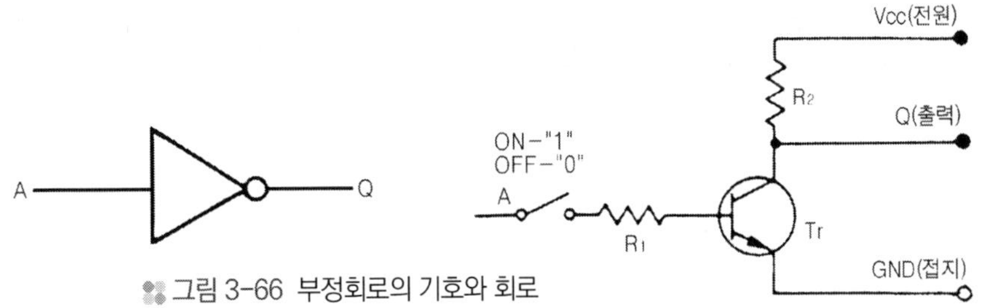

그림 3-66 부정회로의 기호와 회로

〈표 3-3〉 부정회로의 진릿값 표

입력	출력(Q)
A	
1	0
0	1

> Reference 부정회로의 진릿값 표를 풀이하면 다음과 같다.
> ❶입력 A가 1이면 출력 Q는 0이 된다.
> ❷입력 A가 0이고 출력 Q는 1이 된다.

(2) 논리복합 회로

1) 부정 논리적 회로(NAND circuit)

이 회로는 그림 3-67과 같이 A, B 스위치를 직렬로 연결한 후 회로에 병렬로 접속한 것이다. 스위치 A 또는 B 둘 중의 1개만 OFF되면 램프가 점등되고, 스위치 A, B 모두 ON이 되면 램프가 소등된다.

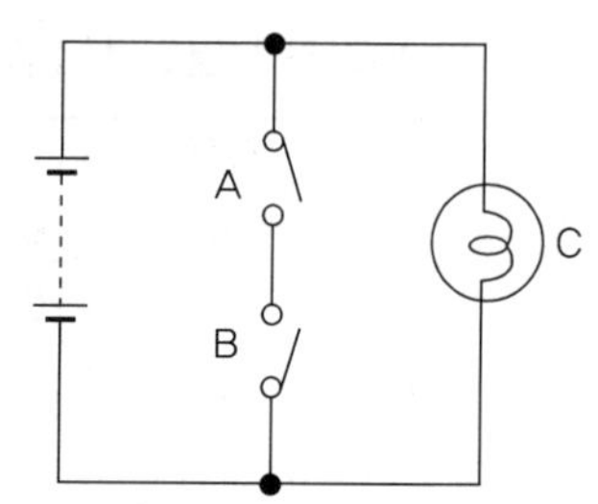

그림 3-67 부정 논리적 회로의 작동

이와 같이 부정 논리적 회로는 논리적 회로에 부정회로를 연결한 것이다. 그림 3-68은 그 기호를 나타낸 것이다.

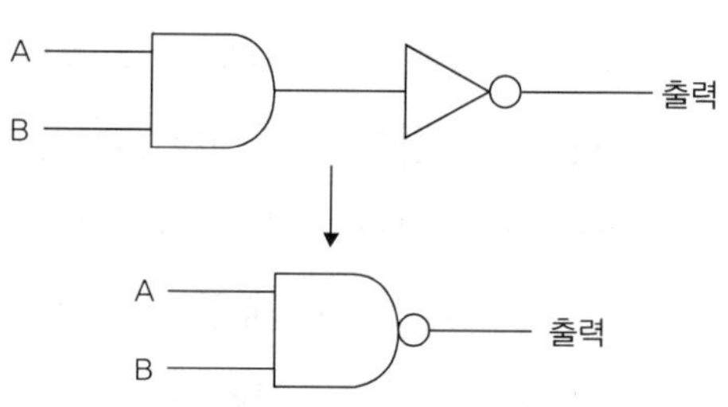

그림 3-68 부정 논리적 회로의 기호

〈표 3-4〉는 부정 논리적 회로의 진릿값 표이다. A, B입력에 대한 출력 Q의 논리적(AND)회로와 부정 논리적(NAND)회로의 관계를 나타낸 것이다. 숫자 0은 OFF를 나타내고, 숫자 1은 ON을 나타내며, 입력 A, B, 논리적 회로가 0이(OFF) 되어야 출력이 1이 된다.

〈표 3-4〉 부정 논리적 회로의 진릿값 표

입력		출력(Q)	
A	B	AND	NAND
0	0	0	1
1	0	0	1
0	1	0	1
1	1	1	0

> Reference 부정 논리적 회로의 진릿값 표를 풀이하면 다음과 같다.
> ❶ 입력 A가 0이고 입력 B가 0이면 출력 Q는 1이 된다.
> ❷ 입력 A가 1이고 입력 B가 0이면 출력 Q는 1이 된다.
> ❸ 입력 A가 0이고 입력 B가 1이면 출력 Q는 1이 된다.
> ❹ 입력 A가 1이고 입력 B가 1이면 출력 Q는 0이 된다.

2) 부정 논리화 회로(NOR circuit)

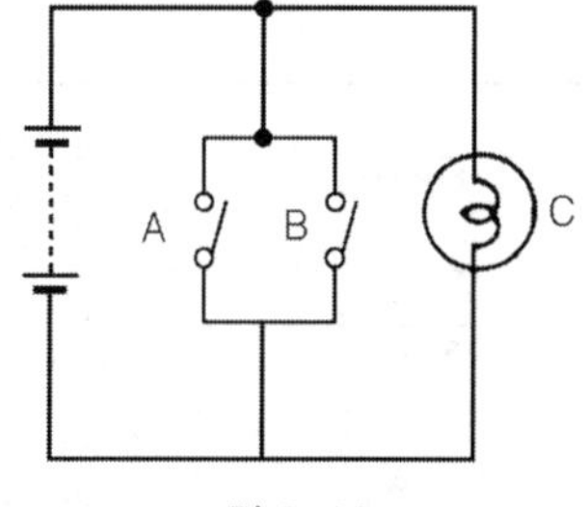

그림 3-69
부정 논리화 회로의 작동원리

이 회로는 그림 3-69와 같이 A, B 스위치를 병렬로 연결한 후 회로에 병렬로 접속한 회로이다. 스위치 A, B 모두 OFF 되어야 램프가 점등되며, 스위치 A 또는 B 둘 중의 1개만 ON 되면 램프는 소등된다.

이와 같이 부정 논리화 회로는 논리화 회로에 부정 회로를 연결한 것이다. 그림 3-70은 그 기호를 나타낸 것이다.

〈표 3-5〉는 부정 논리화 회로의 진릿값 표이다. A, B의 입력에 대한 출력 Q의 논리화(OR) 회로와 부정 논리화(NOR) 회로의 관계를 나타낸 것이다. 숫자 0은 OFF를 나타내고, 숫자 1은 ON을 나타내며, 입력 A, B, 논리화 회로가 0이(OFF)되어야 출력이 1이 된다.

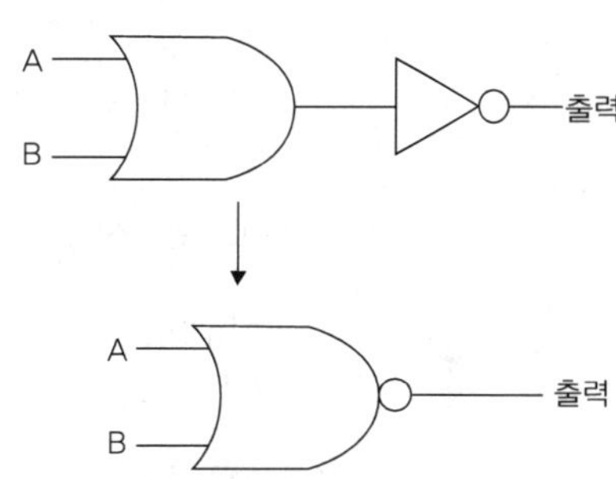

그림 3-70 부정 논리화 회로의 기호

〈표 3-5〉 부정 논리화 회로의 진릿값 표

입력		출력(Q)	
A	B	OR	NOR
0	0	0	1
1	0	1	0
0	1	1	0
1	1	1	0

Reference 부정 논리화 회로의 진릿값 표를 풀이하면 다음과 같다.

❶ 입력 A가 0이고 입력 B가 0이면 출력 Q는 1이 된다.
❷ 입력 A가 1이고 입력 B가 1이면 출력 Q는 0이 된다.
❸ 입력 A가 0이고 입력 B가 1이면 출력 Q는 0이 된다.
❹ 입력 A가 1이고 입력 B가 1이면 출력 Q는 0이 된다.

	Thermistor (서미스터)	외부 온도에 따라 저항값이 변한다. 온도가 올라가면 저항값이 낮아지는 부특성 서미스터와 그 반대로 저항값이 올라가는 정특성 서미스터가 있다.
	Diode (다이오드)	한 방향으로만 전류를 통할 수 있다(화살표 방향). 전류가 화살표 반대 방향으로 흐르지 못한다.
	Zener Diode (제너다이오드)	제너다이오드는 역방향으로 한계 이상의 전압이 걸리면 순간적으로 도통 한계 전압을 유지한다.
	Photo – Diode (포토 다이오드)	빛을 받으면 전기를 흐를 수 있게 한다. 일반적으로 스위칭 회로에 쓰인다.
	LED (발광 다이오드)	전류가 흐르면 빛을 발하는 파일럿램프(pilot lamp) 등에 쓰인다.
	TR (트랜지스터)	그림의 위쪽은 NPN형, 아래쪽은 PNP형으로서 스위칭, 증폭, 발진작용을 한다.
	Photo – Transistor (포토트랜지스터)	외부로부터 빛을 받으면 전류를 흐를 수 있게 하는 감광소자이다. CDS라고도 한다.
	(SCR) Thyristor (사이리스터)	다이오드와 비슷하나 캐소드에 전류를 통하면 그때서야 도통이 되는 릴레이와 같은 역할을 한다.
	Piezo – Electric Element (압전소자)	힘을 받으면 전기가 발생하며 응력 게이지 등에 주로 사용하며, 전자 라이터나 수동 진동자를 의미하기도 한다.
	Logic OR (논리합)	논리회로로서 입력부 A, B 중에 어느 하나라도 1이면 출력 C도 1이다. *1이란 전원이 인가된 상태, 0은 전원이 인가되지 않은 상태이다.
	Logic AND (논리적)	입력 A, B가 동시에 1이 되어야 출력 C도 1이며, 하나라도 0이면 출력 C는 0이 된다.
	Logic NOT (논리 부정)	A가 1이면 출력 C는 0이고 입력 A가 0일 때 출력 C는 1이 되는 회로이다.
	Logic Compare (논리 비교기)	B에 기준 전압 1을 가하고 입력단자 A로부터 B보다 큰 1을 주면 동력입력 D에서 C로 1신호가 나가고, B전압보다 작은 입력이 오면 0신호가 나간다(비교회로).
	Logic NOR (논리합 부정)	OR회로의 반대 출력이 나온다. 즉, 둘 중 하나가 1이면 출력 C는 0이며 모두 0이거나 하나만 0이어도 출력 C는 1이 된다.
	Logic NAND (논리적 부정)	AND회로의 반대 출력이 나온다. A, B 모두 1이면 출력 C는 0이며 모두 0이거나 하나만 0이어도 출력 C는 1이 된다.
	Integrated Circuit	IC를 의미하며 A, B는 입력을 C, D는 출력을 나타낸다.

그림 3-71 반도체와 컴퓨터 논리회로 기호

Part 04 배터리

학습목표

1. 전지의 원리에 대해 알 수 있다.
2. 배터리의 종류와 구조에 대해 알 수 있다.
3. 납산배터리의 구조 및 충·방전 작용에 대해 알 수 있다.
4. 납산배터리의 여러 가지 특성에 대해 알 수 있다.
5. 납산배터리의 수명에 대해 알 수 있다.
6. 납산배터리 충전에 대해 알 수 있다.
7. MF(Maintenance Free) 배터리의 구조에 대해 알 수 있다.
8. AGM (Absorbent Glass Mat) 배터리에 대해 알 수 있다.

Chapter 01 전지의 원리

전지는 전기의 화학적 작용을 하는 것이며, 화학적 에너지를 전기적 에너지로 사용할 수 있도록 한 것이다. 크게 1차 전지와 2차 전지로 구별된다.

1 1차 전지(一次電池, primary cell)

1차 전지는 그림 4-1과 같이 전지 내의 전기 화학반응이 비가역적이기 때문에 충전하여 재사용하는 것이 불가능한 일회용 전지를 일컫는다. 2차 전지와는 달리, 1차 전지는 방전 시에 전지 내에 전류가 흐르면서 발생한 화학 반응을 역으로 되돌리는 것이 불가능하여 수명을 다하는 전지이다.

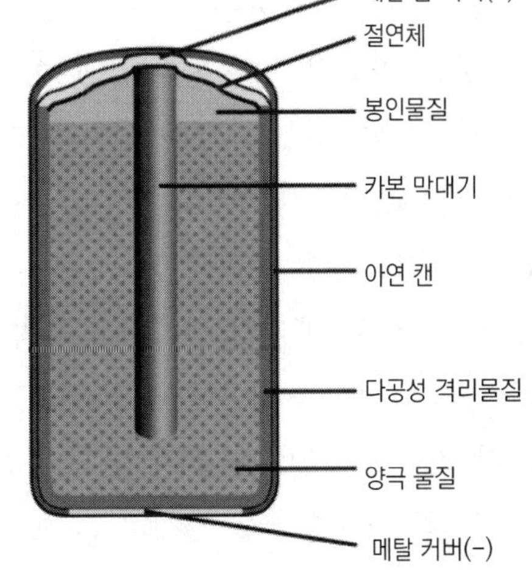

그림 4-1 1차 전지의 구성

알칼리 배터리(alkaline battery)는 1차 전지에 속하며 전해액으로 수산화칼륨을 사용한다. 진동에 강하고 자기 방전량이 적지만 에너지 효율이 낮고 가격이 비싼 것이 단점이다. 알칼리 전지는 1.5V 정도로 충전이 불가능하지만, 일부는 충전이 가능하도록 설계되었다.

알칼리 배터리의 특성

1) 자기방전 속도 〈 0.3%/월
2) 시간 내구력 5~10년
3) 명목 셀 전압 1.5V

2 2차 전지(secondary cell)

이 전지는 주로 배터리라 부르며, 방전되었을 경우 충전을 하면 다시 전지로서의 기능을 회복할 수 있다. 자동차용으로는 주로 2차 전지가 사용되며, 전지단자에 부하를 접속하면 전지 내의 극판과 전해액이 화학반응을 일으켜 전압이 발생한다.

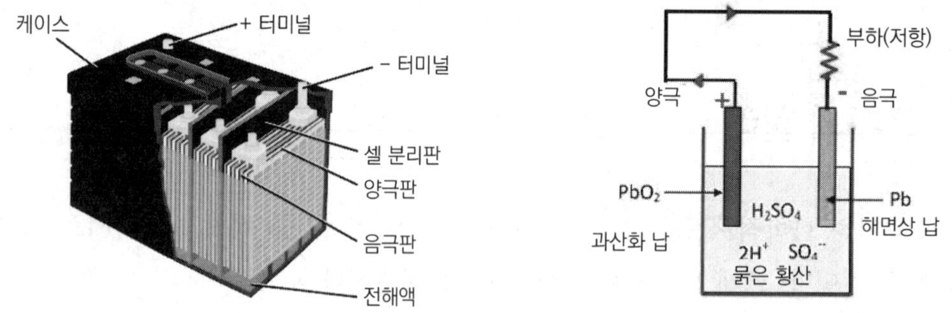

그림 4-2 납산 배터리의 구조 및 원리

자동차에 사용하는 배터리는 전해액으로 묽은 황산을 사용한다. 양(+)극판에서는 과산화납, 음(-)극판에서는 해면상납을 사용하는 납산배터리(lead-acid storage battery)와 특수 유리섬유매트(Absorbent Glass Mat)가 배터리 전해액을 흡착하여 높은 순환 안정성을 제공한다. 일반 MF 배터리보다 최대 3배 긴 배터리 수명을 가진 AGM 배터리를 사용한다.

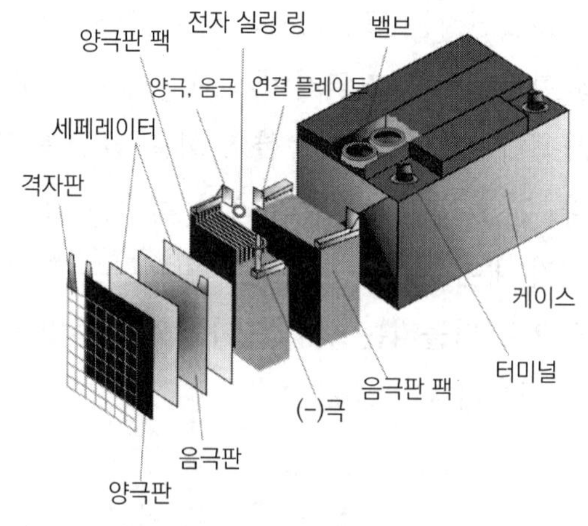

그림 4-3 AGM 배터리 구조

Chapter 02

배터리(Battery)의 종류와 구조

1 배터리의 개요

배터리는 엔진 시동 시에 쾌적한 시동조건을 제공하는 역할과 발전기의 발전량(출력)이 차량의 소모 전류보다 낮을 때 보조하는 역할을 한다. 방전 시에는 각 극판의 작용물질과 전해액이 지니는 화학적 에너지를 전기적 에너지로 꺼낼 수 있고, 또 충전 시에는 전기적 에너지를 공급하면 화학적 에너지로 저장할 수 있는 기구이다. 구비조건은 다음과 같다.

① 소형·경량이고, 수명이 길어야 한다.
② 심한 진동에 견딜 수 있어야 하며, 다루기 쉬워야 한다.
③ 용량이 크고, 가격이 싸야 한다.

그리고 자동차에서 사용하는 배터리의 기능은 다음과 같다.

① 기동장치의 전기적 부하를 부담한다(내연 엔진용 배터리의 가장 중요한 기능이다.).
② 발전기가 고장났을 때 주행을 확보하기 위한 전원으로 작동한다.
③ 주행상태에 따른 발전기의 출력과 부하와의 불균형을 조정한다.

2 배터리의 종류

자동차에 사용하는 전지는 충·방전이 가능한 2차 전지(배터리 또는 습전지)이며, 다음과 같은 종류가 있다.

(1) 납산배터리(Lead – Acid Battery)

1) 납산배터리의 개요

납산배터리는 양(+)극판은 과산화납(PbO_2), 음(－)극판은 해면상납(Pb), 전해액은 묽은 황산(H_2SO_4)이며, 그 장·단점은 다음과 같다.

2) 납산배터리의 장점

① 화학반응이 상온에서 발생하므로 위험성이 적다.

② 신뢰성이 크다.

③ 비교적 가격이 싸다.

3) 납산배터리의 단점

① 에너지 밀도가 40Wh/kgf 정도로 낮은 편이다.

② 수명이 짧고, 충전시간이 길다.

> Reference
> ❶ Wh/kgf = W : 전력량, h : 방전시간, kgf : 배터리 무게
> ❷ 에너지 밀도란 배터리 단위중량 당 충전 가능한 에너지의 양을 말한다.
> ❸ 출력밀도란 단위중량 당 배터리에서 얻을 수 있는 출력의 크기(W/kgf)를 말한다.

(2) 니켈-카드뮴 전지(nickel-cadmium battery, Ni - Cd Battery)

1) 니켈-카드뮴 배터리의 개요

니켈-카드뮴 배터리는 니켈(Ni) - 철(Fe) 배터리와 니켈(Ni) - 카드뮴(Cd) 배터리가 있다. 니켈 - 철 배터리는 수산화 제2니켈[2NiO(OH)]과 철(Fe)이, 니켈 - 카드뮴 배터리는 양(+)극판이 수산화 제2니켈이고, 음(-)극판은 카드뮴이며, 전해액으로 가성칼리(KOH) 용액을 사용한다. 전해액은 전하를 이동시키는 작용만 하고 충·방전될 때 화학반응에는 관여하지 않아 비중 변화가 거의 없다. 그리고 케이스는 니켈이 도금된 강철판이나 플라스틱이다. 정격전압은 셀당 약 1.2V, 충전상태 전압은 셀당 1.35V 정도이며, 방전될 때에는 1.1V로 낮아지고 충전할 때에는 1.4~1.7V까지 상승한다. 알칼리 배터리의 장·단점은 다음과 같다.

2) 니켈-카드뮴 배터리의 장점

① 과다충전·과다방전 및 장기방치 등 가혹한 조건에 잘 견딘다.

② 고율방전 성능이 매우 우수하다.

③ 출력밀도가 높다.

④ 순환 내구력이 2,000 사이클 정도로 수명이 길다.

⑤ 충전시간이 짧다.

3) 니켈-카드뮴 배터리의 단점

① 에너지 밀도가 25~35Wh/kgf 정도로 낮다.

② 전극으로 사용하는 금속의 가격이 매우 비싸다.

③ 자원상 대량공급이 어렵다.

④ 자기 방전 속도가 10%/월 정도이다.

니켈-카드뮴 배터리의 화학반응 공식은 다음과 같다.

① 니켈 - 철 배터리

• 방전될 때 화학 작용

양극 전해액 음극 양극 음극

$$2Ni(OH) + 2H_2O + Fe \rightarrow 2Ni(OH)_2 + Fe(OH)_2$$

• 충전될 때 화학 작용

$$2Ni(OH)_2 + Fe(OH)_2 \rightarrow 2Ni(OH) + 2H_2O + Fe$$

② 니켈 - 카드뮴 배터리

• 방전될 때 화학 작용

양극 전해액 음극 양극 음극

$$2Ni(OH) + 2H_2O + Cd \rightarrow 2Ni(OH)_2 + Cd(OH)_2$$

• 충전할 때 화학 작용

$$2Ni(OH)_2 + Cd(OH)_2 \rightarrow 2Ni(OH) + 2H_2O + Cd$$

(3) 연료전지(fuel cell)

1) 연료전지의 원리

연료전지는 반응물질을 지닌 화학적 에너지를 연소과정을 거치지 아니하고 직접 전기적 에너지로 변환시키는 장치이다. 이러한 에너지 형태의 변환이 전기 - 화학적 반응에서 이루어진다는 점에서는 배터리와 비슷하지만, 연료전지는 전지의 구성요소 또는 전지 내에 비축된 재료가 일체 반응에 참여하지 않는다는 점에서 단순한 에너지 변환장치일 뿐이다. 따라서 연료전지가 작동하기 위해서는 외부로부터 적당한 연료공급이 이루어져야 하며, 연료공급과 함께 반응 생성물이 제거된다면 계속적인 발전이 가능하다.

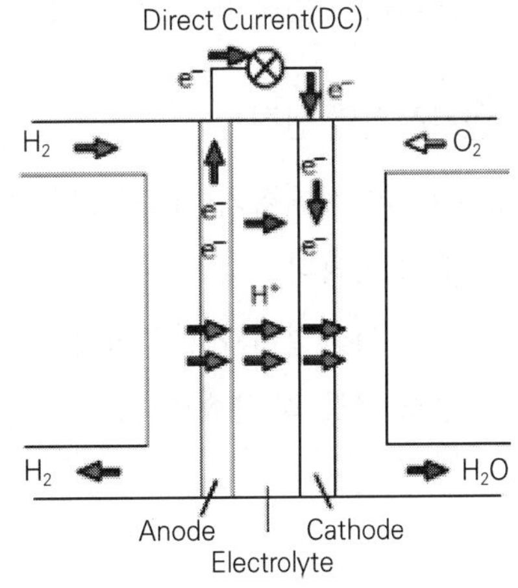

그림 4-4 연료전지의 원리도

에너지 형태의 변화를 위하여 발생하는 연료전지에서의 반응은 물의 전기분해 반응 ($H_2O \rightarrow H_2 + \frac{1}{2}O_2$)의 역반응으로, 외부에서 공급되는 연료(수소)와 공기 중의 산소가 반응하여 전기와 물이 생성되는 반응이다.

실제의 연료전지에서는 천연가스, 메탄올, 석탄가스 등 탄화수소 계열의 화석연료로부터 개질반응을 통하여 공급된다. 연료전지는 사용하는 전해물질과 작동온도에 따라서 여러 가지 형태가 있으며, 대표적인 것이 수소-산소형이다. 이것은 환원제로서의 연료(수소)와 산화제로서의 산소나 공기를 공급하여, 전기 화학적으로 양극에 산소를 반응시키고 음극에 수소를 반응시켜 전력을 얻는 것이다. 전해액은 주로 알칼리 수용액을 사용한다. 연료전지의 장·단점은 다음과 같다.

2) 연료전지의 장점

① 상온에서 화학반응을 하므로 안전하다.
② 시스템 크기에 비하여 운전 효율(40~60%)이 높다.
③ 다양한 형태로 설계가 가능하다.
④ 화석 연료에 비하여 친환경적이다.
⑤ 소음이 적고 진동이 거의 없다.
⑥ 사용 가능한 연료가 다양하다.
⑦ 배터리 충전에 비해 수소 충전 시간(3~5분)이 짧다.

3) 연료전지의 단점

① 촉매와 전해질의 피독으로 수명이 짧다.
② 값이 비싸다.
③ 수소 생산설비가 필요하다.
④ 수소 저장 및 운송 인프라가 필요하다.

Chapter 03

납산배터리의 구조 및 충·방전 작용

1 납산배터리의 구조

납산배터리는 서로 다른 금속의 이온화에 의해 전위차가 발생할 수 있는 양(+)극과 음(-)극의 전극(극판)을 케이스 내에 전해액과 함께 넣은 것이다. 그림 4-5와 같이 전극 사이에 부하를 접속하면 전극과 전해액 사이에서 화학반응이 발생하여 전위가 높은 쪽(양극)에서 전위가 낮은(음극)으로 전류가 흐른다.

자동차에 사용하는 납산배터리는 양(+)극판이 과산화납(PbO_2), 음극판은 해면상납(Pb)이고, 전해액으로는 묽은 황산(H_2SO_4)을 사용하며, 플라스틱 케이스 내에 넣은 것이다. 그러나 실제의 배터리에서는 작은 체적에서 전기적 에너지를 최대한 인출하기 위해 화학반응을 일으키는 극판과 전해액의 접촉 면적을 크게 하여야 한다. 따라서 극판은 얇은 판으로 여러 장을 병렬로 접속하여 극판 군(plate group)을 형성하여, 양극판과 음극판의 극판 군이 서로 마주 보도록 배치한다.

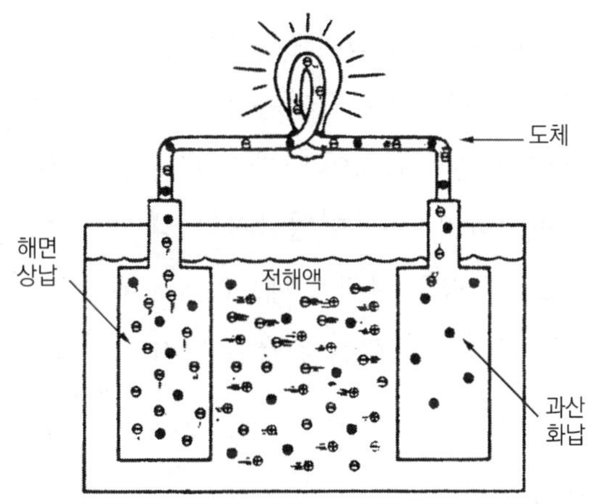

그림 4-5 납산배터리의 기본 구성도

Reference **이온화 경향**이란 금속을 전해질 용액에 넣으면 이온이 되려는 경향을 말한다.
그림 4-6과 같이 아연(Zn)과 구리(Cu)를 마주 보도록 하여 묽은 황산 속에 넣으면, 아연은 수소(H_2)보다 이온화 경향이 강하여 Zn^{++}로 용해되기 때문에 정전기를 상실하여 부(-)로 대전하여 전압이 용액의 전압보다 낮아진다.
한편 구리는 이온화 경향이 약하므로 용액 중의 수소($2H^+$)는 구리로 석출하여 여기에 정전기를 준다. 따라서 구리의 전압은 용액의 전압보다 높아져 구리와 아연 사이에는 전압 차이가 생긴다.
그림 4-6에서와 같이 양쪽 금속 사이에 부하저항 R을 접속하면 전류는 전위가 높은 구리에서 저항 R을 경유하여 전압이 낮은 아연으로 흐른다. 즉, 화학적 에너지가 전기적 에너지로 변환된다. 이때 전압이 높은 구리를 양극, 전압이 낮은 아연을 음극이라 하며, 양쪽 전극 사이의 전압 차이를 기전력이라 한다.

(1) 납산배터리의 극판(plate)

극판에는 양극판과 음극판이 있다. 납산배터리의 극판은 납 - 안티몬 합금의 격자(grid)에 납 가루나 산화납 가루를 묽은 황산으로 개어서 반죽(paste)하여 바른 후 건조, 화학적 조성 등의 공정을 거쳐서 양극은 과산화납으로, 음극판은 해면상납으로 하였다. 격자는 가공성이 좋고, 전기전도성과 기계적 강도가 크고, 작용물질과 친숙하여야 하며, 내산성이 매우 커야 한다.

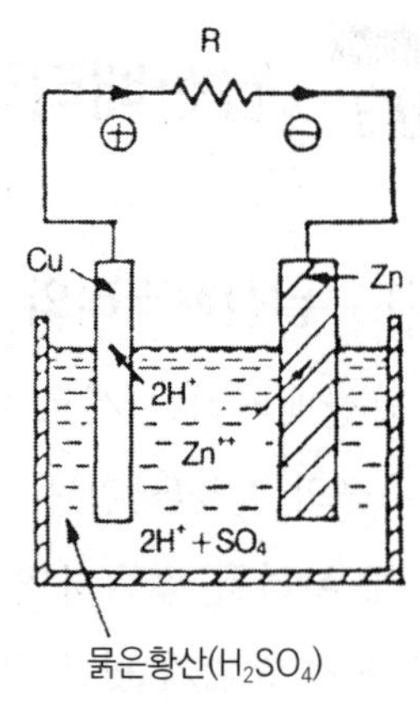

그림 4-6 이온화 경향

일반적으로 격자는 납(Pb)과 안티몬(Sb)의 합금으로 주조된다. 과산화납은 암갈색이며, 구멍이 많아서(다공성) 전해액의 확산침투가 쉽지만 결합력이 부족하기 때문에 사용함에 따라 결정성 입자가 파괴, 미세화되어 극판에서 떨어져 내린다. 한편 해면상납은 회색이며, 구멍이 많아 반응성이 풍부하고 결합력이 커 탈락은 없으나, 사용함에 따라 결정이 성장하여 구멍 수가 감소한다. 과산화납의 결정성 입자가 탈락하거나 음극판의 구멍 수가 감소하면 배터리의 용량이 감소하여, 수명을 다한 것이 된다.

그리고 양극판이 음극판보다 더 활성적이므로 양극판을 보호하고 용량을 증대시킬 목적으로 음극판을 1장 더 둔다. 그리고 양극판의 과산화납은 결합력이 약하기 때문에 입자가 탈락하는 것을 방지하기 위하여 양극판의 양쪽에 글라스 섬유에 펠트(felt) 모양의 글라스 매트(glass mat)를 압력을 가하는 것과 같이하여 끼워 탈락을 방지한다.

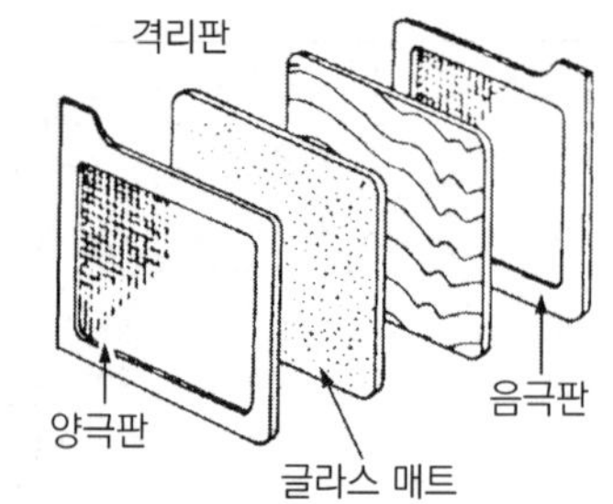

그림 4-7 납산배터리 극판의 구조

(2) 납산배터리의 격리판(separators)

격리판은 서로 번갈아가며, 조립된 양극판과 음극판사이에서 양쪽 극판의 단락을 방지하는 기능을 한다. 격리판이 파손되거나 변형되어 양쪽 극판이 서로 단락되면 배터리 내에 충전되어 있던 전기적 에너지가 소멸한다. 격리판의 재질은 합성수지(플라스틱)로 가공한 강화 섬유 격리판, 고무를 주재료로 한 미공성 고무 격리판 및 플라스틱 격리판 등이 있다. 또 격리 판은 홈이 있는 면을 양극판 쪽으로 끼우는데, 이는 과산화납에 의한 산화부식을 방지하고 전해액의 확산이 잘되도록 하기 위함이다. 그리고 격리판의 구비조건은 다음과 같다.

① 비전도성일 것.

② 구멍 수가 많아서 전해액의 확산이 잘 될 것.

③ 기계적 강도가 있고, 전해액에 산화·부식되지 말 것.

④ 극판에 좋지 못한 물질을 내뿜지 않을 것.

(3) 납산배터리의 극판군(plate group)

극판군은 여러 장의 극판과 격리판을 조립하고 접속편(connector)에 용접하여 양극판은 (+)단자에, 음극판은 (-)단자에 연결한 것이다. 이와 같이 하여 제작한 1개의 극판 군을 1셀(Cell : 단전지)이라 한다. 12V배터리의 경우에는 케이스 속에 6개의 셀이 있으며, 이것을 접속편으로 직렬접속하고 있다. 셀마다 약 2.1~2.3V의 기전력을 발생 시킨다. 극판의 수를 늘리면 극판이 전해액과 대항하는 면적이 증가하므로 배터리의 용량이 증가하여 이용전류가 많아진다.

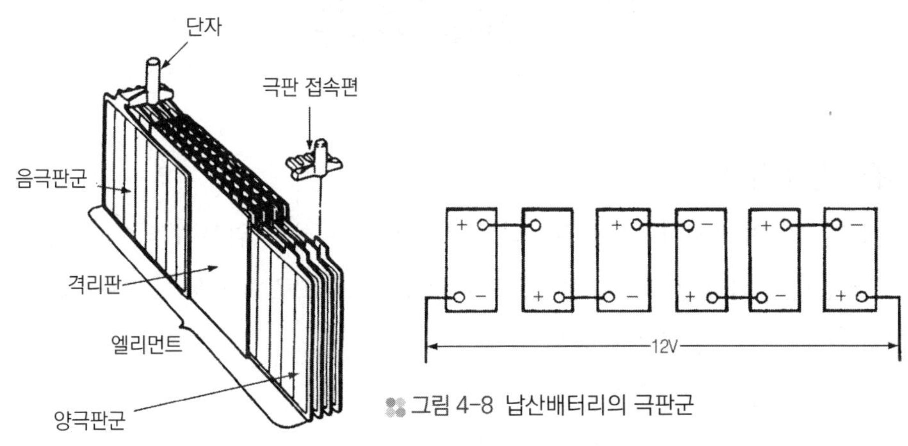

그림 4-8 납산배터리의 극판군

(4) 납산배터리의 케이스(case)

케이스는 주로 플라스틱으로 제작하며, 12V 배터리용은 6칸으로 분리되어 있다. 각 셀의 밑 부분에는 극판의 작용물질의 탈락이나 침전물 축적으로 인한 단락을 방지하기 위하여 엘리먼트 레스트(element rest)가 마련되어 있다.

배터리 케이스와 커버 청소는 탄산나트륨(소다)과 물 또는 암모니아수로 한다.

> Reference
> **엘리먼트 레스트**란 극판군을 엘리먼트라고도 부르며, 레스트는 양극판군과 음극판군이 각각 놓이게 되어 있는 부분을 말한다.

(5) 납산배터리의 커버와 벤트 플러그(cover & vent plug)

커버도 플라스틱으로 제작하며, 케이스와 접착제로 접착되어 있어 기밀과 수밀을 유지한다. 또 커버의 가운데에는 전해액이나 증류수를 주입하거나 비중계용 스포이드(spoid)나 온도계를 넣기 위한 구멍과 이 구멍을 막아두기 위한 벤트 플러그가 있다. 이 플러그의 중앙이나 옆에는 작은 구멍이 있어 배터리 내부에서 발생한 산소와 수소가스를 방출한다. 최근에 사용하는 MF 배터리에는 벤트 플러그를 사용하지 않는다.

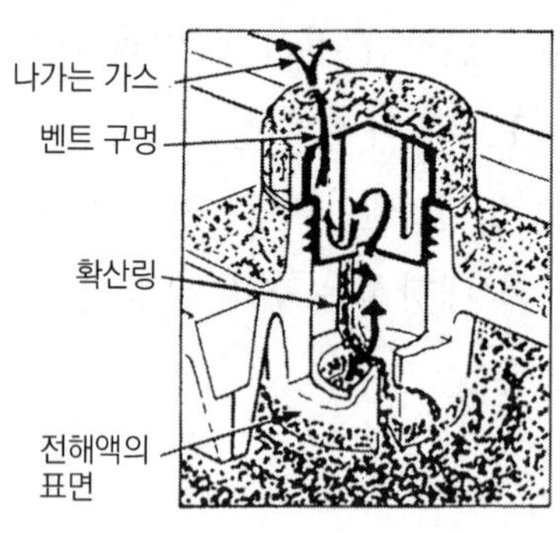

그림 4-9 벤트 플러그의 구조

(6) 납산배터리의 단자(terminal post)

단자는 납 합금이며, 외부회로와 확실하게 접속하도록 하기 위하여 테이퍼(taper)되어 있다. 그리고 양극과 음극단자에는 문자, 색깔 및 크기 등으로 표시하여 잘못 접속하는 것을 방지하며 단자의 식별방법은 다음과 같다.

① 양극은 (+), 음극은 (-) 부호로 표시한다.

② 양극은 적색, 음극은 흑색으로 표시하기도 한다.

③ 양극은 지름이 굵고, 음극은 가늘다.

④ 양극은 POS, 음극은 NEG라는 문자로 표시하기도 한다.

⑤ 부식물이 많은 단자가 양극이다.

그리고 양극단자는 과산화납과 연결되어 있기 때문에 산화되기 쉬워 부식이 발생한다. 이 부식을 제거하지 않고 방치하면 충·방전작용이 원활히 이루어지지 않아 배터리 수명이 단축된다. 부식이 발생하였을 때에는 부식물을 깨끗이 제거한 다음 그리스(greese)를 얇게 발라주어야 한다.

또 배터리 단자에서 케이블을 분리할 경우에는 반드시 접지단자의 케이블을 먼저 분리하도록 하고, 설치할 경우에는 나중에 설치하여야 한다.

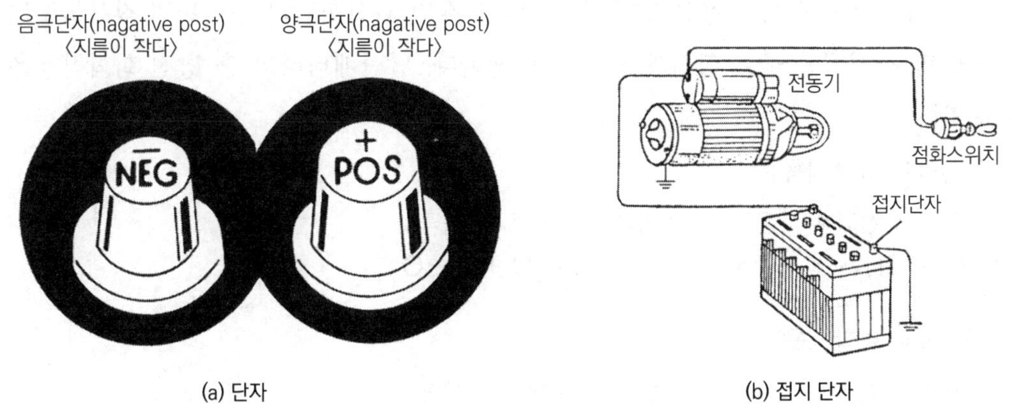

그림 4-10 납산배터리의 단자와 접지단자

(7) 납산배터리의 전해액(electrolyte)

전해액은 증류수에 황산을 섞어 제조한 순도 높은 묽은 황산을 사용한다. 전해액은 극판과 접촉하여 충전할 때에는 전류를 저장하고, 방전될 때에는 전류를 발생시키며, 셀 내부에서 전류를 전도하는 작용도 한다. 전해액의 비중은 20℃에서 완전 충전되었을 때 1.280이며, 이를 표준비중이라 한다.

전해액은 표준상태의 비중일 때 황산의 도전성이 가장 높다. 또 완전히 방전되었을 때에는 비중이 1.050 정도이다. 실제로 사용하는 배터리의 전해액은 표준보다 약간 비중이 높은 것을 사용하여 기전력을 상승시키며, 방전될 때 내부저항 증가를 감소시킨다. 또 전해액은 다음의 순서로 제조한다.

① 전해액을 혼합할 때 용기는 반드시 절연체를 사용한다.

② 증류수에 황산을 천천히 부어서 혼합 한다. 이때 혼합비율은 증류수 60%, 황산(1.400) 40% 정도로 한다.

③ 조금씩 혼합하도록 하며, 유리막대 등으로 천천히 저어서 냉각시킨다.

④ 전해액 온도가 20℃에서 비중을 1,280으로 조정하면서 작업을 완료한다.

2 납산배터리의 충·방전작용

납산배터리의 (+), (-) 양쪽 단자 사이에 부하를 접속하고 배터리로부터 전류를 흐르게 하는 것을 방전(discharge)이라 하며, 반대로 충전기나 발전기 등의 직류전원을 접속하여 배터리에 전류를 공급하는 것을 충전(charge)이라 한다. 배터리를 충·방전시키면 배터리 내부에서는 양(+)극판과 음(-)극판이 전해액과 화학반응을 일으킨다.

즉, 배터리의 충·방전작용은 양극판의 작용물질인 과산화납과 음극판의 작용물질인 해면상납 및 전해액인 묽은 황산에 의하여 발생한다. 납산배터리의 충·방전 화학작용은 다음과 같다.

- **방전될 때 화학 작용**

양극 전해액 음극 양극 전해액 음극

$PbO_2 + 2H_2SO_4 + Pb + PbSO_4 + 2H_2O + PbSO_4$

- **충전될 때 화학 작용**

양극 전해액 음극 양극 전해액 음극

$PbSO_4 + 2H_2O + PbSO_4 + PbO_2 + 2H_2SO_4 + Pb$

황산납 물 황산납 과산화납 묽은 황산 해면상납

(1) 납산배터리의 방전

양극판의 과산화납이 방전되면 과산화납 중의 산소가 전해액의 황산 중의 수소와 결합하여 물이 생성된다. 과산화납 중의 납은 전해액의 황산과 결합하여 황산납이 된다. 한편, 음극판의 해면상납은 양극판과 마찬가지로 황산납이 된다.

이처럼 방전이 되면 양극판과 음극판은 모두 황산납이 되며, 전해액의 황산은 감소하며, 생성된 물에 의해 묽어진다. 따라서 방전이 진행됨에 따라 전해액의 비중은 낮아지고, 배터리의 내부 저항이 증가하여 점차 전류가 흐르기 어렵게 된다.

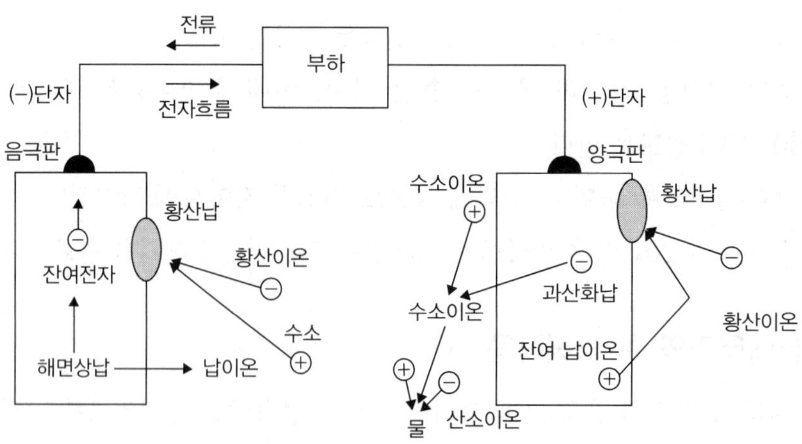

그림 4-11 방전 중의 화학작용

1) 납산배터리의 전해액 비중과 방전상태

배터리 전해액 비중은 방전량에 비례하여 낮아진다. 그림 4-12는 완전히 충전되었을 때의 비중값이 1,280일 때와 완전히 방전되었을 때의 비중값이 1,080일 때 방전량에 대한 비중의 변화를 나타낸 것이다. 따라서 전해액 중의 비중을 측정하면 배터리의 방전 여부를 알 수 있다.

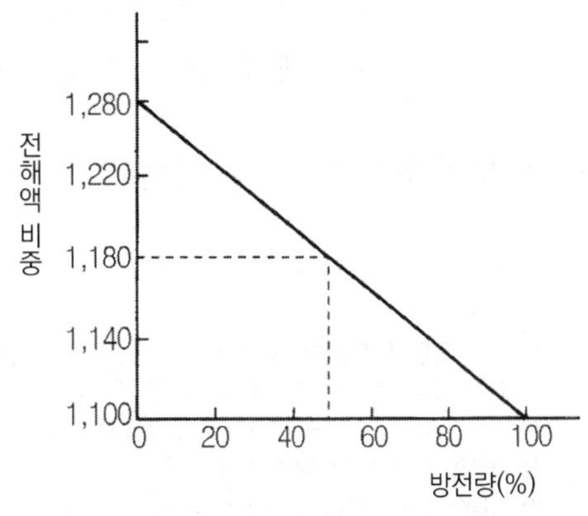

그림 4-12 전해액 비중 및 방전량

그리고 배터리를 오랫동안 방전상태로 방치하면 극판이 영구 황산납이 되거나 여러 가지 고장을 유발하여 배터리의 기능을 상실한다. 따라서 전해액의 비중이 1,200(20℃)정도 되면 즉시 보충전을 실시하여야 한다. 또 한 번 사용하였던 배터리를 사용하지 않고 보관 중일 경우에는 15일 정도에 한 번씩 보충전을 하여야 한다. 측정비중값에서 방전량을 구하는 공식은 다음과 같다.

$$\text{방전율}(\%) = \frac{\text{완전충전 되었을 때의 비중값} - \text{측정할때의 비중값}}{\text{완전충전 되었을 때의 비중값} - \text{완전방전 되었을 때의비중값}} \times 100$$

전해액의 비중으로 배터리의 충·방전 상태를 추정할 수 있는 근거는 페러데이 법칙(Faraday's law)인데, 1AH의 방전량에 대해서 전해액 중의 황산이 3.66g이 소비되고, 물은 0.67g이 생성된다.

또 같은 1AH의 충전량에 대해서도 0.67g의 물이 소비되고 3.66g의 황산이 생성된다. 묽은 황산 속에 포함된 황산의 양(중량, %)과 비중과의 관계를 알면 충·방전에 따르는 비중의 변화를 계산할 수 있다.

예를 들어 비중이 1,260(20℃)의 묽은 황산 1 속에 35%(중량)의 황산이 포함되어 있다고 하면, 전체의 중량 1,260g의 내역은 다음과 같다.

- 황산의 중량 : 1260g×0.35=441g
- 물의 중량 : 1260g－441g=819g

이 전해액을 사용하여 100Ah를 방전하면 소비되는 황산의 양은 3.66g×100Ah=366g, 생성되는 물은 0.67g×100Ah=67g이므로 100Ah 방전 후 전해액의 내역은 다음과 같다.

- 황산의 중량 : 441g－366g=75g
- 물의 중량 : 819g+67g=886g
- 전체의 중량 : 75g+866g=961g

이 되어 황산의 함유량(중량, %)은 $\frac{75}{961} \times 100 = 8\%$ 이다.

Reference **극판의 영구 황산납**[유화(또는 황화)현상, **설페이션**(sulphation)이라고도 함]이란 배터리의 방전상태가 일정한 한계 이상으로 장시간 진행되어 극판 표면에 백색의 결정화가 발생하는 현상이다. 이 결정은 절연체의 황산납이 되며, 이 현상이 진행되면 충전을 하여도 극판은 본래의 과산화납과 해면상납으로 환원되지 않으며, 그 원인은 다음과 같다.

❶ 전해액의 비중이 너무 높거나 낮다.
❷ 전해액이 부족하여 극판이 노출되었다.
❸ 충전이 불충분하였다.
❹ 배터리를 방전된 상태로 장시간 방치하였다.

2) 납산배터리 전해액 비중의 온도 환산

전해액의 비중은 온도 변화에 따라 변동한다. 이것은 묽은 황산의 체적이 온도 변화에 따라서 팽창하거나 수축하기 때문에 단위체적 당 무게가 변화하기 때문이다. 즉, 온도가 상승하면 전해액 비중은 낮아지고, 온도가 하강하면 비중이 높아지는데 그 변화량은 온도 1℃당 0.0007이다. 따라서 측정한 비중을 통해 배터리의 충·방전상태를 판단할 경우에는 표준온도(20℃)일 때의 비중값으로 환산하여야 한다. 표준온도의 비중값은 다음 공식으로 나타낸다.

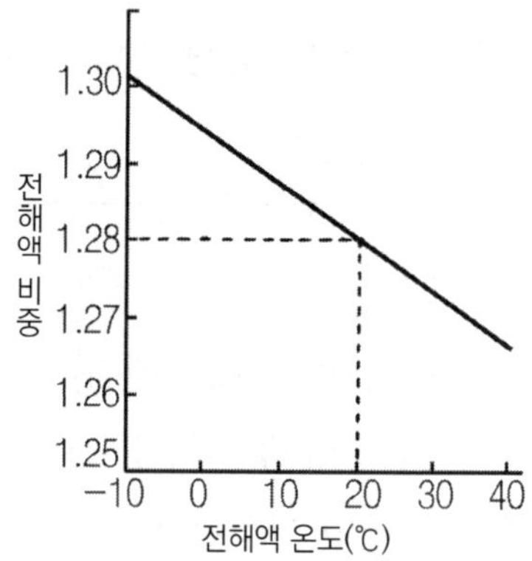

그림 4-13
전해액 온도에 따른 비중 변화

$$S_{20} = st + 0.0007 \times (t - 20) \quad \text{①}$$

여기서, S_{20} : 표준온도(20℃)로 환산한 비중　st : t℃에서 실제로 측정한 전해액의 비중
0.0007 : 온도계수　t : 비중을 측정할 때의 전해액의 온도

3) 납산배터리가 방전할 때 전압변화

납산배터리의 1셀당 기전력은 그 크기와 관계없이 2.1~2.3V이며, 12V용 배터리는 6개의 셀이 직렬로 연결되어 있기 때문에 12.6~13.8V이다. 이것은 일반적으로 무부하 상태의 양극판과 음극판 사이의 전압으로 나타낸다.

배터리에 부하를 접속하고 방전을 하면, 배터리 단자 사이의 전압은 공식 ②와 같이 내부저항과 방전전류의 크기로 결정하는 전압강하 때문에 항상 기전력보다 낮다. 이것을 배터리의 단자전압(또는 부하전압)이라 한다.

$$E_t = E_o - I_d \times r \quad \text{②}$$

여기서, E_t : 단자전압　E_o : 기전력　I_d : 방전전류　r : 내부저항

방전이 진행되면 내부저항이 증가하고 단자전압은 점차 감소한다. 배터리가 어느 한계까지 방전을 하면 단자전압이 급격히 낮아지기 시작한다.

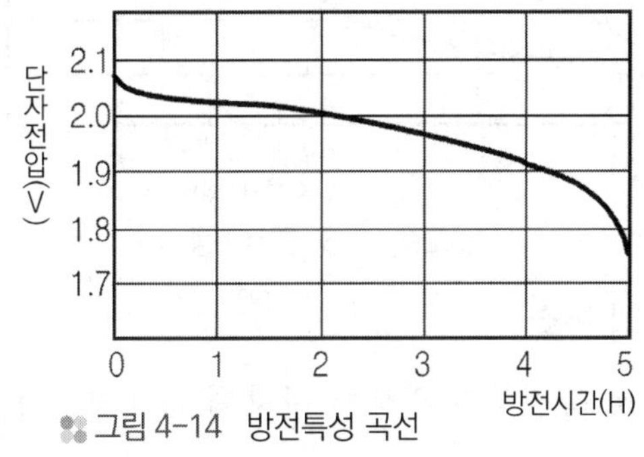

그림 4-14 방전특성 곡선

(2) 납산배터리의 충전

방전된 배터리에 외부의 직류전원(충전기 또는 발전기)으로부터 충전전류를 공급하면, 방전에 의해 황산납으로 변화하였던 양극판과 음극판의 작용물질이 납과 황산기로 분해된다. 전해액 중의 증류수는 산소와 수소로 분해되며, 분해된 이들의 황산기는 수소와 결합하여 황산을 생성함과 동시에 전해액으로 환원된다.

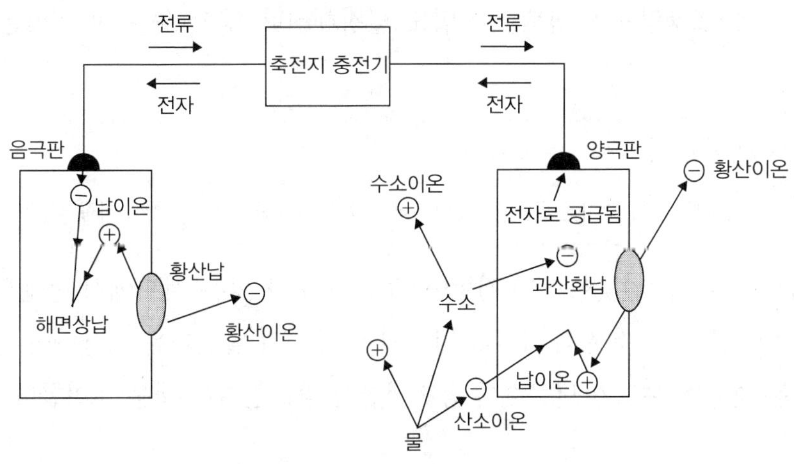

그림 4-15 충전 중의 화학작용

이에 따라 전해액의 황산 농도가 증가하고 비중이 상승한다. 이 상태가 되면 양극판은 과산화납이, 음극판은 해면상납이 된다. 그림 4-16은 충전시간의 경과에 따른 단자전압과 전해액 비중의 관계를 나타낸 곡선이다.

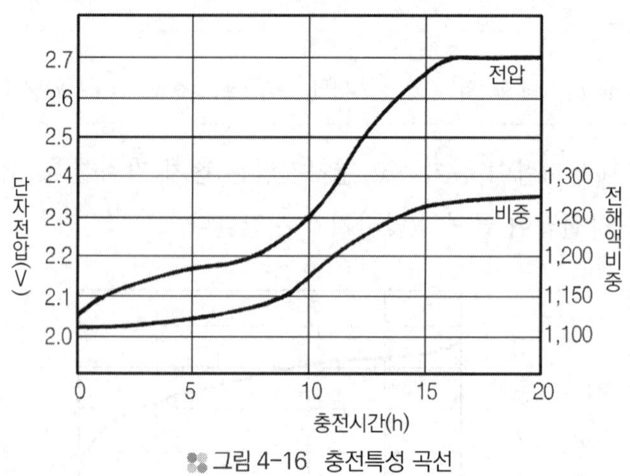

그림 4-16 충전특성 곡선

1) 납산배터리 단자전압의 변화

배터리를 일정한 전류로 충전하기 위해서 단자에 가해지는 전압은 그림 4-16에 표시한 것과 같이 상승한다. 충전 초기에는 전압 상승이 완만하지만 충전이 완료될 무렵에는 급격히 상승하여 1셀당 전압은 약 2.7V 정도, 12V용 배터리의 단자전압은 16V 정도에 도달하면 전압은 일정 값을 나타낸다.

충전 끝 무렵에는 양극판에서 산소가 발생하고, 음극판에서는 수소가스가 대량으로 발생하여, 이것이 극판을 덮어 내부저항이 증가되기 때문에 일정한 전류를 계속 흐르게 하기 위해서는 단자전압을 상승시켜야 한다. 그러나 충전이 완료되면 증류수의 전기분해만이 이루어져 가스 발생량도 안정되고 전압도 일정해진다. 충전 중 단자 전압은 공식 ③으로 나타낸다.

$$E_t = E_o + I_c \times r \quad \text{③}$$

여기서, E_t : 단자전압 E_o : 기전력 I_c : 방전전류 r : 내부저항

위 공식에서도 알 수 있듯이 내부저항이 크고 온도가 낮은 상황에서 충전할 경우에는 단자전압이 높아진다. 이것은 배터리를 자동차에 설치된 발전기를 이용하여 일정한 전압으로 충전하는 경우에 온도가 낮을수록 충전전류가 감소한다는 것을 의미한다.

2) 납산배터리 전해액 비중의 변화

충전이 진행됨에 따라 전해액 비중이 상승한다. 그림 4-16에서 보듯이 전압변화와 같은 양상으로 변화한다. 따라서 비중도 충전 초기에는 완만하게 변화하지만 충전완료가 가까워질수록 가스발생이 증가하며, 비중의 상승 속도가 빨라진다. 충전의 진행과 함께 전해액 중에 증가한 황산은 비교적 무겁기 때문에, 충전 초기에는 케이스 바닥에 고여 있다가 끝 무렵에 많은 양의 가스 발생으로 말미암아 전해액과의 희석이 촉진된다. 따라서 비중이 급상승한 것과 같은 결과가 발생한다. 충전이 완료되면 전해액 중의 황산은 일정하게 되고 비중은 최곳값을 나타낸다.

3) 자동차에 부착된 상태로의 충전

자동차에 부착된 배터리를 충전하는 전원은 전압조정기에 의하여 출력전압을 일정하게 조절한 발전기이며, 일정한 전압으로 충전이 된다. 그러나 자동차에는 각종 등화장치, 와이퍼 모터, 히터 등 각종 부하가 접속되어 있으므로 주행 중에는 발전기에서 이들의 부하에 전력을 공급함과 동시에 배터리도 충전한다. 하지만, 자동차의 일시정지 등으로 엔진이 공회전 상태가 되면 발전기 출력이 감소하므로 부하가 클 경우에는 배터리에서도 부하로 전류를 공급하게 되어 방전한다.

이 상태에서의 충·방전전류의 크기는 그때의 배터리의 방전상태(남아 있는 용량)와 전압조정기의 설정전압, 부하의 종류, 주행상태, 외부온도 등 각종 조건에 따라서 달라진다. 그러나 충전장치가 정상적으로 작동하고 과부하가 아닐 경우 주행을 계속함에 따라 배터리는 점차 충전되어 평균 충전전류는 감소한다. 그림 4-17은 일반 승용차를 이용하여 시내를 주행했을 경우의 배터리 충·방전상태를 기록한 일례이다.

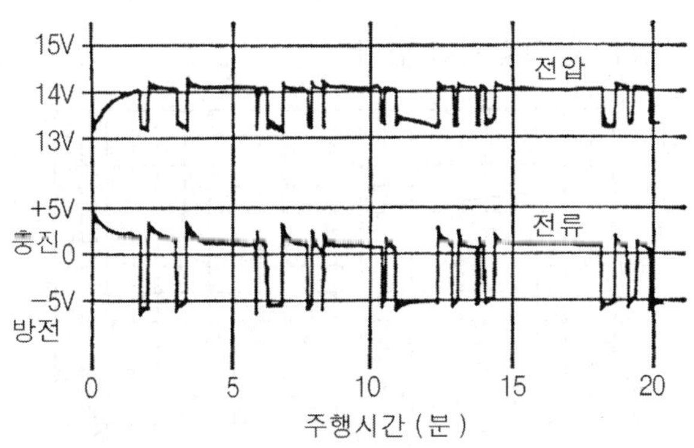

그림 4-17 실제 주행에서의 충·방전 상태

Chapter 04

납산배터리의 여러 가지 특성

1 납산배터리의 기전력

납산배터리의 기전력은 앞에서 설명한 바와 같이 1셀당 2.1~2.3V이며, 이것은 전해액의 비중, 전해액의 온도 및 방전 정도에 따라서 조금씩 달라진다. 기전력은 전해액의 온도 저하에 따라서 낮아지는데, 이는 전해액 온도가 저하하면 배터리 내부의 화학작용이 완만해지고, 전해액의 저항이 증가하기 때문이다.

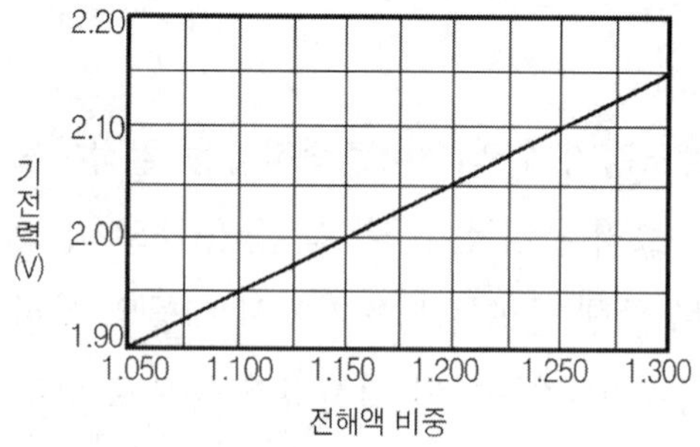

그림 4-18 기전력과 전해액 비중의 관계

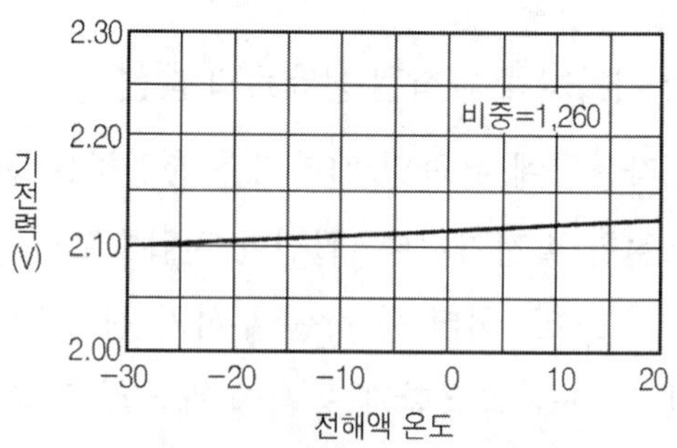

그림 4-19 기전력과 전해액 온도의 관계

2 납산배터리의 방전종지 전압

납산배터리의 단자전압은 그림 4-20과 같이 방전이 진행됨에 따라 점차로 내부 저항이 증가하고, 단자전압은 내려가다가 어느 한계에 도달하면 급격히 저하하기 시작한다. 이 한계를 넘어서 방전을 지속시키면 전압이 지나치게 낮아져 사용하지 못할 뿐만 아니라 배터리 성능의 열화를 초래하게 된다. 여기서 어느 한계 이하의 전압이 될 때까지 방전을 해서는 안 되는 전압을 방전종지 전압이라 한다.

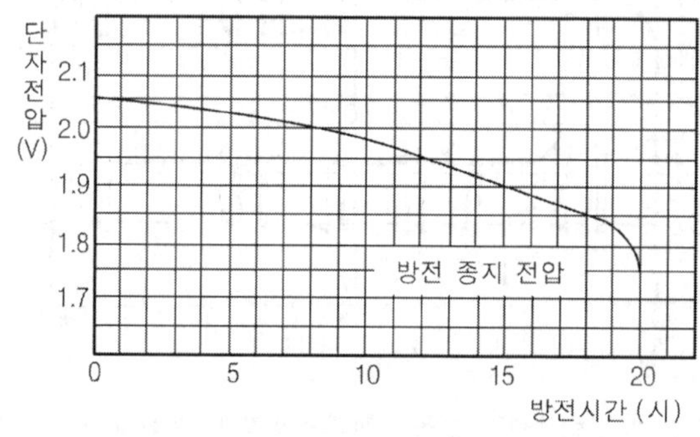

그림 4-20 납산배터리의 방전 곡선

배터리에서 방전과 더불어 전압이 강하하는 것은 방전 초기에는 극판의 표면이 황산납이 되고, 방전이 지속되면 극판의 중심 부분에 전해액이 침투하여야 하므로 화학변화가 완만해져 전압이 내려간다. 다시 방전을 계속하면 표면에 생성된 황산납이 중심부분의 작용물질로 들어가는 전해액의 통로를 막기 때문에 방전할 수 없게 된다. 이에 따라 급격하게 전압이 강하한다. 방전종지 전압은 배터리에 따라서 조금씩 다르기는 하지만 1셀당 1.7~1.8(1.75)V, 12V용 배터리에서는 10.5V(1.75V×6)이다.

3 납산배터리의 용량

배터리 용량이란 완전히 충전된 배터리를 일정한 전류로 연속 방전하여, 방전 중의 단자전압이 규정의 방전종지 전압이 될 때까지 방전시킬 수 있는 전기량을 말한다. 용량의 크기를 결정하는 요소에는 극판의 크기(또는 면적), 극판의 두께, 극판의 수 및 전해액의 양 등이 있다. 배터리 용량의 단위는 암페어시 용량(AH : Ampere Hour rate)으로 표시하며, 이것을 공식으로 나타내면 다음과 같다.

$$AH = A \times H$$

여기서, AH : 암페어시 용량(AH) A : 일정방전 전류(A)
H : 방전종지 전압까지의 연속방전 시간(H)

배터리 용량은 방전비율, 전해액 비중 및 전해액의 온도에 따라서 크게 변화하므로 표시할 때에는 이 조건들을 명시하여야 한다.

(1) 납산배터리의 방전비율과 용량과의 관계

배터리의 용량은 방전전류의 크기에 의해 큰 영향을 받게 되는데, 이 방전의 크기를 표시하는 것을 방전비율이라 한다. 또 배터리 용량은 방전전류×방전시간으로 표시하므로 방전비율을 표시할 때 방전전류의 크기로 표시하여도 되고(이것을 전류비율이라 한다.), 방전시간으로 표시하여도 된다(이것을 시간비율이라 한다.). 또 배터리의 용량을 표시하는 방법에는 20시간 비율(소형 배터리에서는 10시간 비율)용량, 25암페어 비율, 냉간 비율 등이 있다.

1) 20시간 비율(또는 10시간 비율) 용량

20시간 비율 용량이란 일정방전 전류를 연속 방전하여 1셀당 방전종지 전압이 1.75V 될 때까지 20시간(10시간 비율의 경우에는 10시간) 방전시킬 수 있는 전류의 총량이며,

일반적으로 사용하는 방전비율이다. 예를 들어 20시간 비율 100AH 용량이란, 5A의 전류로 연속 방전하여 방전종지 전압에 도달할 때까지 20시간이 소요된다는 의미이다.

그림 4-21에 의하면 배터리는 큰 전류로 방전할수록 용량이 감소한다. 이것은 큰 전류(엔진을 시동할 때 등)로 방전을 하면, 화학반응이 전해액 확산보다 빠르게 진행되어 그 반응에 필요한 황산이 미처 공급되지 못하기 때문이다. 즉, 큰 전류로 방전할 경우에는 비교적 표면에 있는 작용물질만이 화학반응을 일으키므로 용량이 감소한다.

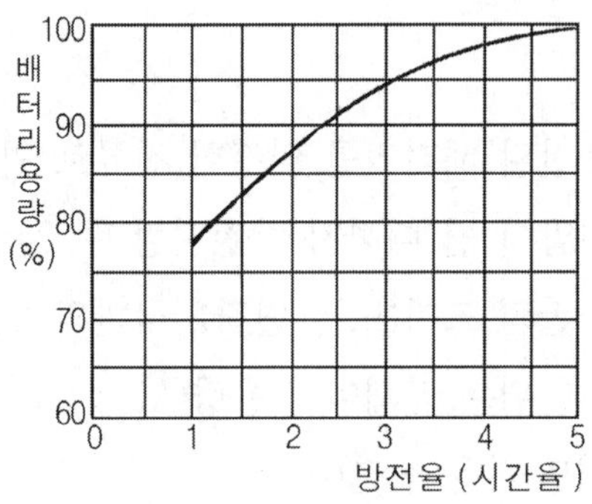

그림 4-21 방전비율과 배터리 용량

표 4-1 방전비율과 방전전류의 비율

방전비율	20시간	10시간	5시간	3시간	1시간
용량(AH)	100	92	80	75	68
방전전류의 크기(A)	5	9.2	16.0	25.0	68.0
방전전류의 비율	1.0	1.84	3.2	5.0	13.6

이 상태에서 방전을 잠시 중지하면 그 사이에 전해액이 확산되어 다시 방전기능이 회복되는데, 이를 잉여용량이라 한다. 엔진을 시동할 때 배터리 사용시간을 10~15초 이내로 제한하는 것도 위에서 설명한 배터리의 화학작용 특성 때문이다.

2) 25암페어 비율

25암페어 비율이란 26.6℃(80℉)에서 일정한 방전전류(25A)로 방전하여 1셀당 전압이 1.75V에 도달할 때까지 방전하는 것을 측정하는 것이다. 발전기가 고장일 경우 등에 부하로 전류를 공급하기 위한 배터리의 능력을 표시한다.

3) 냉간비율

냉간비율이란 -17.7℃(0℉)에서 300A로 방전하여 1셀당 전압이 1V 강하하기까지 몇 분(分) 정도 소요되는가를 표시하는 것이다.

(2) 납산배터리 전해액 온도와 용량의 관계

납산배터리 용량은 전해액의 온도에 따라서 크게 변화한다. 즉, 일정의 방전비율, 방전 종지 전압 아래에서 방전하여도, 온도가 높으면 용량이 커지고 온도가 낮으면 용량도 작아진다. 따라서 용량을 표시할 때는 반드시 온도를 명시하여야 하며, 용량표시를 할 때 25℃를 표준으로 한다(단, 전해액 비중 표준온도는 20℃임).

온도가 낮아지면 배터리 용량이 감소하는 이유는 화학반응이 천천히 진행되기 때문이다. 즉, 황산분자 또는 황산이온의 확산이 느려지고 이동도가 낮아지기 때문에, 기전작용이 없어진 이온의 보급이 신속히 이루어지지 않아 전지전압이 낮아지기 때문이다. 또한 온도가 낮아지면 전해액 고유저항이 증대되어 전압도 떨어지는데, 이는 전지전압 저하의 주요 요인이다.

위에서 설명한 현상은 겨울철 엔진 시동에 큰 영향을 준다. 이에 따라 배터리 성능이 규제되어 있다. 또 전해액의 온도가 높으면 화학반응이 활발히 진행되므로 배터리 용량이 증대된다.

1) 저온시동능력(CCA, Cold Cranking Ampere)

충전된 배터리를 저온(-18℃)에서 16시간 방치한 다음 방전 개시 후, 전비전압이 7.2V가 될 때까지의 지속 시간이 30초 이상 될 수 있는 최대전류를 표시하고 있으며, 자온 시동성능을 나타낸다. 만일 CCA가 550이라면, 550A로 30초 방전 시 방전 종지전압 7.2V를 만족할 수 있는 배터리이다.

2) 보유 용량(RC, Reserve Capacity)

충전된 배터리를 27℃에서 25A로 방전 시 방전종지전압(10.5V)에 이르기까지의 시간을 분 단위로 표시한 것이며, 발전기 고장 시 최소한의 전류 소모량으로 주행할 수 있는 시간을 표시한 것이다.

(3) 납산배터리의 전해액 비중과 용량

전해액 속에 들어 있는 황산의 양이 용량과 직접 관계되는 것은 이론상 명확하다. 또 용량은 전해액 속의 황산량 이외에 극판의 작용물질의 양, 이용 비율의 크기, 극판의 면적, 두께, 장수 등에 따라서도 달라진다. 그러나 극판 작용물질의 조건이 같을 때에는 전해액의 비중에 따라서 영향을 받는다(아래 표 참조).

표 4-2 전해액 비중과 용량과의 관계

항목 \ 비중		1.280	1.260	1.240
용량	20시간 비율 용량	100%	95%	90%
	－15℃ 급속방전 특수 시간	100%	85%	-
참고	－15℃ 급속방전 초기전압	변화 없음	변화 없음	변화 없음
	수명 회수	100%	105%	105%
	과다충전 수명 회수	100%	110%	110%

(4) 납산배터리의 점등용량과 높은 비율 방전특성

일반적으로 자동차의 등화장치 등 전장부품의 부하에 사용하는 전류는 10A 정도이며, 20시간 비율 정도의 방전비율로 표시하는 암페어시(AH) 용량을 점등용량이라 부른다. 한편 자동차용 배터리의 최대 사용목적은 엔진 시동 시 기동모터에 충분한 전력을 공급하는 데 있으나, 기동모터를 작동시킬 경우 짧은 시간에 큰 전류의 방전이 요구된다.

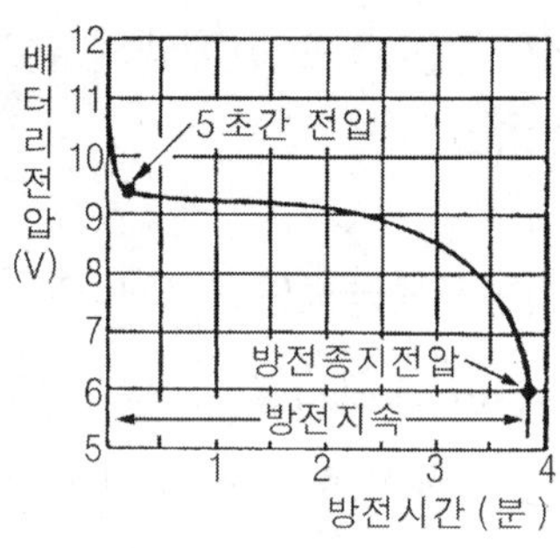

그림 4-22 고율방전 전압특성

방전전류가 커지면 방전 초기에는 단자전압의 강하도 커지고, 방전종지 전압에 도달하는 시간도 매우 짧아진다. 엔진 시동에 필요한 정도의 큰 전류를 유지할 수 있는 시간의 길이로 배터리의 고율방전을 표시하는 방법을 높은 비율 방전특성이라 한다.

일반적으로 -15℃에서 배터리의 크기에 따라 150A, 300A, 500A의 전류로 방전할 경우 방전시작 5초 후 또는 30초 후일 때 단자전압이 6V가 될 때까지 필요로 하는 방전시간(분 ; 分)이 규정되어 있다. 그림 4-22는 고율방전 특성의 일례를 나타낸 것이다.

(5) 납산배터리 연결에 따른 용량과 전압의 변화

1) 직렬연결의 경우

직렬연결이란 전압과 용량이 같은 배터리 2개 이상을 (+)단자와 다른 배터리의 (-)단자에 서로 연결하는 것이며, 이때 전압은 연결한 개수만큼 증가하지만, 용량은 1개일 때와 같다.

2) 병렬연결의 경우

병렬연결이란 전압과 용량이 같은 배터리 2개 이상을 (+)단자는 다른 배터리의 (+)단자에, (-)단자는 (-)단자로 연결하는 것이며, 이때 용량은 연결한 개수만큼 증가하지만, 전압은 1개일 때와 같다. 엔진 시동 중 배터리의 방전 때문에 시동이 불가능한 경우 다른 배터리를 연결하여 시동하여야 한다. 이때 반드시 병렬 연결하여야 한다.

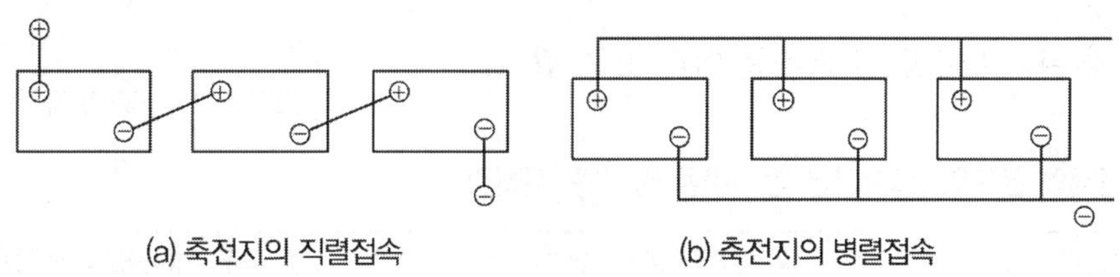

그림 4-23 배터리 연결방법

4 납산배터리의 자기방전

자기방전이란 충전된 배터리를 사용하지 않고 방치해두면, 조금씩 자연 방전하여 용량이 감소하는 현상을 말한다. 자기방전의 원인은 다음과 같다.

① 음극판의 작용물질(해면상 납)이 황산과의 화학작용으로 황산납이 되면서 자기방전되며 이때 수소가스가 발생한다. - 이 현상은 구조상 부득이한 경우이다.

② 전해액 중에 불순물[납(Pt), 니켈(Ni), 구리(Cu) 등]이 유입되어 음극판과의 사이에 국부전지가 형성되어 황산납이 되면서 자기방전 된다. 또 격자와 양극판의 작용물질(과산화납)과의 사이에도 국부전지가 형성되어 자기방전되는 경우도 있다.

③ 탈락한 극판의 작용물질이 배터리 내부의 밑바닥이나 옆면에 퇴적되거나 격리판이 파손되어 양쪽 극판이 단락되어 방전된다.

④ 배터리 커버 위에 부착한 전해액이나 먼지 등에 의한 누전으로 자기 방전이 된다.

자기방전에서 특히 주의하여야 할 것은 장기간 사용하지 않을 경우 자기방전에 의한 과다방전이다. 즉, 과다방전에 의해 영구 황산납을 일으켜 재사용이 불가능한 경우이다. 그리고 자기 방전량은 배터리 용량에 대한 백분율(%)로 표시하며, 24시간 동안 실제 용량의 0.3~1.5%이며, 자기 방전량은 다음의 요소와 관계 있다.

① 자기 방전량은 전해액의 온도가 높고, 비중 및 용량이 클수록 크다. 그림 4-24는 전해액 비중을 1.240(20℃)을 1로 하였을 때 1.280에서는 1.6배, 1.200에서는 1.240일 경우 60%로 자기 방전량이 변화하는 것을 나타낸다.

② 자기 방전량은 시간이 흐를수록 많아지나 그 비율은 충전 후의 시간 경과에 따라서 점차로 낮아진다.

③ 온도와 자기 방전량의 관계는 아래 표와 같다.

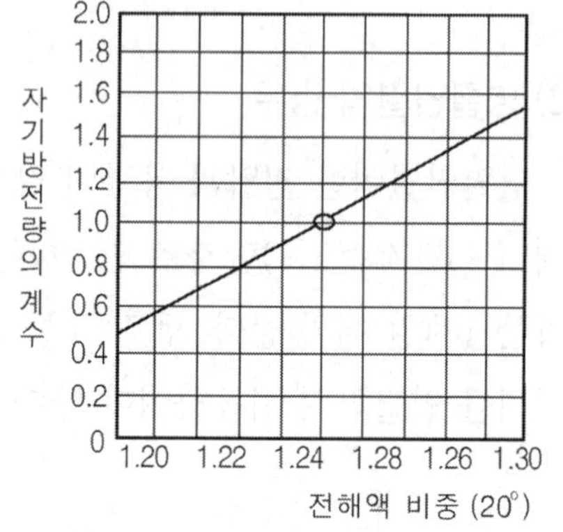

그림 4-24 비중과 자기방전

〈표 4-3〉 전해액 온도와 24시간당 방전비율 및 비중 저하량

온도(℃)	자기 방전량(24시간당 %)	비중 저하량(24시간당)
30	1.0	0.002
20	0.5	0.001
5	0.25	0.0005

Chapter 05 납산배터리의 수명

납산배터리는 시간의 경과에 따라서 성능이 점점 낮아지는 동시에 용량이 저하하고, 자기 방전량도 커지기 때문에 마침내 사용할 수 없게 된다. 수명에 큰 영향을 주는 원인으로는 양극판(과산화납)작용물질의 탈락이 있다. 이 작용물질은 충·방전을 진행함에 따라 체적의 팽창과 수축이 일어나므로 결합력이 약한 과산화납은 탈락을 일으킨다. 그리고 음극판의 해면상납은 수축에 의하여 구멍 수가 감소하여 수명 단축의 원인이 된다.

이 외에도 기계적인 진동에 따른 극판의 파손 및 영구 황산납화, 격리판의 열화 또 과다

충전 및 과다방전 등에 의한 경우가 있다. 그리고 충전 중 전해액의 온도상승과 취급 부주의로 인한 경우도 있다. 배터리의 수명을 단축하는 원인을 열거하면 다음과 같다.

① 충전부족 또는 과다방전으로 인한 극판의 영구 황산납화

② 과다충전에 의한 전해액 온도 상승

③ 격리판의 열화, 양극판 격자의 균열 및 음극판의 열화

④ 전해액 부족으로 인한 극판의 노출

⑤ 전해액 비중이 너무 높거나 낮은 경우

⑥ 전해액 중의 불순물 유입

⑦ 케이스 내부에서 극판의 단락 및 탈락

Chapter 06 납산배터리 충전

1 납산배터리의 충전방법

충전기는 일반적으로 교류(AC)전원을 적합한 전압의 직류(DC)로 정류하여 방전된 배터리를 충전하는 실리콘(Si)충전기를 사용한다. 그림 4-25는 충전기의 기본 구성도이며, 변압기와 정류기 및 전압 선택용 스위치 등으로 구성되어 있다. 그림에서 AC는 교류전원 접속부분이며, DC단자에 접속된 배터리 부하의 크기에 따라 임의의 출력전압을 인출하기 위한 전압선택스위치가 있다.

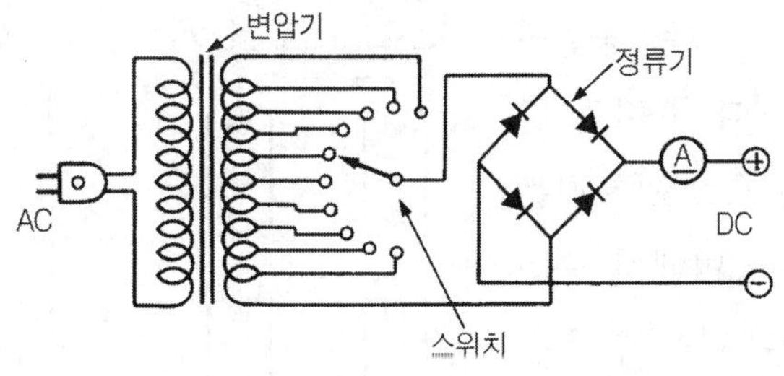

그림 4-25 충전기의 기본 구성도

변압된 교류전류는 선택스위치에서 정류기로 흘러 4개의 정류회로에 의해 단상전파 정류가 이루어진다. 그리고 DC부분의 (+), (-)단자에서 직류전류가 충전전류로 흐른다.

또한 충전기의 접속방법은 충전기의 출력단자 (+), (-)에 충전을 하고자 하는 배터리의 (+)단자와 충전기의 (+)단자를, 배터리의 (-)단자에는 충전기의 (-)단자를 접속하여 규정된 전류가 흐르도록 선택스위치로 출력전압을 조정한다. 그리고 1대의 충전기로 여러 개의 배터리를 동시에 충전하는 방법은 그림 4-27에 나타낸 바와 같이 직렬접속 충전과 병렬접속 충전이 있다.

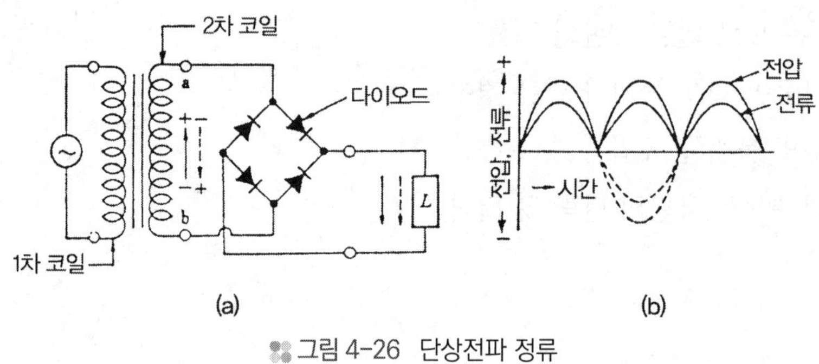

그림 4-26 단상전파 정류

단상전파 정류회로는 그림 4-26(a)와 같이 4개의 다이오드를 브리지(bridge)접속한다. 변압기의 2차 코일의 a쪽이 (+), b쪽이 (-)가 되면 그림 (a)의 실선과 같이 전류가 흐른다. 반대로 a쪽이 (-) b쪽이 (+)가 되면 점선과 같이 전류가 흐른다. 이와 같이 흐르는 방향이 변화하는 교류가 다이오드를 통하여 부하 L부분에는 항상 일정한 방향으로 흐른다. 따라서 단상전파 정류에서는 그림 (b)의 전류파형과 같이 점선부분은 (-)쪽으로, 실선부분은 (+)쪽으로 변환할 수 있기 때문에 항상 일정한 방향의 연속파(직류)를 얻을 수 있다.

(1) 직렬접속 충전

같은 용량의 배터리를 그림 4-27(a)와 같이 연결하고 동시에 충전하는 방법이다. 이 경우 각 배터리에는 동일한 전류가 흐르므로, 방전상태에 따라 충전전류를 각각 조정하여 흐르도록 하는 것이 곤란하다. 이 접속방법에서 충전전류가 배터리 1개 분량이 나올 수 있는 경우라면 충전이 가능하지만, 충전기의 정격전압에 의하여 접속 가능한 배터리의 개수가 결정된다.

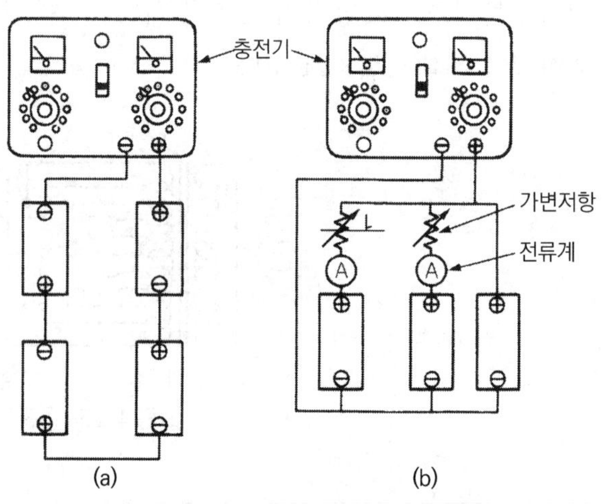

그림 4-27 충전할 때 배터리 접속방법

충전기의 최대 정격전압에서부터 배터리에 접속 가능한 개수를 결정하는 데는 배터리 1

셀당 2.7V 정도가 필요하므로 12V 배터리에서는 약 16V 정도로 산출하여야 한다. 즉, 최대 정격전압 75V 충전기에서는 12V 배터리를 직렬로 접속하여 충전하는 경우 4개까지 연결이 가능하다.

(2) 병렬접속 충전

용량이 다른 배터리나 방전량이 다른 배터리 여러 개를 그림 4-27(b)와 같이 연결하고 충전하는 방법이다. 이때 각각의 배터리에는 동일한 충전 전압이 가해지므로 가변저항기를 부착하고 각각의 배터리에 따라 전류가 흐르도록 하여야 한다. 이 충전 방법에서 출력전압은 배터리 1개당 전압으로도 가능하지만, 충전전류가 이들 각 배터리 충전 전류의 합이 되므로, 충전기의 정격전류에 의해 동시에 충전 가능한 배터리의 개수가 결정된다.

충전기로 배터리를 충전하는 방법에는 여러 가지가 있다. 충전할 때의 전류는 모두 충전반응으로 사용하는 것이 아니고 충전 중 발열에 따른 손실과 증류수의 전기분해에 따른 가스 발생 등의 손실이 발생한다. 따라서 이들 손실을 어떻게 하면 감소시킬 수 있는가 하는 문제가 대두된다. 충전방법에는 보충전, 회복충전, 균등충전 등이 있다.

2 납산배터리의 보충전

보충전이란 자기방전이나 사용으로 인하여 소비된 용량을 보충하기 위해 실시하는 충전이다. 자동차용 배터리는 엔진을 시동할 때 방전된 용량을 주행 중에 발전기와 발전기 조정기를 통하여 보충전한다. 그러나 다음과 같은 경우에는 방전량이 충전량보다 많아져서 보충전이 필요해진다.

① 주행거리가 짧아 충전이 충분히 되지 않을 때

② 전기회로에서의 과다 방전, 누전 등으로 주행 충전만으로는 충전량이 부족할 때

③ 발전기 및 발전기 조정기의 고장이나 조정 불량으로 충전이 되지 않는 경우

보충전 방법에는 비교적 장시간 충전하는 보통 충전과 큰 전류로 응급조치를 하는 급속 충전이 있다. 또 보통 충전은 조건에 따라 정전류 충전, 정전압 충전, 단별전류 충전 등으로 구분된다.

(1) 정전류 충전

이 충전방법은 처음부터 끝까지 일정한 전류로 충전하는 것이며, 충전전류 범위는 대략 다음과 같다.

1) 표준충전 전류 : 배터리 용량의 10%

2) 최소충전 전류 : 배터리 용량의 5%

3) 최대충전 전류 : 배터리 용량의 20%

그리고 정전류 충전에서 충전 특성은 다음과 같다.

① 충전 중의 단자전압은 최초에는 급상승하고 그 후에는 천천히 상승하다가, 2.4V 부근에서 다시 급상승하여 2.6~2.7V에서는 일정 값을 유지한다.

② 전해액의 비중은 가스가 발생할 때까지는 전해액의 이동이 없으므로 그 상승이 천천히 진행되지만, 가스가 발생하기 시작하면 급상승하여 1.280 부근에서 일정 값을 유지한다.

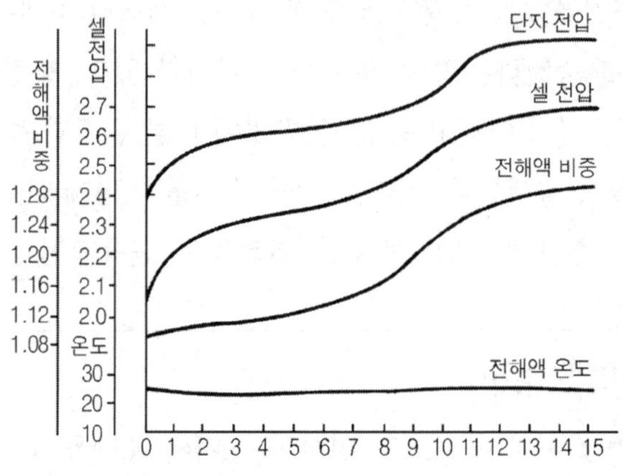

그림 4-28 정전류 충전에서 충전 전압·전류 특성

③ 충전이 진행되어 1셀당 전압이 2.3~2.4V에 도달하면 가스 발생이 매우 활발해진다. 이것은 완전 충전상태 이후에 공급된 전력의 대부분이 증류수를 전기분해하기 때문이며, 양(+)극에서는 산소, 음(-)극에서는 수소가 발생한다. 충전 중 배터리에서의 가스발생 상태는 충전완료를 판단하는 수단으로 이용할 수 있다. 그리고 충전 중인 배터리에서 발생하는 가스 중 수소가스는 폭발성 가스이므로 화기를 가까이하면 매우 위험하다.

④ 충전이 완료되었을 때 전해액의 비중이 20℃ 환산에서 1.280 이상 되면 증류수를 더 넣어 1.280으로 조정하여야 한다.

(2) 정전압 충전

이 충전방법은 충전하는 동안 계속해서 일정한 전압으로 충전하는 것이다. 충전특성은 그림 4-29에서 알 수 있듯이 충전 초반에는 큰 전류가 흐르나 충전이 진행됨에 따라 전류가 감소하며, 충전 끝 무렵에는 전류가 거의 흐르지 않는다. 따라서 가스발생도 없으며, 충전 능률이 우수하지만 충전 초기에 큰 전류가 흘러 배터리 수명에 영향을 크게 미치는 결점이 있어, 이에 대하여 대비해야 한다.

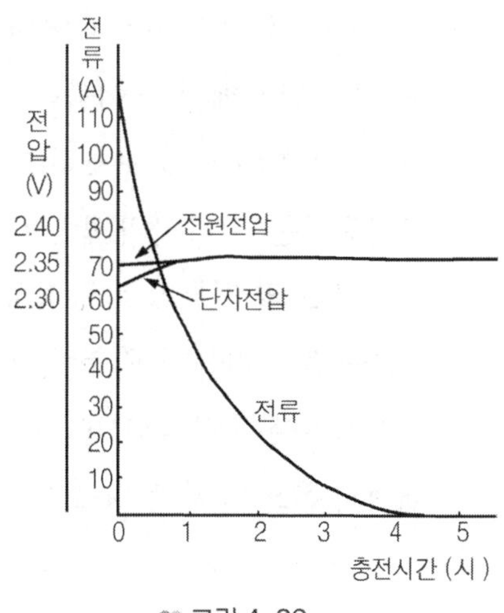

그림 4-29
정전압 충전에서 충전 전압·전류 특성

(3) 단별전류 충전

이 충전방법은 충전 중에 전류를 단계적으로 감소시키는 것이다. 충전효율이 높고, 전해액 온도의 상승이 완만하다. 또 충전 끝 무렵에 전류를 감소시키므로, 가스가 발생할 때의 전력 손실을 방지하고 가스발생에 의한 위험도 방지할 수 있다.

(4) 급속충전

이 충전방법은 시간적 여유가 없을 때 급속충전기(quick charger)를 사용한다. 급속충전은 극판 중심 부분까지 충전반응이 형성되지 않으므로, 급속충전을 한 다음에는 반드시 보통 충전을 하여야 한다. 급속충전을 할 때에는 다음 사항에 주의하여야 한다.

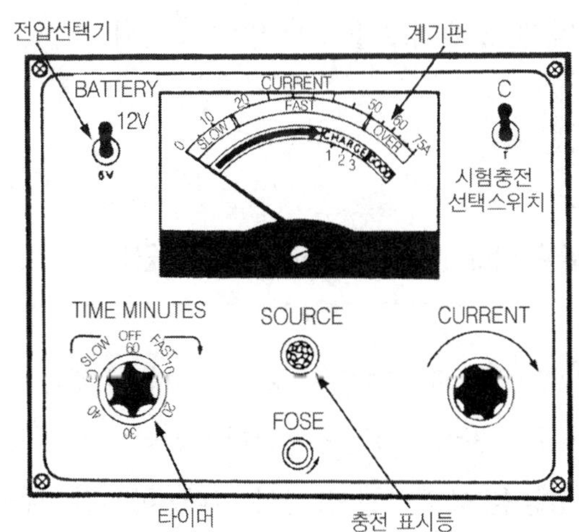

그림 4-30 급속충전기의 구조

① 자동차에서 배터리를 떼어내지 아니하고 급속충전을 하고자 할 경우에는, 배터리의 (+), (-)단자에서 케이블을 모두 분리한 후 충전기의 클립(clip)을 설치한다(이것은 발전기 다이오드를 보호하기 위함이다.).
② 충전전류는 배터리의 방전상태와 충전시간에 따라 결정되지만, 일반적으로 용량의 50% 정도의 전류가 바람직하다.
③ 급속충전은 가능한 한 짧은 시간 동안 실시하도록 한다.
④ 전해액의 온도가 45℃ 이상 되면 충전전류를 감소시키거나 충전을 잠시 중단하여 전해액의 온도를 낮춘 다음 다시 충전하도록 한다.

3 납산배터리를 충전할 때 주의사항

① 충전을 실시하는 장소에는 반드시 환기장치를 설치하여야 한다.
② 방전된 배터리는 방치하지 말고 즉시 보충전을 실시한다.
③ 충전 중 전해액의 온도가 45℃ 이상 되지 않도록 한다.
④ 충전 중인 배터리 근처에는 화기를 가까이해서는 안 된다.
⑤ 배터리를 과다충전하면 양(+)극판 격자의 산화가 촉진되므로 과다충전을 해서는 안 된다.
⑥ 배터리를 2개 이상 동시에 충전하고자 할 때에는 반드시 직렬 접속하여 충전하도록 한다.
⑦ 배터리와 충전기를 역 접속해서는 안 된다.
⑧ 암모니아수 및 탄산나트륨 등 중화제를 준비해 둔다.
⑨ 각 셀의 벤트 플러그를 모두 열어 놓는다.

Chapter 07 MF(Maintenance Free) 배터리

일반적으로 대형 차량에서 주로 사용하는 100AH 이상의 보수형 배터리(PT Battery, Plastic Twelve Battery)는 납+안티몬합금의 극판을 사용하여 격자의 기계적 강도를 높이고, 주조성능을 높인다는 장점이 있다. 하지만, 배터리 사용 중에 극판표면에서 서서히 석출(析出)하여 국부전지를 구성해 자기방전을 촉진하고, 충전전압을 저하시킨다. 이에 따라 자동차와 같이 정전압으로 충전을 하는 경우에는 점차 충전전류가 증대되어 증류수의 전기 분해량을 증가시킨다. 전해액의 물 성분이 기수 분해되면서 증발하기 때문에 전해액의 양을 점검하고 보충하는 과정이 필요하므로 각각의 셀 상단부에 스크루 마개를 설치한다. 그러나 MF 배터리는 납-칼슘 합금 격자 사용으로 인하여 전해액 및 자기 방전량을 감소시킬 수 있으며 특징은 다음과 같다.

① 증류수를 점검하거나 보충하지 않아도 된다.

② 자기방전 비율이 매우 낮다.

③ 장기간 보관이 가능하다.

또한 MF배터리 전해액의 증류수를 보충하지 않아도 되는 방법은 전기 분해될 때 발생하는 산소와 수소가스를 다시 증류수로 환원시키는 촉매마개를 사용하는 것이다.

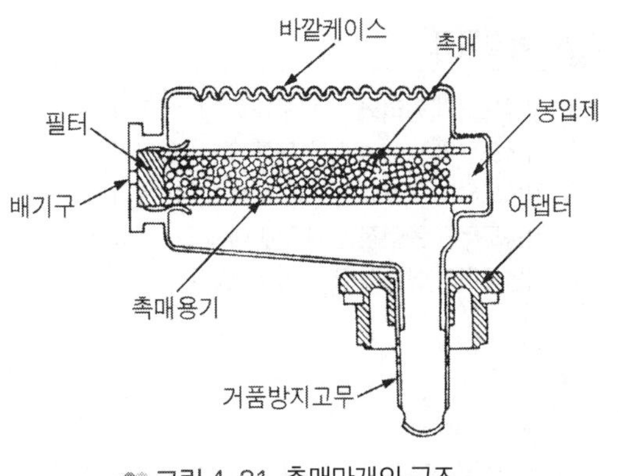

그림 4-31 촉매마개의 구조

Chapter 08 AGM(Absorbed Glass Mat) 배터리

AGM 배터리는 격리판의 재질이 흡수성 유리섬유로 되어 있다. 격리판에 전해액(묽은 황산)이 흡습된 상태로, 부직포 적용 극판은 활물질 탈락방지와 내부저항 감소 효과가 있다. 충방전 시 발생하는 가스가 배터리 내부에서 재결합되어 물로 환원되는 시스템을 가졌으며, 종래의 배터리보다 내구력이 향상된 축전지이다. 발전량 제어 차량과 ISG차량용으로 적합하다.

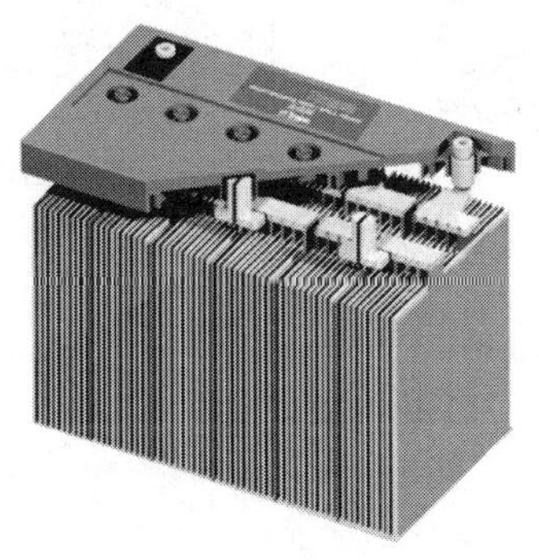

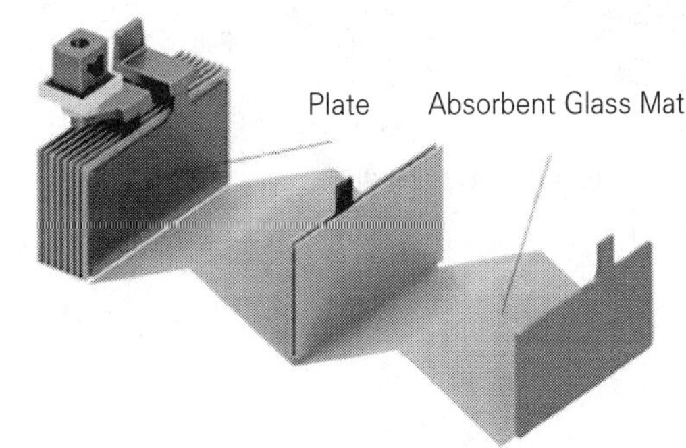

그림 4-32 AGM 배터리

기동장치

학습목표

1. 직류모터의 원리와 종류에 대해 알 수 있다.
2. 기동모터의 성능 특성에 대해 알 수 있다.
3. 기동모터의 구조와 작동에 대해 알 수 있다.
4. 기동모터의 동력전달 기구에 대해 알 수 있다.
5. 기동모터의 성능에 대해 알 수 있다.

자동차용 엔진은 흡입 → 압축 → 동력 → 배기의 4행정으로 작동한다. 동력행정에서 발생한 에너지가 엔진의 플라이 휠의 관성을 이용하여, 연속적인 4행정작동이 이루어진다.

따라서 엔진을 시동하려고 할 때 최초의 흡입과 압축행정에 필요한 힘을 외부에서 제공하여 크랭크축을 회전시켜야 한다. 이때 필요한 장치는 배터리, 기동모터, 점화(시동)스위치, 배선 등이다. 그리고 자동차 엔진 시동용으로 직류직권 모터를 사용한다.

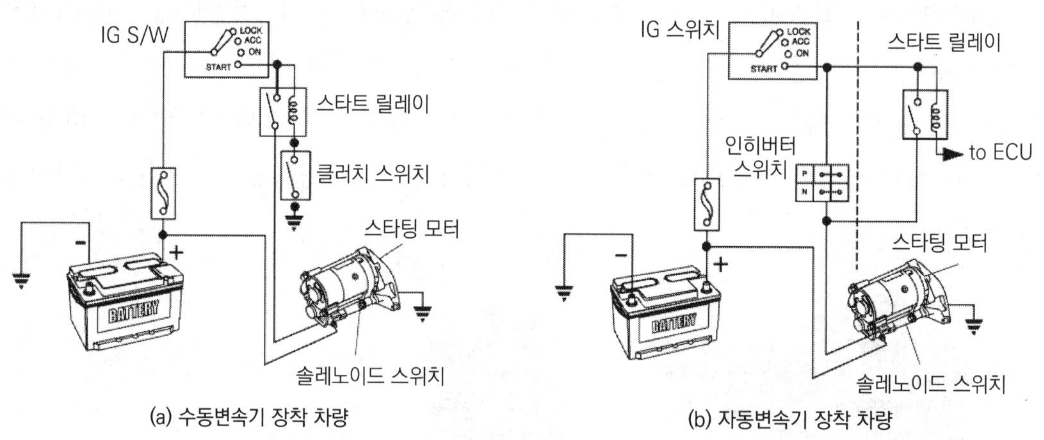

그림 5-1 시동 장치 회로도

Chapter
01 직류모터의 원리와 종류

1 직류모터의 원리

그림 5-2와 같이 자계 내에서 자유롭게 회전할 수 있는 도체(전기자)에 전류를 공급하기 위하여 정류자를 설치하면, 브러시(brush)를 통하여 도체로 전류를 공급하는 플레밍의 왼손법칙에 따르는 방향의 힘을 받는다.

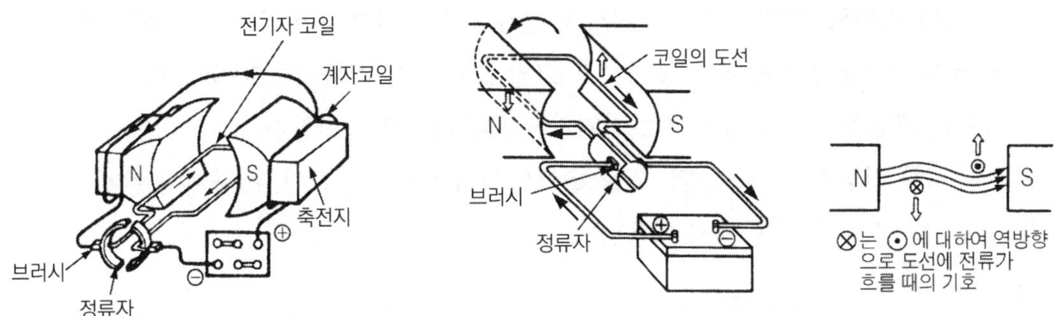

그림 5-2 모터의 원리

이에 따라 N극에 가까이 있는 도체 A는 아래쪽 방향으로 힘을 받고, S극 가까이 있는 도체 B는 위쪽 방향으로 힘을 받아서 왼쪽으로 회전을 하게 된다. 발생하는 회전력은 자계의 세기와 도체를 흐르는 전류의 곱에 비례한다. 그러나 도체가 회전하여 A와 B의 위치가 바뀐 경우에도 브러시와 접촉하는 정류자의 접촉변화에 의해 항상 같은 자계가 형성될 수 있어서, 일정한 방향으로 직류를 공급한다.

자계 속에서 전기자(도체)를 두고 직류를 브러시와 정류자를 통하여 흐르게 하였을 때 전기자에 작용하는 전자력을 그림 5-3의 (a), (b), (c)를 통해 설명하면 다음과 같다.

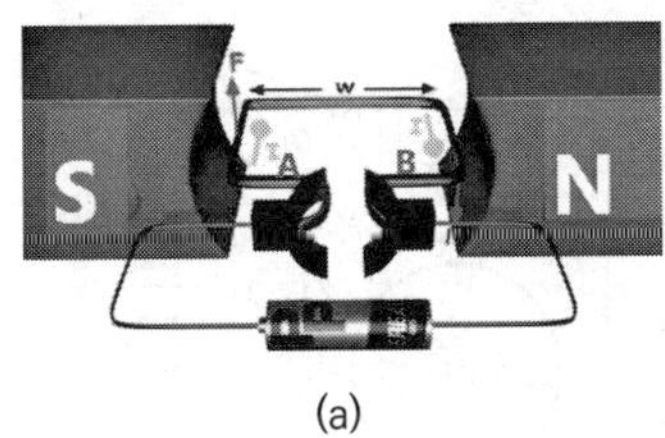

(a)

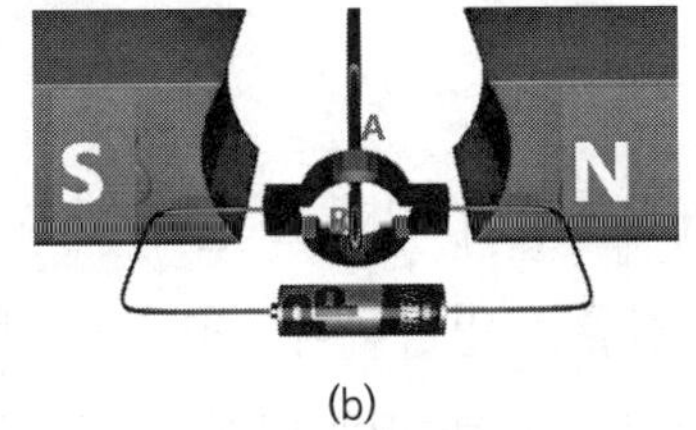

(b)

S N B A

(c)

그림 5-3 전기자에 작용하는 힘

① 그림 5-3(a)의 경우 : 전기자 코일 A 부분에 전류가 들어가도록 하고, B 부분으로 나오도록 하였을 경우, 플레밍의 왼손법칙을 사용하면 코일 A 부분에는 전자력(힘)이 위쪽 방향으로 작용하고, 코일 B 부분에는 아래쪽 방향으로 작용하여 전기자는 오른쪽으로 회전한다.

② 그림 5-3(b)의 경우 : 전기자 코일이 중앙에 도달하면 전류는 흐르지 않으나, 전기자는 관성에 의하여 오른쪽으로 회전한다.

③ 그림 5-3(c)의 경우 : 전기자가 회전하여 전기자 코일 A 부분과 B 부분이 그림 5-3(a)의 반대 위치로 되지만, 브러시에서의 전류공급 위치가 변화하지 않기 때문에, 전기자 코일 B부분으로 전류가 들어가고 코일 A 부분에서 나온다고 하더라도 전자력의 방향이 그림 5-3(a)와 같으므로 전기자는 오른쪽으로 회전한다.

이런 원리를 자동차의 기동모터, 윈드 실드와이퍼 모터, 전동 팬, 전자제어 엔진의 공전속도 조절(ISC)서보 모터 등에서 이용한다.

Reference 모터가 회전할 때 전기자 코일이 자력선을 절단하므로, 발전기의 경우와 같이 기전력이 발생한다. 이 기전력의 방향은 플레밍의 오른손 법칙에 따라서 결정되므로 가한 단자전압의 방향과 반대가 되고, 전기자 전류를 방해하는 방향으로 작용한다. 모터에 가해진 전압의 방향을 정(+)이라고 하면, 이 기전력의 방향은 반대가 되므로 모터에 발생하는 기전력을 역기전력이라 한다. 직류모터의 회전속도가 빨라질수록 흐르는 전류가 감소하는 것은 역기전력이 점차로 크게 되어 여기에 가해지는 전압에 역작용을 하기 때문이다.

2 직류모터의 종류

직류모터에는 전기자 코일과 계자코일의 연결방법에 따라 직권모터, 분권모터, 복권모터 등이 있다. 직류모터는 전기자 코일, 계자코일, 정류자와 브러시 등의 주요부품으로 구성되어 있다. 그리고 계자 코일의 역할을 하는 페라이트 자석을 이용하는 모터도 쓰이고 있다.

(1) 직권모터

직권모터는 전기자 코일과 계자코일이 직렬로 연결된 것이며, 각 코일에 흐르는 전류는 일정하다. 직권모터의 특징은 회전력은 크지만 부하변화에 따라 회전속도도 변화한다는 단점이 있다. 그러나 내연기관의 시동 특성을 고려하여 기동모터에서 주로 사용

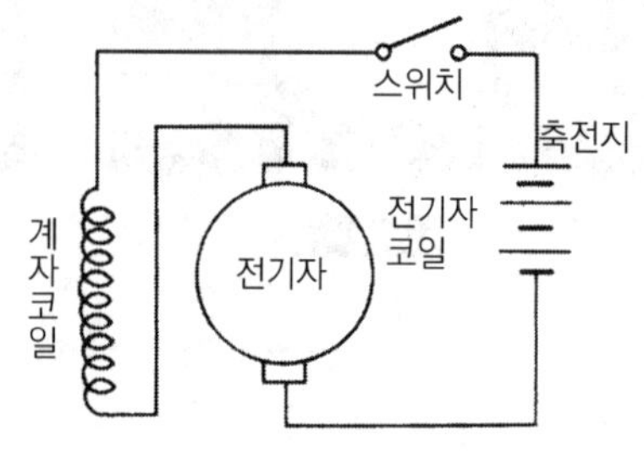

그림 5-4 직류직권 모터 회로도

하며 직권모터의 특성은 다음과 같다.

1) 전기자 전류와 회전력과의 관계 특성

모터의 회전력은 전기자 전류와 계자 세기의 곱에 비례한다. 전기자의 전류가 클수록 발생하는 회전력도 크며, 그림 5-5와 같은 특성을 나타낸다.

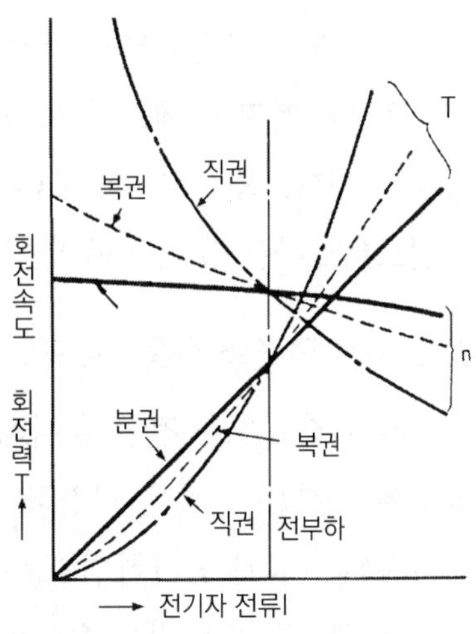

그림 5-5 각 모터의 특성곡선

2) 전기자 전류와 회전속도의 관계 특성

전기자 전류는 모터에 발생하는 역기전력에 반비례하고, 역기전력은 회전속도에 비례한다. 따라서 전기자 전류는 회전속도에 반비례하여 증감하므로, 이 그림 5-5와 같은 특성을 가진다. 이처럼 직권모터는 회전속도가 느릴 때, 즉 부하가 클 때는 전기자 전류가 증가하여 큰 회전력을 내므로, 기동모터로 적합하다.

(2) 분권모터

분권모터는 전기자 코일과 계자코일이 병렬로 연결된 것이며, 각 코일에는 전원전압이 가해져 있다. 분권모터는 부하변화에 대하여 회전속도 변화가 적다. 하지만, 계자코일에 흐르는 전류를 변화시키면 회전속도를 넓은 범위로 쉽게 바꿀 수 있어, 부하가 변화하더라도 회전속도가 변하지 않는 일정속도용 모터 또는 계자전류를 변화시켜 회전속도를 변환시키는 가·감속용으로 이용된다. 분권모터는 주로 직류발전기, 윈드 와셔용 모터, 냉각팬 모터, 파워 윈도우(power window)모터 등에 사용된다.

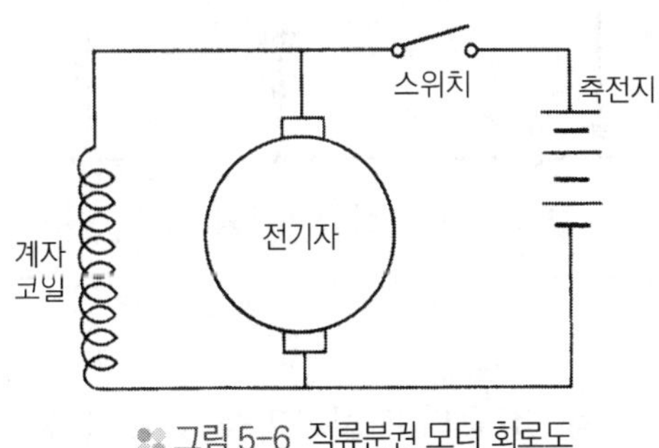

그림 5-6 직류분권 모터 회로도

1) 전기자 전류와 회전력 관계 특성

분권모터도 직권모터와 마찬가지로 회전력은 전기자 전류와 계자 세기의 곱에 비례한다. 그러나 계자의 세기가 변화하지 않으므로, 전기자 전류에 비례하여 그림 5-5와 같은 특성이 된다. 즉, 전기자 전류가 클수록(부하가 클수록) 발생 회전력이 커지기는 하지만 직권모터보다는 그 증가율이 낮다.

2) 전기자 전류와 회전속도와의 관계 특성

모터 회전속도는 전압에 비례하고 계자의 세기에 반비례한다. 따라서 전원이 배터리일 경우에 가하는 전압은 일정하다. 또 계자의 세기는 분권방식이므로 변화가 없기 때문에 전기자의 전류가 증가하면 배터리 전압이 약간 낮아지나, 회전속도는 거의 일정하게 되어 그림 5-5와 같이 일정한 속도특성이 일정하다.

(3) 복권모터

복권모터는 전기자 코일과 계자코일이 직렬과 병렬로 연결된 것이며, 계자코일의 자극의 방향이 같다. 복권모터는 직권과 분권의 중간적인 특성을 나타낸다. 즉, 시동할 때에 직권모터와 같이 회전력이 크고, 시동 후에는 분권모터와 같이 속도특성이 일정하다. 그리고 직권모터에 비해 그 구조가 약간 복잡하다는 결점이 있다. 이 모터는 윈드 실드와이퍼 모터(wind shield wiper motor)에 사용한다.

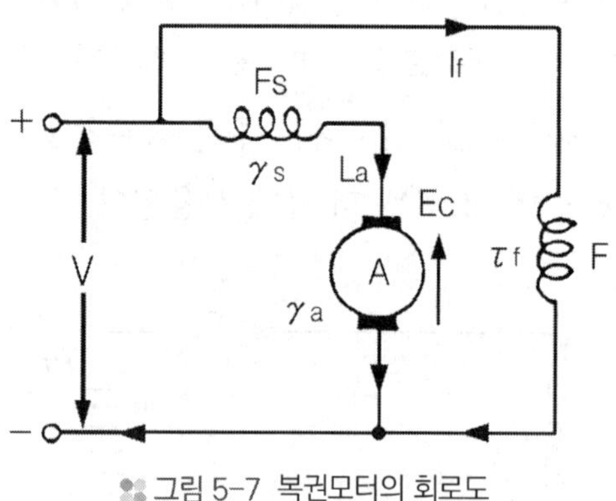

그림 5-7 복권모터의 회로도

(4) 페라이트 자석 모터

페라이트 자석이란 바륨(Br)과 철 등의 산화분말을 압축 성형하여 높은 온도에서 소결시킨 자석(영구자석)이며, 특징은 가볍고 자력을 유지하는 힘이 매우 크다는 것이다. 이 자석은 모터의 계자코일과 계자철심의 대용으로 사용한다. 즉, 전기자 코일에만 전류를 공급하여 회전시키므로 전원전류의 공급방향이 바뀌면 회전방향도 바뀐다.

여기서 회전방향이 바뀌는 이유는 페라이트 자석은 극성이 바뀌지 않으나 전기자는 인공자석이므로 전류의 공급방향이 바뀌면 극성도 바뀌어 회전방향이 바뀌기 때문이다. 이 형식은 윈드 실드 와이퍼 모터, 전자제어 엔진의 공전속도 조절(ISC)서보 모터, 스텝 모터, 연료펌프 등에 사용한다.

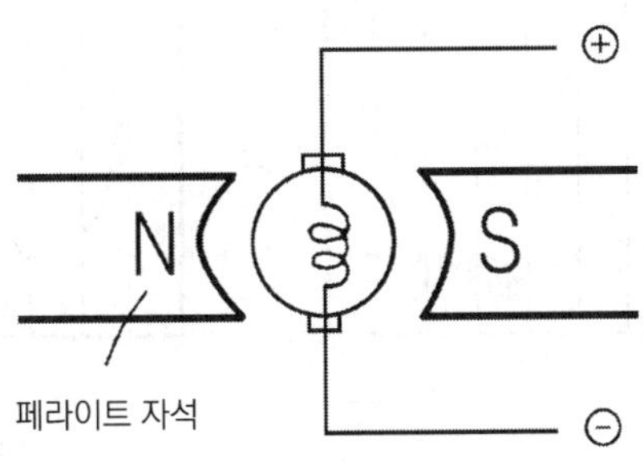

그림 5-8 페라이트 자석식 모터 회로도

Chapter 02 기동모터(starting motor)의 성능 특성

자동차 엔진의 기동모터는 엔진 실린더의 압축압력이나 각 부분의 마찰력을 이겨내고 시동 가능한 회전속도로 구동하여야 하므로, 기동회전력이 커야 한다. 큰 기동회전력에 적합한 직류직권 모터는 부하가 걸렸을 경우에는 회전속도는 낮으나 회전력이 크고, 부하가 작아지면 회전력은 감소하나 회전속도는 점차 빨라진다. 즉, 직류직권 모터의 회전속도는 부하에 따라 현저하게 변화하지만, 엔진 시동 요구조건에 적합한 기동모터의 구비조건은 다음과 같다.

① 기동회전력이 클 것.

② 소형·경량이고 출력이 클 것.

③ 전원 용량이 적어도 됨.

④ 진동에 잘 견딜 것.

⑤ 기계적 충격에 잘 견딜 것.

그리고 기동모터는 짧은 시간 정격(약 15초 이내)으로 설계되어 있으므로 무리한 연속 작동은 불가능하다. 그림 5-9는 4행정 사이클 4실린더 엔진을 기동모터로 시동할 때의 기동모터 전류·전압을 오실로스코프로 점검한 일례이다.

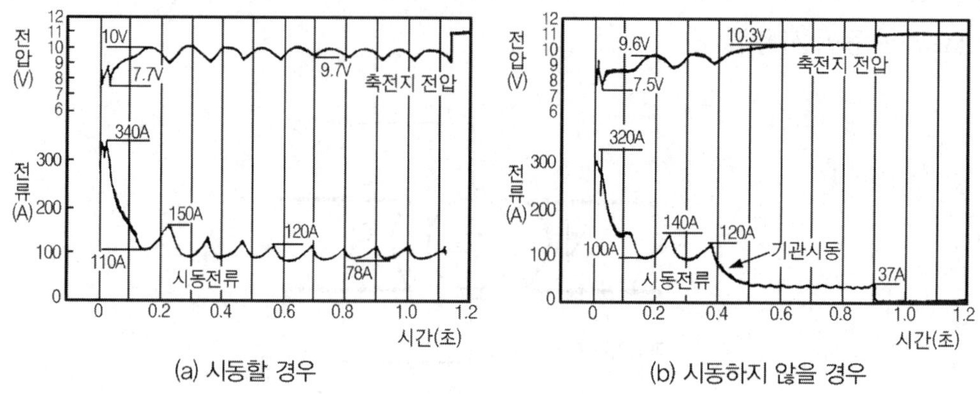

그림 5-9 기동모터의 전류·전압 및 오실로스코프 파형

1 기동모터의 시동소요 회전력

기동모터로 엔진을 시동하기 위하여 필요한 회전속도 및 회전력은 엔진의 종류(실린더 체적, 압축비, 점화방식 등)나 온도(외부온도, 엔진오일 온도 등)에 따라 다르다. 한편 배터리의 상태에 따라 시동성능은 큰 영향을 받기 때문에, 시동성능을 고려할 경우 배터리의 능력과 엔진의 요구 및 기동모터의 특성을 모두 검토하여야 한다. 그리고 엔진의 회전저항은 실린더 내에 흡입된 혼합기나 공기를 압축하는 데 필요한 힘과 실린더와 피스톤 링 및 각 베어링, 기어(gear)의 마찰력 등으로 결정된다.

엔진을 시동하려고 할 때, 이 회전저항을 이겨내고 기동모터로 크랭크축을 회전시키는 데 필요한 회전력을 시동소요 회전력이라고 한다. 엔진 플라이 휠 링 기어와 기동모터 피니언의 기어 비율(약 10~15 : 1)을 크게 하여 기동모터 소요회전력을 증대시키며, 다음의 공식으로 표시한다.

$$T_S = \frac{R_E \times P_Z}{F_Z}$$

여기서, T_S : 기동모터의 필요 회전력 R_E : 엔진의 회전저항
P_Z : 기동모터 피니언의 잇수 F_Z : 엔진 플라이휠 링 기어 잇수

또 이 시동소요 회전력은 실린더 체적이나 압축비가 큰 엔진일수록 커지지만, 외부의 온도에 따라 현격한 영향을 받는다. 그리고 엔진오일의 점도는 온도가 낮아지면 급격히 높아져 엔진 각 부분의 마찰저항도 증가한다.

2 최소 엔진시동 회전속도

엔진시동 시 크랭크축은 어느 정도 이상의 회전속도가 필요하며, 회전속도가 낮으면 실린더와 피스톤 링 사이에서 압축가스가 누출된다. 또한 시동에 필요한 압축압력을 얻지 못하게 될 뿐 아니라, 압축열이 실린더 라이너에 의해 손실되어 연소실의 온도가 낮아지므로 착화불량이 원인이 된다.

엔진 시동에 필요한 최저한계의 회전속도는 가솔린 엔진보다 디젤엔진 쪽이 높지만, 이외에도 실린더 수, 사이클 수, 연소실 형상, 점화방식 등에 따라 달라진다. 최소 엔진 시동 회전속도는 -15℃에서 2행정 사이클 엔진에서는 150~200rpm, 4행정 사이클 엔진의 경우에는 100rpm 이상이다.

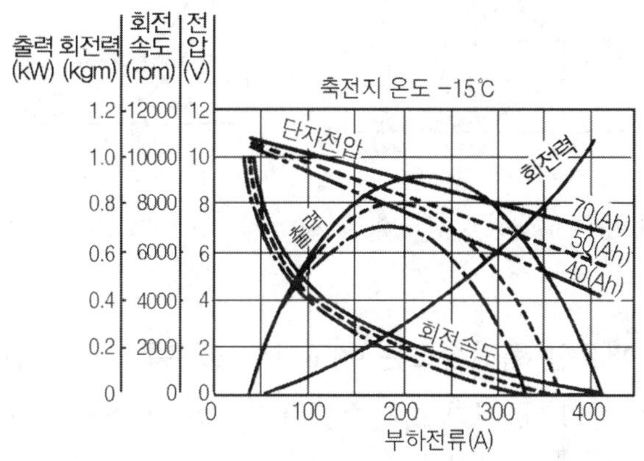

그림 5-10 배터리 용량변화에 따른 기동모터의 특성변화

3 엔진의 시동성능

기동모터의 출력은 진원인 배터리의 용량이나 온도 차이에 따라 영향을 받아 크게 변화한다. 그림 5-10은 같은 기동모터를 용량이 다른 배터리로 작동시킬 경우 특성변화의 일례를 나타낸 것이다. 배터리의 용량이 적으면 엔진을 시동할 때 단자전압의 저하가 심하고 회전속도도 낮아지기 때문에 출력이 감소한다.

또 그림 5-11에 나타낸 바와 같이 실제용량이 저하되므로 기동모터의 출력은 감소한다. 즉, 어느 쪽의 경우에도 시동성능은 저하된다.

그림 5-12는 기동모터에서 구동된 엔진의 회전속도와 회전저항 및 기동모터 피니언에서 플라이 휠 링 기어를 거쳐 엔진에 작용하는 구동 회전력의 관계를 나타낸 것이다. 온도가 낮아지면 엔진오일 점도가 상승하기 때문에 엔진의 회전저항이 증가하는 한편 배터리의 용량저하에 의해 기동모터의 구동 회전력이 감소한다. 그림 5-12에서 엔진이 요구하는 시동 회전력보다 기동모터의 구동 회전력 쪽이 크기 때문에, 기동모터는 회전하여 엔진을 구동하고 0℃인 경우 A점까지 회전속도가 상승한다. 그러나 -15℃인 경우에는 엔진의 회전저항이 증가하고 기동모터의 회전력은 감소하므로 B점까지 밖에는 상승하지 못한다.

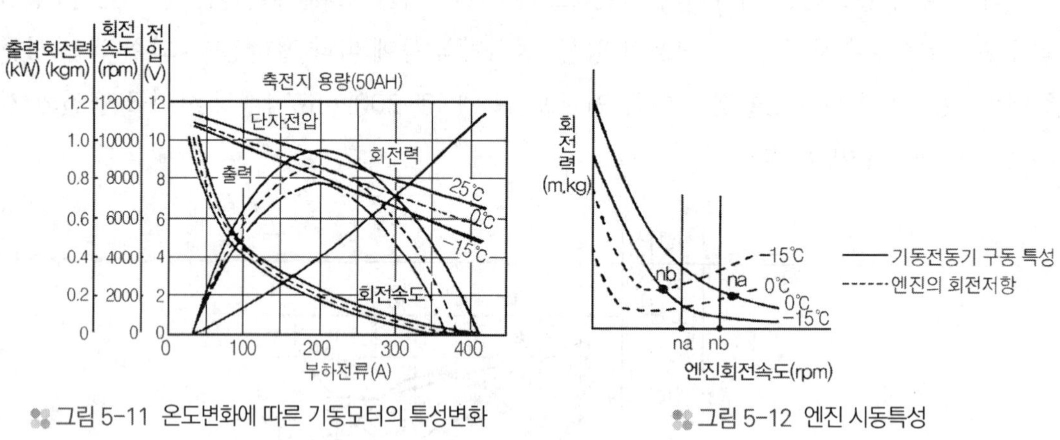

그림 5-11 온도변화에 따른 기동모터의 특성변화

그림 5-12 엔진 시동특성

엔진을 시동하는데 필요한 회전속도는 온도가 낮을수록 커지지만, 그림 5-12에서 na가 0℃일 때, nb가 -15℃일 때 엔진 회전속도를 필요한 최소시동 회전속도로 하면 0℃일 때는 시동이 가능하지만, -15℃일 때는 엔진 회전속도가 필요한 최소 회전속도인 nb까지 상승시킬 수 없으므로 시동불능이 된다. 온도가 낮을 경우 엔진 쪽 회전저항이 증가하므로 기동모터에는 상온의 경우보다 큰 부하가 걸린다. 한편, 배터리 용량의 저하와 부하의 증가 때문에 기동모터의 회전속도가 낮아지므로 이것이 원인이 되어 엔진의 압축압력 및 연소실온도의 저하와 분사된 연료의 안개화 불량을 초래한다.

따라서 기동모터의 시동성능을 향상시키기 위하여 가능한 한 큰 용량의 배터리를 전원으로 하는 것도 바람직하지만, 동일한 용량의 배터리일지라도 충전부족을 해소하고, 배터리와 기동모터사이와 기동모터 내부의 접촉저항을 감소시키고, 적절한 엔진오일을 사용하여 엔진의 회전저항을 감소시키는 노력도 필요하다.

Chapter 03 기동모터의 구조와 작동

기동모터는 작동상 다음의 3가지 주요 부분으로 구분한다.

① 회전력을 발생시키는 부분

② 회전력을 엔진 플라이 휠 링 기어로 전달하는 부분

③ 피니언을 미끄럼운동시켜 플라이 휠 링 기어에 물리게 하는 부분

이 3가지 주요 부분은 전원전압이나 출력에 따라 그 크기, 극수, 브러시 수 등이 다르지만, 일반적인 구조와 작동방식은 같다.

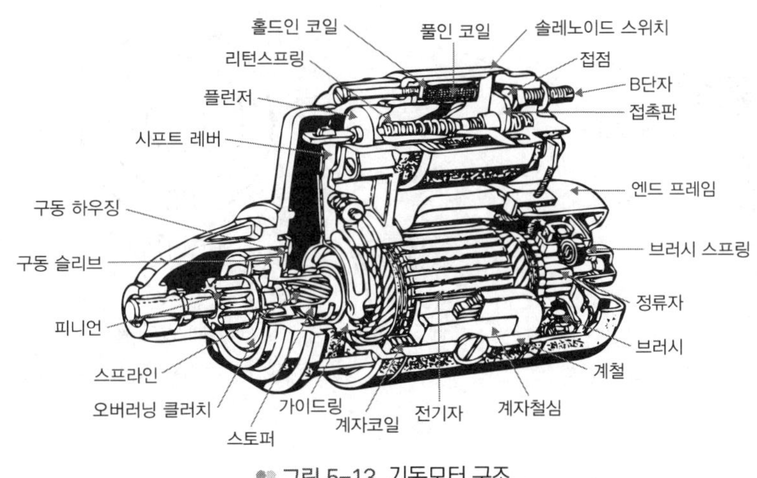

그림 5-13 기동모터 구조

1 모터 부분

모터 부분은 회전운동을 하는 부분(전기자, 정류자 등)과 고정된 부분(계자코일, 계자철심, 브러시 등)으로 구성되어 있다.

(1) 회전운동을 하는 부분

1) 전기자(armature)

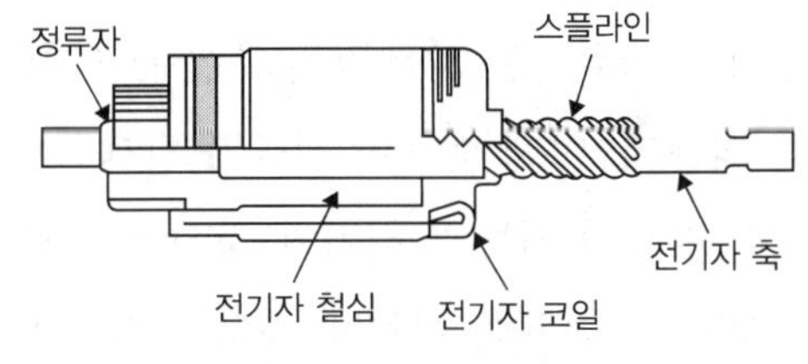

그림 5-14 전기자의 구조

전기자는 전기자축, 전기자 철심, 그리고 여기에 각각 절연되어 감겨 있는 전기자 코일, 정류자 등으로 되어 있다(그림 5-14). 축의 양 끝은 베어링으로 지지되어 계자철심 내에서 회전한다. 전기자 축은 큰 힘을 받기 때문에 파손·변형 및 휨 등이 일어나지 않도록

특수강을 사용한다. 또 축에는 피니언이 미끄럼 운동하는 부분에 스플라인(spline)이 파여 있으며, 마멸을 방지하기 위해 담금질되어 있다. 전기자 철심은 자력선을 잘 통과시키고 동시에 맴돌이 전류를 감소시키기 위해 얇은 철판을 각각 절연하여 겹쳐서 제작하였으며, 재질은 투자율(透磁率)이 큰 철(Fe), 니켈(Ni), 코발트(Co) 등을 사용한다.

바깥둘레에는 전기자 코일이 들어가는 홈(slot)이 파여 있고, 사용 중 철심이 발열하지 않도록 하고 있다. 또 전기자 철심은 계자철심에서 발생한 자계의 자기회로가 되며, 계자철심의 자력과 전기자 코일에서 발생한 자력과의 사이에서 발생한 전자력을 회전력으로 변환시키는 작용을 하므로, 전기자 코일이 많은 쪽이 회전력이 크다.

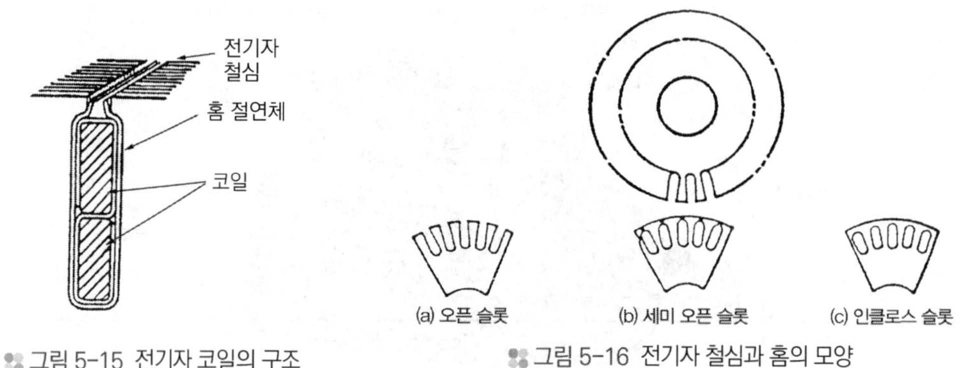

그림 5-15 전기자 코일의 구조

그림 5-16 전기자 철심과 홈의 모양

전기자 코일은 특성상 큰 전류가 흘러야 하므로 단면적이 큰 평각선(平角線)이 파권(波卷)으로 감겨 있으며, 코일의 한쪽은 N극이, 다른 한쪽은 S극이 되도록 전기자 철심의 홈에 절연되어 끼워져 있다. 또 코일의 양 끝은 각각 정류자에 납땜되어 있다. 따라서 모든 코일에 동시에 전류가 흘러 각각에 발생하는 회전력이 합해져 전기자를 회전시킨다.

전기자 철심의 형상은 그림 5-16과 같으며, 일반적으로 1개의 홈에 코일 2개가 들어가므로 그 단면은 그림 5-16의 (a), (b), (c)와 같다. 그리고 전기자 코일의 절연에는 운모종이(mica paper), 파이버(fiber), 플라스틱 등이 사용된다. 기동모터의 전기자가 회전하면 전기자 철심에는 플레밍의 오른손 법칙에 의한 방향으로 기전력이 유기되어 전류가 흐르게 되는데, 이때 맴돌이 전류가 발생한다.

이 맴돌이 전류가 전기자 철심에 흐르면 철심에는 열이 발생하여 기동모터의 효율을 저하시킨다. 맴돌이 전류에 따른 손실을 방지하기 위하여 철심을 얇은 규소강판으로 절연하고 성층철심으로 하고 있다. 전기자 철심을 성층철심으로 하면 맴돌이 전류의 분할을 이루어 기전력이 작아진다. 이론적으로는 강판 두께의 2승에 비례하여 감소한다.

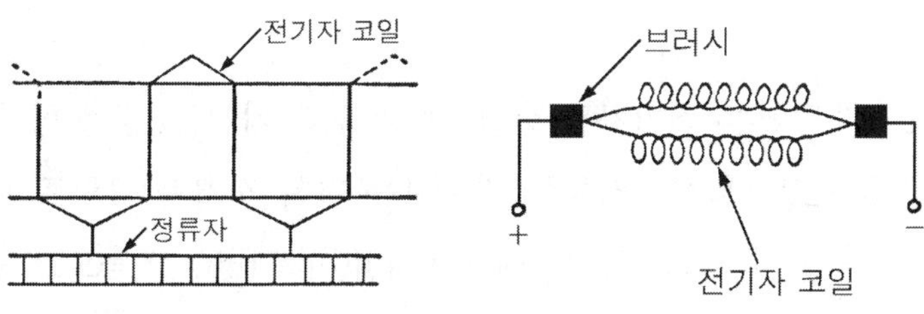

그림 5-17 파권

Reference **파권**(wave winding)이란 그림 5-17에 나타낸 바와 같이 1개의 정류자 편에 접속된 코일의 다른 한쪽 끝을 처음의 정류자 편보다 먼 곳의 정류자 편에 접속시켜 파도 모양으로 감는 방법이다. 파권은 계자의 자극 수와 관계 없이 브러시와 전기자 코일의 접속을 그림과 같이 2개의 코일회로가 브러시와 접속된다. 이것 때문에 파권 또는 직렬권이라 한다.

2) 정류자(commutator)

그림 5-18과 같이 경동(硬銅)으로 제작한 정류자 편(片)을 절연체(운모)로 싸서 둥글게 제작한 것이며, 전기자 코일이 각각의 정류자 편에 납땜되어 있다. 정류자는 브러시에서의 전류를 전기자 코일로 일정한 방향으로만 흐르도록 한다.

정류자 편은 아랫부분은 얇고 윗부분은 두꺼우며, 회전 중 원심력으로 이탈하지 않도록 V형 운모와 V형의 클램프 링으로 조여 있다. 또 정류자 편 사이는 약 1mm 정도의 운모로 절연되어 있고, 정류자 편보다 0.5~0.8(한계 0.2)mm 낮게 파여 있는데 이것을 언더컷(under cut)이라 한다.

이 언더컷은 브러시의 심한 진동에 따른 접촉 불량과 브러시와 정류자가 손상되는 것을 방지하는 역할을 한다. 정류자 편은 회전 중 항상 브러시와 접촉하여 마찰하므로 온도가 높고, 브러시와의 사이에서 발생하는 불꽃에 의해 손상 및 오손이 발생하기 쉬우며, 기동모터의 수명을 결정하는 중요한 부분이다.

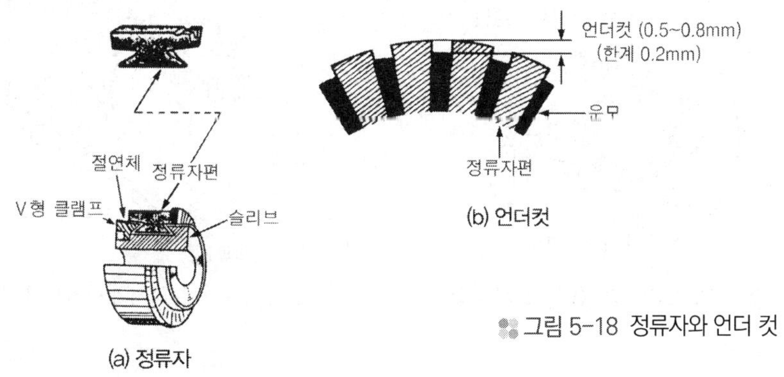

그림 5-18 정류자와 언더 컷

(2) 고정된 부분

기동모터에서 고정된 부분은 전기자를 회전시키기 위해 자장(磁場)을 형성하는 계철, 계자철심, 계자코일, 계자코일에서의 전류를 정류자를 거쳐 전기자 코일로 보내는 브러시, 브러시 홀더, 전기자 축을 지지하는 앞·뒤 엔드프레임(end flame) 등으로 구성되어 있다.

1) 계철과 계자철심(yoke & pole core)

계철은 자력선의 통로와 기동모터의 틀이 되는 부분이다. 안쪽 면에는 계자코일을 지지하여 자극이 되는 계자철심이 스크루(screw)로 고정되어 있다. 계자철심에는 계자코일이 감겨 있어 전류가 흐르면 전자석이 된다. 계자철심에 따라 전자석 수가 결정되며 4개이면 4극이라고 한다.

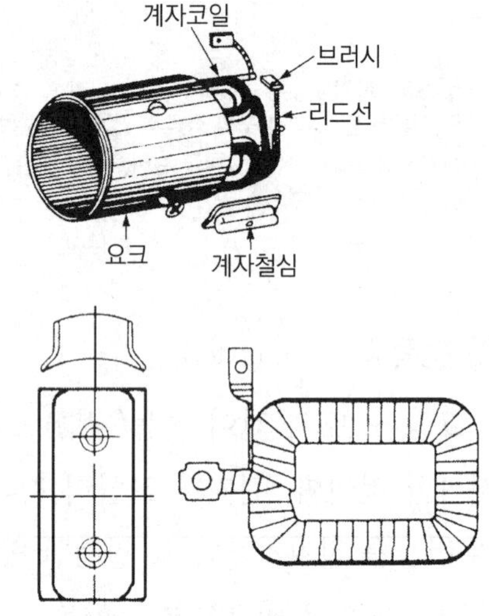

그림 5-19 계자철심과 계자코일

2) 계자코일(field coil)

계자철심에 감겨 자력을 발생 시키는 코일이며, 큰 전류가 흐르므로 평각 구리선을 사용한다. 코일의 바깥쪽은 테이프를 감거나 합성수지 등에 담가 막을 만든다.

3)브러시와 브러시 홀더(brush & brush holder)

브러시는 정류자를 통하여 전기자 코일에 전류를 출입시키는 일을 하며, 일반적으로 4개가 설치되는데 2개는 절연된 홀더에 지지되어 정류자와 접속되고 [이를 (+)브러시라 함], 다른 2개는 접지된 홀더에 지지되어 정류자와 접속[이를 (-)브러시라 함]되어 있다.

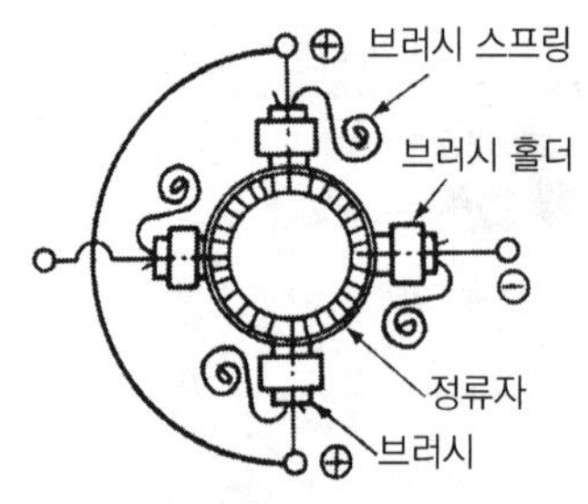

그림 5-20 브러시와 정류자 설치 상태

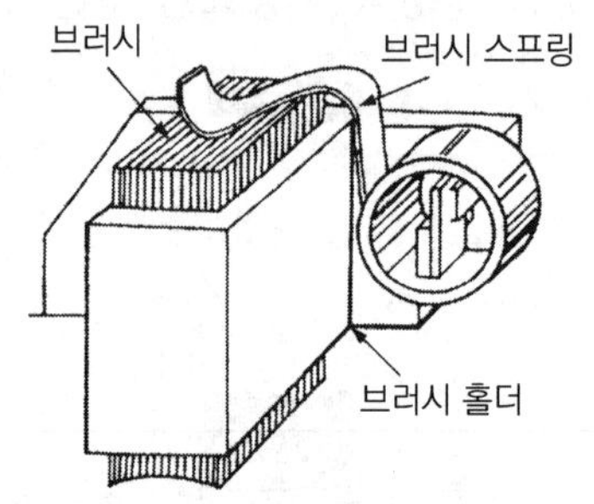

그림 5-21 브러시와 브러시 홀더

브러시에는 윤활 성능과 통전성능이 우수한 탄소계열, 흑연계열, 전기 흑연계열, 금속 흑연계열 등이 사용되며, 기동모터에는 큰 전류가 흐르고 또 작동시간이 짧고, 일시적으로 사용하기 때문에 낮은 전압 큰 전류용의 금속 흑연계열이 사용된다. 금속 흑연계열의 브러시는 주로 구리(Cu)의 미세한 분말과 흑연을 원료로 하며, 구리가 50~90% 정도로 고유저항 및 접촉저항이 매우 적은 특징이 있다. 브러시는 스프링 장력에 의하여 정류자에 압착되어 홀더 내에서 상하로 미끄럼 운동을 한다. 브러시 스프링 장력은 0.5~1.0kgf/cm² 정도이며, 브러시는 표준 길이의 1/3 이상 마멸되면 교환하여야 한다.

4) 베어링(bearing)

기동모터는 하중이 크고 사용시간이 짧으므로 주로 부싱(bushing)형의 베어링을 사용한다. 베어링에는 윤활이 잘되도록 홈이 파여 있으며, 대부분 오일리스(oilless ; 함유베어링)베어링을 사용한다.

2 솔레노이드 스위치(solenoid switch)

솔레노이드 스위치는 마그넷(magnet) 스위치라고도 부르며, 배터리에서 기동모터로 흐르는 큰 전류를 단속(ON - OFF)하는 스위치 작용과 기동모터 피니언과 엔진 플라이 휠 링기어를 물리도록 하는 역할을 한다. 구조는 그림 5-22에 나타낸 바와 같이 가운데가 비어 있는 철심(hollow core), 플런저(plunger), 접촉판(contact disk), 2개의 접점[접촉판이 닫혔을 때 배터리 (+)단자와 연결되는 접점]과 기동모터 전기자 코일, 계자코일로 전류를 공급하는 접점 및 철심 위에 감겨 있는 2개의 여자코일로 되어있다.

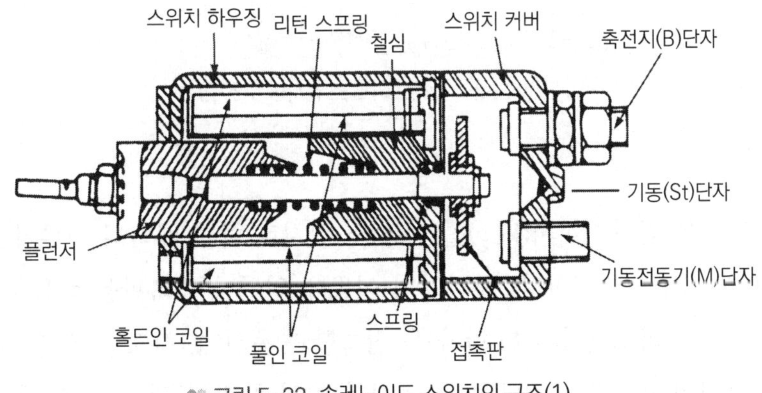

그림 5-22 솔레노이드 스위치의 구조(1)

2개의 여자코일은 풀인(pull - in ; 흡입력) 코일과 홀드인(hold - in ; 유지력) 코일로 되어 있다. 각각 기동모터 솔레노이드 스위치 St단자에 접속되어 있으며 풀인 코일은 기동모터 단자(M단자 또는 F단자라고도 함)에, 홀드인 코일은 솔레노이드 스위치 하우징 내에 접지되어 있다.

풀인 코일은 기동모터 피니언과 엔진 플라이 휠 링 기어의 맞물림을 용이하게 하고, 기동모터를 회전시키는 작용과 플런저의 작용을 원활히 하기 위해 비교적 큰 전류가 흐를 수 있도록 굵은 코일이 감겨 있다. 홀드인 코일은 풀인 코일보다 가는 코일로 되어 있어 작은 전류가 흐르며 솔레노이드 내부의 접점 2개의 개폐 관계 없이 st단자에 공급되는 전원에 의해 자력이 발생한다.

> Reference **여자**(excite)란 코일에 전류를 흐르게 하여 자속이 발생하는 현상을 말한다.

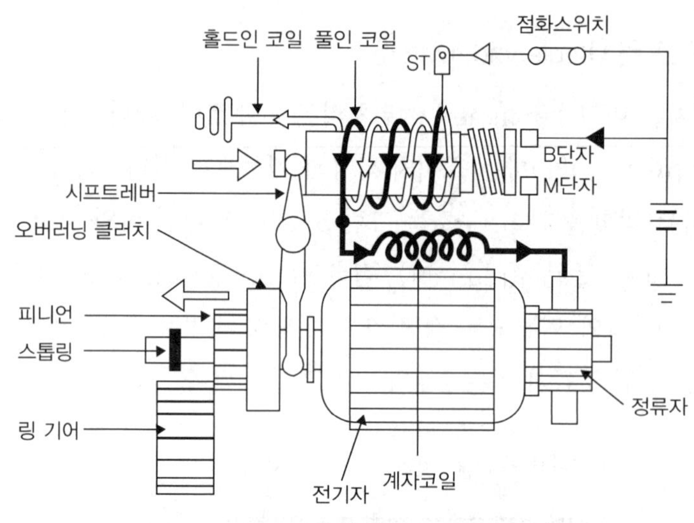

그림 5-23 솔레노이드 스위치의 구조(2)

여자코일의 작용은 점화스위치(key)를 시동(St)위치로 하면 배터리 전류가 공급되어 자력이 발생하고 플런저를 흡인한다. 플런저의 이동에 의하여 접촉판을 작동시켜 2개의 접점(솔레노이드 스위치의 B단자와 M 단자)을 접속함과 동시에, 시프트 레버(shift lever)를 잡아당겨 기동모터의 피니언을 미끄럼 운동시켜 엔진 플라이 휠 링 기어에 물리도록 한다. 솔레노이드의 작동은 다음과 같다.

점화스위치를 시동위치로 하면 점화스위치를 통하여 배터리 전류가 풀인 코일에 흐르면 플런저는 급격히 흡인되어 접촉판이 2개의 접점에 닿으며, 동시에 플런저를 잡아당겨 피니언을 링 기어 쪽으로 밀어낸다. 이때 배터리의 (+)단자로부터 큰 전류가 솔레노이드 스위치의 배터리 단자(B단자)를 통하여 접촉판을 거쳐 기동모터의 M단자로 흐른다.

기동모터의 M단자로 들어온 전류는 계자코일 → (+)브러시 → 정류자 → 전기자 코일 → 정류자 → (-)브러시 → 접지 순서로 흘러, 전기자를 회전시켜 엔진을 크랭킹 한다.

플런저가 흡인되어 2개의 접점이 접촉판과 연결됨과 동시에 풀인 코일은 접촉판에 의해 단락되어 전류가 흐르지 않으므로, 풀인 코일의 흡입력은 0이 된다. 이에 따라 플런저가 리턴 스프링의 장력에 의하여 제자리로 돌아가게 되어 엔진이 시동되기 전에 피니언과 링 기어의 물림이 풀릴 수 있으므로, 이때 홀드인 코일이 리턴 스프링에 의해 플런저가 복귀하는 것을 방지한다. 또한 엔진의 크랭킹 중에 발생하는 진동으로 인하여 피니언이 링 기어에서 이탈되는 것을 방지한다.

엔진이 시동된 후 점화스위치를 놓으면 풀인 코일의 전류는 솔레노이드 스위치의 접촉판이 닫혀 있으므로 기동모터 M단자로부터 역으로 흐르게 된다. 이에 따라 풀인 코일의 자계방향도 반대방향으로 되어 홀드인 코일의 자력과 풀인 코일의 자력은 서로 상쇄되고, 플런저는 리턴 스프링의 장력에 의하여 복귀하므로 신속하게 피니언을 링 기어로부터 이탈시키고 접촉판은 열린다.

풀인 코일은 배터리와 솔레노이드 스위치기에 직렬로 연결되어 있으므로 직렬 코일 또는 전류 코일이라고 부른다. 홀드인 코일은 병렬로 연결되므로 션트 코일(shunt cole) 또는 전압코일이라 부르기도 한다.

3 오버러닝 클러치(overrunning clutch)

엔진 시동직후에는 기동모터 피니언과 플라이 휠 링 기어가 물린 상태이므로 기동모터는 플라이 휠에 의해 고속으로 역으로 구동되어 전기자, 베어링 및 정류자와 브러시 등이 손상되는 것을 방지한다. 이 작용을 위하여 엔진이 시동된 후 피니언이 공전하여 기동모터가 엔진에 의해 강제로 구동되는 것을 방지하는 기구가 오버러닝 클러치기구이며, 롤러방식, 다판 클러치방식, 스프래그 방식 등이 있다.

(1) 롤러 방식 오버러닝 클러치(roller type)

이 방식은 전기자 축의 스플라인에 설치된 슬리브(스플라인 튜브)가 아우터 레이스(outer race)와 일체로 되어 있으며, 아우터 레이스에는 쐐기형의 홈이 파여 있다. 아우터 레이스 안쪽에는 이너 레이스(inner race)가 있으며, 이너 레이스는 피니언과 일체로 되어 있다. 아우터 레이스에 만들어진 쐐기형의 홈에는 롤러 및 스프링이 들어있으며, 롤러는 스프링 장력에 의하여 항상 홈의 좁은 쪽으로 밀려 있다.

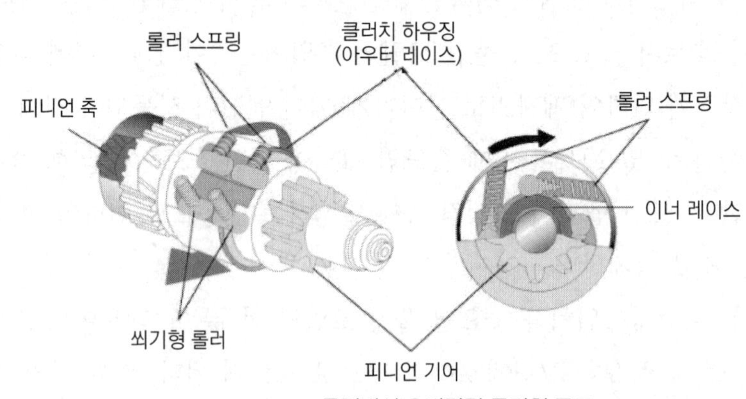

그림 5-24 롤러방식 오버런링 클러치 구조

롤러 방식 오버러닝 클러치의 작동은 다음과 같다. 전기자 축의 회전에 따라 아우터 레이스는 그림 5-24에 나타낸 화살표 방향으로 회전하지만, 이너 레이스는 정지하고 있으므로 롤러는 이너 레이스의 바깥둘레를 따라 회전하면서 이동을 한다. 이때 아우터 레이스와 이너 레이스의 회전속도 차이에 따라 롤러는 쐐기형의 좁은 쪽으로 밀리고 이너 레이스와 아우터 레이스는 고정되어 전기자 축의 회전력이 피니언으로 전달되어 엔진을 크랭킹한다.

엔진이 시동되면 솔레노이드 스위치가 작동하는 동안 피니언과 링 기어는 물린 상태를 유지하므로 플라이 휠에 의해 피니언이 회전하게 된다. 이때 아우터 레이스보다 이너 레이스 회전속도가 빠르므로 롤러의 회전은 역방향으로 되고, 쐐기형 홈의 넓은 쪽으로 나오게 되어 이너 레이스와 아우터 레이스 사이에 간극이 커지므로, 서로 미끄럼이 발생하여 피니언으로 들어오는 플라이 휠의 회전력을 차단한다.

롤러 방식은 4~5개 정도의 롤러를 사용하며, 소형·경량이고 양 기어가 서로 맞물릴 때 관성이 작으며, 피니언이나 링 기어의 파손이 적은 장점이 있다. 그러나 동력을 전달할 때 롤러의 접촉 면적이 작아 부분적인 마멸이 발생하여, 큰 회전력을 전달할 경우에는 미끄럼 등의 고장이 발생하기 쉬운 결점이 있다.

(2) 다판 클러치 방식 오버러닝 클러치(multi – plate type)

이 방식은 전기자 섭동방식 기동모터에서 사용하며, 구조는 그림 5-25와 같다. 전기자 축에는 스플라인이 파여 있고 어드밴스 슬리브(advance sleeve) 안쪽의 스플라인과 결합하여 미끄럼운동을 한다. 구동 쪽 클러치판은 어드밴스 슬리브의 홈에 결합되어 있다. 피니언은 바깥쪽 케이스와 일체로 되어 있고, 이 케이스 안쪽 홈에 피동 쪽 클러치판이 설치되어 있다.

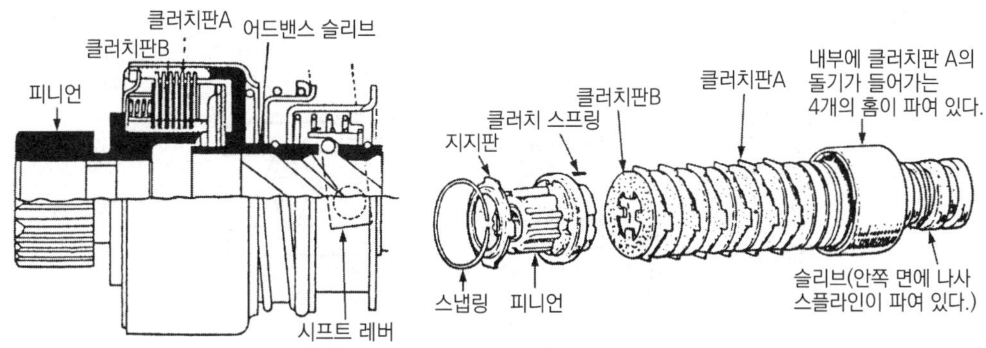

그림 5-25 다판 클러치 방식의 구조

다판 클러치 방식 오버러닝 클러치의 작동 방식은 다음과 같다. 기동모터 피니언은 시프트 레버에 의해 밀려 플라이 휠 링 기어에 맞물리게 된다. 이 상태로 피니언 쪽이 정지하고 있으면 전기자 축의 회전력이 어드밴스 슬리브로 전달되어, 스플라인에 의해 어드밴스 슬리브가 피니언 쪽으로 밀리게 된다. 밀어낸 힘은 클러치판을 통하여 어드밴스 슬리브에서 구동 스프링으로 전달되어 휨을 일으킨다.

이 구동 스프링의 휨은 미는 힘과 스플라인의 축 방향 추진력에 의해 양쪽 클러치 사이에 면압(面壓)을 발생 시키고, 마찰력으로 회전력을 전달한다. 엔진 시동 후에는 피니언에서의 회전력은 피니언 쪽이 전기자 축보다 회전속도가 빨라지므로 역으로 어드밴스 슬리브가 회전한다. 이에 따라 스플라인의 작용에 의해 어드밴스 슬리브는 피니언 쪽과는 반대의 축 방향으로 되돌려져 서로의 클러치판 사이에 미끄럼이 발생하여 엔진의 회전력을 차단한다.

클러치판의 재질은 구동판 쪽은 강철판을 피동 쪽에는 인청동을 사용하며, 구동력을 전달하는데 필요한 최대 회전력은 조정 판의 매수(枚數)로 조정된다. 회전력 조정은 일반적으로 기동모터가 정지된 상태일 때의 회전력을 3~4배로 정도로 하고, 그 이상의 충격력이 가해지더라도 미끄럼이 발생하여 링 기어나 피니언에 무리한 힘이 작동되지 않도록 하여 파손 등을 방지한다.

(3) 스프래그 방식 오버러닝 클러치(sprag type)

이 방식은 중량급 엔진에서 주로 사용하며, 작동 방식은 다음과 같다. 아우터 레이스는 기동모터에 의해 구동되며, 엔진을 시동할 때 아우터 레이스와 이너 레이스는 고정되어 일체가 된다.

엔진이 시동되어 플라이 휠이 피니언을 구동하게 되면, 이너 레이스가 아우터 레이스보다 빨리 회전하게 되어 아우터 레이스와 이너 레이스의 고정이 풀려 플라이 휠이 기동모터를 구동하지 못하게 된다.

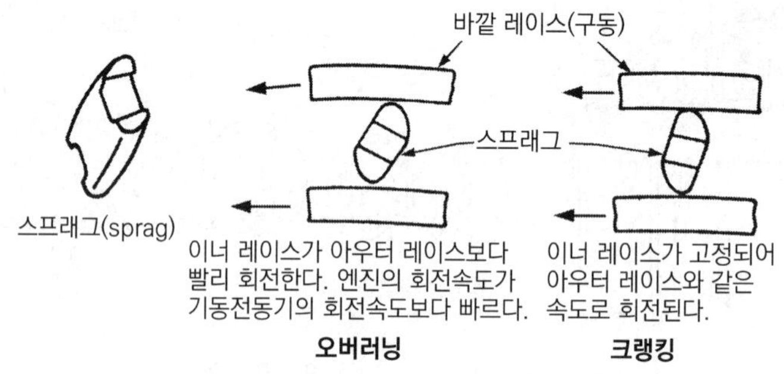

그림 5-26 스프래그 방식 오버러닝 클러치의 구조

Chapter 04 기동모터의 동력전달 기구

동력전달 기구란 기동모터 피니언을 플라이 휠 링 기어에 물리는 방식을 말하며, 다음과 같은 형식이 있다.

① 벤딕스 방식

② 피니언 섭동 방식 ❶ 수동식 ❷ 전자식

③ 전기자 섭동 방식

1 벤딕스 방식(Bendix type : 관성 섭동방식)

이 방식은 기동모터 피니언의 관성과 직권모터가 무부하에서 고속회전을 하는 성질을 이용한 것이다. 작동 양상은 다음과 같다. 기동모터에 전류가 흐르면 기동모터는 고속 회전한다. 그러나 피니언은 관성 때문에 전기자 축과 함께 회전하지 못하고, 스플라인 위에서 회전하면서 플라이 휠 링 기어 쪽으로 이동하여 링 기어와 맞물린다. 피니언이 스플라인의 끝부분에 도달하여 링 기어와 완전히 물리면 전기자의 회전력이 구동 스프링, 스플라인을 거쳐 피니언으로 전달되고, 피니언은 큰 회전력으로 플라이 휠을 구동한다.

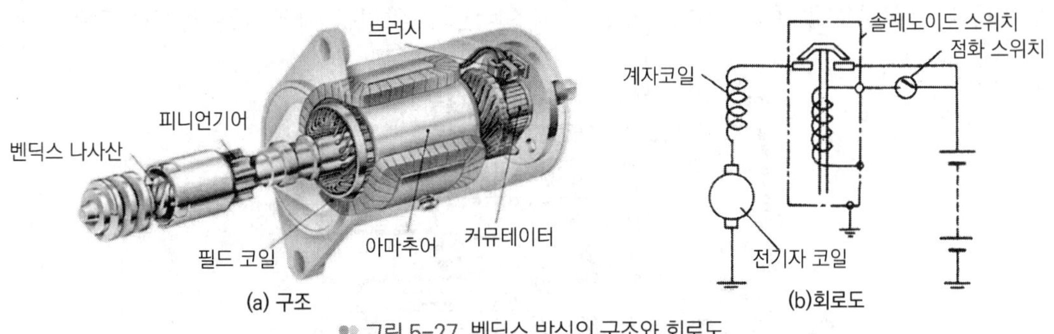

그림 5-27 벤딕스 방식의 구조와 회로도

전기자의 회전력은 구동 스프링을 거쳐 피니언으로 전달되므로 양 기어 물림의 충격이 완화되며, 이에 따라 전기자와 기어의 파손이 방지된다. 또 피니언의 이와 링 기어의 이에는 공간(chamber)을 두어 쉽게 물리도록 하고 있다. 엔진이 시동되면 기동모터 피니언이 플라이 휠 링 기어에 의해 회전하므로 스플라인 위에서 반대방향으로 미끄럼운동을 하여 양 기어의 물림을 풀고 제자리로 복귀한다. 따라서 엔진 시동 후 기동모터가 플라이 휠 링 기어에 의해 고속 회전하는 일이 없기 때문에 오버러닝 클러치를 두지 않아도 된다.

또 피니언에는 작은 스프링이 걸려있는 드리프트 핀(drift pin)이 있으며, 이 드리프트 핀은 스플라인에 알맞은 마찰력을 발생 시켜 엔진 크랭킹 중에 피니언이 이탈하지 않도록 하는 일을 한다. 벤딕스 방식은 구조는 매우 간단하지만 피니언과 링 기어의 물림에 약간의 문제점이 있다.

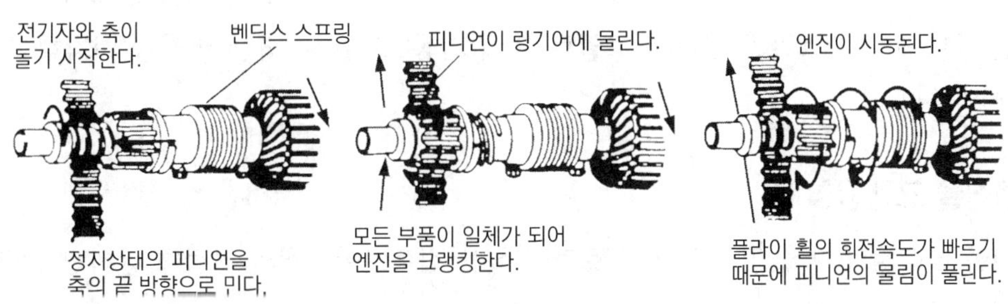

그림 5-28 피니언과 링 기어의 물림

2 피니언 섭동 방식(sliding gear type)

이 방식은 수동 방식과 전자 방식이 있으며, 현재는 전자 방식만 사용하므로 이 기동모터에 대하여 설명하도록 한다. 전자방식은 솔레노이드 스위치를 사용하는 것이며 작동 양상은 다음과 같다.

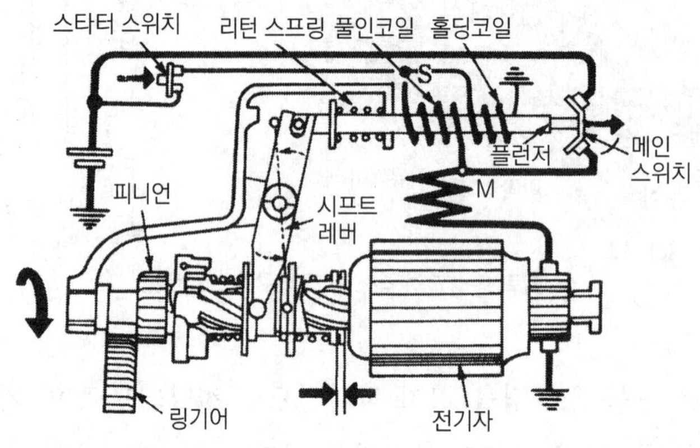

그림 5-29 피니언 섭동방식의 구조

(1) 기동모터가 회전할 때

점화스위치를 시동(St) 위치로 하면 솔레노이드 스위치의 St 단자로부터 풀인 코일과 홀드인 코일에 전류가 공급된다. 풀인 코일에 흐르는 전류는 솔레노이드 스위치의 M 단자를 거쳐 계자코일, 브러시, 정류자, 전기자 코일로 공급되어 전기자가 천천히 회전하기 시작한다. 이와 동시에 솔레노이드 스위치의 플런저는 흡인되어 시프트 레버를 잡아당기고, 시프트 레버에 의해 기동모터의 피니언이 밀려나가 플라이 휠 링 기어에 물리고, 플런저의 흡인에 의해 솔레노이드 스위치의 접촉판이 2개의 접점에 닫힌다. 이때 배터리에서 케이블을 통하여 계자코일과 전기자 코일로 흘러 기동모터는 강력한 회전을 시작하여 엔진을 크랭킹한다.

(2) 엔진을 크랭킹할 때

엔진을 크랭킹할 때 풀인 코일에 흐르던 전류는 접촉판이 2개의 접점에 닫히면 단락되어 플런저에 작용하는 자력이 감소한다. 이때 홀드인 코일의 자력이 기동모터 피니언이 본래의 위치로 복귀하지 못하도록 하여 피니언과 링 기어의 물림이 풀리는 것을 방지한다.

(3) 엔진 시동 후

엔진이 시동된 후 점화스위치를 놓으면 기동모터 피니언이 플라이 휠 링 기어에 의해 회전하고 오버러닝 클러치에 의해 전기자가 보호된다. 또 점화스위치를 놓는 순간 접촉판은 아직 닫혀 있는 상태이므로 배터리에서 공급되는 전류는 솔레노이드 스위치 M 단자에서 풀인 코일에 역방향으로 흘러 홀드인 코일로 흐르도록 한다. 이때 풀인 코일의 자력은 역방향으로 되고, 홀드인 코일의 자력은 상쇄되어 흡입력은 감소한다. 이에 따라 피니언과 플런저는 리턴 스프링의 장력에 의하여 복귀하여 링 기어로부터 이탈되고, 접촉판이 열려 배터리에서 기동모터로 흐르는 전류가 차단되므로 기동모터의 작동이 정지된다.

3 전기자 섭동 방식(armature shift type)

이 방식은 주로 디젤엔진에서 사용되었다. 그림 5-30(b)에 나타낸 바와 같이 전기자 앞 끝에 피니언이 설치되며, 전기자 철심의 중심과 계자철심 중심은 서로 오프셋(off - set ; 편심)되어 있다. 솔레노이드 스위치는 기동모터 몸체의 위쪽에 설치되어 시동스위치와 전기자의 이동에 의해 작동한다. 계자코일은 전기자를 이동시키기 위한 보조 계자코일과 회전력을 발생 시키는 주 계자코일 2개로 구성되어 있다.

그림 5-30(a)는 회로도이며, 이것을 기준으로 작동 방식을 설명하면 다음과 같다.

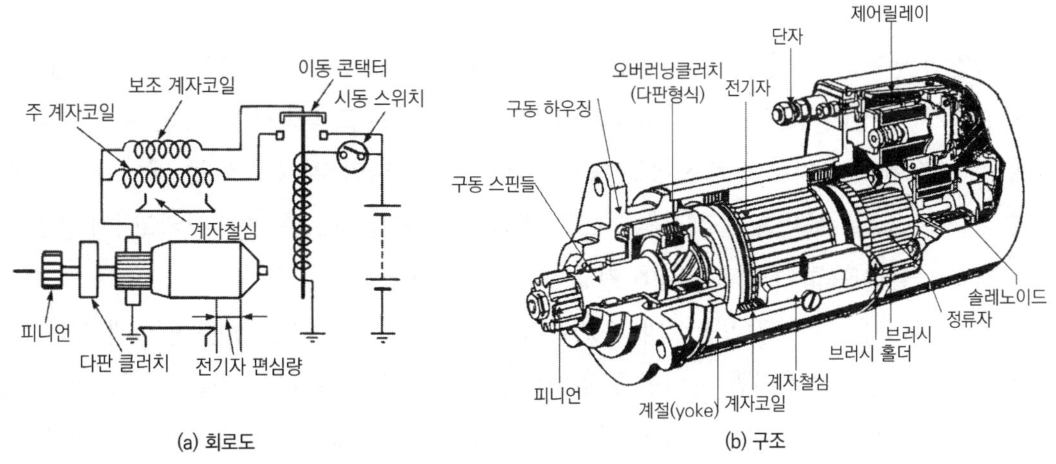

(a) 회로도
(b) 구조

그림 5-30 전기자 이동식

① 시동스위치를 시동위치로 하면, 솔레노이드 스위치가 작동하여 가동접촉판의 상부접점이 닫힌다.

② 상부접점에서 보조 계자코일에 전류가 흘러 계자철심이 자화되므로, 전기자 철심이 자력에 의해 계자철심 중심으로 흡인된다. 이때 전기자 코일에도 전류가 흐르므로 전기자는 천천히 회전하면서 이동하여 피니언과 링 기어가 맞물린다. 전기자는 이동이 완료된 지점에서 솔레노이드 스위치의 하부접점과 가동접촉판이 닫힌다.

③ 가동접촉판에 의해 닫힌 회로에는 배터리에서 주 계자코일과 전기자 코일로 흘러 엔진을 크랭킹한다.

④ 엔진이 시동되면 플라이 휠 링 기어에 의해 피니언이 회전하며, 이때 다판 클러치방식 오버러닝 클러치에 의하여 엔진의 회전력이 차단된다. 엔진의 회전력이 차단되어 기동모터의 부하가 가벼워지면 계자전류가 감소하고 추진력도 약해져 리턴 스프링의 장력으로 전기자는 본래의 위치로 복귀하며, 피니언과 링 기어의 물림이 풀린다.

이 형식의 기동모터는 피니언과 전기자가 일체로 튀어나오므로, 플라이 휠 링 기어에 가해지는 충격이 크기 때문에 양 기어가 파손되기 쉽다. 이를 방지하기 위해 피니언의 재질은 연질로 하여 링 기어를 보호하도록 하고, 피니언은 교환할 수 있도록 되어 있다.

4 감속 기어 방식(reduction gear type)

이 방식은 고출력·경량화의 요구에 따라 최근에 개발되었다. 전자 압입 방식과 유성기어 감속 방식이 있으며, 유성기어 감속 방식은 2바퀴 자동차 등에서 사용된다. 최근에는 소형·경량화에 따라 전자 압입 방식을 주로 사용하므로 이 방식에 대해 설명하기로 한다.

전자 압입 방식은 예전의 1kW 정도의 동일 출력의 기동모터와 비교하여 무게가 35%, 전체 길이가 약 30% 정도로 소형·경량화되었다. 이 방식은 고속회전 및 낮은 회전력의 모터에 감속 기어를 설치하여 회전력을 증대시킨다. 이에 따라 베어링은 볼 베어링을 사용하며, 전기자 코일 전체를 플라스틱으로 고정하여 기계적 강도를 증대시키고, 내열성이 좋은 재질 등을 사용하여 고속회전에 견딜 수 있도록 하였다.

그림 5-31(a)은 전자 압입방식의 구조이며, 모터 부분은 피니언 섭동 방식과 같지만, 동력전달 기구는 감속기어와 피니언을 밀어내고 주 전류를 단속하기 위한 솔레노이드 스위치로 되어 있다. 전기자 축의 앞 끝에는 구동 피니언이 스플라인에 설치되어 있어 구동 피니언과 공전기어, 공전기어와 클러치 기어는 항상 물려 있다.

이들의 기어에 의해 전기자 회전속도는 약 1/3로 감속되어 피니언으로 전달된다. 다시 설명하면, 이들 기어에 의해 회전력이 3배로 증대되어 피니언에 전달된다. 그림 5-31(b)는 이 기동모터의 회로도이며 이를 기준으로 작동에 대하여 설명하면 다음과 같다.

① 점화스위치를 시동위치로 하면, 솔레노이드 스위치의 풀인 코일과 홀드인 코일에 전류가 흘러 전기자가 천천히 회전을 시작함과 동시에 플런저가 흡인된다. 플런저의 작동에 의해 플런저 축이 밀리면 피니언이 밀려 나가 링 기어와 맞물린다. 이때 오버러

닝 클러치는 클러치 기어와 일체로 되어 있어 피니언만이 피니언 축의 스플라인에서 이동한다. 피니언과 링 기어가 물리면 솔레노이드 스위치의 접촉판이 닫히고, 주 전류가 모터로 흘러 강력한 회전을 하여 엔진을 크랭킹한다.

② 솔레노이드 스위치의 접촉판이 닫히면 풀인 코일에는 전류가 단락되어 홀드인 코일의 자력으로 플런저가 유지된다.

③ 엔진이 시동되면 피니언은 링 기어에 의해 회전하지만, 전기자로 들어오는 회전력은 오버러닝 클러치에 의해 차단된다.

④ 점화스위치를 놓았을 때 솔레노이드 스위치의 작동은 피니언 섭동방식과 같다. 다만, 이 방식은 고속형 모터이므로 작은 회전저항으로도 브레이크되므로 브러시와 정류자의 마찰 등으로 브레이크 효과를 얻을 수 있어 브레이크 기구를 두지 않아도 된다.

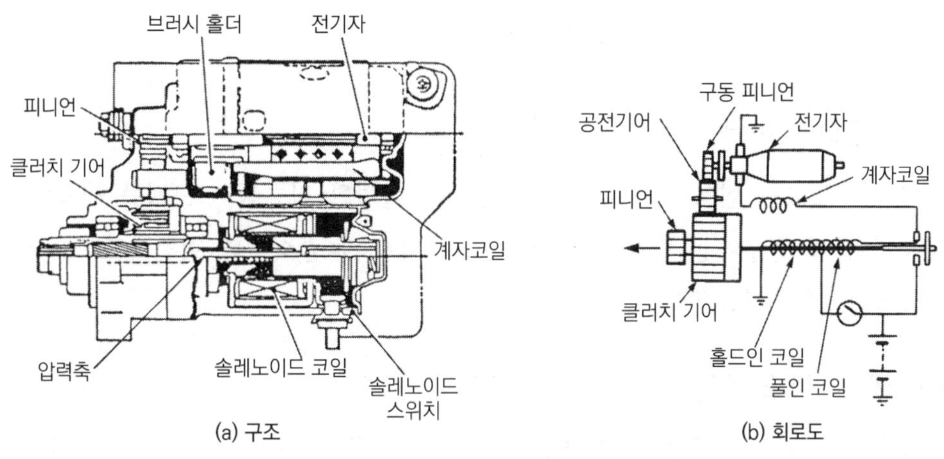

그림 5-31 전자압입 감속기어 기동모터

Chapter 05 기동모터의 성능

기동모터의 출력은 진원인 배터리의 용량 및 온도에 따라서 큰 영향을 받는다. 따라서 기동모터의 성능을 알기 위해서는 엔진의 요구 조건 및 모터의 특성, 배터리의 용량 등을 종합적으로 검토하여야 한다.

1 기동모터 시동소요 회전력

시동소요 회전력이란 엔진을 시동할 때 엔진의 회전저항을 이기고 크랭크축을 회전시키는 데 필요한 회전력을 말한다. 이 회전력은 실린더 체적, 압축비가 클수록 증가하여 피스톤과 실린더, 축과 베어링 또는 그 밖에 엔진 각 부분의 마찰력에 따라서 달라진다. 시동소요 회전력은 다음과 같은 관계공식으로 표시한다.

$$T_E = C \cdot Vs$$

여기서, T_E : 시동소요 회전력(kg · m)
C : 엔진정수(엔진정수는 실린더 수, 압축비 등에 따라서 다르나 4실린더 엔진은 3.0~3.5, 6실린더 엔진은 3.5~4.0 정도이다.)
Vs : 실린더 체적(L)

또 기동모터의 출력은 일반적으로 가솔린 엔진은 0.37~1.1kW, 디젤엔진은 압축비가 높기 때문에 2.2~7.36kW 정도로 되어 있다.

2 기동모터의 출력

엔진 시동에 필요한 힘을 얻기 위해서는 앞에서 설명한 직류직권 모터를 사용한다. 이 모터는 부하가 클 경우에는 발생 회전력이 크고, 부하가 감소하면 회전속도가 증가하는 특성이 있어서, 엔진 시동용으로 적합하다.

(1) 기동모터 발생 회전력

자계 속에 놓인 전류가 흐르는 전선에 작용하는 전자력은 자속과 전류의 크기에 비례하므로, 모터의 발생 회전력은 다음 공식으로 표시한다.

$$T_s = K_1 \times \Phi \times I_a \quad \text{①}$$

여기서, T_s : 기동모터 회전력 K_1 : 정수 Φ : 자속 I_a : 전기자 전류

위 공식에 나타낸 바와 같이, 자속과 전기자 전류 중 어느 쪽이 증가하여도 모터의 회전력이 증가하는 것을 알 수 있다. 직권모터는 계자코일과 전기자 코일이 직렬로 접속되어 있으므로, 자극이 포화상태가 되지 않는 범위 내에서는 전기자 전류의 증가와 더불어 자속도 증가한다.

또, 계자코일의 전류를 I_f라 하면 자극이 포화상태에 도달할 때까지는 $\Phi \propto I_f$의 관계가 성립되고, 직류직권 모터에서는 $I_f = I_a$이므로 공식 ①은 다음과 같이 표시된다.

$$T_s = K_2 \times I_a^2 \quad \text{②}$$

여기서, K_2 : 정수

즉, 직권모터의 회전력은 전기자의 전류의 제곱에 비례하므로, 엔진을 시동할 때와 같이 전기자에 큰 전류가 흐르면 강력한 회전력을 낼 수 있다.

(2) 기동모터 회전속도

기동모터의 회전속도는 다음 공식으로 표시된다.

$$N_s = K_3 \frac{V - I_a \times R_s}{\Phi} \quad \text{③}$$

여기서, K_3 : 정수 V : 기동모터 단자전압 R_s : 기동모터 내부저항

이 공식에서 전기자 전류 I_a가 증가하나 분모의 자속 Φ가 커지면 회전속도 N_s는 급격히 저하된다는 것을 알 수 있다. 직류직권 모터에서 $I_f = I_a$이므로 공식 ③은 다음과 같이 표시된다.

(3) 기동모터의 출력

기동모터의 출력은 그 회전속도와 회전력의 곱으로 표시된다.

$$H_{PS} = \frac{TN}{716}[\mathrm{PS}] \quad \text{⑤}$$

여기서, H_{PS} : 기동모터의 출력(PS) T : 기동모터 발생 회전력[kgf · m]
N : 기동모터 회전속도[rpm]

또, 1[PS] = 736[W]이므로 공식 ⑤는 다음과 같이 나타낼 수 있다.

$$H_{KW} = 1.03\,TN[\mathrm{W}] \quad \text{⑥}$$

엔진의 시동에 필요한 시동력을 P_D[W], 최소 엔진 회전속도를 N_D[rpm], 최소 시동 회전력을 T_D[kgf・m]라 하면 모터 출력 H_{KW}[W]는 다음과 같이 표시된다.

$$H_{KW} = 1.03\,TN = \frac{P_D}{\eta_G} \quad \text{⑦}$$

$$T_D = T \times i \times \eta_G = T \times \frac{N}{N_D} \times \eta_G \quad \text{⑧}$$

$$P_D = 1.03 N_D \times T_D[\text{W}][\text{W}] \quad \text{⑨}$$

여기서, i : 감속비$\left(\frac{N}{N_D}\right)$

η_G : 기동모터 피니언에서 플라이휠 링 기어로 동력을 전달할 때의 기어전달 효율(약 90%)

(4) 기동모터 효율

모터에서 주어지는 전력 P[W]는 가해지는 전압 E[V]와 전류 I(A)의 곱으로 표시되므로

$$P = EI[\text{W}] \quad \text{⑩}$$

가 된다. 따라서 모터 효율 η는

$$\eta = \frac{PS}{P} \quad \text{⑪}$$

가 된다. 모터의 출력은 일반적으로 입력의 50~60% 정도이고, 나머지는 마찰에 의한 기계손실이나 배선의 저항, 브러시의 접촉저항 등에 의한 전기적 손실로 된다.

디젤엔진의 예열장치

학습목표

1. 예열플러그의 종류와 구조 및 작용에 대해 알 수 있다.
2. 흡기가열 방식의 종류와 작용에 대해 알 수 있다.

Chapter 01 예열장치의 개요

디젤엔진은 실린더 내에 흡입된 공기를 압축할 때에 발생한 열로 자기 착화하기 때문에 가솔린 엔진과 같은 전기 점화장치가 필요하지 않지만, 한랭한 디젤엔진의 시동을 용이하게 하고, 공회전 상태를 안정화하고, 유해배출물을 저감하기 위해 예열장치를 사용하며, 예열플러그 방식과 흡기가열 방식이 있다.

전자제어 커먼레일 디젤엔진의 예열장치는 냉각수온과 엔진 회전수 신호에 의해 제어되며, 배기가스와 밀접한 관계가 있다.

Chapter 02 예열플러그 방식(Glow Plug type)

예열플러그 방식은 연소실 내의 압축공기를 직접 예열하는 것이며, 예열플러그, 예열플러그 파일럿, 예열플러그 저항, 예열플러그 릴레이 등으로 구성된다. 종류에는 코일형과 실드형이 있으나, 현재는 내구성과 열용량이 큰 실드형을 주로 사용한다.

1 실드형 예열플러그(Shied type Glow Plug)

(1) 실드형 예열플러그의 구조

이 형식은 그림 6-1과 같이 히트코일을 보호금속 튜브 속에 넣은 것이며, 히트코일, 보호금속 튜브, 홀딩 핀, 예열플러그 하우징 등으로 구성되어 있다. 히트코일과 보호금속 튜브 사이에는 내열성의 절연분말이 들어 있으며, 이것은 절연과 히트코일을 지지하는 역할을 한다. 따라서 이 형식에서는 전류가 흐르면 보호금속 튜브 전체가 적열되며, 1개의 발열량과 열용량이 커서 시동성능이 향상된다.

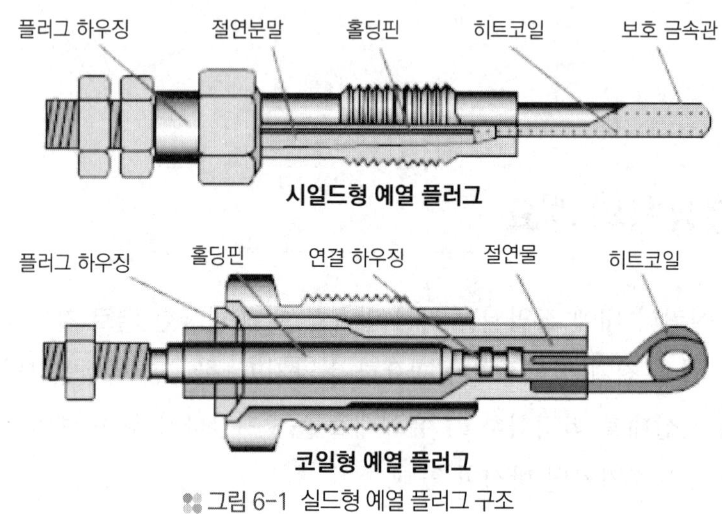

그림 6-1 실드형 예열 플러그 구조

(2) 실드형 예열 플러그의 작동

그림과 같이 IG SW ON 시에 ECU는 최적의 조건으로 예열 기능을 수행하며, 주행 중에도 유해 배출가스 감소를 위하여 외기온과 APS값을 참조하여 가열기능을 수행한다.

2 예열플러그 지시등

예열플러그의 작동상태를 표시하며 예열 완료 시에 소등된다. 예열지시등이 소등되면 엔진을 시동하게 되어 있다.

3 예열장치의 작동

예열장치의 회로도는 그림 6-2에 나타낸 바와 같으며, 작동은 다음과 같다. IG SW를 ON으로 하면 제어타이머(control timer)가 작동되어 예열플러그 릴레이가 ON 되고 예열플러그 및 예열지시등에 전류가 흐른다. 예열시간은 냉각수 온도에 따라 ECU가 조절하며, 예열지시등이 소등된 후 IG SW를 시동(ST) 위치로 하면 엔진이 시동된다.

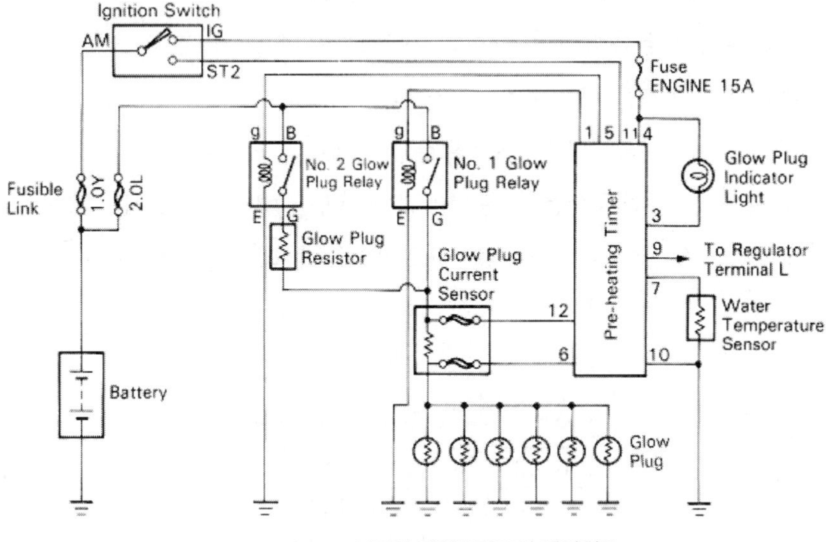

그림 6-2 실드형 예열플러그의 예열회로

그림 6-3에 나타낸 급속시동 가열장치(quick starting glow system)의 작동을 구분하여 설명하면 다음과 같다.

① **램프 타이머(lamp timer)** : 램프 타이머는 IG SW ON 상태에서 약 5초 동안 예열지시등을 점등시킨다.

② **프리 예열(pre - glow)** : 프리예열은 IG SW ON과 동시에 냉각수온이 규정 값(예: 30℃ 이하)일 때 작동하며 엔진 rpm이 규정 값(45rpm 이하)일 경우 예열플러그를 급속 예열시키기 위하여 약 6~7초 동안 예열플러그 릴레이를 작동시킨다.

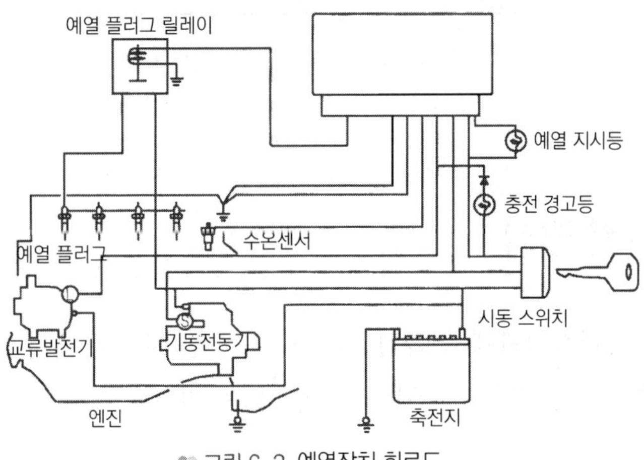

그림 6-3 예열장치 회로도

③ 시동 글로우(start glow) : 냉각 수온이 규정 값(예: 60℃ 이하)이고, 엔진 rpm이 규정 값(예: 45rpm 이상)일 경우 가열하는 구간이다. 이때에는 가열프러그의 내구성을 위하여 초핑 제어를 할 수도 있다. 초핑(chopping) 제어 구간은 IG SW ON 상태에서 프리히팅 이후에 가열플러그가 완전히 가열된 후 예열플러그 릴레이를 ON - OFF하여 가열플러그의 전류를 제어하는 구간이다.

④ 애프터 글로우(after glow, 또는 포스트 글로우) : 애프터 글로우는 엔진 시동상태에서 냉각 수온에 따라 공전 안정성을 향상시키거나 백연(白煙)을 감소시키거나 또는 냉간급가속 상태에서 흑연을 줄이기 위하여 예열플러그 릴레이를 ON - OFF 제어하는 기능이다.

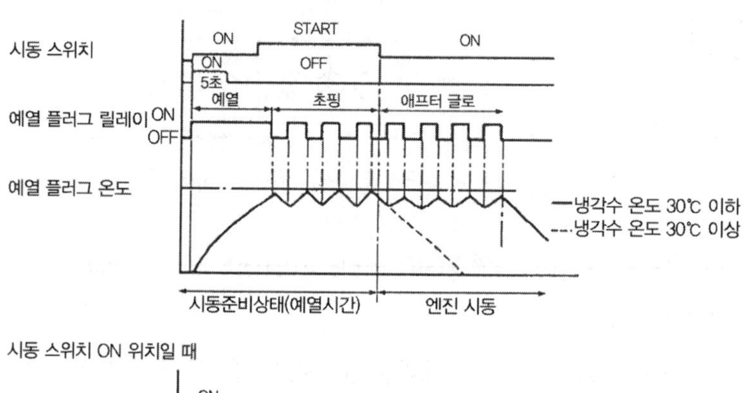

시동 스위치 ON 위치일 때

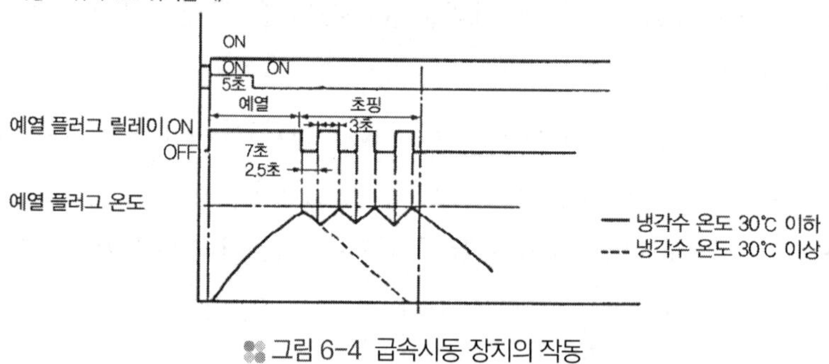

그림 6-4 급속시동 장치의 작동

Chapter 03 흡기가열 방식

흡기가열 방식은 디젤기관에서 흡입되는 공기를 흡기다기관에서 가열하는 방식이며, 종류에는 화염-예열플러그(Flame Glow plug) 또는 히팅 플렌지(Heating Flange) 방식이 있다.

그림 6-5 화염-예열플러그 방식

화염-예열플러그 방식은 히팅 코일 예열 이후에 히팅 코일에 연료를 분사하여 발생하는 화염으로 흡입공기를 가열하는 방식으로서, 현재 환경에는 불합리하여 거의 사용하지 않는다.

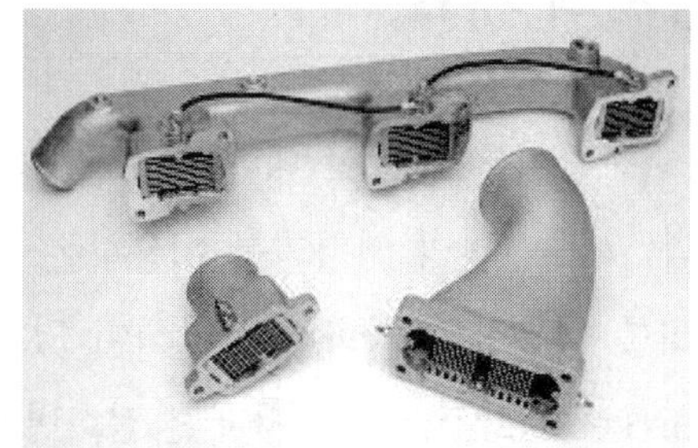

그림 6-6 히팅 플렌지 방식

히팅 플렌지 방식을 사용할 때 흡기다기관에 히트레인지를 설치하는 경우가 있다. 히트레인지의 용량은 정격전압 12V 또는 24V전압에서 400~650W 정도이며, 배터리 전압에 직접 가해지는 매우 간단한 회로로, 가열온도는 900~1,250℃ 범위이다.

Part 07 점화장치

학습목표

1. HEI의 구조와 작동에 대해 알 수 있다.
2. 고압케이블 및 점화플러그에 대해 알 수 있다.
3. DLI의 구조와 작동에 대해 알 수 있다.
4. 점화장치의 성능에 대해 알 수 있다.

Chapter 01 점화장치의 개요

가솔린 엔진의 점화장치는 연소실 내에 압축된 혼합기를 높은 전압의 전기적 에너지로 착화하는 장치이다. 직류전원의 배터리를 이용하는 방식과 자석의 회전에 의해 발생한 교류전원과 커패시터를 이용하여 점화하는 방식이 있다. 자동차는 배터리 전원을 이용하는 DLI(Distri- butor Less Ignition, 전자배전 점화방식)를 사용하며, 점화코일의 1차 코일에 흐르는 전류를 파워 트랜지스터의 스위칭 작용으로 단속하여 2차 코일에 높은 전압을 유도한다. 점화장치는 저속 운전영역뿐만 아니라 고속 운전영역에서도 실화없이 확실히 점화하기 위해 점화플러그의 불꽃 에너지를 증대시켜야 하며, 이를 위해 1차 전류의 증대가 필요하다. 따라서 컴퓨터 제어 점화방식은 1차 전류의 대폭적인 증대를 위하여 1차 코일의 인덕턴스가 적고, 권수 비율이 큰 점화코일을 사용할 수 있어 우수한 고속 운전성능을 얻을 수 있다.

Chapter 02 컴퓨터 제어 방식 점화장치

1 컴퓨터 제어 방식 점화장치의 개요

엔진 컴퓨터(ECU)는 회전속도, 부하 및 온도 등을 고려한 최적의 점화시기로 점화코일의 1차 전류를 제어하여, 점화 2차 코일에서 높은 전압을 유도하는 방식이다. 그리고 HEI 몰드형(폐자로형)점화코일을 사용하는 DLI(또는 DIS)는 다음과 같은 장점이 있다.

① 저속·고속 운전영역에서 매우 안정된 점화 불꽃을 얻을 수 있다.

② 노크가 발생할 때 점화시기를 자동으로 늦추어 노크 발생을 억제한다.

③ 엔진의 작동상태를 각종 센서로 검출하여 최적의 점화시기로 제어한다.

④ 높은 출력의 점화코일을 사용하므로 완벽한 연소가 가능하다.

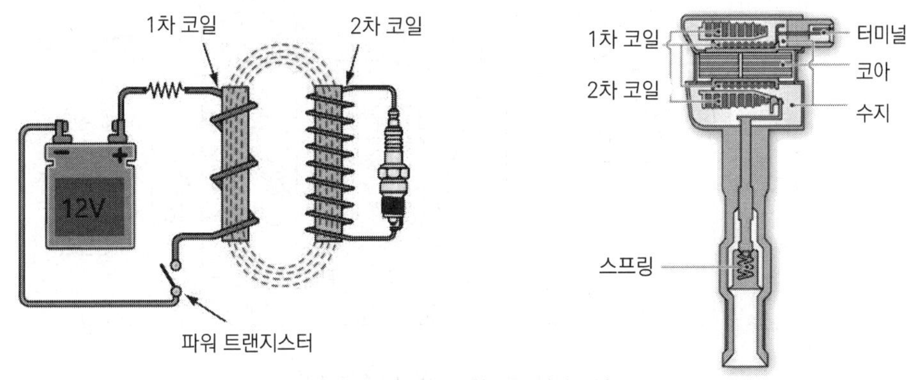

그림 7-1 폐자로형 DLI 점화코일

2 HEI(High Energy Ignition : 고강력 점화방식)의 구조와 작동

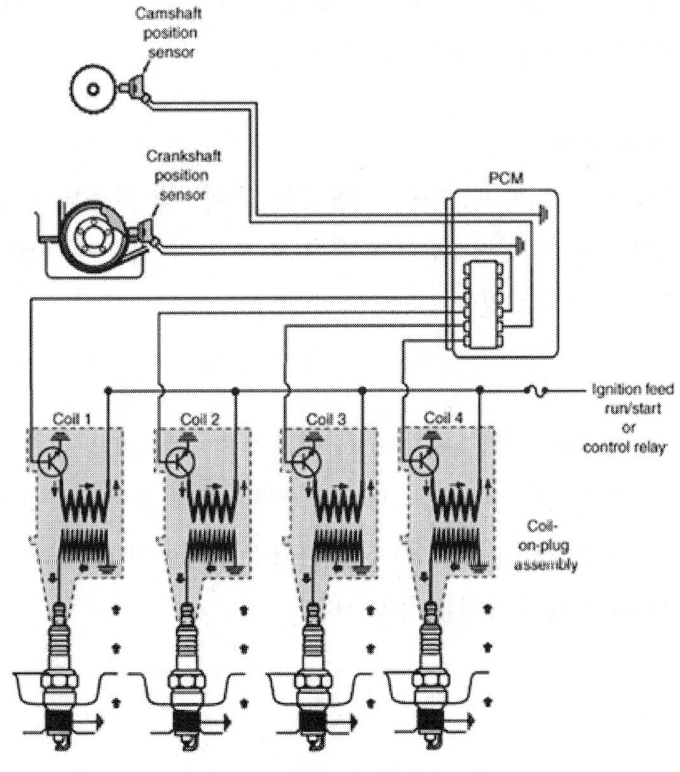

그림 7-2 DLI 점화장치의 구성

(1) 점화스위치(IG switch)

자동차의 점화스위치는 배터리(+) 전원을 여러 전장부품에 배분하는 역할을 한다. 그림 7-3는 점화스위치 전원분배 특성을 나타낸다.

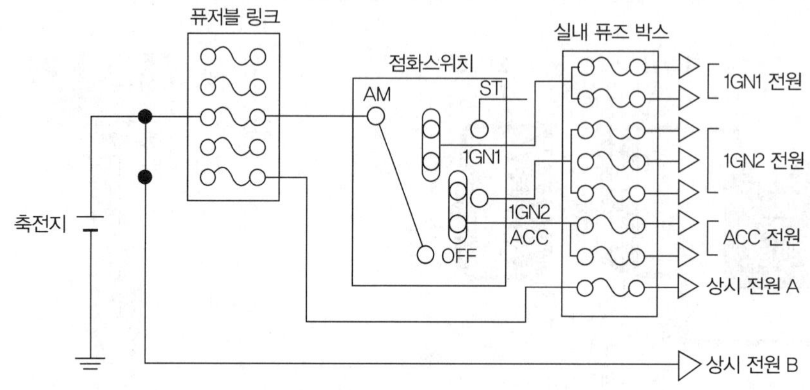

그림 7-3 점화스위치 전원분배도

1) B(상시) 전원

B(Battery, Ampere)단자는 배터리(+) 전원과 연결되어 있으며, 점화스위치의 위치에 따라 전원을 배분하기 위한 상시 전원이다.

2) ACC(Accessory) 전원

ACC 전원은 기본적으로는 자동차에 사용하는 액세서리 부품의 작동에 필요한 전원을 공급하며, 다양한 기능의 전장부품(오디오/비디오 장치, 내비게이션)이 사용됨에 따라 ACC 전원의 수요가 증가하고 있다.

3) IG_1 전원

IG_1 전원은 원활한 시동이 가능하도록 엔진 컴퓨터, 연료펌프 릴레이, 점화코일 등과 같이 크랭킹 중에도 작동하여야만 하는 필수적 전장부품에 전원을 공급하는 전원이다. 아래 표에서 보듯이 전원은 점화스위치 ON 및 크랭킹 상태에서 B단자와 연결되기 때문에, 크랭킹 중에도 전원과 연결된 장치는 작동한다.

〈표 7-1〉 점화스위치 조건별 작동 특성

조건 \ 단자	B(AM)	ACC	IG_1	IG_2	START
OFF	●				
ACC	●	●			
ON	●	●	●	●	
START	●		●		●

4) IG_2 전원

IG_2 전원은 계기판, 전조등, 에어컨, 윈드실드 와이퍼, BCM 등의 장치에 전원을 공급하는 전원이다. 점화스위치 ON상태에서는 B단자 전원과 연결되지만, 크랭킹 상태에서는 차단되어 시동성을 향상시킨다.

5) ST(start) 전원

ST 전원은 엔진을 크랭킹할 때 기동모터를 작동시키기 위한 전원이다.

(2) 파워 트랜지스터(Power TR)

파워 트랜지스터는 컴퓨터로부터 제어신호를 받아 점화코일에 흐르는 1차 전류를 단속하는 역할을 한다. 구조는 컴퓨터에 의해 제어되는 베이스(base), 점화코일 1차 코일의 (-)단자와 연결되는 컬렉터(collector), 그리고 접지의 이미터(emitter)로 구성된 NPN형이다. 파워 트랜지스터는 엔진 컴퓨터의 베이스제어신호가 베이스와 이미터 사이의 PN 접합 전위장벽을 넘어섬으로써 컬렉터와 이미터가 통전되어 큰 전류가 흐르게 하는 전류 증폭작용을 한다.

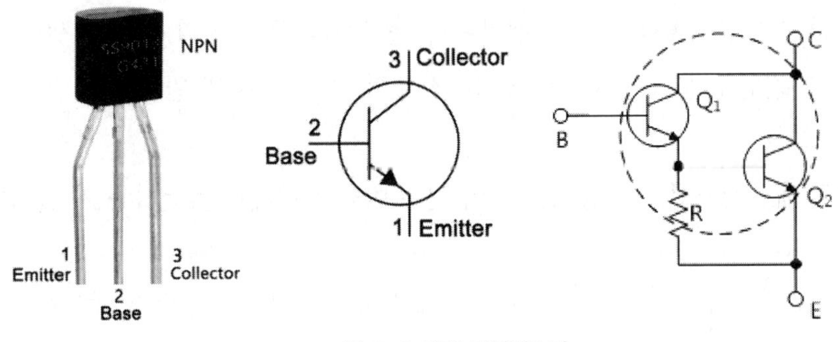

그림 7-4 파워 트랜지스터

점화스위치를 ON으로 하면 배터리 전압이 점화 1차 코일에 흐른다. 이때 엔진 ECU의 점화신호가 파워 트랜지스터의 베이스와 이미터로 흐르면서, 컬렉터와 이미터 사이를 On, Off한다. 이때 점화 시기는 엔진ECU가 연산하며, 파워 트랜지스터 베이스 전류의 On에 의해 점화 1차 코일을 흐르는 전류가 1차 코일에 자기장을 형성한다. 이어서 트랜지스터의 Off에 의해 2차 코일에 높은 전압이 유기되며, 이 높은 전압은 점화플러그의 중심전극과 접지사이에서 유효한 점화불꽃을 형성한다.

(3) 점화코일(Ignition Coil)

점화코일은 점화플러그에 불꽃 방전을 일으킬 수 있도록 높은 전압(약 25,000~30,000V)을 발생 시키는 승압 변압기이다.

1) 점화코일의 원리

점화코일은 그림 7-5와 같이 철심에 입력 측의 1차 코일과 출력 측의 2차 코일이 같은 방향으로 감겨 있는 형태이며, 자기유도 작용과 상호유도 작용을 이용한다.

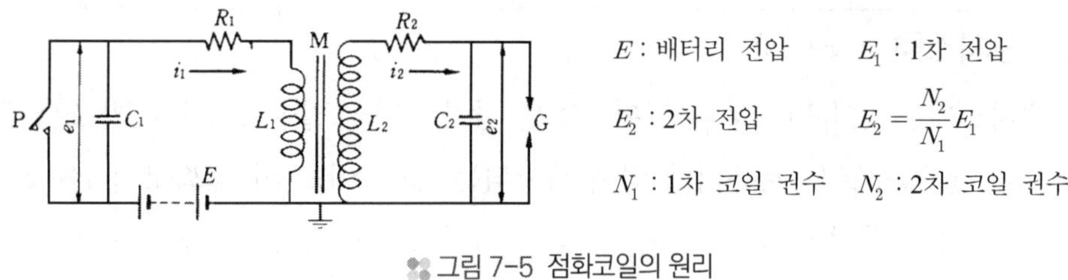

그림 7-5 점화코일의 원리

1차 코일은 배터리로부터 공급된 낮은 전압의 직류(DC) 전류로 자화시키면 유도전압이 발생하지 않지만, 파워 트랜지스터를 이용하여 순간적으로 낮은 전압의 전류를 차단하면 역기전력에 의해 1차 코일에 배터리 전압보다 높은 자기유도 전압 E_1이 발생한다. 이때 1차 쪽에 발생한 전압 E_1은 1차 코일의 권수, 전류의 크기, 전류의 변화속도 및 철심의 재질에 따라 달라진다.

또한 2차 코일에는 상호유도 작용으로 거의 권수 비율에 비례하는 전압 E_2가 발생한다. 즉,

$$E_2 = \frac{N_2}{N_1} \times E_1$$

여기서, N_1 : 1차 코일 권수 N_2 : 2차 코일 권수

2) 점화코일의 구조

점화코일은 전류의 흐름에 의해 형성되는 자속의 외부 방출 방지를 위해 폐자로형 철심을 통하여 자속이 흐를 수 있도록 하였다. 또한, 작은 저항과 큰 자속 형성으로 높은 2차 유도 전압을 발생 시키기 위하여 1차 코일의 지름을 굵게 하였다. 권선의 어려움이 있지만 구조는 간단하고 내열 및 냉각 성능이 우수하다.

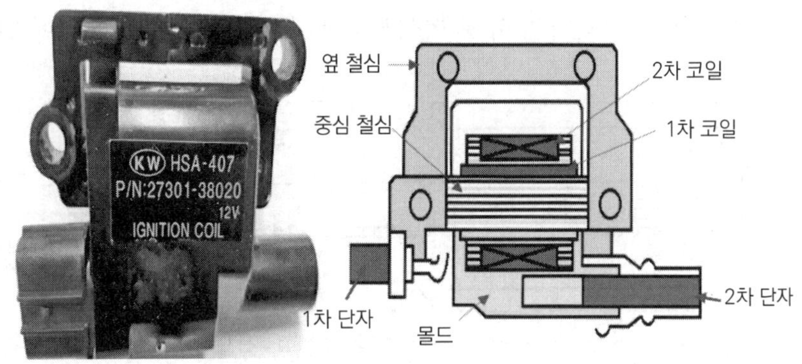

그림 7-6 폐자로형 점화코일의 구조

(4) 크랭크 각 센서와 캠각 센서의 형식

1) 광학식 센서(optical type sensor)

① 광학식의 구조

광학식은 축과 함께 회전하는 슬릿(slit)이 있는 디스크와 신호 발생을 위한 발광다이오드와 포토 다이오드로 구성되며, 펄스신호를 출력하여 컴퓨터에 입력시킨다.

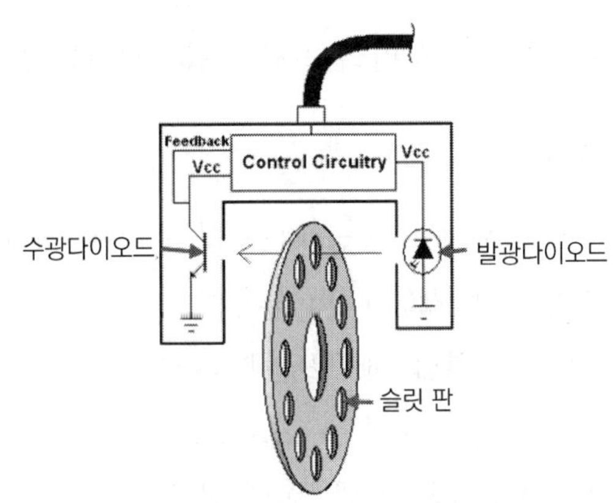

그림 7-7 광학식 각속도 센서

② **광학식의 작동**

발광다이오드와 포토 다이오드 사이에서 디스크가 회전하면, 발광다이오드에서 방출된 빛은 디스크의 슬릿을 통하여 포토 다이오드에 전달되거나 차단된다. 이때 포토 다이오드가 빛을 받으면 역방향으로 통전이 되며, 이 전류는 비교기(comparator)에 약 5V의 전압이 인가되게 하므로, 그림 7-8의 ②번 단자의 전압은 0V로 변화한다. 이 상태에서 디스크가 더 회전하여 포토 다이오드로 들어가는 빛이 차단되면 ②번 단자에 인가되는 전압은 5V가 된다. 이 작용을 반복하여 유닛 어셈블리에서 펄스신호로 컴퓨터에 입력한다.

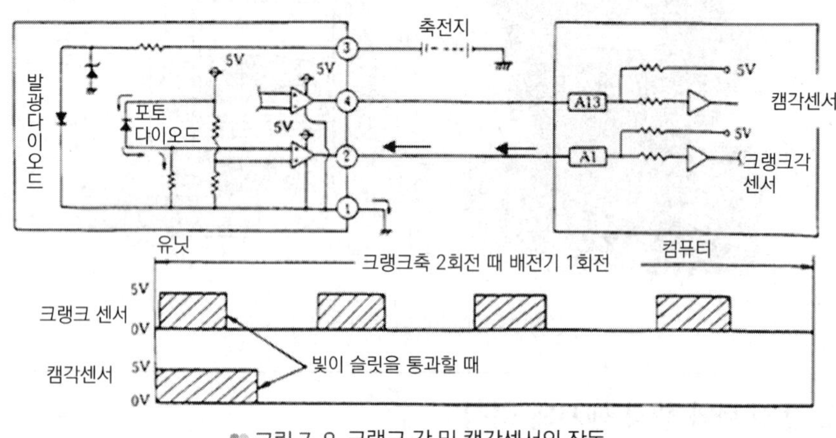

그림 7-8 크랭크 각 및 캠각센서의 작동

엔진의 회전속도를 연산하기 위하여 크랭크 각 센서용 슬릿에서 얻은 신호를 이용한다. 캠각 센서용 슬릿에서 얻은 신호는 제1번 실린더 및 피스톤의 압축 상사점을 검출하여 컴퓨터가 연료 분사 순서를 결정하는 데 사용한다. 그리고 점화시기 진각조정은 크랭크 각 센서의 신호와 공기유량 센서(AFS)를 이용하여 공기량과 엔진 회전속도 사이의 비율, 즉, 엔진의 부하를 연산한 다음, 그 결과에 따라 최적의 점화시기를 결정한다.

2) 인덕티브 방식(Inductive type)

인덕티브 방식은 영구자석 주위에 코일을 감은 구조이다. 톤 휠의 회전에 의한 에어 갭(air gap)의 변화에 따라 센서 내부의 자속이 변화할 때, 코일에 유도되는 기전력의 펄스신호를 이용하여 캠축, 크랭크축 및 휠의 회전 속도 또는 위상을 검출한다. 이때 발생하는 유도기전력의 크기는 자속을 차단할 때 코일

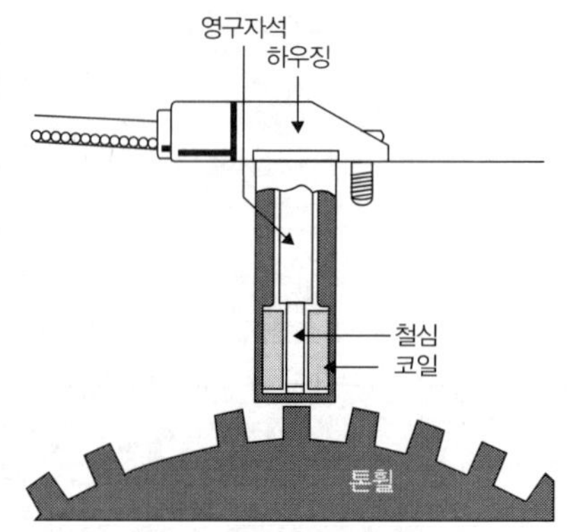

그림 7-9 인덕티브 방식의 구조

의 특성에 따라 자속의 소멸을 방해하는 방향으로 유도자기장이 발생한다. 이때 발생하는 기전력은 센서 코일의 자체 인덕턴스에 의해 결정된다. 인덕턴스는 1초 동안에 1A의 전류가 변화해 1V의 유도전압을 발생할 경우 이를 1헨리(H)라고 정의한다.

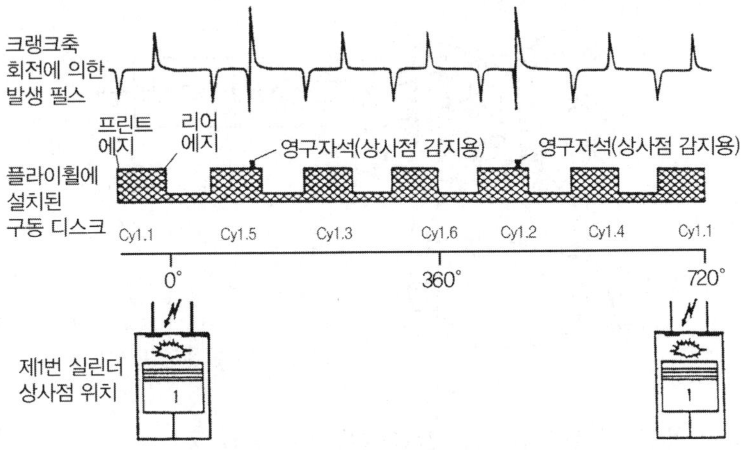

그림 7-10 크랭크축 회전에 의한 발생 펄스

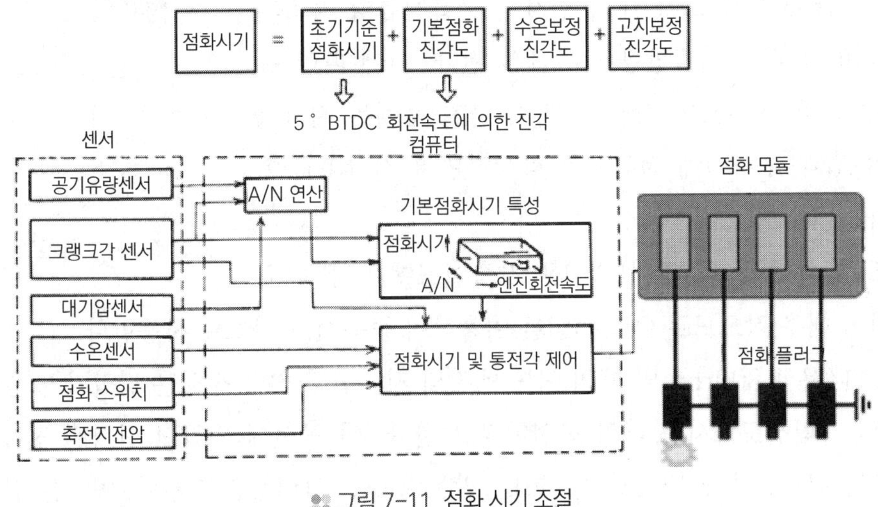

그림 7-11 점화 시기 조절

3) 홀센서 방식(Hall sensor type)

홀센서 방식은 그림 7-12에 나타낸 바와 같이, 홀효과에 의해 발생한 전압이 신호처리기의 버퍼(OP AMP)를 거치면서 디지털 펄스신호가 컴퓨터로 입력되어 회전축의 각을 검출한다.

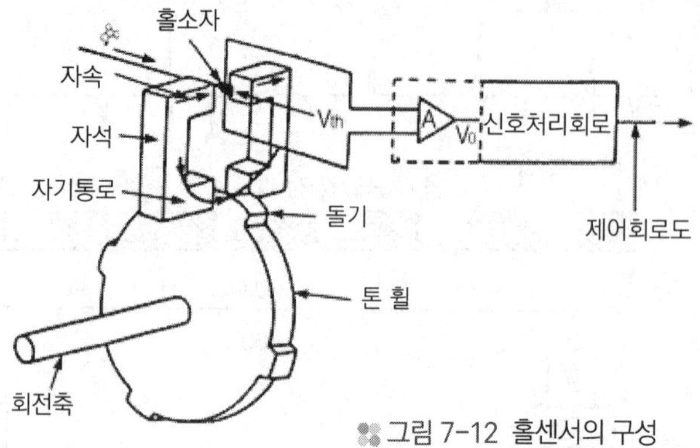

그림 7-12 홀센서의 구성

홀센서는 홀 소자인 게르마늄(Ge), 칼륨(K), 비소(As) 등을 사용하여 얇은 판 모양으로 만든 반도체 소자이다. 그림 7-13과 같이 2개의 영구자석 사이에 홀 소자를 설치하고 전류(I_V)를 공급하면 홀 소자 내의 전자는 공급전류와 자속의 방향에 대하여 각각 직각방향으로 굴절 된다. 이에 따라 홀 소자 단면 A_1은 전자과잉 상태로 되고, 단면 A_2에는 전자가 부족하여 A_1과 A_2사이에 전위차가 발생하면서 전압(UH)이 발생한다.

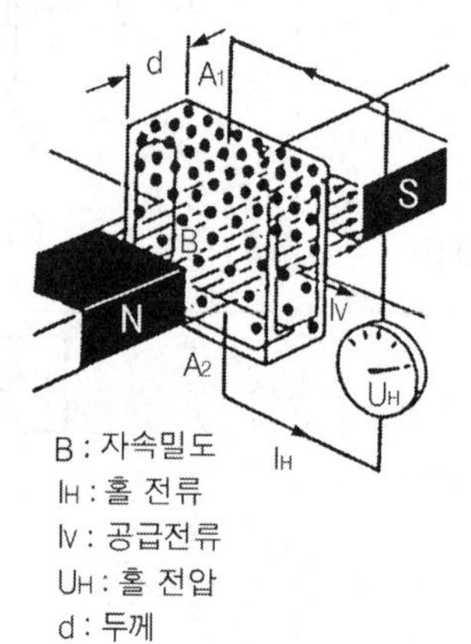

그림 7-13 홀 효과

전류(I_V)가 일정할 때 전압(UH)은 자속밀도에 비례하며, 출력전압이 매우 작으므로 OP AMP를 이용하여 증폭시켜 신호로 사용한다.

그림 7-14은 1,800rpm일 때의 어느 엔진의 지압선도이며, 점선은 점화가 발생하지 않았을 때의 압력선도로서 모터링 곡선이라고 한다. 이 곡선에 의하면 상사점 전 25°에서 점화하였는데도 점화 후 약 18°($\frac{1}{600}$초) 동안은 뚜렷한 압력상승이 없다. 이것은 연소 지연 때문이며, 휘발성 연료에서는 흔히 있는 현상으로 불꽃을 발생 시킨 시기와는 관계가 없다. 그러나 직접적인 영향이 없는 것은 아니다.

예를 들어 점화시기가 늦으면 연소실 체적이 작아져서, 압력과 온도가 모두 상승한 혼합기에 점화하게 되므로 연소지연이 약간 짧아지는 것을 볼 수 있다. 연소지연 기간이 끝나면 연소속도는 혼합기의 와류 비율과 엔진의 회전속도에 따라 연소가 신속하게 진행된다. 실용상 연소기간은 엔진 회전속도에 반비례한다고 생각해도 되나, 연소 시작에서 최대압력에 도달할 때까지의 크랭크축 회전각도는 대체로 일정하며 약 $\frac{1}{1,000}$ 초 정도가 소요된다. 따라서 점화 후 최고압력에 도달할 때까지는 $\frac{1}{600}+\frac{1}{1,000}$ 초의 시간이 소요되며, 이 시간은 엔진의 어떤 회전속도에서든지 확보되어야 한다. 더불어 항상 상사점 후 10~12°에서 최고압력이 발생하는 가장 좋은 효율로 엔진을 운전하기 위하여 회전속도가 높아짐에 따라 점화시기를 빠르게 하여야 한다.

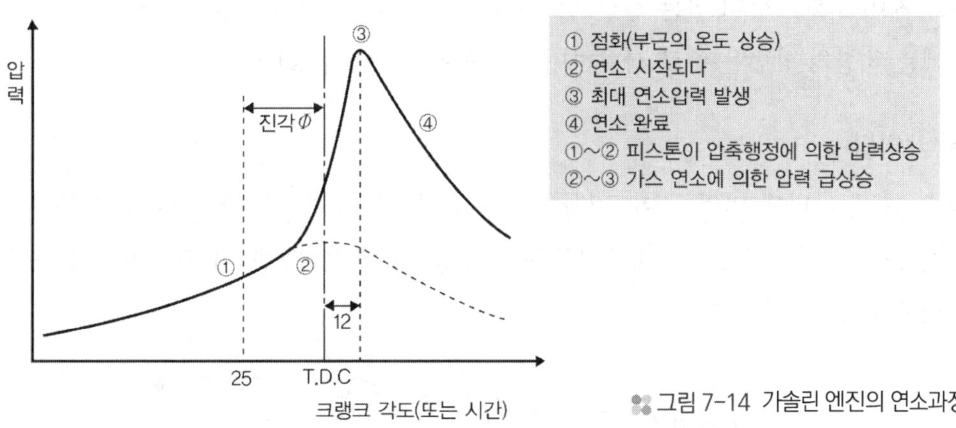

그림 7-14 가솔린 엔진의 연소과정

(5) 고압케이블(high tension cord)

고압케이블은 점화코일의 2차 단자와 점화플러그를 연결하는 절연전선이다. 고압케이블의 한쪽 끝은 황동제의 태그(tag)를 통하여 점화플러그 단자에 끼우고, 다른 한쪽은 점화코일 2차 단자에 끼운 후, 수분이 들어가지 못하도록 고무제의 캡을 씌운다.

구조를 살펴보면 중심부분의 도체를 고무로 절연하고 다시 그 표면을 비닐 등으로 보호하고 있다. 중심도체에는 구리선을 몇 가닥 합친 것과 섬유에 탄소를 침투시켜 균일한 저항을 둔 것이 있는데, 이것을 TVRS(Television Radio Suppression) 케이블이라 한다. 이것은 점화회로에서의 고주파 발생에 따른 잡음을 방지하기 위해 케이블 전체에 약 10kΩ 정도의 저항을 두고 있다.

또 고압케이블을 구조상으로 분류하면 다음과 같다.

① 잡음방지용 저항이 들어 있는 것

② 구리심선(心線)인 것

③ 구리심선을 밀봉한 것

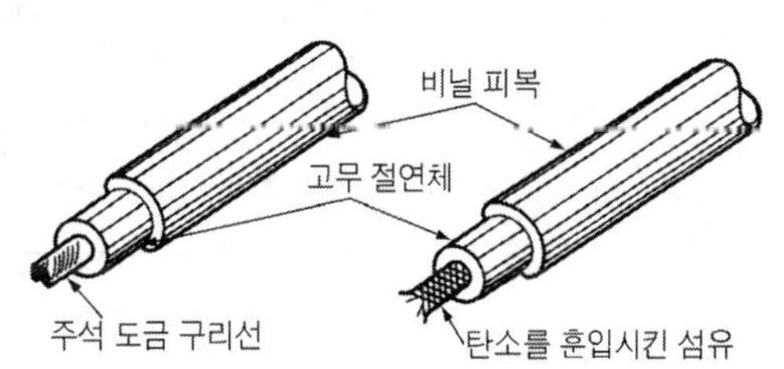

그림 7-15 고압케이블의 종류

등이 있으며, 잡음전파를 방지하기 위하여 ①의 잡음방지용 고압케이블을 사용한다. 자동차 잡음전파의 가장 큰 발생 원인은 점화플러그의 높은 전압과 불꽃 발생이다. 이것을 제거하는 방법은 다음과 같다.

① 고압케이블 외부에서 저항을 부착한다.

② 저항들이 점화플러그를 사용한다.

③ 고압케이블을 저항이 있는 전선으로 한다.

최근에는 ③항의 방법을 주로 사용하며, 그 종류는 다음과 같다.

1) 카본 케이블

그림 7-16에 나타낸 바와 같이, 저항도체는 유리섬유이고, 이것에 카본을 침투시켜 균일한 저항을 갖도록 하였으며, 외부피복은 내열성, 내한성(耐寒性)이 있는 에틸렌 프로필렌 고무(EPDM)를 사용한다.

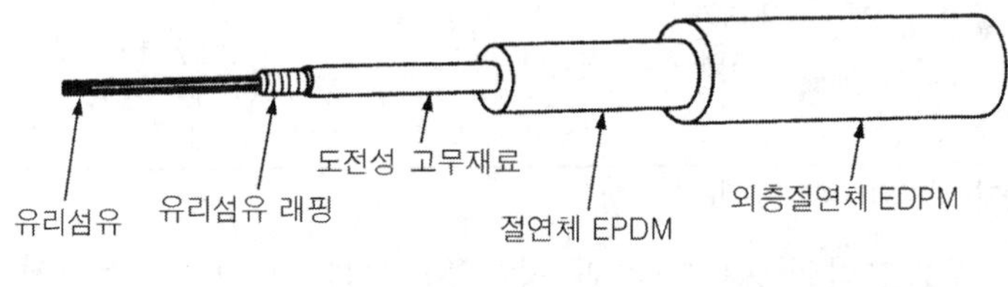

그림 7-16 카본 케이블

2) 2중 권선형 저항 케이블

그림 7-17에 나타낸 바와 같이, 저항체는 금속저항의 가는 선을 심선으로 하고, 그 위에 테트론을 일정한 간격의 나선형으로 감은 후, 굵어진 심선에 절연체를 부착하고 튼튼하게 감은 2중 나선형 구조로 피복되어 있다. 외부피복은 엔진 룸(engine room)안의 상태를 고려하여 특수 내열비닐을 사용한다. 저항값은 약 16KΩ/m이다.

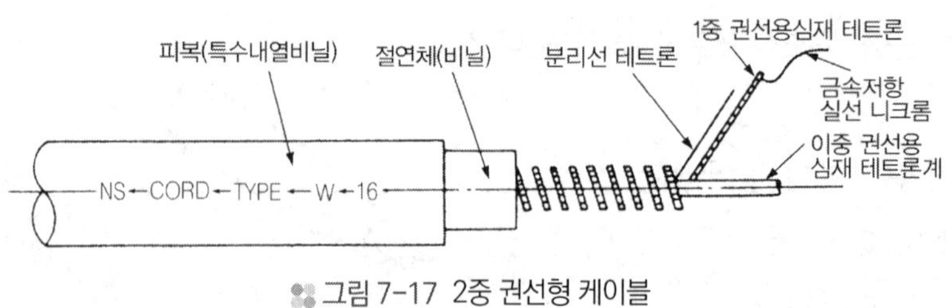

그림 7-17 2중 권선형 케이블

(6) 점화플러그(spark plug)

점화플러그는 그림 7-18에 나타낸 바와 같이, 실린더 헤드의 연소실에 설치되어, 점화코일의 2차 코일에서 발생한 높은 전압에 의해 중심전극과 접지전극 사이에서 전기 불꽃을 발생 시켜 실린더 내의 혼합기에 점화하는 일을 한다.

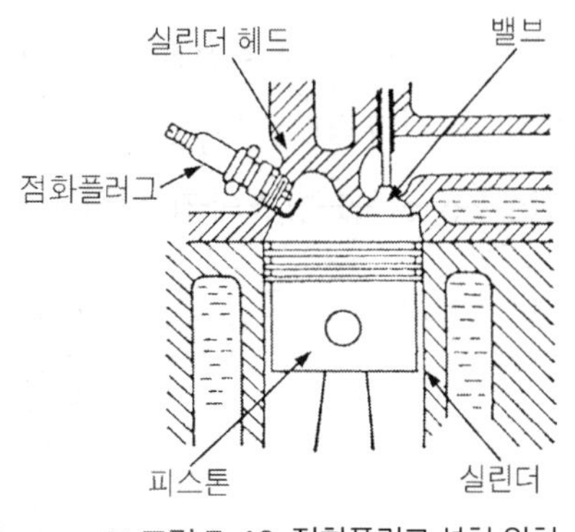

그림 7-18 점화플러그 설치 위치

1) 점화플러그의 구조

점화플러그는 그림 7-19에 나타낸 것과 같이, 전극부분(electrode), 절연체(insulator) 및 셀(shell or housing)이라는 3가지 주요 부분으로 구성되어 있다.

① 전극부분

전극부분은 중심전극과 접지전극으로 구성되어 있다. 점화코일에서 유도된 높은 전압이 중심축을 통하여 중심전극에 도달하면, 바깥쪽의 접지전극과의 간극에서 불꽃이 발생한다. 이들 사이에 0.7~1.1mm의 간극이 있다.

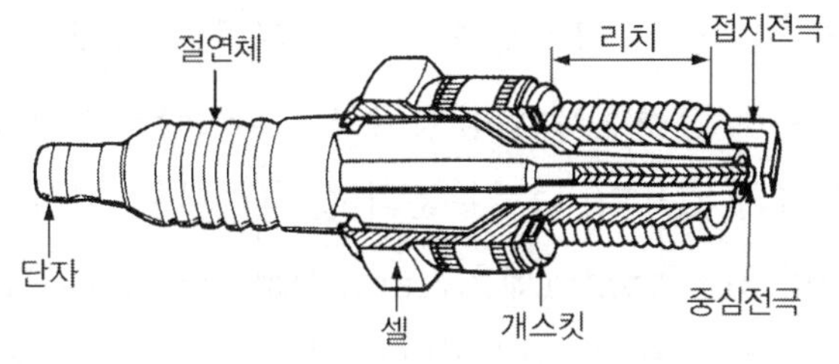

그림 7-19 점화플러그의 구조

전극의 재료는 불꽃에 의한 손상이 적고, 내열성능 및 내부식성이 우수하여야 하므로, 일반적으로 니켈 합금, 백금 또는 이리듐을 사용한다. 그리고 중심전극은 방열성능 등을 고려하여 구리(銅)를 주입한 것도 있다. 중심전극의 지름은 일반적으로 2.5mm 정도이지만, 최근에는 불꽃 발생 전압의 저하방지 및 점화성능의 향상을 목적으로 중심전극의 지름을 1mm 정도까지 가늘게 하거나, 접지전극의 안쪽 면에 U자형의 홈을 설치하기도 한다.

② 절연체

절연체는 중심축 및 중심전극을 둘러싸서 높은 전압의 누전을 방지하며, 점화플러그 성능을 좌우하는 중요한 부분이다. 따라서 전기절연이 우수하고, 열전도 성능 및 내열성능이 우수하며, 화학적으로 안정되고 기계적 강도가 커야 한다. 절연체는 절연성이 높은 알루미나 세라믹(AL_2O_3 ceramic)를 주로 사용하며, 윗부분에는 고압전류의 플래시 오버(flashover)를 방지하기 위한 리브(rib, corrugation)가 있다.

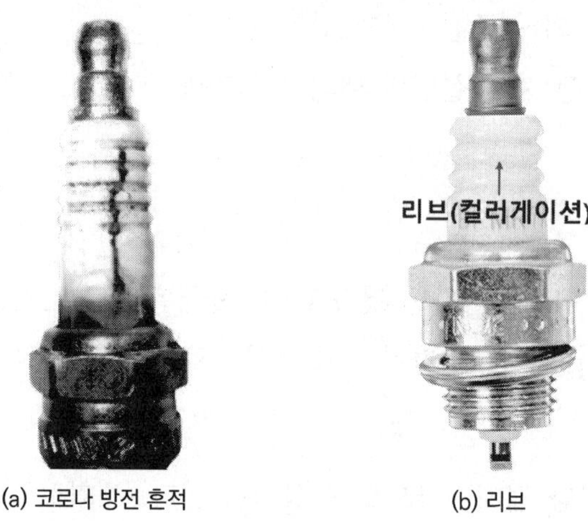

(a) 코로나 방전 흔적 (b) 리브

그림 7-20 플래시 오버

③ **셀(shell or housing)**

셀은 절연체를 에워싸고 있는 금속부분이다. 실린더 헤드에 설치하기 위한 나사부분이 있고, 나사의 끝부분에 접지전극이 용접되어 있다. 나사의 지름은 10mm, 12mm, 14mm, 18mm의 4종류가 있으며, 나사부분의 길이(리치)는 나사의 지름에 따라 다르나, 지름 14mm의 점화플러그는 9.5mm, 12.7mm, 19mm의 3종류가 있다.

그리고 절연체와 중심축 및 셀 사이의 기밀은 특수 실런트의 충전이나 글라스 실(glass seal : 특수 유리분말과 구리분말을 혼합한 것을 중심축과 중심전극의 결합 부분에 채우고 이것을 높은 온도에서 녹여 절연체와 금속을 녹여 붙이는 방법)에 의한 녹여 붙임, 스파크(spark)열에 의한 코킹 등의 방법으로 유지한다.

2) 점화플러그의 구비조건

점화플러그는 점화회로에서 방전을 위한 전극을 마주보게 한 것뿐이나, 사용하는 주위의 조건이 매우 가혹하여 다음과 같은 조건을 만족시키는 성능이 필요하다.

① **내열성능이 클 것** : 점화플러그는 2,000℃에 도달하는 연소가스에 노출되고, 흡입행정에서는 흡입가스에 의해 급속히 냉각되므로 높은 온도 및 급격한 온도 변화에 견딜 수 있어야 한다.

② 기계적 강도가 클 것 : 점화플러그는 흡입행정에서의 부압과 폭발행정에서의 35~45kgf/cm^2 정도의 압력변화에 따라 큰 진동이 생기므로, 이에 견딜 수 있어야 한다.

③ 내 부식성능이 클 것 : 점화플러그는 연소가스에 전극부분이 노출되므로 카본 등에 화학적 침식을 받기 쉬워 부식에 견딜 수 있어야 한다. 따라서 전극의 재료는 니켈-크롬 합금 등을 사용한다.

④ 기밀유지 성능이 양호할 것 : 압축행정과 폭발행정에서 받는 압력에 견딜 수 있도록 기밀이 유지되어야 하며, 특히 높은 온도에서도 가스의 누출이 없어야 한다.

⑤ 자기청정 온도를 유지할 것 : 전극부분의 온도가 지나치게 상승하면 조기점화 발생의 원인이 되고, 너무 낮으면 카본 부착에 의해 누전이 일어나므로 실화의 원인이 된다. 따라서 엔진 가동 중에는 전극부분의 온도를 500~600℃ 정도로 유지해야 한다.

⑥ 전기적 절연성능이 양호할 것 : 점화플러그는 엔진 작동 중 25,000~30,000V의 높은 전압에 견뎌야 하고, 온도가 급격히 변화하는 상황에서도 절연성이 우수하여야 하므로, 절연성이 우수한 알루미나(Al_2O_3)를 자기의 절연재료로 사용한다.

⑦ 강력한 불꽃이 발생할 것 : 전극의 끝부분이 예리할수록 불꽃은 잘 발생하지만 너무 예리하면 전극의 소모가 심하므로 끝부분을 적절한 형상으로 하여 불꽃이 잘 발생하도록 하여야 한다.

⑧ 점화성능이 좋을 것 : 전극에 불꽃이 발생하여도 에너지가 충분하지 못하면 점화되기 어렵다. 따라서 희박한 혼합기일지라도 충분한 점화에너지가 발생하도록 전극의 형상이을 고려하여야 한다.

⑨ 열전도 성능이 클 것 : 연소가스로부터 받는 많은 열을 빨리 냉각시키지 않으면 전극이 녹거나 급격한 산화로 인하여 전극소모가 커진다. 따라서 전극부분의 온도가 950℃ 이상이 되지 않도록 열전도 성능이 좋아야 하며, 특히 높은 온도에서 열전도율이 커야 한다.

3) 점화플러그의 자기정정 온도와 열값

엔진 작동 중 점화플러그는 혼합기의 연소에 의해 높은 온도에 노출되므로 전극부분은 항상 적정온도를 유지하여야 한다. 점화플러그 전극부분의 작동온도가 400℃ 이하로 되면 카본 부착으로 인하여 절연성능 저하와 실화(失火)를 일으키며, 전극부분의 온도가

800~950℃ 이상 되면 조기점화 발생으로 인하여 엔진의 출력이 저하된다. 이에 따라 엔진이 작동하는 동안 전극부분의 온도는 500~600℃를 유지하여야 하며, 이 온도를 점화플러그의 자기청정 온도(self cleaning temperature)라 한다.

자기청정 온도는 가해진 열량과 열방산량으로 결정되지만, 가해지는 열량은 엔진의 형식 및 운전 상태에 따라 변화하고, 열방산량은 점화플러그의 구조에 따라 달라진다. 따라서 점화플러그는 열방산 성능이 다르므로 엔진에 적합한 것을 선택하여야 한다. 점화플러그의 열방산 정도를 수치로 나타낸 것을 열값(heat value)이라 하며, 일반적으로 절연체 아랫부분의 끝에서부터 아래 실(lower seal)까지의 길이에 따라 정해진다.

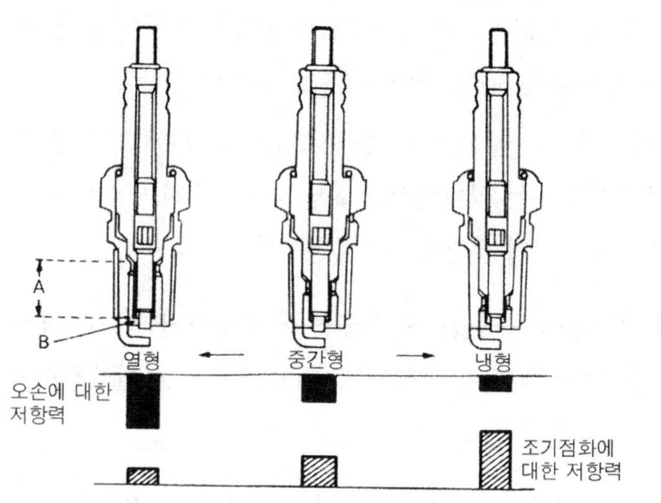

그림 7-21 점화플러그 열값

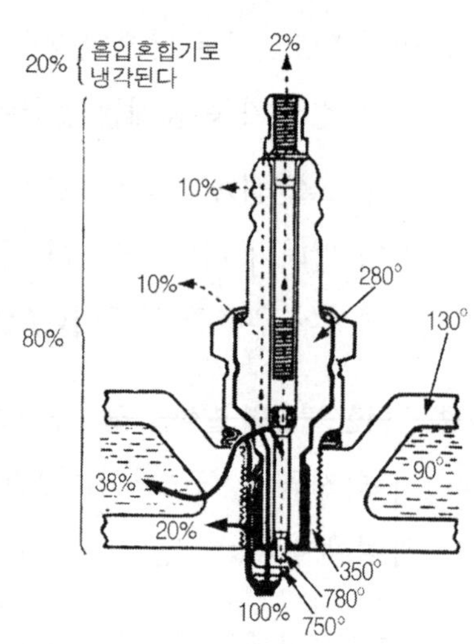

그림 7-22 점화플러그의 방열관계

점화플러그의 소요 열값은 사용상 매우 중요하며, 엔진의 연소실 형식, 흡·배기밸브의 위치, 압축비, 회전속도 등에 따라 달라지나, 원칙적으로 재질이 같을 경우 연소가스에 노출되어 열을 받는 면적이 넓고 방열경로(절연체 각 부분의 길이)가 길수록 열방산이 나쁘며, 온도가 상승하기 쉽다.

이 형식을 열형(hot type)이라 하며, 이 열형 점화플러그의 특징은 오손에 대한 저항력은 매우 크나, 조기점화에 대한 저항력이 낮으므로 저속·저부하 엔진에 적합하다는 것이다. 그리고 열방산 성능이 높고 온도 상승이 적은 형식을 냉형(cold type)이라 하며, 이 냉형 점화플러그의 특징은 조기점화에 대한 저항력은 매우 크나 오손에 대한 저항력은 낮으므로 고속·고부하용 엔진에 적합하다는 것이다.

최근에는 넓은 범위의 운전조건에서도 한 종류의 점화플러그로 자기청정 온도를 유지할 수 있는 와이드 레인지(wide range)의 점화플러그도 사용한다. 일반적으로 열값은 점화플러그의 형식 및 크기 등을 나타내는 기호의 일부로서 숫자로 표시한다. 아래 표는 그 일례이며 열값을 나타내는 숫자는 점화플러그 제작회사에 따라 다르며, 숫자가 크면 냉형, 숫자가 적으면 열형을 나타낸다.

1. 점화플러그 표시방법(A)

B	P 또는 (R)	6	E	S 또는 R	11
나사 부분 지름		열값	나사 부분의 길이	구조	점화플러그 전극부분 간극
A=18mm B=14mm (표준 6각, 대변치수 20.6mm) C=10mm D=12mm	· P:자기 돌출형 (Projected core nose plug) · R:저항 삽입형	크면 : 냉형 적으면 : 열형	· E=19mm · H=12.7mm · 무기호 : 표준형	· S : 구리심이 든 중심 전극 · R : 실드형 저항 삽입형	11=1.1mm 13=1.3mm

2. 점화플러그 방법(B)

W	16	E	X-U	11
부착 나사 지름	열값	나사 길이	전극 형상 표시	점화플러그 전극부분 간극
W=14mm	(9, 14, 16, 20, 22) 열형↔냉형	E=19mm F=12.7mm	· V-U:U홈 접지전극이며, 풀 프로젝터형 · T:접지전극이 2극 대향형 · R:저항 삽입형	11=1.1mm 13:1.3mm

3. 점화플러그 표시방법(C)

R	L	4	6	P	W	11
특수 설계	나사 길이	나사 바깥지름	열값	특수 설계	특수 설계	점화플러그 전극부분 간극
R:저항삽입형	L:긴 리치 M:중간 리치	4:14mm 8:18mm	(7, 6, 5, 4, 3, 2) 열형↔냉형	P: 자기돌출형	· W : 구리심이 든 전극 · X : 중심전극에 크로스 컷(cross cut) 결합	11:1.1mm 13:1.3mm

4) 점화플러그의 종류

점화플러그는 엔진의 용도 및 특성에 맞추어 선정되기 때문에 그 종류가 다양하며, 크게 분류하면 다음과 같다.

① 치수에 의한 분류

자동차용 점화플러그 부착나사의 지름과 그 길이에 따라 점화플러그를 분류할 수 있다. 그림 7-23는 치수에 의한 분류의 예시를 나타낸 것이다.

나사길이
(리치)
나사지름
나사의 길이(리치)
9.5mm
11.2mm
12.0mm
12.7mm
19.0mm
자동차용으로서 가장 많이 사용된다.
나사의 지름
10mm
12mm
2륜차 소형엔진에 가장 많이 사용된다.
14mm
18mm
자동차용으로서 가장 많이 사용된다.

그림 7-23 치수에 의한 분류의 예

② 성능상의 특성값(열값)에 의한 분류

③ 구조적(발화의 형상, 재질)인 차이에 의한 분류

㉮ 홈붙이 점화플러그

이 형식은 그림 7-24에 나타낸 바와 같이, 접지전극 또는 중심전극에 U 또는 V자형의 홈을 두거나 중심전극을 가늘게 하여, 소염작용을 완화하고, 화염 핵이 퍼지기 쉽도록 하여 점화성능을 향상시킨 것이다.

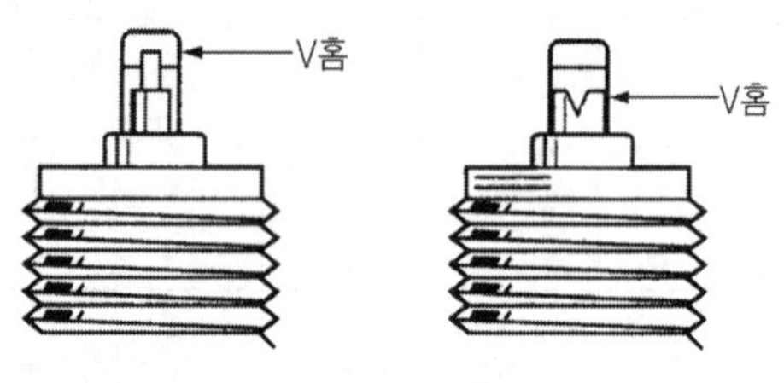

그림 7-24 홈붙이 점화플러그

㉯ 돌출 점화플러그(Projected core nose plug : P형 플러그)

이 형식은 그림 7-25에 나타난 바와 같이, 절연체와 전극이 셀의 끝부분보다 더 노출되어 있다. 따라서 엔진의 저속 운전영역에서는 열이 쉽게 축적되고, 고속 운전영역에서는 새로운 혼합기에 의해 냉각이 촉진되므로 저속이나 고속 어느 운전영역에서든지 자기청정 온도를 알맞게 유지할 수 있는 특징이 있다.

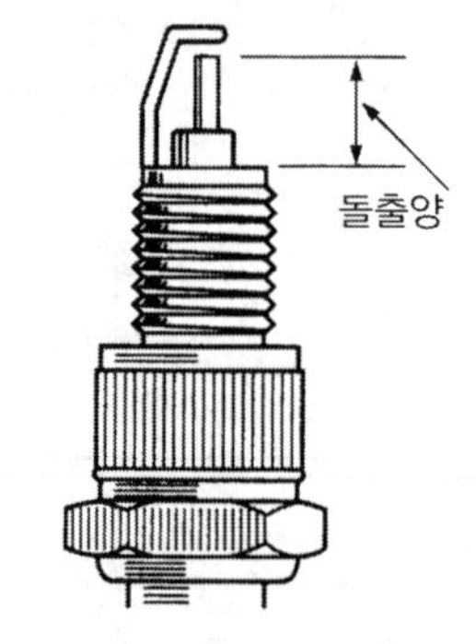

그림 7-25 돌출 점화플러그

또 불꽃 위치를 연소실의 중앙으로 하여, 화염전파 거리를 짧게 하고, 희박한 혼합기의 점화성능을 향상시킨다. 다만, 이 점화플러그는 지정된 엔진에만 사용하여야 하며, 지정된 것 이외의 것에 사용하면 밸브 및 피스톤 등과 충돌 또는 접촉할 염려가 있다.

㉰ 백금전극 점화플러그

일반적인 점화플러그의 전극은 니켈합금을 사용하는데, 그러면 높은 온도에서의 내부식성 및 불꽃에 의한 전극의 마멸 등으로 인해 내구성이 낮아지므로 장기적으로 안정된 불꽃을 얻기가 어렵다. 이를 개선하기 위해 그림 7-26에 나타낸 바와 같이 중심전극 및 접지전극에 백금 팁을 용접하여 내구성을 크게 향상시켰다.

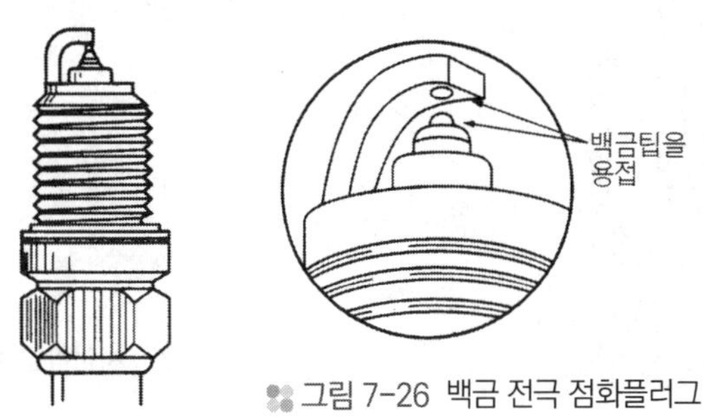

그림 7-26 백금 전극 점화플러그

㉱ 이리듐 점화플러그(iridium spark plug)

이리듐은 백금족에 속하는 은백색의 금속 원소이며 내부식성, 내마모성, 높은 용융점을 가지는 원소이다. 중심 전극 직경을 백금플러그보다 가늘고 길게 만들 수 있으며, 접지 전극에 백금 팁을 추가하며 점화성능과 내구성이 좋다.

그림 7-27 이리듐 전극 점화 플러그

㉮ 저항삽입 점화플러그(resistor spark plug)

저항삽입 점화플러그는 그림 7-28에 나타낸 바와 같이 라디오 전파 간섭을 억제하기 위한 것으로 중심 전극에 10KΩ 정도의 저항이 들어있다.

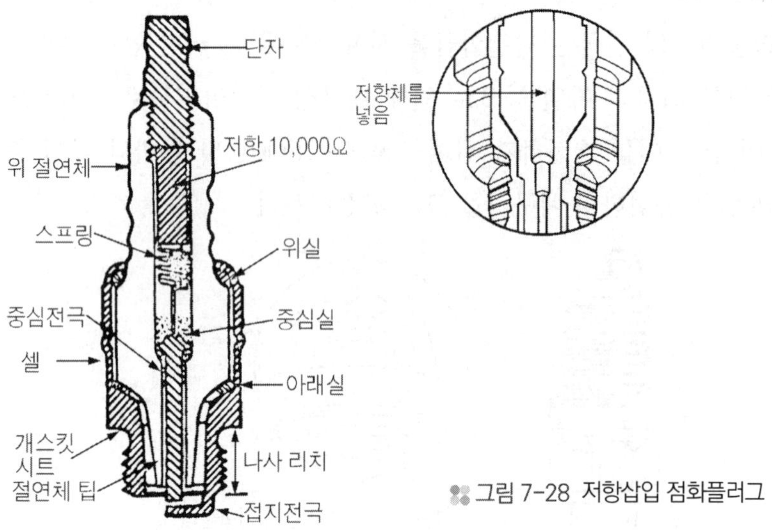

그림 7-28 저항삽입 점화플러그

㉯ 보조간극 점화플러그

보조간극 점화플러그는 그림 7-29에 나타낸 바와 같이 중심전극의 위쪽과 단자 사이에 보조간극을 둔 것이다. 이 간극이 더욱 높은 전압과 전류를 유지하도록 하며, 오손된 점화플러그에서도 실화가 발생하지 않도록 하며, 단자에서는 간극에서 불꽃 방전으로 발생한 오존(O_3)을 환기한다.

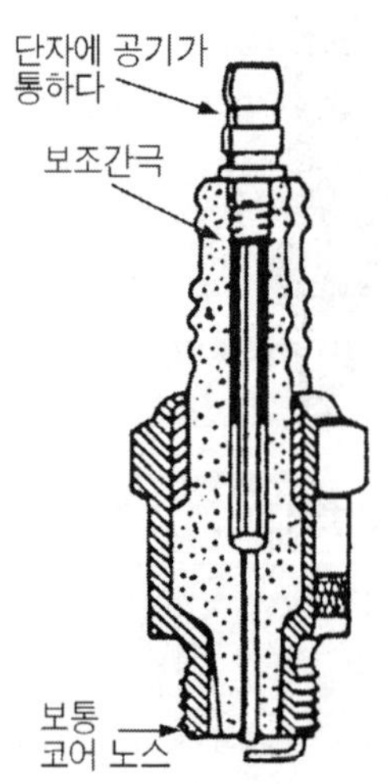

그림 7-29 보조간극 점화플러그

3 DLI(Distributor less Ignition : 전자배전 점화장치)

(1) DLI의 개요

점화장치의 점화코일에서 생성된 높은 전압을 고압케이블 등의 중간 매개체를 통하여 점화플러그로 공급할 경우, 에너지 손실, 전압강하, 누전 및 전파 잡음의 원인이 되기도 한다. 이와 같은 결점을 보완하기 위한 점화방식이 DLI이다.

(2) DLI의 종류와 특징

DLI 방식의 종류는 동시점화 방식과 독립점화(Direct Ignition) 방식이 있다. 동시점화 방식은 1개의 점화코일로 2개의 점화플러그에 동시에 고전압을 배분하는 방식이다.

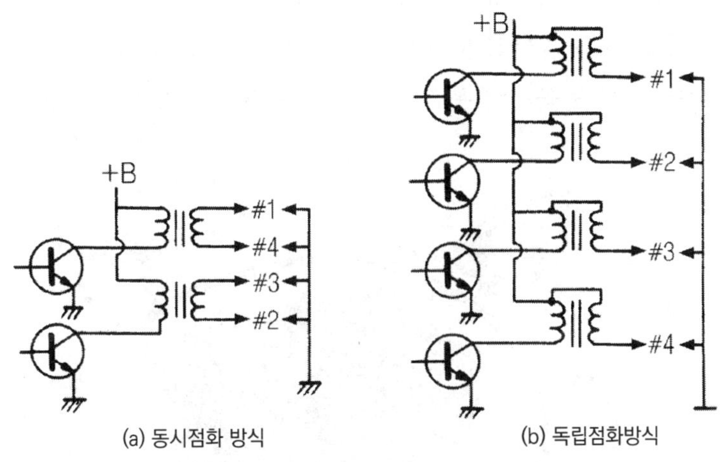

그림 7-30 DLI의 분류

즉 그림의 동시점화방식에서 제1번과 제4번 실린더를 동시에 점화시킬 경우 제1번 실린더가 압축 상사점인 경우에는 점화전압이 형성되며, 제4번 실린더는 배기 중이므로 무효방전이 일어난다. 그 이유는 압축행정에서는 공기분자의 밀도가 크기 때문에 엔진에 필요한 전압이 높아지며, 배기행정에서는 압축행정에 비해 거의 무저항 상태로 방전되므로, 2극성 중에 대부분의 높은 전압이 압축행정에 있는 점화플러그에서 형성된다.

또 독립점화 방식이란 실린더마다 1개의 점화코일과 1개의 점화플러그를 연결하여 직접 점화하는 방식이다.

DLI는 다음과 같은 장점이 있다.

① 배전기가 없으므로 관련 부품의 누전이 없다.

② 배전기 로터와 캡이 없으므로 높은 전압의 에너지 손실이 없다.

③ 배전기가 없으므로 캡에서 발생하는 전파 잡음이 없다.

④ 다수의 점화코일 적용에 따라 점화진각 폭에 제한이 없다.

⑤ 점화코일 에너지 손실이 거의 없다.

⑥ 내구성이 좋다.

⑦ 전파 방해가 없어 다른 전자 제어장치에도 유리하다.

(3) DLI의 구성부품과 그 작동

DLI의 구성은 점화시기를 제어하는 컴퓨터(PCM), 크랭크 및 캠각센서, 파워 트랜지스터 및 높은 전압을 유도하는 점화코일 등으로 되어 있다. 점화코일에서 유기된 높은 전압은 점화플러그의 전극에서 불꽃 방전을 일으키면서 연소실에 압축된 혼합기를 점화한다.

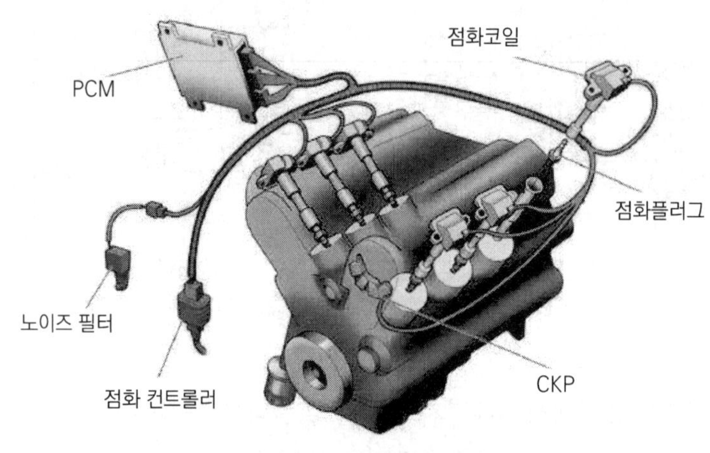

그림 7-31 DLI의 구성

1) 점화코일과 파워 트랜지스터

몰드형 점화코일은 실린더로 높은 전압을 공급할 수 있도록 점화코일과 같이 실린더 헤드에 부착하며, 점화코일의 1차 전류는 컴퓨터의 신호에 의해 On, Off하는 파워 트랜지스터의 단속 작용으로 제어한다.

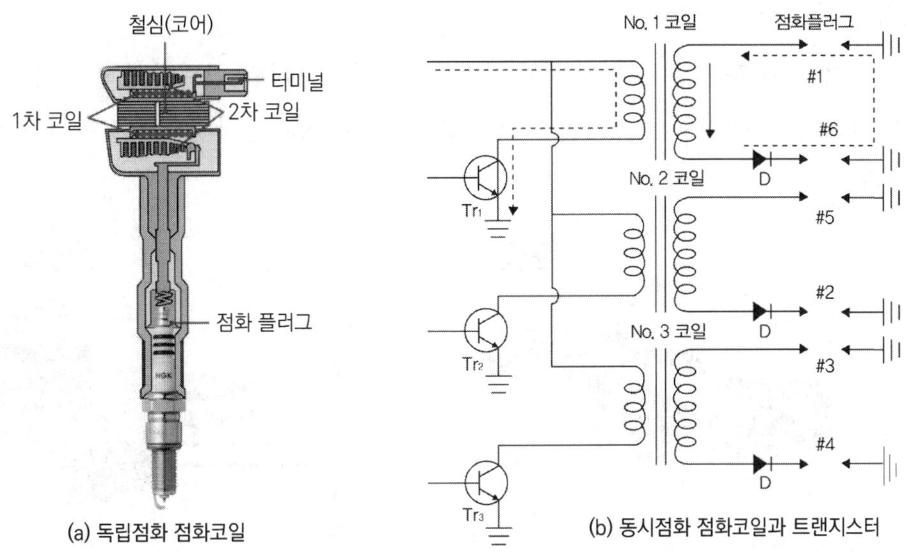

그림 7-32 점화 코일과 트랜지스터

2) 크랭크 각 센서(CKP, Crank Position sensor)

엔진ECU가 톤 휠의 위상 변화에 따라 출력되는 크랭크 각 센서의 신호를 이용하여 엔진회전속도 및 흡입공기량을 연산해서 점화시기 및 연료 분사시기를 출력하게 하기 위하여 피스톤의 위치를 파악하는 센서이다.

또한 ECU는 시그널 간극이 모두 같으면 어디가 시작이고 끝인지를 알 수 없으므로, 엔진이 한 바퀴 돌 때마다 긴 시그널(롱 투스 Long Tooth signal, 미싱 투스 Missing Tooth) 한 개를 출력하며, ECU가 피스톤의 상사점을 기억할 수 있도록 롱 투스로부터 몇 개의 투스가 지나면 상사점이라고 기억하게 설계되어 있다.

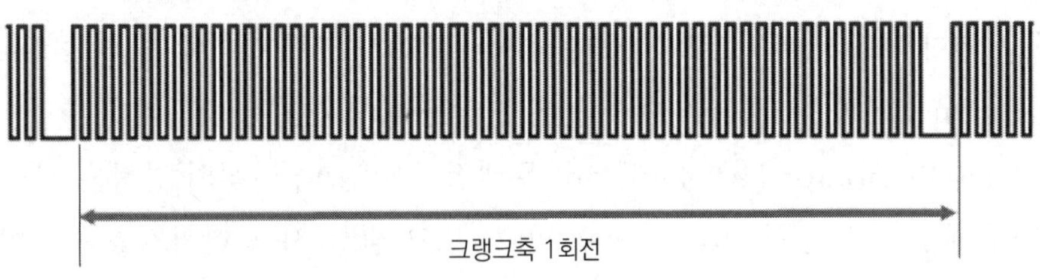

그림 7-33 크랭크 각 센서 출력 신호

3) 캠각 센서(CMP, Cam Position sensor)

캠각 센서는 캠축에 설치된 센서에 의하여 제1번과 제4번 실린더의 압축 상사점을 검출하여 컴퓨터로 보내며, 컴퓨터는 이 신호를 기초로 연료 분사신호와 점화시킬 실린더를 결정한다.

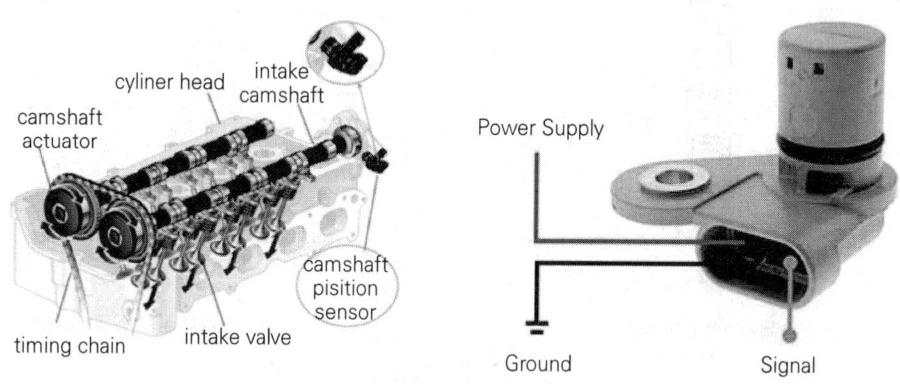

그림 7-34 캠각 센서

(4) DLI의 점화시기 제어

DLI의 점화시기 제어는 엔진의 작동상태를 검출하는 각종 센서(Crankshaft /Camshaft/ Throttle position sensor, Knock/Barometric/Air & Coolant Temperature/Mass air flow sensor 등)의 신호를 받은 컴퓨터가 컴퓨터 자체에 미리 설정된 데이터(data)와 비교한 후 최적의 점화진각 값을 연산하여 파워 트랜지스터로 5V의 점화 신호를 생성함으로써 이루어진다.

즉, 엔진의 회전 속도, 부하 상태, 기관의 온도 등을 컴퓨터(ECU)에 입력하면 컴퓨터가 점화시기를 연산하여 점화코일 커넥터 2번 단자에 점화펄스(드웰 신호, Dwell signal)를 형성하면, 코일에 내장된 파워 트랜지스터(power TR)가 드웰 신호에 따라 1차 코일에 흐르는 전류를 On-Off하여 2차 코일에서 높은 전압을 발생 시키는 방식이다.

이러한 DLI(Distributor Less Ignition: 무배전기식 점화) 방식의 장점은 저·고속에서 접점이 없어 매우 안정된 불꽃을 얻을 수 있고, 노크 발생 시 점화시기를 늦추어(지각시켜) 노크 발생을 억제하며, 엔진 상태를 감지하여 최적의 점화시기를 자동으로 제어한다는 점이다. 또한 높은 출력의 점화 코일을 사용하므로 완벽한 완전 연소가 가능하다.

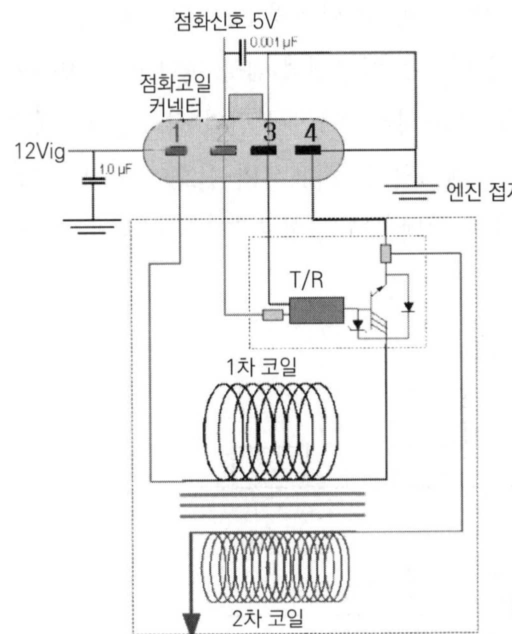

1. IG 전원 12V 2. 점화 드웰 신호
3. 드웰 신호 접지 4. 1차 코일 접지

그림 7-35 직접 점화방식 코일(T/R 내장형)

1) 점화배전 제어

컴퓨터는 캠각 신호를 기준으로 점화할 실린더를 결정하고, 크랭크 각 센서 신호를 기준으로 점화시기를 연산하여, 점화코일의 1차 전류 단속신호를 파워 트랜지스터로 보낸다. 컴퓨터에 크랭크 각 센서의 High신호가 입력되고, 캠각 센서의 High(논리 1)신호가 입력되면 컴퓨터는 제1번 실린더가 압축행정임을 판단하여 1번 점화코일의 파워 트랜지스터에 흐르는 1차 전류를 On-Off시켜 제1번 실린더 점화플러그에 높은 전압을 생성한다.

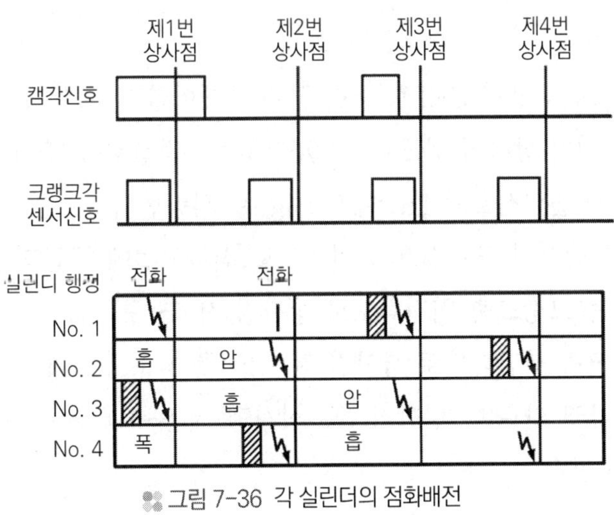

그림 7-36 각 실린더의 점화배전

또한 크랭크 각 센서의 High신호가 입력되고, 캠각 센서의 Low(논리 0)신호가 입력되면, 제3번 실린더가 압축행정(이때 제2번 실린더는 배기행정)임을 판단하여 3번 점화코일의 파워트랜지스터에 흐르는 1차전류를 On-Off시켜 제3번 실린더 점화플러그에 높은 전압을 생성한다. 이처럼 컴퓨터는 크랭크 각 센서와 캠각 센서의 신호에 따라서 점화코일에 내장된 각각의 파워 트랜지스터를 번갈아 선택하면서 전류 흐름을 On-Off시켜 점화배전을 한다.

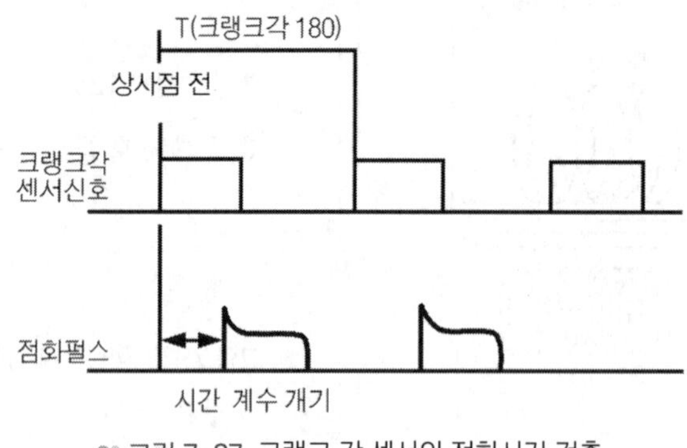

그림 7-37 크랭크 각 센서의 점화시기 검출

2) 점화시기 제어

엔진 컴퓨터에 저장된 점화시기 데이터는 일반적으로 운전조건에 따라 시동할 때, 공전운전할 때, 주행할 때 등으로 구분되며, 실제 점화시기는 초기 점화시기에 각종 보정요소가 추가되어 결정된다.

점화시기 = 초기 점화시기 + 기본점화 진각도 + 보정 진각도

점화 시기는 크랭크 각 센서(CKP)신호를 근거로 제어한다. 크랭크 각 센서의 파형을 분석해보면 피스톤의 위치 상사점 전(BTDC) 75°에서 출력신호가 High에서 Low로 하강하고, 상사점 전 5°에서 출력신호가 Low에서 High로 상승한다.

이러한 크랭크 각 센서의 출력신호를 기준으로 점화코일에 공급되는 전류를 제어하며, 저속 운전영역에서는 크랭크축 회전각도로 상사점 전 75°를 기준으로 제어하고, 고속 운전영역에서는 크랭크축 회전각도로 상사점 전 125°를 기준으로 제어한다. 초기점화 시기는 엔진에 따라 조금씩 다르며, 일반적으로 상사점 전 5~10° 사이의 값이 되며, 다음과 같은 조건일 때 작동한다.

① 엔진을 크랭킹 할 때

② 점화시기 조정단자(EST 단자)를 접지시킬 때

③ 공전스위치가 ON일 때

④ 백업(back up)기능이 작동할 때

그리고 점화 진각정도는 실제 점화시기를 산출하기 위한 기본이 되는 특정 값이며, 컴퓨터의 기억장치에 입력되어 있다. 최적의 점화 기본값은 엔진의 회전속도와 흡입공기량으로 결정된다.

① MBT(Minimum spark advance for Best Torque)

연소실 내에서 혼합가스의 점화시기가 너무 빠르면 엔진내부에서 피스톤이 상사점에 도달하기 전에 연소하게 되어 출력손실과 심한 충격에 의해 엔진의 내구성을 저하시킨다. 반대로 점화시기가 너무 늦으면 폭발압력이 낮아져 역시 출력손실과 연료소비량의 과다와 함께 배기가스 온도를 높이기 때문에 배기계통의 열 손상이 발생한다.

따라서 적당한 시기에 점화가 될 수 있도록(최대 회전력이 발생할 수 있도록) 점화시기를 결정하는데 이를 MBT(엔진에서 최대 회전력이 발생하는 점화시기)라 한다.

② 공전 운전영역에서의 점화시기 보정

공전 운전영역에서의 점화시기는 공전 운전영역의 정숙성을 고려하여 냉각수 온도별로 기준 점화시기를 결정하는데, 엔진이 난기운전이 되었을 때를 기준으로 우선 값을 선택한다. 진동 및 엔진 회전속도의 안정성과 배기가스 배출량, 배기가스 온도 등을 고려하여 최적의 값(점화시기)을 결정한다.

③ 유해배기 가스 감소를 위한 점화시기 보정

엔진을 시동할 때 유해배기 가스 배출량을 감소시키기 위하여 점화시기를 늦추면 배기가스의 온도가 높아진다. 이는 촉매컨버터와 산소센서를 가열하는 데 도움이 된다. 이것은 연소실에서 혼합가스가 폭발하면서 발생하는 운동에너지가 열에너지로 되는 것으로, 일반적인 공전 운전영역에서 점화시기를 10° 늦추면 배기가스 온도가 40~60℃ 정도 높아진다.

늦어진 점화시기 때문에 출력손실이 매우 커져 가속성능이 불량해지므로 냉각수 온도 20~40℃ 영역에서만 사용하며, 점화시기를 늦추는 정도는 냉각수 온도와 엔진으로 흡입되는 공기량 별로 다르게 제어한다.

④ 운전성능 향상을 위한 점화시기 보정

엔진을 가속할 때 급격한 회전력 변화 때문에 충격이 발생할 수 있으며, 감속할 때 연료 공급을 차단하는 경우에도 급격한 회전력 감소 때문에 충격이 발생한다. 이러한 운전을 할 때 승차감각을 향상시키기 위하여 점화시기를 제어하는데, 연료보정과 공기속도 조절(ISC) - 서보 보정을 함께 조합하여 가장 좋은 느낌을 주는 값을 입력한다.

따라서 점화시기 제어는 변속기어의 단수, 냉각수 온도, 주행속도, 가속페달을 밟는 양, 가속페달을 밟는 속도, 엔진의 회전속도, 흡입공기량 별로 제어하는 방법과 제어량이 달라진다.

⑤ 흡입공기 온도에 따른 점화시기 보정

흡입공기 온도에 따른 점화시기 보정은 연소실에서 화염전파가 다르게 되는 것에 대한 보정이다. 즉, 흡입공기의 온도가 뜨거우면 점화할 때 연소속도가 빨라져 점화시기를 빠르게 한 효과가 발생하므로 높은 온도에서만 사용한다. 흡입공기의 온도가 80℃일 때 3~5°, 100℃일 때에는 5~7° 정도 점화시기를 늦춘다.

⑥ 냉각수 온도에 따른 점화시기 보정

냉각수 온도에 따른 점화시기 보정은 흡입공기 온도 보정과 반대의 개념으로 생각할 수 있다. 즉 냉각수 온도가 너무 낮으면 엔진이 냉각된 상태이므로 연소할 때 온도가 낮아 화연전파 속도가 늦어진다. 따라서 늦어지는 만큼 점화시기를 빠르게 하는 보정으로 대부분 낮은 온도(20℃ 이하)에서 사용하는데 0℃에서 약 2~4°이며, -20℃에서는 4~6° 정도 점화시기를 빠르게 한다.

⑦ 자동변속(auto shift)을 할 때의 점화시기 보정

자동변속기의 내구성능을 높이고 변속충격을 줄이기 위하여 자동변속기의 기어를 변속할 때 자동변속기 컴퓨터(TCM, Transmission Control Module)의 회전력 감소요구가 입력되면 점화시기를 보정한다. 보정방법은 가속을 할 때 보정과 같으나, 사용하는 보정값은 다르다. 대부분 엔진 컴퓨터(ECU)에서 항상 자동변속기 컴퓨터로 현재 얼마만큼의 회전력이 발생하고 있는지 신호를 보내준다.

이에 따라 자동변속기 컴퓨터는 변속하기 전에 엔진 회전력을 검출하고, 얼마의 회전력을 감소시키라고 요청하면 엔진 컴퓨터는 감소시킬 회전력 별로 입력된 점화시기를 늦춘다.

⑧ 엔진을 시동할 때 점화시기 보정

엔진을 시동할 때 가장 빨리 시동이 되는 점화시기를 사용하는 것으로 냉각수 온도에 따라 입력할 수 있게 되어 있다. 점화스위치를 St위치로 하여 크랭크 각 센서의 신호가 발생하기 시작하면 시동으로 판정하여 입력된 점화시기 값이 사용된다.

그러다가 어느 기준 회전속도(일반적으로 500rpm)에 도달하면 시동이 끝난 것으로 판정하여 일정한 값으로 증가시켜 공전 운전영역의 기준 점화시기에 도달하도록 한다. 이 값에 도달하면 시동영역이 완전히 끝난 것으로 판정하고 공전 운전영역의 보정을 하며, 가속페달을 밟으면 가속보정 점화시기 값이 사용되면서 MBT가 적용된다.

3) 점화진각 제어

컴퓨터에는 1실린더 1사이클 당 흡입공기량과 엔진 회전속도에 대응한 최적의 기본 점화진각 값이 저장되어 있으며, 각 센서로부터의 입력신호에 따라서 이 기본 점화진각 값은 추가로 보정된다. 또 엔진을 시동할 때 및 점화시기를 조정할 때 이미 설정해 놓은 점화시기로 고정된다.

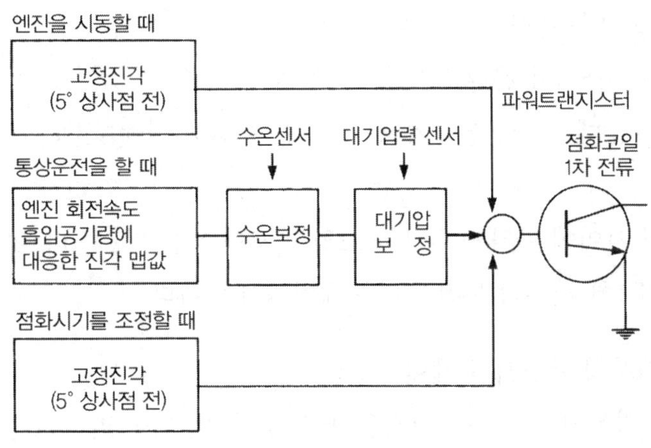

그림 7-38 점화진각 제어

① 정상작동에서의 점화진각

㉮ **기본 점화진각** : 이때는 1실린더 1사이클 당 흡입공기량과 엔진 회전속도에 따라 이미 설정해 놓은 map값이 기본점화 진각량이 된다. 여기서 map값이란 컴퓨터 내에 있는 ROM(Read Only Memory)에 저장된 예정 값을 말한다.

㉯ **엔진의 온도보정** : 이때는 수온센서의 신호에 따라 엔진의 냉각수 온도가 낮을 때에는 점화시기를 일정량 진각시켜 운전성능을 향상시킨다.

㉰ **대기압력 보정** : 이때는 대기압력 센서의 신호에 따라서 대기 압력이 낮을 때에는 점화 시기를 일정량 진각시켜 높은 지대에서의 운전성능을 안정시킨다.

② 엔진을 크랭킹 할 때의 점화진각

엔진을 크랭킹 중일 때에는 크랭크 각 센서 신호에 동기화하여 고정 점화시기(상사점 전 5°)가 형성된다.

4) 통전시간 제어

통전시간의 제어는 전 운전영역에서 최상의 점화 불꽃 형성을 유지하기 위한 파워 트랜지스터의 On-Off(드웰 시간)시간의 제어를 의미하며 점화코일의 권선코일에 흐르는 전류는 인덕턴스성분에 의해 통전이후에 전류량이 상승하기 시작하며, 최대 포화전류에 도달할 때까지 전류량은 상승한다.

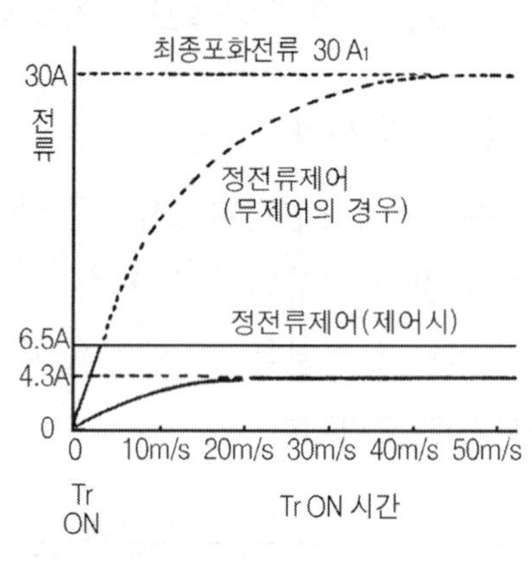

그림 7-39 통전시간과 1차 전류

이에 따라 엔진을 저속 운전영역에서는 점화1차 코일의 드웰구간(3~5mS)이 충분하지만, 고속 운전영역(약 6,000rpm)에서 안정된 2차 전압을 얻기 위해 트랜지스터의 통전시간을 제어해야 한다.

또한 배터리 전압 차이에 따라 점화 1차 코일의 포화전류 정도가 다르므로, 배터리 전압의 변화를 고려하여 1차 전류의 통전시간을 제어하여야 한다.

① 정상작동 조건에서의 통전시간 제어

정상작동을 하는 경우의 기본 통전시간은 배터리 전압변화에 따라서 점화코일의 1차 코일에 흐르는 일정전류(약 6A)시간을 조절함으로써 제어한다. 즉, 균일한 1차 전류량 유지를 위하여 배터리 전압이 높을 때에는 통전시간을 단축해 기본 통전시간을 제어한다.

② 엔진을 크랭킹할 때 통전시간 제어

엔진을 크랭킹할 때에는 크랭크 각 센서 신호에 동기화하여 점화코일 통전시간을 제어한다.

Chapter 03

점화장치의 성능

점화장치의 목적은 점화플러그에서 가장 적절한 시기에 정확히 전기 불꽃을 발생 시켜 혼합기에 화염 핵을 형성하는 것이다. 특히 최근에는 배기가스 정화장치 사용으로 인하여 모든 운전조건에서 실화없이 확실하게 연소시킬 수 있는 성능이 필요하다.

이에 따라 점화장치의 2차 전압은 저속 운전영역에서 고속 운전영역까지 높은 값을 유지하고, 점화플러그에서 방출되는 불꽃 에너지는 보다 큰 값을 요구한다. 여기서는 주로 점화장치의 고압회로 작동을 중심으로 하여, 점화성능에 영향을 주는 조건에 대하여 설명한다.

1 점화불꽃 전압

점화코일의 2차 쪽에서 발생하는 전압이 상승하는 도중에 불꽃전압(방전시작 전압)에 도달하면 점화플러그 전극 사이에서 불꽃 방전이 발생한다. 이 불꽃 전압은 전극에서 불꽃이 발생하기 쉬운 조건일 경우에는 낮으며, 불꽃이 발생하기 어려운 조건일 때에는 높아진다.

점화코일로부터 얻는 전압에는 한계가 있기 때문에 모든 운전조건에서 실화가 없는 확실한 점화를 실현하기 위해서 불꽃 전압은 낮은 것이 바람직하다. 불꽃 전압의 크기에 영향을 주는 요소에는 점화플러그 전극의 형상, 극성, 전극의 간극, 전극 주위의 혼합기의 압력, 전극 및 혼합기의 온도, 혼합비, 습도, 가스의 유동 등이 있으나, 이 중 특히 점화플러그 전극의 간극, 혼합기의 압력 및 온도의 영향이 가장 크다.

(1) 점화플러그 전극의 형상 및 간극의 영향

그림 7-40는 대기 압력에서의 전극 간극과 불꽃 전압의 관계를 보여준다. 전극의 간극에 비례하여 불꽃 전압이 높아지는 것을 나타낸 것으로, 간극이 똑같은 상태에서 ⓐ와 같이 전극의 끝부분이 둥근 경우에는 방전이 어려우며, ⓑ와 같이 전극이 뾰족하거나 각이 있는 경우에는 방전하기가 쉽다. 이에 따라 실제 점화플러그에서도 전극의 단면에 각이 있는 신품의 점화플러그에서는 방전하기 쉬우나 연속적인 방

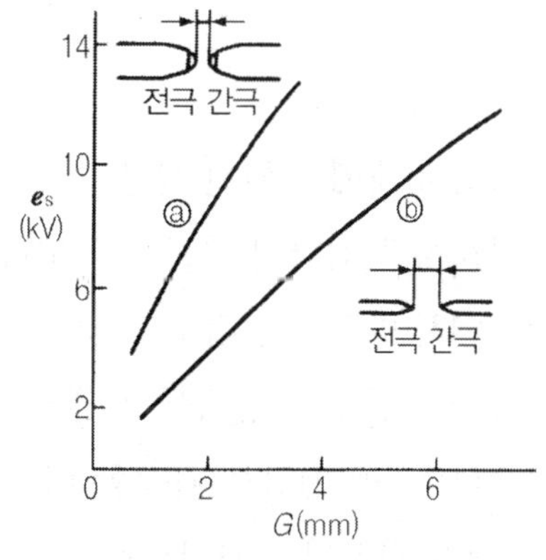

그림 7-40 불꽃 전압과 전극의 간극

전에 의해서 서서히 전극이 마멸되어 둥근 형상을 띠게 되면 방전이 어려워져 불꽃 전압이 상승한다.

(2) 혼합기의 압력과 온도의 영향

그림 7-41은 전극 주위의 혼합기의 압력과 불꽃 전압의 관계를 나타낸 것으로, 혼합기의 압력이 상승하면 불꽃 전압이 높아진다. 또 같은 압력일지라도 혼합기의 온도가 높으면 불꽃 전압이 낮아진다. 그림 7-42은 전극의 온도와 불꽃 전압의 관계를 나타낸 것이며, 전극의 온도가 높아지면 전극 표면에서 전자가 방전되기 쉬우므로 불꽃 전압은 급격히 낮아진다.

점화플러그 전극의 간극은 일반적으로 0.7~1.1mm 정도이며 대기압력 중에서는 2~3kV 정도로 방전되지만, 실린더 헤드에 부착되었을 때에는 혼합기의 압축때문에 전극 주위의 혼합기 압력이 약 10kgf/cm² 정도 되기 때문에 불꽃 전압은 10kV 이상으로 높아진다.

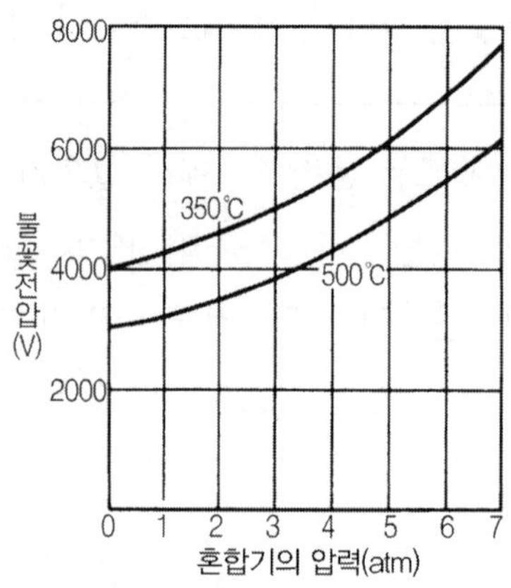

그림 7-41 불꽃 전압과 혼합기의 압력

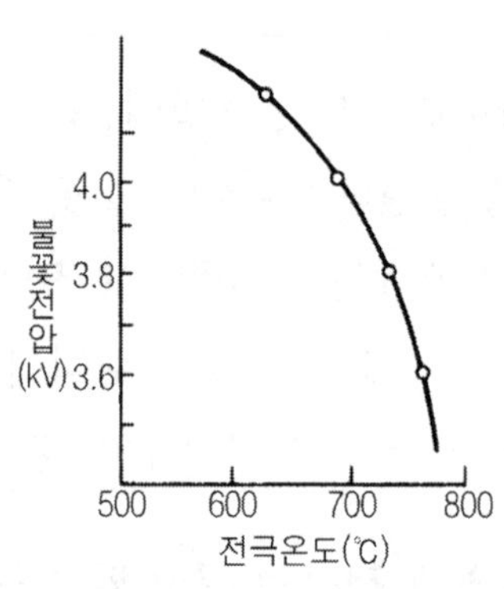

그림 7-42 불꽃 전압과 전극의 온도

실린더 내에 흡입된 상온의 혼합기가 압축되면 200℃ 이상이 되며, 또 엔진이 작동하면 점화플러그 전극의 온도는 500℃ 이상이 되므로 그 분량만큼 불꽃 전압이 낮아져 10kV 전후에서 방전되는 경우가 많다.

따라서 한랭한 상태에서 엔진을 시동할 때와 같이 온도가 낮을 경우에는 불꽃 전압이 상승한다. 또 엔진을 가속할 때에는 흡입효율이 상승하고 혼합기의 압축압력이 높아지므로, 불꽃 전압이 일시적으로 상승한다.

(3) 그 밖의 영향

혼합기 중에서는 공기의 경우보다 불꽃 전압이 다소 낮아지지만 혼합기가 희박할수록 불꽃 전압이 높아지는 경향이 있다. 또 습도가 높으면 점화플러그 전극의 온도가 낮아지므로 불꽃 전압이 약간 높아진다. 점화플러그 전극의 형상이 다를 경우 그 극성 즉 어느 쪽의 전극을 (+)로 하는가에 따라 불꽃 전압에 차이가 발생한다.

이것을 극성효과라 하며, 그림 7-42과 같이 중심전극이 원통형이고 접지전극이 평판일 경우에는 전극의 간극이 적은 범위에서는 중심전극에 (-), 접지전극에 (+)의 전압을 가해야 불꽃 발생이 쉬워진다.

점화플러그에서는 침 전극과 마주 보는 평판 전극과 같은 극단적인 형상의 차이는 없지만, 중심전극이 그림 7-43의 침 전극에, 접지전극은 평판 전극에 상당하며 또 전극온도는 그 구조상 중심전극의 온도가 높아진다.

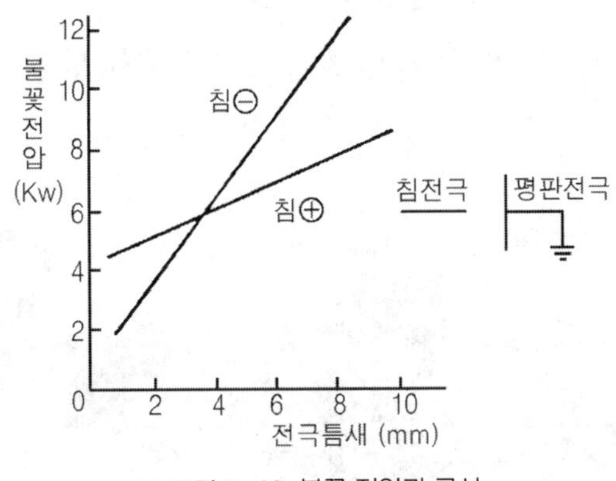

그림 7-43 불꽃 전압과 극성

Part 08 충전장치

학습목표

1. 3상 교류에 대해 알 수 있다.
2. 교류발전기의 구조 및 작용에 대해 알 수 있다.
3. 교류발전기 조정기에 대해 알 수 있다.

Chapter 01 충전장치의 개요

자동차에 부착된 모든 전장부품은 발전기나 배터리로부터 전력을 공급받아서 작동한다. 그러나 배터리는 방전량에 제한이 따르고, 엔진 시동을 위해 항상 완전충전 상태를 유지하여야 한다.

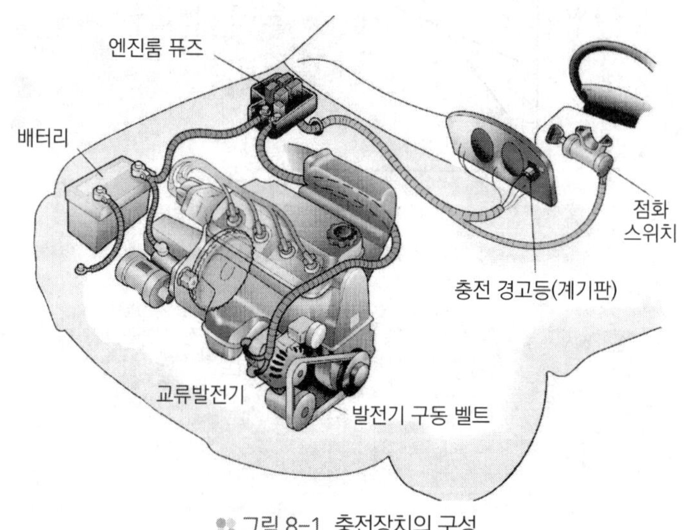

그림 8-1 충전장치의 구성

충전장치는 그림 8-1에 나타낸 것과 같이 엔진의 크랭크축에 의하여 구동되는 발전기, 발생 전압을 규정된 상태로 조정하기 위한 전압조정기, 배터리의 충전상태를 표시하는 충전경고등으로 구성되어 있다. 자동차에 사용하는 발전기에는 직류(DC)발전기와 교류(AC)

발전기의 2종류가 있으나, 어느 방식을 사용하든 자동차용 충전 장치는 배터리를 충전하기 위하여 반드시 직류를 출력하여야 한다. 즉, 직류발전기는 전기자 코일에서 발생한 교류를 정류자와 브러시에 의하여 직류로 정류하여 출력을 얻는 방식이며, 교류발전기는 스테이터 코일에서 발생한 교류를 실리콘 다이오드에 의하여 정류하여 직류를 출력하는 방식이다.

Chapter 02 3상 교류

1 3상 교류(Three Phase AC)의 개요

자동차용 발전기는 과거에는 직류발전기(단상교류발전기)를 이용하여 정류자와 브러시의 작용에 의해 직류를 출력하여 사용하였으나, 현재는 3개의 스테이터 코일과 실리콘 다이오드의 정류작용을 이용하는 3상 교류발전기를 사용한다. 3상 교류발전기는 직류발전기보다 저속회전에서 발생전압이 높아서 배터리 충전성능이 우수하며, 고속회전에서 매우 안정된 성능을 발휘할 수 있다.

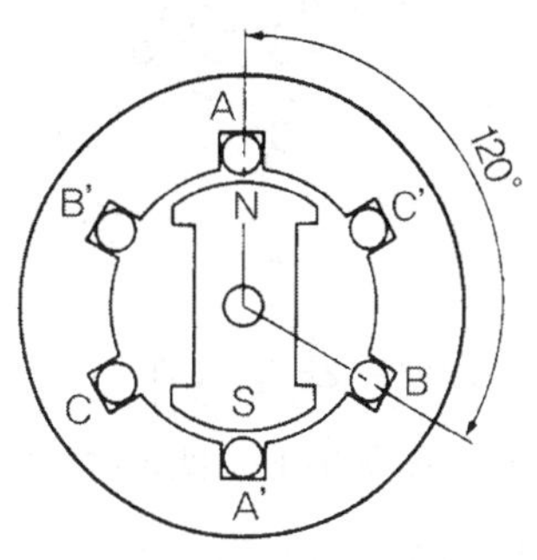

그림 8-2 3상 코일의 배치도

2 3상 교류의 발생

그림 8-2에 나타낸 바와 같이, A-A', B-B', C-C'로 된 권수가 같은 3조의 코일을 120° 간격으로 철심에 감은 후 자석 NS를 일정한 속도로 회전시키면, 그림 8-3에 나타낸 바와 같이 3상 교류전압이 발생한다. B코일에는 A코일보다 120° 늦게 전압변화가 발생하고, C코일에는 B코일보다 120° 늦게 전압변화가 발생한다. 이와 같이 A, B, C 3조의 코일에서 발생하는 교류파형을 3상 교류라 한다.

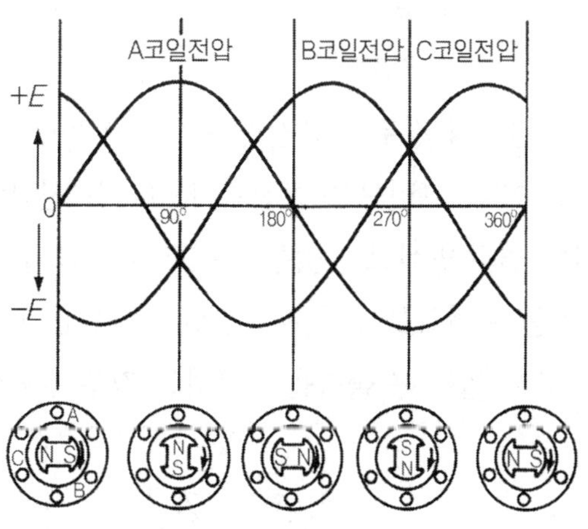

그림 8-3 3상 교류전압

3 3상 코일의 결선방법

실용화된 3상 교류발전기에는 3쌍의 코일을 그림 8-4와 같이 접속한다. 그림 (a)는 코일의 각 끝과 시작점을 서로 묶어서 각각의 접속점을 외부단자로 한 삼각결선(또는 델타결선 : delta connection)방식이다. 그림 (b)는 코일의 한쪽 끝 A, B, C를 각각 외부단자로 하고, 다른 한쪽 끝 A', B', C'를 한곳에 묶어 놓은 Y결선(또는 스타결선 ; star connection) 방식이다.

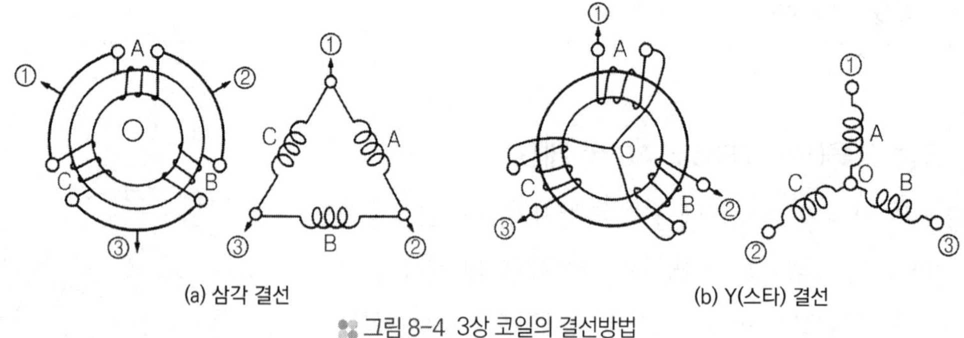

그림 8-4 3상 코일의 결선방법

여기서, 각 코일에 발생하는 전압을 상전압, 전류를 상전류라 하며, 외부단자 사이의 전압을 선간전압, 외부단자에 흐르는 전류를 선간전류라고 한다. Y결선과 삼각결선에서는 각각 다음과 같은 관계가 있다.

- Y결선의 경우 -- $E_l = \sqrt{3} \times E_p,\ I_l = I_p$
- 삼각결선의 경우 ---------- $E_l = E_p,\ I_l = \sqrt{3} \times I_p$ $El = Ep,\ Il = \sqrt{3} \cdot Ip$

여기서, E_l : 선간전압 E_p : 상전압 I_l : 선간전류 I_p : 상전류

Y결선의 경우 선간전압은 상전압의 $\sqrt{3}$ 배이고, 삼각결선의 경우 선간전류는 상전류의 $\sqrt{3}$ 이다. 그러므로 발전기의 크기와 선간 코일의 권선 수가 같은 경우에는 Y결선방식이 삼각결선 방식보다 높은 기전력을 얻을 수 있다. 따라서 자동차용 교류발전기에는 저속에서 높은 전압을 얻을 수 있으며, 중성점의 전압을 이용할 수 있는 Y결선을 많이 사용한다. 그러나 일부 큰 출력을 요구하는 경우에는 삼각결선 방식을 사용하기도 한다.

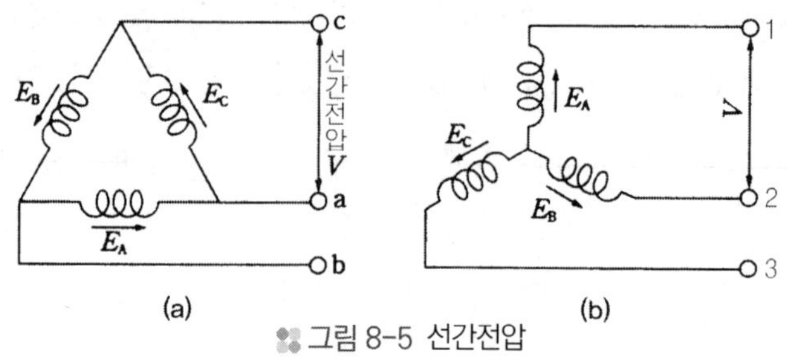

그림 8-5 선간전압

Chapter 03

교류발전기(Alternator)

1 교류발전기의 개요

엔진 크랭크축 풀리와 구동벨트에 의해 작동하는 3상 교류발전기는 정류용 실리콘 다이오드에 의해 직류출력을 얻는 방식이다. 고속 및 내구성이 우수하고 저속 충전성능이 양호하기 때문에 자동차용 충전장치로 널리 쓰이며, 특징은 다음과 같다.

① 소형·경량이며, 저속에서도 충전이 가능한 출력전압이 발생한다.

② 회전부분에 정류자를 두지 않으므로 허용 회전속도 한계가 높다.

③ 실리콘 다이오드로 정류하므로 전기적 용량이 크다.

④ 브러시 수명이 길다.

⑤ 전류 조정기가 필요 없으며 충전전압조정기를 필요로 한다.

2 교류발전기 구조 및 작동

교류발전기는 고정부분인 스테이터(stator), 회전하는 부분인 로터(rotor) 및 로터의 양 끝을 지지하는 엔드프레임(end flame) 등으로 구성된다. 브러시와 슬립링을 통하여 공급된 전류에 의해 여자된 로터와 로터코일은 스테이터 내에서 회전하면서 스테이터 코일에 유도기전력을 발생 시켜 발전기의 출력전류를 발생 시킨다.

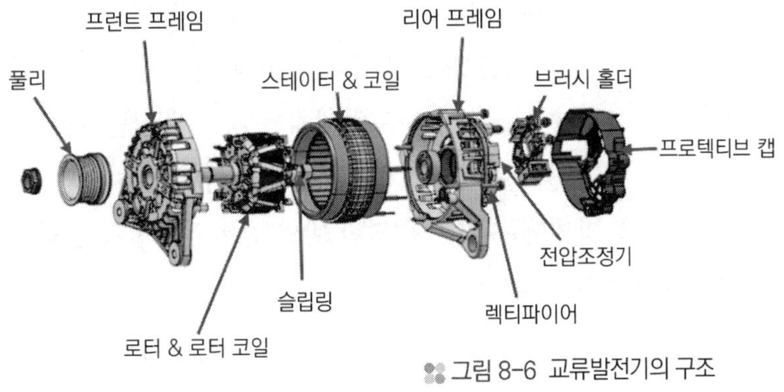

그림 8-6 교류발전기의 구조

실리콘 다이오드(정류기, 렉티파이어)는 스테이터 코일에서 발생한 교류를 직류로 정류된 다음 외부로 공급할 뿐만 아니라, 배터리에서 발전기 내부 방향으로의 전류의 역류를 방지한다. 따라서 교류발전기에는 직류발전기와 달리 컷 아웃 릴레이가 필요하지 않으며, 배터리의 단자전압보다 발전기의 발생전압이 높아지면 자동으로 배터리 충전이 시작된다.

교류발전기는 높은 회전속도에서는 임피던스 때문에 최대 출력전류가 억제되므로 전류 제한기를 필요로 하지 않는다. 또한 교류발전기는 직류발전기와 같이 계자철심의 잔류자기만으로는 발전이 어렵기 때문에 로터코일을 외부에서 자화(타려자)를 하여야 한다. 그 이유는 교류발전기에서 사용하는 실리콘 다이오드는 인가되는 전압이 매우 낮을 때에는 거의 무한대의 저항값을 나타내므로, 발전기의 회전속도가 크지 않으면 전류가 흐르지 않기 때문이다.

> Reference **교류발전기에서 전류제한기(전류 조정기)가 필요 없는 이유는 고주파수에서의 임피던스 성분 때문이다. 즉, 스테이터 코일에는 회전속도가 증가함에 따라 교류의 주파수가 높아져 전기가 잘 통하지 않는 성질이 있어 전류가 증가하는 것을 제한할 수 있기 때문이다.**

(1) 스테이터(stator)

스테이터는 그림 8-7에 나타낸 바와 같이 성층(成層)한 철심에 독립된 3개의 코일이 감겨 있고 이 코일에서 3상 교류의 유도기전력이 발생한다. 스테이터 철심은 철손(鐵損 ; 철심 주위에 자속의 크기가 변화하는 경우가 많기 때문에 히스테리 손실과 맴돌이 전류손실이 발생하는 현상)을 감소시키기 위하여 얇은 규소강판을 몇 장 겹쳐서 고정한 것이다. 그 안쪽에 스테이터 코일을 설치하기 위해 몇 개의 슬릿이 절단되어 있으며, 작동 중에는 로터의 자극에서 나온 자속의 통로가 된다.

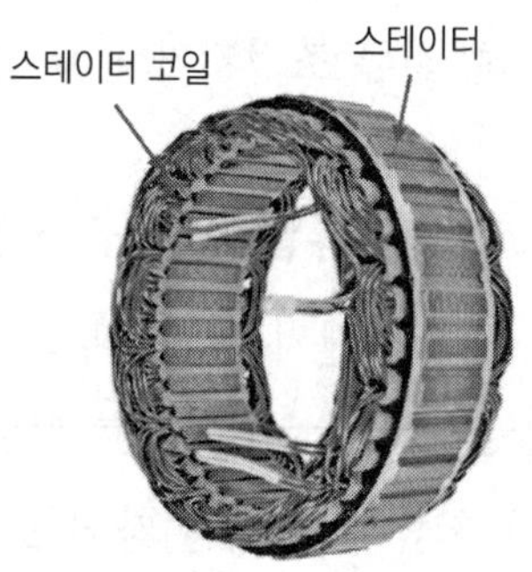

그림 8-7 스테이터의 구조

스테이터 코일은 절연 피복 구리선을 그림에 나타낸 바와 같이 슬릿에 감아 넣고 이것을 차례차례로 접속한 것을 1조로 한다. 그리고 코일피치는 자극간극(폴 피치)으로 동일하게 되어 있다. 이와 같은 코일 군(群)을 서로 120°(자극 간격의 ⅔)씩 겹쳐서 3조로 설치하여 3상 결선으로 한다. 코일 접속 방법에는 이미 설명한 바와 같이 Y결선과 삼각결선이 있으며, 선간 전압이 높은 Y결선을 주로 사용한다.

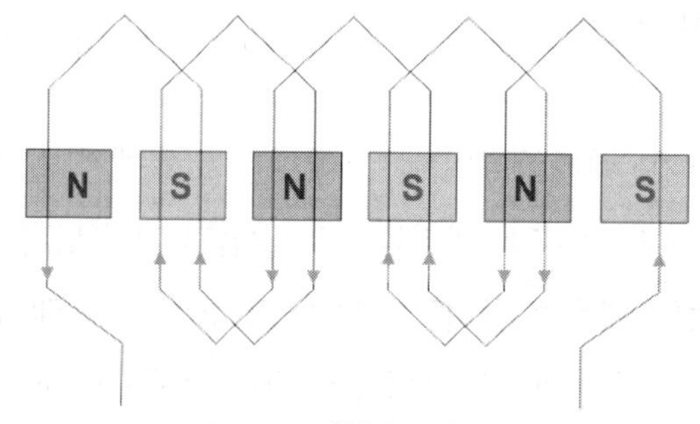

그림 8-8 스테이터 코일의 극성

(2) 로터(rotor)

로터는 교류발전기에서 자속을 만드는 부분이다. 구조는 로터철심, 로터코일, 축, 슬립 링(slip ring)으로 되어 있다. 로터의 구조는 그림 8-9에 나타낸 바와 같이 축 위에 원통형의 로터코일 양쪽에서 끼우는 방법으로 4~6개의 철심을 조합한 것이다. 로터코일의 시작 부분과 끝 부분은 각각 축 위에 절연하여 설치한 2개의 슬립 링(slip ring)에 접속되어 있다.

작동 과정을 설명하자면, 슬립 링에 접촉된 브러시를 통하여 로터코일에 전류가 흐르면 축 방향으로 자계가 형성되어 한쪽 철심에는 N극, 다른 한쪽 철심에는 S극으로 자화된다. 따라서 서로 마주보고 결합된 각각, 자극 편(pole piece)은 자극이 되고, N극과 S극이 서로 번갈아 배열되어 8~12극이 형성된다. 로터철심은 자계의 손실을 방지하기 위하여 저탄소강을 단조(鍛造) 또는 인발하여 제작한다. 슬립 링은 통전성능이 좋은 스테인리스 또는 구리를 사용하여 제작한다.

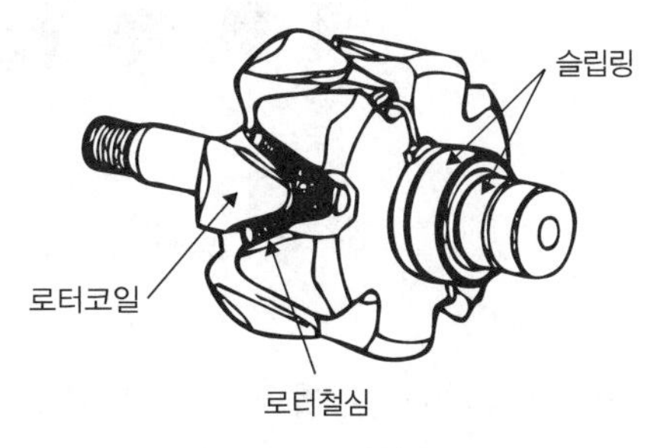

그림 8-9 로터의 구조

(3) 브러시(brush)

2개의 브러시는 각각 브래킷에 고정된 브러시 홀더에 끼우며, 브러시 스프링 장력에 의해 슬립 링에 접촉되어 있다. 1개의 브러시는 절연된 외부단자(L단자)에 접속하며, 또 다른 1개의 브러시는 브러시 홀더와 전압조정기를 통하여 접지된다. 브러시는 로터가 회전을 하면 연속적으로 슬립 링과 미끄럼 접촉하기 때문에 접촉 저항이 작고 내마멸성이 큰 금속 흑연계열을 사용하여 만든다.

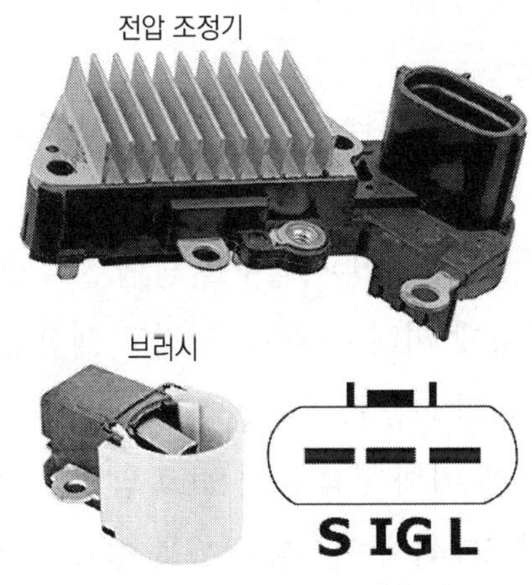

그림 8-10 브러시 및 전압 조정기

(4) 정류기(rectifier)

교류발전기에서는 정류기로 실리콘 다이오드를 사용한다. 다이오드는 스테이터 코일에서 발생한 3상 교류를 전파 정류하여 직류 전류로 변환하기 위한 6개의 정류용 다이오드와 중성선을 정류하기 위한 2개의 다이오드가 있다.

그림 8-11 디스크리트 실리콘 다이오드

실리콘 다이오드 장착 형식에 따라 캔형(can type) 또는 몰드형(mold type)의 다이오드를 히트싱크(heat sink, 방열판)에 압입하거나 납땜으로 고정하는 디스크리트(discrete)방식과, 히트싱크에 다이오드의 펠릿(pellet)을 직접 납땜하는 집적 방식이 있다.

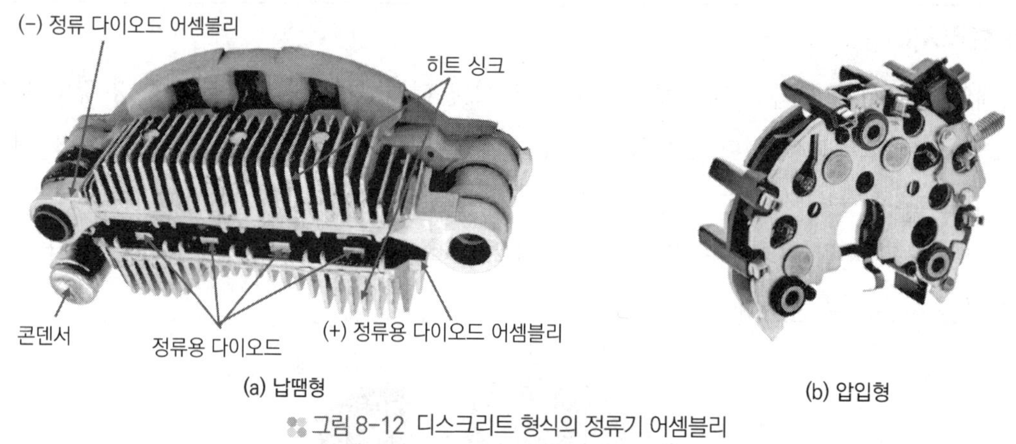

그림 8-12 디스크리트 형식의 정류기 어셈블리

캔형은 강철판 또는 케이스 위에 실리콘 펠릿을 납땜으로 밀폐하여 펠릿을 보호하는 구조로 되어 있다. 몰드형은 캔형에 비해 부품 수가 적고 생산성이 우수하기 때문에 최근에 널리 쓰인다. 직접방식은 (+) 쪽과 (-) 쪽의 히트싱크 위에 각각 3개의 펠릿을 함께 납땜하여 제작하며, 캔형이나 몰드형에 비해 부품 수가 적고 납땜을 한 번만 하면 된다. 정류용 다이오드는 (+)와 (-) 측에 각각 3개씩 두어 3상 교류를 전파 정류한다.

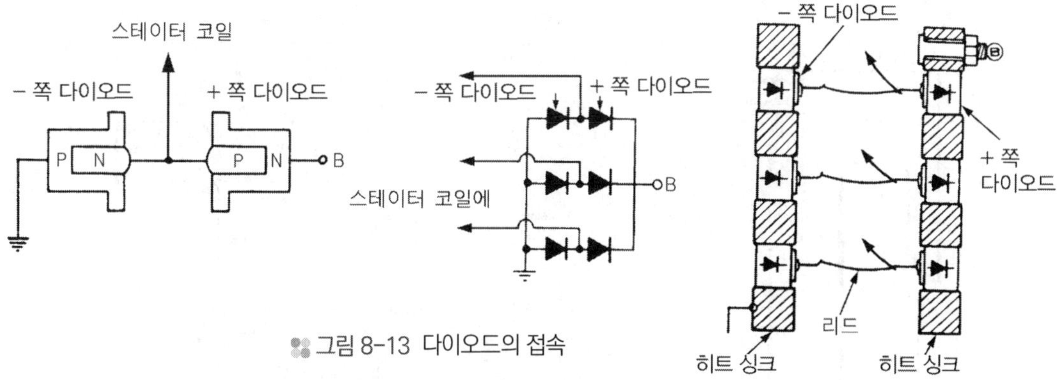

그림 8-13 다이오드의 접속

표 8-1 발전기 부품의 역할

부품명	역할
스테이터 (Stator)	로터의 회전에 따라 교류 전류를 발생 시키며, 렉티파이어에 전달.
로터 (Rotor)	전원을 공급받아 자화되며, 스테이터에 전기를 유도시키는 작용.
렉티파이어 (Rectifier)	스테이터에서 발생하는 교류를 직류로 정류.
레귤레이터 (Regulator)	엔진의 속도에 관계 없이 일정 전압을 유지하는 장치. 과전압 발생 시 로터 코일의 여자전류를 차단.

3 교류발전기의 작동

(1) LS 발전기

그림 8-14에 따라 LS형식의 발전회로 작동을 설명하면 다음과 같다. 먼저 점화스위치를 ON으로 하면 충전 경고등을 경유한 전류는 발전기 L(lamp)단자 → (+)브러시 → 슬립링 → 로터 코일 → 슬립 링 → (-)브러시 → 전압조정기 내부 TR1 → 접지의 경로로 흐르며, 초기 로터 코일을 여자 시킨 후 접지되므로 충전 경고등은 점등한다. 하지만 발전기가 회전하지 않을 경우 전류는 발전되지 않는다.

엔진 시동 후, 발전이 시작되면 내부 회로 결선에 의하여 "L" 단자로 충전 전압이 인가되고, 충전 경고등을 경유한 전압과 동 전위가 형성되므로 경고등은 소등된다.

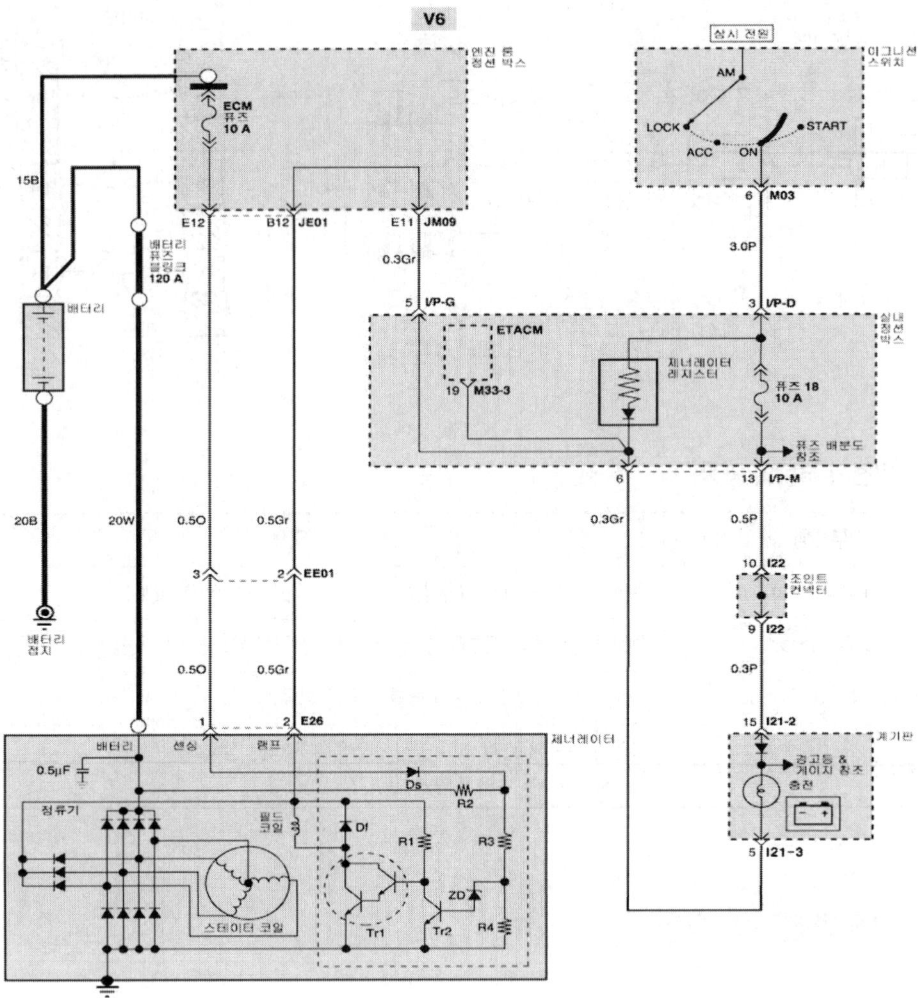

그림 8-14 LS형식의 발전기

그리고 발전기의 S단자는 발전기에서 충전되는 전압을 배터리로부터 Feed Back받아 과전압일 경우에 내부의 제너다이오드를 통하여 TR2를 ON시킨다. 이어서 TR1은 OFF 되므로 로터 코일의 여자를 해제한다.

표 8-2 L단자 전압

조건	전압
IG Off	0V
IG On	2~3V
엔진 정상 회전	12.6V이상

(2) FR 발전기

그림 8-15에 따라 FR형식의 발전회로 작동을 설명하면 다음과 같다. 전기부하 발생 시 LRC(Load Response Control) 제어를 하여 엔진 PRM의 급격한 변화를 방지하는 발전 전류 제어형 발전기회로이다. 급격한 전기 부하 발생 시 5초±3초 동안 로터 코일의 전류를 조절한다.

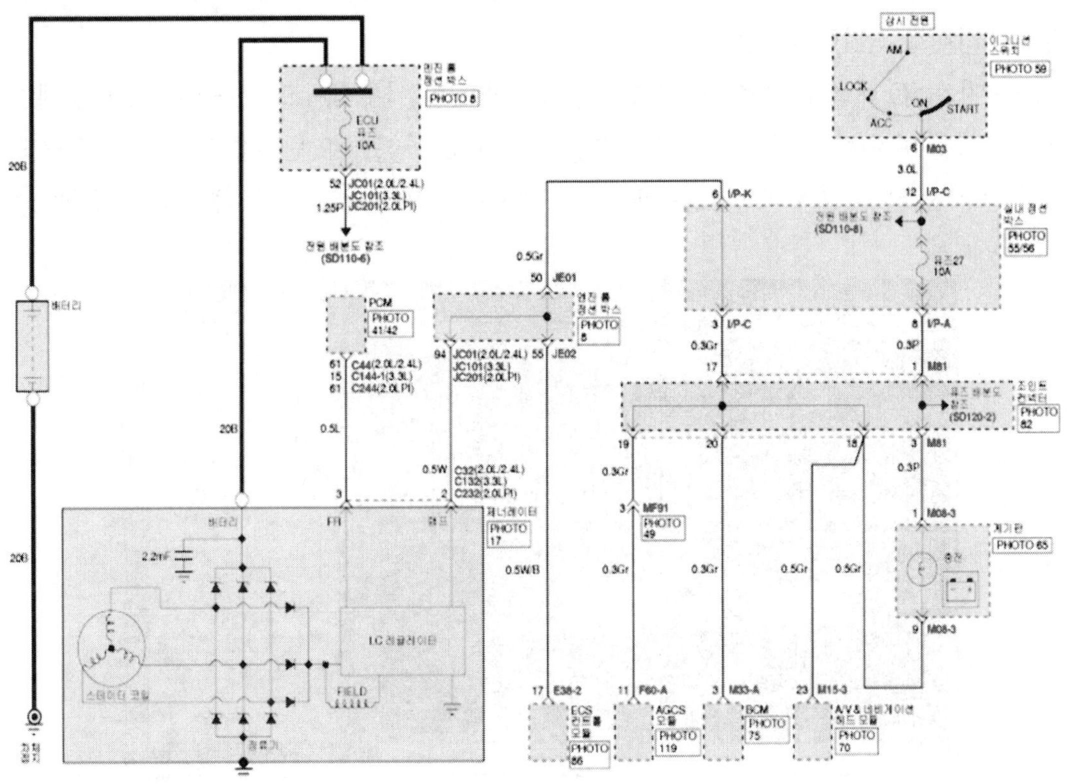

그림 8-15 FR 발전기

작동 양상을 설명하자면, 발전기 내부의 IC 레귤레이터는 별도의 신호 없이도 B단자의 배터리 전원과 자체 접지를 사용하여 로터 코일을 여자시켜 발전하며, 자체 검출되는 충전전압에 의하여 정전압을 유지할 수 있다. 기존 발전기에서는 L단자를 통한 전원으로 로터 코일의 여자 진원을 확보하고 충진 경고등을 점등시키는 역할을 하였지만, IC 레귤레이터 방식은 다음과 같은 두 가지 역할을 한다.

1) 충전 경고등 점등

발전기 이상, 또는 충전 대기 중 (시동 無, IG ON)일 경우 경고등을 점등시킨다.

2) 발전 대기 상태

점화 키 OFF, 엔진 정지 시 IC 레귤레이터는 Sleep모드로 진입(L단자 전압 0V)하며, 점화 키 ON 후 L단자 전압이 1.5V 이상 입력되면 IC 레귤레이터는 로터를 자화시켜 충전 대기상태로 진입한다.

FR단자는 IC 레귤레이터에 의하여 정상적인 발전이 이루어지고 있을 때, IC 레귤레이터가 로터를 여자(접지)시키는 전위의 역 위상(12V Duty)을 FR 단자를 통하여 엔진 ECU로 보낸다. 엔진 ECU는 이 신호를 바탕으로 발전기 부하에 맞는 RPM 제어를 수행한다.

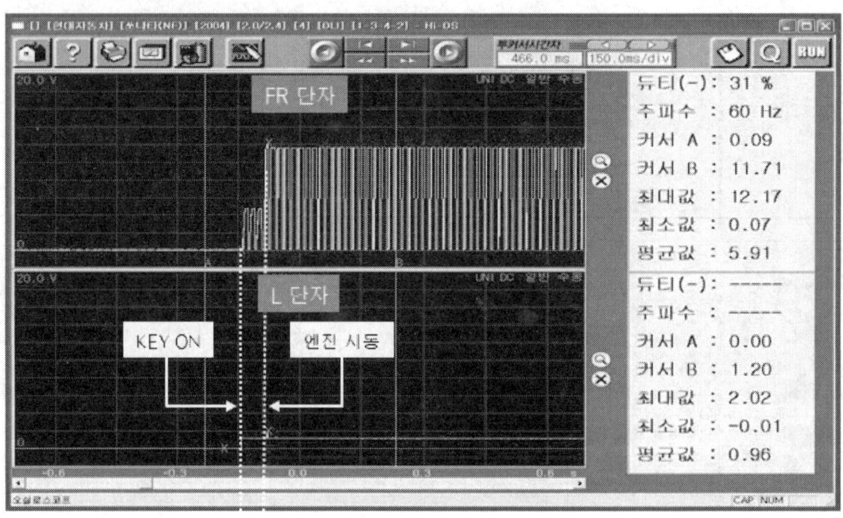

그림 8-16 FR 및 L 단자 위상

Chapter 04 교류발전기 조정기(Alternator Regulators)

교류발전기의 출력은 스테이터 코일의 권수, 자력의 크기 및 단위시간 당 자속을 자르는 회수(회전속도)에 따라 결정된다. 따라서 엔진의 회전속도가 증가하면 발전기의 발생 전압과 전류가 모두 증가한다. 이에 따라 전압조정기는 로터코일에 흐르는 전류의 양을 조절하여 발전기에서 발생하는 전압·전류를 제어한다.

1 교류발전기 조정기의 개요

교류발전기의 정류기는 실리콘 다이오드를 사용하므로, 배터리에서 발전기 내부로 전류가 흐르는 역류의 염려가 없다. 스테이터 코일은 높은 회전속도(고주파 임피던스)에서는 최대 출력전류가 억제되므로, 자체의 전류제한 작용이 있어 출력전류도 과다하게 흐르지 않는다. 따라서 교류발전기 조정기는 직류발전기 조정기와 같이 컷 아웃 릴레이와 전류 제한기가 필요 없다. 즉 교류발전기는 충전경고등을 작동시키기 위한 회로와 전압조정기회로를 조합한 IC 방식을 사용한다.

2 IC 전압조정기

(1) IC 전압조정기의 개요

IC 전압조정기를 사용하는 충전회로는 반도체 회로에 의하여 로터코일의 전류를 단속하여 교류발전기의 발생전압을 일정하게 하는 것으로, 초소형으로 제작할 수 있기 때문에 발전기 속에 내장할 수 있으며 다음과 같은 장점이 있다.

① 배선을 간소화할 수 있다.

② 진동에 의한 전압변동이 없고, 내구성이 크다.

③ 조정전압 정밀도 향상이 크다.

④ 내열성이 크며, 출력을 증대시킬 수 있다.

⑤ 초소형화가 가능하므로 발전기 내에 설치할 수 있다.

⑥ 배터리 충전성능이 향상되고, 각 전기부하에 적절한 전력 공급이 가능하다.

그림 8-17 전압 조정기

(2) LR발전기의 IC 전압조정기의 작동

1) 엔진이 정지한 상태에서 점화스위치를 ON으로 하였을 때

점화스위치가 ON일 때 트랜지스터 Tr_2와 Tr_3가 ON(배터리 → 점화스위치 → R단자 → Tr_2 ON → Tr_3 ON)이 되므로 로터 코일의 여자전류는 배터리 → 점화스위치 → L단자 → 로터코일 → F단자 → Tr_3 → 접지로 흐른다.

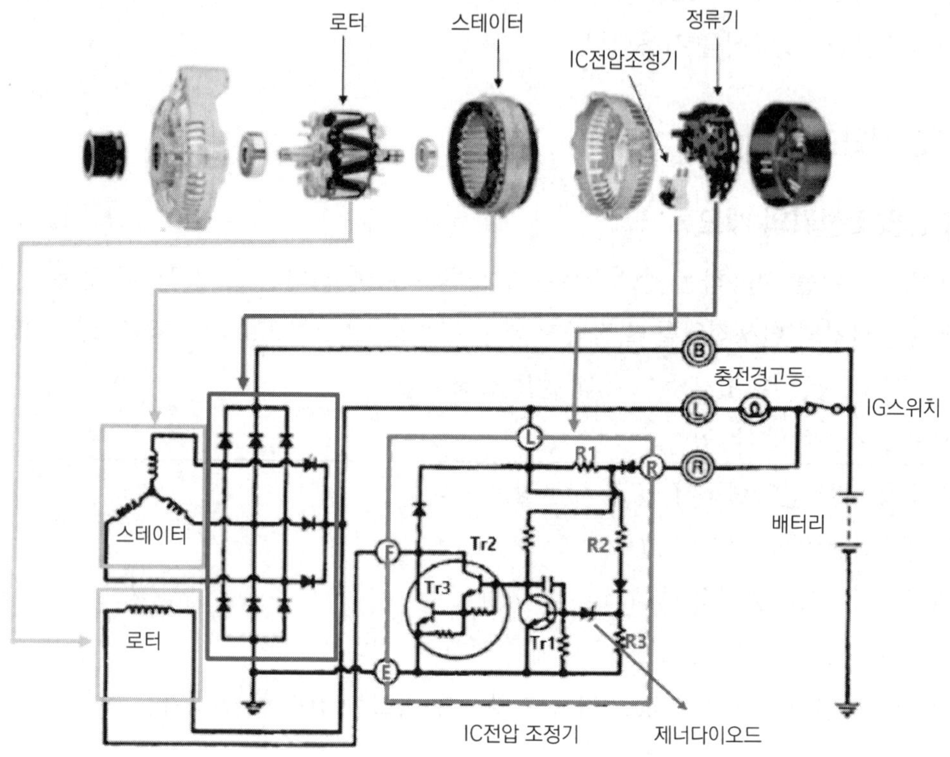

그림 8-18 LR 발전기 전압 조정 회로

2) 엔진이 가동되어 교류발전기가 발전을 시작할 때

엔진이 가동되면 로터코일을 여자시키는 전류는 트리오 다이오드 → 로터코일 → 전압조정기 F단자 → Tr_3 → 접지되면서 여자된다. 또한 발전 전압이 배터리와 동일한 전압에 이르면 충전경고등이 소등된다.

발전전압이 낮을 때는 전류가 트리오 다이오드 → 전압조정기 L단자 → R_2 → Dz로 흐르지만 제너다이오드 Dz의 문턱전압보다 낮기 때문에 Tr_1은 OFF 상태가 된다.

3) 엔진이 고속으로 회전하여 교류발전기의 발생전압이 규정 값 이상 되었을 때

엔진 회전속도가 증가하면 전압은 제너다이오드 Dz를 통전시키는 문턱전압까지 상승한다. 전류는 제너다이오드 Dz를 통과하여 Tr_1이 ON되면 Tr_2와 Tr_3은 OFF되고 여자전류는 급격히 감소한다. 여자전류가 감소하면 발전전압도 감소하여 제너다이오드 Dz에 가해지는 전압도 감소한다. 따라서 Tr_1은 OFF되고 Tr_2와 Tr_3은 ON되어 전압을 다시 상승시킨다. 이러한 작동을 반복하여 발전전압을 조정한다.

Chapter 05 충전경고등

충전경고등은 경고등의 점멸로 충·방전 상태를 표시하며, 배터리를 중심으로 한 충전계통이 정상이면 소등되고, 이상이 있으면 점등되어 경고한다.

종류에는 스테이터 코일의 결선 중성점의 전압을 검출하여 충전경고등을 점멸하는 3상 중성점 검출방식과, 스테이터 코일의 3상 단자 중 하나의 단자와 접지사이의 전압을 검출하여 작동시키는 단상전압 검출방식이 있다.

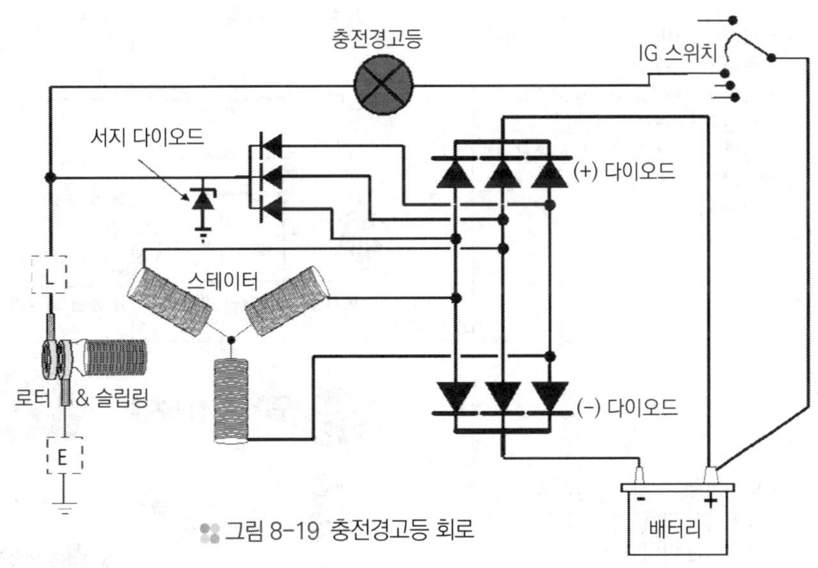

그림 8-19 충전경고등 회로

교류발전기 스테이터 코일의 Y결선의 중성점의 전압을 검출하여 충전경고등을 점멸시킨다. 그림 8-19과 같이 점화스위치를 ON으로 하면 전류가 배터리에서 충전경고등 → 전압조정기 L단자 → 슬립링 → 로터코일 → 전압조정기 E 단자를 거쳐 접지로 흘러 경고등이 점등된다. 엔진이 가동되어 발전기 회전속도가 상승하여 중성점의 전압이 상승하면 충전경고등 회로의 전압 차이가 0이 되어 소등된다.

Chapter 06 발전 전류 제어 시스템

1 개요

발전 전류 제어는 차량 부하에 따른 최적의 발전량을 조절하기 위하여 배터리 (-) 터미널에 부착된 배터리 센서 데이터를 이용하여 PCU가 발전기를 제어하는 시스템이다. 또한 시스템 이상으로 발전기 제어가 불가능할 경우, 발전기 스스로 전장 부하에 대응할 수 있도록 Fail-safe 기능이 추가되어 있어 안정적인 전원 공급이 가능하다.

제어 목적	설명	
연비 개선	• 차량 속도에 따른 충전 제어를 통해 연비 개선 • 가속 시 발전을 금지하고 배터리 전원 사용 → 방전 지향 • 감속 시 엔진의 여유 동력을 사용하여 최대 발전 유도 → 배터리 충전	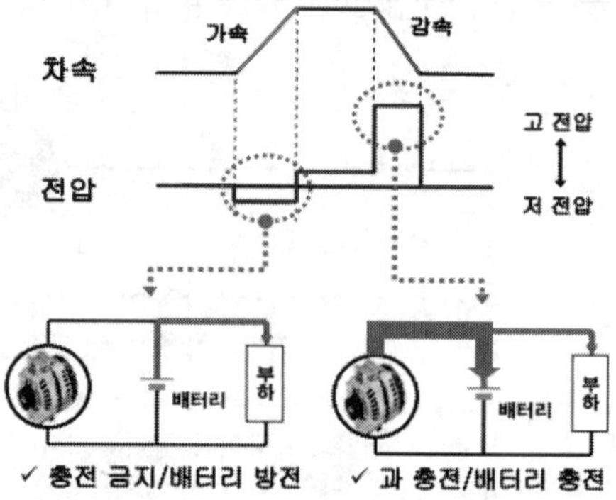 가속 감속 차속 고 전압 전압 저 전압 배터리 부하 ✓ 충전 금지/배터리 방전 ✓ 과 충전/배터리 충전
배터리 충전 최적화	• 배터리 충전 상태를 70~90%로 유지하여 과충전을 방지함 • 안정적인 배터리 상태 유지	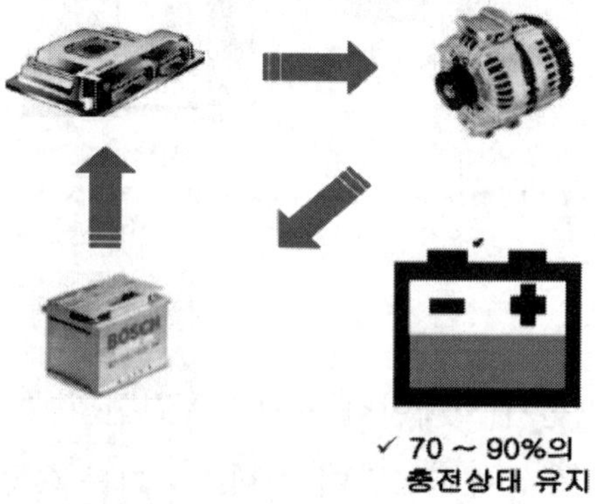 BOSCH ✓ 70 ~ 90%의 충전상태 유지

2 주요 부품의 구성 및 역할

항목	기능	
PCU (Power train Control Unit)	• 차속(가/감속) 및 전장 부하에 따른 발전기 전압 제어를 수행	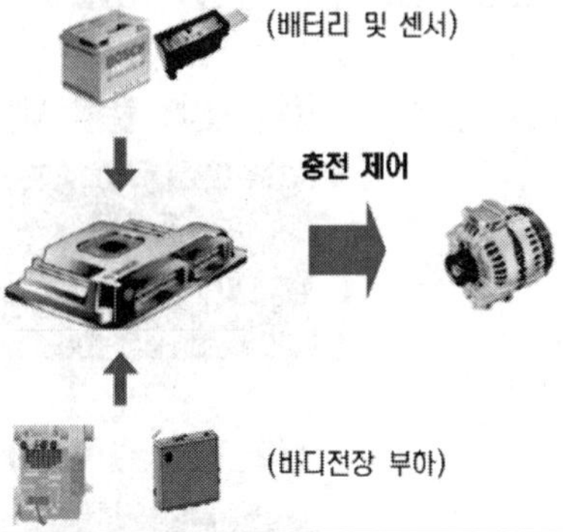
배터리 센서	• 배터리 충전 상태를 PCU로 전송 - 충전상태(State Of Charge) : SOC - 노후상태(State Of Health) : SOH - 재시동 가능 상태-ISG 재시동 가능 유무(State Of Function) : SOF	 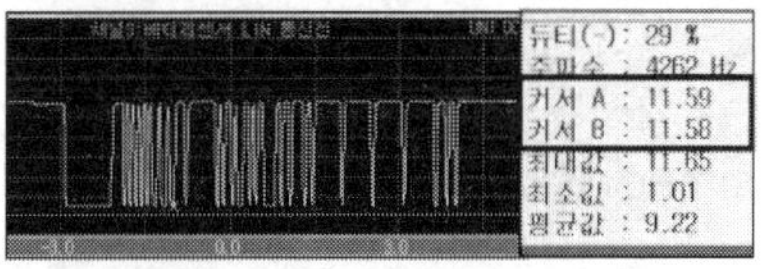
발전기	• PCU의 신호에 따라 전류 생산 • 단자 구성 - B 단자 - FR 단자 - L 단자 - C 단자	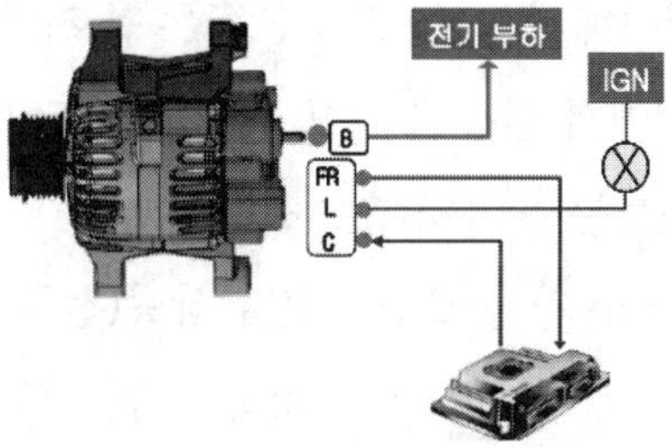

3 발전기 주요 단자별 역할

(1) FR(Field Reference) 단자

발전기에서 PCU로 입력하는 신호로, 발전기가 출력하는 전류의 양을 Duty로 전송한다.

- PCU에서 발전기로 12V Pull-up 전원 인가.
- 발전기 내부 IC 레귤레이터는 로터를 구동하는 출력과 동일하게 FR 단자로 신호를 보냄.
- FR 신호는 (+) Duty로 제어.

- PCU에서 Idle Up 신호로 사용.
- (+) Duty가 높으면 : 전압 상승(로터 구동 높음).
- (+) Duty가 낮으면 : 전압 하강(로터 구동 낮음) .

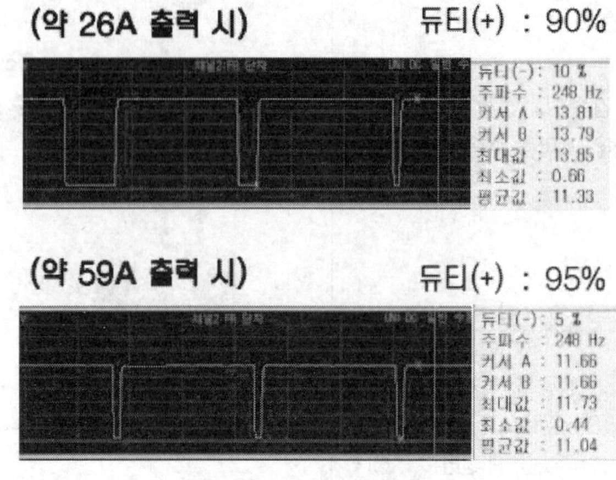

그림 8-20 FR 단자 듀티 값

(2) C(Communication) 단자

PCU에서 발전기로 목표 전압을 Duty로 전송한다.

- 발전기에서 PCU로 6.4V 풀-업 전압 인가.
- PCU에서 연산된 목표 전압을 발전기로 전송.
- C 신호는 (-) Duty로 제어.
- (-) Duty가 높으면 : 전압 상승(전류 상승).
- (-) Duty가 낮으면 : 전압 하강(전류 하강) .

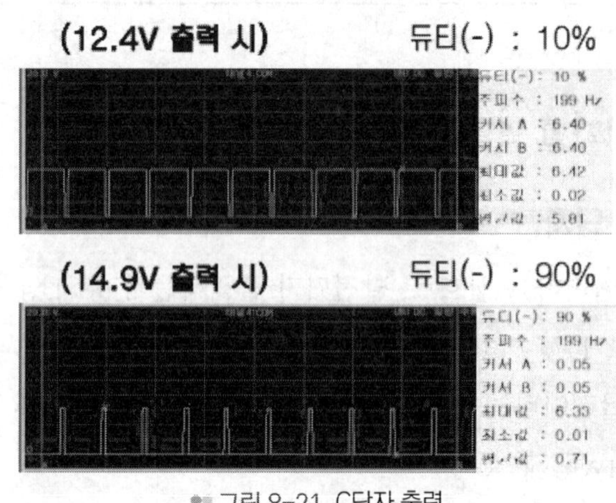

그림 8-21 C단자 출력

(3) B(Battery) 단자

발전기에서 생산된 전류를 차량의 모든 시스템으로 출력하는 단자이다.

(4) L(Lamp) 단자

이그니션 On 상태를 입력받아 발전 대기 모드로 전환하며, 충전 경고등을 점/소등한다.

4 발전제어 과정

(1) 발전제어 진입 및 금지 조건

구분	내용
진입 조건	• 배터리 SOC가 80% 이상일 경우 시동 Off시까지.
금지 조건	• 배터리 센서가 안정화 되지 않을 경우. • 배터리 SOC가 80% 이하일 경우. • 고장코드 발생 시.

(2) 상황에 따른 발전제어 조건

구분		내용
C 단자 Duty	정상	• 배터리 상태 및 전장 부하에 따라 5%~97%로 제어.
	비정상	• 시스템 이상 또는 과도한 전기장치 작동 시 발전기 자체 충전 유도. • 5% 이하 또는 97% 이상으로 제어.
상황에 따른 발전제어	가속 시	• 발전기 출력을 배터리 전압보다 낮추어 배터리 방전 유도. • 발전기 부하 최소화 (엔진 성능 향상).
	감속 시	• 발전기 출력을 최대로 유지하여 배터리 충전 유도(과충전). • 발전기 부하 최대화(엔진 동력 상쇄).
	전기장치 작동 시	• 많은 전류를 소모하는 전장품(와이퍼, 블로어 모터, 전조등 등) 작동 시. • 발전기 자체 충전 또는 과충전 제어 실시.
	이상 발생 시	• 발전기 커넥터 이탈 또는 신호선 이상 시 발전기 자체 충전 실(약 14.4V).

※ 배터리 센서 안정화

최초로 배터리 전원이 인가되면 배터리 상태를 파악하기 위하여 일정한 시간 동안 모니터링을 실시한다.

• 안정화가 되지 않으면 원활한 발전제어가 수행되지 않음.

• 안정화 조건

– 4시간 동안 차량의 암전류가 100mA 이하일 것.

– 안정화 도중 암전류가 증가하면 초기화되어 다시 시작함.

5 C 단자 Duty에 따른 출력 전압

(1) 시스템 정상 시(5 ~ 97%로 제어)

차량의 가/감속 상태 및 전장품의 부하에 따라 PCU는 발전기로 보내는 "C" 단자의 Duty를 조정한다. 아래는 Duty에 따른 발전전압을 보여준다.

- Duty 증가에 따라 발전전압 증가.
- 정상적인 제어 시 : 5%~97% Duty 제어.

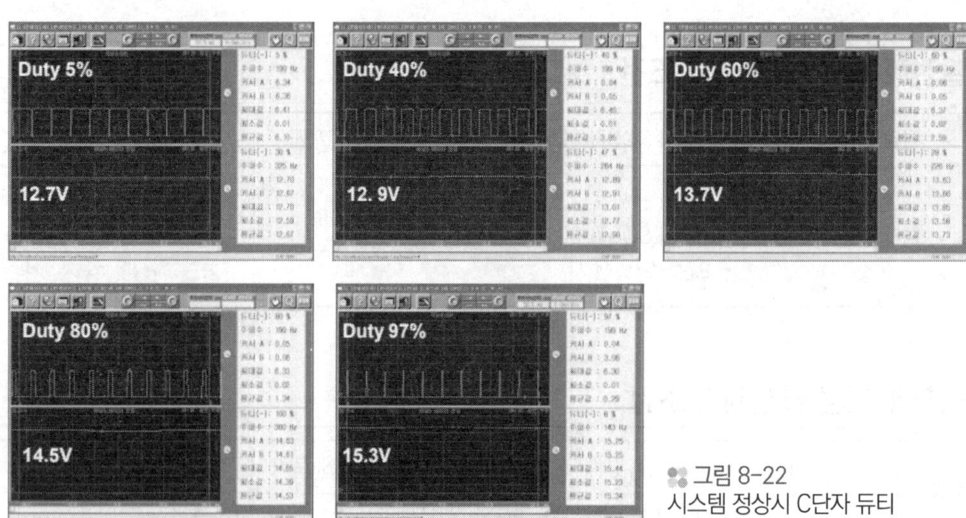

그림 8-22
시스템 정상시 C단자 듀티

(2) 시스템 이상 시(5% 이하, 97% 이상으로 제어)

발전 전류 제어 시스템에 이상이 발생할 경우, 또는 최대의 출력 전류가 필요할 경우 발전기 스스로 부하에 대응하여 출력을 할 수 있도록 Duty를 조정한다. 만일 커넥터가 탈거되거나, 시스템에 이상이 생기면 Duty는 변하지만, 출력 전류는 일정하게 유지될 수 있다(발전기 자체 발전 기능).

- Duty와 관계 없이 일정 전압 유지.
- 5% 이하, 97% Duty 이상.

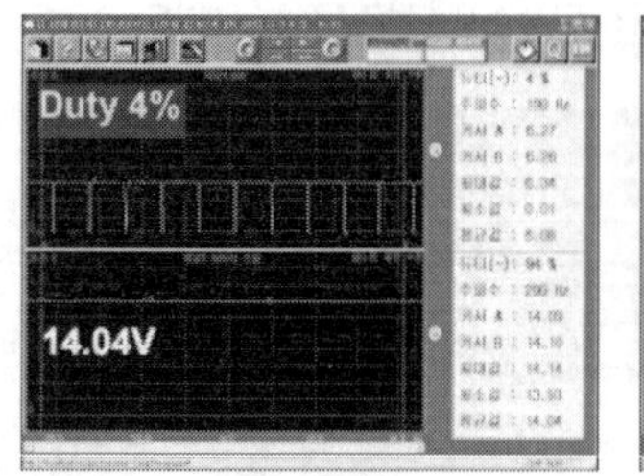

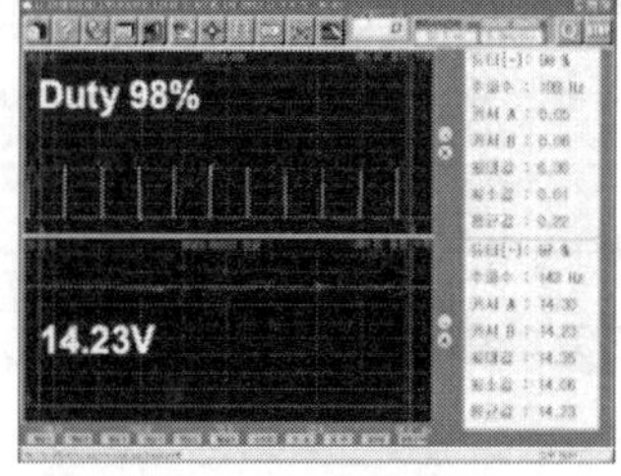

그림 8-23
시스템 이상 시 C단자 듀티

냉·난방장치

학습목표

1. 냉·난방장치에 대해 알 수 있다.
2. 에어컨의 작동원리에 대해 알 수 있다.
3. 에어컨의 구성부품과 그 작동에 대해 알 수 있다.
4. 전자동 에어컨의 구성과 작동에 대해 알 수 있다.

Chapter 01 냉·난방장치의 개요

온도 · 습도 및 풍속을 쾌적 감각의 3요소라 하며, 이 3요소를 조절하여 안전하고 쾌적한 자동차 운전을 확보하기 위해 설치한 장치를 냉·난방장치라 한다. 그리고 자동차의 열부하에는 자연환기부하, 관류부하, 복사부하, 승원부하 등이 있다.

① **자연환기부하** : 자연 또는 강제순환 장치에 의해 열과 수분을 조절하기 위한 실내외의 양방향의 환기를 말한다.

② **관류(貫流)부하** : 자동차 실내 벽, 바닥 또는 창 등으로부터 이동하는 열을 말한다.

③ **복사부하** : 직사 일광 또는 대기로부터 차량외장을 거쳐 내부로 유입되는 열을 말한다.

④ **승원부하** : 승차인원의 인체에서 발생하는 열을 말한다.

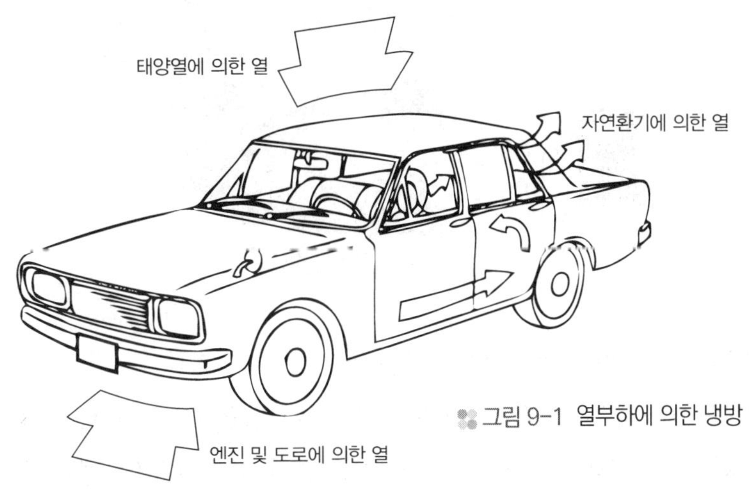

그림 9-1 열부하에 의한 냉방

Chapter 02

난방장치(Heater)

1 난방장치의 종류

난방장치를 열원별로 분류하면 온수를 이용하는 방식, 배기 열을 이용하는 방식, 연소방식, 전기 열전대 방식 및 히트펌프방식 등이 있다.

(1) 온수(溫水)를 이용하는 방식

이 방식은 수냉식 엔진 자동차의 냉각수의 열을 이용하는 구조이며, 현재 가장 많이 사용하는 난방 시스템이다.

(2) 배기 열을 이용하는 방식

이 방식은 배기가스의 열을 이용하는 것으로, 공랭식 엔진 자동차에서 사용하며, 구조는 간단하나 열용량이 부족하기 쉽다.

(3) 연소방식

연소방식은 연료를 연소시켜 그 연소열을 이용하는 방식으로서, 구조는 약간 복잡하지만 열용량이 커서 추운 지역의 디젤엔진 차량에 적합하다.

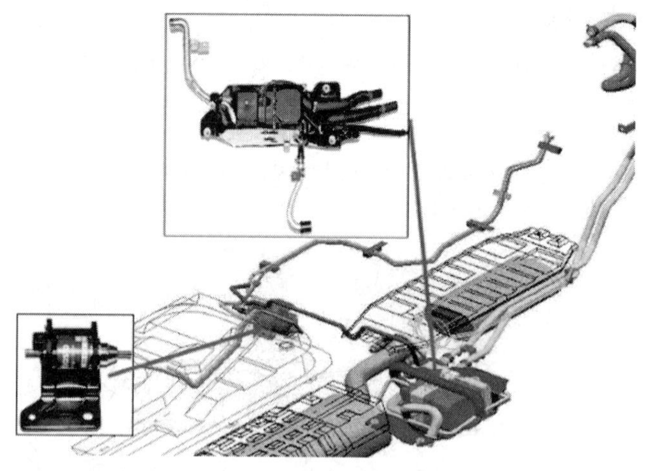

그림 9-2 연소식 히터

(4) PTC히터(Positive Temperature Coefficient heater)

실내의 공기를 가열하는 보조난방장치인 PTC히터(PTC, Positive Temperature Coefficient 히터)는 지백효과(Seebeck effect)의 반대효과인 펠티어 효과(Peltier sffect)를 이용한다. 발열장치를 통과하는 공기를 직접 가열하여 실내를 난방하는 방식으로서, 티탄산바륨계(BaTiO3계) 반도체는 자체 저항에 의해 발열현상이 나타난다. 특정 온도 이상에서는 급격한 저항값 증가로 인해 전류를 제한하여 외기 온도나 전원전압의 변동에도 불구하고 그 온도를 거의 일정하게 유지한다.

그림 9-3 PTC 히터

PTC 서미스터를 이용한 전기발열체 소자는 과열의 걱정이 없는 자기제어히터로서, 드라이어, 보온기, 난방기 등에 널리 응용된다. 하지만 PTC히터는 냉각수를 이용하는 히터 시스템에 비해 실내 웜업효과는 떨어지지만, 차실난방효과측면의 비용 측면에서 유리하여 커먼레일 차량에서 많이 채택한다.

지벡(Seebeck)효과란 무엇일까? 서로 다른 두 금속선의 끝을 묶어서 한쪽을 가열하면 열전회로에서 지속적인 전류 흐름이 생기는 현상으로, 토머스 지백이 발견한 효과이다. 또한 펠티어 효과란 무엇일까? 지백효과의 반대현상으로 전위치를 주었을 때 한쪽은 발열, 한쪽은 흡열 현상이 동시에 일어나 온도 차를 발생 시키는 현상이다. 2종의 상이한 금속을 접합한 회로에 전류를 흐르게 하면, 한쪽은 냉각되어 냉방효과가 나타나고 다른쪽은 가열되어 난방현상이 발생한다.

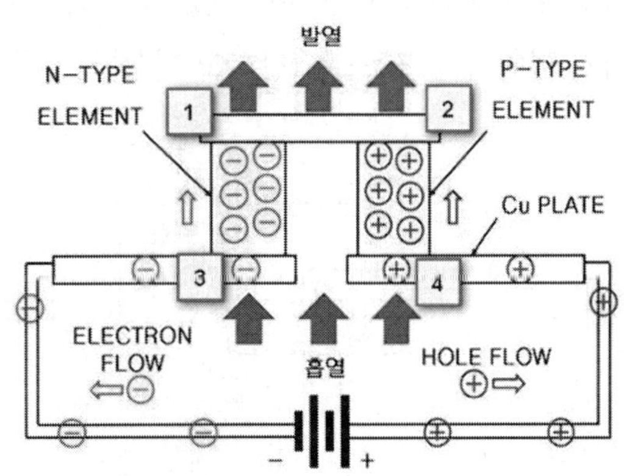

그림 9-4 펠티어 효과

(5) 히트펌프 방식

에어컨 시스템의 냉매 순환 사이클의 경로를 3웨이 밸브로 변경하여 고온 고압의 냉매를 열원으로 이용하는 난방시스템이다. 난방 시 히트펌프 가동을 위해 컴프레서를 구동하는 방식이다.

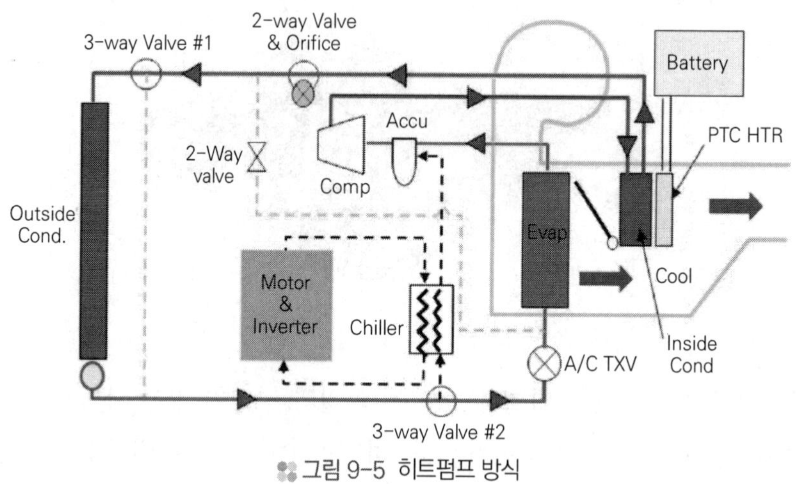

그림 9-5 히트펌프 방식

2 온수 방식 난방장치의 구조와 작동

온수 방식은 그림 9-6에 나타낸 바와 같이 엔진 냉각수의 일부를 히터유닛(heater unit)으로 흐르도록 하고, 냉각수가 배출하는 열량으로 유닛 내부의 공기를 데워서 이것을 송풍기로 자동차 실내로 보내어 난방한다. 동시에 바람의 일부를 앞 또는 옆 창유리에 불어 흐림을 방지하고, 또 성애가 생기는 것을 방지한다. 온수 방식의 종류에는 히터유닛으로의 공기 도입방법에 따라 외기 도입 방식과 내기 순환 방식이 있다. 외기 도입 방식은 공기의 신선도는 높으나 열교환량이 큰 히터유닛을 필요로 한다. 그리고 내기 순환방식은 공기의 신선도는 약간 떨어지나 구조가 간단하고 자동차 실내를 더욱더 따뜻하게 할 수 있다.

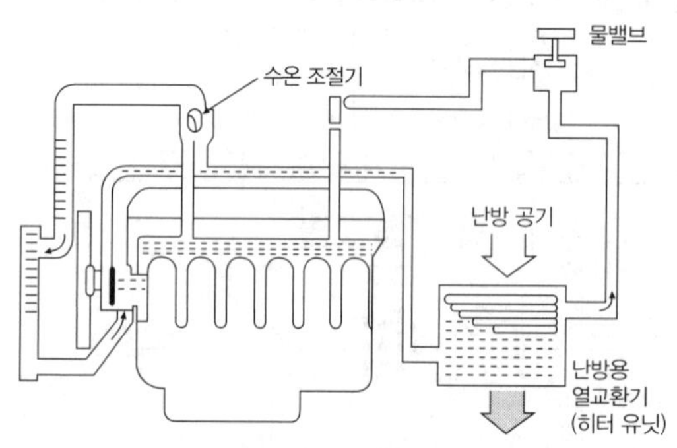

그림 9-6 온수 방식의 냉각수 흐름 경로

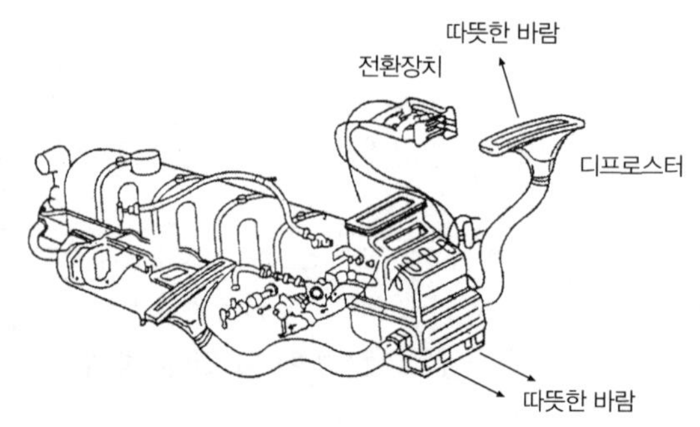

그림 9-7 외부도입 내기순환 전환방식의 예

3 온수 방식 난방장치의 구조

(1) 히터유닛(Heat Unit)

1) 히터유닛의 개요

히터유닛은 계기판 안쪽의 자동차 중앙에 설치되어 있으며, 외관은 플라스틱 케이스로 되어 있다. 케이스 내에 엔진 냉각수가 흐르는 히터코어(heat core)와 공기방향 조절용 모드 도어(mode door), 온도 조절용 에어믹스 도어(air mix door) 등으로 구성된다. 또 도어 작동용 진공 액추에이터(vacuum actuator)나 전기 액추에이터(electronic actuator) 등이 부착되어 있으며, 히터코어를 흐르는 냉각수 온도 측정용 수온센서가 부착되기도 한다.

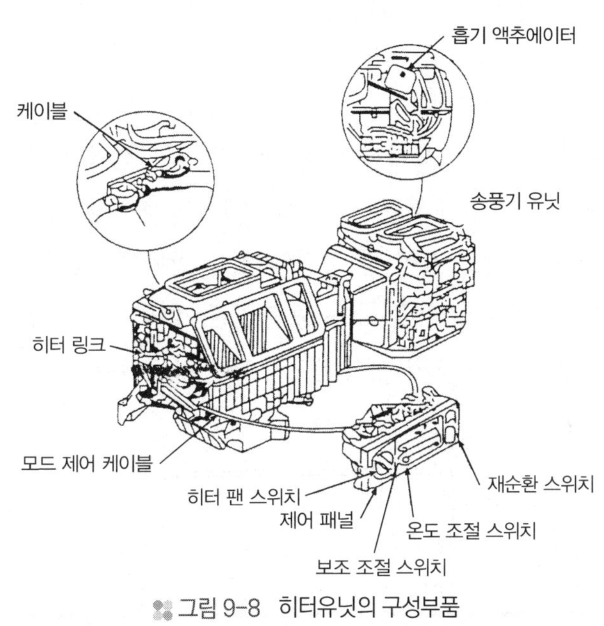

그림 9-8 히터유닛의 구성부품

2) 도어(door)의 종류

도어는 히터 내부에 조립되어, 조화된 공기를 얻고자하는 방향으로 보내기도 하고, 바람의 양을 조절하는 기능을 지니고 있다. 도어들의 작동을 조절하는 기구에 따라 분류하면, 조절레버와 연결된 케이블로 작동시키는 수동방식, 엔진에서 발생하는 진공을 이용하는 방식과 전동 액추에이터를 이용하는 전기방식 등이 있다.

3) 캠(cam)과 링크(link)

캠과 링크는 도어와 연결되어 각 도어의 작동을 제어한다. 도어의 개폐는 캠과 링크의 형상에 따라 조절된다.

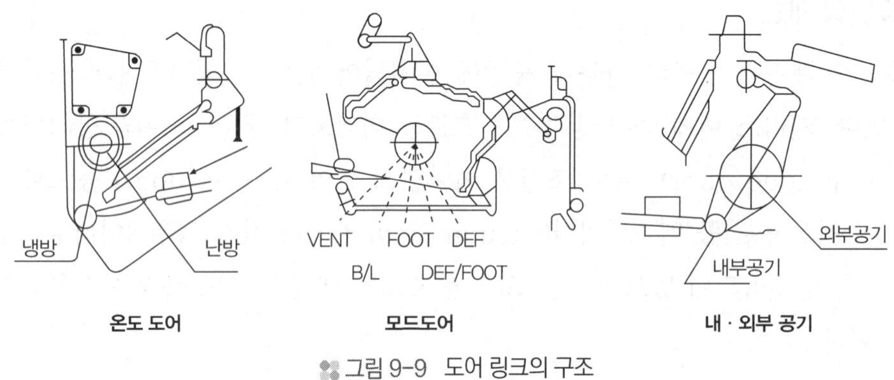

그림 9-9 도어 링크의 구조

4) 진공 액추에이터(vacuum actuator)

진공 액추에이터는 엔진에서 발생하는 진공의 흡입력과 진공 모터 내의 스프링 장력을 이용한 도어 개폐기구이다. 진공모터는 전기 액추에이터와 기능이 같다. 진공모터는 구조가 간단하여 고장 발생률이 낮고 값이 싼 장점이 있는 반면에, 직선운동에 따른 설치 장소의 제약을 받으며, 작동시간이 느리고, 작동 중 진공 누설에 따른 소음 및 다이어프램 마찰 소음이 있다는 단점이 있어 최근 점차 사용빈도가 낮아지는 추세이다.

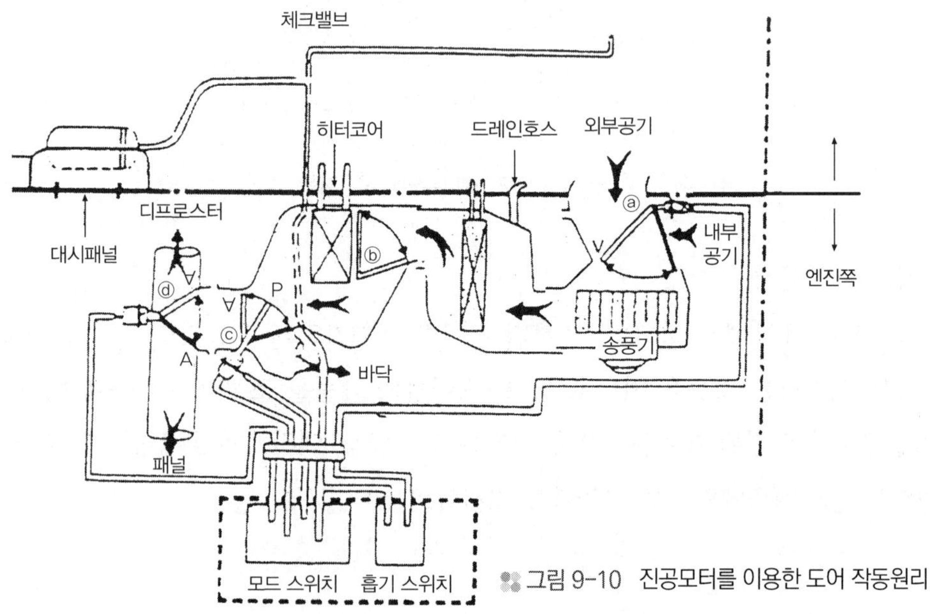

그림 9-10 진공모터를 이용한 도어 작동원리

5) 체크밸브(check valve)

체크밸브는 진공 발생부분인 엔진과 진공 사용부분인 진공탱크 및 진공모터의 진공호스 사이에 위치하여 진공의 역류를 방지하기 위한 개폐기구이다. 작동 방식은 다음과 같다.

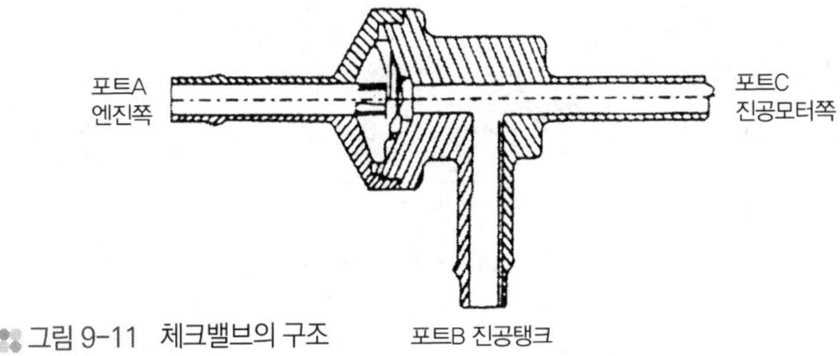

그림 9-11 체크밸브의 구조

① 엔진에서 진공이 생성될 때

엔진에서 진공이 생성될 경우에는 포트 A 방향으로 진공이 작용하여 다이어프램이 포트 A 쪽으로 움직임에 따라, 진공탱크 쪽 포트 B와 진공 모터 쪽 포트 C를 통하여 공기가 흡입된다(즉, 진공이 공급된다).

2차 작용으로는 진공모터 쪽 포트 C로 진공이 공급되나 진공모터에서 필요로 하는 진공량 이외의 잉여 진공량 또는 진공모터가 작동하지 않는 경우의 진공량 등은 포트 B에 연결된 진공탱크에 저장된다.

② 엔진에서 진공이 생성되지 않을 때

엔진에서 진공이 생성되지 않는 경우에는 진공탱크 내에 저장된 진공이 엔진 쪽으로 누출되어 진공모터가 전혀 작동할 수 없게 된다. 이런 경우에는 다이어프램이 포트 C 쪽으로 이동하여 통로를 차단해 진공탱크 내에 저장된 진공이 외부로 누출되는 것을 방지한다.

6) 전기 액추에이터

전기 액추에이터는 모터의 회전력을 이용한 것이며, 모터의 회전을 웜 기어(worm gear)로 감속시키고, 래크(tack)기구로 1번 더 감속시킨 후 직선운동으로 변환시킨다. 이 래크가 연결 기구를 통하여 도어의 열림 정도를 조절한다. 전기 액추에이터는 전기배선, 회전방향과 회전량을 조절하기 위한 전기장치 및 조절장치가 필요하며, 진공 액추에이터보다 값이 비싼 결점이 있으나, 조절 정도, 내구력 및 소음 측면에서 우수하다.

① **내·외기(內·外氣) 액추에이터**

응축기와 송풍기 유닛의 내·외기 도입 부분 덕트에 부착되어 있으며, 내·외기 선택 스위치에 의해 내·외기 도어를 구동시킨다.

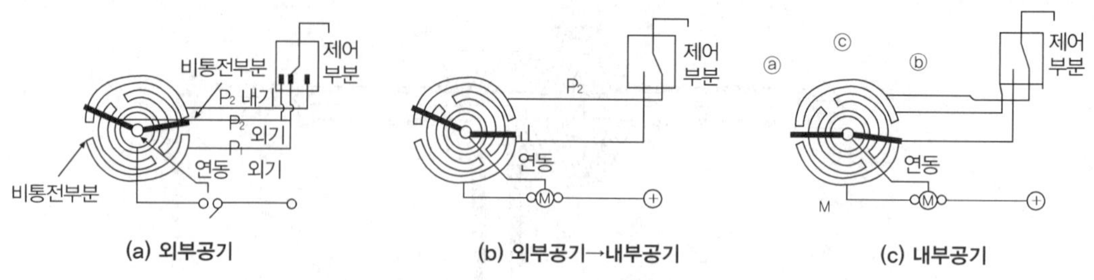

그림 9-12 내 · 외기 액추에이터의 내부회로 및 작동

② **온도 액추에이터**

히터유닛 케이스에 부착된 온도 액추에이터는 전자동에어컨 컨트롤러(FATC : Full Automatic Temperature Controller)로부터 신호를 받아, 에바포레이터를 통과한 찬바람과 히터 코어부에서 발생하는 뜨거운 바람을 적절히 섞어 운전자가 원하는 온도의 바람이 실내로 토출되도록 조절하는 역할을 한다.

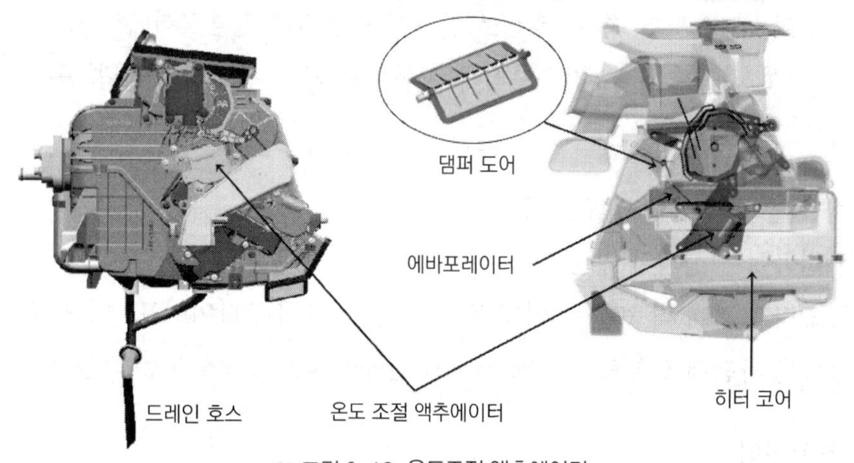

그림 9-13 온도조절 액추에이터

온도조절 액추에이터는 양극성 소형 DC 모터로 공조 컨트롤 유닛이 모터의 전원 극성을 바꾸어 제어하면, 정방향 또는 역방향으로 회전한다. 또한, 현재의 댐퍼 도어(바람의 방향을 바꿔주는 칸막이)의 위치를 공조 컨트롤 유닛으로 피드백(Feed Back)시키기 위한 위치 센서를 내장하고 있다. 공조 컨트롤 유닛은 위치 센서 신호를 피드백 받아 설정된 로직에 따라 목표 온도 제어를 수행한다.

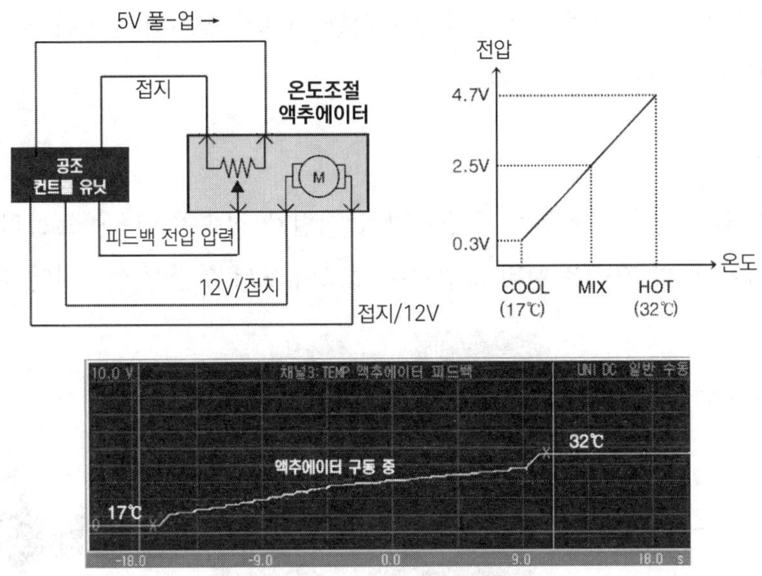

그림 9-14 온도조절 액추에이터의 피드백

액추에이터 모터는 공조 컨트롤 유닛이 인가하는 극성에 따라 정회전 또는 역회전을 한다. 위치센서는 회전형 가변저항(포텐시오 미터) 타입으로 공조 컨트롤 유닛에서 5V 풀-업 전원을 인가하고, 다른 한선은 접지된다.

모터가 구동하면 액추에이터 내부 가변저항 동판을 따라 신호선이 회전하면서 전압이 변화되고, 공조 컨트롤 모듈이 피드백 받아 현재의 댐퍼 도어 위치를 인식하고, 목표 위치에 도달했을 때 액추에이터 구동 전원을 Off시켜 작동을 멈추게 한다.

참고로, 액추에이터 위치 센서 전압은 최대 냉방 위치(Max Cool: 17℃)일 때 약 0.3V, 최대 난방 위치(Max Hot: 32℃)일 경우 약 4.7V가 입력된다.

(2) 블로어 모터 (Blower motor)

송풍기에 사용하는 모터는 직류 직권방식이며, 연속적으로 고속회전을 하므로 베어링에는 오일리스 베어링(oil less bearing)을 사용한다. 전기자 축의 한끝에는 팬(fan)이 부착되어 있어, 이 팬에 의해 히터유닛의 열을 실내로 강제 방출시킨다.

(3) 파이프 및 덕트(pipe & duct)

냉각수가 순환하는 파이프에는 물의 양을 조절하거나 사용하기 위한 밸브가 설치되어 있다. 덕트는 외부 공기도입용, 디프로스터용, 실내로 공기 불어내기용 등이 있으며, 이들을 통과하는 공기량을 조절하거나 전환하기 위한 밸브가 설치되어 있다. 이 밸브의 조작은 운전석에서 하게 되어 있다.

(4) 전기회로

블로어 모터의 회전속도 조절은 가변저항을 직렬로 접속하거나 콘트롤러의 듀티량을 변화시켜 조절한다. 이 저항은 히터 스위치나 블로어 모터 부근에 설치되어 있다.

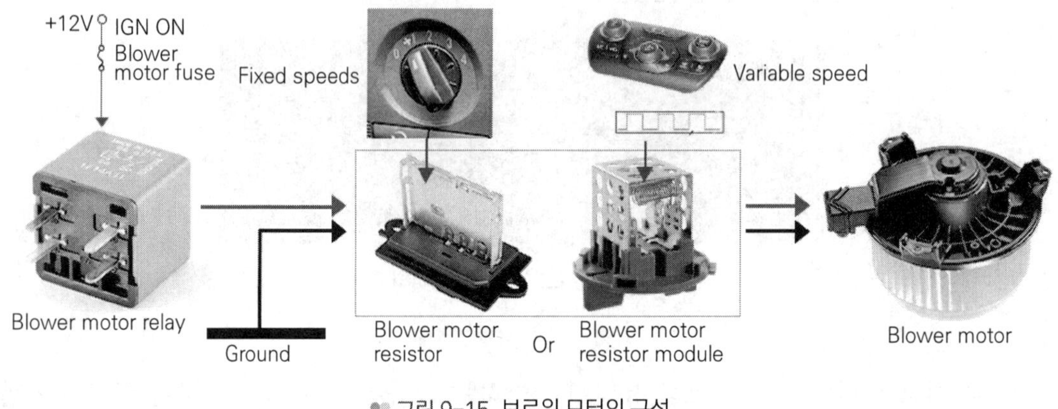

그림 9-15 브로워 모터의 구성

Chapter 03 냉방장치(Air Con)

1 공조장치

공조장치(Air Conditioner)는 차량 실내 공기 상태를 쾌적하게 만들고 유지하기 위한 장치로, 냉방과 난방, 습도 및 공기 청정도를 제어한다. 냉방을 하기 위해서는 엔진에 의해 구동되는 컴프레서가 냉매를 압축, 순환시켜 콘덴서, 리시버 드라이버를 거쳐 HVAC(Heating, Ventilation, and Air Conditioning) 내부에 있는 에바포레이터에서 열 교환 과정을 통해 실내 온도를 낮춘다. 난방의 경우는 뜨거운 엔진 냉각수를 직접 HVAC 내부의 히터 코어로 공급받고, 히터 코어의 열 발산을 통해 난방을 수행한다.

실내의 온도를 유지하기 위해서는 냉/난방을 적절하게 혼합하고, 사용자가 원하는 방향으로 토출되도록 해야 하는데, HVAC 내부에는 공기의 흐름 통로와 이를 조절하는 액추에이터 및 댐퍼 도어(Door)가 설치되어 있어, 온도 조절 및 풍향을 원하는 모드로 제어한다.

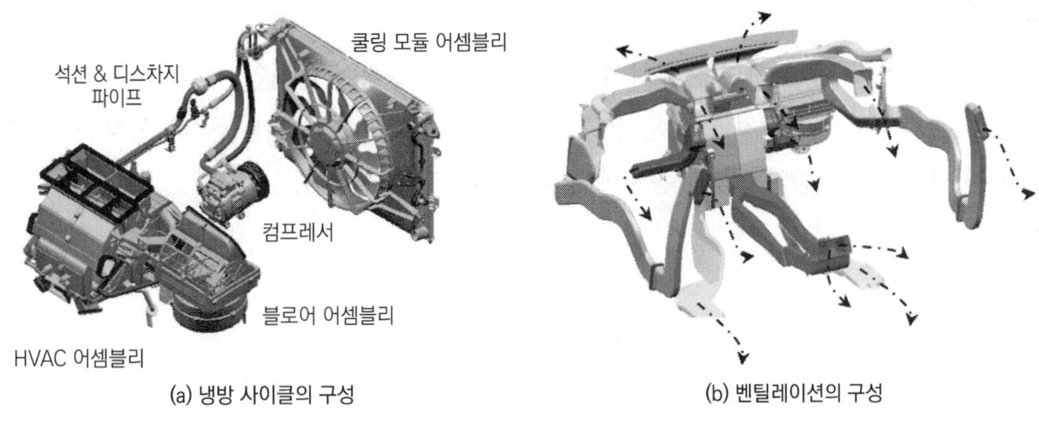

그림 9-16 공조장치

2 에어컨의 작동원리

냉동사이클은 증발 → 압축 → 응축 → 팽창 4가지 작용을 순환·반복한다.

(1) 증발(evaporation)

냉매는 증발기 내에서 액체가 기체로 변화한다. 이때 냉매는 증발잠열을 필요로 하므로 증발기의 냉각된 주위의 공기, 즉, 자동차 실내의 공기로부터 열을 흡수한다. 이에 따라 팬(fan)으로 자동차 실내의 온도를 낮춘다.

(2) 압축(compression)

증발기 내의 냉매압력을 낮은 상태로 유지한다. 냉매의 온도가 0℃가 되더라도 계속 증발하려는 성질이 있으며, 상온에서도 쉽게 액화(液化)할 수 있는 압력까지 냉매를 흡입하여 압축시킨다.

(3) 응축(condensation)

냉매는 응축기 내에서 외부공기에 의해 기체로부터 액체로 변화한다. 압축기에서 나온 고온·고압냉매는 외부 공기에 의해 냉각되어 액화하며, 리시버드라이어(receiver-dryer)로 공급된다. 이때 응축기를 거쳐 외부로 배출된 열을 응축열이라 한다.

(4) 팽창(expansion)

냉매는 팽창밸브에 의하여 증발하기 쉬운 상태까지 압력이 내려간다. 액화된 냉매를 증발기로 보내기 전에 증발하기 쉬운 상태로 압력을 낮추는 작용을 팽창이라 한다. 이 작용을 하는 팽창밸브는 감압작용과 동시에 냉매의 유량도 조절한다.

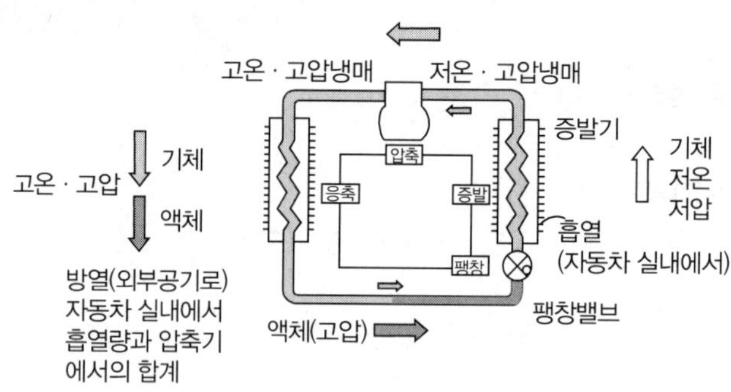

그림 9-17 냉방 사이클의 원리

3 자동차 에어컨의 구조와 작용

에어컨은 에어컨디셔너(Air Conditioner)의 줄임 말이며, 공기조화장치(냉·난방 장치)를 의미한다. 이것은 '일정한 공간의 요구에 알맞은 온도·습도 및 청결도 등을 동시에 조절하기 위한 공기 취급과정'이라 정의된다. 공기조화장치를 작동시키는 장치에는 다음과 같은 것들이 있다.

① 온도조절 장치(냉 · 난방 장치)

② 습도조절 정치

③ 공기를 청정 및 정제시키는 여과장치

④ 공기를 이동 및 순환시키는 장치

(1) 에어컨 형식의 종류

자동차용 에어컨 형식의 종류는 냉매의 팽창 방법에 따라 그림 9-18의 TXV(Thermal Expansion Valve Type)과 그림 9-19의 CCOT(Clutch Cycling Orifice Tube)형이 있다. 압축기, 응축기(콘덴서), 리시버드라이어, 팽창밸브, 증발기 등이 주요 구성부품이며, 이들 부품은 알루미늄 또는 구리파이프와 고무호스 등으로 연결되어 있다.

그리고 구성부품 내에는 열의 이동작용을 돕는 물질인 냉매(冷媒)가 들어있으며 부품 사이를 냉매가 순환하면서 액체 → 기체 → 액체로 연속적으로 변화하여 냉방효과를 발휘한다.

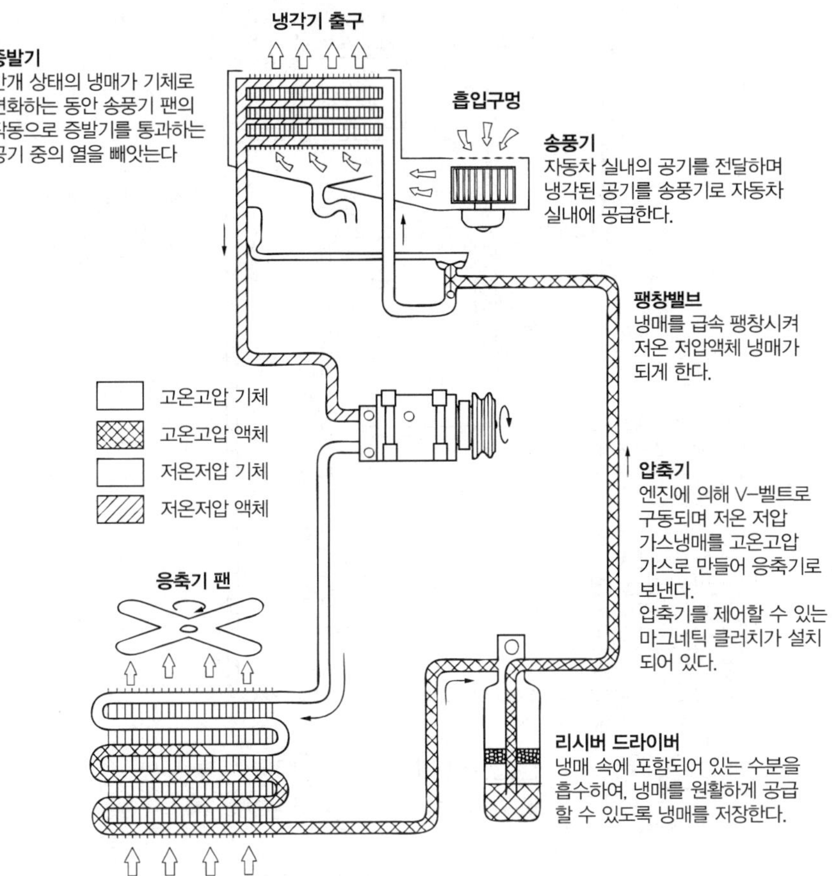

냉각기 출구
증발기
안개 상태의 냉매가 기체로 변화하는 동안 송풍기 팬의 작동으로 증발기를 통과하는 공기 중의 열을 빼앗는다
흡입구멍
송풍기
자동차 실내의 공기를 전달하며 냉각된 공기를 송풍기로 자동차 실내에 공급한다.
팽창밸브
냉매를 급속 팽창시켜 저온 저압액체 냉매가 되게 한다.
고온고압 기체
고온고압 액체
저온저압 기체
저온저압 액체
압축기
엔진에 의해 V-벨트로 구동되며 저온 저압 가스냉매를 고온고압 가스로 만들어 응축기로 보낸다.
압축기를 제어할 수 있는 마그네틱 클러치가 설치되어 있다.
응축기 팬
리시버 드라이버
냉매 속에 포함되어 있는 수분을 흡수하여, 냉매를 원활하게 공급할 수 있도록 냉매를 저장한다.
응축기
라디에이터 앞에 설치되어 있으며 주행속도와 냉각팬에 의해 고온고압 기체 상태의 냉매를 응축시켜 고온고압 액상냉매로 만든다.

그림 9-18 TXV형 에어컨의 구성

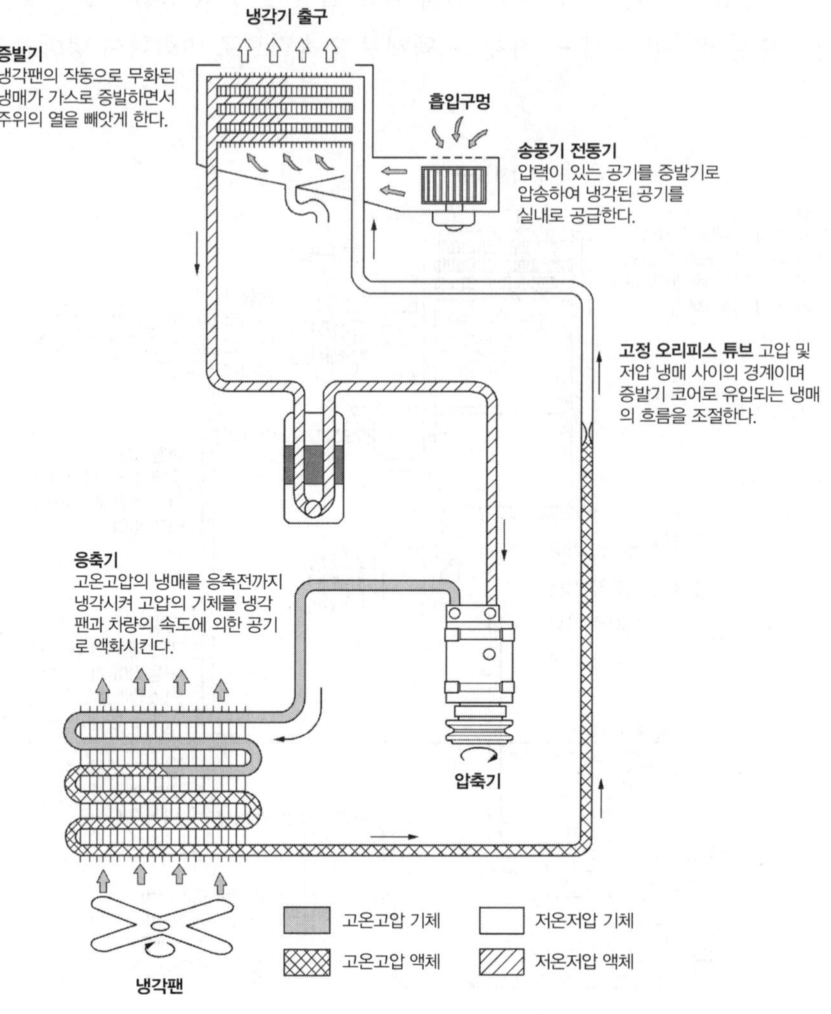
냉각기 출구
증발기
냉각팬의 작동으로 무화된
냉매가 가스로 증발하면서
주위의 열을 빼앗게 한다.
흡입구멍
송풍기 전동기
압력이 있는 공기를 증발기로
압송하여 냉각된 공기를
실내로 공급한다.
고정 오리피스 튜브 고압 및
저압 냉매 사이의 경계이며
증발기 코어로 유입되는 냉매
의 흐름을 조절한다.
응축기
고온고압의 냉매를 응축전까지
냉각시켜 고압의 기체를 냉각
팬과 차량의 속도에 의한 공기
로 액화시킨다.
압축기
고온고압 기체
저온저압 기체
고온고압 액체
저온저압 액체
냉각팬

그림 9-19 CCOT형 에어컨의 구성

(2) 에어컨의 작동

실내 공간을 저온(低溫)으로 만들기 위해 냉매는 압축기 → 응축기 → 리시버드라이어 → 팽창밸브 → 증발기를 거쳐서 다시 압축기로 되돌아오는 순환을 반복하며, 냉매는 순환하는 동안에 액체 → 기체 → 액체로 상태 변화를 하며 열을 이동시킨다.

이와 같은 냉매의 열의 이동작용을 "냉동(또는 냉방)사이클"이라 한다. 그리고 냉매가 기체(증기) 또는 액체로 되어 상태가 변화하는 냉동사이클을 "증발압축 냉동사이클"이라 하며, 자동차용 에어컨은 이 원리를 이용한다. 그러면 실제 에어컨 장치의 냉동 사이클을 그림 9-20을 통하여 설명하면 다음과 같다.

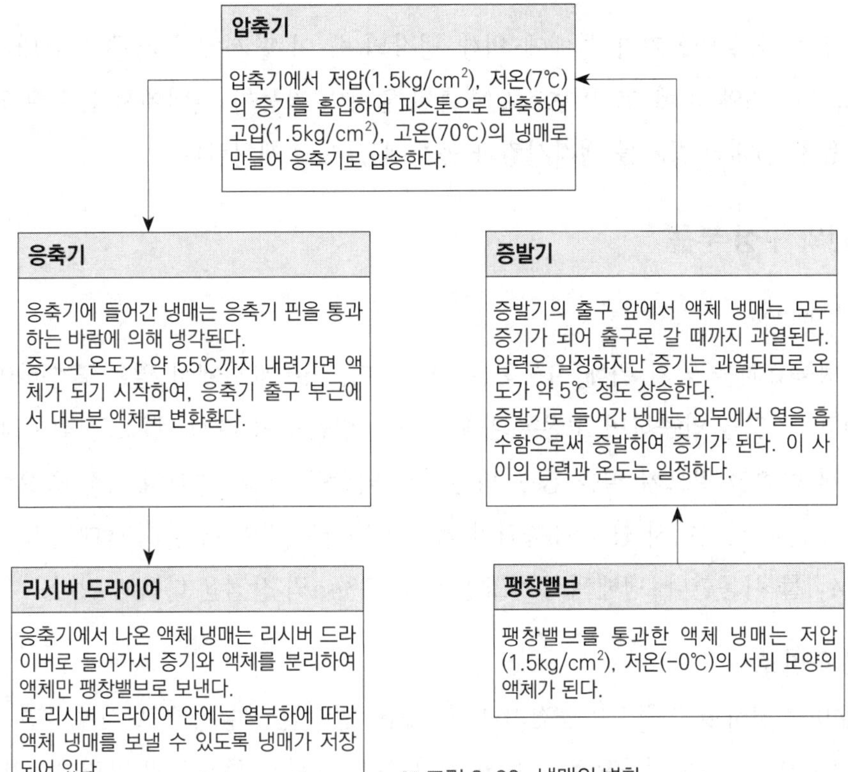

압축기
압축기에서 저압(1.5kg/cm²), 저온(7℃)의 증기를 흡입하여 피스톤으로 압축하여 고압(1.5kg/cm²), 고온(70℃)의 냉매로 만들어 응축기로 압송한다.
응축기
응축기에 들어간 냉매는 응축기 핀을 통과하는 바람에 의해 냉각된다.
증기의 온도가 약 55℃까지 내려가면 액체가 되기 시작하여, 응축기 출구 부근에서 대부분 액체로 변화환다.
증발기
증발기의 출구 앞에서 액체 냉매는 모두 증기가 되어 출구로 갈 때까지 과열된다. 압력은 일정하지만 증기는 과열되므로 온도가 약 5℃ 정도 상승한다.
증발기로 들어간 냉매는 외부에서 열을 흡수함으로써 증발하여 증기가 된다. 이 사이의 압력과 온도는 일정하다.
리시버 드라이어
응축기에서 나온 액체 냉매는 리시버 드라이버로 들어가서 증기와 액체를 분리하여 액체만 팽창밸브로 보낸다.
또 리시버 드라이어 안에는 열부하에 따라 액체 냉매를 보낼 수 있도록 냉매가 저장되어 있다.
팽창밸브
팽창밸브를 통과한 액체 냉매는 저압(1.5kg/cm²), 저온(-0℃)의 서리 모양의 액체가 된다.

그림 9-20 냉매의 변화

① 냉매는 압축기에서 압축되어 약 70℃에서 15kgf/cm² 정도의 고온·고압 상태가 된다.

② 압축된 고온·고압의 냉매는 응축기로 압송된다.

③ 응축기에서는 냉매(약 70℃)와 외부온도(약 30~40℃)의 온도 차이로 인해 냉매는 약 55℃로 온도가 낮아진다. 냉매는 온도 상으로 약 15℃ 정도밖에 냉각되지 않으나 기체에서 액체로 상태가 변화한다.

④ 액화된 냉매는 리시버드라이어에 의해 수분과 먼지 등이 제거된 후 팽창밸브로 이동한다.

⑤ 팽창밸브에서는 액화된 고압의 냉매가 급격히 팽창하여 약 -0℃에서 1.5kgf/cm² 정도의 저온·저압의 안개모양이 된다.

⑥ 팽창하여 저온·저압의 안개모양이 된 냉매는 증발기로 이동하여, 증발기 주위의 온도가 높은 공기(자동차 실내의 공기)에서 열을 흡수하여 증발해 기체상태의 냉매가 되어 다시 흡입·압축된다.

위의 ①항에서 ⑥항의 작동을 반복하는 것이 냉동사이클이다. 그리고 ⑥항에서 증발기 속 저온의 냉매가 주위의 공기로부터 열을 흡수하는 작용은 자동차 실내공기에 의해 가열

된다. 즉, 자동차 실내공기가 냉매에 의해 냉각되며, 이 단계에서 자동차 실내가 냉방된다. 그리고 응축기에 의해 대기 속으로 배출된 열량이 자동차 실내에서 흡수된 열량이 된다. 또, 자동차 실내의 공기를 냉각시킴과 동시에 습기도 제거한다.

(3) 에어컨의 구성 부품

1) 냉매(refrigerant)

냉매란 냉동효과를 얻기 위해 사용하는 물질이며, 저온부분에서 열을 흡수하여 액체가 기체로 되고, 이것을 압축하면 고온부분에서 열을 방출하여 다시 액체로 되는 것과 같이, 냉매가 상태 변화를 일으켜 열을 흡수·방출하는 역할을 한다. 냉매의 가장 중요한 특성은 그다지 높지 않은 압력에서 쉽게 응축되어 액체가 된다는 것이다. 현재 냉매는 R - 134a 또는 R-1234yf를 사용한다. 냉매의 구비조건과 R - 134a의 장점은 다음과 같다.

① 냉매의 구비조건

- ㉮ **비등점이 적당히 낮을 것** : 비등점이 너무 높은 냉매를 저온용으로 사용하면 압축기의 흡입압력이 극도의 진공으로 효율이 저하한다. 그리고 주위와의 압력차이가 너무 커지며, 응축되지 않은 기체냉매가 유입되거나 냉매가 누출되기 쉽다.
- ㉯ **냉매의 증발잠열이 클 것** : 증발잠열이 크면 적은 양의 냉매를 증발시켜도 냉동작용이 증가한다.
- ㉰ **응축압력이 적당히 낮을 것** : 공기나 물로 냉각을 할 때 대기압력 이상의 적당한 압력에서 응축하는 것이 바람직하다. 압력이 너무 낮으면 장치 내로 응축되지 않은 기체냉매가 유입되고, 너무 높으면 장치가 파손되기 쉽다.
- ㉱ **증기의 비체적이 클 것** : 압축기 흡입증기의 비체적이 적을수록 피스톤의 배출량이 적어도 되므로 장치를 소형화할 수 있다.
- ㉲ **압축기에서 배출되는 기체냉매의 온도가 낮을 것** : 압축기에서 배출되는 기체냉매의 온도가 너무 높으면 체적효율이 저하할 뿐만 아니라 냉동오일의 탄화나 열화 또는 분해가 발생하기 쉽고, 윤활 작용의 저하가 일어날 수 있기 때문에, 온도가 낮을수록 좋다.
- ㉳ **임계온도가 충분히 높을 것** : 임계온도가 낮은 증기는 임계온도 이상에서 압력을 아무리 높여도 응축되지 않기 때문에 다시 냉매로 사용할 수 없다.
- ㉴ **부식성이 적을 것** : 냉매에 오일, 공기, 수분 등이 유입되더라도 장치에 사용하는 재료를 부식시키거나 변질시켜서는 안 된다.

㉮ 안정성이 높을 것 : 냉동장치에서 그 자신이 분해되어 응축되지 않은 기체냉매를 생성하거나 성질이 변화하지 않아야 한다.

㉯ 전기 절연성능이 좋을 것 : 전기 절연재료를 침식하지 않고, 통전률이 적으며, 전기 저항값이 커야 한다.

② R - 134a의 장점

㉮ 오존을 파괴하는 염소(Cl)가 없다.

㉯ 다른 물질과 쉽게 반응하지 않는 안정된 분자구조로 되어있다.

㉰ R - 12와 비슷한 열역학적 성질을 지니고 있다.

㉱ 불연성이고 독성이 없으며, 오존을 파괴하지 않는 물질이다.

③ R - 1234yf (신냉매)

R-134a 냉매 이후 R-1234yf 냉매가 출시가 되었으며, 기존 냉매인 R-134a 보다 가격은 다소 비싸나 환경적인 측면에서는 대기 오염을 더욱 줄일 수 있다는 장점이 있다. R-134a의 오존층 및 지구 온난화 지수가 1370~1430 으로 매우 높은 반면에 R-1234yf의 지구 온난화 지수는 4~4.4 정도로 낮으며, 유럽 환경법규 충족요건인 지구온난화 지수 약 150 이하를 만족할 수 있으므로, 현재 출시되는 차량은 R-1234yf를 사용한다.

표 9-1 에어컨 냉매 특성

구분		R-134a	R-1234yf	비고
냉매 계열		혼합 - HFC	혼합 - HFO	HFC:수소불화탄소 HFO:수소불화 올레핀
MAX 크레딧		6.3	13.8	
환경성	GWP<150	1300	4	GWP:Global Warming Potential(지구온난화지수)
	LCA	나쁨	우수	LCA:Life Cycle Assessment 투입물과 배출물 등 전 과정에 환경 영향을 평가하는 기법
안정성	가연성	없음	미세가연성 있음	가연성 A2L 등급으로 냉매로 인정되며 사용 가능함
	독성	없음	없음	
성능	냉동능력	1	0.97	COP:Coefficient Of Performance 냉동사이클에서 냉동 능력과 소비된 압축량의 비율
	COP	1	0.95	
대기 수명		14년	12일	

2) 압축기(compressor)

① 압축기의 역할

압축기는 증발기에서 증발한 기체냉매가 응축되기 쉽도록 냉매의 압력을 가하여 기체냉매를 압축하는 작용을 한다. 이러한 압축기의 작용에 의해 냉매는 응축과 증발 과정을 반복하면서 에어컨 장치 내부에서 순환하며, 열을 운반한다.

㉮ **흡입작용** : 증발기 내부의 냉매압력을 낮추어 액체상태의 냉매가 낮은 온도에서 증발할 수 있도록 한다.

㉯ **압축작용** : 기화된 냉매를 고온·고압으로 압축시켜 응축기로 보내어 상온에서 액화될 수 있도록 한다.

㉰ **펌프작용** : 흡입과 압축작용을 통하여 냉매를 순환시켜 연속적인 작용을 하도록 한다.

② 압축기의 종류

에어컨용 압축기의 종류에는 크랭크형, 사판형, 로터리형 등이 있으며, 여기서는 현재 자동차에 주로 사용하는 사판형과 로터리형에 대해서만 설명하도록 한다.

(가) 내부제어 가변 용량 사판형(swash plate type) 압축기의 구조와 작동

• 내부제어 사판형 압축기의 구조

사판형 압축기는 축(shaft)에 사판(swash plate)을 설치하고, 축을 회전시켜 사판의 회전운동을 피스톤의 왕복운동으로 변화시켜 기체냉매의 흡입 및 압축작용을 한다. 피스톤의 양 끝에는 기체냉매의 흡입 및 배출을 실행하는 밸브판(valve plate)이 축과 실린더헤드 사이에는 누출을 방지하기 위한 축 실(shaft seal)이 조립되어 있다.

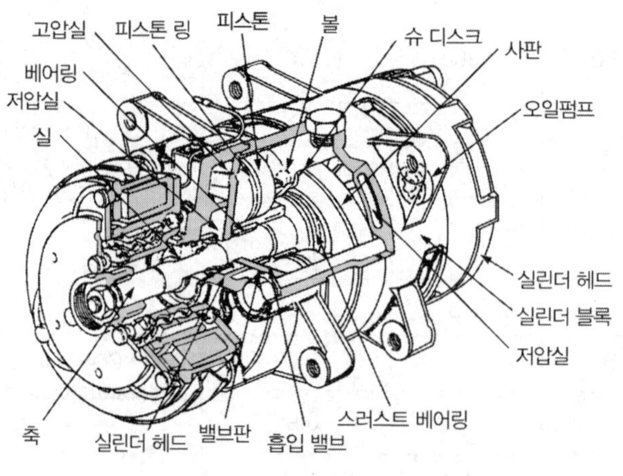

그림 9-21 사판형 압축기의 구조

- 사판과 피스톤의 구조

피스톤은 사판의 축을 중심으로 72°로 등분된 동일 원둘레 상에 5개가 있다. 각각의 피스톤에는 사판의 양 끝에 힌지(hinge) 역할을 하는 슈(shoe)라 부르는 반구형의 볼(ball)이 조립되어 있다. 사판의 회전에 의해 피스톤은 실린더 내에서 왕복 운동하여 1개의 피스톤이 2실린더의 작동을 한다. 이에 따라 압축기 전체로는 10실린더의 작동을 실행한다.

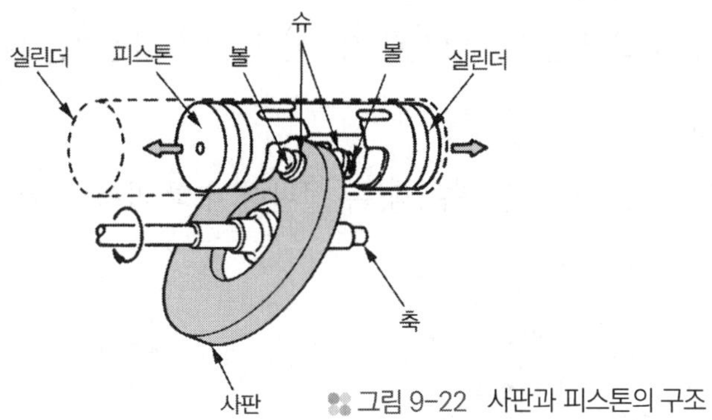

그림 9-22 사판과 피스톤의 구조

- 흡입 및 배출밸브의 구조

냉매의 흡입 및 배출작용은 밸브판(valve plate)을 사이에 두고 바깥쪽에는 배출 밸브, 안쪽에는 흡입 리드 밸브를 각각 설치한다. 흡입·압축행정을 할 때 실린더 내·외부의 압력 차이에 의하여 개폐된다.

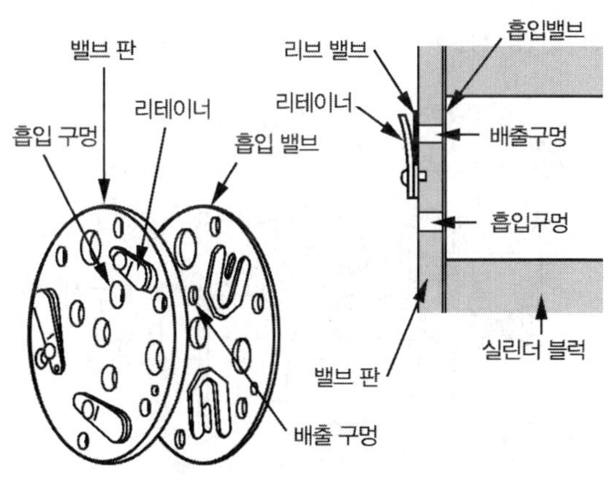

그림 9-23 흡입 및 배출 밸브의 구조

• 사판형 압축기의 작동

축이 회전하면 사판도 일체로 회전하며, 축의 회전에 의해 사판에 볼을 끼운 상태에서, 피스톤은 사판에 의해 왕복운동을 한다. 축이 1회전하면 흡입과 압축의 1행정이 완료된다.

- 기체냉매의 흡입(하사점)

피스톤이 뒤쪽으로 이동하면 앞쪽 실린더 내의 압력이 낮아져, 저압실의 기체냉매가 흡입구멍을 통해 흡입밸브를 밀어내려 실린더 내로 들어간다. 뒤쪽 실린더는 압축작용을 한다.

- 기체냉매의 압축(행정)

피스톤이 앞쪽으로 이동하면 앞쪽 실린더 내의 압력이 높아져, 실린더 내의 기체냉매가 배출 구멍을 통해 리드밸브를 밀어 올려 고압실로 배출된다. 뒤쪽 실린더는 흡입작용을 한다.

- 기체냉매의 압축(상사점)

피스톤이 앞쪽 최대 위치로 이동을 하면, 앞쪽 실린더 내의 압축 및 뒤쪽 실린더의 흡입작용이 완료된다.

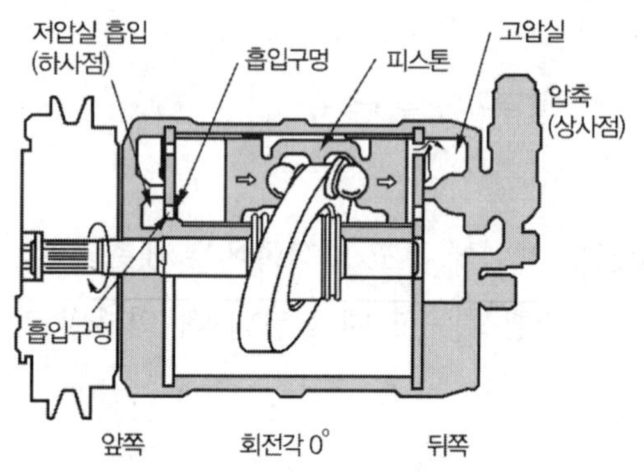

그림 9-24 기체냉매의 흡입행정

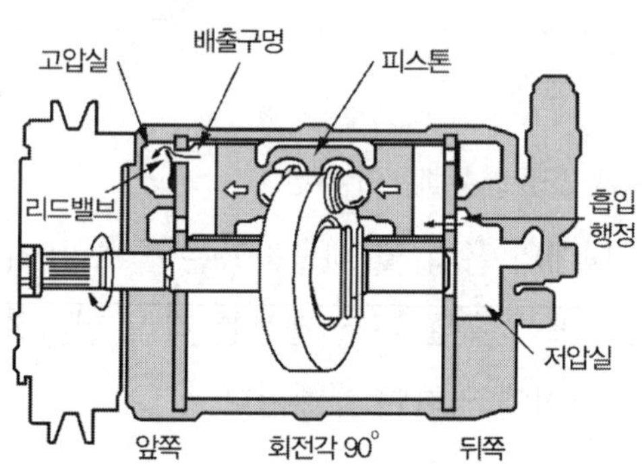

그림 9-25 기체냉매의 압축행정

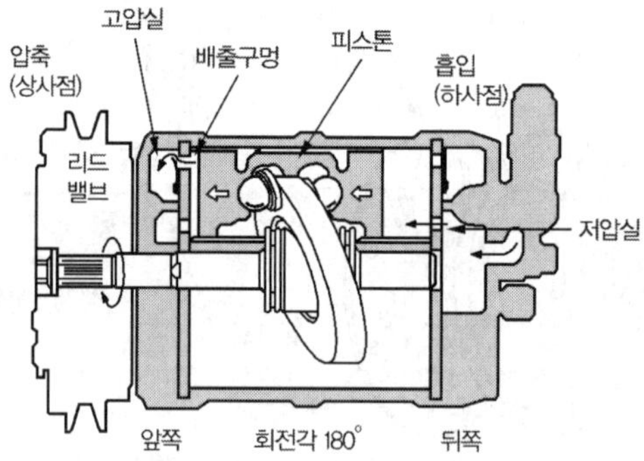

그림 9-26 기체냉매의 압축 상사점

• **사판형 압축기의 역할**

㉮ 마그네틱 클러치에 의해 작동하며, 에어컨 사이클에 냉매를 반복하여 다시 사용하는 데 필요한 기구이다.

㉯ 증발기에서 열 교환이 끝난 기체냉매를 온도가 높은 환경에서도 비교적 액화가 가능한 상태로 하기 위해, 기체냉매를 압축하여 고온·고압 냉매로 만드는 역할을 한다.

㉰ 압축기의 흡입구멍으로 흡입될 때 냉매의 온도는 약 7℃, 압력은 1.5kgf/ cm^2이고, 배출할 때는 온도가 70~80℃, 압력은 15kgf/cm^2이다.

(나) 외부제어 가변 용량 사판형(swash plate type) 압축기의 구조와 작동

• 외부제어 사판형 압축기의 구조

외부제어 가변 용량 컴프레서는 컨트롤 유닛의 전기적인 신호를 통해 전자 솔레노이드 밸브(ECV : Electric Control Valve) 타입 용량 가변제어 밸브의 컴프레서 내부 사판의 경사각을 제어한다.

또한, 기존 내부제어 가변 용량 컴프레서는 토출 용량을 최소로 제어하더라도, 사판이 어느 정도 경사각을 가지고 있는 구조였기 때문에 마그네틱 클러치를 적용하여 최소한의 컴프레서 싸이클링(클러치 On/Off) 제어를 하는 타입이었다. 그러나 외부제어 가변용량 컴프레서는 컨트롤유닛의 제어에 의해 ECV를 Off할 경우 사판의 경사각도가 0도(수직)로 제어되기 때문에, 냉매 순환 중지 즉, 컴프레서 작동을 중지시키는 효과를 얻을 수 있다. 따라서 마그네틱 클러치를 이용한 컴프레서 On/Off 제어가 필요 없으나, 일부 차종은 마그네틱 클러치와 ECV를 함께 적용하기도 한다.

표 9-2 외부제어 가변 용량 컴프레서 & ECV

단품	순	명칭	적용 목적
7 6 3 5 2 1 4	1	구동축	사판 회전
	2	전자식 용량 제어 밸브	외부제어 밸브
	3	사판 Spring-> 2개	컴프레서 OFF 제어용(용량 "0")
	4	스프링 Stop용 리테이너 링	컴프레서 OFF 제어용(용량 "0")
	5	원 웨이 밸브	컴프레서 OFF 제어용(용량 "0")
	6	마그네틱 클러치 삭제	클러치 리스 타입
	7	토크 리미터	엔진 벨트 보호 안전장치

• 외부제어 사판형 압축기의 제어

외부제어 가변 용량 컴프레서는 공조 컨트롤 유닛이 차량의 냉방 부하 조건과 엔진 ECU에서 CAN 통신 라인을 통해 전송되는 엔진 부하 값 및 토크 규제치를 종합적으로 연산하여 ECV 제어 듀티 값을 결정하고, ECV로 전기적인 신호를 출력한다. ECV 듀티 값에 따라 컴프레서 내부 사판 제어실의 압력이 변동되고, 사판의 기울기가 제어되어 최종적으로 컴프레서 흡입/토출량의 가변 제어가 이루어진다.

표 9-3

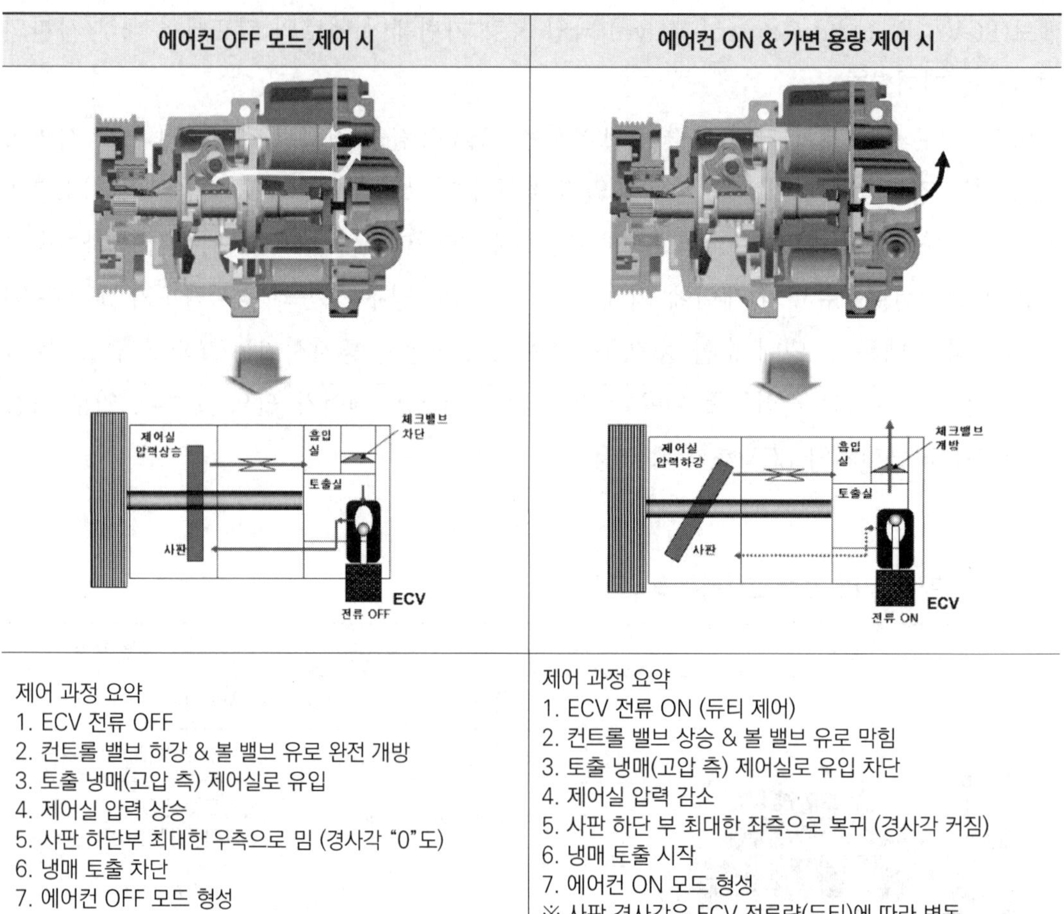

에어컨 OFF 모드 제어 시	에어컨 ON & 가변 용량 제어 시
제어 과정 요약 1. ECV 전류 OFF 2. 컨트롤 밸브 하강 & 볼 밸브 유로 완전 개방 3. 토출 냉매(고압 측) 제어실로 유입 4. 제어실 압력 상승 5. 사판 하단부 최대한 우측으로 밈 (경사각 "0"도) 6. 냉매 토출 차단 7. 에어컨 OFF 모드 형성	제어 과정 요약 1. ECV 전류 ON (듀티 제어) 2. 컨트롤 밸브 상승 & 볼 밸브 유로 막힘 3. 토출 냉매(고압 측) 제어실로 유입 차단 4. 제어실 압력 감소 5. 사판 하단 부 최대한 좌측으로 복귀 (경사각 커짐) 6. 냉매 토출 시작 7. 에어컨 ON 모드 형성 ※ 사판 경사각은 ECV 전류량(듀티)에 따라 변동

(다) 로터리형(rotary type) 압축기의 구조와 작용

로터리형 압축기에는 축에 조립된 로터(rotor)에 베인(vane)이 있다. 축이 회전함에 따라 베인이 원심력으로 튀어나와 로터와 실린더 사이의 체적을 변화시켜 기체냉매를 흡입 및 압축한다. 밸브는 충전밸브 및 밸브 스토퍼가 실린더블록에 조립되어 있고, 흡입밸브

는 없으며, 축과 실린더 헤드사이에는 축 실(seal)이, 실린더블록에는 베인에 배압(背壓)을 가하는 트리거 밸브(trigger valve)가, 셀(shell)에는 기체냉매의 배출온도를 검출하는 센서가 각각 부착되어 있다. 압축기 오일은 셀 내에 규정량이 봉입되어 기체냉매의 배출압력을 받아 각 부분에 공급된다.

• **로터와 실린더블록의 구조**

실린더블록 내의 로터에 베인이 조립되어 있으며, 로터의 회전으로 베인이 실린더블록 면 쪽으로 튀어나와 실린더 내를 여러 개의 구역으로 분할한다. 실린더블록에는 기체냉매의 흡입구멍 및 배출구멍이 있으며, 배출구멍에는 배출밸브가 조립되어 있다.

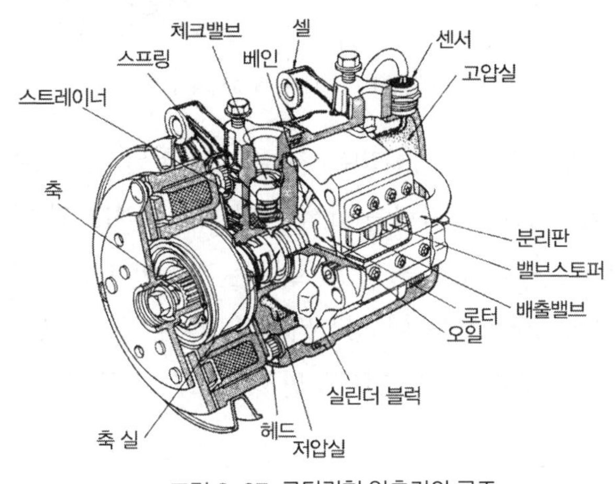

그림 9-27 로터리형 압축기의 구조

• **배출밸브(discharge valve)**

배출밸브는 실린더블록의 배출구멍에 밀착 조립되어 기체냉매의 역류를 방지한다. 그리고 밸브 스토퍼는 배출밸브를 보호하기 위해 밸브 위쪽에 조립되어 있다.

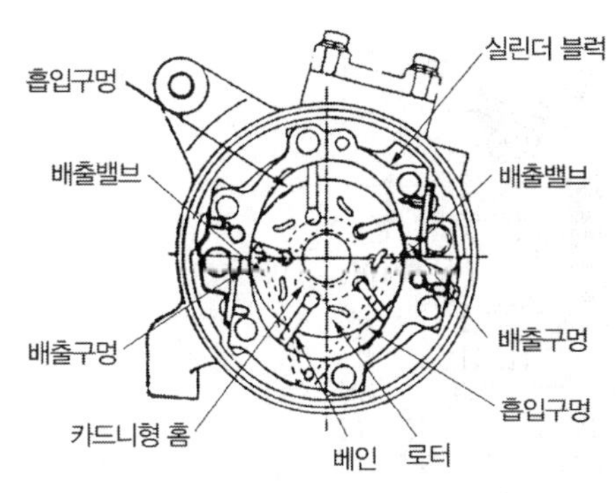

그림 9-28 로터리형 압축기의 작동 구조

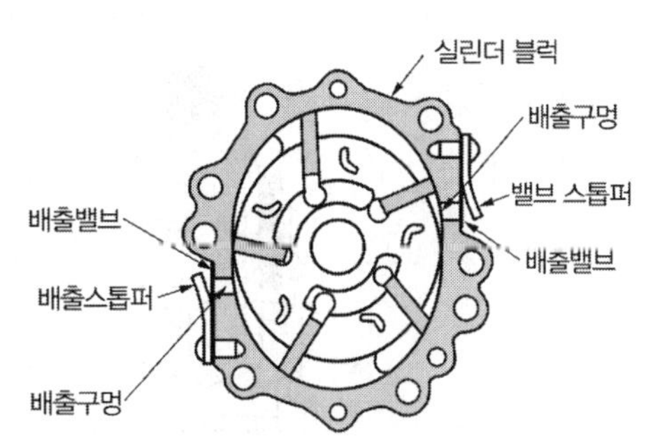

그림 9-29 배출밸브의 구조

(다) 마그네틱 클러치(magnetic clutch)

• 마그네틱 클러치의 구조와 작용

-풀리 : 엔진 크랭크축으로부터 전달되는 동력이 구동벨트로 연결되어 공전하다가, 에어컨 스위치의 ON에 의해 압축기를 구동시킨다.

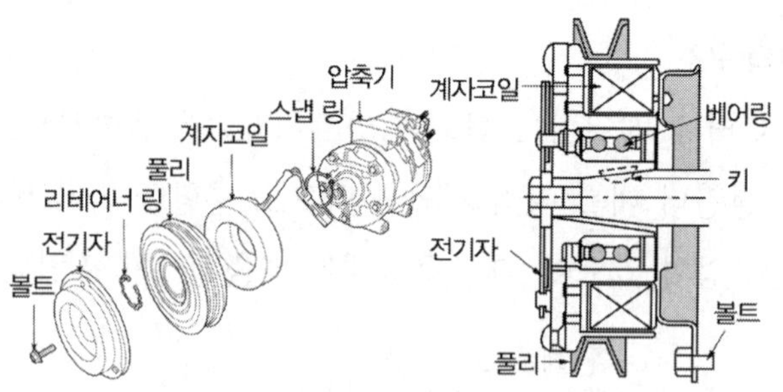

그림 9-30 마그네틱 클러치의 구조

- 계자코일(field coil) : 배터리에서 공급되는 직류 12V 전원으로 자속이 형성되고, 이 자속이 풀리의 벽을 타고 흘러서 자력을 발생 시켜 디스크 허브의 디스크를 흡입한다.
- 디스크 허브(disc hub) : 풀리의 벽을 타고 흐르는 자속이 디스크로 전달되면, 에어 갭(air gab)으로 N극과 S극의 교번이 형성되면서, 흡입 자력이 발생할 때 스프링 특성을 지니는 탄성부품이 일정 거리를 변화하면서 디스크가 풀리의 마찰 면과 흡착된다.

• 마그네틱 클러치의 작동순서

에어컨 스위치를 ON으로 하였을 때	에어컨 스위치를 OFF로 하였을 때
(ㄱ) 계자코일에 전류가 흐름. (ㄴ) 자속(자력)이 발생함. (ㄷ) 디스크가 흡인·흡착됨. (ㄹ) 압축기 작동.	(ㄱ) 계자코일에 전류가 차단됨. (ㄴ) 자속이 소멸됨. (ㄷ) 디스크가 분리됨. (ㄹ) 압축기 작동정지(풀리는 계속 회전함).

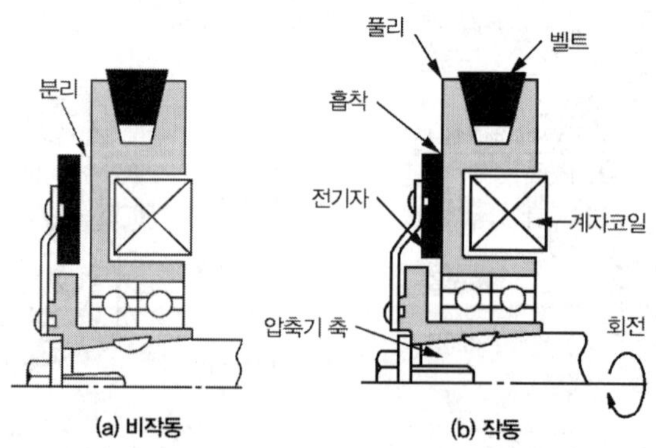

그림 9-31 마그네틱 클러치의 작동

(라) 고압안전밸브(PRV : Pressure Relief Valve)

고압안전밸브는 에어컨 장치의 내부 막힘, 과다한 충전으로 인한 냉매 과다, 응축기 팬 작동불량으로 인한 장치내부의 압력 상승 및 손상을 방지한다. 즉 압축기 내부에 이상고압이 발생하였을 때 이 밸브를 통하여 냉매와 오일을 배출시켜 장치를 안정시키는 역할을 한다. 따라서 고압안전밸브가 작동한 후에는 에어컨 장치 내에 냉매를 재충전하고 오일을 보충하여야 한다.

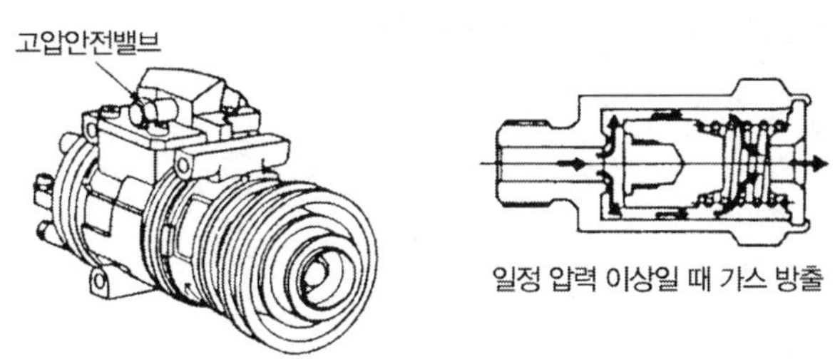

그림 9-32 고압안전밸브의 설치 위치와 작용

(마) 온도 센서(thermal sensor)

온도 센서는 에어컨 장치의 냉매가 누출되어 흡입 압력이 낮아져 운전 압력비율이 증가하고 배출온도가 상승할 경우, 배출 쪽 냉매온도를 검출하여 규정온도를 초과하면 압축기의 보호를 위하여 바이메탈형 자동 복귀방식에 의해 마그네틱 클러치 전원을 차단한다. 일반적으로 냉매온도 155℃ 정도에서 압축기를 OFF시키고, 냉매온도 135℃ 정도에서 압축기를 ON시킨다.

(바) 벨트고착(belt lock) 보호기능

현재 자동차의 엔진을 개발할 때 동력손실을 줄이기 위하여 1 - 벨트 방식을 많이 사용한다. 이 1 - 벨트에 연결된 에어컨 압축기에 내부 고착이나 마그네틱 클러치의 미끄러짐이 발생하면 벨트에 손상이 생겨 끊어져 주행이 어려우므로, 이에 대한 보호기능으로 벨트고착 제어기능이 추가되었다. 방식은 다음과 같다.

- **스피드 센서에 의한 방식**

압축기의 회전속도를 검출하는 스피드 센서(speed sensor)를 설치하고, 엔진 회전속도와 비교해 미끄러짐 여부를 판단하여 미끄러짐 비율이 일정 정도 이상인 경우 압축기 전원을 차단하여 벨트를 보호하는 방식이다. 별도의 제어기구가 설치되어 있다.

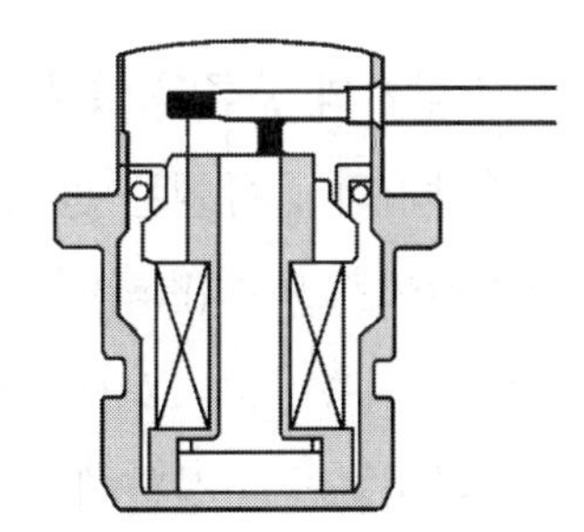

그림 9-33 스피드 센서의 구조

• 온도퓨즈(thermal fuse)에 의한 방식

압축기 마그네틱 클러치 내부에 온도퓨즈(184℃ OFF)를 부착하고, 압축기에 이상이 발생하였을 때, 마그네틱 클러치 미끄럼 열을 검출한다. 열이 검출되면 온도퓨즈가 끊어지도록 하여 계자코일의 전원을 차단하고, 마그네틱 클러치 작동을 중지시킨다. 이를 통하여 마그네틱 클러치 미끄러짐이나 풀리 베어링의 손상이 계속 진행되지 않게 하여 벨트와 엔진을 보호한다.

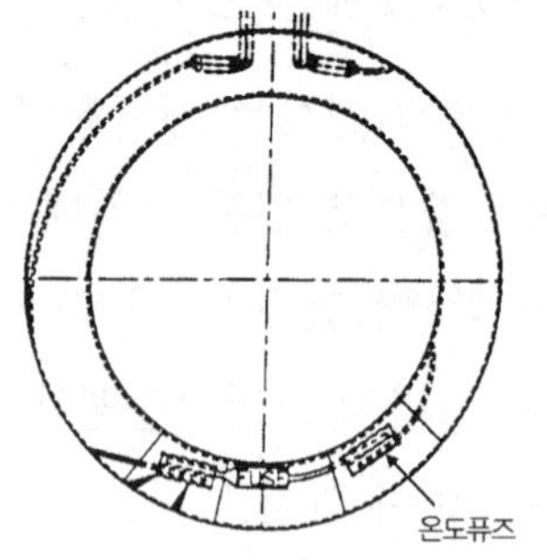

그림 9-34 온도퓨즈의 설치 위치

3) 증발기(evaporator)

① 증발기의 기능

증발기는 팽창과정을 거쳐 유입되는 습포화 증기상태의 저온·저압의 냉매를 자동차 실내·외의 공기와 열 교환시켜 기체(과열증기)로 변화시킨다. 열을 빼앗긴 공기는 저온(低溫)·저습(低濕) 상태로 변화하고 이 공기는 송풍기(blower)에 의해 실내로 들어가 환경을 쾌적하게 유지한다. 증발기 코어(core)에도 응축기와 같은 특성이 필요하다. 그밖에 증발기 코어만의 독특한 특성이 있는데 이것은 증발기 코어의 배수(排水)성능이다.

냉각작용에 의해서 공기 중의 습기가 응축되어 수분으로 되면, 증발기 코어의 바깥쪽 표면에 응축수가 남아 있어 공기가 통과할 수 있는 면적이 좁아진다. 또한 표면이 얼어 바람의 양도 줄어든다. 따라서 열 관성률의 값이 작아져 방열량이 감소하므로 배수성능을 고려하는 것이 중요하다.

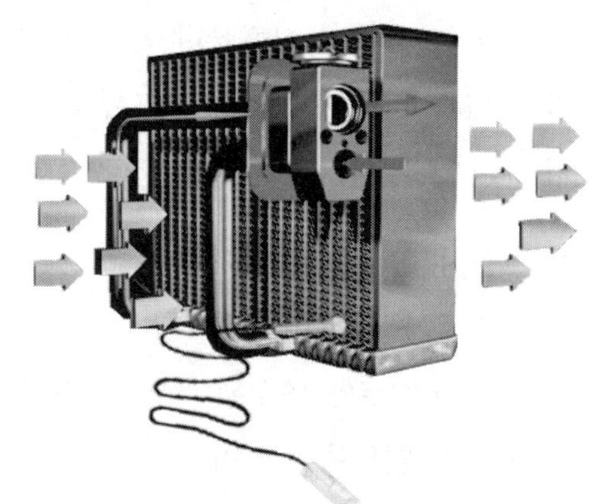

그림 9-35 증발기의 구성

② 증발기의 종류와 그 특성

증발기의 종류에는 핀 & 튜브 방식(fin & tube type), 세펜틴 방식(serpentine type), 라미네이트 방식(laminate type) 등이 있다. 강판 모양의 알루미늄판 2개를 1조로 하여 일렬로 적층하고, 그 사이에 핀(fin)을 삽입한 형태로 적층형이라고도 부른다.

알루미늄판의 상하에는 공간이 형성되어 있으며, 이런 판들이 조합된 후에는 냉매를 위한 공간이 형성되어 저장고 및 오일통로 역할을 한다. 최근에는 전체 체적을 축소한 한쪽에만 공간이 형성된 One 방식을 사용한다.

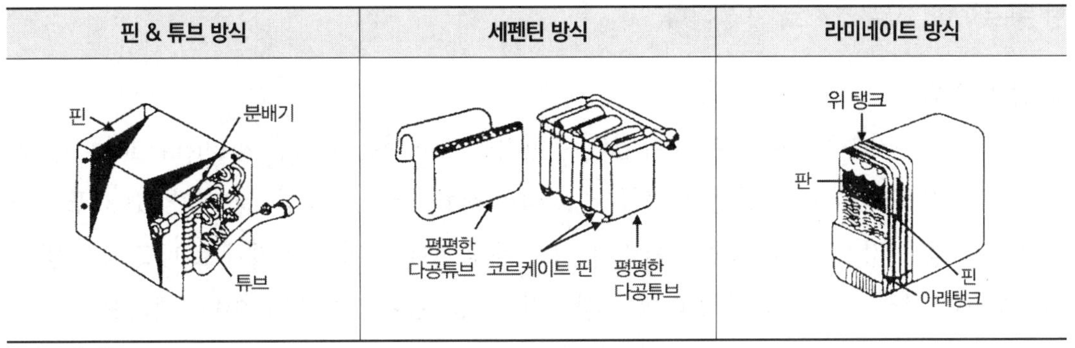

그림 9-36 증발기의 종류

③ 증발기 온도 센서

차량의 사용자가 원하는 최적의 냉방 조건을 유지하기 위하여 증발기핀 핀부위의 온도를 감지하는 기능을 한다. 또한 냉방부하를 초과하여 압축기가 계속 가동되는 경우에는 증발기 표면이 빙결되면 공기 흐름량이 감소하여 냉방성능 저하를 초래할 수 있으므로, 증발기 빙결 방지 기능을 수행한다. 이 센서는 증발기 코어의 온도를 검출하여 증발기의 빙결을 방지하기 위한 자동 온도제어의 입력 신호로 사용한다. 그리고 센서 단자 사이의 저항값은 차종에 따라 다르지만, 표 9-4와 같은 특성을 나타낸다.

표 9-4 증발기센서 저항특성

온도(℃)	저항값(kΩ)	출력전압(V)	핀서모 센서 점검
40	-	0.81	
30	-	1.08	
20	-	1.44	
6	21.15	-	
4	22.99	-	
2	25.03	-	
0.5		2.37	
0	27.28	2.40	
-2	29.27		
-5	-	2.67	
-10	-	2.96	
저항값과 출력 전압은 차종에 따라 다르다			

④ 드레인 호스(drain hose)

드레인 호스는 습한 공기가 증발기를 통과하면서 제거되는 수분을 밖으로 배출하기 위한 통로이며, 고무호스로 구성된다.

⑤ 공기 필터

공기 필터는 자동차 외부로부터 유입되는 먼지를 제거하는 파티클 필터(particle filter)와 냄새 제거 기능을 지닌 활성탄필터(Activated carbon filter) 등 2가지가 있다. 필터를 교환하지 않고 장시간 사용하면, 필터가 막혀 송풍기에서 바람이 제대로 배출되지 않아 냉방성능이 저하된다. 따라서 필터의 교환주기는 5,000~ 12,000km이나, 대기오염이 심한 지역이나 도로조건이 나빠 먼지, 매연 등이 많이 발생하는 지역을 운행할 때에는 수시로 점검 및 교환해야 한다.

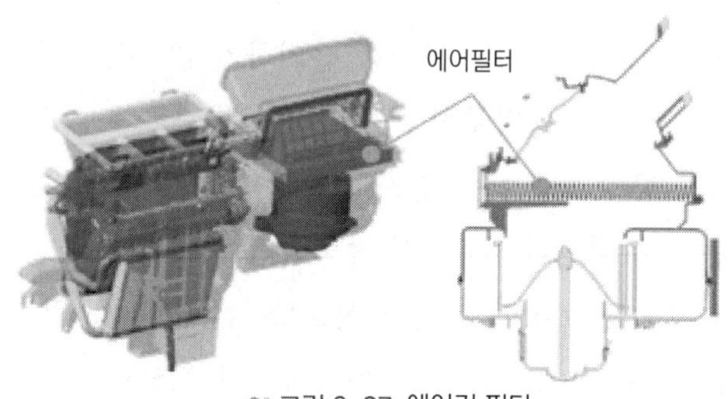

그림 9-37 에어컨 필터

4) 팽창밸브(expansion valve)

① 팽창밸브의 기능

팽창밸브는 증발기 입구에 설치하며, 리시버드라이어로부터 유입되는 중온(中溫)·고압의 액체냉매를 교축작용을 통하여 저온·저압의 습포화 증기상태로 변화시킨다. 그리고 팽창밸브를 사용하는 에어컨을 TXV(Thermal Expansion Valve) 형식이라 부르며, 기능은 다음과 같다.

(가) 교축작용

액체냉매를 교축 작용을 통하여 저온·저압의 습포화 증기로 변화시키는 기능으로, 이론적으로는 단열 과정이며 엔탈피의 변화가 없다.

(나) 유량조절

내·외부 환경, 압축기 회전속도 등에 따라 변화하는 냉동 사이클의 열부하에 대응하여 최대 냉방성능을 발휘할 수 있도록 냉매 유동량을 조절하는 기능이다. 냉매 유동량은 증발기 출구 쪽의 압력 및 팽창밸브 입구 쪽의 압력과 미리 설정된 밸브스프링 장력을 상호 조화시켜 통로의 단면적을 변화시켜 조절한다.

② 팽창밸브의 종류

팽창밸브의 종류에는 블록형(block type)과 앵글형(angle type)이 있다. 앵글형은 다시 내부균일 압력방식과 외부균일 압력방식으로 나누어진다.

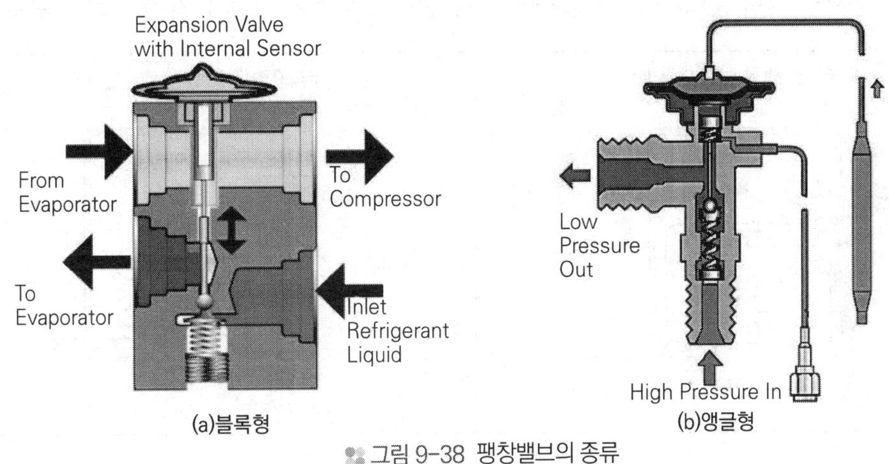

그림 9-38 팽창밸브의 종류

(가) 블록형(block type)

블록형 팽창밸브는 기존의 앵글형과 기능은 같으나 부품형상, 설치 위치 및 온도 검출통 구조가 다르다. 엔진 룸 대시패널 부위에 설치되므로 압력을 낮출 때 발생하는 팽창밸브 소음이 자동차 실내로 유입되는 현상을 최소화할 수 있다. 교환 작업이 앵글형에 비해 훨씬 쉽다.

팽창밸브 위쪽에 플라스틱 캡이 씌워져 있는데, 이 플라스틱 캡이 이탈하면 팽창밸브의 온도 검출통에 추가로 엔진 룸의 열이 전달되어, 팽창밸브 다이어프램에 가해지는 압력이 상승하여 증발기로 냉매가 과다하게 공급될 수 있다.

증발기로 과다한 냉매가 공급되면 증발기에서 증발하지 못한 액체냉매가 압축기로 유입될 수 있는 소지가 커져, 압축기로 액체냉매가 유입되어 압축기를 손상시킬 수 있기 때문에 주의하여야 한다. 또 팽창밸브 조립부위, 특히, 안쪽의 오일실 등의 기밀유지가 필요하다.

(나) 앵글형(angle type)

• **내부균일 압력방식(internal equalization type)**

밸브의 교축 팽창 직후의 냉매압력을 검출하는 방식이다. 증발기 앞뒤의 압력강하를 보상할 수 없으므로, 주로 증발기 앞뒤의 압력 차이가 적은 자동차에서 사용한다.

• **외부 균일 압력방식(external equalization type)**

밸브출구의 압력 및 온도를 검출하는 방식으로 증발기 앞뒤의 압력 차이를 보상할 수 있어서, 증발기 앞뒤의 압력 차이가 큰 자동차에서 사용한다. 승용차 냉방장치에 주로 사용된다.

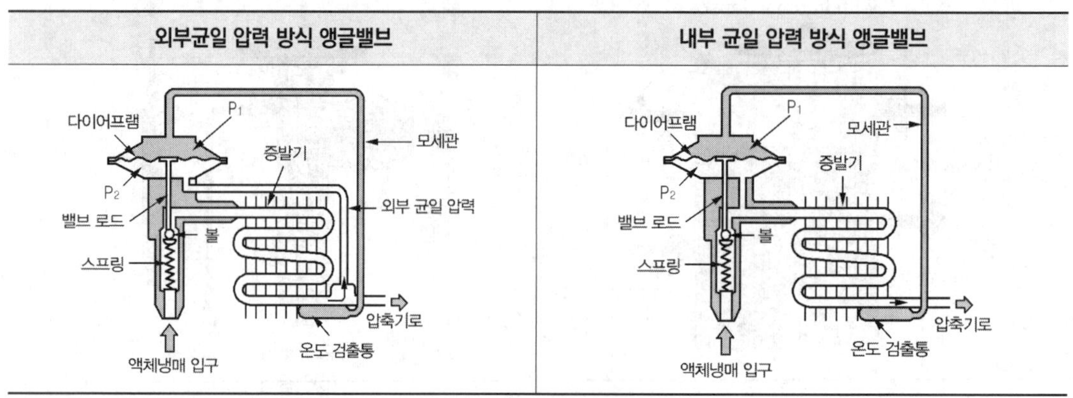

그림 9-39 앵글형 팽창밸브의 구조

③ 팽창밸브의 구조

팽창밸브는 몸체, 다이어프램(diaphragm), 볼 밸브(ball valve), 스프링, 온도 검출통, 균일 압력관 등으로 구성된다. 구성부품 중 온도 검출통은 증발기 출구 쪽의 냉매온도를 검출하여 이것을 압력으로 변환하여 다이어프램 위쪽으로 전달한다. 균일 압력관은 냉매의 압력을 검출하여 다이어프램 아래쪽으로 전달하여, 이들 힘과 스프링장력의 평형 관계에 의하여 냉매 통로의 열림 정도를 조절한다.

④ 팽창밸브의 유량제어 기능

증발기의 냉각부하에 대하여 팽창밸브(TXV : Thermo Expansion Valve)의 열림 정도가 적합할 때는 증발기로 들어간 액체냉

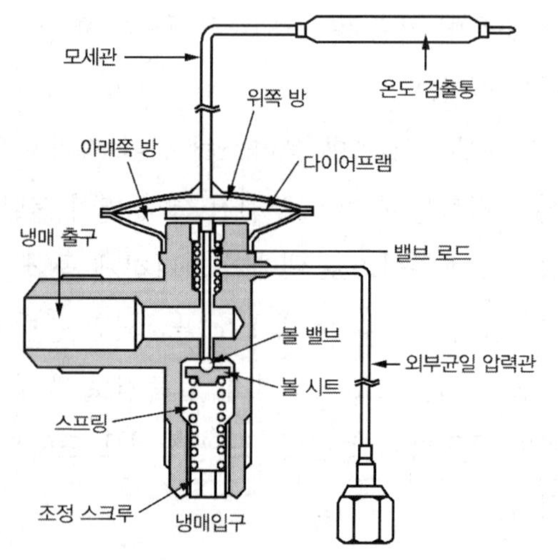

그림 9-40 팽창밸브의 구조

매가 증발기 출구까지 완전하게 증발을 완료하여 압축기로 흡입된다.

냉각부하가 감소하거나 팽창밸브의 열림 정도를 지나치게 크게 하면 액체냉매가 충분히 증발하지 못한다. 압축기에 흡입되는 냉매 중 일부가 계속 액체 상태로 남아 있으면 액체의 되돌림(liquid back)이 일어나서 압축기의 밸브를 손상시킨다. 나아가 액체의 흡입량이 많아지거나, 배관 중에 고여 있는 액체가 일시에 압축기로 흡입되어 액체를 압축하여 압축기를 파손시킬 염려가 있다.

반대로 냉각부하가 커지거나 밸브 열림 정도가 적어지면 증발기 출구에 도달하기 전에 냉매가 완전히 증발하고, 더욱더 열을 흡수하게 되므로 기체냉매의 온도는 증발 온도보다 높아진다. 이 과열도가 커지면 압축기의 배출온도가 현저하게 상승하여 실린더의 과열을 초래한다.

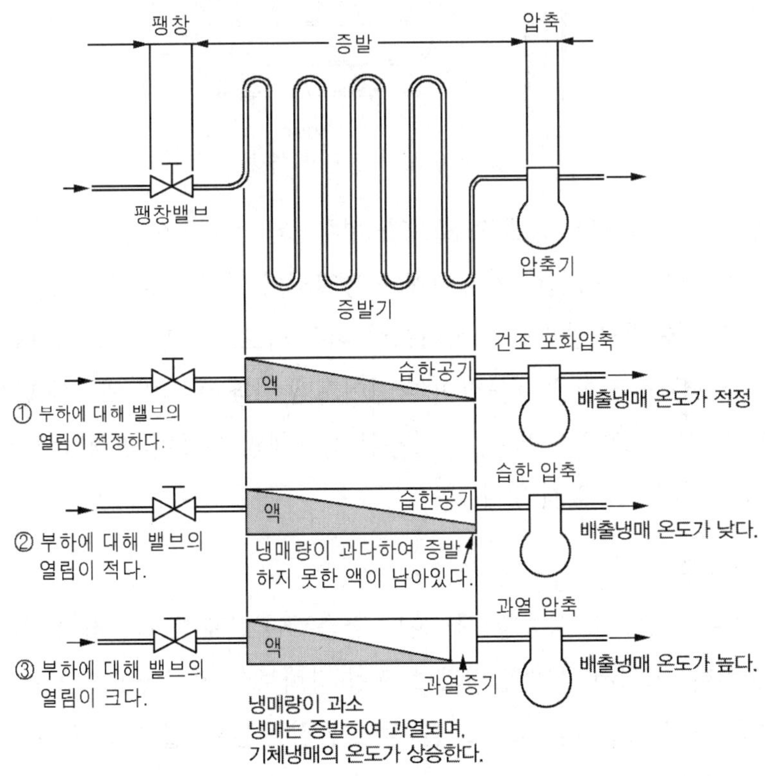

그림 9-41 냉방부하에 따른 팽창밸브의 유량제어기능

⑤ 내부 균일 압력방식 팽창밸브의 작동

(가) 안정된 제어위치

- P_1 : 온도 검출통의 압력
- P_2 : 증발압력
- P_3 : 스프링 장력
- 과열도 : 증발온도와 압축기 온도와의 차이를 말한다(그림 9-42의 경우는 5℃임.).

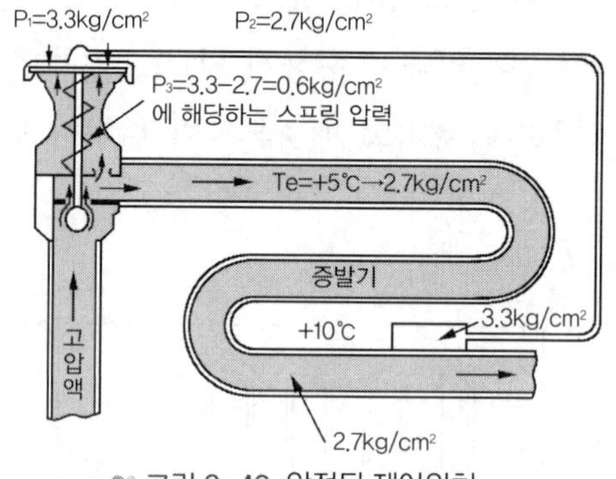

그림 9-42 안정된 제어위치

위의 조건에 따라 설명하면, 현재 볼 밸브가 평형상태의 위치에 있을 때 온도 검출통 속에는 냉동사이클에 사용된 동일한 기체냉매가 봉입되어 있기 때문에, 과열도 만큼 온도가 상승하여 온도 검출통 내의 압력을 다이어프램 위쪽 방으로 전달한다. 볼 밸브에는 힘 P_1 (온도 검출통의 압력)과 이 힘에 대응하여 다이어프램 아래쪽 방의 밸브를 닫는 방향의 힘 P_2 (증발압력), 그리고 스프링장력 P_3 가 작용한다. 3개의 힘들이 평형상태일 때, $P_1 = P_2 + P_3$의 안정된 제어위치에 있게 된다.

(나) 부하가 증가한 경우

부하가 증가하여 과열도가 상승할 때, 온도 검출통이 온도를 검출하여 온도 검출통 내의 압력이 상승한다. 따라서 증발 압력과 스프링 장력보다 커진다($P_1 > P_2 + P_3$). 이에 따라 다이어프램은 아래쪽으로 눌리므로, 볼 밸브가 점차 많이 열려 냉매 유량을 증가시켜 과열도 상승을 방지한다.

(다) 부하가 감소한 경우

부하가 감소하여 증발기 출구의 냉매 온도가 내려가면, 온도 검출통 내의 압력이 떨어져 다이어프램 위쪽 방의 압력도 감소하여, 증발 압력과 스프링 장력의 합성력이 커진다 ($P_1 < P_2 + P_3$). 따라서 다이어프램은 위쪽으로 눌려 볼 밸브가 점차 닫혀 냉매 유량이 감

소하여 과열도를 적정 값으로 유지한다.

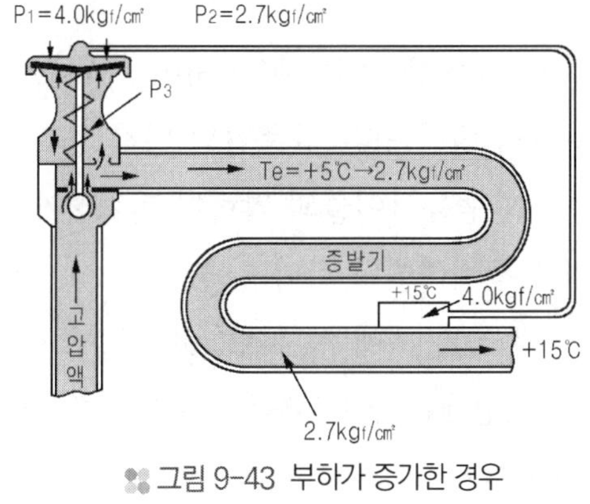

그림 9-43 부하가 증가한 경우

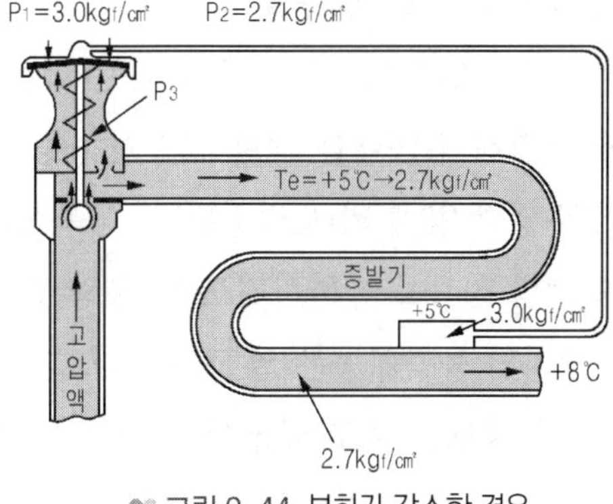

그림 9-44 부하가 감소한 경우

⑥ 외부균일 압력 방식 팽창밸브의 작동

그림 9-45의 Ⓐ점에서 증발기 온도는 5℃(압력 2.7kgf/cm²)로 하고 증발기의 압력강하를 0.6kgf/cm²로 하면, Ⓒ점의 압력은(2.7kgf/cm² ~ 0.6kgf/cm²) 2.1kgf/cm²가 된다. 이 압력은 즉시 외부균일 압력관에 의하여 팽창밸브로 피드 백(feed back)되어, 다이어프램 아래쪽 방에서 증발기에서의 압력강하와 관계없이 증발기 출구의 압력 2.1kgf/cm²를 검출한다.

따라서 스프링 장력이 0.6kgf/cm²를 더한 2.7kgf/cm²의 압력을 다이어프램 위쪽 방에 가하면 좋다. 이($P_1 = P_2 + P_3$) 2.7kgf/cm²의 압력에서는 포화 온도가 5℃이므로 Ⓒ점의 압력 2.1kgf/cm²에서 포화 온도 0℃를 5℃ 정도로 상승시켜 Ⓒ점은 과열도 5℃가 유지된다.

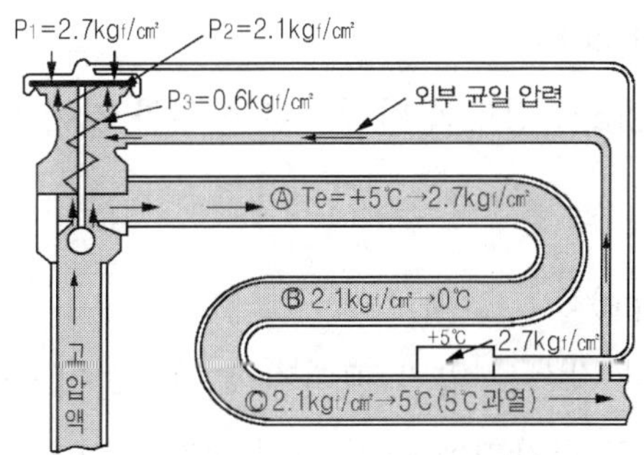

그림 9-45 외부균일 압력방식 팽창밸브의 작동

5) 응축기(Condenser)

① 응축기의 기능 및 구조

응축기는 압축기로부터 유입되는 고온·고압의 기체냉매를 냉각 팬(cooling fan)으로 강제 냉각시켜 냉매를 액화하는 기능을 한다. 응축기의 냉각 양은 압축기의 냉각 양과 증발기의 냉각 양에 의해 결정된다. 응축상태가 불량하면 냉동사이클의 압력이 과도하게 높아져 냉방 성능을 저하시키므로, 용량 결정 및 관리에 주의하여야 한다.

응축기의 응축기능은 열 교환기와 같이 공기 쪽 핀(fin)과 냉매 쪽 튜브(tube)로 구성된다. 핀과 튜브는 주로 알루미늄 합금을 사용하며, 기체냉매는 튜브 내를 흐르면서 외부로 열을 방출하며, 핀 사이를 통과하는 공기로 열을 방출한다.

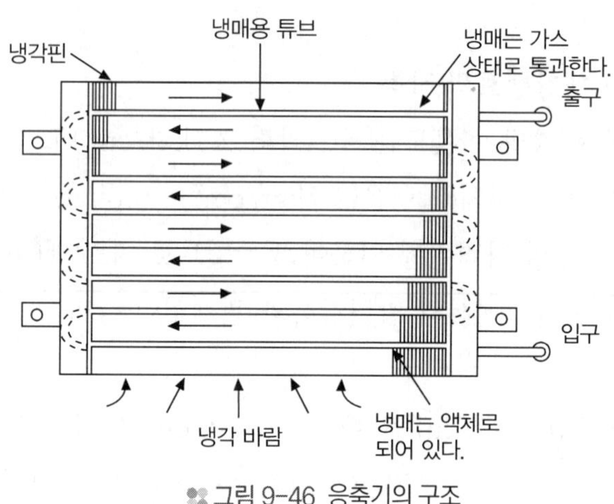

그림 9-46 응축기의 구조

② 응축기의 분류와 그 특징

(가) 핀과 튜브형(fin & tube type)

냉각 튜브에 냉각핀을 2mm 정도의 간격으로 설치한 것이며, 튜브는 구리, 핀은 알루미늄을 사용한다.

(나) 세펜틴형(serpentine type)

핀과 튜브형 응축기보다 강성은 약간 떨어지나 생산성이 좋고, 가격이 싸며, 냉각효율이 우수하다. 알루미늄 합금 냉각핀에 여러 개의 냉각용 핀이 부착되어 있다.

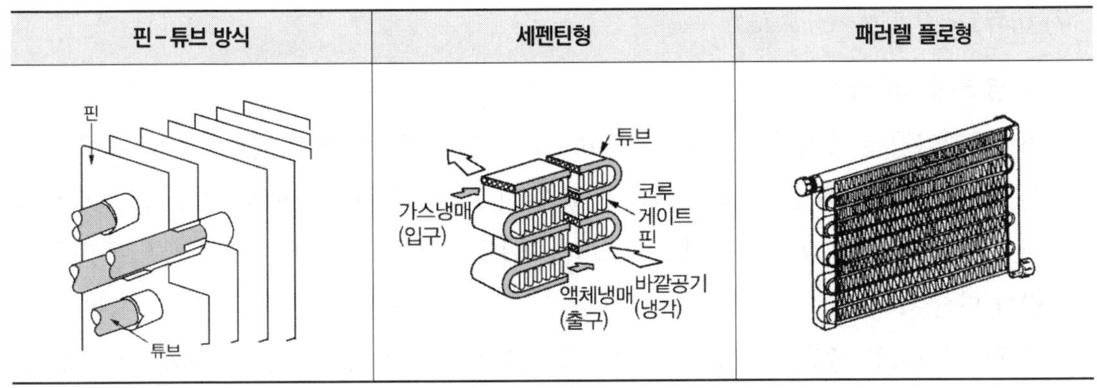

그림 9-47 응축기의 종류 및 구조

6) 리시버드라이어(receiver drier : 건조기)

① 리시버드라이어의 기능

㉮ 냉매 저장기능 : 냉동사이클의 부하 변화에 대응하여 냉매 순환량도 변동되어야 하므로, 적절한 양의 냉매를 저장하며, 그 변동에 대응하도록 한다.

㉯ 기포 분리기능 : 응축기로부터 배출된 액체냉매가 기포를 포함할 경우 냉방성능의 저하를 초래하므로, 기포와 액체를 분리하여 액체냉매만 팽창밸브로 보낸다.

㉰ 수분 흡수기능 : 건조제를 사용하여 냉매 중의 수분을 제거한다.

㉱ 이물질 제거기능 : 필터를 사용하여 냉매 중의 이물질을 제거한다.

② 리시버드라이어의 구조

리시버드라이어 탱크 내부에는 건조제와 필터가 들어있으며, 냉매 속 수분을 제거하여 부품의 부식 및 빙결을 방지한다. 리시버드라이어의 설치상태가 불량하면 응축기에서 아무리 냉각되더라도 냉매가 과열되어 충분한 냉방 효과를 얻을 수 없다.

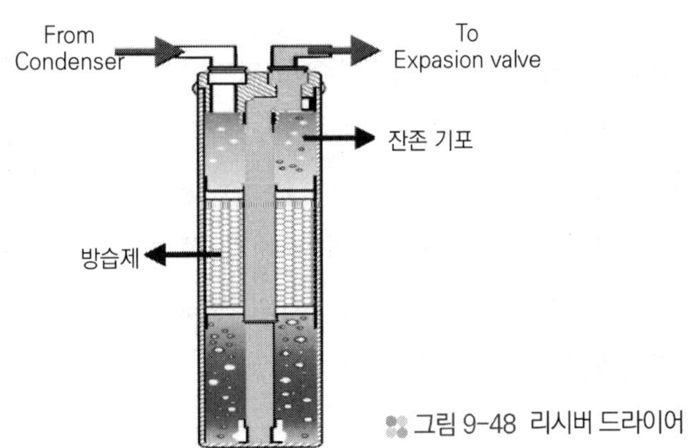

그림 9-48 리시버 드라이어

7) 어큐뮬레이터(Accumulator)

① 어큐뮬레이터의 기능

어큐뮬레이터는 증발기와 압축기 사이에 설치한다. 증발기에서 증발한 기체냉매의 압력은 바깥온도나 실내 온도 및 압축기의 회전속도에 따라 변화가 매우 크다. 만약 증발기에서 증발한 냉매가 직접 압축기로 흡입되면 압축기의 부하가 매우 커지므로 엔진에 큰 영향을 미친다.

어큐뮬레이터는 증발기에서 기체화된 냉매를 잠시 저장하여 수분과 이물질을 제거한 후, 일정한 압력으로 압축기로 공급하는 일을 한다. 어큐뮬레이터에는 저압 스위치를 설치한다. 증발기에서 증발한 냉매의 압력이 낮으면 실내는 냉각상태이므로 스위치가 OFF 되어 압축기의 작동을 중지시키고, 압력이 규정 값 이상으로 상승하면 다시 ON되어 압축기를 작동시킨다.

어큐뮬레이터의 주요기능은 리시버드라이어와 비슷하나 리시버드라이어는 TXV 형식에서 고압 쪽에 설치된 데 비해, 어큐뮬레이터는 CCOT 형식에서 저압 쪽에 위치하는 점이 다르다. 어큐뮬레이터의 기능은 다음과 같다.

㉮ 저장 및 2차 증발기능 : 냉동사이클의 부하변동에 대응하여 냉매순환 양도 변환되어야 하므로 적절한 냉매를 저장하며, 그 변동에 대응하도록 한다.

㉯ 액체분리 기능 : 증발기에서 증발한 냉매는 때에 따라 완전증발이 일어나지 못하고 일부 액체냉매를 포함하는 경우가 있다. 이 액체냉매가 압축기로 유입되면 구동부분의 손상을 초래할 수 있으므로, 액체냉매를 분리하여 완전한 기체냉매만이 압축기로 유입되도록 한다.

㉰ 수분흡수 기능 : 건조제를 사용하여 냉매 중의 수분을 흡수한다.

㉱ 오일순환 기능 : 출구 쪽 아래쪽에 오일 회수용 필터를 설치하여 압축기 오일의 순환을 용이하게 한다.

㉲ 증발기 빙결 방지 기능 : 저압스위치(low pressure switch - A/C clutch cycling)를 설치하여 저압 쪽 압력이 규정 값보다 낮아지는 경우에, 압축기의 작동을 일시 정지시켜 증발기의 빙결을 방지한다.

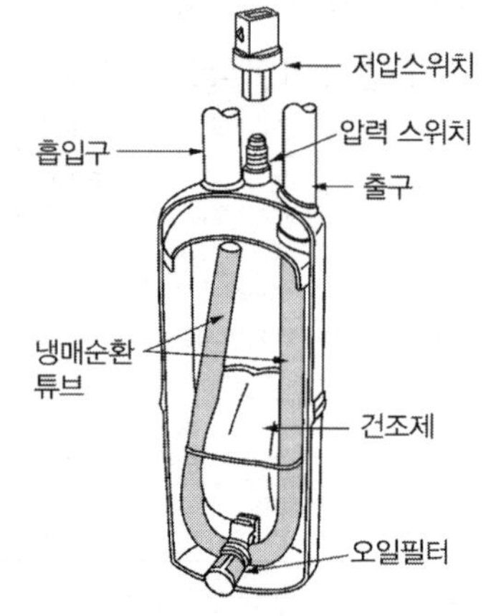

그림 9-49 어큐뮬레이터의 구조

② 어큐뮬레이터의 구조와 작동

철제 또는 알루미늄 합금 원통형 본체에 필터, 건조제, 파이프, 저압 스위치 등으로 구성된다. 입구 쪽 파이프로 유입된 냉매는 건조제를 통과하면서 수분이 제거되고, 본체 위쪽에 있는 출구 쪽 파이프를 통하여 압축기로 배출된다. 또 출구용 파이프 아래쪽에 설치된 오일 순환용 필터를 통하여 압축기 오일을 회수하여 압축기로 순환시킨다. 본체 내에 남은 액체냉매는 2차로 증발하여 다시 압축기로 이동한다.

8) 듀얼 압력스위치(dual pressure switch)

① 듀얼 압력스위치의 기능

듀얼 압력스위치는 리시버드라이어 위에 설치되어 있다. 2개의 압력 설치 값(저압 및 고압)을 지니고 1개의 스위치로 저압 보호기능과 고압 보호기능이라는 2가지 기능을 수행한다. 서모스위치가 송풍기 릴레이로부터 공급받은 전원을 연결하면 에어컨 릴레이 쪽으로 전원을 공급하는 역할을 한다.

듀얼 압력스위치는 안전장치이며, 에어컨 사이클 내의 냉매압력에 의해 작동한다. 만약, 냉매가 전혀 없는 상태에서 에어컨을 작동시켰을 경우 증발기는 냉각되지 않으므로, 핀 서모스위치가 작동하지 않아 압축기가 계속 작동한다. 이렇게 되면 압축기가 과열되어 파손될 우려가 있으므로, 이때 듀얼 압력스위치가 OFF되어 에어컨 릴레이로 가는 전원을 차단한다. 반대로 냉매가 과다하게 충전되었거나 에어컨 사이클이 막히면 냉매의 압력이 급격히 상승하여 압축기 및 에어컨 사이클이 파손되므로 서모스위치가 OFF된다.

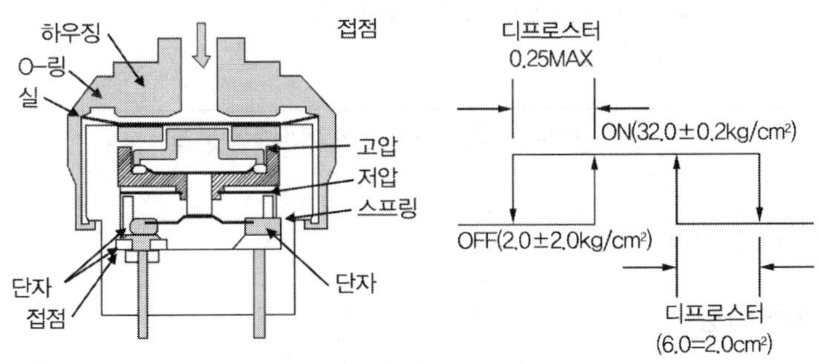

그림 9-50 듀얼 압력스위치의 구조 및 작동

(가) High Side 저압스위치

에어컨 장치 내에 냉매가 없거나 외부 온도가 0℃ 이하인 경우 스위치를 열어(open) 압축기 마그네틱 클러치로의 전원 공급을 차단하여 압축기의 파손을 방지한다.

(나) 고압차단(high pressure cut out)

고압 쪽 냉매압력을 검출하여 압력이 규정 값 이상으로 올라가면, 스위치 접점을 열어서 전원공급을 차단하여 에어컨 장치를 이상 고압으로부터 보호한다.

② 듀얼 압력 스위치 작동원리

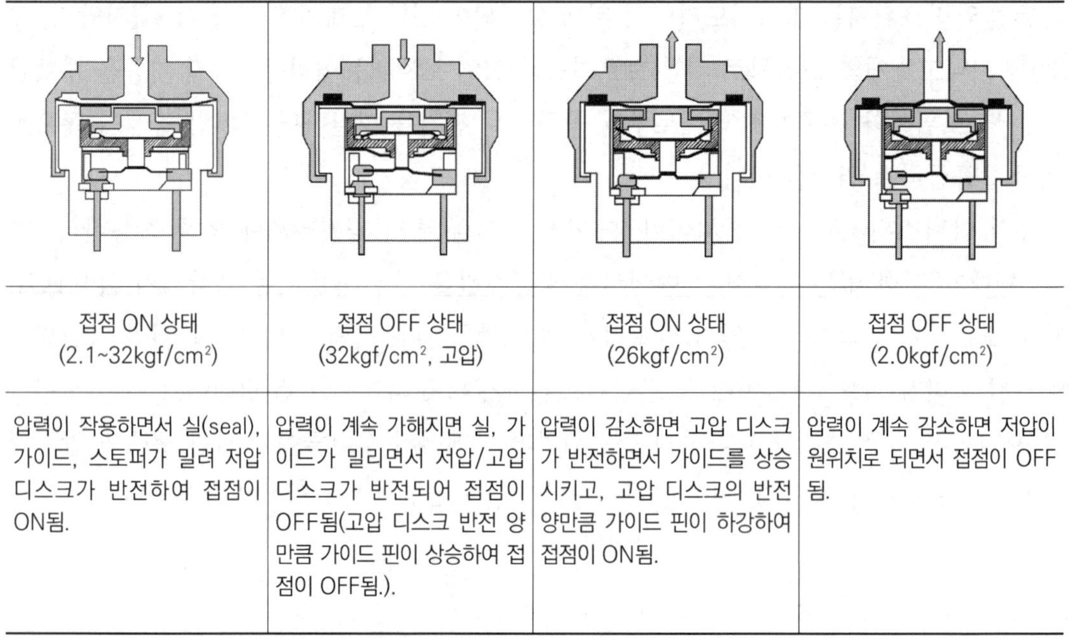

접점 ON 상태 (2.1~32kgf/cm²)	접점 OFF 상태 (32kgf/cm², 고압)	접점 ON 상태 (26kgf/cm²)	접점 OFF 상태 (2.0kgf/cm²)
압력이 작용하면서 실(seal), 가이드, 스토퍼가 밀려 저압 디스크가 반전하여 접점이 ON됨.	압력이 계속 가해지면 실, 가이드가 밀리면서 저압/고압 디스크가 반전되어 접점이 OFF됨(고압 디스크 반전 양만큼 가이드 핀이 상승하여 접점이 OFF됨.).	압력이 감소하면 고압 디스크가 반전하면서 가이드를 상승시키고, 고압 디스크의 반전 양만큼 가이드 핀이 하강하여 접점이 ON됨.	압력이 계속 감소하면 저압이 원위치로 되면서 접점이 OFF됨.

그림 9-51 듀얼 압력스위치의 작동 원리

9) 트리플 스위치(triple switch)

① 트리플 스위치의 기능

트리플 스위치는 3개의 압력 설정값을 지니고 있다. 듀얼 스위치 기능에 팬(fan) 회전속도 조정용 고압 스위치 기능을 추가한 것이다. 고압 쪽 냉매 압력을 검출하여 압력이 규정 값 이상으로 올라가면 스위치 접점을 닫아(close) 냉각 팬을 고속용 릴레이로 전환하여 팬이 고속으로 회전하게 한다.

② 트리플 스위치의 작동원리

압력 상승 구간 (2.3~15.5kgf/cm²)	압력 상승 구간 (15.5~32.0kgf/cm²)	이상 고압 구간 (32kgf/cm² 이상)	압력 하강 구간 (26.0~11.5kgf/cm²)	압력 하강 구간 (11.5~2.0kgf/cm²)
[압축기 ON 및 냉각 팬 OFF 상태] 압력이 작용하면 중·고압 관련 부품이 아래쪽으로 전체적으로 밀리며 저압 다이어프램이 반전된다. 저압 다이어프램이 반전된 양만큼 축이 상승하면서, leak spring(H, L)이 함께 상승하여 접점이 ON된다.	[압축기 ON 및 냉각 팬 OFF 상태] 압력이 계속 가해져 15 kgf/cm²가 되면 중·고압 다이어프램이 반전된다. 중압 다이어프램이 반전된 양만큼 축이 하강하여 leak spring (M)을 밀어 접점이 ON된다. 이때 냉각 팬은 고속으로 작동한다.	[압축기 OFF 및 냉각 팬 ON 상태] 압력이 32kgf/cm² 이상 가해져 이상 고압이 발생하면, 중·고압 다이어프램이 한 번 더 반전하여 고압 다이어프램이 가이드를 밀어 압축기 접점이 OFF되고, 냉각 팬 접점은 계속 ON 된다.	[압축기 ON 및 냉각 팬 ON 상태] 압력이 감소하면 중·고압 다이어프램이 1회 상승하면서, 축과 가이드가 함께 상승하여 압축기 접점이 ON 된다.	[압축기 ON 및 냉각 팬 OFF 상태] 압력이 계속 감소하면 중·고압 다이어프램이 원 위치되면서 축이 상승하여 냉각 팬 접점이 OFF된다. 이때 계속해서 압력이 감소하면 저압 다이어프램이 원위치 되면서 초기 상태가 된다.

그림 9-52 트리플 위치의 작동원리

10) 저압 스위치(low pressure switch)

저압 스위치(클러치 사이클링 스위치)는 CCOT형(Clutch Cycling Orifice Tube type)에서 사용하며, 어큐뮬레이터 위쪽에 설치되어 있다. 어큐뮬레이터의 흡입 압력에 의해 스위치 작동이 조정된다. 전기 접점은 흡입 압력이 144kPa(21psi)일 때 정상적으로 열리고, 흡입 압력이 약 323kPa(47psi) 이상 상승하면 닫힌다. 이 스위치는 압축기 마그네틱 코일의 전기적 회로를 조정한다. 스위치가 ON일 때 마그네틱 클러치 코일이 작동하여 클러치가 압축기를 작동시킨다. 스위치가 OFF일 경우 마그네틱 코일에 전류를 차단하여 클러치 작동을 중단시켜 압축기를 중지시킨다.

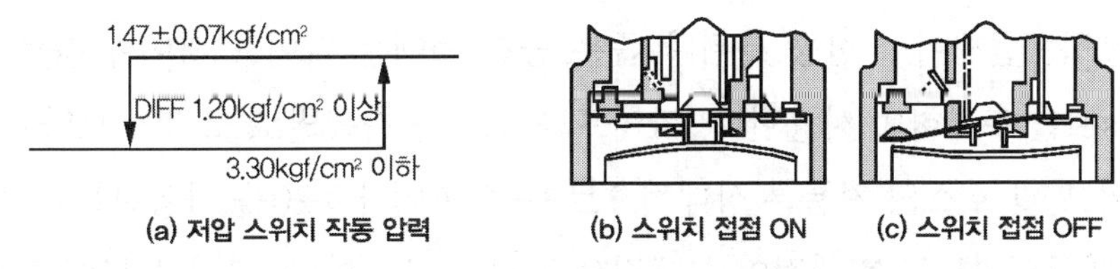

(a) 저압 스위치 작동 압력 (b) 스위치 접점 ON (c) 스위치 접점 OFF

그림 9-53 저압 스위치의 작동 원리

저압스위치의 기능은 증발기 냉각핀의 표면 온도가 빙점의 바로 위 온도를 유지할 수 있도록 증발기 코어의 압력을 조절하는 것이며, 증발기의 빙결과 공기 흐름이 막히는 것을 방지한다.

11) 오리피스 튜브(orifice tube)

팽창밸브는 가변밸브로 실내의 냉방부하에 따라 적절히 대응할 수 있는 능력이 있으나, 오리피스는 항상 일정한 통로를 개방한다. 팽창밸브 형식에서는 압축기와 팽창밸브 사이에 리시버드라이어를 설치함으로써 기체냉매와 액체냉매를 분리하여 액체냉매만을 팽창밸브로 공급한다.

그러나 오리피스 튜브 형식에서는 오리피스 튜브를 통과하는 냉매를 응축기에서 직접 공급하므로, 응축기가 완벽하게 냉매를 액화시켜 오리피스 튜브로 공급하지 않으면 냉방 성능이 떨어진다. 따라서 저온·저압(-0.5℃, 1.5kgf/cm²)의 안개 상태(霧化) 냉매를 분사하여 중온(中溫) 고압의 냉매를 증발기로 보내는 일을 한다.

오리피스 튜브의 구조는 지름이 작은 고압 파이프를 지름이 큰 저압 파이프와 연결하고 그 속에 오리피스를 설치한 간단한 구조이다. 에어컨의 팽창과정에서 오리피스 튜브를 사용하는 형식을 CCOT(Clutch Cycling Orifice Tube)라 부른다.

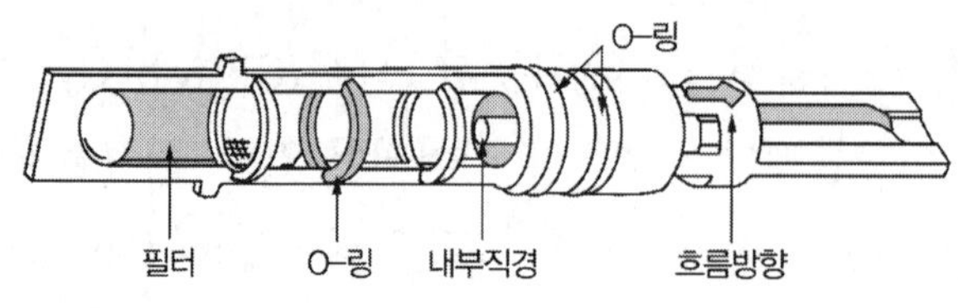

그림 9-54 오리피스 튜브의 구조

12) 파이프와 호스(pipe & hose)

파이프와 호스는 냉방장치의 각 구성부품 들을 연결하여 냉매를 순환시킨다. 파이프는 알루미늄 또는 철제이며 진동 부위나 좁은 공간 등에는 파이프 사이에 플렉시블 호스(flexible hose)를 추가하여 사용한다. 파이프와 호스는 차종별로 크기와 모양이 다르다.

저압용 파이프 및 호스의 지름은 상대적으로 큰 Φ16이나 Φ20을 사용하는데, 이것은 순환 냉매가 가체상태이므로 비체적이 상대적으로 크기 때문이다. 고압용 파이프 및 호스는 반대로 지름이 작은 Φ 8 또는 Φ12를 사용한다.

① 파이프 연결부분(pipe fitting)

파이프 연결방식은 스프링 록 커플링 방식, O - 링 방식 및 조인트 플랜지 방식 등 3가지가 있으며, 연결부분 치수는 인치(inch)계열과 밀리미터(mm)계열을 사용한다.

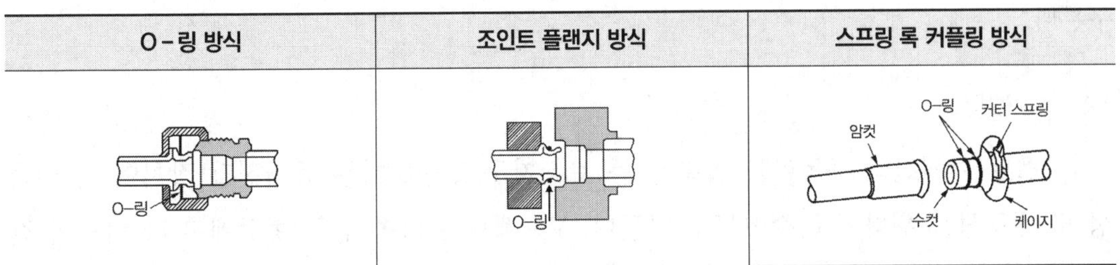

O - 링 방식	조인트 플랜지 방식	스프링 록 커플링 방식
O-링	O-링	O-링, 커터 스프링, 암컷, 수컷, 케이지

그림 9-55 파이프 연결부분의 종류

② 플렉시블 호스(flexible hose)

진동부분이나 치수 관리가 어려운 부분의 배관에서 사용하며, 냉매나 압축기 오일과 상용성이 있는 재질의 특수 합성고무가 사용된다. R - 134a 및 R - 1234yf 용 호스는 사용냉매 특성상 투과율이 크기 때문에, 호스 안쪽 면에 플라스틱 코팅 처리가 된 전용호스를 사용할 수 있다.

13) 장력 풀리(tension pulley)

장력 풀리는 공전 풀리(idle pulley)라고도 부르며, 압축기 구동벨트의 장력을 조정하는 일을 한다. 풀리는 설치용 브래킷에 조립되어 있는데, 조정용 볼트에 의해 상하 운동을 하면서 벨트의 장력을 조정한다.

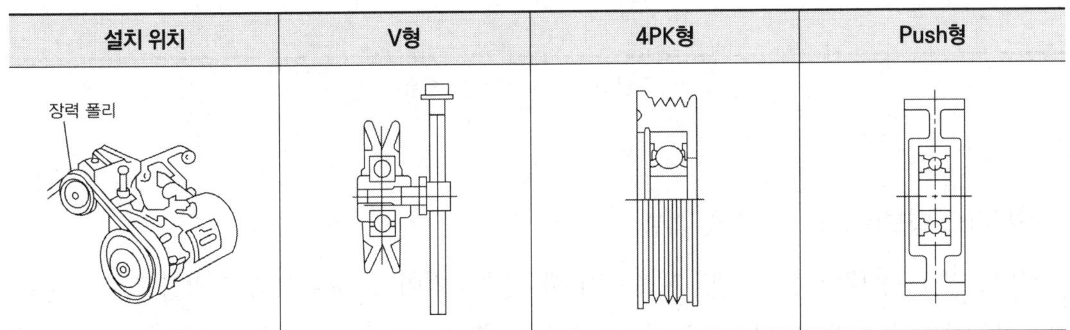

설치 위치	V형	4PK형	Push형
장력 풀리			

그림 9-56 장력 풀리의 종류

풀리의 홈 형상은 엔진의 크랭크축 풀리의 형상에 따라 좌우되며, 일반적으로 홈의 수에 따라 V, 4PK, 5PK 등으로 부른다. 최근에는 벨트의 바깥 면에 접촉되어 장력 기능을 조정하는 평면 모양의 풀리도 사용하는데, 이를 블록 푸시 방식(block push type)이라 부른다.

14) V-벨트

V-벨트는 엔진의 구동력을 압축기 등 보조기구로 전달하는 동력전달 장치이며, 내온성 및 내구성을 위하여 특수고무로 만든다. V-벨트는 안쪽 면의 형상에 따라 다음과 같이 구분할 수 있다.

① V-벨트

벨트 단면이 V자형으로, 특수 배합고무와 특수섬유를 층으로 쌓아 만든다.

② V-리브드 벨트(V-ribbed belt)

벨트 단면이 다수의 V자형으로, 특수 배합고무와 특수섬유 층으로 쌓아서 만든다. 동력전달 성능이 V-벨트보다 우수하며, 소음 등에도 강하기 때문에 최근에 널리 쓰인다.

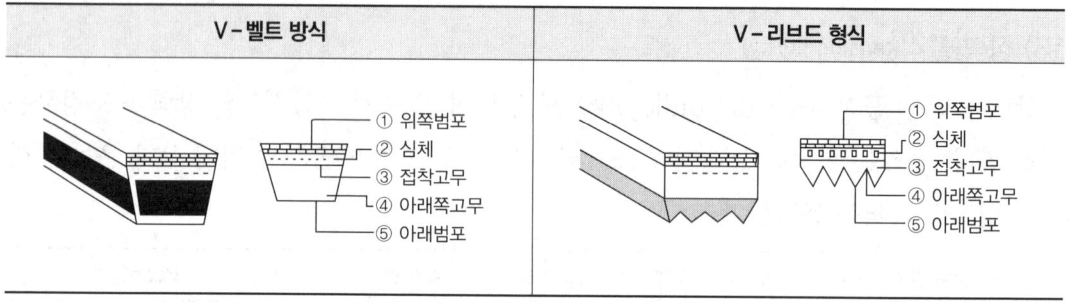

그림 9-57 V-벨트의 종류

15) 서비스 밸브(service valve) 및 라벨

서비스 밸브는 냉매의 충전 및 배출을 위한 접속구멍이며, 고압용과 저압용으로 구분된다. 주요 재질은 철제 및 알루미늄이다. 서비스 밸브는 본체(valve stem), 코어(core), 마개(cap)로 구성된다. R-134a 및 R-1234yf 용은 밸브의 체결 부분이 작업성을 고려하여 원터치 방식으로 되어 있다.

표 9-5 서비스 밸브 및 라벨

냉매		R-134a	R-1234yf
냉매라벨			
서비스 캡	고압		
	저압		

16) 블로어 모터 (blower motor)

① 블로어 모터의 기능

블로어 모터는 공기를 증발기의 냉각핀(cooling fin) 사이로 통과시켜, 냉각된 공기가 자동차 내부로 들어오도록 강제한다.

② 저항기와 블로어 모터 스위치

블로어 모터 스위치와 저항기(resistor)를 조합하여 블로어 모터의 회로를 제어하고, 바람의 양을 여러 단으로 변환한다.

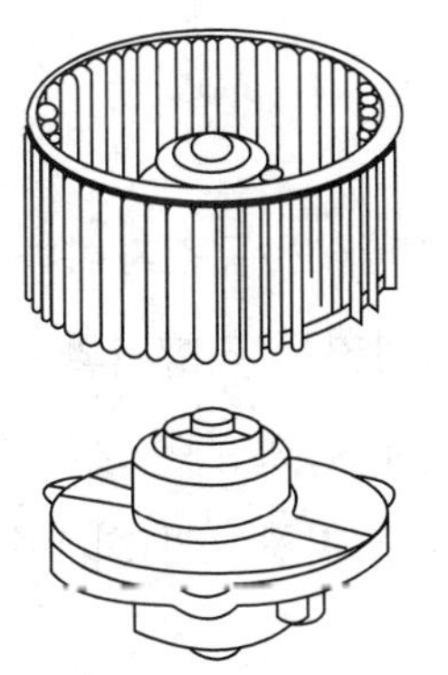

그림 9-58 송풍용 모터의 구조

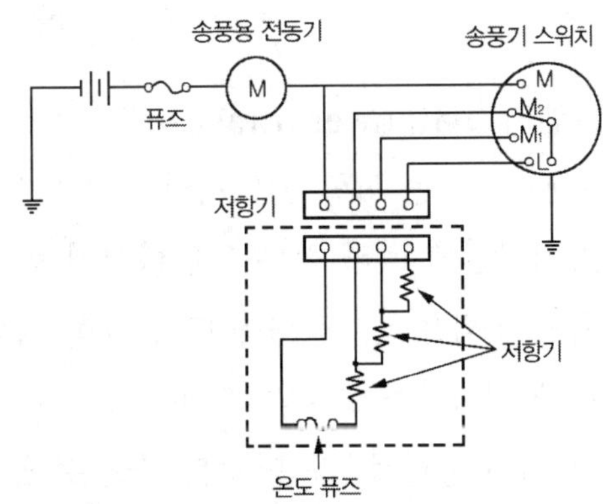

그림 9-59 송풍기 스위치와 저항기 회로

(가) 블로어 모터 스위치

로터리형(rotary type), 레버형(lever type), 푸시형(push type) 등이 있으나, 기본적인 작동방식은 같다.

(나) 저항기(resister)

저항기는 히터 또는 블로어 모터 유닛에 설치되어, 블로어 모터의 회전속도를 조절하는 데 사용한다. 저항기는 몇 개의 저항으로 회로를 구성하며, 각 저항을 적절히 조합하여 각 회전속도 단별 저항을 구성한다. 또 저항에 따른 발열에 대한 안전장치로 퓨즈(fuse) 기능을 포함한다.

항목	코일(coil) 형식	히트 싱크(heat sink) 형식	세라믹(ceramic) 형식	알루미늄판 형식
공기유동 저항	유동저항 면적은 다소 넓으나 부품간극이 충분하여 실질적 유동 저항이 불리하지 않다.	유동저항이 크며, 부품 사이의 간극이 조밀하여 whistle(휘파람 소리)음 발생 기능이 있다.	유동저항 면적은 다소 넓으나 유동방향에 대해 밀폐된 구조이다.	유동저항 면적이 최소이다.
냉각특성	코일 저항을 직접 공기로 냉각시킨다.	알루미늄 압축 히트싱크 부분에 의한 간접 공랭 기능이 있다.	세라믹 몰딩 부분에 의한 간접 공랭 기능이 있다.	알루미늄 다이캐스팅 히트싱크 부분에 의한 간접 공랭 기능이 있다.

그림 9-60 저항기의 종류 및 특성

③ 파워 트랜지스터(power transistor)

파워 트랜지스터는 N형 반도체와 P형 반도체를 접합하여 만든 능동소자이다. 따라서 정해진 저항값에 따라 전류를 변화시켜 송풍용 모터를 회전시키는 저항기와는 달리, FATC 컴퓨터의 작은 신호출력에 따라 입력되는 베이스(base) 전류로 블로어 모터에 흐르는 큰 전류를 제어하여 모터의 회전속도를 조절한다. 따라서 해진 저항기의 회전속도 단수보다 세분화하여 회전속도 단수를 나눌 수 있다.

또 블로어 모터가 회전할 때 여러 가지 변수에 따라서 세팅된 회전속도와 다르게 회전하는 현상을 방지하기 위하여, 컬렉터(collector) 전압을 FATC 컴퓨터로 읽어 들여 사용자가 세팅한 전압값과 적절히 연산한 다음 파워 트랜지스터의 베이스로 출력하여 일정한 회전속도를 유지할 수 있다.

한편, 송풍용 모터가 회전할 때 파워 트랜지스터에서 열이 발생한다. 정상적으로 회전할 경우에는 파워 트랜지스터의 열을 냉각시킬 수 있으나, 모터가 구속될 경우에는 더 많은 전류로 인하여 열이 발생한다.

이때 컬렉터와 직렬로 연결된 온도 퓨즈가 세팅된 온도가 되면, 단락되어 흐르는 전류를 차단하여 파워 트랜지스터 및 엔진의 손상을 방지할 수 있다.

파워 T/R 외관	파워 T/R 단자 배열	파워 T/R 회로
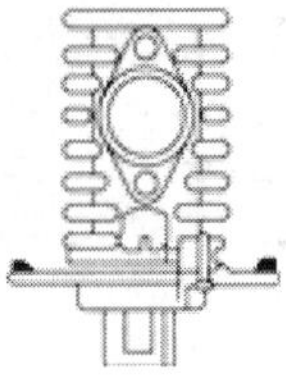	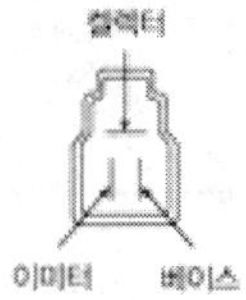 컬렉터 이미터 베이스	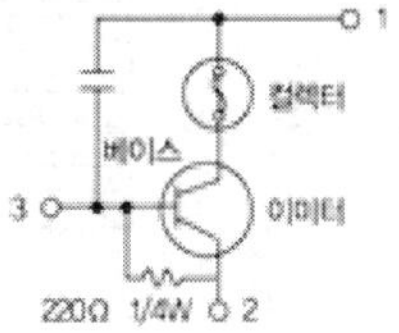 1 컬렉터 베이스 3 이미터 220Ω 1/4W 2

그림 9-61 파워 트랜지스터 형상 및 단자도

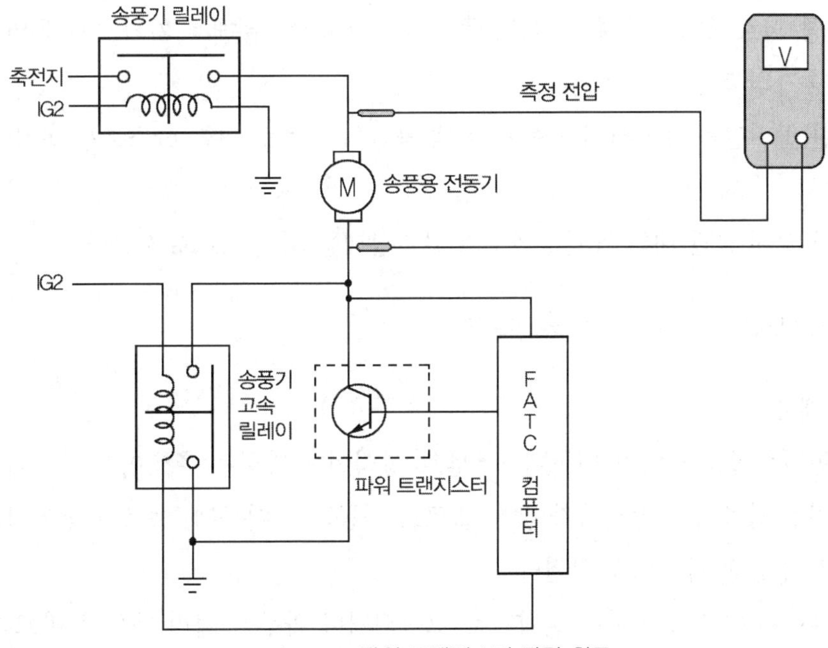

그림 9-62 파워 트랜지스터 관련 회로

17) AQS 유닛(Air Quality System unit)

① AQS 유닛의 개요

AQS는 배기가스를 비롯하여 대기 중에 함유된 유해 및 악취가스를 검출하여 오염된 공기의 실내 유입을 차단한다. 운전자와 탑승자의 건강을 고려한 공기정화 장치로서 차량의 전면부에 설치되어 있으며, 최초 시동시 주변환경의 배출가스 및 유해 가스값을 세팅하고 그 값에 대한 세팅 값으로 작동한다.

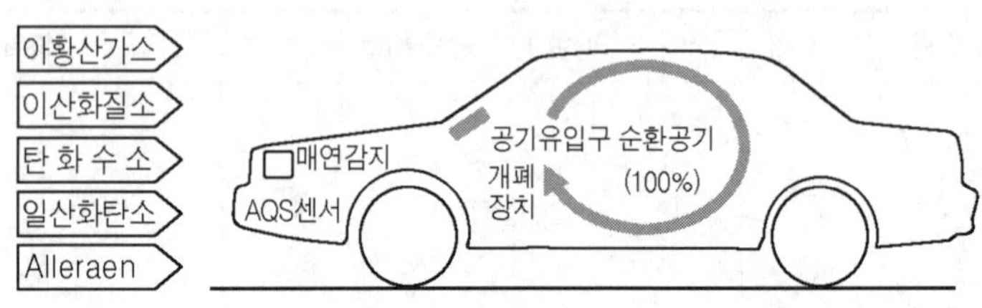

그림 9-63 AQS의 작동 개요

② AQS의 기능

㉮ 운전 중 피로, 졸음, 두통, 무기력 등의 원인이 되는 유해 배기가스의 유입을 차단하여 탑승자의 건강을 보호한다.

㉯ 깨끗한 공기만을 유입시켜 자동차 실내 공간의 밀폐로 인한 산소결핍 현상 등을 방지한다.

㉰ 자동차 실내 공간 내의 공기청정도와 환기상태를 최적으로 유지한다.

18) BLC(Belt Lock Controller ; 벨트 록 컨트롤러)

① BLC의 개요

엔진의 동력손실을 줄이기 위하여 1 - 벨트 형식이 증가하는 추세이며, 1 - 벨트 형식의 엔진은 에어컨 압축기와 발전기가 같은 벨트로 구동되기 때문에, 벨트가 끊어지거나 손상되면 발전기의 충전 기능도 중지된다.

BLC는 에어컨 압축기가 내부 불량으로 고착되거나 과부가 걸려 벨트가 미끄러질 경우, 압축기 릴레이를 OFF시켜 압축기의 마그네틱 클러치의 전원을 차단한다. 따라서 BLC는 압축기 고착으로 인한 벨트의 손상방지, 엔진 과부하 방지 및 발전기 충전성능 확보에 그 목적이 있다.

② BLC 장치의 구성

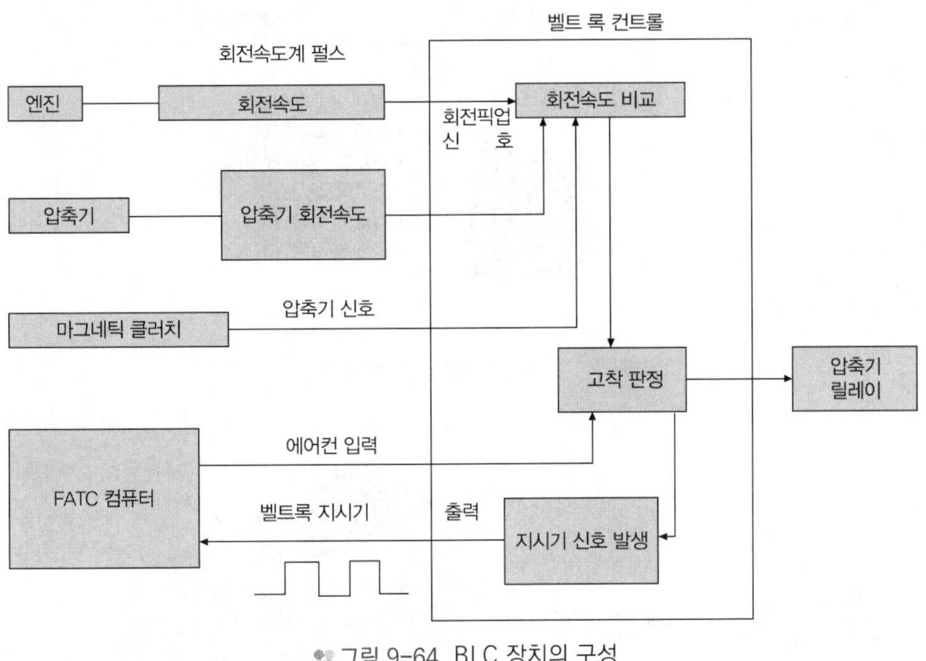

그림 9-64 BLC 장치의 구성

Chapter 04

전자동 에어컨(FATC : Full Auto Temperature Control) 장치

1 전자동 에어컨 장치의 개요

전자동 에어컨 장치는 각종 센서에 의해 검출된 자동차 실내외의 냉·난방 부하량을 FATC 컴퓨터가 입력받아 자동차 실내의 온도를 운전자가 설정한 온도로 항상 일정하게 유지한다. 또한, 자동차 실내의 습도나 햇빛의 양(일사량) 증가에 따른 보정제어와 유해가스 유입차단 제어를 통해 자동차 실내의 공기청정도까지도 각종 액추에이터를 이용하여 자동으로 조절해 항상 쾌적한 실내공간을 유지해준다.

2 전자동 에어컨 장치의 입력요소의 종류와 작동

입력부분	제어부분	출력부분
• 실내 온도 센서 • 외기 온도 센서 • 핀 서모 센서 • 일사량 센서 • AQS • 습도 센서 • 압력센서(APT) • 템프 액추에이터 피드백 • 모드 액추에이터 피드백	FATC 컴퓨터	• 템프 액추에이터 • 모드 액추에이터 • 내/외기 액추에이터 • 블로어 레지스터 • 블로어 T/R, FET • 컴프레서(ECV)

그림 9-65 전자동 에어컨 장치의 입출력 구성도

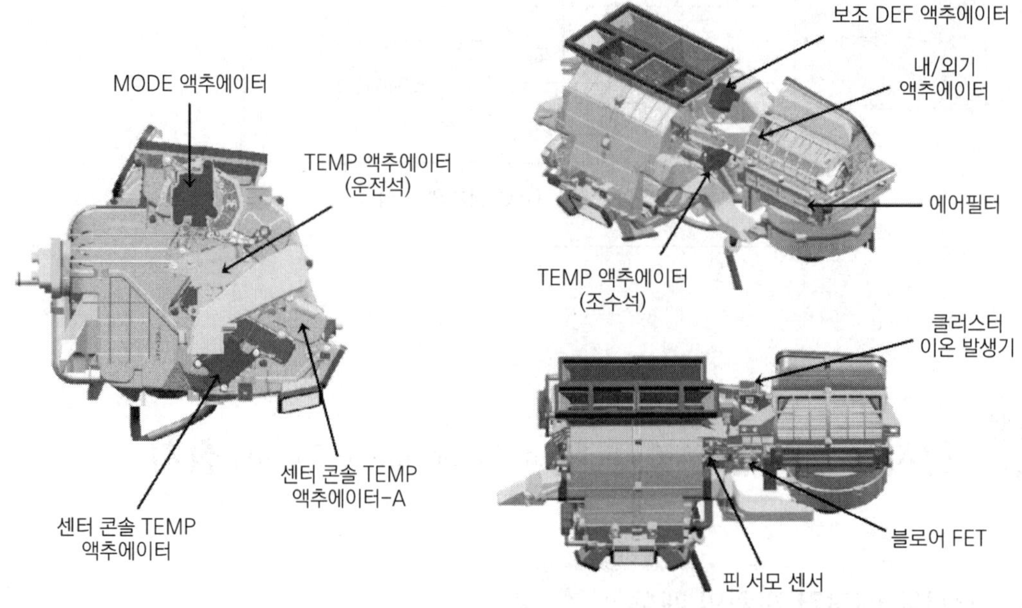

그림 9-66 HVAC 공조장치의 구성

(1) 실내 온도 센서(in car sensor)

1) 실내 온도 센서의 기능

이 센서는 자동차 실내의 온도를 검출하여 FATC 컴퓨터에 입력하며, 제어패널 상에 설치되어 있다. 또, 부특성(NTC) 서미스터이므로 검출온도와 센서 출력값이 반비례한다.

2) 공기 튜브(air tube)

일부 자동차의 경우 실내 온도 센서 뒤쪽에 공기튜브가 설치되어 송풍기 유닛 또는 히터유닛까지 연결되어 있다. 전자동 에어컨 장치 작동 중 송풍용 모터의 송풍에 의해 발생하는 진공을 이용하여, 자동차 실내의 공기를 센서 쪽으로 흡입하여 센서가 검출하는 온도의 오차를 줄이고, 자동차 실내의 평균온도를 정확히 검출하기 위해 설치한다.

3) 실내 온도 센서 입력

FATC 컴퓨터는 실내 온도 센서 쪽으로 5V의 풀업 전원을 인가하고, 센서가 검출한 실내 온도의 변화에 따라 저항값의 변화가 발생하면, 그만큼의 전압강하가 발생한다. FATC 컴퓨터는 이 전압값을 입력받아 현재 자동차 실내의 온도를 판단한다.

(2) 외기 온도 센서(ambient sensor)

이 센서는 앞 범퍼 뒤쪽, 즉, 응축기 앞쪽에 설치되어 있으며, 외부 공기온도를 검출하여 FATC 컴퓨터로 입력시킨다. FATC 컴퓨터는 실내 온도 센서와 외기 온도 센서 신호를 기준으로 냉·난방 자동제어를 실행한다. 외기 온도 센서는 설치 위치를 임의로 변경하거나 외부충격에 의해 센서가 정해진 위치를 이탈하면, 센서가 검출한 온도와 실제 외기 온도와의 차이가 발생할 수 있기 때문에 주의하여야 한다.

(3) 일사량 센서(photo sensor)

이 센서는 실내 크래시 패드 정중앙에 설치되어 있으며, 자동차 실내로 내리쬐는 햇빛의 양을 검출하여 FATC 컴퓨터로 입력시킨다. 광전도 특성을 가지는 반도체 소자를 재료로 이용하며, 햇빛의 양에 비례하여 출력전압이 상승하는 특징이 있다. 그리고 일사량에 의해 자체 기전력이 발생하는 형식이므로, FATC 컴퓨터가 별도로 센서전원을 공급하지 않는다.

(4) 핀 서모 센서(fin thermo sensor)

이 센서는 증발기 코어의 평균 온도가 검출되는 부분에 설치되어 있으며, 증발기 코어 핀의 온도를 검출하여 FATC 컴퓨터로 입력하는 일을 한다. 부특성 서미스터로 되어 있어 증발기의 온도가 낮아질수록 센서의 출력전압은 상승한다.

(5) 수온 센서(water temperature sensor)

이 센서는 실내 히터유닛 부위에 설치되어 있으며, 히터코어를 순환하는 냉각수 온도를 검출하여 FATC 컴퓨터로 입력한다. 부특성 서미스터를 이용하며, FATC 컴퓨터는 수온센서에 의해 검출된 냉각수 온도가 29℃ 이하일 경우 난방 시동제어를 실행한다.

(6) 온도조절 액추에이터 위치 센서(temperature actuator feed back)

이 센서는 실내 히터유닛에 설치된 온도조절 액추에이터 내부에 설치되어 있다. 히터유닛 내부에서 히터 코어를 통과하는 따뜻한 바람과 히터 코어를 통과하지 않은 찬바람을 적절히 혼합해주는 댐퍼 도어의 위치를 검출하여, FATC 컴퓨터로 피드백 시키는 일을 한다. 온도조절 액추에이터 위치 센서는 가변 저항방식 센서이며, 최소 난방위치(17℃)에서 약 0.3V의 전압이 출력되고, 최대 난방위치(32℃)에서 약 3.5V의 전압이 출력된다. FATC 컴퓨터는 이 값을 기준으로 현재 자동차 실내로 배출되는 바람의 온도를 판단하고, 운전자가 설정한 온도에 최대한 빨리 도달하도록 액추에이터의 작동을 피드백 제어한다.

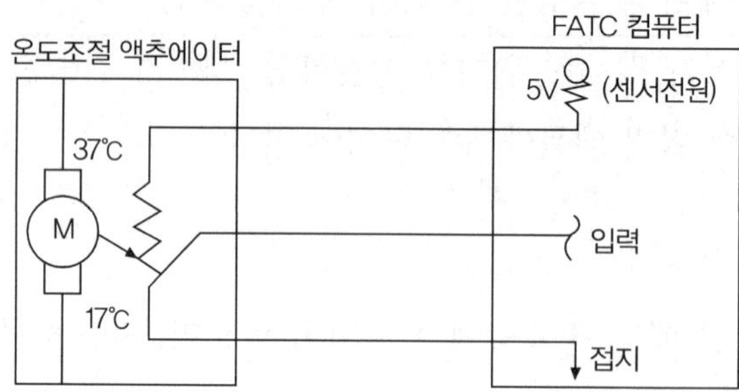

그림 9-67 온도조절 액추에이터 위치센서 작동원리

(7) 습도 센서(humidity sensor)

이 센서는 뒤 선반 위쪽에 설치되어 있으며, 자동차 실내의 상대 습도를 검출하여 FATC 컴퓨터로 입력하는 일을 한다. FATC 컴퓨터는 이 신호를 기준으로 AUTO 모드로 작동 중 에어컨 압축기를 자동으로 ON/OFF시켜 실내 습도를 가감한다.

3 전자동 에어컨 장치의 출력요소 기능 및 작동원리

(1) 온도조절 액추에이터(tEMP actuator)

1) 온도조절 액추에이터 기능 및 특징

온도조절 액추에이터는 실내 히터유닛 아래쪽에 설치하며, 소형 직류모터로서 FATC 컴퓨터의 전원 및 접지 출력을 통하여 정방향과 역방향으로 회전이 가능하다.

2) 배출온도 제어방식

FATC 컴퓨터는 온도조절 액추에이터를 이용하여 송풍용 모터로부터 송출된 바람을 히터코어를 통과하는 따뜻한 바람과 히터 코어를 통과하지 않는 찬바람으로 적절히 혼합하여, 실내로 배출되는 바람의 온도를 제어한다. 액추에이터 내부에는 위치센서가 설치되어 있으며, FATC 컴퓨터는 이 값을 피드백 받아 현재 자동차 실내로 배출되는 바람의 온도를 판단하고, 운전자가 설정한 온도의 바람이 송출될 수 있도록 계속적으로 제어한다.

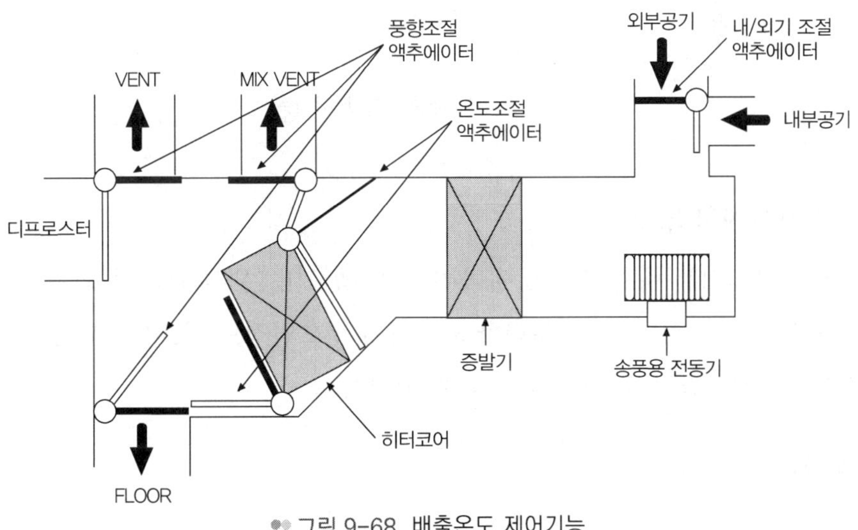

그림 9-68 배출온도 제어기능

(2) 풍향조절 액추에이터(mode actuator)

1) 풍향조절 액추에이터의 기능 및 특징

풍향(바람의 방향)조절 액추에이터도 소형 직류모터이며, FATC 컴퓨터의 전원 및 접지 출력을 통하여 작동한다. 온도조절 액추에이터에 의해 적절히 혼합된 바람을 운전자가 원하는 배출구멍으로 송출하는 역할을 한다.

2) 배출풍향 제어방식

FATC 컴퓨터는 운전자의 풍향조절(모드) 선택스위치 신호가 입력되면 풍향조절 액추에이터를 정해진 위치까지 회전시킨다. 이때 액추에이터와 연결된 래크(rack) 기구에 의해 각각의 배출구멍을 여닫는 댐퍼가 일정 각도만큼 개폐되고, 운전자가 선택한 배출모드마다 정해진 비율로 각각의 배출구멍으로 바람이 송출된다.

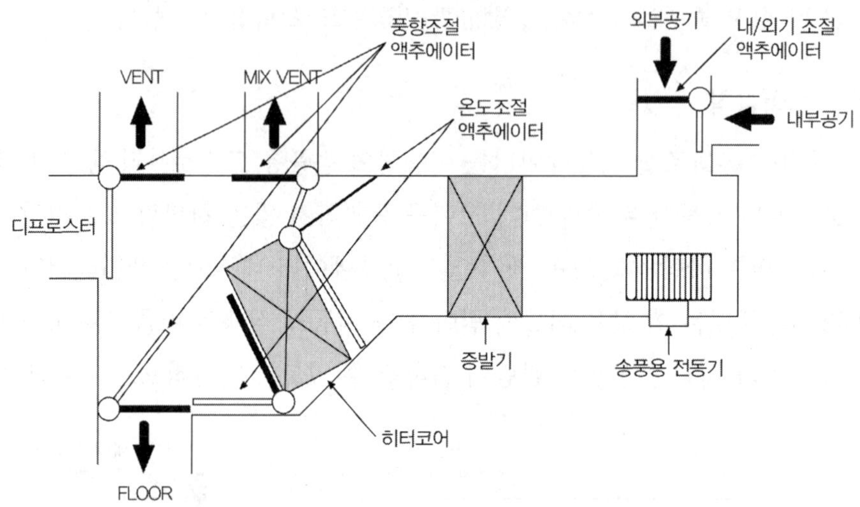

그림 9-69 배출풍향 제어기능

(3) 내·외기 액추에이터(intake actuator)

내·외기 액추에이터는 송풍기 유닛에 설치되어 있으며, 운전자의 내·외기 선택스위치 신호나 AQS 제어 중 AQS 센서가 검출한 외부공기의 오염정도 신호를 FATC 컴퓨터가 입력받아 액추에이터의 전원 및 접지 출력을 제어한다.

(4) 파워트랜지스터(power transistor)

1) 파워트랜지스터 기능 및 특징

파워트랜지스터는 실내 송풍기 유닛 또는 증발기 유닛에 설치되어 있으며, 전자동 에어컨 장치 작동 중 송풍용 모터의 전류량을 가변시켜 배출 풍량(바람의 양)을 제어하는 일을 한다. 파워트랜지스터는 전자동 에어컨 장치 작동 중 트랜지스터 내부를 흐르는 전류 때문에 열이 발생하므로, 송풍기 유닛 내부로 노출하여 송풍용 모터가 송출하는 바람에 의해 냉각되도록 설치되어 있다.

2) 파워 트랜지스터 작동

FATC 컴퓨터는 운전자의 블로어 모터 속도선택 스위치 신호를 입력받아 파워 트랜지스터의 베이스 전류를 제어한다. 베이스에서 이미터로 흐르는 전류량의 변화는 컬렉터에서 이미터로 흐르는 컬렉터 전류량의 변화를 가져온다. 파워 트랜지스터 컬렉터 전류는 블로어 모터의 작동 전류가 되기 때문에, 블로어 모터의 회전속도는 FATC 컴퓨터가 제어하는 베이스 전류량에 의해 결정된다. 블로어 모터 속도를 단계적으로 상승시켰을 때 파워 트랜지스터의 베이스 전압이 약 0.2V에서 2.0V까지 단계적으로 상승한다면, FATC 컴퓨터는 정상이다.

(5) 고속 블로어 릴레이(High Blower Relay)

고속 송풍기 릴레이는 블로어 모터 케이스 아래쪽에 설치되어 있으며, 블로어 모터 회전속도를 최대로 하였을 때 블로어 모터 작동전류를 제어한다. FATC 컴퓨터는 블로어 스위치의 최대 선택신호가 입력되면 고속 블로어 릴레이를 내부 접지시킨다. 고속 송풍기 릴레이가 작동하면 블로어 모터 작동 전류는 파워 트랜지스터를 통하지 않고, 고속 송풍기 릴레이 접점을 통해 차체로 직접 접지되기 때문에, 허용 최대전류가 흐르고 모터의 회전속도도 최대가 된다.

(6) 에어컨(압축기 구동 신호) 출력

FATC 컴퓨터는 에어컨 스위치 ON 신호가 입력되거나, AUTO 모드로 작동 중 각종 입력센서들의 정보가 입력되면 이를 기초로 압축기의 작동 여부를 판단한다. A/C 컴프레서 작동 조건으로 판단되면, FATC 컴퓨터는 12V 전원을 출력한다. FATC 컴퓨터에서 출력된 12V 전원은 리시버 드라이어에 설치된 트리플 스위치 내부의 듀얼 스위치 접점을 거쳐 엔진 컴퓨터로 최종 입력된다. 엔진 컴퓨터는 이 신호가 입력되면 압축기 릴레이와 냉각 팬 릴레이를 작동시킨다.

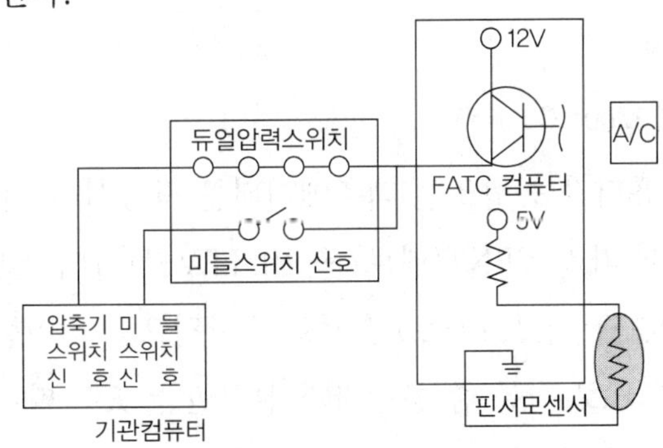

그림 9-70 압축기 제어과정

4 전자동 에어컨 장치의 제어기능

(1) 배출온도 제어기능(Temperature Control)

배출온도는 FATC 컴퓨터가 히터유닛에 설치된 온도조절 액추에이터를 작동시켜 제어한다. FATC 컴퓨터는 액추에이터 위치에 상응하는 배출온도 맵핑(mapping) 값을 지니고 있기 때문에, 액추에이터 위치센서의 변화 값을 피드백 받으면서 액추에이터 구동 출력을 제어한다.

운전자가 설정한 온도가 17℃일 경우 히터코어 쪽 통로를 완전히 닫는 방향으로 액추에이터를 고정하고, 온도를 32℃로 설정할 경우 히터 코어 쪽 통로를 완전히 개방하는 위치로 고정시킨다. 온도를 17.5℃에서 31.5℃ 사이로 설정하면, 실내 온도 센서 입력값을 피드백 받으면서 자동차 실내의 온도가 운전자가 설정한 온도에 도달할 때까지 액추에이터를 단계적으로 제어한다.

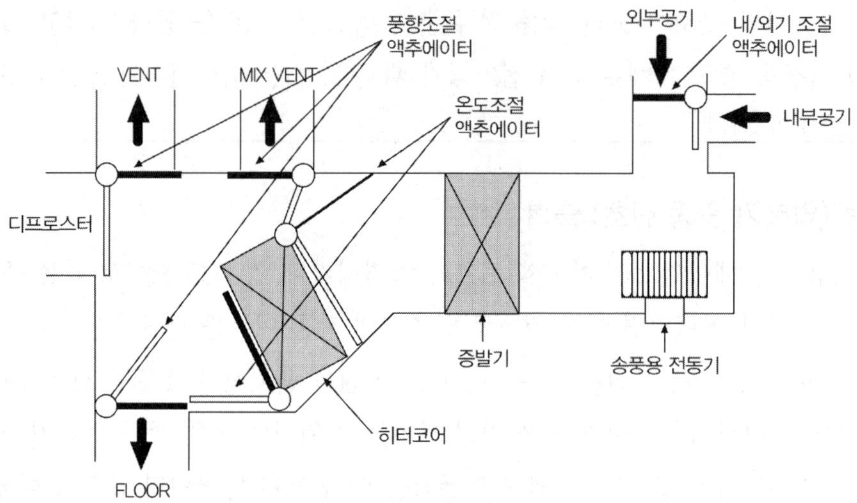

그림 9-71 배출온도 제어기능

(2) 배출모드 제어기능(Mode Control)

배출모드는 FATC 컴퓨터가 풍향조절 액추에이터를 작동시켜 제어한다. 운전자의 모드 선택 스위치 신호 입력에 따라 VENT(벤트) → BI/LEVEL(바이 레벨) → FLOOR(플로어) → MIX(믹스) → DEFROST(디프로스트) 순서로 순차적으로 제어한다.

배출 모드는 AUTO 모드로 작동 중 운전자가 설정한 온도에 따라 자동으로 제어되기도 하는데, AUTO 모드에서 최대 냉방 온도인 17℃를 선택하면 VENT 모드로 고정되고, 최대 난방 온도인 32℃를 선택하면 FLOOR 모드로 고정된다.

설정 온도가 17.5℃에서 31.5℃ 사이이면, VENT ↔ BI/LEVEL ↔ FLOOR 순서로 골고루 순환하면서 바람을 배출한다.

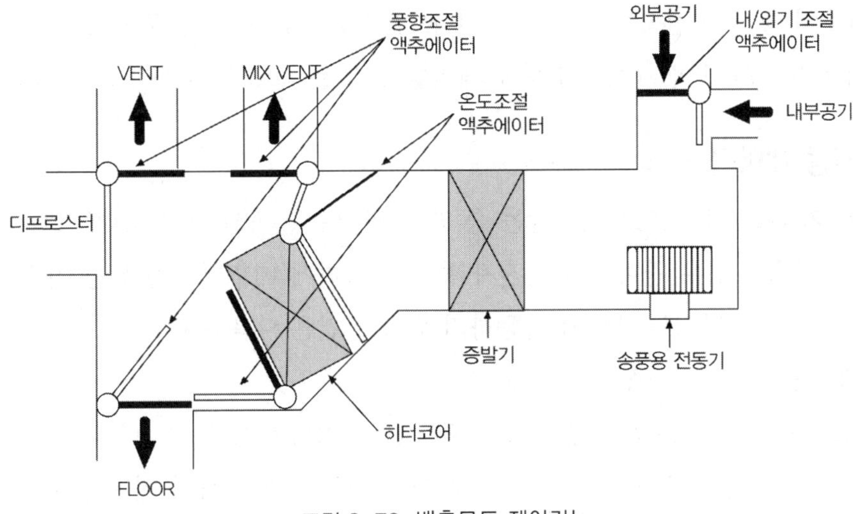

그림 9-72 배출모드 제어기능

(3) 배출 풍량 제어기능(Blower Speed Control)

배출 풍량(風量)은 수동으로 제어하면 7~12단계로 제어되고, AUTO 모드 작동 중에는 무단제어가 이루어진다. FATC 컴퓨터는 파워 트랜지스터 베이스 전류를 단계적으로 가변시켜 목표 회전속도가 되도록 송풍용 모터의 전류를 자동으로 제어한다. 즉, 운전자가 설정한 온도와 현재 자동차 자동차의 실내 온도를 비교하여 최대한 신속하게 실내 온도가 운전자가 설정한 온도에 도달하도록 단계적으로 배출 풍량을 제어한다.

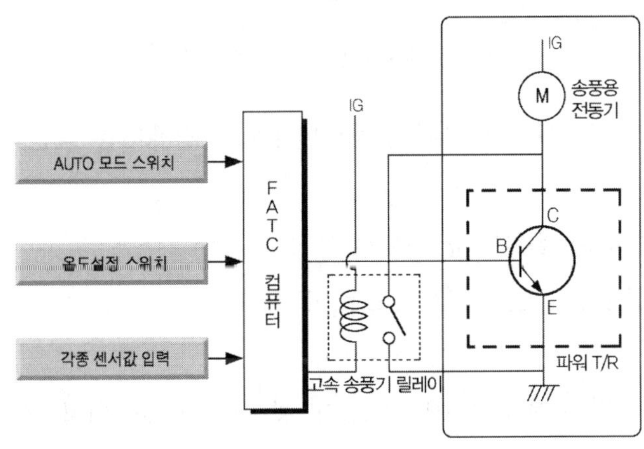

그림 9-73 배출 풍량 제어기능

블로어 모터 스위치를 최대로 선택하거나 AUTO 모드로 작동 중 최대냉방 온도인 17℃를 설정하면, FATC 컴퓨터가 고속 송풍기 릴레이를 작동시켜 블로어 모터 작동 전류가 파워 트랜지스터를 통하지 않고 고속 블로어 모터 릴레이 접점을 통해 직접 차체로 접지된다. 따라서 블로어 모터 회전속도는 최대가 된다. 반대로, 최대난방 온도인 32℃를 선택하면 FATC 컴퓨터는 파워 트랜지스터를 통해 제어할 수 있는 최대 단(AUTO HI)으로 제어한다.

(4) 난방시동 제어기능(CELO : Cold Engine Lock Out)

난방시동 제어는 AUTO 모드로 작동 중 엔진 냉각수 온도가 낮은 상태(29℃ 이하)에서 난방모드를 선택할 경우 찬바람이 운전자 쪽으로 강하게 배출되는 현상을 최소화하기 위한 제어기능이다. 난방시동 제어가 작동하기 위한 조건은 다음과 같다.

① AUTO 모드로 작동 중일 때.

② 히터코어를 순환하는 엔진 냉각수 온도가 29℃ 이하일 때.

③ 운전자가 설정한 온도가 실내 온도 센서가 검출한 현재 자동차 실내 온도보다 3℃ 이상 높을 때.

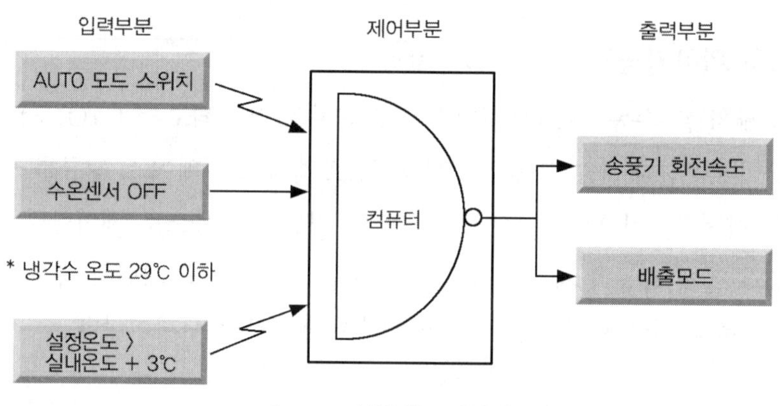

그림 9-74 난방시동 제어기능

위와 같은 조건이 각종 센서에 의해 입력되면 FATC 컴퓨터는 다음과 같은 2가지 제어를 실행한다.

① 블로어 모터 회전속도를 1단(low)으로 고정한다.

② 배출모드를 디프로스트(defrost)모드로 고정한다.

난방시동 제어는 냉각수 온도가 29℃ 이상이 될 때까지 계속되고, 29℃ 이상이 되면 정상 AUTO 모드로 자동 복귀한다.

(5) 냉방시동 제어기능

냉방시동 제어를 하면 앞에서 설명한 난방시동 제어와 반대되는 제어형태를 볼 수 있는데, 증발기의 온도가 높은(30℃ 이상) 상태에서 에어컨을 작동시켰을 때 미처 냉각되지 않은 뜨거운 바람이 운전자 쪽으로 강하게 배출되는 현상을 방지하는 제어기능이다. 냉방시동 제어작동 조건은 다음과 같다.

① AUTO 모드로 작동 중일 때.

② 핀 서모 센서에 의해 검출된 증발기 코어 핀의 온도가 30℃ 이상일 때.

③ 에어컨이 ON 상태일 때.

④ 배출모드가 벤트(vent)모드 일 때.

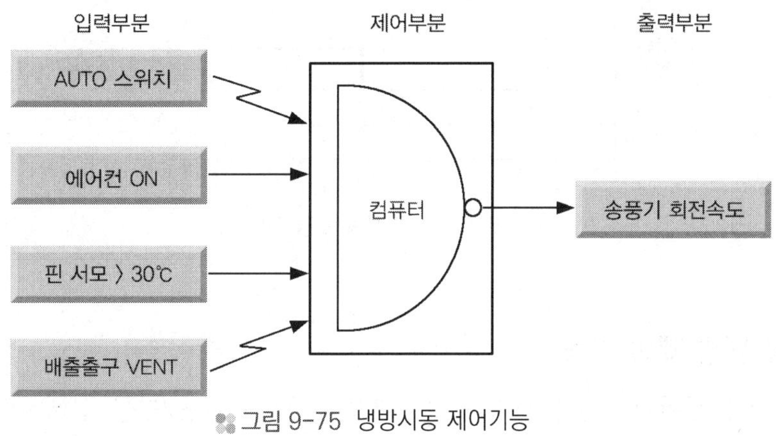

그림 9-75 냉방시동 제어기능

위와 같은 조건이 충족되면 FATC 컴퓨터는 냉방시동 제어를 실행하는데, FATC 컴퓨터는 송풍용 모터의 회전속도를 약 10초 동안 1단(low)으로 고정한 후, 10초가 지난 후 정상 AUTO 모드로 복귀시킨다.

(6) 일사량 보정 제어기능

자동차 실내에서 운전자가 느끼는 체감온도는 실내로 내리쬐는 햇빛에 의한 복사열에 큰 영향을 받는다. 일사량 보정제어는 자동차 실내로 내리쬐는 햇빛의 양이 증가함에 따라 운전자의 체감온도가 동반 상승하는 것을 방지하는 FATC 컴퓨터의 보정제어 기능이다. FATC 컴퓨터는 일사량 센서에 의해 검출된 햇빛의 양이 증가하면, 블로어 모터의 회전속도를 단계적으로 상승시켜 운전자 신체의 열 방출을 도와줌으로써 운전자 체감온도 상승을 최소화한다.

배출 풍량이 벤트(vent)모드일 경우 일사량 증가에 따라 블로어 모터 회전속도는 최대 45스텝(step)까지 증가하고, 바이 레벨(BI/LEVEL) 모드일 경우에는 최대 25스텝까지 증가한다.

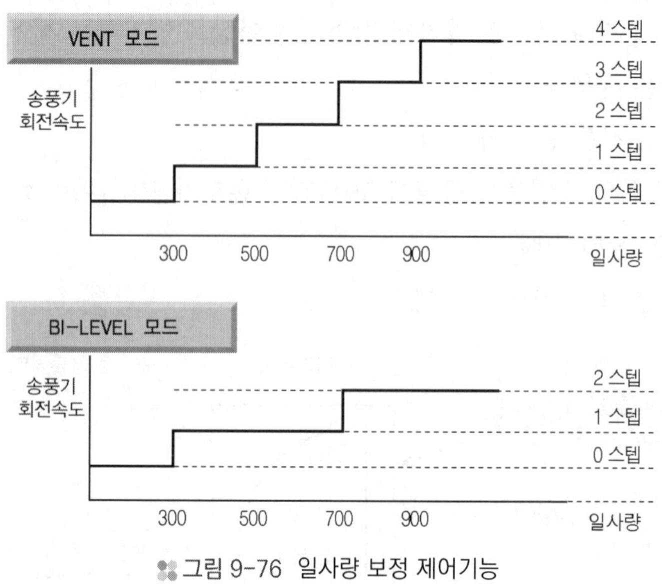

그림 9-76 일사량 보정 제어기능

(7) 최대 냉·난방 제어 기능

최대 냉·난방 제어기능은 운전자가 설정온도 17℃ 또는 32℃를 선택하였을 때 FATC 컴퓨터가 배출 온도, 배출 풍량(모드), 배출 풍량(블로어 모터 회전속도) 및 내·외기 모드 등을 특정모드로 고정·제어하는 기능이다.

1) 설정온도를 17℃로 선택할 경우

① 배출 풍량(모드)을 벤트 모드로 고정한다.

② 온도조절 액추에이터는 히터코어 쪽 통로를 완전히 막는 위치로 고정한다.

③ 내·외기 액추에이터는 내기 순환모드로 고정한다.

④ 블로어 모터의 회전속도는 최대 단으로 고정한다(고속 블로어 릴레이 ON).

2) 설정온도를 32℃로 선택할 경우

① 배출 풍량(모드)을 플로어(FLOOR) 모드로 고정한다.

② 온도 조절 액추에이터는 히터코어 쪽 통로를 완전히 개방하는 위치로 고정한다.

③ 내·외기 액추에이터는 외기 유입 모드로 고정한다.

④ 블로어 모터의 회전속도는 AUTO 고속(HI)단으로 고정한다(일부 차종은 최대 단으로 고정됨.).

⑤ 압축기 작동을 강제로 OFF 시킨다.

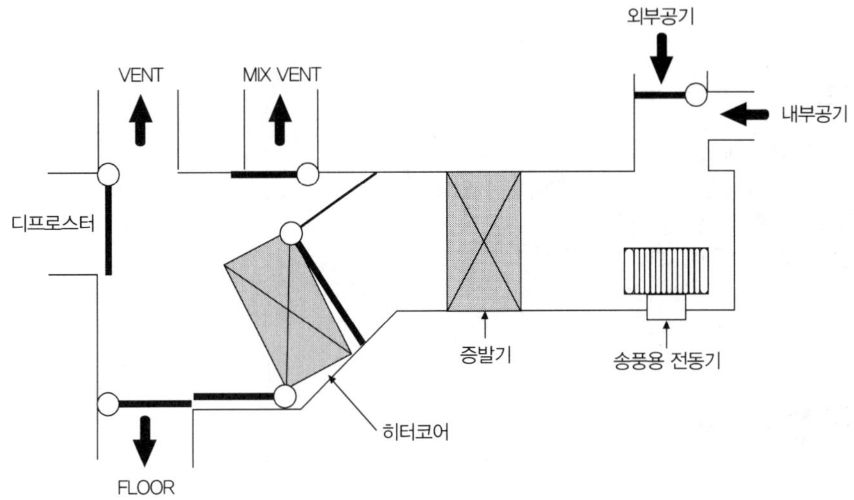

그림 9-77 최대 냉·난방 제어 기능

(8) 압축기 ON/OFF 제어 기능

FATC 컴퓨터는 에어컨 스위치 ON 신호가 입력된 경우나, AUTO 모드로 작동 중 각종 센서로부터 정보가 입력된 경우, 정보를 연산하여 압축기 구동신호를 ON/OFF 한다.

압축기 구동신호는 트리플 스위치 내부의 듀얼압력 스위치 접점을 지나 엔진 컴퓨터로 입력되고, 엔진 컴퓨터는 이 신호를 기준으로 압축기 릴레이의 ON/ OFF를 제어한다.

조명장치

학습목표

1. 전선 및 하니스에 대해 알 수 있다.
2. 전조등(head light)의 형식과 그 회로에 대해 알 수 있다.
3. 오토라이트 장치에 대해 알 수 있다.
4. 고휘도 방전(HID)전조등에 대해 알 수 있다.

Chapter 01 전선(wiring)

자동차 전기회로에서 사용하는 전선은 피복선과 비 피복선이 있다. 일반 전선의 절연층은 주로 합성수지(PVC, 폴리에틸렌, 실리콘 고무 등)이다. 절연층은 -40~100℃의 온도에서 탄성을 유지하고 물, 오일, 휘발유, 경유, 먼지 등에 민감하지 않아야 한다. 또한 절연층 내부의 심선(구리선)에는 유연성이 뛰어난 가는 금속선을 여러 겹으로 한 연선을 사용하며 심선의 단면적에 따라 허용 가능 전류의 범위가 정해진다. 비 피복선은 접지용으로 일부 사용되며, 대부분 무명(cotton), 명주(silk), 비닐 등의 절연물로 피복된 피복선을 사용한다. 특히 점화장치에 사용하는 고압케이블은 내 절연성이 매우 큰 물질로 피복되어 있다.

표 10-1 배선의 굵기와 안전 전류(예)

단면적(mm^2)	전선외경(mm)	안전 전류(A)
0.5	2.2	17
0.85	2.4	22
1.25	2.7	27
2	3.1	34
3	3.8	45
5	4.6	56
8	5.5	70
15	7	105
20	8.2	120

1 전선의 피복 색깔 표시

전선을 구분하기 위한 색깔은 전선 피복의 바탕색, 보조 줄무늬 색의 순서로 표시한다.

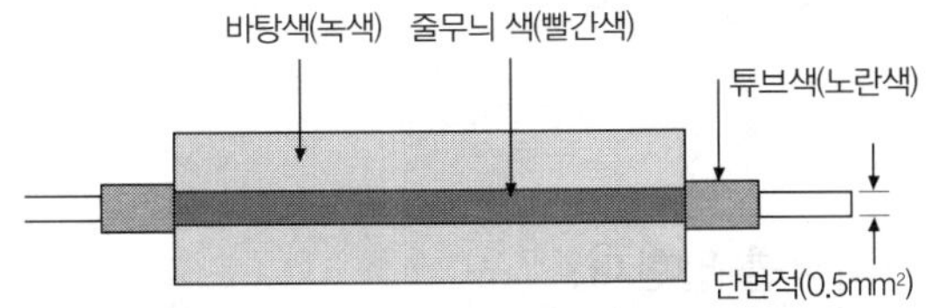

[예] AVX-0.5GR(Y)의 경우
AVX : 내열 자동차용 배선
0.5 : 전선 단면적(0.5mm²)
G : 바탕색(녹색)
R : 줄무늬 색(빨간색)
Y : 튜브 색(노란색)

기호	영문	색	기호	영문	색
B	BLACK	검정색	O	ORANGE	오렌지색
Be	BEIGE	베이지색	P	PINK	분홍색
Br	BROWN	갈색	Pp	RURPLE	자주색
G	GREEN	녹색	R	RED	빨간색
Gr	GRAY	회색	T	TAWNINESS	황갈색
L	BLUE	청색	W	WHITE	흰색
Lg	LIGHT GREEN	연두색	Y	YELLOW	노란색
Ll	LIGHT BLUE	연청색			

그림 10-1 전선의 피복 색깔 표시

2 하니스의 구분

전선을 배선할 때 한 선씩 처리하는 경우도 있지만, 대부분 같은 방향으로 설치될 전선을 다발로 묶어 처리하는 경우가 많다. 이런 전선 묶음을 전선 하니스(Wiring Harness) 또는 간단히 하니스라 한다. 하니스로 배선을 하면 전선이 간단해지고 작업이 쉬워진다. 자동차용 하니스는 한조 이상으로 구성되며, 일반적으로 하니스를 구분하는 기호는 다음과 같다.

표 10-2 하니스 구분 기호

구분기호	하니스 명칭	장착 위치
E	엔진 하니스	엔진 룸, 실내
M1..	메인 하니스	실내 및 대시패널
C	컨트롤 하니스	엔진 룸, 실내
I	에어백, 실내 하니스	계기판, 크러쉬 패드
R	리어, 루프 하니스	트렁크, 리어
M7..	루프 하니스	루프
D	도어 하니스	도어
T	자동변속기 하니스	자동변속기 제어 구성부품
J	정션박스 하니스	엔진 룸, 실내

(1) 하니스 커넥터 구별

하니스에 붙어있는 커넥터의 구별은 하니스 구분기호와 커넥터번호의 조합으로 나타낸다.

1) 일반 커넥터

전장부품을 연결할 때 사용하는 커넥터를 말한다.

E30－1
E : 전선 하니스 기호　30 : 커넥터 일련번호　－1 : 보조 커넥터 일련번호

2) 연결 커넥터

커넥터와 커넥터를 연결하는 것을 말한다.

EC30－1	
E : 메인(전) 전선 하니스 기호	C : 연결(후) 전선 하니스 기호
30 : 커넥터 일련번호	－1 : 보조 커넥터 일련번호

(2) 전선의 배선방식

배선방법에는 단선방식과 복선방식이 있다. 단선방식은 부하의 한끝을 자동차 차체에 접지하는 것이며, 접지 쪽에서 접촉 불량이 생기거나 큰 전류가 흐르면 전압강하가 발생하므로, 정격전압이 낮고 작은 전류가 흐르는 부분에서 사용한다. 복선방식은 접지 쪽에도 전선을 사용하는 것으로, 주로 전조등과 같이 큰 전류가 흐르는 회로에서 사용한다.

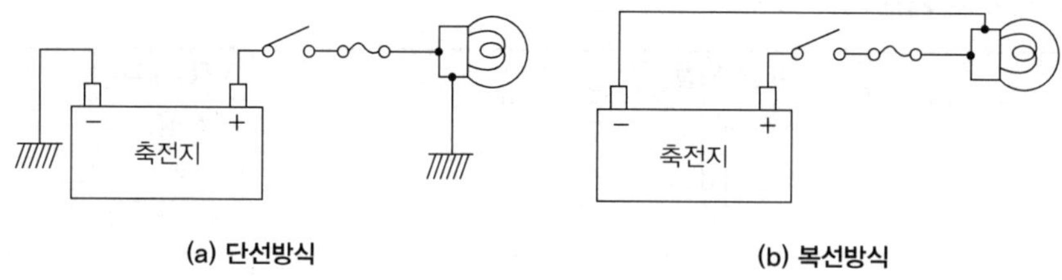

(a) 단선방식　(b) 복선방식

그림 10-2 단선방식과 복선방식

Chapter
02 조명의 용어

1 광속(光速)

광속이란 광원(光源)에서 나오는 빛의 다발, 즉, 가시광선의 전체 양을 말하며, 단위는 루멘(lumen, 기호는 lm)이다.

2 광도(光度)

광도란 빛의 세기를 말하며 단위는 칸델라(기호는 cd)이다. 1칸델라는 광원에서 1m 떨어진 $1m^2$의 면에 1m의 광원으로부터 빛이 통과하는 양을 말한다.

3 조도(照度)

조도란 빛을 받는 면의 밝기를 말하며, 단위는 럭스(lux, 기호는 Lx)이다. 빛을 받는 면의 조도는 광원의 광도에 비례하고, 광원의 거리의 2승에 반비례한다. 즉, 광원으로부터 r(m) 떨어진 빛의 방향에 수직인 빛을 받는 면의 조도를 E(Lx), 그 방향의 광원의 광도를 I(cd)라고 하면, 다음과 같이 표시한다.

$$E = \frac{I}{r^2}(\text{Lux})$$

Chapter
03 전조등(head light)의 형식과 그 회로

1 전조등의 형식

전조등에는 실드빔 방식(sealed beam type)과 세미 실드빔 방식(semi sealed beam type)이 있다. 전구(lamp) 안에는 2개의 필라멘트가 있으며, 하나는 먼 곳을 비추는 상향 빔(high beam)의 역할을 하고, 다른 하나는 시내 주행할 때나 교행(郊行)할 때 맞은 편에서 오는

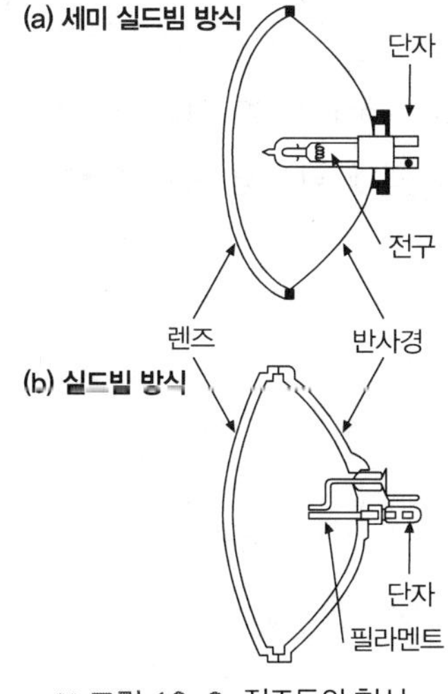

그림 10-3 전조등의 형식

자동차나 사람이 현혹되지 않도록 광도를 약하게 하고, 동시에 빔을 낮추는 하향 빔(low beam)이 있다.

(1) 실드빔 방식

이 방식은 반사경, 필라멘트 및 렌즈가 일체로 되어 있으며, 내부에 진공상태에서 아르곤 등의 불활성 가스를 넣어 그 자체가 1개의 전구가 되도록 한 것이다. 이 방식의 특징은 다음과 같다.

① 대기 조건에 따라 반사경이 흐려지지 않는다.
② 사용에 따르는 광도의 변화가 적다.
③ 필라멘트가 끊어지면 렌즈나 반사경에 이상이 없어도 전조등 전체를 교환하여야 한다.

(2) 세미 실드빔 방식

이 방식은 렌즈 및 반사경은 일체로 되어 있으나, 전구는 반사경 후미에 장착하게 되어 있어서 필라멘트가 끊어지면 전구만 교환하면 된다. 그러나 전구 설치부분을 통한 공기유통으로 인하여 반사경이 흐려지기 쉽다.

(3) 할로겐 전조등

이 방식은 할로겐전구를 사용한 세미 실드빔이며, 할로겐전구란 전구에 봉입하는 불활성 가스와 함께 작은 양의 할로겐족(族)원소를 혼합한 것이다. 필라멘트에서 증발한 텅스텐 원자와 휘발성의 할로겐 원자가 결합하여 휘발성의 할로겐 화 텅스텐을 형성한다.

이 할로겐 화 텅스텐은 전구 벽(유리)이 일정 온도 이상일 경우 전구 벽에 부착하지 않고, 전구 안을 이동하다가 필라멘트 부근의 고온 영역 내에 들어오면 다시 텅스텐 원자와 할로겐 원자로 해리(解離)한다.

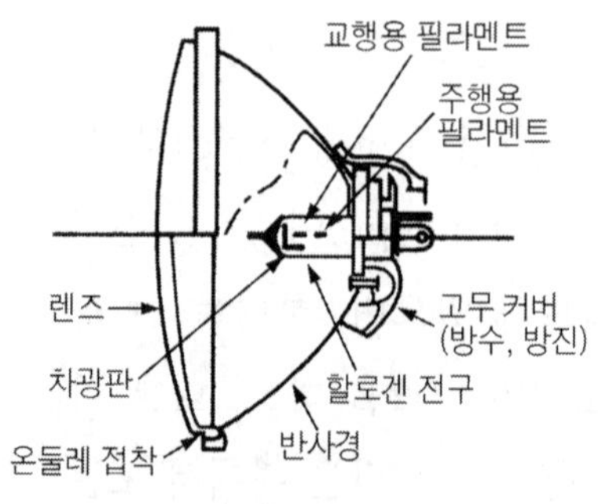

그림 10-4 할로겐 전조등의 구조

해리된 텅스텐 원자는 필라멘트 또는 그 부근에 부착하는데, 할로겐 유리로 된 전구 벽을 향하여 확산하는 반응을 반복한다. 할로겐전구는 백열전구에 비하여 다음과 같은 장점이 있다.

① 할로겐 사이클로 흑화(黑化) 현상(필라멘트로 사용되고 있는 텅스텐이 증발하여 전구 내부에 부착되는 것)이 없어 수명을 다할 때까지 밝기가 변하지 않는다.
② 색온도가 높아 밝은 백색 빛을 얻을 수 있다.
③ 교행용의 필라멘트 아래에 차광판이 있어서, 자동차 방향으로 반사하는 빛을 없애는 구조로 되어 있어 눈부심이 적다.
④ 전구의 효율이 높아 매우 밝다.

또 할로겐 전조등과 일반 전조등의 배광특성을 비교하면 다음과 같다.

① 좌우로의 확산각도가 크기 때문에 갓길 위의 장애와 도로표지 등을 보기 쉽다.
② 최고 광도 부근의 빛이 점(spot)이 되지 않기 때문에 도로면의 조도가 균일하다.
③ 위 방향으로의 빛이 차단되므로 명암 경계가 명료하여 대향 자동차에 눈부심이 적다.

3 전조등 회로

전조등 회로는 퓨즈, 헤드라이트스위치, 딤머/패싱스위치(dimmer/passing switch), 컨트롤모듈 및 전구 등으로 구성되며, 양쪽의 전조등은 병렬로 접속되어 있다. 전조등에 사용하는 전구가 LED형식일 경우에는 좌우측에 각각 1개의 전조등 전구를 사용할 수 있지만, 일반전구식의 경우에는 상향 빔(high beam)과 하향 빔(low beam)전구가 별도로 장착될 수도 있다. 라이트 스위치 및 디머스위치의 조작신호에 의해 IPS(Intelligent Power Switch)는 전조등 전구에 전류를 인가한다.

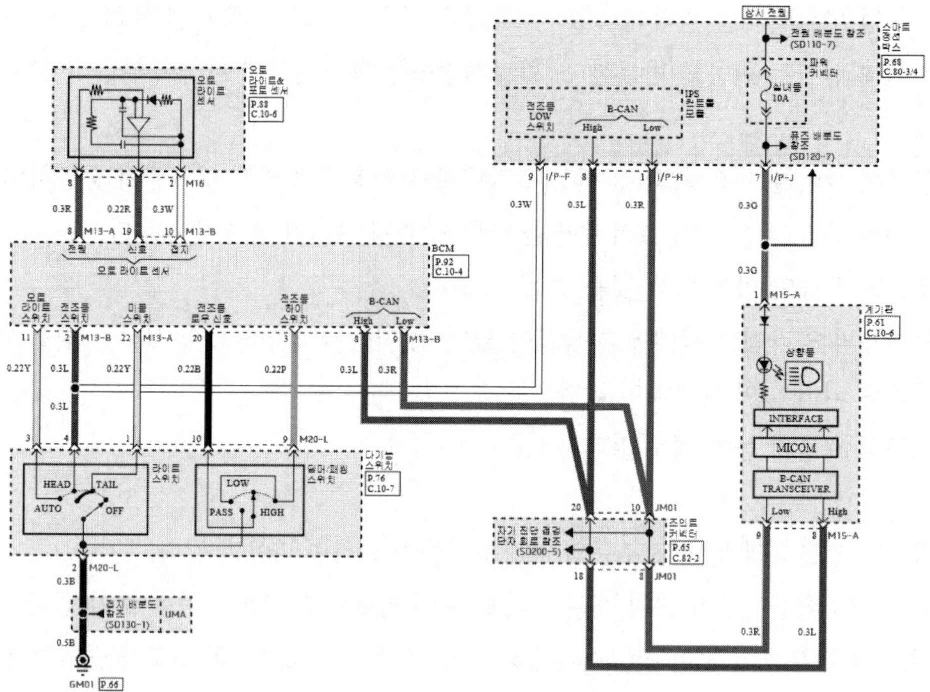

■ 그림 10-5 전조등 회로(LED)의 구성 1

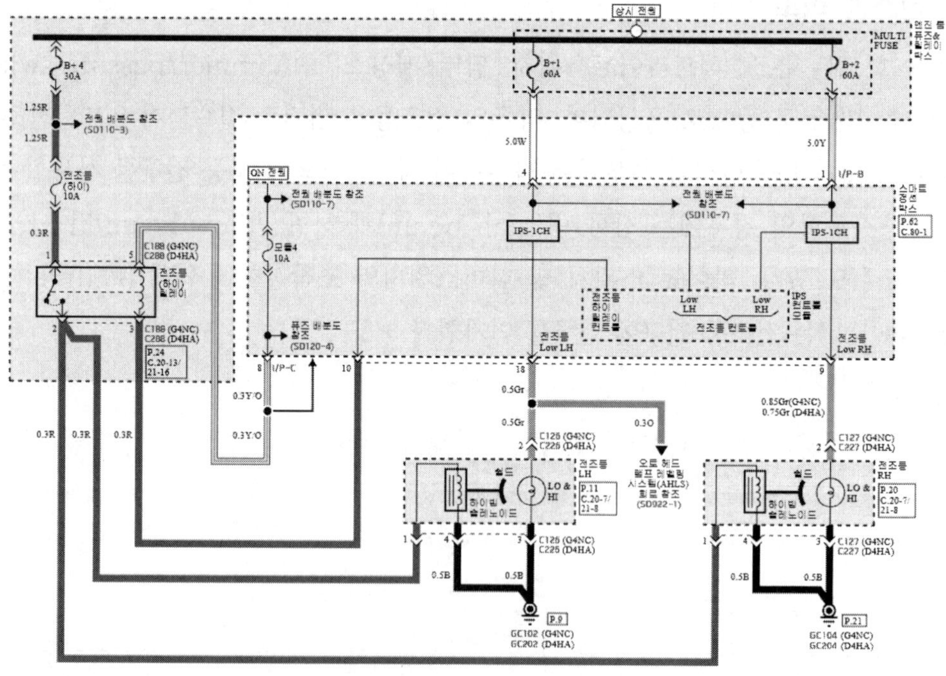

■ 그림 10-6 전조등 회로(LED)의 구성 2

Chapter 04

오토라이트 장치(Auto Light system)

1 오토라이트 장치의 개요

오토라이트 장치는 조도센서를 이용하여 운전자가 라이트 스위치를 조작하지 않아도 주위 조도변화에 따라 오토모드(auto mode)에서 자동으로 미등 및 전조등을 점등 또는 소등시켜주는 장치이다. 주행 중 터널을 진·출입할 때, 비·눈 및 안개 등으로 주위의 조도가 변화하면 자동으로 작동된다. 오토라이트 장치는 크래시 패드 상단(조수석)에 설치한 조도센서와 컴퓨터에서 주위의 조도변화를 검출한다.

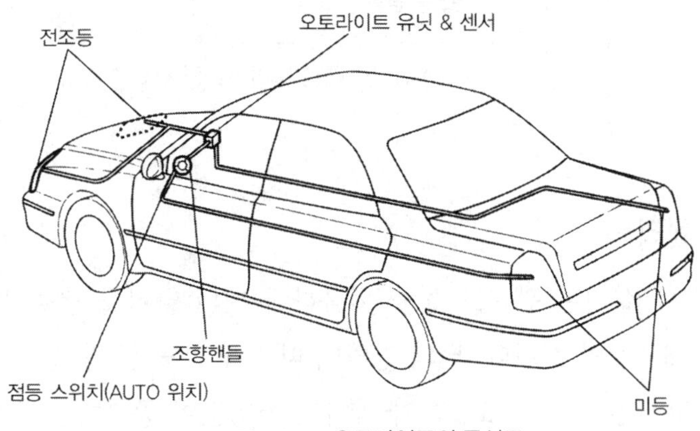

그림 10-7 오토라이트의 구성도

그리고 오토라이트 장치를 사용할 경우 주의사항은 다음과 같다.

① 오토라이트 장치 센서 부위에 다른 장치를 추가해서는 안 된다.

② 안개가 끼거나 비가 오거나 날씨가 흐릴 때는 수동으로 전환하여 사용하도록 한다.

③ 오토라이트시스템의 조도센서는 기후·계절 및 주위 환경에 따라 점등 및 소등되는 시간이 변화할 수 있다.

④ 오토라이트 작동은 해가 뜰 때와 해가 질 때 제한적으로 하여야 하며, 일반적인 전조등의 점등 및 소등은 수동으로 조작한다.

⑤ 실내 밝기에 변화를 줄 수 있는 빛 차단 코팅을 할 경우 오작동할 수 있다.

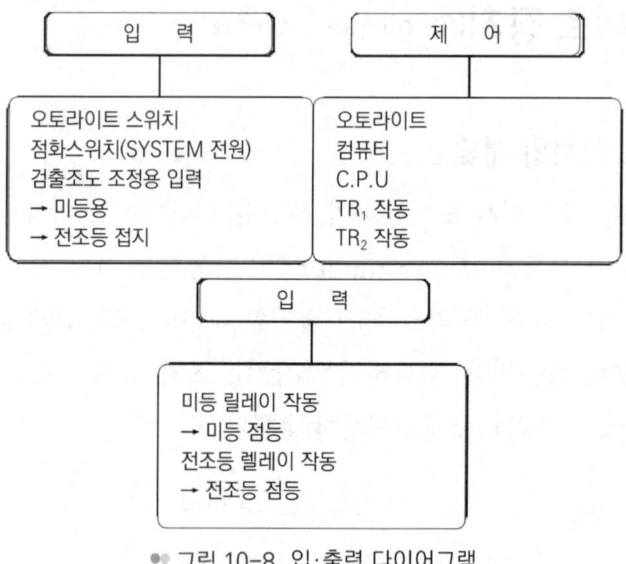

그림 10-8 입·출력 다이어그램

2 조도검출 원리

오토라이트 내부에 설치된 광전도 셀을 이용하여 빛의 밝기를 검출한다. 광전도 셀은 광전 변환소자 중 대표적인 것이다. 빛의 강약에 따라 광전도 셀 양 끝의 저항값이 변화하며, 빛이 강하면 저항값이 감소하고, 빛이 약하면 저항값이 증가하는 특성이 있다. 특히, 광전도 셀(photoconductive Cells)은 황화카드뮴(cds)을 주성분으로 한 광전도 소자이며, 조사되는 빛에 따라서 내부저항이 변화하는 저항기구이다. 따라서 포토 다이오드에 비해 회로로 사용하기가 쉽고, 광(光)센서이므로 저항과 같은 감각으로 사용할 수 있다.

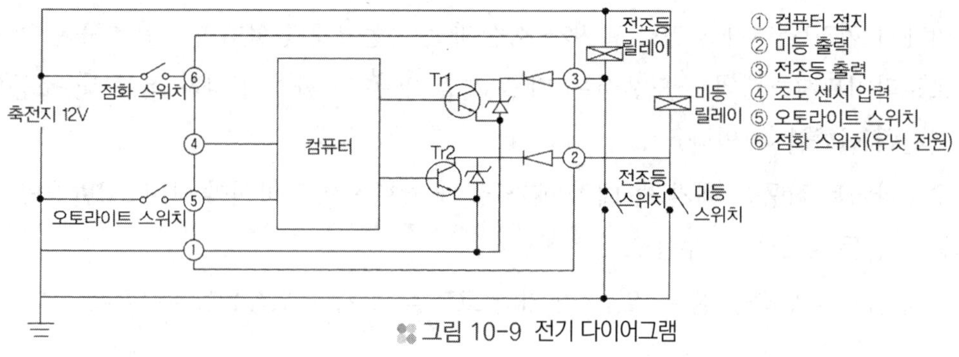

그림 10-9 전기 다이어그램

3 오토라이트 스위치 기능별 작동

① 점화스위치(IG Key)를 ON으로 한 후 다기능 스위치를 OFF하면, 미등(TAIL), 전조등(HEAD), 오토(AUTO) 스위치 순서로 작동을 한다.

② 미등, 전조등 스위치를 ON, OFF한다.

③ 오토 스위치를 ON으로 한다. 이때는 조도센서에 의한 빛의 밝기가 오토라이트 컴퓨터 내부의 포토 다이오드에 조사된 빛의 조도에 의해 CPU 내부에 소프트웨어(soft ware)로 이미 설정된 전압과 같은 경우, 미등과 전조등을 자동으로 점등·소등 한다.

④ 다시 미등 및 전조등 스위치를 수동으로 조작하면 센서에 의한 빛의 밝기에 따라 점등·소등되지 않고 스위치 조작에 의해 점등·소등된다.

4 전조등 조사각도 제어장치

전조등 조사각도 제어장치는 오토라이트 수평장치(auto light leveling system)라고도 부른다. 자동차의 주행환경과 적재상태에 따라 전조등의 조사방향을 자동으로 조절하여 운전자의 가시거리를 확보하고, 상대방 운전자의 눈부심을 방지하여 운행 시 안전성 향상을 목적으로 한다. 앞 좌석에만 사람이 탈 경우(운전자 + 승객)에는 작동하지 않으나, 뒷좌석에 사람이 모두 승차하였을 경우 및 여러 가지 조건에서 작동 한다. 이 제어장치는 자동차 앞쪽보다 뒤쪽에 하중이 많이 가해졌을 때 자동차의 앞쪽이 들리면서 전조등의 눈부심이 발생하기 때문에, 자동으로 전조등 조사각도를 하향으로 제어하여 정상상태로 한다.

차량의 리어 서스펜션 현가장치 부분에 오토라이트 수평장치를 설치하여, 자동차의 정상적인 자세 변화에 따른 신호를 감지하면, 전조등에 부착된 액추에이터를 일정한 신호로 구동하여 차체의 변화에 대해 보상한다.

HID(High Intensity Discharge) 전조등을 설치한 자동차에 반드시 필요하다. 전조등 조사각도 제어장치의 작동순서와 작동조건은 다음과 같다.

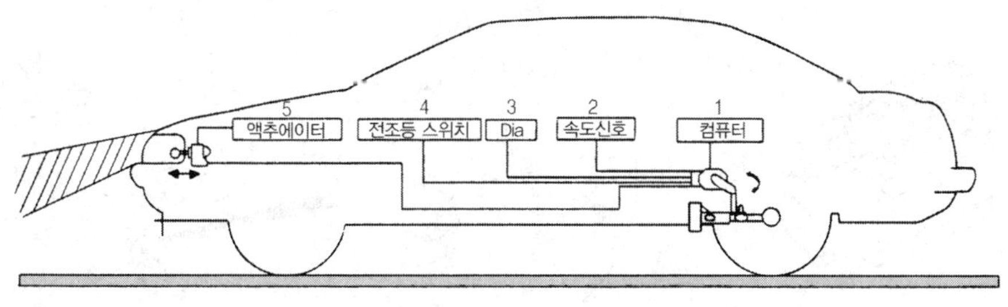

그림 10-10 조사각도 제어장치 블록 다이어그램

(1) 오토라이트의 작동순서

① 자동차의 부하변화에 따른 현가장치의 각도 변화.

② 센서레버의 각도 변화.

③ 제어부분은 필요한 전조등의 각도 변화 요구량을 계산 함.

④ 적절한 신호를 전조등 수평장치에 전달하거나 액추에이터를 구동 함.

(2) 오토라이트의 작동조건

① 점화스위치 ON.

② 전조등 하향 빔 스위치 ON.

③ 정차 중에는 센서레버가 2° 이상 변화하고, 최대 1.5초 후 전조등을 보정한다. 주행 중에는 주행속도가 4km/h 이상이고 초당 0.8~ 1.6km/h 이상 주행 속도의 변화가 없고 도로조건에 변화가 있을 때 보정한다.

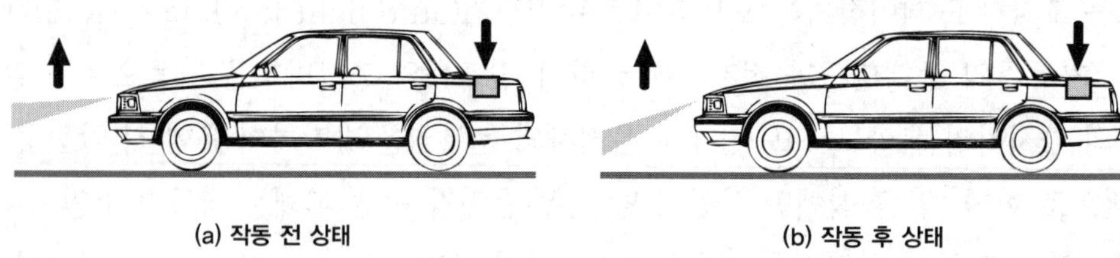

(a) 작동 전 상태 (b) 작동 후 상태

그림 10-11 조사각도 제어장치의 작동

5 오토라이트 장치의 구성요소

(1) 전조등 조사각도 제어장치

전조등 조사각도 제어장치를 이용하여 작동레버 상의 기계적 각도변화 및 주행속도 신호를 검출하며, 컴퓨터 제어 프로그램에 따라 액추에이터를 제어하는 장치이다. 리어서스펜션 멤버 또는 트레일링암, 로워암 쪽에 설치한다.

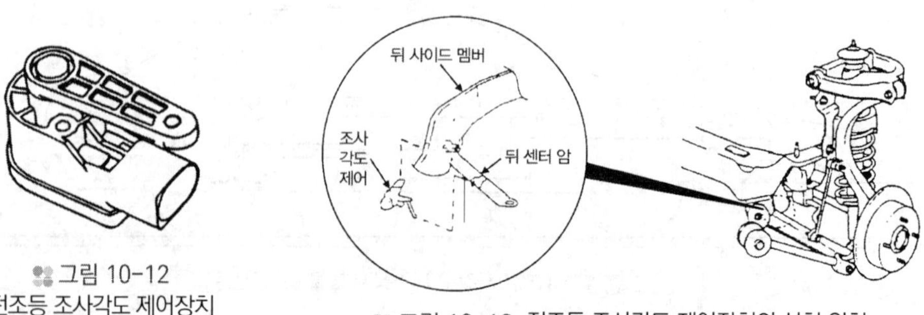

그림 10-12 전조등 조사각도 제어장치

그림 10-13 전조등 조사각도 제어장치의 설치 위치

(2) 링키지(linkage)

링키지는 전조등 조사각도 제어장치 레버와 현가장치를 연결하여 자동차의 기울기를 컴퓨터로 전달한다. 현가장치의 형상에 따라 레버의 길이가 다르다.

(3) 액추에이터(actuator)

자동차 기울기의 변화에 따라 전조등 조사각도 제어장치가 입력신호를 보내면, 수평 액추에이터가 전조등 조사각도를 상하로 조절한다.

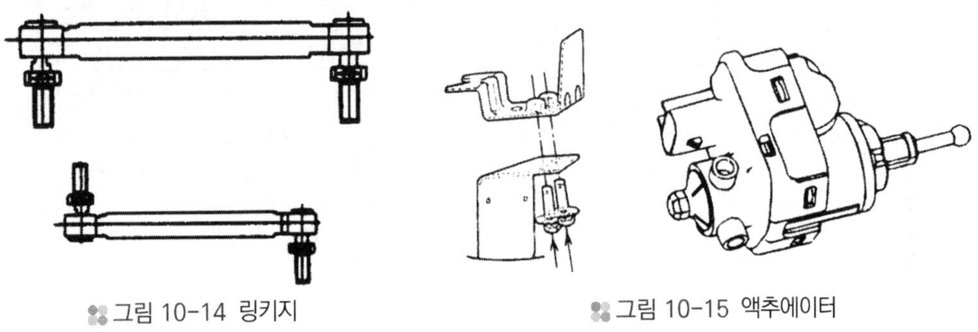

그림 10-14 링키지

그림 10-15 액추에이터

6 오토라이트 장치의 작동 및 제어

전조등을 작동하기 위해서는 이그니션 스위치가 ON 이상의 상태여야 한다. 다기능 스위치의 라이트 스위치를 돌려 HEAD위치에 놓고 딤머/패싱 스위치의 LOW/HIGH를 경정하며, 보통 딤머/패싱 스위치는 LOW위치에 놓는다.

(1) 딤머/패싱 스위치 LOW

라이트 스위치 HEAD위치에서 딤머/패싱 스위치를 LOW위치에 놓으면 통합바디 제어유닉(IBU)에서 신호를 받아 IPS컨트롤 모듈로 CAN으로 송신한다. IPS컨트롤 모듈은 다시 SPOC+(4CH)를 제어하여 전조등(LOW)을 점등시킨다. 더불어 제어 상태의 결과와 진단결과는 CAN을 통해 IBU로 발송된다.

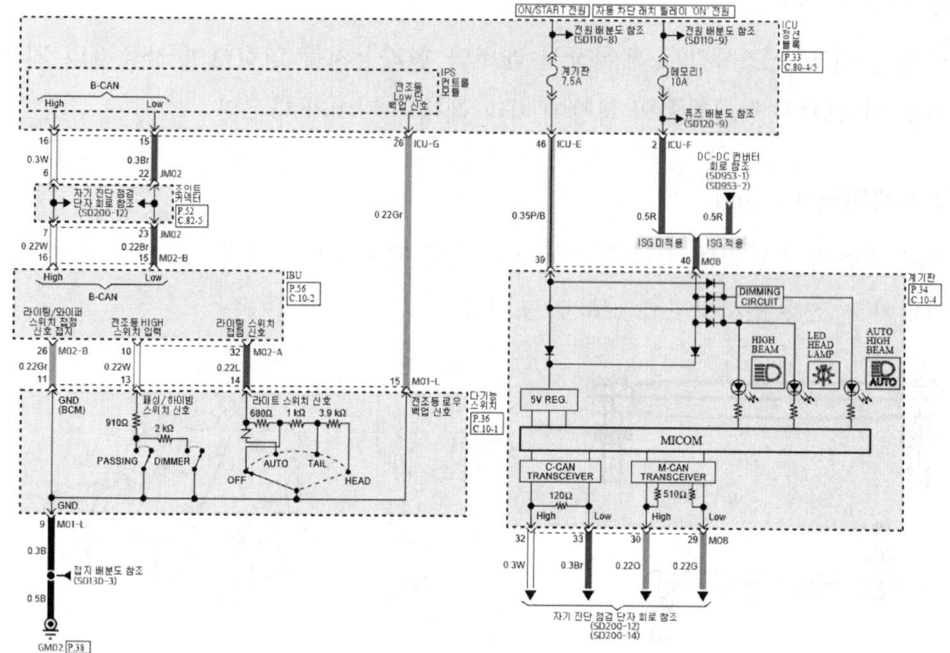

그림 10-16 전조등 회로(LED)의 구성 1

BULB 타입

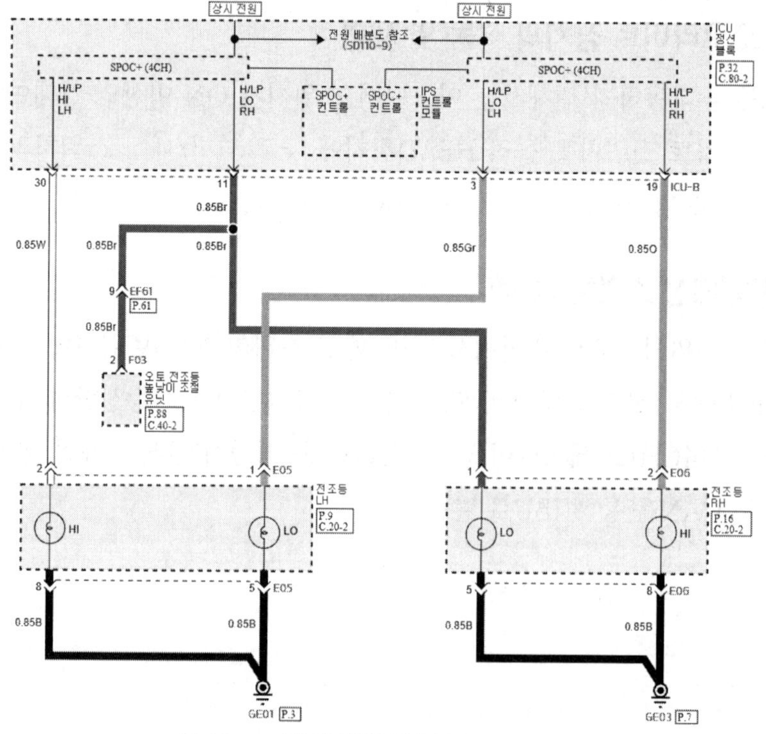

그림 10-17 전조등(전구식)회로 2

(2) 딤머/패싱 스위치 HIGH

라이트 스위치 HEAD위치에서 딤머/패싱 스위치를 HIGH위치에 놓으면 통합바디 제어 유닛(IBU)에서 신호를 입력받아 계기판 및 IPS컨트롤 모듈로 CAN으로 송신한다. 이때 계기판의 MICOM은 상향 표시등을 점등시키고, IPS컨트롤 모듈은 SPOC+(4CH)를 제어하여 전조등(HIGH)을 점등시킨다. 더불어 제어 상태의 결과와 진단결과는 CAN을 통해 IBU로 보낸다.

(3) 딤머/패싱 스위치 PASS

딤머/패싱 스위치는 타 차량의 주의를 환기할 때 운전자 방향으로 2~3회 당겨 올려 사용한다. 라이트 스위치의 HEAD 위치와 관계없이 항상 전조등(HIGH)을 작동시킬 수 있다.

(4) 전조등 에스코트 기능

밤길에 운전자의 시야를 확보하기 위한 KS 기능이다.

1. 전조등(LOW) 스위치 ON 상태에서 이그니션 스위치를 OFF한 경우 약 5분 동안 점등 유지 후 소등된다.
2. 그리고 운전석 도어를 여닫으면 전조등은 약 15초 동안 점등 후 소등된다.
3. 그러나 에스코트 기능 작동 중 리모컨 키 또는 스마트 키로부터 2회 잠금 요청을 받을 경우 또는 전조등(LOW) 작동 요청을 취소한 경우 즉시 해제된다.

(5) 제어 기능 - CAN페일

ICU 정션 블록은 CAN페일시 이그니션 스위치가 ON이고, 라이트 스위치(LOW)가 ON이면 전조등(LOW)을 강제로 점등하여 운전자의 안전을 확보한다.

(6) 다기능 스위치 단품 점검

아래 표와 같이 다기능스위치 각 위치에서 커넥터 단자 아이의 저항값을 점검한다.

스위치 명칭	스위치 위치	커넥터 단자	합성 저항값(Ω, ±3.5%)
헤드램프 패싱/하이빔 스위치	OFF	9-13	∞
	페싱		910
	딤머		2910
라이트 스위치	OFF	9-14	680
	오토		∞
	미등		1680
	헤드램프(LOW)		5580

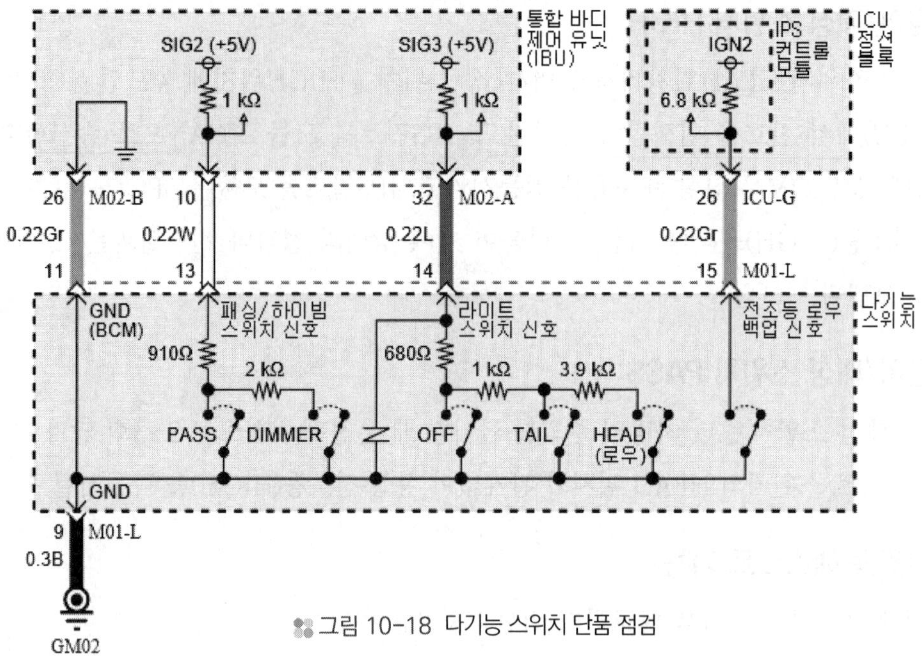

그림 10-18 다기능 스위치 단품 점검

Chapter 05 고휘도 방전(HID : High Intensity Discharge) 전조등

1 고휘도 방전 전조등의 개요

가스 방전식 HID전조등은 기존의 할로겐램프와 달리 발광관 안의 제논가스(Xenon, 크세논가스)와 금속 화합물을 20,000V의 고전압으로 방전시켜 빛을 발생 시키는 시스템으로, 램프의 빛이 밝고 수명은 길다. 또한 전력 소비가 35W밖에 되지 않아 자동차의 저연비, 고효율, 안정성에 효과적이다.

HID 시스템에 의하여 생성되는 빛의 조명 색깔은 태양 빛과 흡사하며, 야간 및 악천후 운전 중에 아주 밝고 멀리까지 전방시야를 확보하여 안전운행을 지켜준다. HID 시스템은 전구, 아크 점화 장치(ignitor), 안정기(ballast)로 구성된다. 아크 점화 장치는 안정기로부터 전류를 받아 아크 빛을 점등하기 위해 전압을 올리는 역할을 한다.

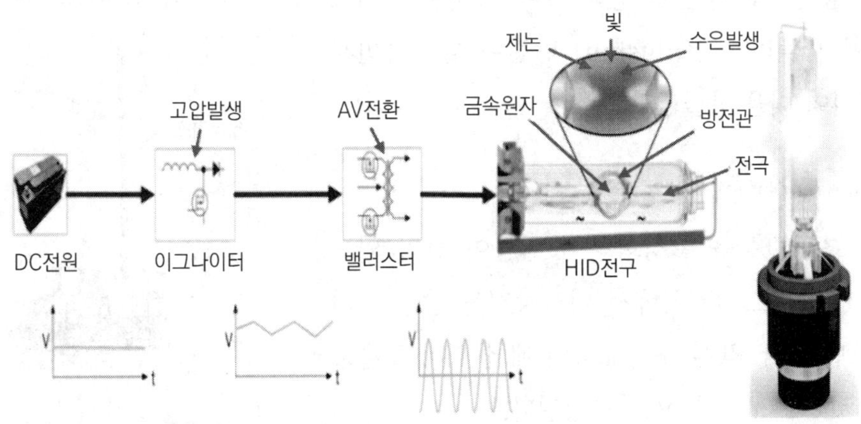

그림 10-19 AC HID Ballast의 구성

고휘도 방전 전조등은 할로겐전구보다 적은 전력으로 2배 이상 밝은, 태양광선에 가까운 색깔의 빛을 발사한다. 수명 또한 2배 이상 연장되었으며, 야간운행을 할 때 운전자의 시인(是認) 성능을 높여 피로감을 줄여준다.

고휘도 방전(HID)전조등의 장점은 다음과 같다.

① **광도 및 조사거리가 향상된다**: 방출된 빛은 반사경에 의해 조사되기 때문에 광도가 우수하고 조사거리가 길어진다.

② **전구의 수명이 2배 이상 향상된다**: 필라멘트가 없어 차체 진동에 의한 전극의 손상이 없다. 또 안정기 역할을 하는 밸러스트(ballast)모듈의 안정된 전원 공급으로 전구의 수명이 길어진다.

③ **점등이 다소 느리다**: 처음 작동할 때 밸러스트가 높은 압력의 전원을 전극에 공급 하지만 제대로 빛을 발산하기까지 시간이 다소 지연된다.

④ **전력소비가 적다**: 기존 할로겐전구의 소비전력은 55W 정도인데, 고휘도 방전 전조등은 35W정도여서 배터리 및 발전기의 부하를 감소시킬 수 있다.

2 고휘도 방전 전조등의 구조

고휘도 방전 전조등은 필라멘트가 없으며, 형광등과 같은 구조로 되어있다. 얇은 캡슐 형태의 방전관 내에 제논가스, 수은가스, 금속 할로겐 성분 등이 들어 있다.

전원이 공급되면 방전관 양쪽 끝에 설치된 몰리브덴 전극에서 플라스마(plasma) 방전이 발생하면서 에너지화되어 빛을 방출한다.

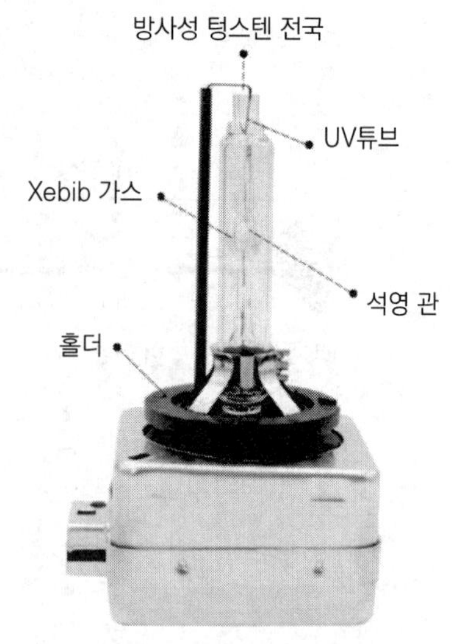

그림 10-20 고휘도 방전 전조등의 구조

(1) 전구(bulb or lamp)

전구는 초기반응을 활성화하여 점등이 빨리 되도록 하는 제논 가스, (+)극에서 아크방전을 발생 시키는 몰리브덴 전극, 색깔 구성요소인 메탈 헬리드 솔트(metal hailed salts) 등으로 구성된다.

(2) 이그나이터(ignitor)

이그나이터는 전류를 공급받아 모든 환경에서 점등시키기 위해 승압시키는 안정기 또는 변압기이다.

> Reference 플라스마란 기체를 가열하면 기체원자는 분리되어 (+)이완과 (-)이온으로 나누어진다. 이와 같이 나누어진 (+)이온과 (-)이온이 다시 혼합되어 도전성을 띤 가스체가 되는데, 이 가스체를 플라스마라 한다.

(3) 밸러스트(ballast)

밸러스트는 높은 압력의 펄스를 생성하며 방전을 초기화시킨다. 또한, 아크 초기화와 아크 정상 상태 동안 전구에 안정된 전원을 공급하는 부품이다.

3 고휘도 방전 전조등의 작동

고휘도 방전 전조등의 작동은 다음과 같다. 전조등 제어용 이그나이터와 밸러스터가 12V를 승압시켜 텅스텐 전극 사이에 순간적으로 약 20,000~24,000V의 펄스를 발생 시키면 먼저 제논 가스가 활성화되면서 청백색의 빛을 발생 시킨다.

이 상태에서 전구 내의 온도가 더욱더 상승하면 수은이 증발하여 아크방전이 일어나며, 더욱 온도가 상승하면 금속 할로겐 성분이 증발하면서 플라스마가 발생한다. 이 플라스마가 금속원자와 충돌하면서 높은 밝기의 빛을 발생 시킨다.

고휘도 방전 전조등은 할로겐전구보다 약 2배 이상 밝으며 태양광선에 가까운 백색의 자연 광선을 얻을 수 있다. 뿐만 아니라 소비전력은 할로겐전구의 약 1/2 정도이며, 수명은 필라멘트에 비해 약 2배 정도이다. 그러나 텅스텐 전극에 높은 전압을 안정적으로 공급하기 위한 이그나이터와 밸러스터가 반드시 필요하다.

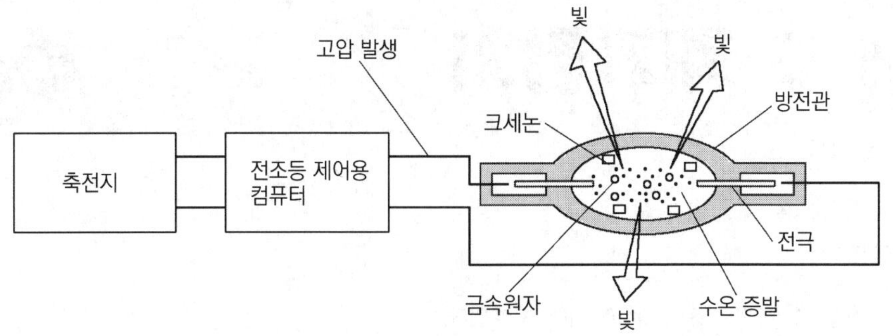

그림 10-21 고휘도 방전 전조등의 구성도

4 고휘도 방전 전조등을 사용할 때 주의할 사항

① 일반적인 자동차에 고휘도 방전 전조등(HID)을 설치하면 배선의 허용전류 부적합으로 인하여 화재 위험이 있으므로, 불법으로 개조하는 것은 삼가는 것이 좋다.

② 고휘도 방전 전조등을 처음 점등할 때, 아크방전에 의한 높은 전압(약 20,000~24.000V) 및 높은 전류(12~13A)로 인해 배선 및 퓨즈가 일반 전구용과는 다르므로, 개조하면 화재위험이 있다.

③ 각 제조회사의 전구의 색깔 온도가 다르기 때문에 빛의 이질감이 발생하기 쉬워, 전구를 교환할 때에는 같은 제조회사의 순정제품으로 교환하여야 한다.

④ 고휘도 방전 전조등(HID)을 점검할 때에는 전원 공급부분과 발라스터의 접촉 상태를 반드시 확인해야 하며, 전구를 교환할 때에는 감전 위험이 있으므로 높은 전압 발생에 주의하여야 한다.

⑤ 전구를 교환할 때 전구홀더 및 밸러스터의 고정 상태를 확실히 점검한 다음 더스트 커버(dust cover)를 조립하여야 한다. 전구홀더 및 밸러스터 사이의 조립이 헐거우면 전구 수명 및 접촉 불량에 의한 고열 발생으로 주변 부품이 녹는 현상이 발생한다. 또한 온도차에 의한 헤드램프 수분 유입으로 헤드램프 내부에 수분이 발생할 수 있다.

⑥ 전구를 교환할 때 전구가 설치되지 않은 상태로 전조등 스위치를 조작하면, 약 1초 동안 순간적으로 스파크가 발생할 수도 있으므로 전구 미설치 상태에서 스위치를 조작하지 말아야 한다.

계기장치

학습목표

1. 유압계 및 유압 경고등의 구조 및 작용에 대해 알 수 있다.
2. 연료계의 구조 및 작용에 대해 알 수 있다.
3. 온도계의 구조 및 작용에 대해 알 수 있다.
4. 속도계의 구조 및 작용에 대해 알 수 있다.
5. 적산계의 구조 및 작용에 대해 알 수 있다.
6. 구간거리계의 구조 및 작용에 대해 알 수 있다.
7. 엔진회전 속도계의 구조 및 작용에 대해 알 수 있다.

Chapter 01 계기의 개요

자동차의 안전하고 쾌적한 운행을 위해 운전자가 여러 운행정보를 쉽게 알 수 있도록 계기판(Dash-Board)에 속도계 및 온도계, 각종 경고등을 그림 11-1에 나타내 것과 같이 운전석의 계기판에 부착한다. 주요 계기는 속도계, 충전경고등, 유압경고등, 연료계, 온도계 등이며, 그밖에 자동차 종류에 따라 엔진 회전속도계, 운행기록계 등이 있다.

자동차에 사용하는 연료계와 온도계는 대부분 전기방식이며, 계기부분과 유닛부분으로 되어 있다. 계기 부분은 바이메탈 방식(bimetal type), 코일방식(coil type) 및 디지털 방식을 사용한다. 또 계기 대신에 램프(lamp)를 사용하여 상황을 표시하는 경고등(warning lamp)으로 차량의 상황을 운전자에게 시각적으로 표출한다. 따라서 자동차용 계기에는 다음과 같은 구비 조건이 필요하다.

① 구조가 간단하고 내구성·내진성이 있을 것.

② 소형·경량일 것.

③ 지시가 안정되어 있고, 확실할 것.

④ 읽기가 쉬울 것.

⑤ 장식적인 면도 갖출 것.

⑥ 가격이 쌀 것.

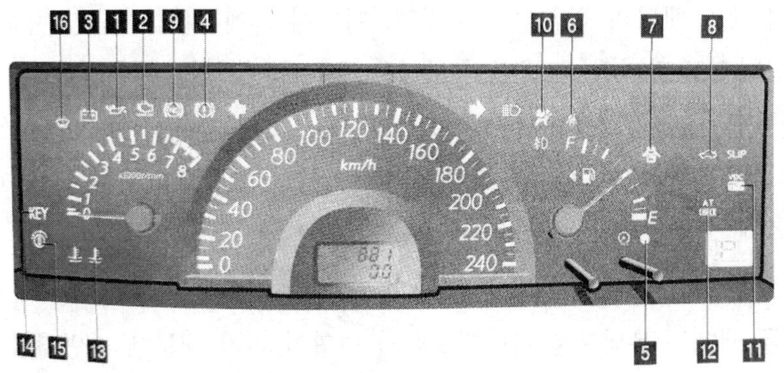

1. 유압경고등　　2. 엔진·배출가스 자기진단 경고등　　3. 충전 경고등
4. 브레이크 경고등　　5. 연료잔량 경고등　　6. 안전벨트 경고등
7. 도어 열림 경고등　　8. 트렁크 열림 경고등　　9. ABS 경고등
10. SRS 경고등　　11. VDC 경고등　　12. A/T변속기 전자제어 경고등
13. 고수온 경고등　　14. KEY 경고등　　15. 핸들 LOOK 경고등
16. 워셔액 경고등

그림 11-1 계기판의 외관도

Chapter 02 오일압력계 및 오일압력 경고등

오일압력계는 엔진의 윤활회로 내의 유압을 측정하기 위한 계기이며, 유압경고등은 윤활회로에 이상이 있으면 경고등을 점등하는 방식이다. 오일압력계의 종류에는 부든튜브 방식(bourdon tube type), 평형코일 방식, 바이메탈 방식(bimetal type) 디지털방식 등이 있으나, 여기서는 평형코일 방식과 유압경고등에 관해서만 설명한다.

1 평형코일 방식(balancing coil type)

이 방식은 그림 11-2에 나타낸 것과 같이 계기부분과 유닛부분으로 구성된다. 유닛부분은 일종의 가변 저항기이며, 이동 암의 움직임에 따라 저항값이 변화한다.

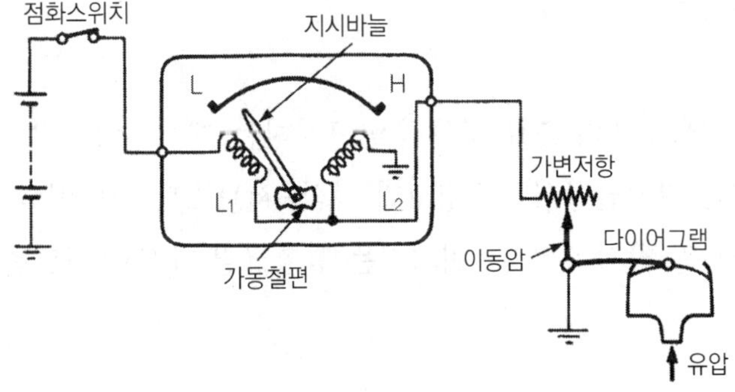

그림 11-2 평형코일 방식 유압계

그림에서 L_1에는 배터리 전압이 가해지며, 이어서 L_2에 의해 발생한 자속이 가동철편을 L_2 코일 방향으로 당겨서, 눈금판의 지침은 L 쪽이 정지하도록 작용한다. 한편 가변저항값이 줄어들면서 L_1에 발생하는 자속량이 커지면, 가동철편을 L_1 코일 방향으로 당겨서 유압계의 지침을 눈금판의 H 쪽으로 회전시키려는 방향으로 작용한다. 이에 따라 가동철편은 L쪽에 정지시키려는 코일 L_2의 힘과 H쪽으로 회전시키려는 코일 L_1의 힘이 합성된 방향으로 움직인다. 작동은 다음과 같다.

유압이 낮을 때에는 유닛부분 다이어프램의 변형이 적기 때문에 가변저항의 이동 암이 오른쪽에 있어 저항이 크므로, 코일 L_1에는 적은 전류가 흐른다. 이에 따라 가동철편에는 거의 코일 L_2 만의 흡입력이 작동하여 바늘을 L 쪽에 머물도록 한다.

반대로 유압이 높을 때에는 다이어프램의 변형이 크게 되며, 이에 따라 이동 암이 왼쪽으로 움직여 저항이 작아진다. 따라서 코일 L_1의 흡인력이 커지면서, 바늘을 H쪽으로 머물게 한다.

2 유압경고등(oil warning lamp type)

유압경고등은 엔진이 작동하는 도중 유압이 규정 값 이하로 떨어지면 경고등이 점등되는 방식이다. 작동 방식을 설명하자면, 유압이 규정 값에 도달하였을 때에는 유압이 다이어프램을 밀어 올려 접점을 열어서 소등되고, 유압이 규정 값 이하가 되면 스프링의 장력으로 접점이 닫혀 경고등이 점등된다.

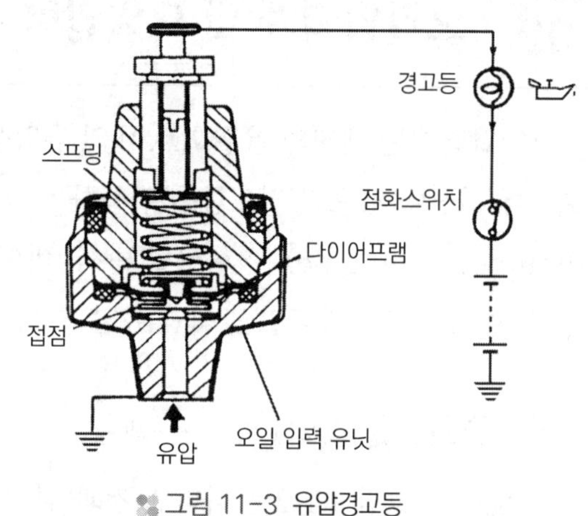

그림 11-3 유압경고등

Chapter 03 연료게이지(fuel gauge)

연료게이지는 연료탱크 내의 연료 보유량을 표시하는 계기이며, 일반적으로 전기방식을 사용한다. 연료계에는 디지털방식, 평형코일 방식, 서모스탯 바이메탈 방식, 바이메탈 저항방식과 연료면 표시기 방식이 있다. 여기서는 평형코일 방식과 연료면 표시기 방식에 대해서만 설명 한다.

1 평형코일 방식(balancing coil type)

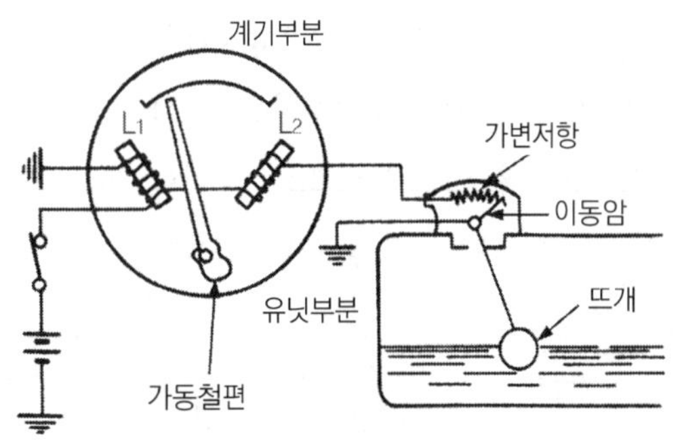

그림 11-4 평형코일 방식 연료

이 방식은 계기부분과 탱크 유닛(tank unit)부분으로 되어 있다. 탱크 유닛부분에는 뜨개(float)의 상하에 따라 이동하는 이동암에 의해 저항이 변화하는 가변저항이 들어 있다. 작동은 연료 보유량이 작을 때에는 저항값이 커서 코일 L_2의 흡입력보다도 코일 L_1의 흡입력이 크기 때문에 바늘이 E(empty)쪽에 있게 된다. 연료 보유량이 많을 때에는 저항값이 작아지며, 이에 따라 코일 L_2의 흡입력이 증가한다. 따라서 바늘이 F(full)쪽으로 이동하여 머물게 된다.

2 연료면 표시기 방식(표시등 방식)

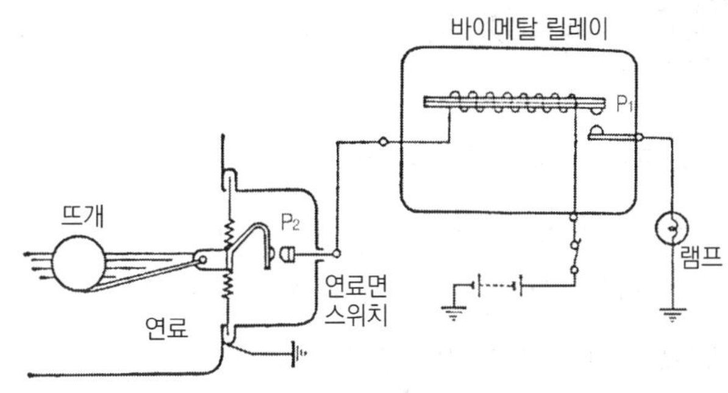

그림 11-5 연료면 표시기 방식

이 방식은 연료탱크 내의 연료 보유량이 일정량 이하가 되면 램프(lamp)를 점등하여 운전자에게 경고하는 시스템이다. 작동 방식을 설명하자면, 연료가 조금 남아 접점 P_2가 닫히면 바이메탈 릴레이의 열선(heat coil)에 전류가 흐르며, 발열(發熱)로 바이메탈이 구부러져 10~30초 사이에 접점 P_1을 닫아 램프를 점등시킨다.

또 바이메탈 열선에 10~30초간 전류가 흐르지 않으면 접점 P_1이 닫히지 않기 때문에, 자동차의 진동으로 순간적으로 접점이 닫혀도 램프가 점등되지 않는다.

Chapter 04 온도계(수온계)

온도계는 실린더 헤드 물재킷 내의 냉각수 온도를 표시하는 것이다. 온도계의 종류에는 디지털방식, 부든튜브 방식, 평형코일 방식, 서모스탯 바이메탈 방식, 바이메탈 저항방식 등이 있으나 여기서는 평형코일 방식에 대해서만 설명하도록 한다.

평형코일 방식(balancing coil type)은 계기부분과 엔진 유닛부분으로 구성되며, 엔진 유닛부분에는 서미스터를 두고 있다. 작동은 그림 11-6에서 엔진 냉각수 온도가 낮을 때에는 코일 L_1보다 L_2의 흡입력이 강하여 온도계의 지침이 C(Cool) 쪽에 머문다. 냉각수의 온도가 상승하면 코일 L_1의 흡입력이 커지므로 지침이 H(High) 쪽으로 움직여 머물게 된다.

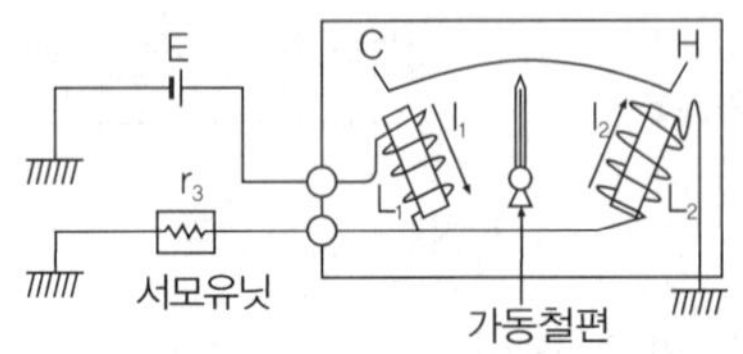

(a) 평형코일 방식 온도계의 회로

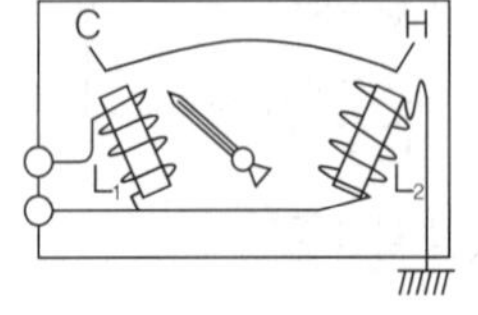

(b) L_2코일의 자력이 약함(온도가 낮을 때)

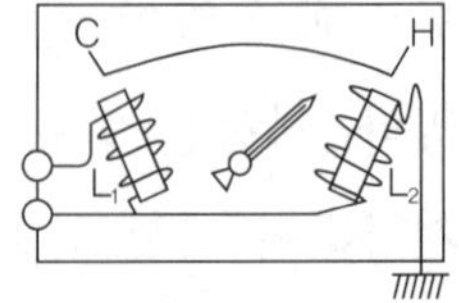

(c) L_1코일의 자력이 강함(온도가 높을 때)

그림 11-6 평형코일 방식 온도계

Chapter 05 속도계(Speed meter)

속도계는 자동차의 주행속도를 1시간당 주행거리(km/h)로 나타내는 속도 지시계와 전체 주행거리를 표시하는 적산계의 두 부분으로 되어 있으며, 다시 수시로 0으로 되돌릴 수 있는 구간거리계를 설치해 운전자에게 표출해 준다. 속도계 종류에는 원심력 방식과 자기(磁氣)방식의 기계식이 있었으나, 현재는 차량속도를 컴퓨터에서 연산하여 차량의 이동속도를 계기판에 표시를 해주는 디지털 속도계를 사용한다. 구간 거리계는 같은 방식으로 측정하여 차량시동 이후에 이동거리를 컴퓨터에서 연산하여 디지털 계기판에 표시한다.

차량속도를 검출하는 방식은 차량 바퀴 회전속도를 측정하여 연산 후 표출하는 방식과 변속기의 종감속 기어의 회전수와 차량의 운행 GPS 신호를 조합하여 표시하는 방법이 있으며, 차량의 운행조건에 따라 계기판과 GPS가 차이가 나기도 한다.

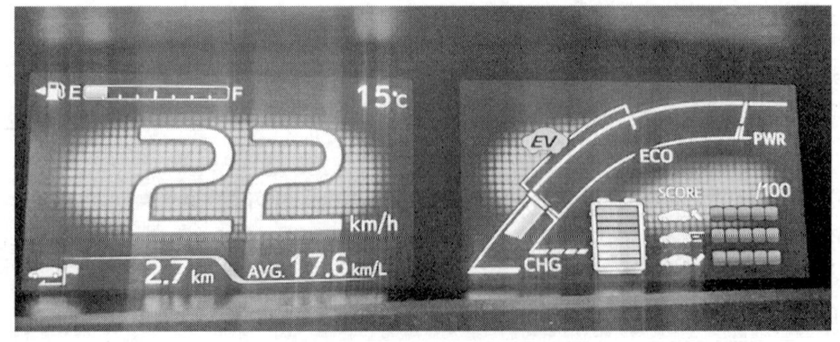

그림 11-7 디지털 계기판

Chapter
06 적산계(total counter)

적산계는 기계식과 디지털식이 있다. 기계식의 경우 속도계의 회전축은 자석을 구동하고, 웜(worm) 기구를 사이에 두고 주행거리를 기록하는 적산계를 구동한다. 그림 11-8에 나타낸 바와 같이 적산 링은 특수기어에 의하여 회전하며, 그 적산 링의 왼쪽 면의 안쪽에는 1개소의 이가 파여 있고, 또 다음 자리의 적산 링의 오른쪽 면의 안쪽에는 전체 둘레에 걸쳐 이가 파여 있다.

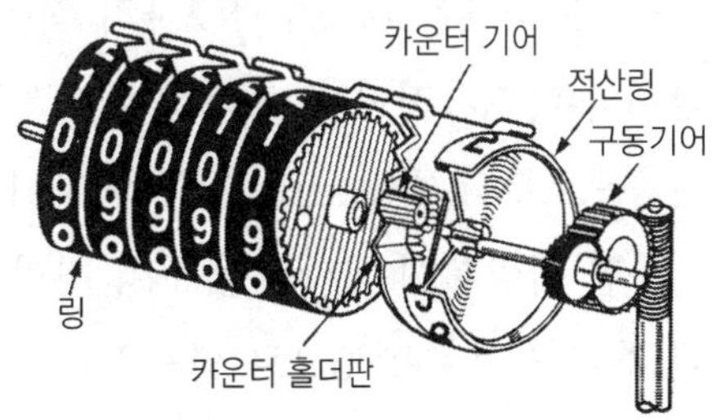

그림 11-8 적산계의 구조

적산 링과 적산 링의 중간에는 카운터 기어(counter gear)가 있어, 카운터 홀더 판에 지지되어 적산 링의 이와 물려있다. 이 적산 링의 회전 순서는 특수기어에 의하여 맨 아랫자리(1눈금이 0.1km)의 링이 1회전하면 그 반대쪽에 있는 이에 의해 카운터 기어가 1눈금 돌아가, 1자리의 적산 링이 1눈금, 즉 1km 주행한 것을 표시한다.

그리고 10눈금(1회전)이 돌아가면 10자리의 링이 1눈금, 즉 10km 주행한 것을 표시한다. 이와 같이 차례로 윗자리의 적산 링을 돌려서 주행 거리를 적산할 수 있게 된다.

그림의 적산거리계는 차량의 주행속도 센서로부터 받은 데이터를 컴퓨터에서 연산하여 누적 이동 거리를 계기판에 표시하는 디지털 적산계이다.

그림 11-9 디지털 적산계

Chapter 07 구간거리계(trip counter)

구간거리계는 자릿수가 2자리 적은 것 이외에 적산계와 같은 구조이며, 구동 방법도 적산계와 마찬가지이다. 기계식과 디지털 형식이 있으며 기계식 구간 거리계는 속도계의 회전축으로부터 웜(worm) 기구를 사이에 두고 구동된다.

구간 거리계에 적산되는 주행 거리 수는 적산계와 같으나, 임의적으로 버튼을 눌러 적산된 주행 거리 수를 0으로 되돌릴 수 있다. 버튼을 눌러 0으로 되돌리는 경우 그림 11-10에 나타낸 위치에 일방향 클러치가 있어서 구간 거리계만 0으로 되돌릴 수 있다. 그러나 디지털 계기판의 경우에는 적산계와 같은 방식으로 측정이 되어 차량 시동 이후 이동거리를 컴퓨터에서 연산하여 디지털 계기판에 표시한다.

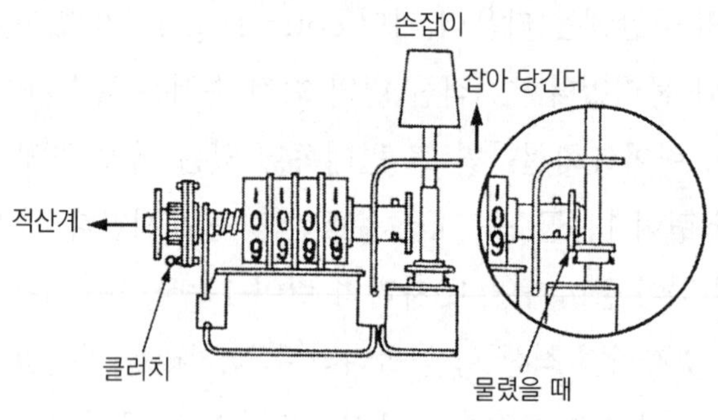

그림 11-10 기계식 구간 거리계

Chapter 08 엔진회전 속도계(engine tachometer)

이 계기는 엔진 크랭크축의 회전속도를 측정하는 계기이며, 자석 방식, 발전기 방식, 펄스방식 등이 있다.

1 자석방식 회전 속도계

이 방식의 구조는 자기방식 속도계와 같으며, 구동 케이블이 엔진 크랭크축 쪽에 접속되어 엔진의 회전속도를 나타낸다. 구조는 간단하지만 현재는 사용하지 않는다.

2 발전기 방식 회전 속도계

이 방식은 그림 11-11에 나타낸 바와 같이 계기(gauge)부분과 발전기 부분으로 구성된다. 계기부분에는 가동 코일형 전압부분과 다이오드를 이용한 정류회로가 있다.

발전기 부분은 교류발전기와 같은 구조이다. 영구자석인 로터가 엔진에 의하여 회전하는 속도에 비례하는 전압이 스테이터 코일에서 발생한다. 엔진이 가동되면 발전기 로터가 회전하여 스테이터 코일에 교류가 발생하고, 이것을 4개의 다이오드로 전파 정류하여 가동 코일형의 지시부분으로 보내면 지시바늘이 움직인다.

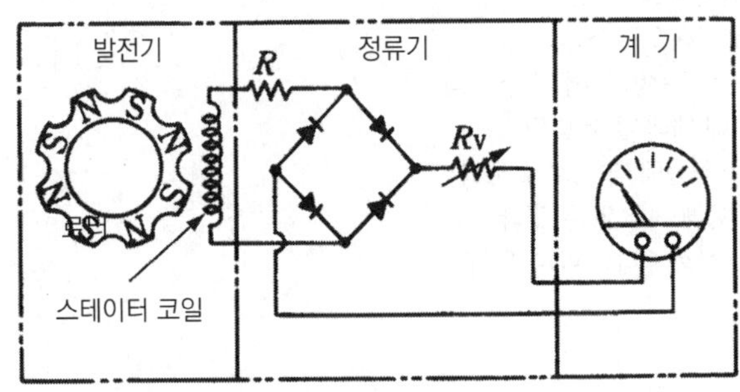

그림 11-11 발전기 방식 회전 속도계

3 펄스방식(pulse type) 회전 속도계

이 방식은 그림 11-12에 나타낸 바와 같이 가동 코일형 전류계와 펄스방식 회전속도 기판으로 구성된다. 크랭크각센서(CKP)신호를 이용하여 회전속도를 표출하므로 구동 케이블 등의 부속품을 필요로 하지 않는다.

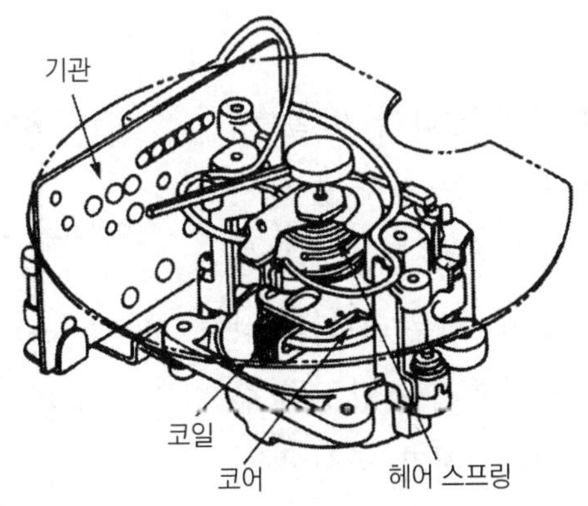

그림 11-12 펄스방식 회전 속도계

안전장치

학습목표

1. 방향지시등의 구조 및 작용에 대해 알 수 있다.
2. 제동등의 구조 및 작용에 대해 알 수 있다.
3. 후퇴등의 구조 및 작용에 대해 알 수 있다.
4. 경음기의 구조 및 작용에 대해 알 수 있다.
5. 윈드 실드와이퍼의 구조 및 작용에 대해 알 수 있다.
6. 레인센서의 구조 및 작용에 대해 알 수 있다.
7. 윈드 실드 와셔의 구조 및 작용에 대해 알 수 있다.
8. 파워윈도우의 구조 및 작용에 대해 알 수 있다.
9. 후진경고 장치의 구조 및 작용에 대해 알 수 있다.

안전장치는 자동차가 주행할 때 필요한 장치이며, 자동차 안전기준에 적합하여야 한다. 안전장치에는 방향지시등, 제동등, 번호등, 후퇴등, 윈드 실드와이퍼, 윈드 와셔, 경음기 등이 있다.

Chapter 01 방향지시등(turn signal lamp)

방향지시등은 자동차의 진행방향을 바꿀 때 사용하는 것이다. 전자마이컴 또는 플래셔 유닛(flasher unit)을 사용하여 전구에 흐르는 전류를 일정한 주기(자동차 안전 기준상 매분 60회 이상 120회 이하)로 단속하여 점멸시키거나 광도를 증감시킨다. 플래셔 유닛의 종류는 전자 열선방식, 축전기방식 등이 있으며, 여기서는 전자 열선방식의 작동에 대하여 설명한다. 전자 열선방식 플래셔 유닛은 열에 의한 열선(heat coil)의 신축(伸

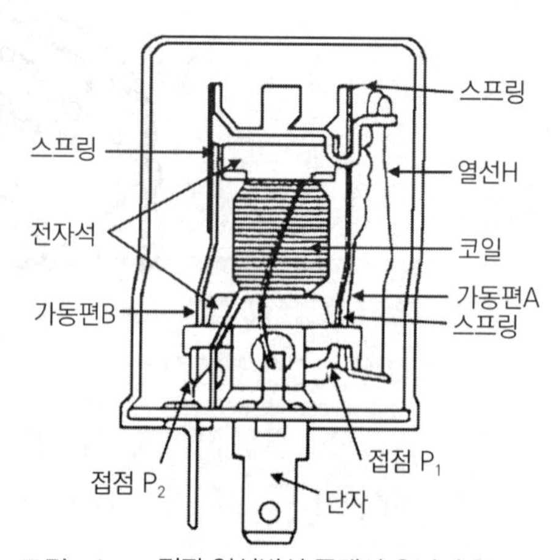

그림 12-1 전자 열선방식 플래셔 유닛의 구조

縮) 작용을 이용한 것이며, 중앙에 있는 전자석과 이 전자석에 의해 끌어 당겨지는 2조의 가동접점으로 구성되어 있다. 방향지시기 스위치를 좌우 어느 방향으로 넣으면 접점 P_1은 열선의 장력에 의해 열리는 힘을 받는다. 따라서 열선이 가열되어 늘어나면 닫히고, 냉각되면 다시 열리며 이에 따라 방향지시등이 점멸하게 되고, 접점 P_2는 파일럿 등을 점멸시킨다.

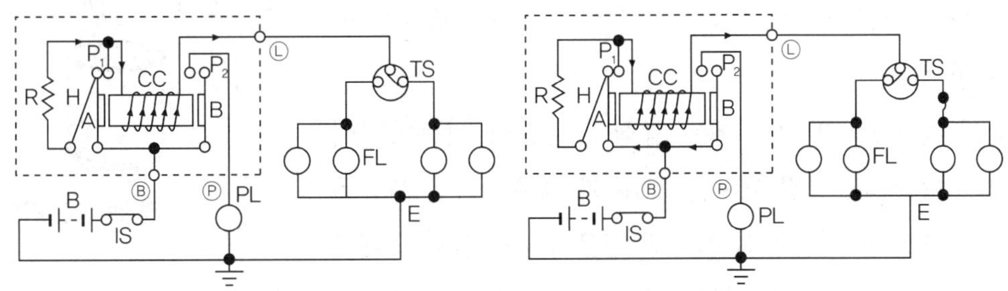

그림 12-2 전자 열선방식 플래셔 유닛의 작동도

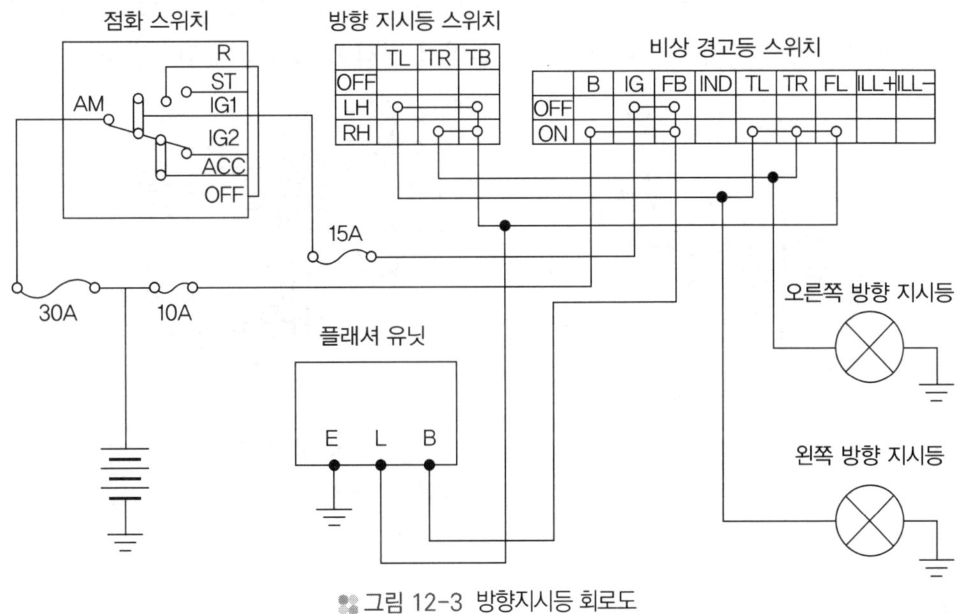

그림 12-3 방향지시등 회로도

Chapter 02 제동등(stop lamp)

제동등은 브레이크 페달을 밟았을 때 자동차 뒤쪽에 적색으로 점등되는 등(lamp)이다. LED 전구형식이 있으며, 미등(tail lamp)의 일부에 조립한 겸용(더블)방식과 별도로 조립한 단독(싱글)방식이 있다. 전구는 25~30W 정도를 많이 사용한다.

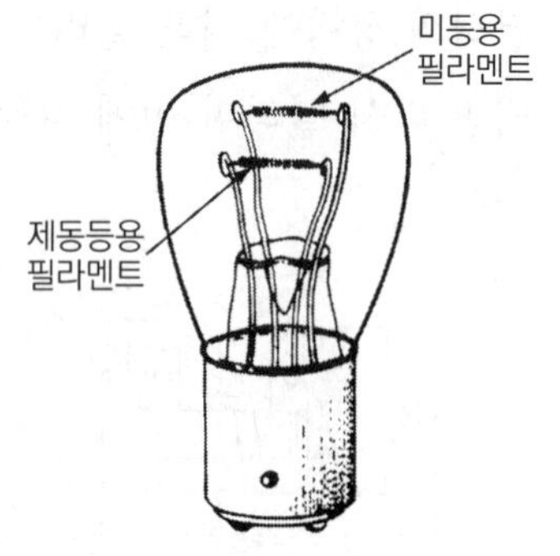

그림 12-4 겸용방식 전구의 구조

미등과 겸용방식인 경우에는 중심의 광도가 미등의 3배 이상 되어야 한다. 그림 12-4는 미등과 겸용방식인 제동등 전구의 구조이다. 겸용방식 전구의 경우 1개의 전구 속에 2개의 필라멘트가 있으며, 미등은 5~8W, 제동등은 25W 정도이며, 등화의 색은 적색이어야 한다. 제동등 스위치의 작동방식에는 기계방식과 유압방식이 있다. 기계방식은 브레이크 페달을 밟으면 스위치 접점이 접속되어 점등되며, 유압방식은 페달을 밟으면 마스터 실린더 내의 유압이 스위치의 다이어프램을 밀어서 접점이 접속되어 점등된다.

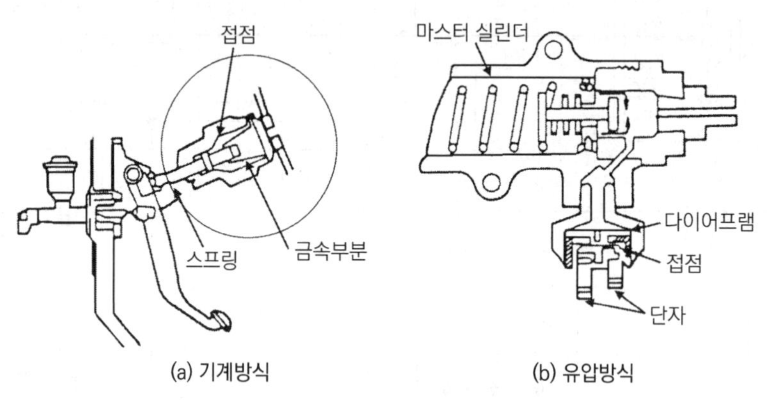

그림 12-5 제동등 스위치의 구조

Chapter 03 후진등(back – up lamp)

후진등은 자동차가 후진할 때 뒤쪽 장애물을 확인하고, 후방에 자동차가 후진하고 있음을 알리는 등이다. 후진등은 변속기의 변속레버를 후진 위치로 넣으면 점등되는 구조이다. 전구의 용량은 25~27W 정도이며 등화의 색은 백색이다. 스위치의 구조는 그림 12-6에 나타낸 바와 같다.

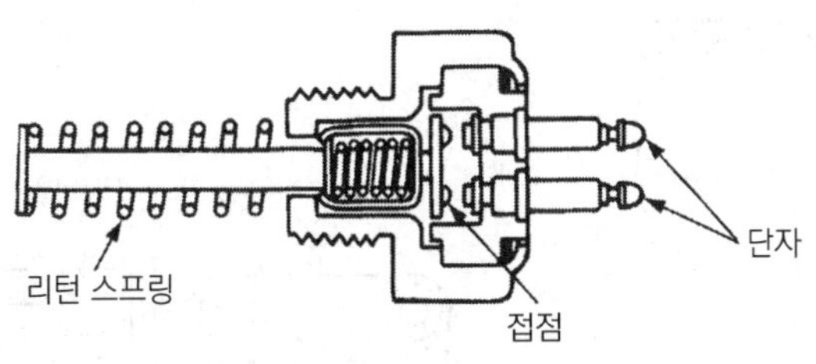

그림 12-6 후진등 스위치 구조

Chapter 04 경음기(Horn)

경음기의 종류에는 전자석에 의해 진동판을 진동시키는 전기방식과 압축공기에 의해 진동판을 진동시키는 공기방식이 있다. 전기방식 경음기는 다이어프램, 접점 및 조정너트, 진동판 등으로 구성된다. 경음기 스위치를 ON으로 하면 코일 L_1의 자력에 의해 경음기 릴레이 접점 P_1이 닫히고, 전류는 배터리로부터 H단자를 거쳐 경음기로 흐른다. 경음기 코일에 전류가 흐르면 코일 L_2에 발생한 자력에 의하여 가동철심이 흡인된다.

이에 따라 가동철심의 한쪽 끝으로부터 접점 P_2의 경음기 회로가 열려 코일에 자력이 없어지기 때문에, 진동판과 스프링의 탄성에 의하여 가동철심은 제자리로 복귀하며, 접점 P_2는 다시 닫힌다. 이러한 작동은 200~600회/초의 주기로 진동판을 진동시킨다.

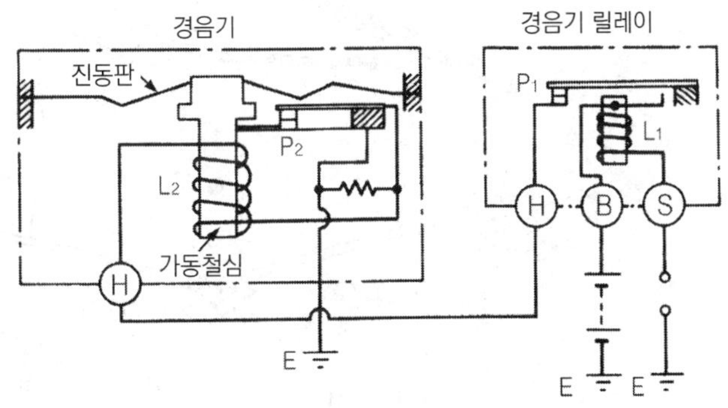

그림 12-7 전기방식 경음기의 작동회로

Chapter 05 윈드 실드와이퍼(Wind Shield Wiper)

윈드 실드와이퍼는 비나 눈이 올 때 운전자의 시야가 방해되는 것을 방지하기 위해 앞 창유리를 닦아내는 작용을 한다. 와이퍼 모터, 와이퍼 암과 블레이드 등으로 구성되어 있다.

1 윈드 실드와이퍼의 구조

(1) 와이퍼 모터(wiper motor)

와이퍼 모터에 직류복권 모터(전기자 코일과 계자코일이 직·병렬 연결된 것)를 사용한다. 전기자 축의 회전을 약 1/90~1/100의 회전속도로 감속하는 기어와, 블레이드가 창유리 아래쪽으로 내려가면 항상 정지하게 하기 위한 자동 정위치 정지장치 등과 저속에서 블레이드 작동속도를 조절하는 타이머 등이 함께 조립되어 있다.

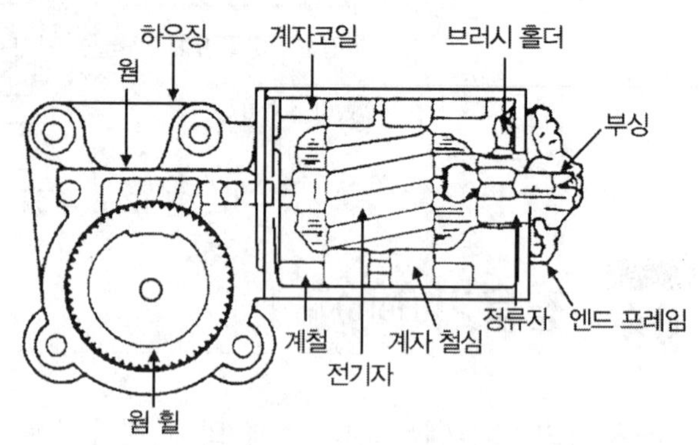

그림 12-8 와이퍼 모터의 구조

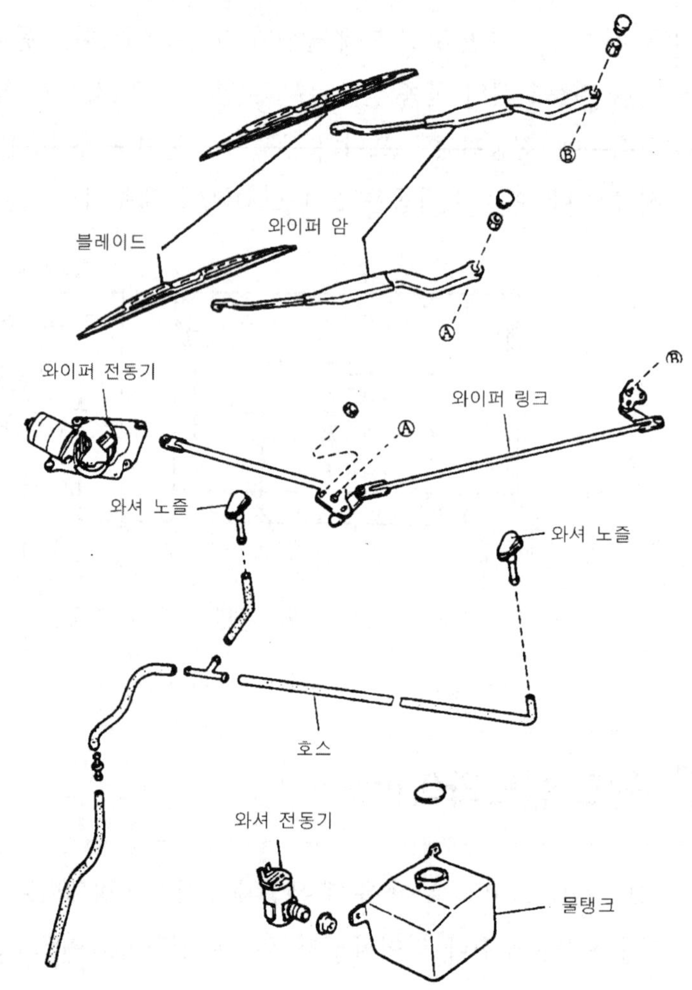

그림 12-9
윈드 실드 와이퍼의 구성도

(2) 와이퍼 암과 블레이드

1) 와이퍼 암(wiper arm)

와이퍼 암은 그 한쪽 끝에 지지되는 블레이드를 창유리 면에 접촉시키고, 프로텍션 상자(protection box)를 통해 링크나 모터 구동축에 결합하는 일도 한다.

2) 블레이드(blade)

블레이드는 흑연코팅 고무 제품이며, 전 후면의 창유리를 닦는 부품이다.

2 윈드 실드와이퍼의 작동

(1) 저속 작동 시 전기흐름

레인센서가 탑재된 차량의 윈드쉴드 와이퍼 저속 작동 시 전류는 그림 12-10의 컬러 라인과 같이 점화스위치 IG On → 실내 정션박스의 와이퍼 25A 퓨즈 → I/P-F커넥터의 13번 핀 → 다기능 스위치 10번 핀 → 다기능 스위치 3번 핀 → 와이퍼 모터 6번 핀 → 와이퍼 모터 → 와이퍼 모터 5번 핀 → 접지 순으로 흐른다.

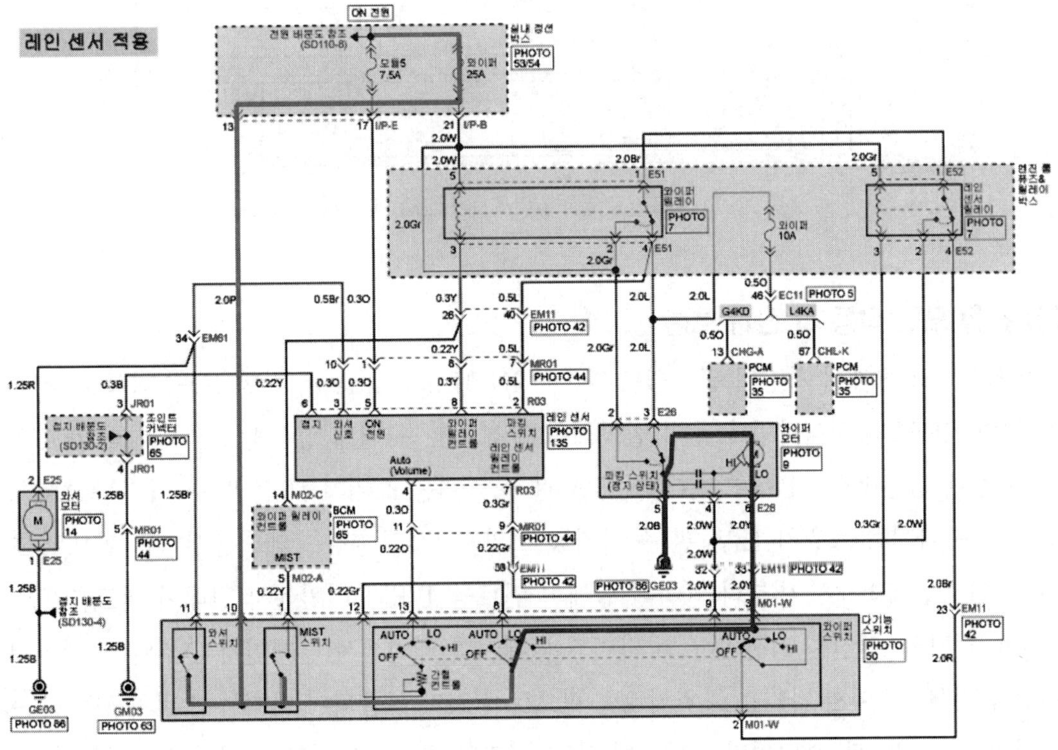

그림 12-10 윈드쉴드 와이퍼/워셔 Low(저속) 작동 시 전기 흐름

(2) 고속 작동 시 전기흐름

레인센서가 탑재된 차량의 윈드쉴드 와이퍼 High(고속) 작동 시 전류는 그림 12-11에 빨간색으로 표시한 것과 같이 점화스위치 IG On → 실내 정션박스의 와이퍼 25A 퓨즈 → 실내 정션박스 I/P-F커넥터의 13번 핀 → 다기능 스위치 10번 핀 → 다기능 스위치 9번 핀 → 와이퍼 모터 4번 핀 → 와이퍼 모터 → 와이퍼 모터 5번 핀 → 접지 순으로 흐른다.

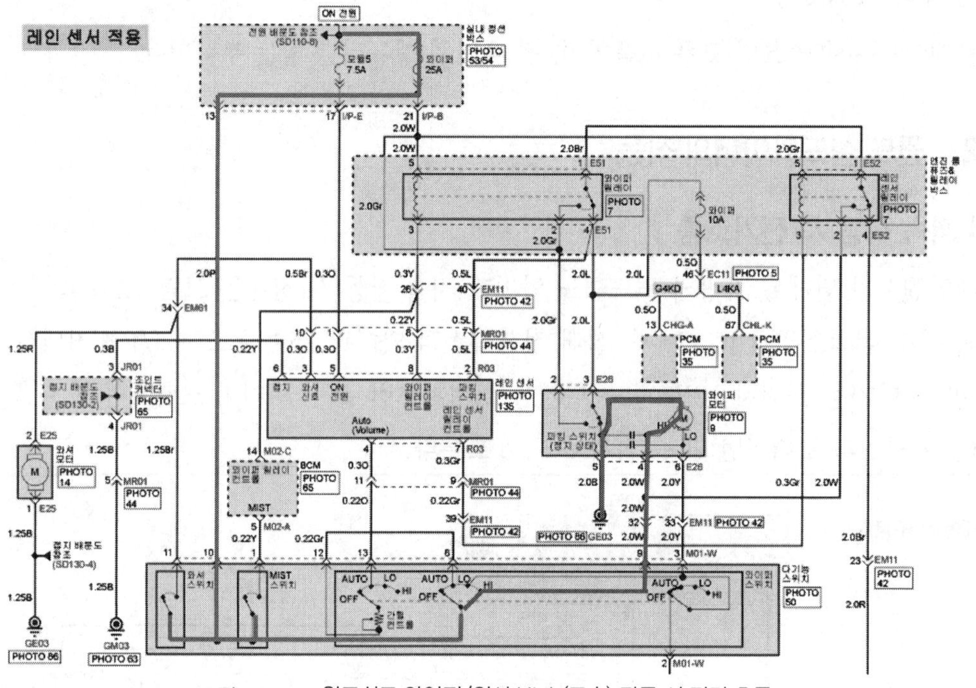

그림 12-11 윈드쉴드 와이퍼/워셔 High(고속) 작동 시 전기 흐름

(3) 간헐 모드 작동 시 전기 흐름

레인센서가 탑재된 차량의 윈드쉴드 와이퍼 INT(Intermittent, 간헐 모드) 작동 시 전류는 그림 10-12의 컬러라인과 같이 점화스위치 IG On → 실내 정션박스의 와이퍼 25A 퓨즈 → 실내 정션박스 I/P-F 커넥터의 13번 핀 → 다기능 스위치 10번 핀 → 다기능 스위치 8번 핀 → 다기능 스위치 12번 핀 → 다기능 스위치 138번 핀 → 레인센서 4번 핀으로 흐른다. 그 후, 레인센서 내부의 와이퍼 릴레이 컨트롤 T/R과 레인센서 릴레이 컨트롤 T/R이 On 되면서, 엔진룸 정션 박스의 와이퍼 릴레이와 레인센서 릴레이가 On 된다. 따라서 엔진룸 정션박스에서 다기능 스위치 2번 핀으로 전기가 공급되어 다기능 스위치 3번 핀 → 와이퍼 모터 6번 핀 → 와이퍼 모터 5번 핀 → 접지로 흐르면서 간헐 와이퍼가 작동한다.

(3) 블레이드 Off 시 전기 흐름

윈드쉴드 와이퍼를 작동하다가 스위치를 Off 시키면, 어떤 시점에서 와이퍼를 Off 시키더라도 와이퍼는 항상 파킹위치로 돌아온 후 작동을 멈춘다. 파킹위치에서 모터가 멈추는 과정을 살펴보면 다음과 같다.

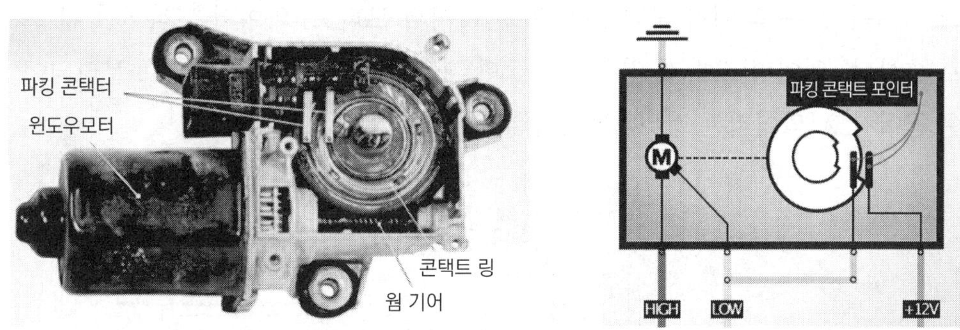

그림 12-12 와이퍼 모터 파킹 콘택트 포인터의 구성

그림과 같이 점화스위치 IG On 상태에서 와이퍼 모터 내부의 콘택트 링에는 항상 전원이 공급된다. 와이퍼 모터의 커버에 있는 2개의 파킹 콘택트 핀이 모터가 회전하면 와이퍼 콘택트 링에 의해 접속되어, 와이퍼 스위치를 Off 시켜도 파킹위치에 올 때까지 모터는 회전한다. 와이퍼 모터가 파킹위치에 돌아오면 와이퍼 모터 내부의 콘택트 회로가 끊어져서, 와이퍼 모터는 멈춘다.

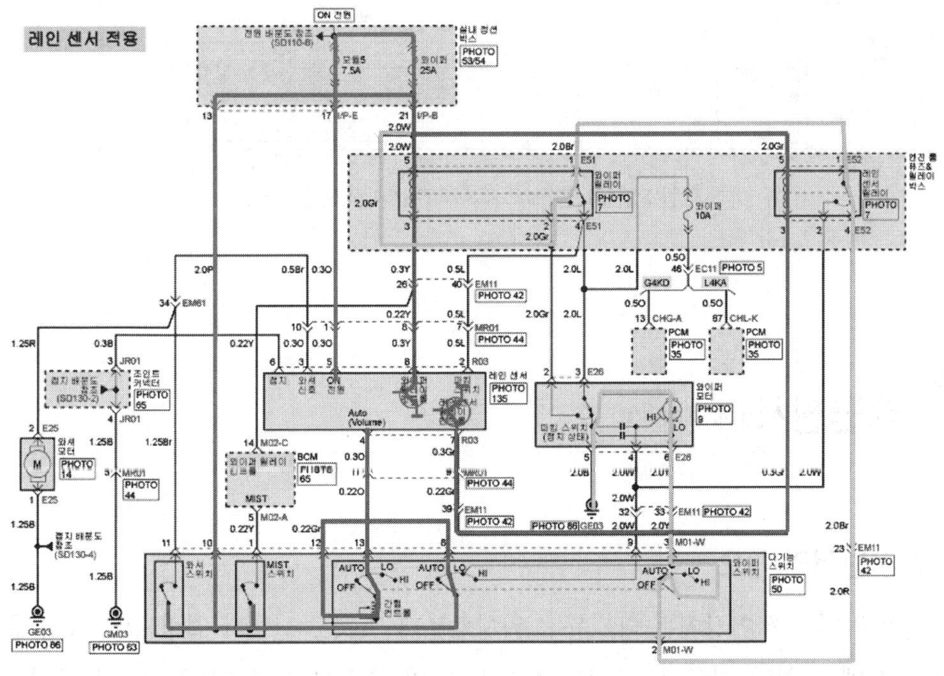

그림 12-13 윈드쉴드 와이퍼/워셔 INT(간헐 모드) 작동 시 전기 흐름

윈드쉴드 와이퍼 Off시 전류는 그림과 같이 점화스위치 IG On → 실내 정션박스의 와이퍼 25A 퓨즈 - 스마트 정션박스 I/P-B 커넥터의 21번 핀 → 엔진룸 정션 박스 → 와이퍼 모터 2번 핀 → 와이퍼 모터 3번 핀 → 엔진룸 정션 박스 → 엔진룸의 퓨즈 & 릴레이박스 내의 와이퍼 릴레이 1번 핀 - 와이퍼 릴레이 4번 핀 → 다기능 스위치 2번 핀 → 다기능 스위치 3번 핀 → 와이퍼 모터 6번 핀 → 와이퍼 모터 → 와이퍼 모터 5번 핀 → 접지 순으로 흐른다. 와이퍼 모터가 정위치에 오면 파킹 스위치가 원래 상태로 분리되어 전원 공급은 끊어지고, 와이퍼는 정위치에서 멈춘다.

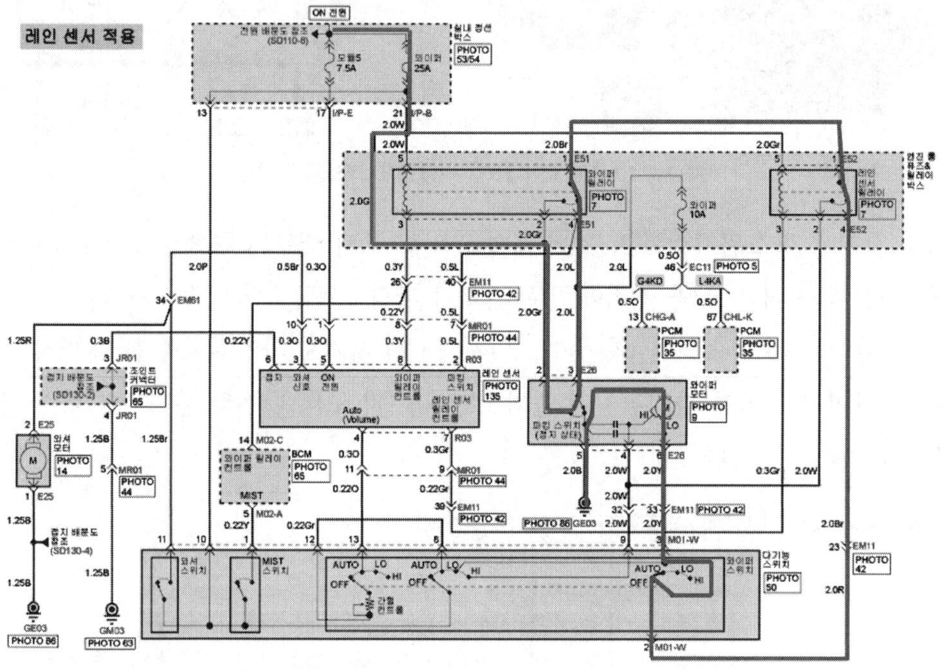

그림 12-14 윈드쉴드 와이퍼/워셔 Off 시 전기 흐름

Chapter
06 레인센서(rain sensor)

1 레인센서의 개요

레인센서 와이퍼 제어장치는 다기능 스위치로부터 'Auto' 신호가 입력되면, 앞창 유리의 상단 내면부에 설치된 레인센서&유닛(A)에서 빛의 굴절에 따른 적외선 반사를 이용하여

강우량을 감지하여, 운전자가 스위치를 조작하지 않고도 와이퍼 작동 시간 및 Low 속도/High 속도로 자동으로 와이퍼를 제어하는 기능을 한다.

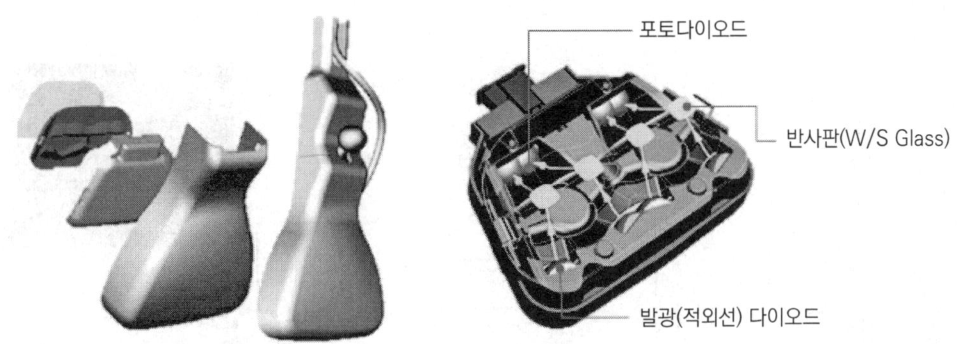

그림 12-15 레인센서의 구성

2 레인센서의 분류

레인센서는 회로의 구성 및 윈드쉴드 릴레이 제어 방식에 따라 구분된다.

(1) 릴레이 직접 제어 방식

윈드쉴드 릴레이를 직접 제어하는 방식은 IG On 시 레인센서를 활성화하여 전면 유리부에 떨어지는 빗물 양을 지속적으로 감지하며, Auto 모드 선택 시 빗물 양에 따라 레인센서 유닛이 와이퍼를 Auto INT, Low, High 모드로 제어한다.

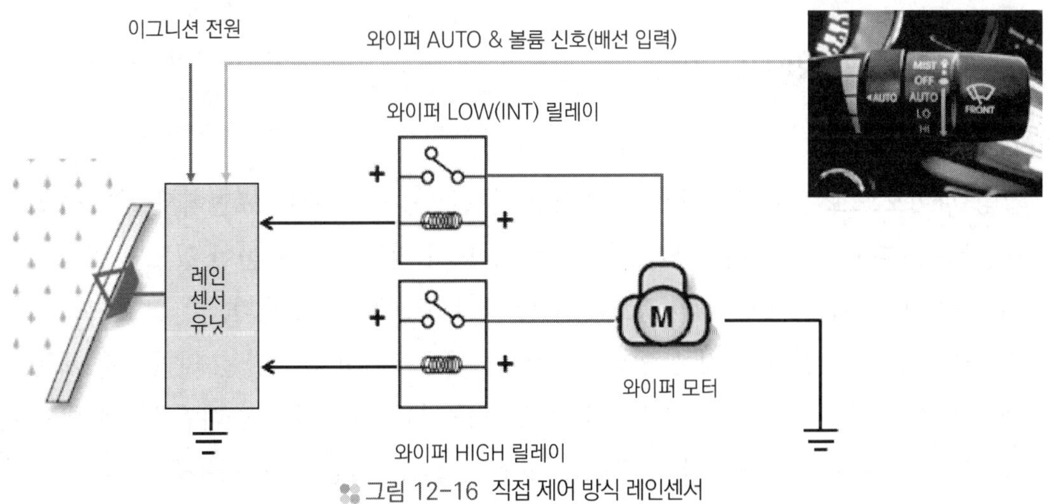

그림 12-16 직접 제어 방식 레인센서

(2) 릴레이 간접 제어 방식(통신라인을 이용)

윈드쉴드 릴레이를 통신으로 간접 제어하는 방식은 배선 사용량을 줄일 수 있으며, DTC 코드를 검출할 수 있으므로 고장 진단이 용이하다.

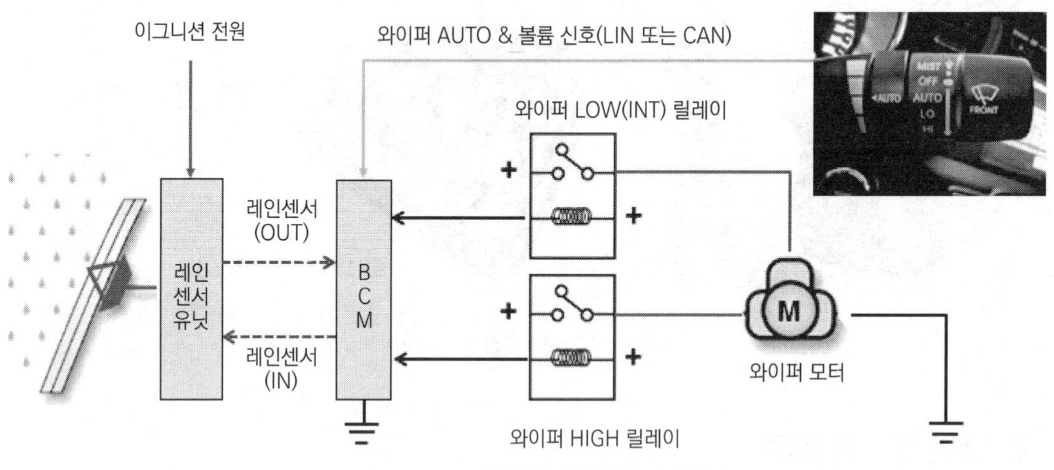

그림 12-17 통신라인 제어 방식 레인센서

(3) 통합형 레인센서

통합형 레인센서는 강우량, 빛의 밝기 및 일조량을 검출할 수 있으며, 전방 와이퍼, 오토 라이트, 중앙 공조 등 3가지 시스템을 제어한다.

그림 12-18 통합형 레인센서

3 통합형 레인센서의 기능

(1) 강우량 감지

발광 다이오드로부터 발산되는 빛(Beam)이 윈드쉴드의 외부 표면에서 전반사 되어 수광(Photo) 다이오드로 돌아온다. 이때 윈드쉴드의 외부 표면에 물이 있으면 빛의 광학 분리가 이루어지며, 잔류한 빛의 강도가 수광 다이오드에서 측정된다.

윈드쉴드에 물이 있다는 것은 빛의 전반사가 이루어지지 않았다는 의미이기 때문에, 그 손실된 빛의 강도가 글라스 표면의 젖음 정도를 나타낸다. 통합형 레인센서는 발광 다이오드와 수광 다이오드, 광학섬유(Optic fiber) 그리고 커플링 패드로 구성된다.

(2) 빛 감지

적외선을 이용한 다이오드를 통해 차량의 외부 빛의 밝기를 차량 위 방향과 차량 전방이라는 두 방향에서 측정하며, 이때 측정된 빛의 양으로 밝은지 어두운지 판단하여 낮과 밤을 구분한다.

(3) 일조량 감지

햇빛의 일조량을 좌/우로 측정하여, 차량 내부 운전자 혹은 보조석 탑승자를 향한 공조 시스템을 동작시킨다.

4 통합형 레인센서의 역할

(1) 기능

① 통합형 레인센서는 우측 다기능 스위치로부터 'Auto' 신호가 입력되면, 빗물을 감지하여 와이퍼 모터를 제어한다.

② 통합형 레인센서는 좌측 다기능 스위치로부터 'Auto' 신호가 입력되면, 빛의 밝기를 감지하여 헤드라이트 및 내부 멀티미디어 조명을 제어한다.

③ 통합형 레인센서는 중앙 공조 스위치로부터 'Auto' 신호가 입력되면, 빛의 일조량을 감지하여 냉각 공조 시스템을 제어한다.

(2) 간섭 영향

아래와 같은 조건에서는 주변 간섭에 따라 통합형 레인센서가 오작동할 수 있다.

① 측정 표면 및 모든 빛의 경로상 표면(발광과 수광 다이오드의 표면, 광학 섬유(Optic fiber), 커플링 패드, 윈드쉴드의 접합부 유리표면)의 먼지는 측정 신호를 약화시킨다.

② 윈드쉴드와 커플링 패드의 접착 면에 있는 기포는 측정 신호를 약화시킨다.

③ 레인센서는 손상된 멀티미디어 기기에 의해 오작동할 수 있다.

④ 레인센서는 진동에 의한 브래킷의 움직임에 의해 오작동할 수 있다.

⑤ 레인센서는손상된 와이퍼 블레이드에 의해 오작동할 수 있다.

⑥ 레인센서는 손상된 헤드램프에 의해 오작동할 수 있다.

5 통합형 레인센서와 윈드쉴드 와이퍼의 작동

(1) 레인센서 작동

표 6-1 통합형 레인센서 작동 상태

작동 모드	작동 상태
Direct 모드	와이퍼 스위치 "Auto"시, 통합형 레인센서가 Dry windshield를 감지했을 때의 기본 작동 상태이다. 통합형 레인센서는 이 상태에서 측정한 빗물의 양과 시간에 따라 와이퍼 작동 모드를 판정한다.
간헐 모드	통합형 레인센서는 두 번 이상 0.5초~5초 사이의 휴지 기간을 가지고 연속적으로 와이퍼 작동이 이루어지면 간헐 모드로 들어간다.
Low 모드	Low 스피드에서 연속 동작한다.
High 모드	High 스피드에서 연속 동작한다.

(2) 조도센서(라이트 센서) 작동 상태

표 6-2 조도센서(라이트 센서) 작동

작동 모드	작동 상태
Auto 모드 드	헤드램프 스위치 "Auto"시, 통합형 레인센서가 빛의 밝기를 감지했을 때의 기본 작동 상태이다. 통합형 레인센서는 이 상태에서 측정한 햇빛의 밝기에 따라 헤드램프 및 내부 멀티미디어 작동 모드를 판정한다.
Low 모드	Low beam 점등에서 연속 동작한다.
High 모드	High beam 점등에서 연속 동작한다.

(3) 태양과 부하(솔라 모드) 작동 상태

표 6-3 통합형 레인센서 작동

작동 모드	작동 상태
Auto 모드	공조 스위치 "Auto"시, 통합형 레인센서가 빛의 일조량을 감지했을 때의 기본 작동 상태이다. 통합형 레인센서는 이 상태에서 측정한 햇빛의 일조량에 따라 냉각 공조 시스템 작동 모드를 판정한다.
수동 모드	수동 조작으로 냉각 강도를 조절한다.

5 통합형 레인센서의 세이프티 기능

통합형 레인센서의 감지 영역에 얼음 또는 이물질이 있을 때, 통합형 레인센서는 정확한 작동 조건을 인지할 수 없다.

(1) 레인센서의 특수 감지조건

표 6-4 레인센서의 특수 감지조건

특수 조건	특수 조건 감지에 따른 작동
Splash(흙탕물 오염)	통합형 레인센서가 Direct 또는 간헐 모드에서 높은 젖음 정도(Splash)를 감지하면, 시스템은 Park 위치에서 High 스피드로 전환되고, High에서 한번 와이핑 한 후에 Low에서도 한번 와이핑한다. 와이핑 후 빗물의 상태가 변하지 않으면 원래의 상태(Direct 간헐)로 되돌아간다.
Smearing(기름 오염)	Smear는 약간 빠르게 건조된 얇은 유막으로 더럽거나 노후된 와이퍼 블레이드가 약간의 빗방울에 대하여 와이핑할 때 발생한다. Direct 또는 간헐 모드에서 Smear가 발생했을 때 동작 신호를 주어서는 안 된다.
Dirt(쓰레기 오염)	와이핑 후 어떠한 변화도 감지할 수 없을 때 Dirt windshield를 인식하면 통합형 레인센서는 동작신호를 주어서는 안 된다. 만약 윈드쉴드가 깨끗해진다면(예, 워셔에 의해), 통합형 레인센서는 정상 상태로 돌아온다.
밤/낮의 자동 감도 전환	Day/Night 센서에 의해 통합형 레인센서는 밤인지 낮인지에 따라 민감도를 자동으로 조절한다.
주변 조도의 보정	주변 조도의 간섭에 대해 비정상적인 작동을 하지 않는다.
워셔 기능	통합형 레인센서는 워셔 모드 중 워셔액에 대하여 반응하지 않는다. 즉 워셔액으로 인하여 와이핑 속도가 변화하지 않는다. (워셔 펌프의 자동 작동은 통합형 레인센서 기능에 포함되지 않는다.

(2) 라이트 센서의 특수 감지조건

표 6-5 라이트 센서의 특수 감지조건

특수 조건	특수 조건 감지에 따른 작동
육교/고층건물/가로수 인지	낮에 육교, 고층건물, 가로수를 통과할 때, 통합형 레인센서가 빛의 밝기를 감지하여, 헤드램프가 깜박이는 현상이 발생하지 않도록 한다. 단 어두워질 때 상기와 같은 곳을 통과하면 밤으로 인식하여 헤드라이트가 점등될 수 있다.
주/야간 모드	주간 시 오토 라이트 소등. 야간 시 오토 라이트 점등.
주간 터널 모드 진입/진출 시	터널 진입 시 오토 라이트 즉시 점등. 터널 진출 시 오토 라이트 5초 이후 소등.
Fall-safe 모드	오토 라이트 상시 점등: 라이트 센서 작동 불량 또는 커넥터 미체결 시. HUD dimming 점등: 커넥터 미체결 시.

Chapter 07 윈드 실드 와셔(wind shield washer)

앞 창유리에 먼지나 이물질이 묻었을 때 그대로 와이퍼로 닦으면 블레이드와 창유리가 손상된다. 이를 방지하기 위해 윈드 실드 와셔를 부착하고, 와이퍼가 작동하기 전에 세정액을 창유리에 분사 한다. 구조는 와셔물탱크, 모터, 펌프, 파이프, 노즐 등으로 구성되어 있다.

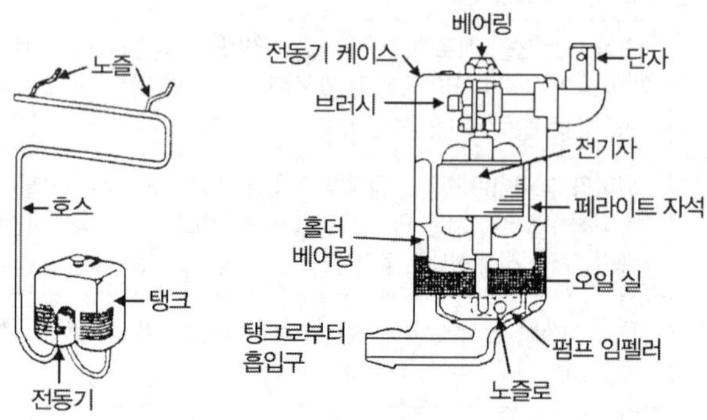

그림 12-19 윈드 실드 와셔의 구성

Chapter 08 파워윈도우(Power Window)

파워윈도우는 모터를 사용하여 윈도우를 상승·하강시키도록 고안된 장치이다. 모터는 윈드 실드와이퍼 모터와 그 작동 양상이 매우 비슷하다. 윈도우가 상승 또는 하강하여야 하므로 모터의 방향 전환이 필요하며, 여기에는 모터의 브러시 극성을 전환하는 방법과 브러시를 3개 사용하여 (+)쪽 브러시만을 전환하는 방법 등 2가지 방법이 있다.

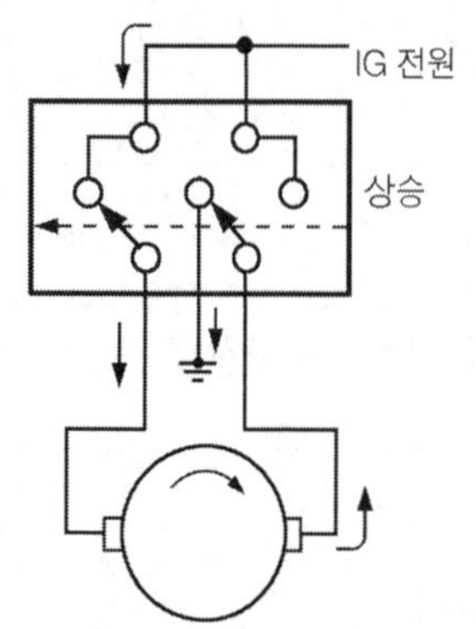

그림 12-20 파워윈도우 극성 전환 방법

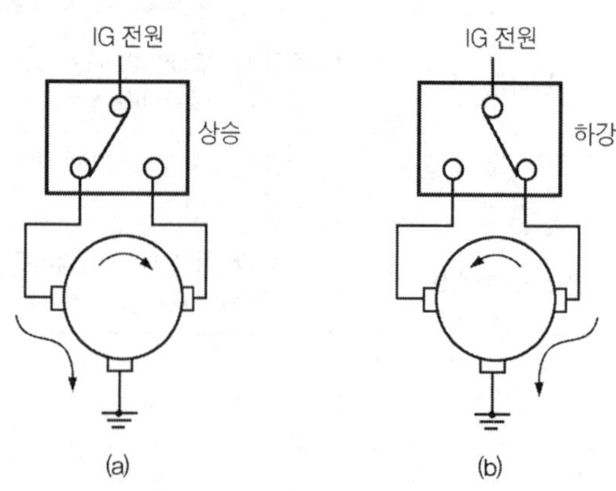

그림 12-21 파워윈도우의 제3 브러시 사용

1 원터치 파워윈도우(one – touch type)

이 방식은 윈도우를 열거나 닫기 위해 스위치를 눌렀다가 놓으면 작동하도록 고안된 것이다. 여기에는 스위치를 작동하면 그 상태 그대로를 유지하는 방식과 연속 작동하는 방식이 있다.

(1) 윈도우 스위치를 조작하면 그 상태 그대로를 유지하는 방식

이 방식은 윈도우 스위치가 2단으로 작동하는 스위치이며, 1번 누를 때마다 윈도우가 스위치를 누른 만큼 상승·하강하도록 되어 있다. 또 스위치를 세게 누르면 윈도우가 완전히 닫히거나 열린 후 스위치는 자동으로 본래의 위치로 복귀한다. 그리고 윈도우 스위치가 2단으로 작동하면 트랜지스터 TR의 베이스에 전류가 흘러 TR이 통전 상태가 되고, 홀딩 코일에 전류가 흐르므로 스위치는 복귀되며, 윈도우는 작동상태로 유지한다. 윈도우가 완전히 열리면 모터는 작동을 정지하고 전압은 Ⓐ브러시에서 12V가 된다. 이때 전류는 더 이상 흐르지 않고 트랜지스터 TR에 전류의 흐름이 차단되고, 스위치는 본래의 위치로 복귀한다.

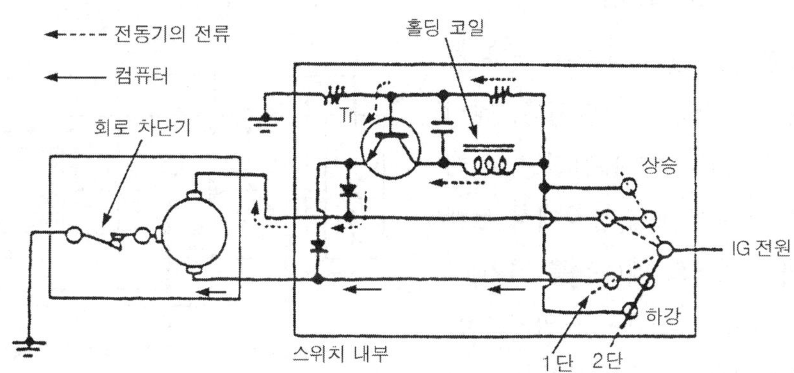

그림 12-22 스위치를 조작하면 그 상태 그대로를 유지하는 작동(1)

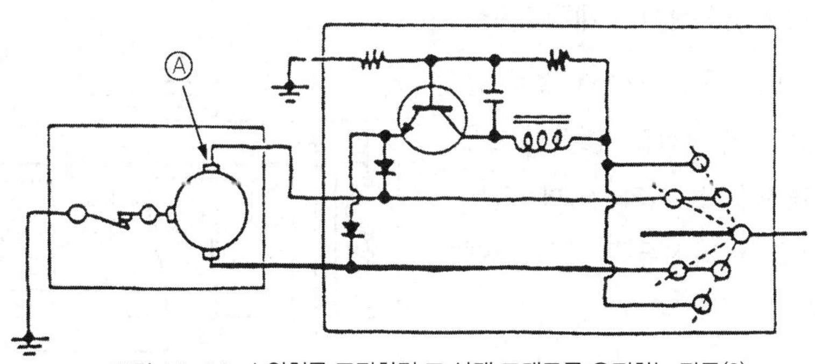

그림 12-23 스위치를 조작하면 그 상태 그대로를 유지하는 작동(2)

(2) 연속으로 작동하는 방식

스위치를 1번 눌렀을 때 스위치는 본래의 위치로 복귀하더라도 모터는 윈도우가 완전히 열리거나 닫힐 때까지 연속으로 작동하는 방식이다.

1) 수동 스위치를 작동할 때

이때는 그림 12-24에 나타낸 것과 같이 릴레이 코일 L_1이 여자되어 스위치 ①이 통전되면 모터가 작동한다. 모터의 전류는 IG전원에서 스위치 ① 및 ② 접지로 흐른다.

모터가 작동을 시작하고 통전(ON) 신호가 나올 때 트랜지스터 Tr_1과 Tr_2는 통전된다.

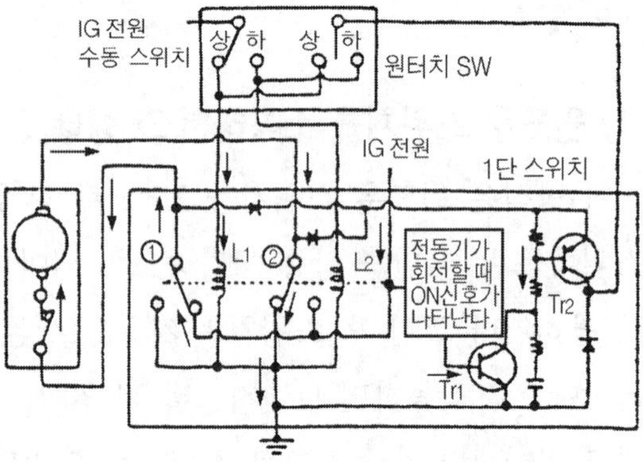

그림 12-24 수동 스위치를 작동할 때

2) 강 또는 약으로 조작할 때

이때는 그림 12-25에 나타낸 것과 같이 수동스위치의 작동이 차단된다. 원터치 스위치(1단 스위치)가 통전되면, 릴레이 코일 L_1을 여자시킨 IG전원에서 트랜지스터 Tr_2의 이미터와 베이스를 거쳐, 1단 스위치 L_1접지로 흐른다. 스위치 ①은 통전 상태이며, 모터는 계속 회전한다.

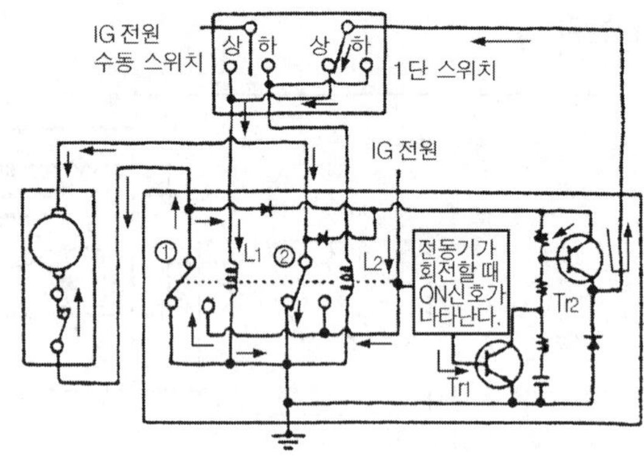

그림 12-25 강 또는 약으로 조작할 때

3) 윈도우(window)를 완전히 개폐할 때

이때는 그림 12-26에 나타낸 것과 같이 모터의 작동이 정지하고 통전신호가 차단되면, 트랜지스터 Tr_1과 Tr_2에 전류 흐름이 차단되고, 여자전류는 코일 L_1에 흐르지 않는다.

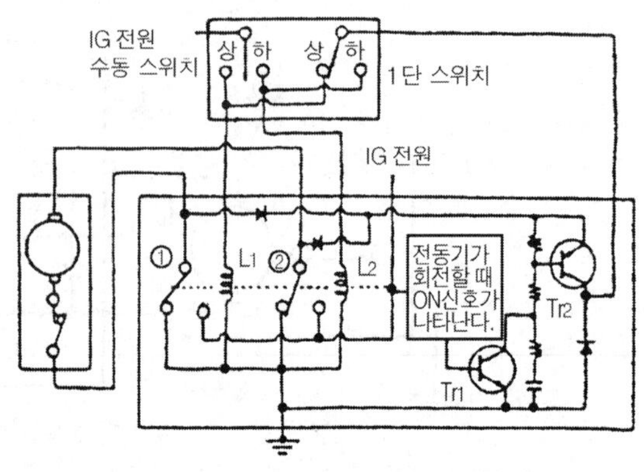

그림 12-26 윈도우를 완전히 개폐할 때

스위치 ①은 본래의 위치로 복귀하고 1단 스위치는 상승 또는 하강의 위치에서 다음 작동 때까지 머물러 있는다.

Chapter 09 후진경고 장치(Back Warning System)

1 후진경고 장치의 개요

자동차를 후진할 때 후방에 장애물이 있다면 장애물과의 거리판별이 쉽지 않아 운전자가 확인할 수 없는 사각지대가 많다. 이를 방지하고 후진할 때 편의성 및 안전성을 확보하기 위해, 운전자가 변속레버를 후진으로 선택하면 후진경고 장치가 작동하여, 장애물이 있다면 초음파 센서에서 초음파를 발사하여 장애물에 부딪혀 되돌아오는 초음파를 받아서 컴퓨터에서 자동차와 장애물의 거리를 계산하여 버저(buzzer)의 경고음(장애물과의 거리에 따라 1차, 2차, 3차 경보를 차례로 울림)으로 운전자에게 알려준다.

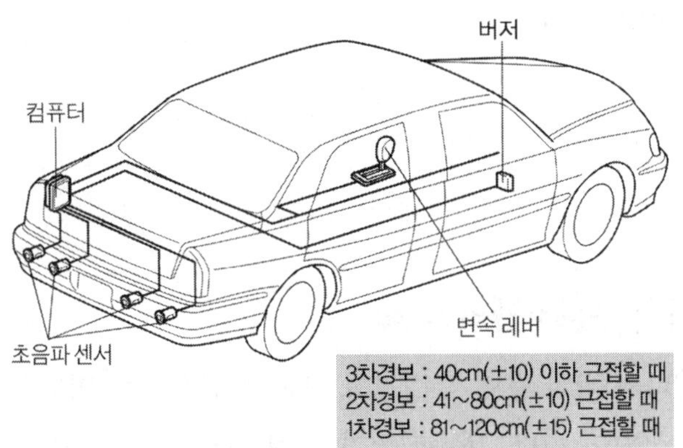

그림 12-27 후진경고 장치의 구성부품

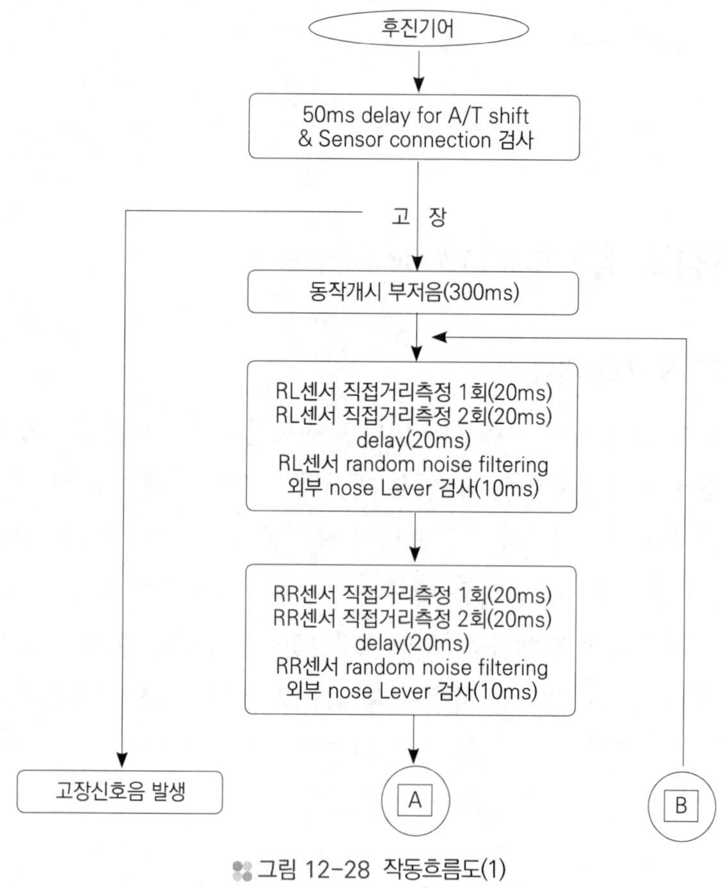

그림 12-28 작동흐름도(1)

2 후진경고 장치 구성부품의 작동

그림 12-29에 나타낸 바와 같이 후진경고 장치는 컴퓨터를 비롯하여 초음파 센서, 버저(buzzer) 등으로 구성되어 있다. 변속레버가 후진기어로 속이 되어 있는 경우 후방감지기 센서의 전원이 인가되어 후방감지기 센서가 작동한다.

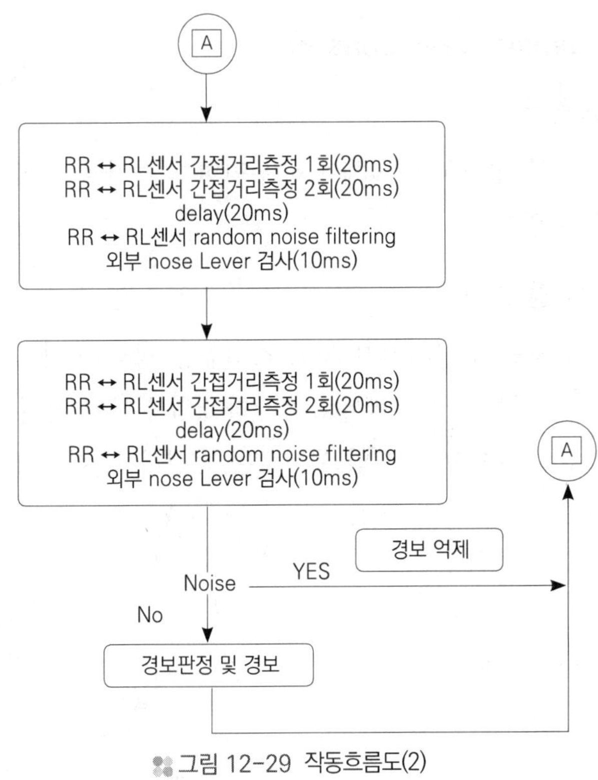

그림 12-29 작동흐름도(2)

(1) 컴퓨터(back warning control unit)

컴퓨터는 트렁크 룸 내에 설치하며, 초음파의 송신·수신시기 제어, 물체 유무 판정 및 회로의 단선 검출을 한다. BCM은 센서 고장시 계기판에 고장 관련 경고등을 띄우거나 후진 시 경고음을 지속적으로 울려 고장을 알리는 역할을 한다.

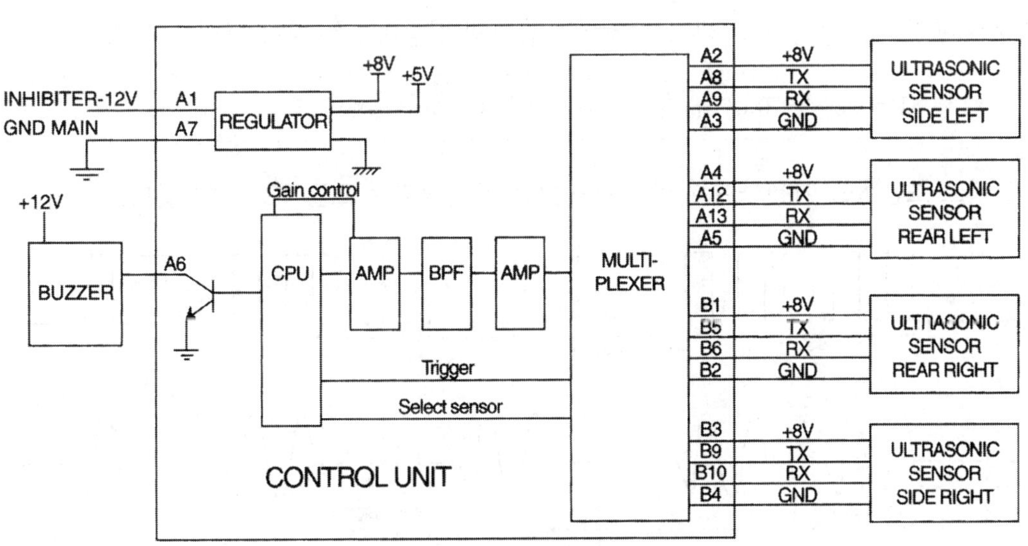

그림 12-30 컴퓨터 외부 회로도

(2) 초음파 센서(ultrasonic wave sensor)

1) 초음파 센서의 작동원리

초음파 센서는 초음파를 발산하여 물체에서 부딪혀 되돌아올 때까지의 시간을 측정하여 물체까지의 거리를 구한다.

2) 초음파 센서의 거리검출 방식

초음파 센서는 검출효율을 향상시키기 위해 직접검출 방식과 간접검출 방식을 혼합하여 사용한다. 직접검출 방식은 1개의 센서로 송신하고 수신하여 거리를 측정한다. 간접검출 방식은 2개의 센서를 사용하며, 1개의 센서로는 송신하고, 다른 1개의 센서에서는 수신하여 거리를 측정한다.

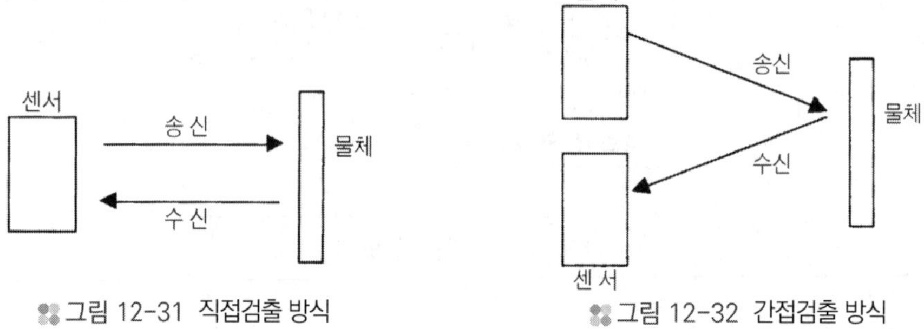

그림 12-31 직접검출 방식

그림 12-32 간접검출 방식

3) 초음파 센서의 거리측정 방법

후진경고 장치는 초음파의 전송속도와 초음파의 이동시간을 이용하여 자동차 후방 장애물을 검출하고, 정해진 영역 이내에 물체가 있으면 버저(buzzer)로 운전자에게 경고를 해주는 후진보조 장치이다. 대기 중에서 초음파의 전송속도는 다음 공식으로 표시한다.

$$V = 331.5 + 0.6t \ [\mathrm{m/s}]$$

여기서, V : 초음파 전송속도 t : 대기온도

그리고 초음파를 이용하여 거리를 측정하는 기본원리는 그림 12-31과 같다.

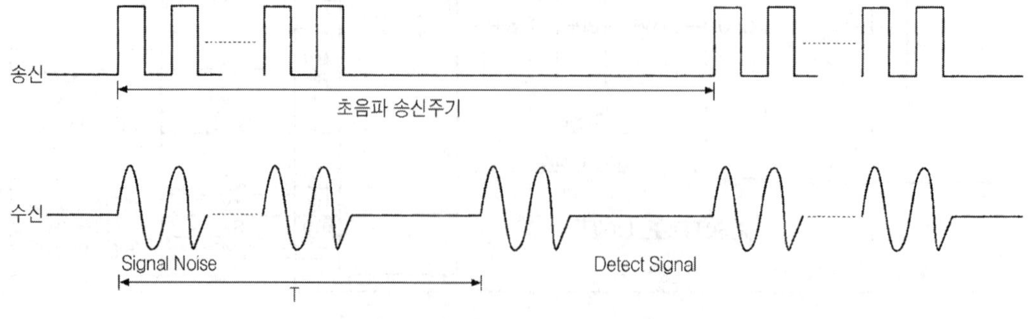

그림 12-33 초음파 센서의 거리측정 방법

4) 초음파 센서의 검출범위

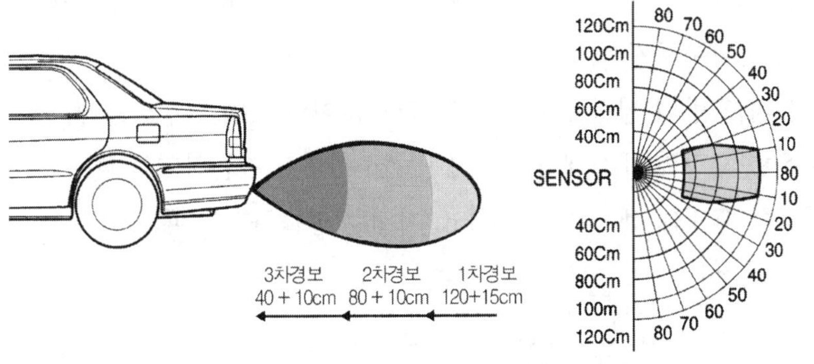

① 거리 오차범위(센서 정면에서 측정) : 81~120cm ±15cm, 40~80cm ±10cm
② 검지 오차범위 : 40cm 위치 : 0。기준 45。위치에서 ±15。80cm 위치 : 0。기준 30。위치에서 ±15。120cm 위치 : 0。기준 20。위치에서 ±15。
③ 40cm 이하는 검출 안 될 수도 있음
④ 측정조건 : 상온(20℃), 지름 90mm, 길이 3m 막대

그림 12-34 수직 작동범위

> **Reference** 초음파 센서가 물체를 검출하지 않을 수 있는 경우
> ❶ 뾰족한 물체나 로프(rope)와 같은 가는 물체
> ❷ 면이나 스펀지, 눈 등과같이 음파를 흡수하기 쉬운 물체
> ❸ 지름 14cm, 길이 1m 이하의 작은 물체

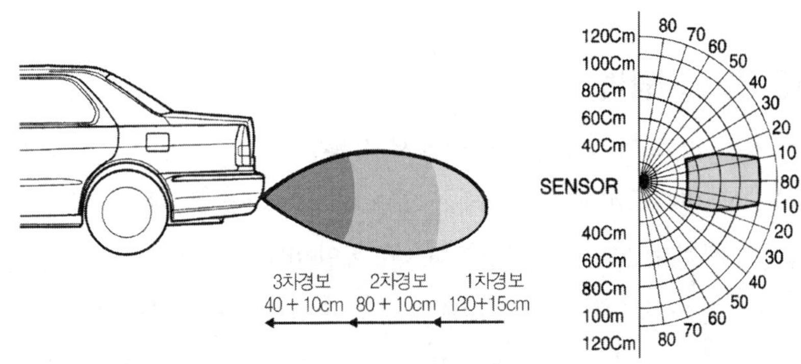

① 거리 오차범위(센서 정면에서 측정) : 81~120cm ±15cm, 40~80cm ±10cm
② 검지 오차범위 : 80cm 위치 : 0。기준 90。위치에서 ±20。120cm 위치 : 0。위치(센서 정면)에서 ±20。
③ 40cm 이하는 검출 안 될 수도 있음
④ 측정조건 : 상온(20℃), 지름 140mm, 길이 1m 막대

그림 12-35 수평 작동범위

> **Reference** ❶ 40cm 이하의 영역에서는 경보가 발생하지 않을 수도 있다.
> ❷ 최소한의 경보효과를 얻기 위한 자동차의 후진 주행속도는 5km/h 이하이다. 그리고 속도를 가지고 접근하는 타깃(target)의 경우는 타깃의 접근속도가 5km/h일 때가 최대작동 속도이다.
> ❸ 위험경보는 자동차나 타깃이 이동하고 있는 경우에는 순차적인 경보진입이 안 되거나 경보효과가 없어지기도 한다.
> ❹ 다음과 같은 경우에는 잘못 경보를 할 수 있다.
> ㉮ 요철 길, 자갈길, 언덕길, 풀숲을 후진할 때
> ㉯ 자동차의 경음기 소리, 오토바이의 엔진 소음, 대형 자동차 공기 브레이크 등과 같이 초음파를 발생시키는 물체가 근접할 때
> ㉰ 센서의 부근에서 송신기능을 지닌 무선장치를 사용할 때
> ㉱ 센서에 이물질이 부착된 때

5) 초음파 센서의 거리경보

검출작동 범위영역 내에서 다음과 같이 3단계의 거리 영역으로 구분하여, 각각 영역 내에서 물체가 검출되면 경보를 발생시킨다.

① **1차 경보 :** 물체가 자동차 후방의 센서에 81~120±15cm 이내로 접근하였을 때.

② **2차 경보 :** 물체가 자동차 후방의 센서에 41~80±10cm 이내로 접근하였을 때.

③ **3차 경보 :** 물체가 자동차 후방의 센서에 40±1cm 이내로 접근하였을 때.

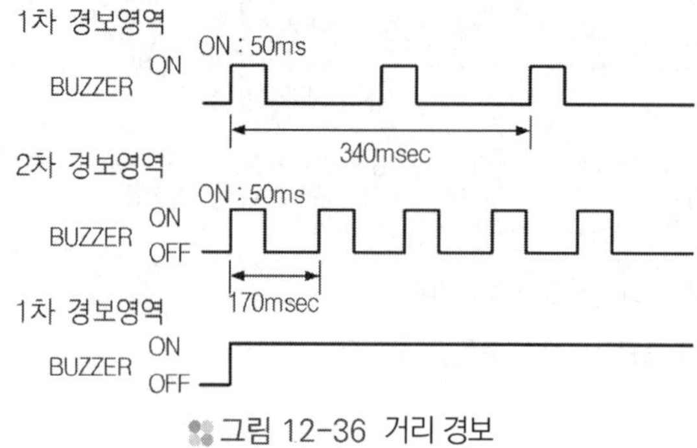

그림 12-36 거리 경보

3 고장진단 및 표시방법

① 점화스위치 ON, 변속레버 위치 R상태에서 작동한다.

② 점화스위치 ON, 변속레버 위치 R상태가 되면 장치의 이상 유무를 점검하여, 이상이 없으면 전원인가 시점으로부터 0.5초 후 0.3초 동안 버저가 울린다. 버저가 울리지 않거나 짧은 소리가 연속적으로 3번(삐삐삐) 0.55초 주기로 울리면 장치가 고장 난 것이다.

③ 장애물의 경보는 1, 2, 3차로 구분하며, 1, 2차 경보는 단속 소리, 3차 경보는 연속 소리를 발산한다.

④ 유효작동 시 자동차 주행속도는 5km/h이다.

그림 12-37 전·후방 센서 고장 시 계기판 고장표출

4 후진경고 장치를 사용할 때 주의사항

① 초음파 센서의 검출가능 범위는 한정되어 있으므로, 반드시 후방의 안전을 확인하면서 자동차를 후진하여야 한다.

② 그림 12-36에 나타낸 바와 같이 범퍼 가까이는 검출을 못하는 부분이 있는데, 이를 사각지대라고 한다. 따라서 높이가 낮은 물건(도로 경계석 등)은 멀리서(약 1.2m) 1번 검출하여도 가까이 접근하면 검출하지 못한다.

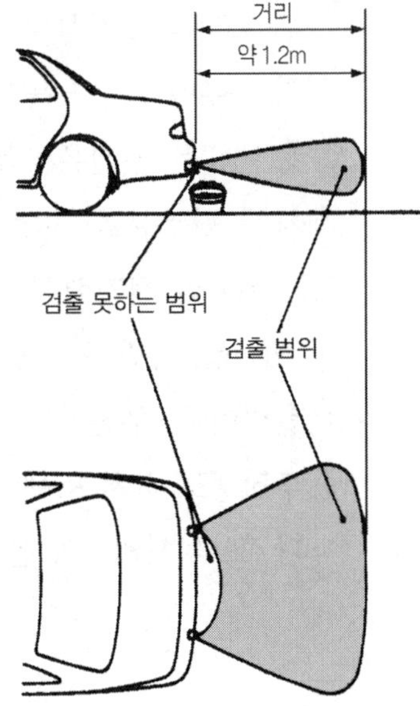

그림 12-38 검출 범위

③ 다음과 같은 경우에는 장애물을 검출할 수 있는 범위 내에 들어와도 검출을 못하는 경우가 있다.

㉮ 가는 물체(로프, 가느다란 돌출봉).

㉯ 초음파를 쉽게 흡수할 수 있는 물질(솜, 눈)로 덮여 있는 경우.

㉰ 벽이나 언덕 등과 같은 경사면에 대해 후진을 할 때.

④ 요철 도로, 자길 도로, 비탈길, 풀이 있는 경우 등에는 장애물을 오인할 수 있다.

⑤ 다음과 같은 경우에는 정확하게 작동하지 않거나 오류 가능성이 있으므로 주의한다. 또 초음파 센서에 이물질이 묻어 있지 않은지를 사용 전에 확인하여야 한다.

㉮ 센서의 검출부분에 눈이나 진흙 등의 이물질이 묻어 있으면 장애물 검출에 오류 가능성이 있다. 이물질은 물로 세척하여야 하며, 단단한 것으로 센서 표면을 닦거나 충격이 가해지지 않도록 주의한다.

㉯ 센서의 검출부분이 동결된 경우에는 경보음이 울리지 않는 경우가 있으나, 동결 부분이 녹으면 정상이 된다.

㉰ 폭염일 때나 추울 때 장시간 자동차를 정차해두면 검출 가능한 범위가 좁아지는 경우가 있으나, 상온에 두면 정상이 된다.

㉱ 폭우가 쏟아질 경우.

㉲ 차체 뒷부분의 전기배선 위치를 변경하거나, 차체 뒷부분에 전장부품을 추가한 경우.

5 후진경고 장치를 다룰 때 주의사항은 다음과 같다.

① 뒤 범퍼의 부착상태, 센서부위의 충격 및 변형 여부를 점검한다. 부착상태가 좋지 않거나 부착각도가 틀어지면 오작동의 원인이 된다.

② 송신 또는 수신유닛의 센서를 떼어낼 때는 충격을 주어서는 안 된다.

③ 차체 뒷부분에 전장부품을 추가하거나 하니스 등을 수정할 경우에는 송신 및 수신유닛의 전기배선 위치를 변경하지 않도록 한다. 송신 쪽과 수신 쪽이 함께 태킹(taking)하면 오작동의 원인이 된다.

④ 출력이 큰 무전기는 오작동의 원인이 되므로 자동차에 설치하지 않도록 한다.

⑤ 후진경보 장치 초음파 센서 표면에 발열물체나 날카로운 물체의 접촉은 피하도록 한다. 또 센서의 표면을 막거나 압력을 가하지 않도록 한다.

전자제어 시간경보 장치와 통합 운전석 기억장치

학습목표

1. 간헐와이퍼 제어를 설명할 수 있다.
2. 와셔연동 와이퍼 제어를 설명할 수 있다.
3. 뒤 유리 열선 타이머(사이드미러 열선 포함)제어를 설명할 수 있다.
4. 안전벨트 경고 타이머제어를 설명할 수 있다.
5. 감광방식 실내등 제어를 설명할 수 있다.
6. 점화스위치 키 구멍 조명제어를 설명할 수 있다.
7. 파워윈도우(power window) 제어를 설명할 수 있다.
8. 배터리 세이버(saver) 기능을 설명할 수 있다.
9. 점화스위치 회수기능을 설명할 수 있다.
10. 자동 도어 잠김 제어를 설명할 수 있다.
11. 통합 운전석 기억장치를 설명할 수 있다.

Chapter 01 전자제어 시간경보 장치(ETACS)

1 전자제어 시간경보 장치의 개요

전자제어 시간경보 장치(ETACS : Electronic, Time, Alarm, Control, System)는 자동차 전기장치 중 시간에 의하여 작동하는 장치와 경보를 발생 시켜 운전자에게 알려주는 장치 등을 종합한 장치라 할 수 있다.

전자제어 시간경보 장치를 사용하기 전의 자동차에서는 윈드 실드와이퍼 제어, 파워윈도우 제어, 뒤 유리 열선제어, 등화 제어장치 들을 각각 설치하였기 때문에 정비를 할 때 자동차 종류마다 설치 위치가 달라 매우 번거로웠다. 또한 접지와 전원이 중복되어 배선의 연결이 복잡하고, 입력신호를 여러 부분에서 받아 제어하므로 제작비용이 비쌌다. 또, 새로운 장치를 추가할 때마다 배선 및 컴퓨터 등을 추가하여야 하므로 쉽게 성능을 향상시킬 수 없었다. 이러한 결점을 보완하기 위해 전기장치를 중앙에서 제어하는 것이 필요하였기 때문에 전자제어 시간경보 장치가 개발되었다.

전자제어 시간경보 장치는 자동차 종류에 따라 제어하는 항목이 다르며, 고급 자동차일

수록 제어기능이 많다. 다음 항목은 자동차 종류와 관계없이 전자제어 시간경보 장치에서 제어하는 기능을 열거한 것이다.

① 와셔연동 와이퍼 제어
② 간헐와이퍼 및 차속감응 와이퍼 제어
③ 점화스위치 키 구멍 조명제어
④ 파워윈도우 타이머 제어
⑤ 안전벨트 경고등 타이어 제어
⑥ 열선 타이머 제어(사이드미러 열선 포함)
⑦ 점화스위치 회수 제어
⑧ 미등 자동소등 제어
⑨ 감광방식 실내등 제어
⑩ 도어 잠금 해제 경고 제어
⑪ 자동 도어 잠금 제어
⑫ 중앙 집중방식 도어 잠금장치 제어
⑬ 점화스위치를 탈거할 때 도어 잠금(lock)/잠금 해제(unlock) 제어
⑭ 도난경계 경보제어
⑮ 충돌을 검출하였을 때 도어 잠금/잠금 해제 제어
⑯ 원격관련 제어
　㉮ 원격시동 제어
　㉯ 키 리스(keyless) 엔트리 제어
　㉰ 트렁크 열림 제어
　㉱ 리모컨에 의한 파워윈도 및 폴딩 미러 제어

그림 13-1
전자제어 시간경보 장치의 구성

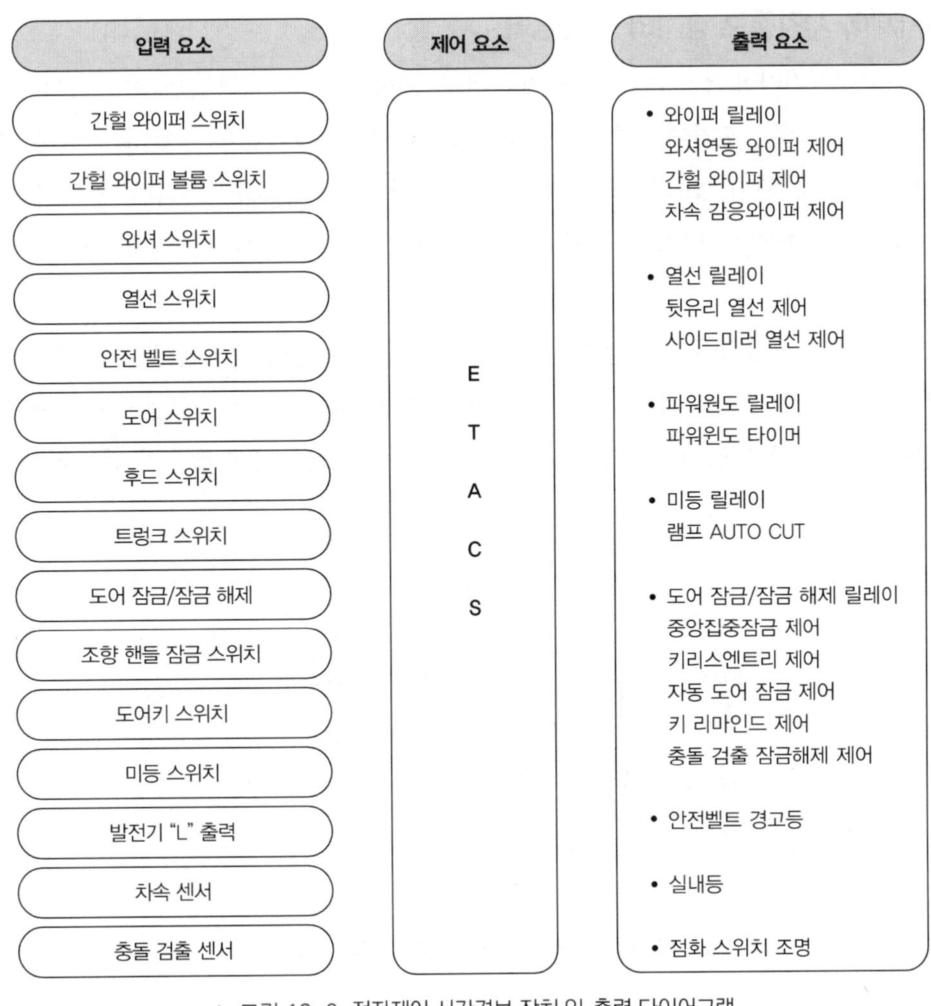

그림 13-2 전자제어 시간경보 장치 입·출력 다이어그램

2 전자제어 시간경보 장치의 작동 및 제어

전자제어 시간경보 장치는 많은 기능을 가지고 있으나 제어원리는 비교적 단순하다. 전압형태의 각종 스위치 정보가 입력되면 1과 0의 2진법에 의해 ON, OFF를 판단한다. 특정 기능의 작동조건이 되면 정해진 순서에 따라 각종 램프(lamp) 또는 릴레이(relay)를 작동시켜 운전자에게 편의를 제공한다.

(1) 전자제어 시간경보 장치의 작동원리

그림 13-3은 전자제어 시간경보 장치에서 사용하는 가장 기본적인 회로도이다. 입력 쪽의 입력정보가 특정조건에 부합하면, 출력 쪽에서는 특정기능을 수행하기 위해 출력하는 원리이다. 예를 들면, 회로에서 램프가 특정 조건에서 점등되게 하려면, 전자제어 시간경보 장치의 컴퓨터에는 입력 A, B가 특정 조건에서 C를 출력하도록 논리(logic)가 입력되어 있다.

만약, 스위치 1과 2 모두 ON일 때 릴레이를 작동하는 논리라면, 컴퓨터는 스위치 1과 2가 작동할 때 전압의 변화로 ON, OFF를 판정한다. 두 스위치의 전압이 0V이면 ON으로 판정하여 출력 쪽 트랜지스터가 ON이 되고 릴레이가 작동하여 램프가 점등된다.

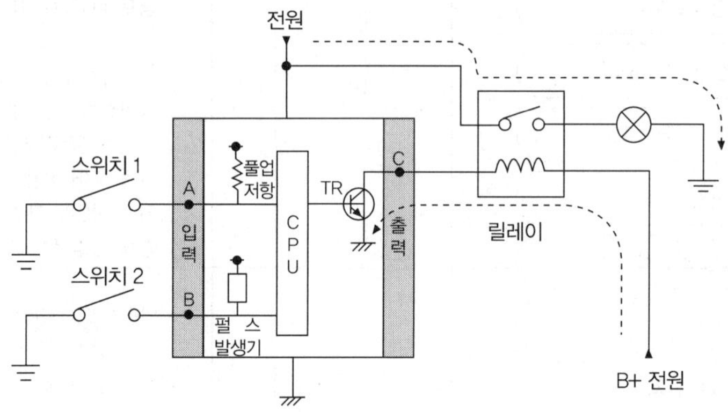

그림 13-3 전자제어 시간경보 장치의 기본회로

> **스트로브**(strobe)란 반복 현상하여 원하는 지점 또는 위치를 선택하거나 선택한 장소를 확인하는 장치이다. 로터(rotor)의 회전축에 회전속도의 배수인 빛을 비추어 회전속도를 검출하거나, 주기파장에 대하여 주파수가 같고 좁은 펄스를 비트(bit)시켜 선택 점에 대한 주기파장의 진폭을 측정한다.

(2) 스위치 판단방법

전자제어 시간경보 장치가 스위치 정보를 판단하는 방법에는 정전압 방식(constant voltage type)과 스트로브 방식(strobe type)이 있다. 전자제어 시간경보 장치는 스위치 판단 방법과는 관계없이 입력신호의 전압크기를 이용하여 스위치의 ON, OFF를 판정한다. 따라서 컴퓨터는 몇 V가 입력되면 ON이고, 몇 V가 되면 OFF인지를 판정할 수 있는 판정기준이 있어야 하며, 이 판정기준을 ON, OFF 판정수준 논리라 한다.

1) 정전압 방식

정전압 방식은 풀업 저항방식과 풀다운 전압방식이 있다.

① 풀업 저항방식(pull up resistance type)

전자제어 시간경보 장치는 풀업전압 5V가 항상 출력되며, 스위치가 OFF일 때 입력 쪽에 5V가 공급되나 ON일 때에는 풀업전압이 접지로 흘러 입력 쪽은 0V가 되며, 파형은 0~5V로 변화한다.

전자제어 시간경보 장치는 이 전압을 이용하여 스위치 ON, OFF를 판단한다. 풀업 저항 방식은 스위치가 ON일 때 접지되는 경우에 사용하며, 전자제어 시간경보 장치로 입력되는 대부분의 스위치는 풀업 저항방식을 사용한다.

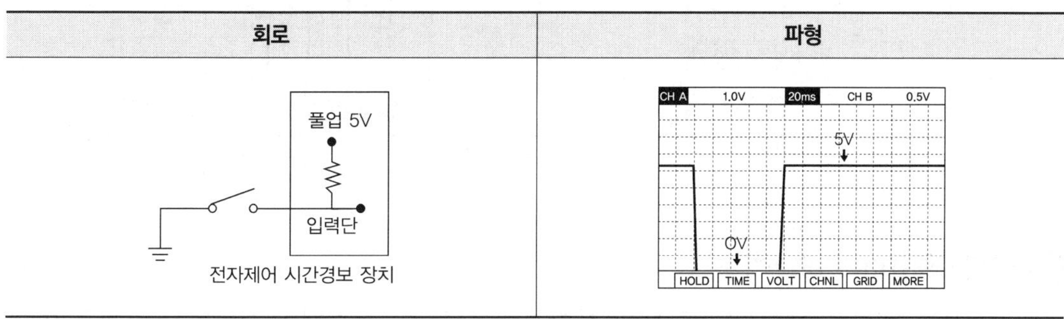

그림 13-4 풀업 저항방식

② 풀다운 전압방식(pull down voltage type)

전자제어 시간경보 장치는 스위치가 ON일 때 전압 12V가 입력 쪽으로 공급되고, OFF일 때에는 0V가 된다. 이 방식은 스위치가 ON일 때 [+]전원(12V)이 인가되는 경우에 사용한다.

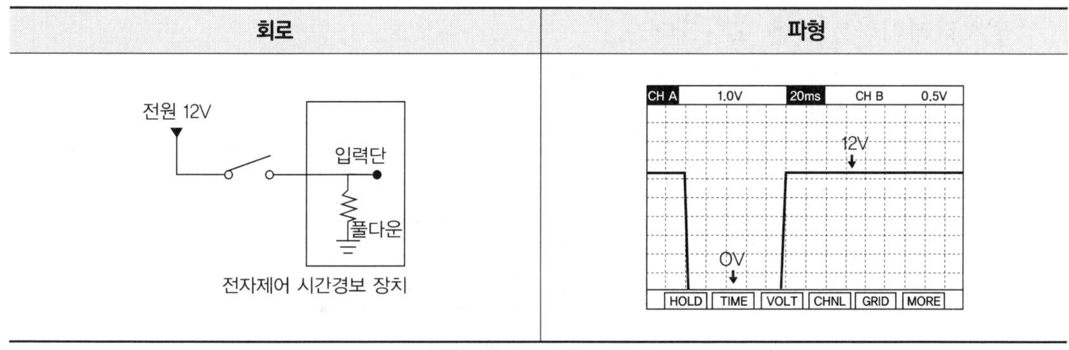

그림 13-5 풀다운 전압방식

2) 스트로브 방식

전자제어 시간경보 장치 내의 펄스(pulse) 발생 기구에는 펄스 0~5V가 10ms 간격으로 항상 출력된다. 따라서 스위치가 OFF일 때 입력 쪽에는 그림 13-6과 같은 형태의 펄스가 입력되고, 스위치가 ON일 때에는 풀업전압이 접지로 흘러 0V가 입력된다. 전자제어 시간경보 장치는 입력 쪽의 신호가 약 40ms 동안 0V로 입력되면, 스위치가 ON되었다고 인식한다.

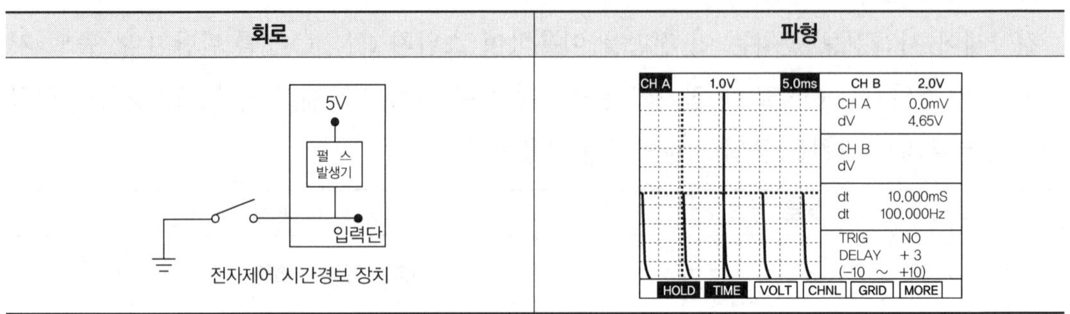

그림 13-6 스트로브 방식

(3) 타임차트(time chart)

타임차트란 시간을 그래프(graph)화 시킨 것을 말하며, 전자제어 시간경보 장치를 이해하는 데 있어서 매우 중요한 부분을 차지한다. 타임차트 분석 방법은 다음과 같다.

① 그림 13-7에서 가로축은 시간의 흐름에 따른 스위치(switch)나 액추에이터(actuator)의 작동상태를 나타내며, 세로축은 작동순서(입력 및 출력)를 나타낸다.

② 타임차트 ⓐ번 항목의 경우 열선릴레이 출력까지 열선을 제어할 때 필요한 입력 및 출력을 나타낸다. 일반적으로 위쪽은 입력을 나타내고, 아래쪽은 출력을 나타낸다. 열선을 제어할 때 입력이 발전기 L단자와 열선스위치라는 것을 알 수 있으며, 출력은 열선릴레이라는 것을 표시한다.

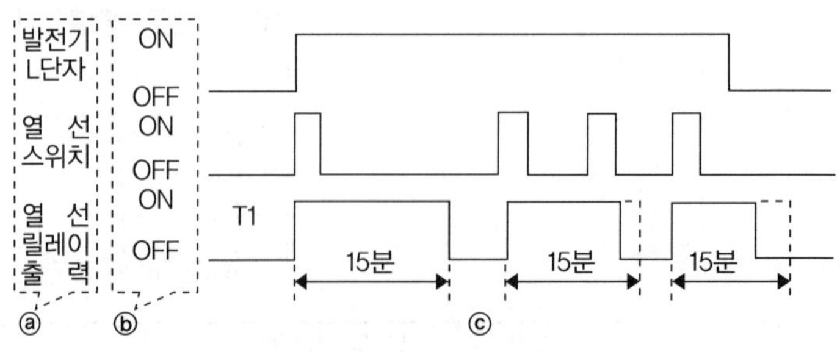

그림 13-7 타임차트

③ 타임차트 ⓑ번 항목은 입력과 출력스위치의 상태를 나타낸다. 즉 발전기 L단자가 OFF이면 엔진의 작동이 정지된 상태, ON이면 엔진이 가동되는 상태이며, 열선 릴레이 ON은 릴레이 작동상태, OFF는 릴레이가 작동하지 않는 상태이다.

④ 타임차트 ⓒ번 항목은 입력과 출력요소들이 어떤 논리에 의해 시간과 작동이 결정되는지를 보여준다. 타임차트를 보면 열선이 작동하기 위해서는 먼저 발전기의 출력신호가 입력되어야 하고, 열선스위치 신호가 입력되면 열선릴레이에서 출력이 되는 것을 알 수 있다. 열선스위치를 누르면 릴레이 출력이 나가고, 다시 스위치를 누르면 출력이 정지하며, 열선작동 중에 엔진의 작동을 정지시키면(발전기 L단자 OFF) 출력이 멈추는 것을 알 수 있다.

3 전자제어 시간경보 장치의 기능

(1) 간헐와이퍼 제어

간헐적인 비 또는 눈에 의한 와이퍼 제어를 운전자 의지에 알맞은 속도로 설정하기 위한 기능이다. 와이퍼스위치를 작동시키면 간헐볼륨에 설정된 속도에 따라 와이퍼가 작동한다. 점화스위치가 ON일 때 간헐(INT)스위치를 작동시키면 T1 후에 와이퍼 출력을 ON으로 하여야 한다.

간헐와이퍼 작동 중 와이퍼가 다시 작동하는 주기는 간헐볼륨에 따라 T2의 시간만큼 차이가 발생한다. 제어시간은 T1이 최대 0.3초이며, T2는 0.5~11±1초이다. 간헐볼륨의 저항은 저속에서는 약 50kΩ, 고속에서는 0kΩ이다.

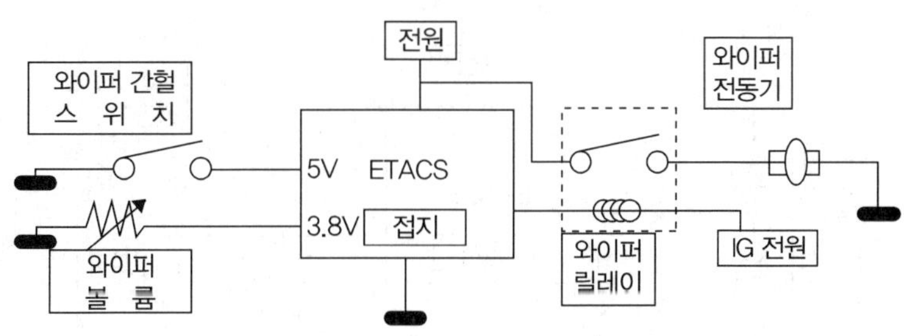

그림 13-8 와이퍼 간헐제어 구성회로

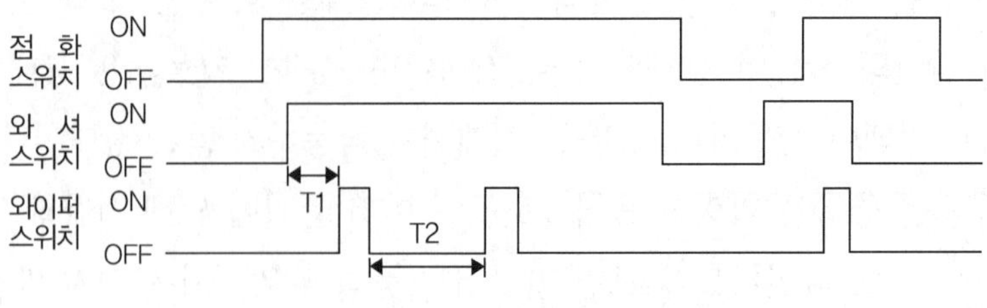

그림 13-9 간헐와이퍼 제어 타임차트

• **간헐와이퍼 제어입력 및 출력요소**

입력 및 출력요소		전압수준	
입력	간헐스위치	OFF	5V
		간헐(INT) 선택	0V
	간헐가변 볼륨	빠름(fast)	0V
		느림(low)	3.8V
출력	간헐릴레이 접지	모터 구동	0V(접지시킴)
		모터 작동정지	12V(접지해제)

(2) 와셔연동 와이퍼 제어

성에나 앞유리의 먼지를 제거할 때 와셔 액을 분출시키면 와이퍼 모터가 자동으로 앞유리를 세척한다. 와셔스위치를 작동시키면 와셔스위치를 작동시킨 시간에 따라 와이퍼 모터를 구동한다. 점화스위치를 ON으로 하고 와셔스위치를 작동시키면 T1후에 와이퍼 출력을 ON으로 하여야 한다. 와셔스위치 OFF 후 2.5~3.0초 후에 와이퍼 출력을 정지시켜야 한다. 제어시간은 T1이 0.6±0.1초이고, T2는 2.5~3.8초이다.

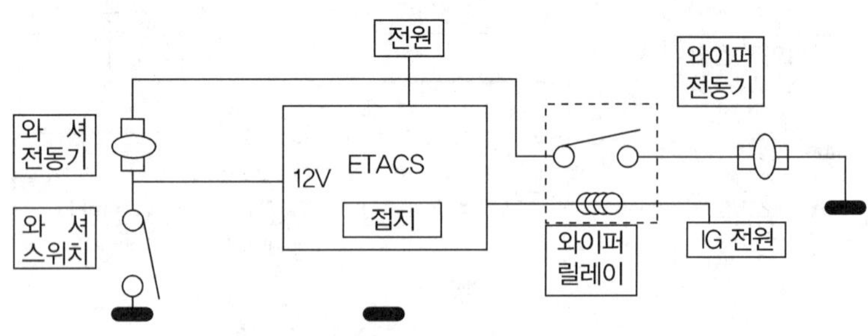

그림 13-10 와셔연동 와이퍼 제어 구성회로

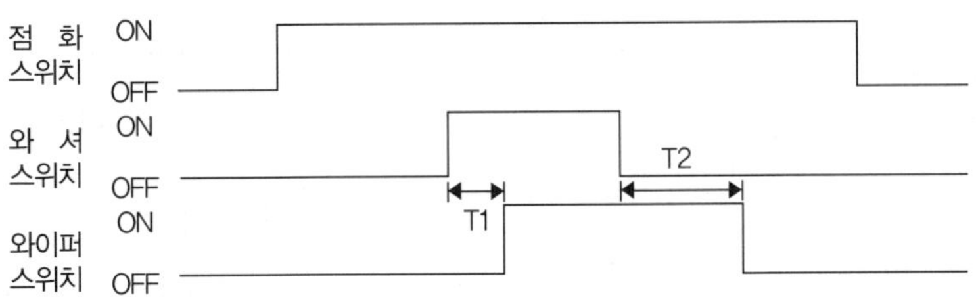

그림 13-11 와셔연동 와이퍼 제어 타임차트

• **와셔연동 와이퍼 제어입력 및 출력요소**

입력 및 출력요소		전압수준	
입력	와셔스위치	OFF	12V
		와셔 작동	0V
출력	간헐와이퍼 릴레이 접지	모터 구동	0V(접지시킴)
			12V(접지해제)

(3) 뒤 유리 열선 타이머(사이드미러 열선 포함)제어

뒤 유리의 성에나 빙결을 제거하기 위하여 열선을 작동시킨다. 열선을 작동할 때에는 배터리의 방전을 방지하기 위하여 엔진이 가동되는 상태에서만 작동한다. 엔진이 가동하는 상태에서 열선스위치를 작동시키면 약 15~20분 동안 열선 릴레이를 작동시켜 뒤 유리의 빙결을 제거한다. 뒤 유리 열선과 사이드미러(side mirror) 열선은 동시에 작동한다. 발전기 L단자에서 12V가 출력될 때 열선스위치를 누르면 열선을 15분 동안 출력시켜야 한다. 열선 작동 중 다시 열선스위치를 누르면 출력이 중지되어야 한다. 또 열선 출력 중 발전기 L단자에서 출력이 없는 경우(엔진의 가동정지 상태)에도 열선의 출력을 중지시켜야 한다. 그리고 사이드미러 열선은 뒤 유리 열선과 병렬로 연결되어 작동한다. 제어시간 T1은 20±1분이다.

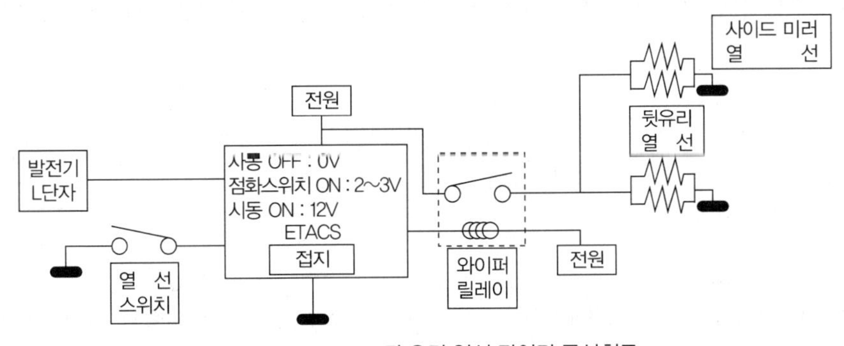

그림 13-12 뒤 유리 열선 타이머 구성회로

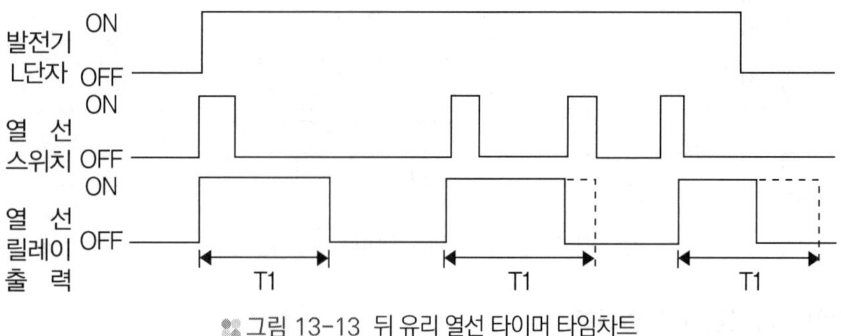

그림 13-13 뒤 유리 열선 타이머 타임차트

• **뒤 유리 열선 타이머 제어입력 및 출력요소**

입력 및 출력요소		전압수준	
입력	발전기 L단자	점화스위치 OFF	0V
		점화스위치 ON	2~3V(충전경고등을 통한 전압)
		엔진 가동 중	충전 전압
입력	열선스위치	OFF	5V
		열선작동	0V
출력	열선릴레이	열선작동	0V(접지시킴)
		열선해제	12V(접지해제)

(4) 안전벨트 경고 타이머제어

점화스위치를 ON으로 하였을 때 운전자에게 안전벨트 착용을 알리는 안전벨트 경고등이 점멸한다. 안전벨트 착용과는 상관없이 최초 IG_1 신호를 입력받아 1회만 작동한다. 안전벨트를 풀면 작동하지 않는다. 점화스위치를 ON으로 하였을 때 안전벨트 경고등은 주기 0.6초, 듀티 50%로 6초 동안 점멸한다. 점화스위치를 ON으로 한 후 6초 이내에 안전벨트를 착용할 때 경고등은 잔여시간 동안 계속 점멸한다. 경고등이 소등된 후 안전벨트를 풀어도 경고등은 다시 점멸하지 않는다. 제어시간 T1은 6±1초이고, T2는 0.3±0.1초이다.

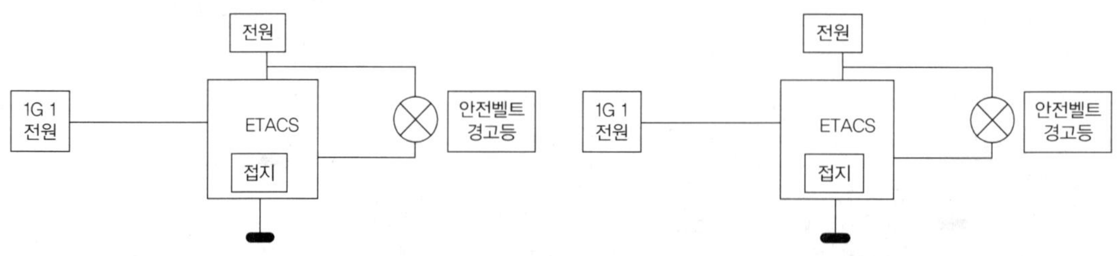

그림 13-14 안전벨트 경고 타이머 구성회로

그림 13-15 안전벨트 경고 타이머 타임차트

• **안전벨트 경고 타이머 제어입력 및 출력요소**

입력 및 출력요소		전압수준	
입력	IG_1신호	OFF	0V
		점화스위치 ON	12V
출력	안전벨트 경고등	점등	0V(접지시킴)
		소등	12V(접지해제)

(5) 감광방식 실내등 제어

자동차의 도어(door)를 열었을 때 실내등이 점등되어 승차나 하차를 할 때 도움을 준다. 이때 도어를 닫더라도 엔진시동 및 출발 준비를 할 수 있도록 실내등을 수 초 동안 점등시켜준다. 실내등의 점등 및 소등조건은 다음과 같다.

① 실내등을 도어 위치로 스위치를 설정하여야 한다.

② 도어가 열릴 때(도어스위치 ON) 실내등을 점등한다.

③ 도어가 닫히면(도어스위치 OFF) 즉시 75% 감광 후 천천히 감광하여 5~6초 후에 소등되어야 한다.

④ 도어스위치 ON시간이 0.1초 이하인 경우에는 감광작동을 하지 않아야 하며, 감광작동 중 점화스위치를 ON으로 하면 즉시 감광작동을 멈추어야 한다.

⑤ 제어시간 T1은 5.5±0.5초이다.

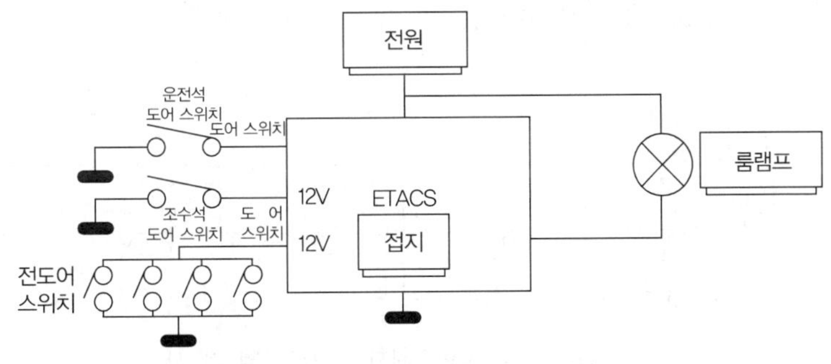

그림 13-16 감광방식 실내등 구성회로

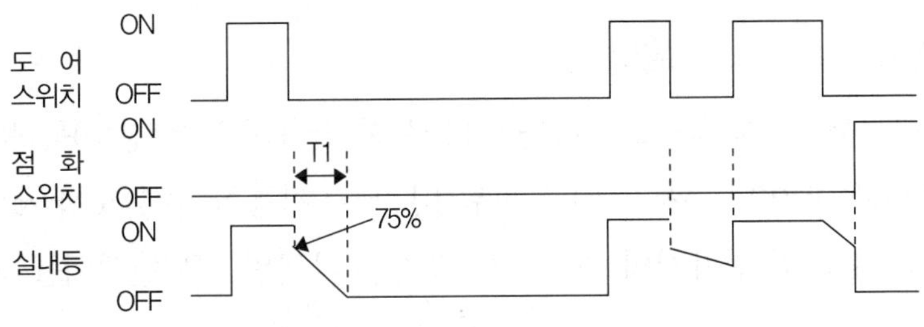

그림 13-17 감광방식 실내등 타임차트

• **감광방식 실내등 제어입력 스위치 관계**

스위치	역할
운전석 도어스위치	• 운전석 도어스위치만을 검출하여 도어램프 점등 및 운전석 도어 잠금 해제 신호를 필요로 하는 제어에만 사용.
조수석 도어스위치	• 조수석 도어스위치만을 검출하여 도어램프 점등 및 조수석 도어 잠금 해제 신호를 필요로 하는 제어에만 사용.
전체 도어스위치	• 실내등 점등이나 도난 경보기에만 사용.

• **감광방식 실내등 제어입력 및 출력요소**

입력 및 출력요소		전압수준	
입력	전체 도어스위치	도어 잠금 해제	0V
		도어 닫힘	12V
출력	실내등	점등	0V(접지시킴)
		소등	12V(접지해제)

(6) 점화스위치 키 구멍 조명제어

점화스위치를 OFF로 한 상태에서 운전석 도어를 열었을 때 점화스위치 키 구멍의 조명을 점등시켜야 한다. 점화스위치 키 구멍 조명이 점등된 상태로 운전석 도어를 닫았을 경우, 10초 동안 키 구멍의 조명을 ON상태로 지연시킨 후 소등되어야 한다. 위의 제어 중에 점화스위치 ON 신호를 입력 받으면 키 구멍의 조명을 즉시 OFF시켜야 한다. 제어시간 T1은 10±1초이고, T2는 0±10초이다.

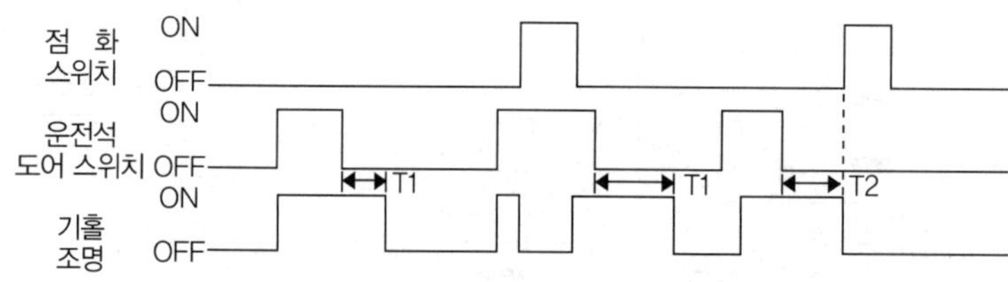

그림 13-18 점화스위치 키 구멍 조명 타임차트

(7) 파워윈도우(power window) 제어

자동차에서 하차를 할 때 점화스위치를 OFF로 한 다음 윈도우(창문)를 올려야 할 경우가 있다. 파워윈도우 타이머 기능은 이때 파워윈도우가 작동할 수 있도록 제어한다.

점화스위치가 ON되면 전자제어 시간경보 장치는 파워윈도우 릴레이를 작동시켜 파워

윈도우 메인스위치로 전원을 공급한다. 점화스위치를 OFF로 한 후 30초 동안 출력을 유지하여 윈도우의 작동이 가능하도록 한다. 30초 제어 중 운전석 도어는 조수석 도어가 열리면 출력을 즉시 OFF하여야 한다. 제어시간 T1은 30±3초이다.

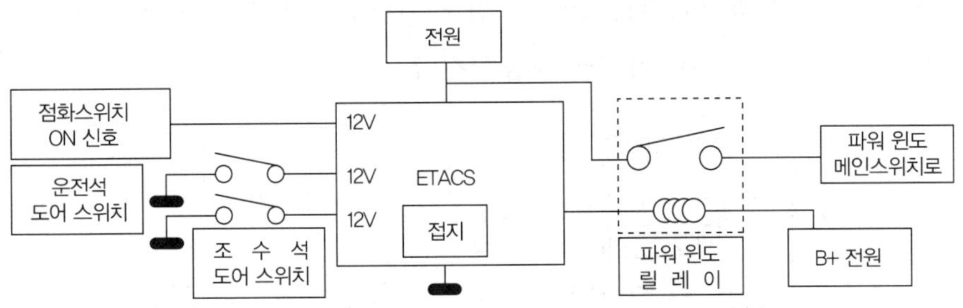

그림 13-19 파워윈도우 구성회로

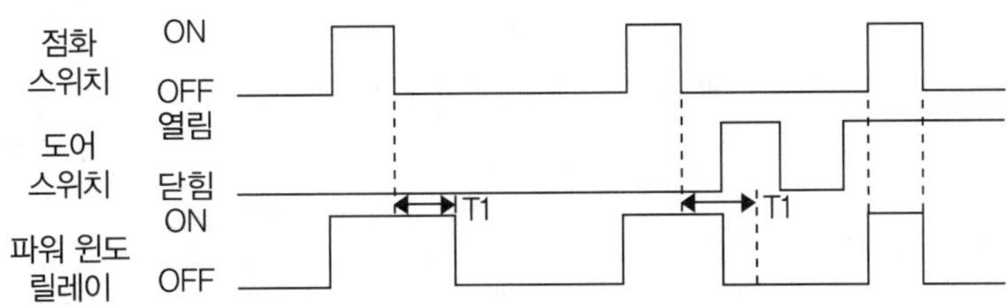

그림 13-20 파워윈도우 타임차트

• **파워윈도우 제어입력 및 출력요소**

입력 및 출력요소		전압수준	
입력	점화스위치 ON	점화스위치 OFF	0V
		점화스위치 ON	12V
입력	운전석 도어스위치	도어 닫힘	12V
	조수석 도어스위치	도어 열림	0V
출력	간헐릴레이	작동	0V(접지시킴)
		해제	12V(접지해제)

(8) 배터리 세이버(saver) 기능

미등을 점등시킨 상태로 장시간 주차를 하면 배터리 방전으로 엔진 시동이 곤란해진다. 전자제어 시간경보 장치가 미등 릴레이를 제어하여 배터리 방전을 예방한다. 점화스위치가 OFF 상태(점화스위치를 뺌)에서 미등이 점등되고, 운전석 도어가 열리면 전자제어 시간경보 장치가 미등 릴레이를 OFF시켜 배터리 방전을 예방한다.

점화스위치를 ON으로 한 후 미등스위치를 ON으로 한 경우에, 점화스위치를 OFF로 하고 운전석 도어를 열었을 때 미등을 자동으로 소등한다. 점화스위치 ON상태에서 운전석 도어를 연 다음에 점화스위치를 OFF로 한 경우에도 미등을 자동으로 소등하고, 다시 미등스위치를 ON으로 한 경우 미등을 점등시킨다.

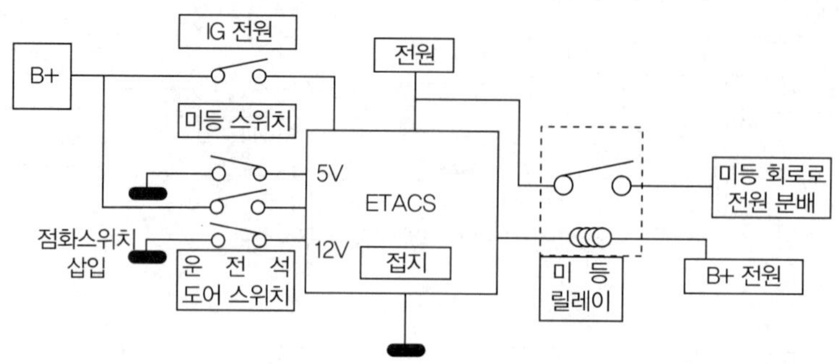

그림 13-21 배터리 세이버 기능 구성회로

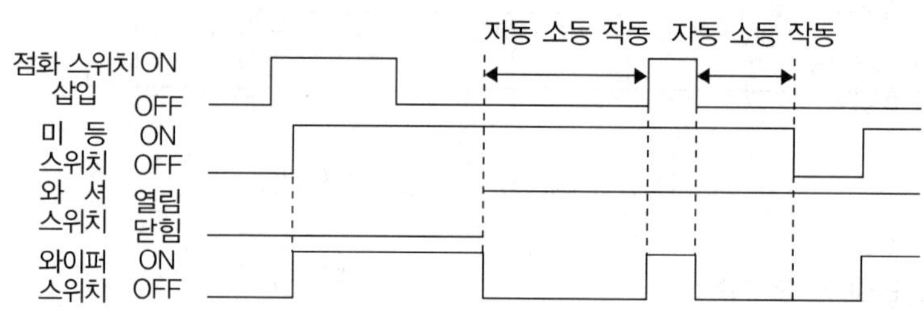

그림 13-22 배터리 세이버 기능 타임차트

• **배터리 세이버 기능 제어입력 및 출력요소**

입력 및 출력요소		전압수준	
입력	점화스위치 삽입	점화스위치 삽입	12V
		점화스위치 빼냄	0V
입력	미등스위치	미등스위치 OFF	5V
		미등스위치 ON	0V
입력	운전석 도어스위치	도어 잠금 해제	12V
		도어 닫힘	0V
출력	미등 릴레이	작동	0V(접지시킴)
		해제	12V(접지해제)

(9) 점화스위치 회수기능

키 박스(key box)에 점화스위치가 꽂혀 있으면 도어 잠금(door lock)기능을 실행하지 않기 때문에 점화스위치를 꽂아둔 상태에서 도어가 잠기는 것을 방지한다.

키 박스에 점화스위치가 꽂혀 있고 운전석 도어가 열린 상태로 도어를 잠그면 곧바로 잠금 해제(unlock) 출력을 발생 시켜 도어가 잠기지 않으며, 키 박스에 점화스위치가 꽂힌 상태로 운전석 도어를 열고 도어 잠금 노브를 눌러 도어를 잠글 때 0.5초 후 잠금 해제 출력을 발생 시켜 도어 잠금을 불가능하게 한다.

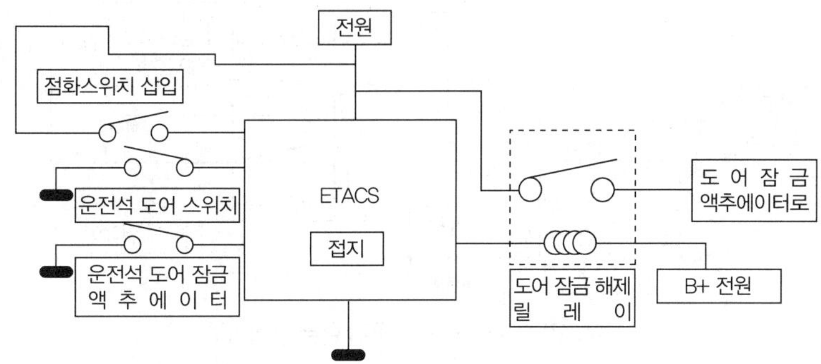

그림 13-23 점화스위치 회수 기능 구성회로

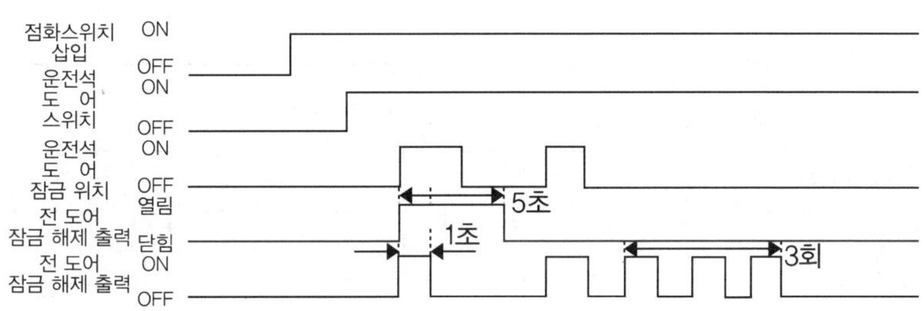

그림 13-24 점화스위치 회수기능 타임차트

• **점화스위치 회수기능 제어입력 및 출력요소**

입력 및 출력요소		전압수준	
입력	점화스위치 삽입	점화스위치 삽입	12V
	조향핸들 잠금 스위치	점화스위치 빼냄	0V
입력	운전석 도어스위치	미등스위치 OFF	12V
		미등스위치 ON	0V
입력	도어 잠금 스위치 (도어 잠금 액추에이터 안에 설치)	도어 잠금 해제	5V
		도어 닫힘	0V
출력	도어 잠금해제(unlock) 릴레이	작동	0V(접지시킴)
		해제	12V(접지해제)

(10) 자동 도어 잠김 제어

운전석이나 조수석에서 노브를 눌러 도어를 잠글 경우 전체 도어가 잠기고, 잠긴 노브를 해제하면 전체 도어의 잠김이 모두 해제된다. 그리고 도난경보기 리모컨 신호에 의해 잠금, 잠금 해제를 제어한다. 주행속도가 40km/h일 때 전체 도어의 잠금 작동이 일어난다. 제어 후 도어의 잠금 작동이 되지 않았을 경우에는 다시 잠금 작동을 수행한다. 제어 시간 T1은 2~3초이다.

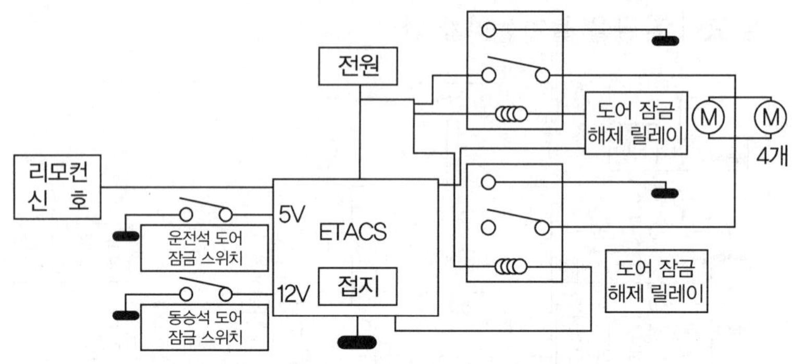

그림 13-25 자동 도어 잠금 구성회로

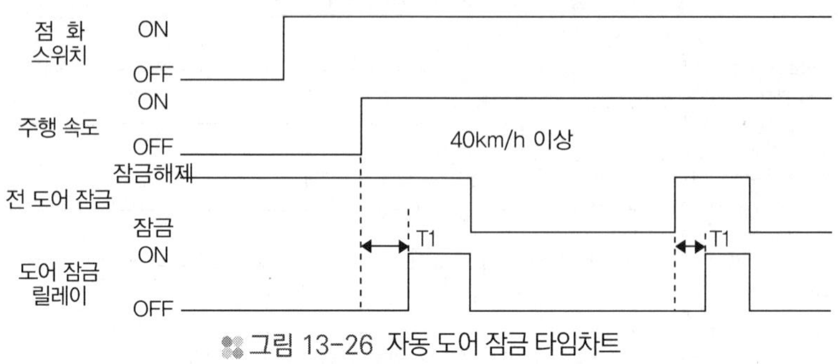

그림 13-26 자동 도어 잠금 타임차트

• 자동 도어 잠김 제어입력 및 출력요소

입력 및 출력요소		전압수준	
입력	운전석 도어 잠금 스위치	도어 잠금	5V
	조수석 도어 잠금 스위치	도어 잠금 해제	0V
입력	도어 잠금 릴레이 도어 잠금 릴레이	평상상태	12V(접지해제)
		도어 잠금	0V(접지시킴)
출력	도어 잠금해제(un lock) 릴레이	평상상태	12V(접지해제)
		도어 잠금 해제	0V(접지시킴)

Chapter 02

통합 운전석 기억장치(IMS)

1 통합 운전석 기억장치의 개요

운전자가 두 사람 이상인 경우에는 운전자의 체형이나 습관에 따라 시트 위치, 사이드 미러 위치 및 조향핸들의 위치 등을 다시 조정하여야 하는 불편함이 있다.

통합 운전석 기억장치(IMS : Integrated Memory System)는 운전자가 자신에게 맞는 최적의 시트 위치, 사이드미러 위치 및 조향핸들의 위치 등을 IMS 컴퓨터에 입력할 수 있다. 다른 운전자가 운전하여 위치가 변경되었을 경우 컴퓨터가 입력한 위치로 자동적으로 복귀시켜주는 장치이다.

즉 운전자 자신이 설정한 최적의 시트(seat)위치를 기억스위치(memory switch)와 위치센서(position sensor)를 이용하여 컴퓨터에 저장하여, 시트위치가 변화하여도 1회의 스위치 조작으로 자신이 설정한 시트위치로 재생시킬 수 있는 기능으로, 운전자가 편안한 운전 자세를 유지할 수 있도록 해주는 운전석 파워시트(power seat) 기억장치를 통합 운전석 기억장치라 한다.

통합 운전석 기억장치 기능에는 운전석 시트의 슬라이드(slide), 리클라이닝(reclining), 높이(height), 각도(tilt) 등의 기억(memory)기능과 조향핸들(steering wheel)의 각도와 텔레스코프(telescope) 기억기능이 있으며, 사이드미러(side mirror)와 룸미러(room mirror)의 상하·좌우 위치를 기억하는 기능이 있다. 통합 운전석 기억장치의 기능에는 다음과 같은 것들이 있다.

① **운전석 시트위치를 자동으로 복귀시킨다:** 운전자가 자신의 체형에 맞도록 설정해 놓은 시트의 슬라이드 위치, 시트 등받이의 높이 및 각도 등을 기억해 둔 위치로 이동시킨다.

② **사이드미러의 각도를 자동으로 복귀시킨다:** 운전석과 조수석 사이드미러의 상하·좌우 각도를 기억된 위치로 이동시킨다.

③ **조향핸들의 위치를 자동으로 복귀시킨다:** 조향핸들의 상하각도를 조절해주는 기능 및 조향핸들의 앞뒤 이동거리를 자동으로 제어하여 기억된 위치로 조향핸들을 이동시킨다.

④ **승차 및 하차를 할 때 시트위치 및 조향핸들의 각도를 자동으로 제어한다:** 점화스위치를 OFF로 하면 시트를 현재위치에서 약 50mm 뒤로 이동시키고, 조향핸들을 최대로 올려주어 운전자의 승차 및 하차를 편리하게 해주는 장치이다. 또 파워시트 컴퓨터와 운

전석 파워윈도우 메인 모듈 사이에서 양방향으로 통신을 실행하며, 주행할 때 재생동작을 중지시키는 기능과 재생동작을 긴급 정지하는 기능도 지니고 있다.

2 통합 운전석 기억장치의 기능

통합 운전석 기억장치의 입·출력 구성도는 다음과 같다.

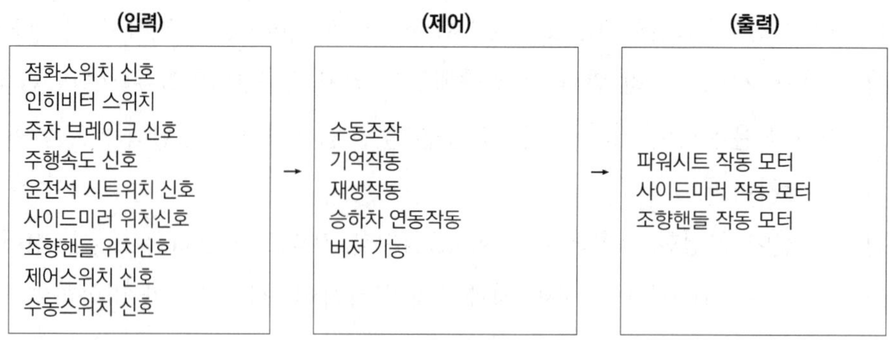

(1) 점화스위치 신호

점화스위치가 끼워져 있는지를 검출하는 것으로 점화스위치 키 박스(key box)옆에 설치되어 있다. 점화스위치를 빼면 운전자가 하차하는 것으로 판단하여 자동차에서 내리기 편리하도록 운전석 시트를 약 50mm 정도 뒤로 이동시킨다.

(2) 인히비터 스위치 신호

자동변속기의 변속레버의 현재 선택 위치를 검출하는 것으로 운전석 시트의 위치를 설정하고, 기억하고, 재생하는 조건으로 사용된다. 시트의 위치설정, 기억 및 재생작동이 주행 중에 일어나면 안전에 문제가 생기므로 위치설정 및 기억을 작동시킬 경우에는 반드시 변속레버의 위치가 P레인지에 있어야 한다.

(3) 주차 브레이크 스위치 신호

주차 브레이크 작동 여부를 검출하는 것으로 기억위치의 재생은 변속레버가 N 또는 P 레인지이어야 하며, 주차 브레이크가 작동되어야만 가능하다.

(4) 주행속도 신호

자동차의 주행속도를 검출하는 것으로 변속기에 설치되어 있다. 위치 설정, 기억 및 재생 등이 주행 중에 일어나면 사고를 일으킬 수 있기 때문에, 컴퓨터는 이 신호를 이용하여 주행상태 여부를 검출한다.

(5) 시트 수동스위치 신호

시트의 위치를 조절하는 스위치이며, 시트 옆에 설치한다. 스위치를 작동하면 각 스위치에 해당하는 모터가 작동하여 시트위치를 조절해 준다.

① 슬라이드(slide) 스위치는 시트를 앞뒤로 움직일 때 사용한다.

② 리클라인(reclining) 스위치는 시트 등받이의 각도를 조절할 때 사용한다.

③ 틸트(tilt) 스위치는 시트 앞쪽의 상하위치를 조절할 때 사용한다.

④ 하이트(hight) 스위치는 시트 뒤쪽의 상하위치를 조절할 때 사용한다.

(6) 운전석 위치센서

시트 수동스위치의 조작에 의하여 설정된 시트의 위치를 검출하는 것으로, 시트 쿠션 프레임에 설치되어 있다.

① 슬라이드 위치센서는 시트의 현재 슬라이드 위치를 검출한다.

② 리클라인 위치센서는 시트 등받이의 현재 각도를 검출한다.

③ 틸트 위치센서는 시트 앞쪽의 상하위치를 검출한다.

④ 하이트 위치센서는 시트 뒤쪽의 상하위치를 검출한다.

⑤ 리미트(limit)스위치는 슬라이드, 리클라인, 틸트, 하이트의 가장 끝부분의 위치를 검출한다.

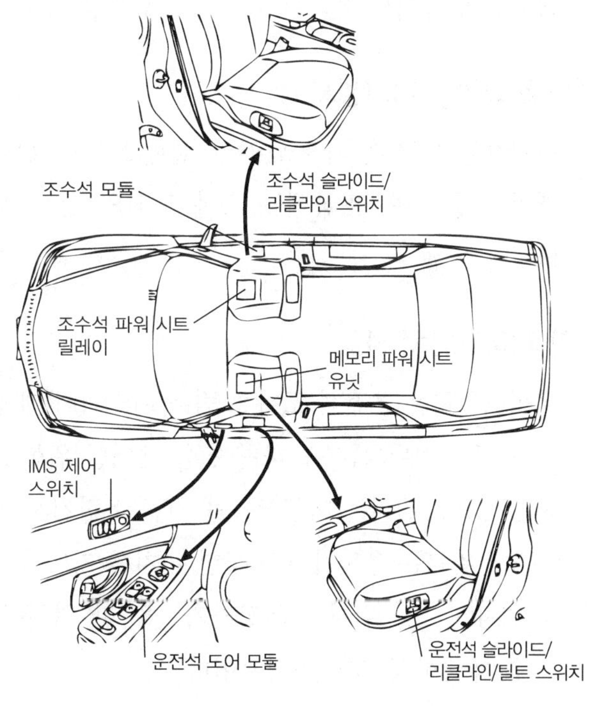

그림 13-27 메모리 시트 구성도

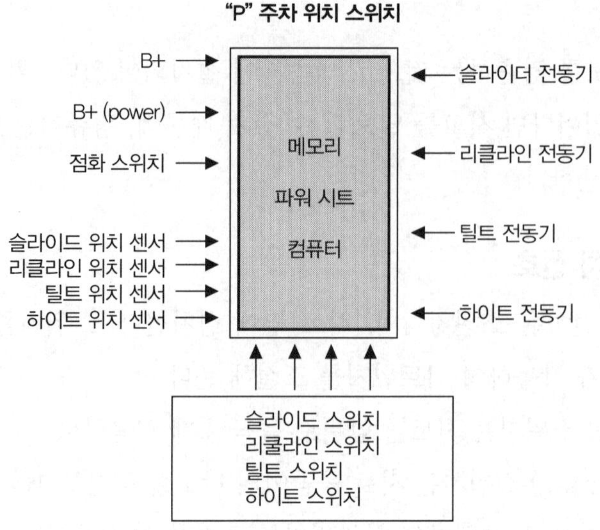

그림 13-28 메모리 시트 입·출력 다이어그램

(7) 사이드미러 위치센서

좌우측의 사이드 미러의 조사각도를 검출한다.

(8) 조향핸들 위치센서

조향핸들의 현재 각도(tilt)와 텔레스코프(telescope) 상태를 검출하며, 조향핸들 축에 모터와 함께 설치되어 있다.

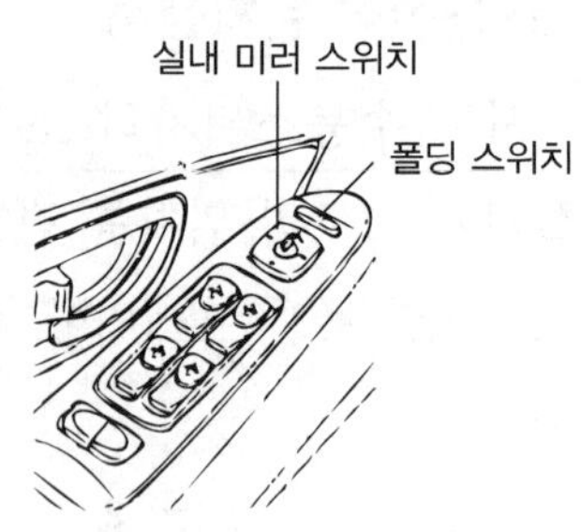

그림 13-29 제어스위치

(9) 제어스위치 신호

제어스위치는 운전석 도어 트림(door trim)에 설치되어 있다(그림13-29 참조).

① AUTO 스위치는 승·하차 연동 제어를 위한 스위치이다.

② STOP 스위치는 재생작동을 긴급히 정지시키기 위한 스위치이다.

③ M스위치는 운전자가 설정한 위치를 기억하기 위한 스위치이다.

④ 위치(1, 2)스위치는 운전자가 설정한 위치를 지정하거나 지정한 운전자의 설정위치를 재생하기 위한 스위치이다.

3 통합 운전석 기억장치의 작동

(1) 시트 제어

1) 수동(manual)스위치에 의한 수동 작동

수동스위치로 시트의 모터를 직접 구동하는 것으로 시트의 슬라이드, 리클라인, 경사, 높이를 조정할 수 있다.

2) 기억스위치에 의한 시트위치 기억 및 재생작동

점화스위치 ON과 동시에 수동스위치가 모두 OFF되는 경우 기억 스위치를 누른 후 5초 이내에 위치스위치를 누르면 현재의 시트위치를 기억한다.

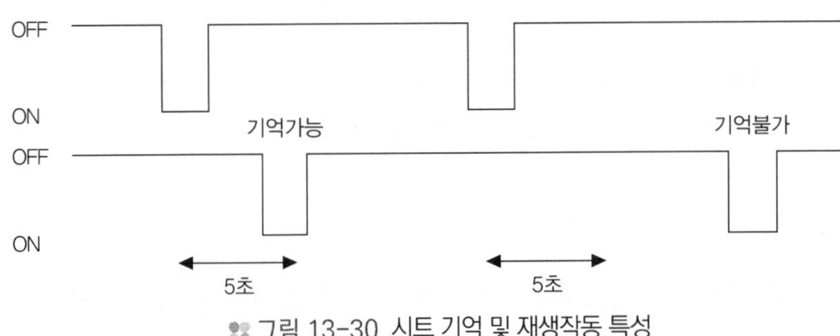

그림 13-30 시트 기억 및 재생작동 특성

그리고 기억의 해제는 다음 조건 중 하나라도 성립되는 경우에 실행한다.

① 기억 스위치를 ON으로 한 후 4초가 경과된 경우.

② 시트 수동스위치가 ON으로 된 경우.

③ 자동조정이 금지된 경우.

3) 기억 재생작동

① 점화스위치를 ON으로 한 후, 기억 스위치가 OFF인 경우 각 스위치를 누름에 따라 기억된 위치로 조정한다.

② 기억되어 있지 않은 위치스위치의 재생작동은 실행하지 않는다.

③ 동시에(50m/sec) 2개의 위치스위치를 누를 경우 재생작동을 하지 않는다.

④ 재생금지 조건

㉮ 자동변속기의 인히비터 "P" 위치스위치 OFF

㉯ 주행속도 2km/h 이상

㉰ 수동스위치를 조작하는 경우

⑤ 구동 우선순위 : 모터를 구동할 때 유입되는 전류가 중복되는 것을 방지하기 위하여 자동제어의 경우 모터 구동시간을 지연시키면 우선순위는 그림 13-31에 나타낸 바와 같다.

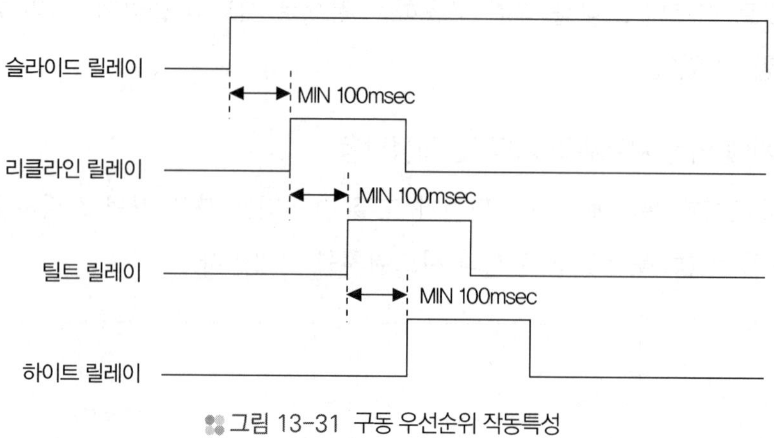

그림 13-31 구동 우선순위 작동특성

4) 승·하차 연동작동

① 자동스위치 ON상태에서 점화스위치 빼면 시트 슬라이드를 50mm 후퇴시킨다.

② 점화스위치를 삽입하면 점화스위치를 뺄 때의 위치로 복귀한다.

③ 승·하차 연동작동 금지조건.

㉮ 자동스위치 OFF.

㉯ 자동변속기의 인히비터 "P" 위치스위치 OFF.

㉰ 수동스위치를 조작하는 경우.

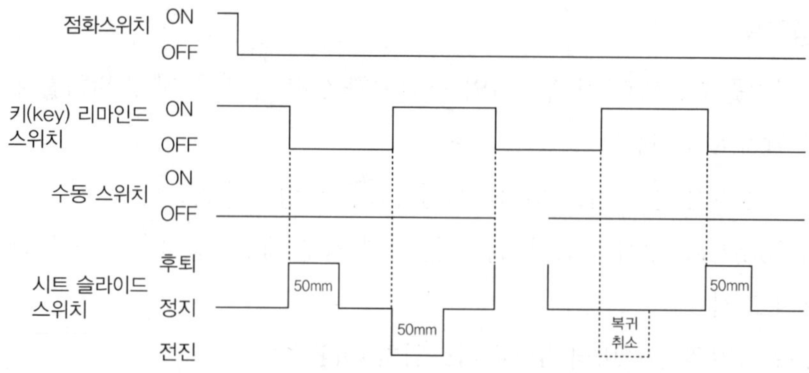

그림 13-32 승·하차 연동작동 특성

5) 버저(buzzer) 출력

① 기억 허가상태가 되었을 경우(기억 스위치 ON)에는 1회 출력한다.

② 기억이 완료(위치스위치 ON)되었을 경우 2회 출력한다.

③ 기억 재생작동(위치스위치 ON)을 할 때 1회 출력한다.

④ 센서 고장으로 인한 이상을 검출하였을 때 10회 출력한다.

(2) 각도 및 텔레스코프

1) 룸미러 각도 및 텔레스코프의 개요

운전자 자신이 설정한 최적의 룸미러 위치를 기억스위치와 위치센서에 의해 컴퓨터(ECU)에 기억시켜 룸미러 위치가 변화하여도 자신이 설정한 위치로 재생시킬 수 있다. 그리고 안전상 주행상태에서의 재생작동을 금지하는 재생 작동금지 기능이 있다.

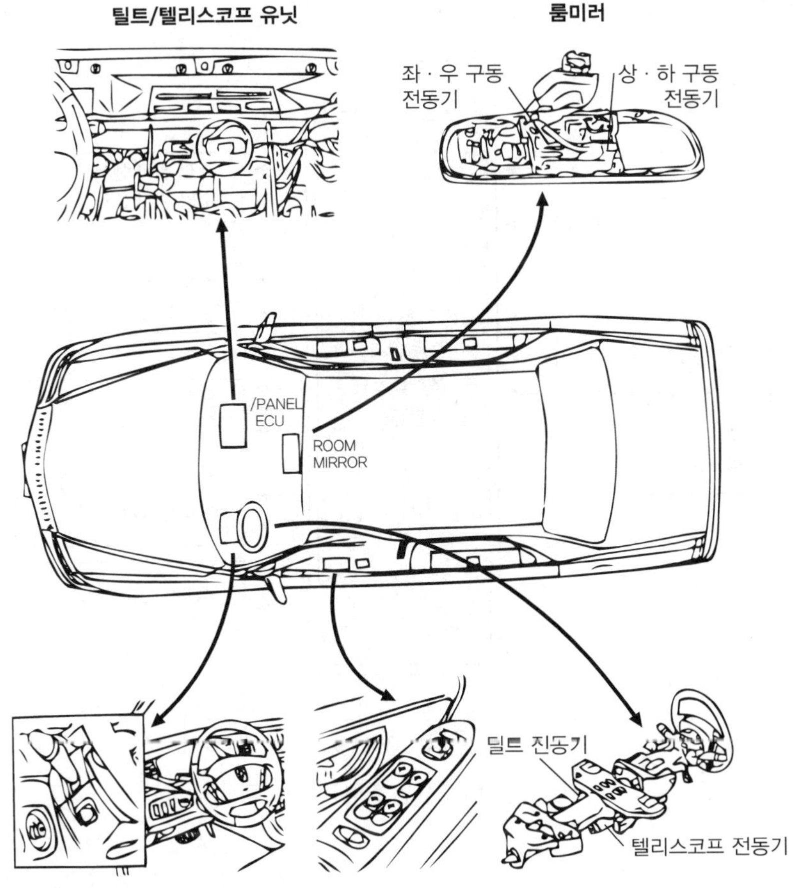

그림 13-33 각도 및 텔레스코프 구성도

2) 조향핸들 각도 및 텔레스코프의 기능 및 제어

① 조향핸들 각도 및 텔레스코프의 기능

(가) 입력기능

㉮ 각도 수동위치(tilt manual switch) : 조향핸들을 상하방향으로 조정하기 위한 스위치이다.

㉯ 텔레스코프 수동스위치(telescope manual switch) : 조향핸들을 앞·뒤 방향으로 조정하기 위한 스위치이다.

㉰ 각도 위치센서(tilt position sensor) : 조향핸들의 각도 위치를 검출하기 위한 센서이다.

㉱ 텔레스코프 위치센서(telescope position sensor) : 조향핸들의 텔레스코프 위치를 검출하기 위한 센서이다.

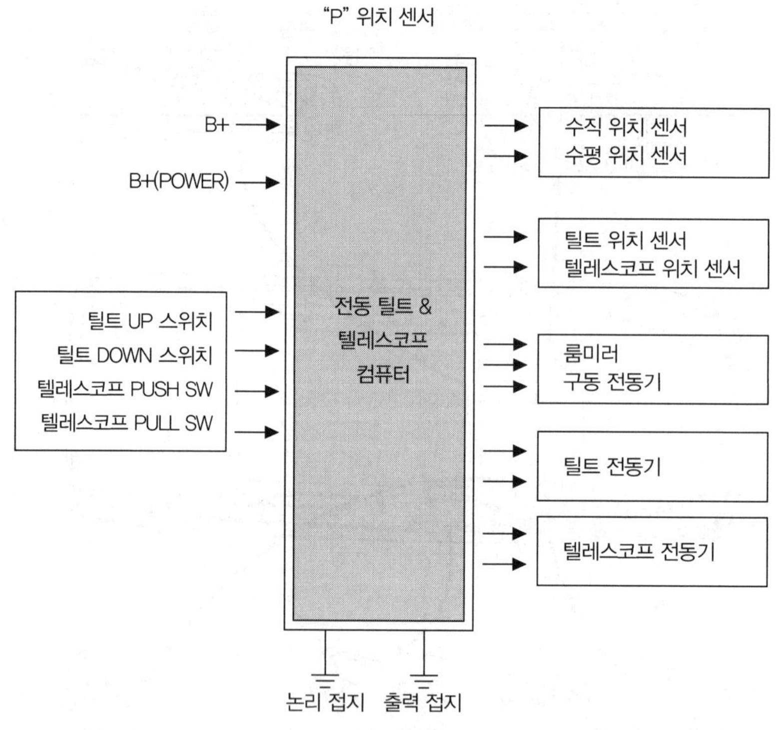

그림 13-34 입·출력 다이어그램

(나) 각도 및 텔레스코프 위치센서의 작동특성

각도 및 텔레스코프 위치 센서는 가변저항 방식이다. 각도 위치센서는 그림 13-35에 나타낸 바와 같이 위쪽으로 이동시킬 경우에는 저항값이 낮고, 아래쪽으로 이동시킬 때에는 저항값이 높다. 그리고 텔레스코프 위치 센서는 그림 13-36에 나타낸 바와 같이 뒤쪽으로 이동시킬 때 저항값이 낮고, 앞쪽으로 이동시킬 때에는 저항값이 높다.

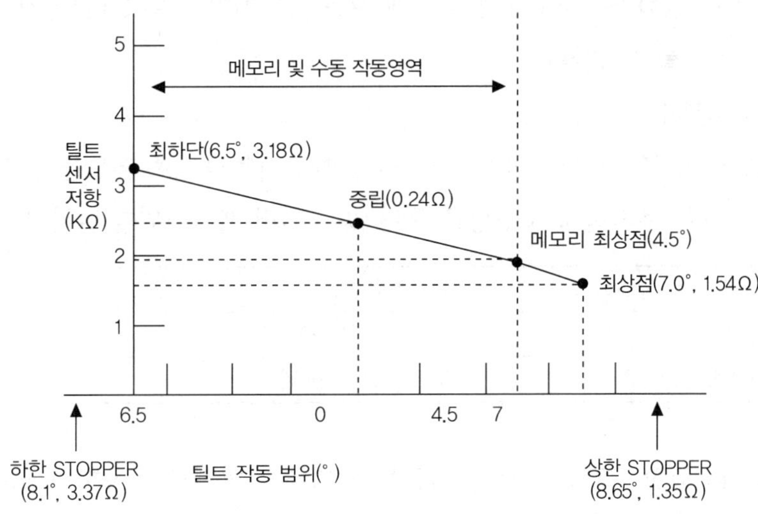

그림 13-35 각도 위치센서의 특징

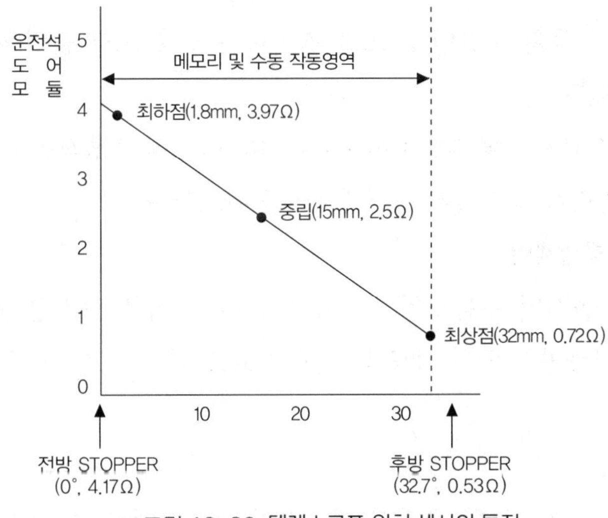

그림 13-36 텔레스코프 위치 센서의 특징

(다) 각도 및 텔레스코프의 제어

• **수동 작동**

수동 스위치에 의하여 룸미러의 상하·좌우 및 조향핸들의 상하 각도와 앞뒤의 길이를 제어할 수 있다.

• **재생작동**

- 기억장치의 작동 : 점화스위치 ON과 동시에 수동 스위치가 모두 OFF인 경우 룸미러 및 조향핸들의 위치를 기억한다.
- 룸미러 기억 재생제어

ⓐ 시야범위의 결정 : 시야범위는 미러 단품에서 기계적으로 제한을 받지 않는 미러 제어범위 또는 센서특성에 영향을 주지 않는 미러 제어범위를 말한다.

	제어 범위
수직 방향	25.5~32.0° (1.5~3.5V)
수평 방향	0~5.0° (1.5~3.5V)

ⓑ 고정(lock) 검출 : 고정 상태를 검출하기 위해 타이머를 사용하여 모터 구동시간을 검출한다.

ⓒ 모터 구동시간 감시 : 구동방향마다 각각 같은 방향으로 구동시간을 감시한다. 같은 방향으로 구동한 시간이 20초를 경과하는 경우 모터 출력을 정지시키고 재생제어를 완료한다.

ⓓ 재생실행 시간감시 : 재생제어 시작 후 40초 이내에 재생작동이 완료되지 않을 경우, 모터의 출력을 정지시키고 재생제어를 완료한다.

• **각도·텔레스코프 재생제어**

점화스위치 ON과 동시에 수동스위치 모두가 OFF인 경우 시리얼 통신 데이터로부터 위치 재생신호를 수신하면 기억된 각도 및 텔레스코프 위치에 조향핸들을 자동으로 조정한다.

• 승·하차 연동제어

㉮ 승·하차 연동작동 : 통합 운전석 기억장치 컴퓨터에서 승·하차 연동 후퇴신호가 발생하면 각도 위치를 "위쪽"으로 하고 텔레스코프 위치를 "앞쪽" 상태로 자동 조정한다.

㉯ 승·하차 연동조건(1) : 각도 "위쪽" 위치, 텔레스코프 "앞쪽" 위치는 원칙적으로 각 위치 센서 특징의 "위쪽", 제한위치와 "앞쪽" 제한위치에 있지만, 위치센서가 고장 난 경우 백업처리로서 모터 작동시간에 의한 자동 정지처리를 한다.

㉰ 승·하차 연동조건(2) : 승·하차 연동작동 중에 시리얼 통신 데이터로부터 자동조정 금지 또는 수동 스위치가 ON으로 된 경우에는 승·하차 연동작동을 중지한다.

- **그 밖의 제어**

㉮ 반전구동 : 구동 중에 모터를 반대방향으로 구동하는 경우에는 순방향 릴레이를 OFF하고 나서 50m/sec 이후에 반대방향의 릴레이를 구동한다.

㉯ 각도 및 텔레스코프 동시작동 : 각도와 텔레스코프를 동시에 구동하는 경우에는 각도 작동시작으로부터 50m/sec 후에 텔레스코프 작동을 시작한다.

㉰ 위치제어 : 각 모터의 위치 변화량을 위치센서로 항상 감시한다. 위치기억은 실행 명령이 기억명령인 경우에 실행한다. 위치재생은 재생실행 명령인 경우 기억위치 데이터와 현재 데이터의 차이가 0이 될 때까지 실행한다. 위치의 수동제어는 수동 제어입력을 받아 실행하며, 기억, 재생제어에 우선한다.

Part 14 에어백

학습목표

1. 에어백의 종류에 대해 알 수 있다.
2. 에어백 구성요소에 대해 알 수 있다.
3. 에어백 전개(펼침)제어에 대해 알 수 있다.
4. 승객 유무 검출장치(PPD 센서)에 대해 알 수 있다.
5. 사이드 에어백에 대해 알 수 있다.

Chapter 01 에어백 개요

에어백은 운전자 및 승객을 보호하기 위한 안전장치로 운전자와 조향핸들 사이 또는 승객과 계기판 사이에 설치된 에어백을 순간적으로 부풀게 하여 운전자 및 승객의 부상을 최소화하는 장치이다. 에어백의 구성은 다음과 같다.

에어백은 조향핸들 중앙에 설치한 운전석 에어백 모듈(DAB, driver air bag module), 조수석 에어백 모듈(PAB, passenger air bag module), 안전벨트 프리텐셔너(BPT, belt pre tensioner)센서, 에어백 컴퓨터, 클록 스프링(clock spring), 사이드 충격검출 센서(side impact sensor), 인터페이스 모듈(interface module), 에어백 경고등(air bag warning lamp), 배선(wiring) 등으로 되어 있다. 에어백 ECU 내부의 안전센서와 차체의 주요 위치에 장착된 충격센서의 신호에 의해 작동한다. 에어백의 형식은 다음과 같다.

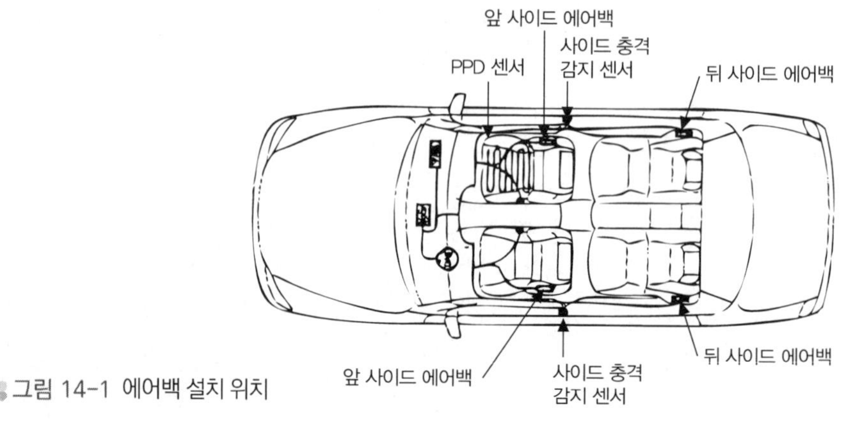

그림 14-1 에어백 설치 위치

1 MES 형식(Machine Electric Sensor type)

MES 형식의 에어백은 자동차의 정면부분에서 충돌이 발생하였을 때 기계적으로 접점이 ON(작동)되는 충격검출 센서(impact sensor)를 앞쪽 좌우에 1개씩 설치하였다. 또한, 충격검출 센서의 오작동을 방지하기 위하여 에어백 컴퓨터 내부에 기계적으로 작동되는 안전센서(safe sensor)를 두고 있다. 따라서 앞쪽의 충격검출 센서와 에어백 컴퓨터 내부의 안전센서가 동시에 ON으로 되어야만 에어백이 펼쳐지며, 2종류의 센서 중 하나의 센서 신호만으로는 에어백이 전개되지 않는다.

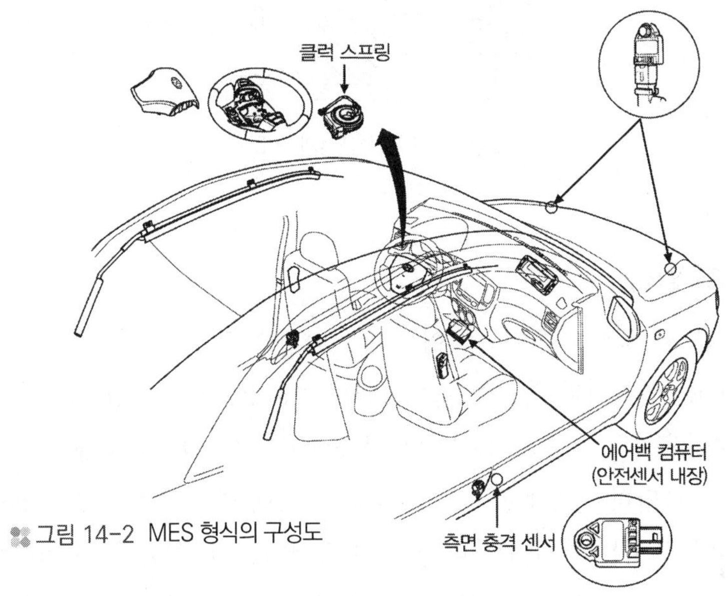

그림 14-2 MES 형식의 구성도

2 SAE 형식(Siemens Air bag Electronic)

SAE 형식의 에어백은 에어백 컴퓨터 내에 충격검출 센서와 안전센서가 들어있으며, 그 구성은 다음과 같다.

(1) 충격검출 센서(impact sensor)

충격검출 센서는 자동차가 충돌하였을 때 전기적으로 충돌을 검출하여 에어백 컴퓨터로 전달한다.

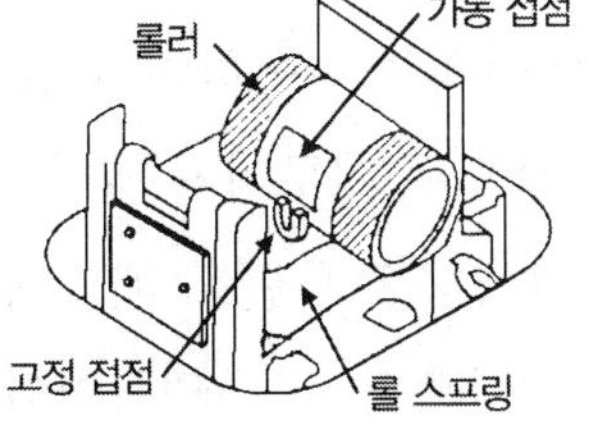

그림 14-3
충격검출 센서의 구조

(2) 안전센서(safety sensor)

안전센서는 기계적으로 충돌을 검출하는 센서이며, 충격센서의 오작동을 검출한다. SAE 형식도 에어백이 펼쳐지기 위해서는 충격검출 센서와 안전센서가 동시에 ON으로 되어야 한다.

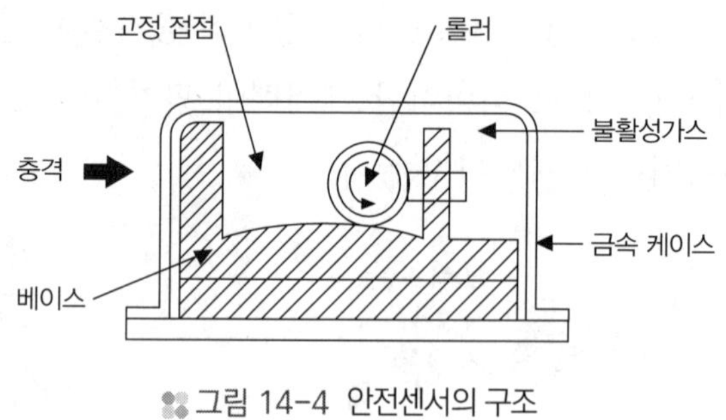

그림 14-4 안전센서의 구조

3 SDM-GH 형식

SDM-GH 형식은 SAE와 비슷하나 제어논리가 약간 다르다. 가장 큰 차이점은 버클센서(buckle sensor)를 설치하여 안전벨트 프리텐셔너(belt pre tensioner)의 작동을 제어한다는 점이다. 버클센서의 기능은 조수석에 탑승한 승객의 안전벨트에서 전달되는 신호를 에어백 컴퓨터가 판단하여 설정한 속도에 따라 에어백 및 안전벨트 프리텐셔너를 제어하는 것이다. 즉 버클센서는 안전벨트 버클 안에 들어있으며, 착용할 때 변화하는 저항값에 따라 에어백 ECU는 승객의 승차 여부 및 프리텐셔너 작동 여부를 판단하는 신호로 사용된다.

Chapter 02 에어백 구성요소

1 에어백 모듈(Air Bag Module)

에어백 모듈은 에어백을 비롯하여 패트 커버(pat cover), 인플레이터(inflater)와 에어백 모듈 고정용 부품으로 이루어져 있다. 운전석 에어백은 조향핸들 중앙에 설치되고 조수석 에어백은 실내 인스트루먼트 패널에 설치된다. 또 에어백 모듈은 분해하는 부품이 아니므로 분해 및 저항측정 시 주의하여야 하며, 에어백 모듈의 저항을 측정할 때 뜻하지 않은 에어백의 전개(全開)로 위험을 초래할 수 있다. 에어백 모듈은 운전석 에어백 모듈, 조수석 에어백 모듈, 사이드 에어백 모듈 커튼에어백, 무릎 보호에어백 등이 있다.

(1) 에어백

에어백은 안쪽에 고무로 코팅한 나일론 소제의 면으로 되어 있으며, 인플레이터와 함께 설치된다. 에어백은 전개 시 점화 후, 0.03~0.08초(완전전계) 이내에 질소가스에 의하여 완전히 팽창하며, 짧은 시간 후 백(bag) 배출구멍으로 질소가스를 배출하여 충돌 후 운전자가 에어백에 눌려 질식되는 것을 방지한다. 에어백은 완전전계후 약 0.1초 이내에 가스를 방출하고 0.33초 후에는 에어백 내의 가스는 에어백에서 완전 방출이 끝난다.

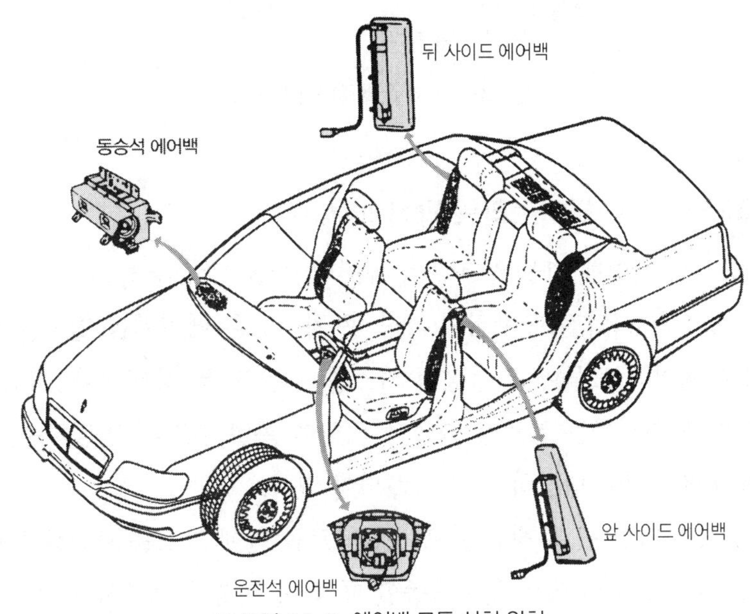

그림 14-5 에어백 모듈 설치 위치

(2) 패트 커버(pat cover - 에어백 모듈 커버)

패트 커버는 에어백이 펼쳐질 때 입구가 갈라져 고정부분을 지점으로 전개하며, 에어백이 밖으로 튕겨 나와 팽창하는 구조로 되어 있다. 또 패트 커버에는 그물망이 형성되어 있어 에어백이 펼쳐질 때 파편이 승객에게 피해를 주는 것을 방지한다.

(3) 인플레이터(inflater) - 화약점화 방식

인플레이터는 화약, 점화재료, 가스 발생기, 디퓨저 스크린(diffuser screen) 등을 알루미늄 용기에 넣은 것으로 에어백 모듈 하우징에 설치한다. 인플레이터 내에는 점화전류가 흐르는 전기접속 부분이 있어, 화약에 전류가 흐르면 화약이 연소하고, 그로 인하여 점화재료가 연소하면 그 열에 의하여 가스 발생제가 연소한다. 연소에 의해 급격히 발생한 질소가스가 디퓨저 스크린을 통과하여 에어백 안으로 들어온다. 디퓨저 스크린은 연소가스의 이물질을 제거하는 여과작용 이외에도 가스를 냉각하고, 가스소음을 감소시키는 작용을 한다.

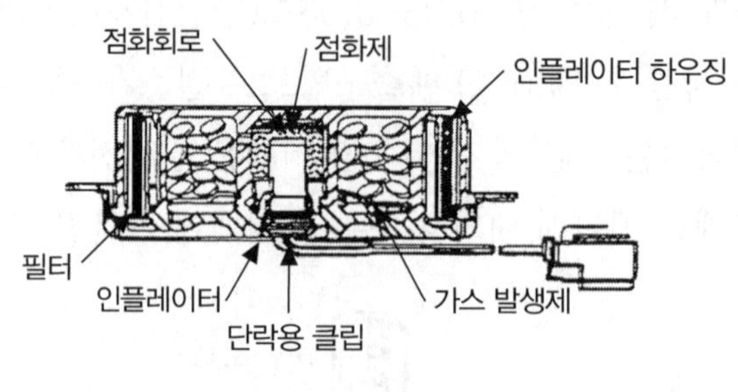

그림 14-6 인플레이터의 구조

(4) 인플레이터(inflater) – 하이브리드 방식(조수석용)

하이브리드 방식의 에어백 모듈은 조수석 에어백(PAB : Passenger Air Bag)에 설치된다. 하이브리드 방식과 화약점화 방식의 가장 큰 차이점은 에어백을 펼치는 방법이다. 하이브리드 방식은 에어백 모듈에 일정량의 가스를 보관해 둔 상태에서, 자동차가 충돌할 때 가스와 에어백을 연결하는 통로를 화약에 의하여 폭발시킨 후 연결하면, 보관해 두었던 가스에 의하여 에어백이 팽창하는 구조로 되어 있다.

하이브리드 방식의 가장 큰 문제점은 오랫동안 모듈 안에 가스를 보관해 두어야 하는 점이다. 만약, 가스가 누출되어 에어백이 작동할 때 백이 부풀어 오르지 않으면 안전을 확보하지 못하게 된다. 이러한 단점을 보완하기 위하여 모듈의 재질을 강화하여 가스가 누출되는 것을 방지하고 있다. 또 저압스위치를 모듈 안에 설치하여 가스의 압력을 항상 검출하였으나, 최근에는 기술의 발달로 가스누출을 최소화하여 저압스위치를 설치하지 않는다.

2 클록 스프링(Clock Spring)

클록 스프링은 조향핸들과 조향칼럼 사이에 설치하며, 에어백 컴퓨터와 에어백 모듈을 접속하는 것이다. 이 스프링은 좌우로 조향핸들을 돌릴 때 배선이 꼬여 단선되는 것을 방지하기 위하여, 종이 모양의 배선으로 설치하여 조향핸들의 회전각도에 대처할 수 있도록 되어 있다.

또 클록 스프링은 조향핸들과 함께 회전하기 때문에 반드시 중심위치를 맞추어야 한다. 만약 중심위치가 맞지 않으면 클록 스프링 내부의 종이 모양의 배선이 단선되거나 저항값이 증가하여 경고등이 점등된다. 즉, 클록 스프링은 에어백과 에어백 컴퓨터의 연결을 접촉 연결이 아닌 배선에 의하여 확실한 접촉이 되도록 하기 위해 조향핸들의 에어백과 조향칼럼 사이에 설치되어 있다.

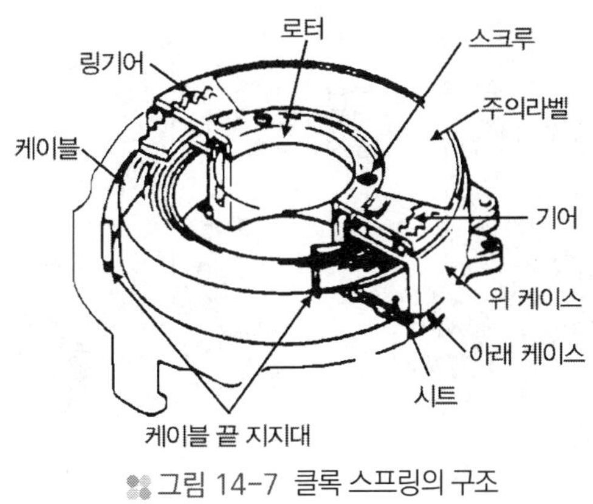

그림 14-7 클록 스프링의 구조

3 안전벨트 프리텐셔너(Belt Pre Tensioner)

(1) 안전벨트 프리텐셔너의 역할

자동차가 충돌할 때 에어백이 작동하기 전에 안전벨트 프리텐셔너를 작동시켜 안전벨트의 느슨한 부분을 되감아 충돌로 인하여 움직임이 심해질 승객을 확실하게 시트에 고정시켜 크러시 패드(crush pad)나 앞 창유리에 부딪히는 것을 방지하며, 에어백이 펼쳐질 때 올바른 자세를 가질 수 있도록 한다. 또 충격이 크지 않은 경우에는 에어백은 펼쳐지지 않고 안전벨트 프리텐셔너만 작동하기도 한다.

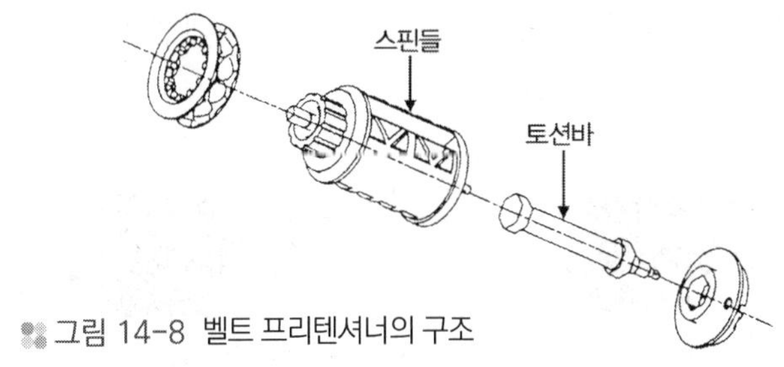

그림 14-8 벨트 프리텐셔너의 구조

(2) 안전벨트 프리텐셔너의 작동

안전벨트 프리텐셔너 내부에는 화약에 의한 점화회로와 안전벨트를 되감는 피스톤이 들어 있기 때문에, 에어백모듈에 의한 점화신호로 프리텐셔너를 점화시키면 프리텐셔너 내부 화약의 폭발력으로 피스톤을 밀어 벨트를 순간적으로 되감을 수 있다. 작동한 프리텐셔너는 반드시 교환하여야 하며 재사용은 불가능하다.

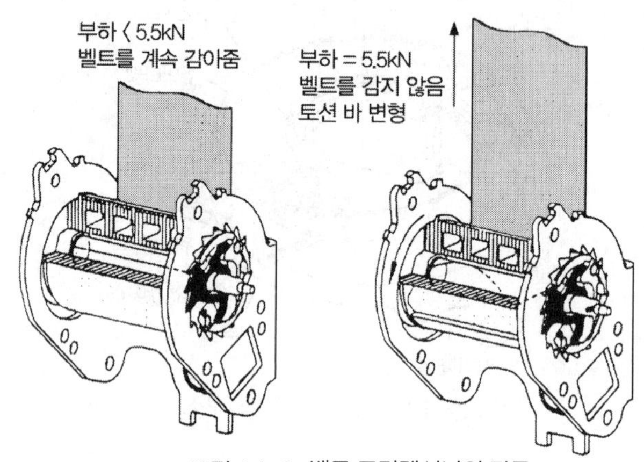

그림 14-9 벨트 프리텐셔너의 작동

4 에어백 컴퓨터 회로의 안전장치

에어백 컴퓨터는 에어백 장치를 중앙에서 제어하며, 고장이 나면 경고등을 점등시켜 운전자에게 고장 여부를 알려준다.

(1) 단락 바(short bar)

에어백 컴퓨터를 떼어내면 경고등이 점등되어야 한다. 또 컴퓨터를 떼어낼 때 각종 에어백 회로가 전원과 접지되어 에어백이 펼쳐질 수 있다. 단락 바는 이러한 사고를 미연에 방지하기 위해 에어백 컴퓨터를 떼어낼 때 경고등과 접지를 연결시켜 에어백 경고등을 점등시키며, 에어백 점화라인 중 고압(High) 배선과 저압(Low)배선을 서로 단락시켜 에어백 점화회로가 구성되지 않도록 하는 부품이다.

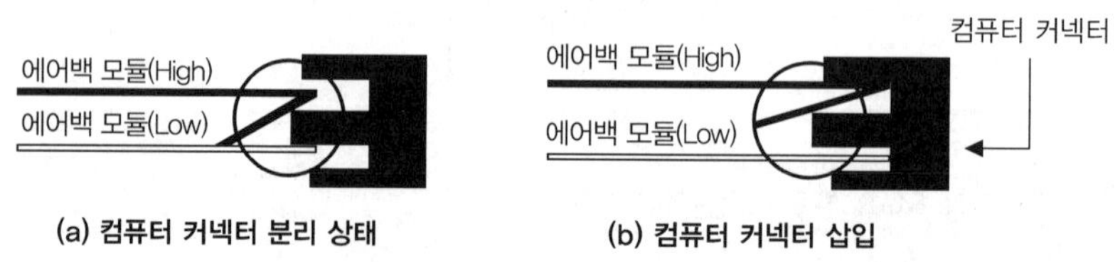

그림 14-10 단락 바의 구조

(2) 2차 잠금장치(second lock system)

에어백 장치에서 커넥터 접촉 불량 및 이탈은 장치에 큰 영향을 주며, 승객의 안전을 확실히 보장할 수 없다. 따라서 에어백에서 사용하는 각종 배선은 어떤 악조건에서도 커넥터의 이탈을 방지하기 위하여 커넥터를 끼울 때 1차로 잠금이 되며, 커넥터 위쪽의 레버를 누르거나 당기면 2차로 잠금이 되어 접촉 불량 및 커넥터 이탈을 방지한다.

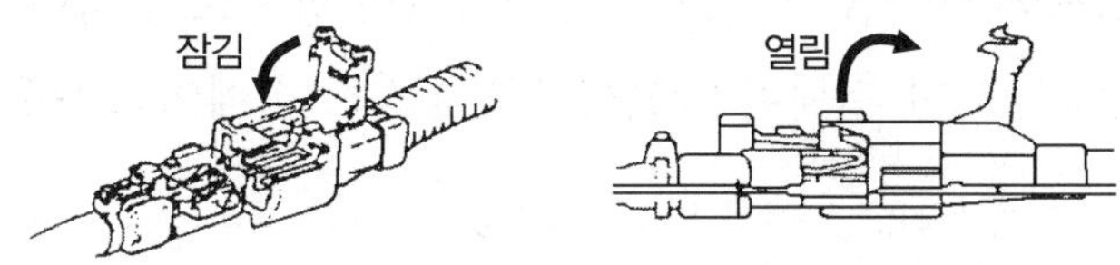

그림 14-11 2차 잠금장치의 구조

(3) 에너지 저장기능

자동차가 충돌할 때 뜻하지 않은 전원차단으로 인하여 에어백에 점화가 불가능할 때 원활한 에어백 점화를 위하여 에어백 컴퓨터는 전원이 차단되더라도 일정시간(약150ms)동안 에너지를 컴퓨터 내부의 축전기(Capacitor)에 저장하는데 이는 사고 전·후에 전원이 차단될 경우에 탑승객의 보호를 위해 에어백을 작동하기 위함이며, 이 기능은 점화스위치를 ON에서 OFF로 할 경우에도 동일하다.

Chapter 03 에어백 전개(펼침) 제어

자동차 주행 중 충돌이 발생하였을 때 가속도 값(G값)이 충격 한계 이상이면 에어백을 전개하여 운전자를 보호한다.

1 충격검출 센서의 작용

충격검출 센서는 자동차의 충돌상태, 즉, 가·감속값(G값)을 산출하는 것이며, 평상적으로 주행할 때와 급가속 또는 급감속할 때를 명확하게 구분하여 에어백 컴퓨터로 출력값을 입력시키면 에어백 컴퓨터는 입력된 신호를 바탕으로 최적의 에어백 점화시기를 결정하여 운전자의 안전을 확보한다. 이 센서는 전자센서이므로 전자파에 의한 오판을 방지하기 위하여 기계방식으로 작동하는 안전센서를 두어 에어백 점화를 최종적으로 결정한다. 충격검출 센서는 에어백 컴퓨터 안에 설치한다.

2 안전센서(safe sensor)의 작용

안전센서는 충돌할 때 기계적으로 작동한다. 센서 한쪽은 전원과 연결되어 있고 다른 한쪽은 에어백 모듈과 연결되어 있다. 주행 중 충돌이 발생하면 센서 내부에 설치된 자석이 관성에 의하여 스프링 장력을 이기고 자동차 진행방향으로 움직여 리드스위치를 ON 시키면, 에어백 전개에 필요한 전원이 안전센서를 통과하여 에어백 모듈로 전달된다.

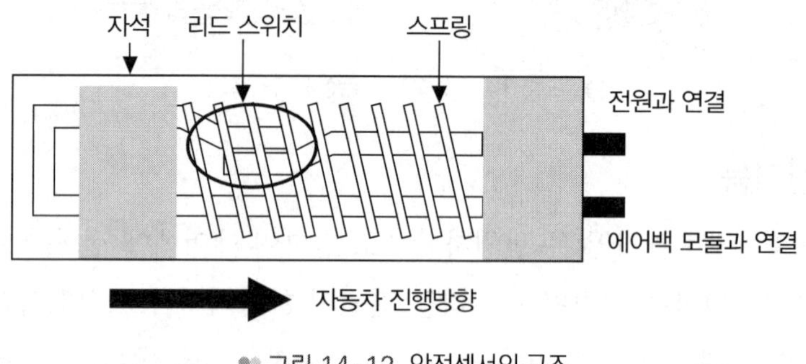

그림 14-12 안전센서의 구조

Chapter 04 승객 유무 검출장치(PPD 센서)

1 승객 유무 검출(PPD, Passenger Presence Detect)센서의 역할

이 센서는 조수석에 탑승한 승객 유무를 검출하여 승객이 탑승하였으면 정상적으로 에어백을 펼치고, 승객이 없으면 조수석 및 사이드 에어백을 펼치지 않는다.

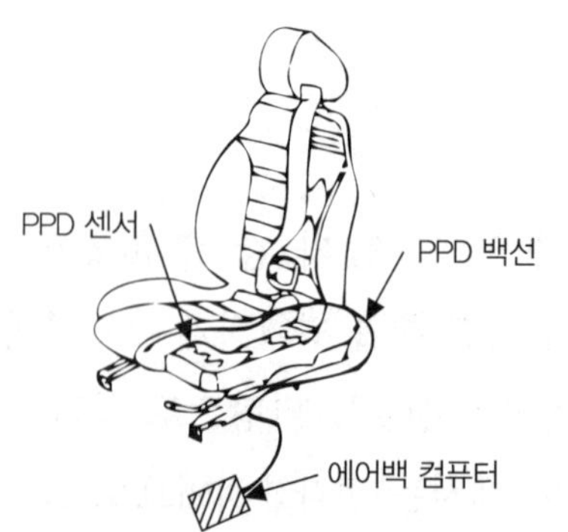

그림 14-13 승객 유무 검출센서의 구성

2 승객 유무 검출센서의 작동 원리

인터페이스 모듈의 2개의 커넥터 중 녹색 커넥터가 승객 유무 검출센서 커넥터이다. 커넥터는 2개의 핀(pin)으로 이루어져 있으며, 각각 다른 2개의 배선사이에서 하중에 따라 저항값이 변화하는 압전소자를 설치하여 승객의 하중에 따라 변화하는 저항값으로 승객 존재여부를 판단한다.

3 승객 유무 검출센서 인터페이스 유닛

승객 유무 검출센서에서 출력되는 저항값은 아날로그 신호이므로 에어백 컴퓨터는 승객 유무 검출센서의 값을 인식하지 못한다. 그러나 저항값으로 출력되는 승객 유무 검출센서의 값을 인터페이스 유닛(interface unit)이 디지털 신호로 변환하여 컴퓨터로 입력시킨다. 인터페이스 유닛에서 컴퓨터로 일방향 통신을 하며, 다음의 3가지 신호를 보낸다.

① 승객 있음 ② 승객 없음 ③ 승객 유무 검출센서 고장

컴퓨터는 이 3가지 신호 중 어떤 신호든지 입력되지 않으면 승객 유무 검출센서 인터페이스의 고장으로 인식하며, 인터페이스 유닛은 조수석 시트 아래쪽에 설치한다.

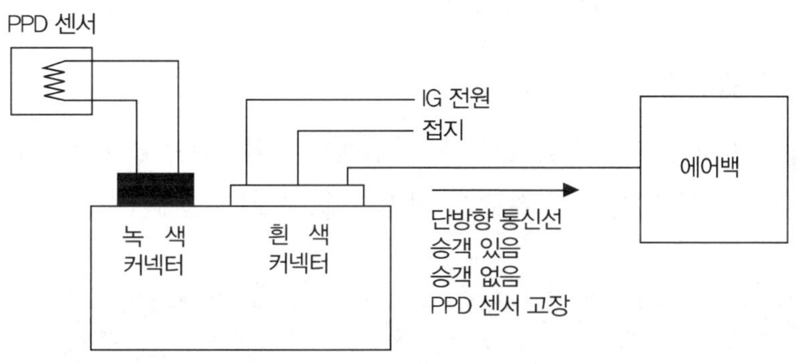

그림 14-14 PPD 인터페이스 유닛 구성회로도

Chapter 05 기타 에어백

(1) 사이드 에어백(Side Air bag)

사이드 에어백은 자동차 옆면에서 충돌이 발생하였을 때 운전자 및 승객의 머리와 어깨 및 측면 옆구리를 보호하는 장치이며, 시트 사이드 측면에 내장되어 있다. 옆면 충격검출

센서는 자동차 좌·우측에 들어있는 옆면 충격검출 센서와 에어백 컴퓨터 내부의 옆면 충격검출 센서에 의하여 작동하며, 2가지의 센서가 모두 작동하여야 에어백이 작동한다.

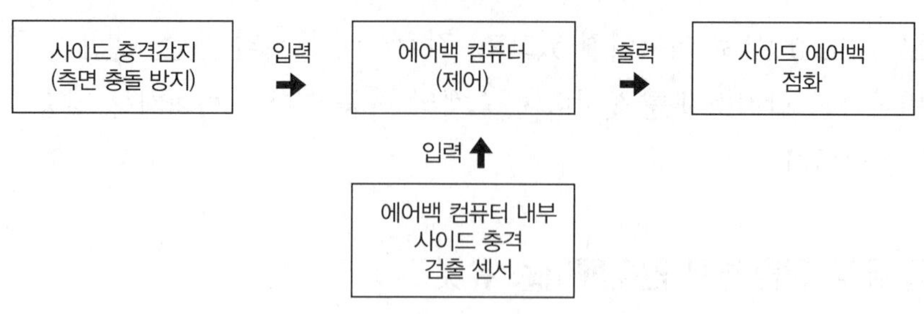

그림 14-15 사이드 에어백의 작동원리

(2) 무릎 에어백(Knee Air Bag)

좌석 탑승자의 무릎을 보호하기 위한 목적으로 설치한 에어백이다.

(3) 커튼 에어백(Curtain Air bag)

차량의 정면 또는 측면 사고 발생 시 충돌로 인한 충격으로부터 운전자 및 차량 탑승자의 머리를 보호 하고, 사고로 인하여 사람이 차량의 외부로 튕겨 나가지 않게 막는 역할을 한다.

(4) 어드밴스드 에어백(Advanced Air bag)

어드밴스드 에어백은 승객의 탑승 여부, 안전벨트 장착 여부 및 사고 충돌로 인한 충격량 등을 파악하여 에어백 전계 시 속도 및 압력 등을 조절하는 에어백을 말한다.

그림 14-16 전면 운전석, 조수석 에어백, 커튼 에어백, 사이드 에어백

네트워크 (Controller Area Network)

학습목표

1. 통신의 필요성에 대해 알 수 있다.
2. 정비지침서에 따라 세부 점검 목록을 확인하여, 고장 원인을 파악할 수 있다.
3. 정비지침서에 따라 진단 장비를 사용하여 고장 원인을 분석할 수 있다.

Chapter 01 네트워크(Network)

1 네트워크 구성

네트워크(Network)는 Net+Work의 합성어이며, 그물과 비슷한 매개체에 의해 서로 연결된 컴퓨터를 이용하여 정보를 공유하는 공간을 의미한다. 네트워크상에서 정보교환을 위해 ECU 상호 간의 통신에 대한 규칙과 전송방법 및 에러(Error)의 관리 등에 대한 규칙을 정하여 정보를 교환하기 위한 통신규약을 프로토콜(Protocol)'이라 한다. 더불어 IEEE(Institute of Electrical and Electronics Engineers : 국제 전기 전자 공학회)에서는 "몇 개의 독립적인 장치가 적절한 영역 안에서 적당히 빠른 속도의 물리적 통신 채널을 통하여 서로가 직접 통신할 수 있도록 지원해 주는 데이터 통신 체계"를 네트워크라고 정의한다.

(1) 네트워크의 장점

네트워크의 장점은 파일 공유를 통해 다른 네트워크에 있는 컴퓨터의 파일에 접근할 수 있다는 점, 미디어 스트리밍으로 사진, 음악 또는 비디오 등의 디지털 미디어를 네트워크를 통해 재생할 수 있다는 점이다. 광대역 인터넷 연결을 공유할 수 있어서 각 PC마다 별도의 인터넷 계정을 구입할 필요가 없다. 또한 프린터 공유로 각 PC마 다 프린터를 공유하는 대신, 한 대의 프린터를 구입하여 네트워크에 있는 모든 사람이 사용할 수 있다.

(2) 네트워크의 단점

단점으로는 바이러스, 악성코드 등 원치 않는 정보를 받을 수 있다는 점, 해킹으로 인한 개인 정보 유출 등의 보안상의 문제점이 생길 수 있다는 점, 무엇보다 데이터 변조가 가능하다는 점이 있다.

(3) 네트워크의 종류

1) CAN (Controller Area Network) : 호스트 컴퓨터 없이 마이크로 컨트롤러 장치들이 서로 통신하기 위해 설계된 표준 통신 규격의 근거리 영역 네트워크.

2) ISDN (Integrated Services Digital Network) : 종합정보 통신망(=BISDN), 전화, 팩스, 데이터 통신, 비디오텍스 등 통신 관련 서비스를 종합하여 다루는 통합서비스 디지털 통신망. 디지털 전송방식과 광섬유 케이블 사용.

3) K-Line 통신 : ISO 9141에서 정의한 프로토콜을 기반으로 차량의 제어기와 진단장비 간의 차량 진단(On Board. Diagnostics)을 위한 통신라인의 이름이며, 진단 통신을 필요로 하는 제어기의 수가 적고 진단장비와 일대일로 통신을 함.

4) KWP 2000(Key Word Protocol) : 기본적인 구성은 K-Line과 동일하지만, 데이터 프레임의 구조가 다른 ISO 14230에서 정의한 프로토콜을 기반으로 차량의 진단을 수행하는 통신 방식.

5) LAN (Local Area Network) : 근거리 영역 네트워크.

6) MAN (Metropolitan Area Network) : 대도시 영역 네트워크.

7) MOST(Media Oriented Systems Transport) : 자동차산업용 멀티미디어와 인포테인먼트의 표준 네트워크.

8) PAN (Personal Area Network) : 가장 작은 규모의 네트워크.

9) SAN(Storage Area Network) : 스토리지 디바이스의 공유 풀을 상호 연결하여 여러 서버에 제공하는 독립적인 전용 고속 네트워크.

10) VAN (Value Added Network) : 부가가치 통신망 정보의 축적과 제공, 통신속도와 형식의 변화, 통신경로의 선택 등 여러 종류의 정보서비스가 부가된 통신망.

11) VPN(Virtual Private Network) : 인터넷 네트워크와 암호화 기술을 사용하여 통신 시스템을 구축하는 네트워크.

12) WAN (Wide Ares Network) : 광대역 네트워크.

13) WLAN(Wireless LAN) : 유선 LAN을 무선화한 네트워크.

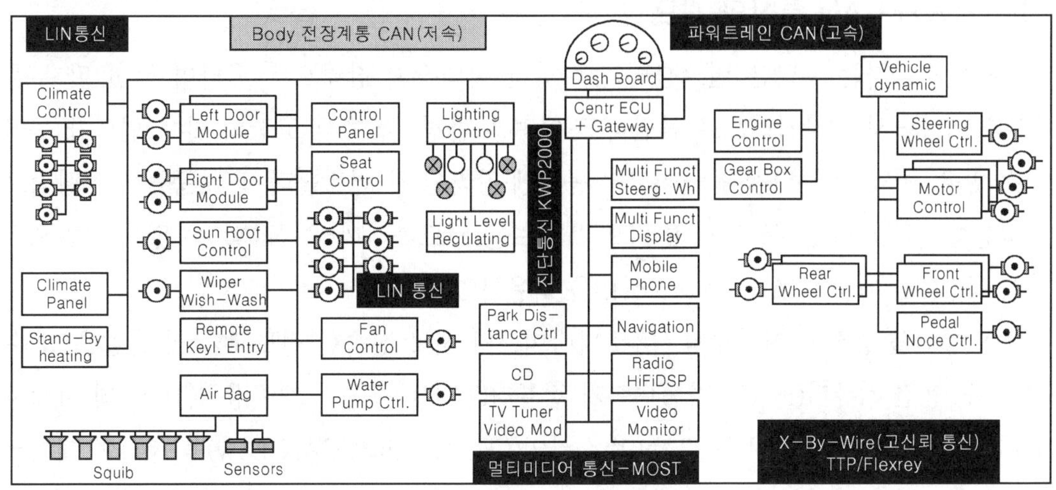

그림 15-1 메인통신 전기 다이어그램

(4) 네트워크의 회선구성 방식

1) 포인트 투 포인트 방식 : 중앙 컴퓨터와 단말기를 일대일로 연결하여 언제든지 데이터 전송이 가능하게 한 방식.

2) 멀티 드롭 방식 : 멀티 포인트 방식이라고도 하며 다수의 단말기를 한 개의 통신 회선에 연결하여 사용하는 방식.

3) 회선 다중 방식 : 회선 다중방식은 다중화 방식이라고 하며 여러 대의 단말기들을 다중화 장치를 활용하여 중앙 컴퓨터와 연결하여 사용하는 방식.

(5) 네트워크의 데이터 교환 방식

1) 회선 교환 방식 : 음성 전화망과 같이 통신을 원하는 두 지점을 교환기로 물리적으로 접속시키는 방법.

2) 공간 분할 교환 방식 : 음성 전화용 교환기와 같이 기계식 접점과 전자교환기의 전자식 접점 등을 이용하여 교환을 수행하는 방식.

3) 시분할 교환 방식 : 전자부품의 고속성과 디지털 기술을 이용하여 다수의 디지털 신호를 시분할적으로 다중 동작하는 방식.

Chapter

02 CAN(Controller Area Network) 통신

1 자동차 CAN 통신의 개요

현재의 자동차는 수많은 컨트롤러와 다양한 편의장치 장착으로 인하여 배선 및 부품 수가 늘어나면서 전자기적으로 불안하고 어려운 환경조건에서 고장의 발생 빈도가 높아질 수 있다. 이와 같은 단점을 줄이고 자동차에 장착된 각 컨트롤러 및 부품들이 정상적으로 작동할 수 있도록, 지능적인 방법으로 정보를 컨트롤러끼리 공유할 수 있는 방안으로 CAN 통신(Controller Area Network)을 적용하였다.

CAN 통신을 통하여 여러개의 CAN 디바이스가 서로 신속한 정보교환 및 전달을 할 수 있다. 즉, 엔진 컴퓨터(ECU), 자동변속기 컴퓨터(TCU), 구동력 제어장치(TCS) 및 차체자세제어장치(ESP) 등의 ECU는 CAN 버스라인(CAN High와 CAN Low)을 통하여 데이터 다중통신을 하는 안정적인 통신 네트워크이다. 차량의 전체적인 비용도 절감하고 중량도 줄일 수 있다.

예를 들면 구동력 제어장치에서 구동력을 제어할 때 엔진 컴퓨터로 바퀴의 미끄러짐을 감소시키기 위하여 엔진 회전력 감소를 요구하면, 엔진 컴퓨터는 회전력을 감소시키며, 감소시킨 양을 구동력 제어장치로 다시 송신하여 구동력 제어를 지원한다.

또 각 제어기구(controller)는 상호 필요한 모든 정보를 주고받을 수 있으며, 어떤 제어기구가 추가정보를 필요로 할 때 하드웨어의 변경 없이 소프트웨어만 변경하여 ` 대응할 수 있다. 데이터의 통신 속도는 아래 표와 같으며, 각 제어기구 사이의 인터페이스 스텝(interface step)은 IS 011898을 따른다.

표 15-1 자동차에 적용된 CAN 통신 종류

네트워크 범주	통신 속도	적용	기타
CAN A 네트워크	10kbps 미만	전동 미러, 선루프, 레인 센서 등 편의장치	K-Line LIN
CAN B 네트워크	10~125kbps	파워 윈도우, 시트 제어 등의 저속 제어	저속 CAN
CAN C 네트워크	125k~1Mbps	파워트레인, 주행 안정장치 등의 실시간 제어	고속 CAN
CAN D 네트워크	1Mbps 미만	인터넷, 디지털 TV 등의 제어	MOST

2 자동차의 CAN 통신

통신은 사람이나 사물 간에 매체를 통하여 정보나 의사를 전달하는 것으로, 자동차 내부에는 수많은 부품 및 제어기들이 있다. 엔진을 제어하는 ECU(Engine Control Unit), 변속기를 제어하는 TCU(Transmission Control Unit), 각종 ADAS(Advanced Driver Assistance System) 관련 제어기 등 수십 개에 달하는 제어기들이 차량에 장착된다. 제어기들은 서로 데이터를 주고받으며 공유된 정보를 통해 다양한 제어를 한다.

데이터를 주고받을 때 제어기 간의 규칙이 있어야 원활한 통신을 할 수 있는데, 이러한 규칙을 통신 프로토콜 (Protocol)이라고 한다. 자동차 내에서는 CAN(Controller Area Network) 통신, LAN 통신, LIN 통신 등 다양한 통신 방법을 용도에 맞게 사용하고 있으며, 그중에서 CAN 통신을 자동차에 가장 많이 사용한다.

(1) CAN 장치의 필요성

자동차 전장부품 제어가 첨단화되고, 높은 부가가치를 추구하면서 다음과 같은 문제점이 대두되기 시작했다.

① 전장부품의 급격한 증가.

② 스위치 및 액추에이터(actuator)의 수량 증가.

③ 배선의 증가 및 복잡화.

④ 배선무게 및 부피 증가.

⑤ 전장부품의 설치 공간 및 장소 제한.

⑥ 작업성 악화.

⑦ 고장진단의 어려움.

(2) LAN 장치의 특징

① **배선의 경량화가 가능하다** : 각 컴퓨터 사이에 LAN 통신선을 사용한다.

② **전장부품 설치장소 확보가 쉽다** : 가까운 컴퓨터에서 입력 및 출력을 제어한다.

③ **장치의 신뢰성을 확보한다** : 사용 커넥터 및 접속점이 감소한다.

④ **설계변경의 대응이 쉽다** : 기능 업그레이드를 소프트웨어로 처리한다.

⑤ **정비성능이 향상된다** : 진단 장비를 이용하여 자기진단, 센서 출력값 분석, 액추에이터 구동 및 점검을 할 수 있다.

3 자동차의 LIN 통신

자동차는 BCM, IMS(Integrated Memory System), 세이프티 파워윈도우 제어, 리모컨 시동 제어, 도난방지 기능 등 많은 편의 사양이 적용되어야 하므로, 많은 시스템에 모두 CAN 통신과 같은 고속 통신을 적용하면 차량의 비용이 상승한다. 그러므로 CAN 통신보다 하위 속도로 좁은 영역에서 정상적인 성능을 발휘할 수 있는 통신 방식을 LIN(Local Interconnect Network) 통신이라 한다.

LIN 통신은 12V의 기준 전압의 1선 통신을 수행하며 마스터, 슬레이브 제어기로 구성되어 있다. 마스터 제어기가 시스템에서 요구하는 일정한 주기로 데이터의 요구 신호를 보내면 슬레이브 제어기는 마스터 제어기가 보내는 주신호(Header) 뒤에 자신이 데이터를 추가하여 응답(Response)하는 통신방식이다. 자동차에 적용되는 LIN 시스템은 BCM(마스터)과 초음파 센서(슬레이브)로 구성된 주차 보조 시스템과 와이퍼 모터 등 최말단 지역의 소그룹에 적용된다.

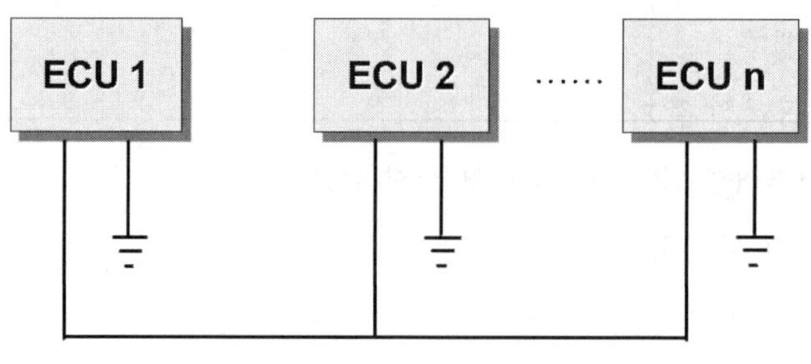

그림 15-2 린통신 라인의 예

4 자동차의 MOST 통신

고품질의 영상을 실시간으로 구현하기 위해서는 대용량의 데이터가 필요한데, CAN 통신으로 대응할 수 없다. 따라서 광케이블을 매개체로 하는 광통신 순환 구조(네트워크가 링형상을 구성)의 MOST가 적용되었으며, MOST를 구성하는 제어기는 외부의 잡음에 강하다.

표 15-2 CAN 통신 방식 비교

구분	P-CAN	C-CAN	D-CAN	B-CAN	MOST
통신 구분	High Speed		UDS: Unified Diagnosis Service (통합 진단 서비스 규약)	Fault Tolerant (고장용인)	MOST 150
통신 주체	멀티 마스터			멀티 마스터	순환(Ring) 방식
통신 라인	Twist Pair Wire (2선)			Twist Pair Wire (2선)	광케이블
통신 속도	500Kbit/s (최대 1Mbit/s)			50Kbit/s (최대 125Kbit/s)	25Mbit/s (최대 150Mbit/s)
기준 전압	2.5V			0V/5V	-
적용 범위	파워트레인, 섀시, 진단장비 통신 제어			바디 전장 제어	멀티미디어 제어
주요 특징	통신 라인 고장에 민감			통신 라인 고장 대응 가능 (1선 통신 가능)	외부 잡음에 강함

Chapter 03 바디 CAN 통신 장치

바디 CAN 장치의 사양에 따라 ADM(Assist Door Module, 조수석 도어 모듈), CLM(Cluster Module, 계기판 모듈), DDM(Driver Door Module, 운전석 도어 모듈), FAM(Front Area Module, 전방지역 모듈), IMS(Integrated Memory System, 통합 메모리 모듈), IPM(In Panel Module, 인 패널 모듈), RAM(Rear Area Module, 리어 지역 모듈) 등이 메인모듈(main module)과 각각 연결되는 구조로 구성되어 있다.

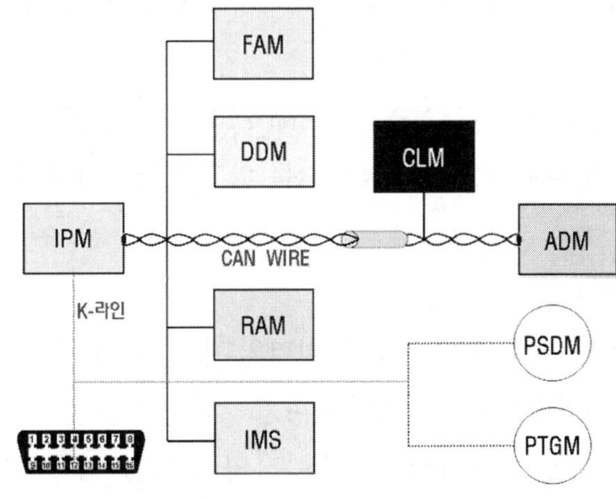

그림 15-3 바디캔 시스템의 구성

1 메인모듈(main module)의 구성

메인통신의 인패널, 전자제어 시간경보 장치, 운전석 도어모듈, 조수석 도어모듈은 BUS - A와 BUS - B 통신라인이 병렬로 연결되어 CAN 통신을 통해 정보를 공유한다.

(1) 데이터 프레임 구성

SOF	Identifier	RTR	IDE	RO	DLC	0....8 Bytes Data	CRC	ACK	EOF	IFS

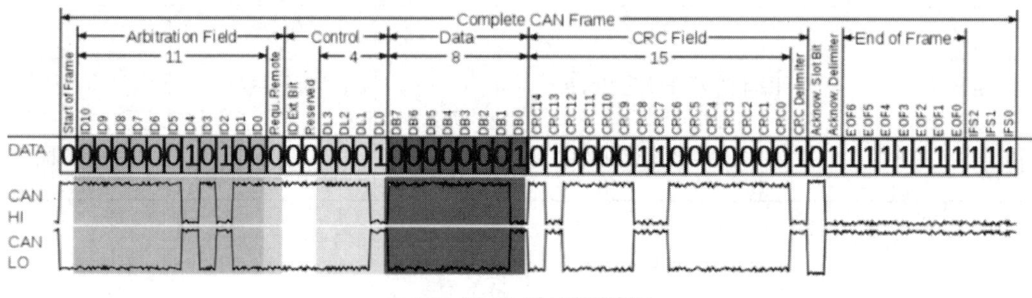

그림 15-4 캔 프레임 형식

① SOF(Start Of Frame) : 프레임 시작을 나타내는 코드(8BIT)이며 idle 상태 이후 동기화한다.

② Identifier(식별자) : 해당 프레임을 식별하고 우선순위를 나타내며 이진값이 낮을수록 우선순위가 높음을 나타낸다. 즉, SOF에 연속된 메시지의 값이 낮을수록 우선순위가 높다. '1'보다 '0'의 우선순위가 높다. 만약 동시에 여러 개의 데이터를 송신하고자 할 때는 우선순위가 높은 컴퓨터가 먼저 송신을 한다.

③ RTR (Remote Transmission Request) : 데이터 프레임과 리모트 프레임 구분하며 데이터 프레임은 0이다.

④ IDE(Identifier extension) : CAN Standard 프레임과 CAN Extended 프레임 영역의 내용을 식별하기 위한 코드, 즉 데이터를 읽고 있는 컴퓨터를 판별하기 위한 비트(bit)이다.

⑤ R0 : Reserved bit.

⑥ DLC (Data Length Code) : 전송 중인 데이터의 바이트 수를 의미한다.

⑦ Dats : 전송 중인 데이터를 8byte 전송한다.

⑧ CRC(Cyclic Redundancy Check) : 데이터의 오류를 검출하기 위한 비트(16bit

checksum)이다.

⑨ ACK(Acknowledgement) : 각 컴퓨터에서 수신된 데이터가 자신의 설정과 일치하는 프레임에 대해 승인하는 비트이다.

⑦ EOF(End of Frame) : CAN프레임의 완료를 나타내는 프레임이다.

⑧ IFS (Interframe Space) : 버퍼 영역이다.

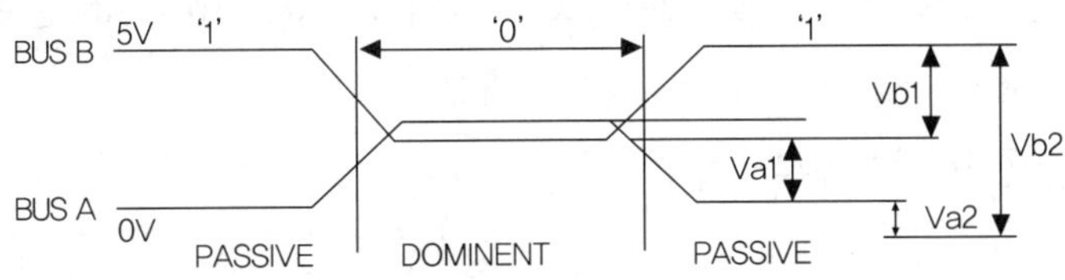

항목	MIN(V)	TYP(V)	MAX(V)
Va1	2.30	2.5	2.8
Va2	0.05	0.1	0.2
Vb1	2.30	2.5	2.8
Vb2	4.45	4.7	5.1

DATA '1' : PASSIVE 상태

DATA '0' : DOMINENT 상태

그림 15-5 데이터 비트의 정의(BUS 상태)

(2) 비트(bit) 정보 인식

ΔV(High 라인과 Low 라인의 전압 차이)의 값에 비트 정보 "0" 또는 "1"을 인식한다.

- bit "1" -〉 ΔV = Vcan_H - Vcan_ L) = 2.5V - 2.5V = 0V (열세[Recessive] bit)
- bit "0" -〉 ΔV = Vcan_H - Vcan_ L) = 3.5V - 1.5V = 2V (우세[Dominant] bit)

bit "1"과 bit "0"이 CAN 라인에서 충돌할 때에는 bit "0"이 Dominant(survival : 생존) bit이므로 "0"이 전송된다. 또 데이터의 충돌을 방지하기 위해 각 메시지(massage)마다 우선순위(priority)를 다음과 같이 정한다.

priority -〉 구동력 제어장치 massage 〉 엔진 컴퓨터 massage 〉 자동변속기 컴퓨터 massage

(3) CAN 통신의 에러

컨트롤러 사이에 에러가 발생하면 에러 프레임을 전송하며, 에러 프레임의 전송 실패를 인식하면 재전송하기 위해 전송기회를 기다린다. CAN 제어기 내부에는 송신 에러 카운터와 수신 에러 카운터가 각각 있으며, 에러가 검출될 때마다 카운터가 1씩 증가하고, 에러 없이 성공적으로 전달이 완료되면 카운터가 1씩 감소한다. 초기 상태에는 Error active

상태이며, 에러 카운터값이 127 보다 커지면 Error passive 상태로 변환한다. 그리고 에러 카운터값이 255를 초과하면 BUS OFF 상태로 해당 노드를 CAN 망에서 제외한다. 대표적인 에러의 종류는 다음과 같다.

1) BIT 에러 : 송신 bit와 수신 bit가 상이한 경우.

2) ACK 에러 : 수신 장치가 응답이 없을 때, 통신 선로가 끊기거나 접촉 불량인 경우.

3) FORMAT 에러 : CRC del, ACK del, EOF 영역에 0 (dominant) 값이 나타난 경우.

4) STUFF 에러 : Stuffing 규칙이 맞지 않는 경우.

5) CRC 에러 : CRC가 맞지 않는 경우.

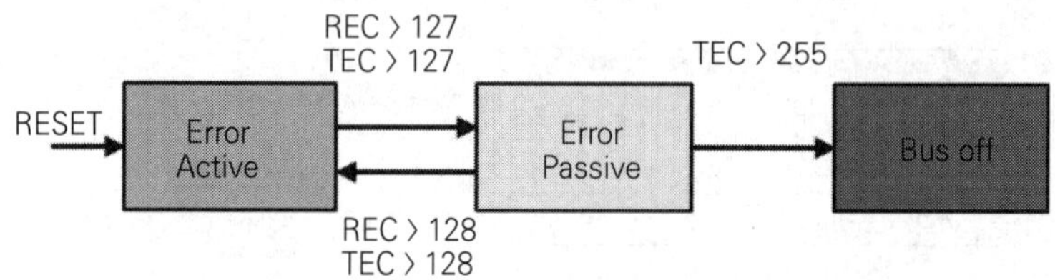

REC : Transmission Error Counter
REC : Receive Error Counter

그림 15-6 CAN 통신의 에러 상태 처리

또한 CAN 통신에서 주로 발생하는 3가지 에러 출력의 조건 등은 다음과 같다.

표 15-3 캔에러 출력 조건

ERROR 종류	ERROR 출력 조건	ERROR 발생 가능 상황
BUS-OFF	모듈이 데이터를 전송하지 못할 경우	• 송수신 제어기 불량으로 인한 BUS OFF 발생 시 • CAN 라인이 배터리 전원에 쇼트 발생 시 • CAN 라인(High & Low Line)이 접지 쪽에서 쇼트 발생 시 • CAN High/Low 라인 동시에 접지 쪽에서 쇼트 발생 시 • CAN 라인 단선 발생 시 • CAN 라인 관련 커넥터 상태(느슨함, 접촉 불량, 부식, 오염, 변형 등)
TIME-OFF	다른 제어기로부터 일정 시간 동안 원하는 메시지를 받지 못할 경우	• CAN 통신 시간이 초과되었을 때 • 응답 지연 및 제어기 자체 고장 등으로 인한 통신 불가상태 발생 시 (단품 문제 및 전원 문제 발생 시)
MESSAGE -ERROR	CAN Message가 Error로 수신되는 경우	• 송신 제어기 고장 발생 시 • CAN 라인 외부 영향으로 인한 데이터 손상, 전송 데이터가 유효하지 않을 때 • 규정 값 범위를 벗어났을 때 • CHECK SUM ERROR 검출 시 • 커넥터 접촉 불량 발생 시

(4) 종단 저항(Termination Resistor)

High speed CAN 통신은 신호 전송 시 네트워크상에서 반사파 에너지를 흡수하여 전송되는 신호 전압의 안전성을 확보하기 위해 종단 저항을 사용한다.

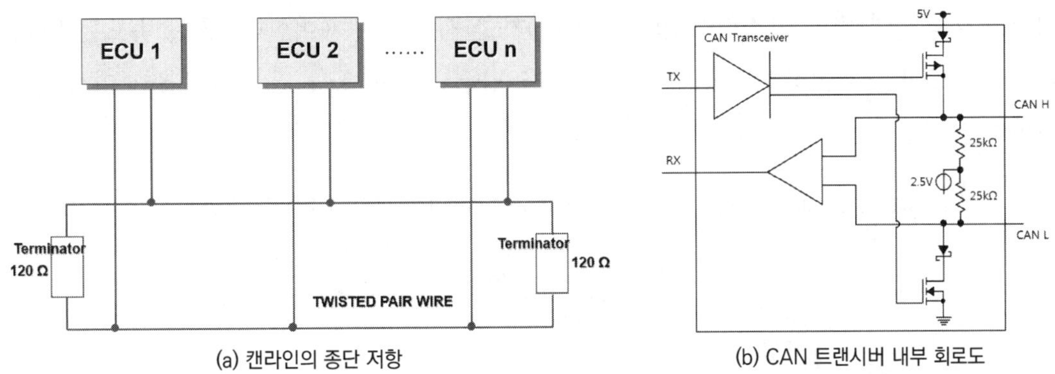

(a) 캔라인의 종단 저항 (b) CAN 트랜시버 내부 회로도

그림 15-7 고속캔 라인의 종단저항 및 트랜시버 내부 회로

(5) IPS : Intelligent Power Switching device

바디 캔 컨트롤 모듈에 장착된 IPS는 반도체 소자를 이용하여 부하의 전원을 컨트롤하는 기구로, 바디 전기장치 제어에 광범위하게 적용하였으며, FAM의 IPS는 전측의 전조등, 미등, 안개등, 방향지시등 및 비상등의 전류를 센싱한다. RAM의 IPS는 후미의 미등, 번호등, 방향지시등, 비상등 및 후진등의 전류를 센싱한다. 그리고 특징은 다음과 같다.

① 퓨즈 & 릴레이를 대체할 수 있는 반도체 소자이다.

② 단선, 단락, 과부하 등으로 인한 전류를 센싱하여 회로를 보호한다.

③ 자기진단과 고장코드를 지원한다.

④ ON/OFF 또는 PWM의 빠른 스위칭 제어가 가능하다.

⑤ 소형이고, 다채널 제어가 가능하다.

⑥ 기능 업그레이드가 용이하다.

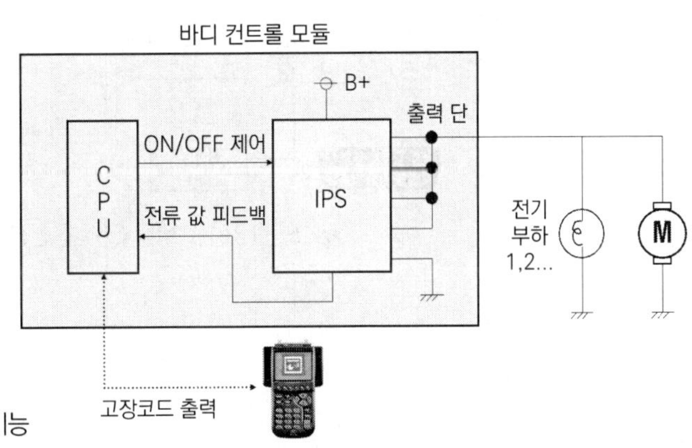

그림 15-8 IPS제어 기능

2 바디 CAN 통신 시스템

바디 캔 통신 시스템(CAN : Controller Area Network)은 파워 트레인, 섀시 제어기, 바디 전장 모듈 사이에서 트위스트 페어 와이어(Twisted Pair Wire)의 High와 Low 와이어를 이용하여 멀티 마스터(Multi master)가 실시간으로 제어한다. 통신 속도는 High speed : 500kbps 이상, Middle speed: 125 kbps, Low speed: 100 kbps 이하를 유지한다.

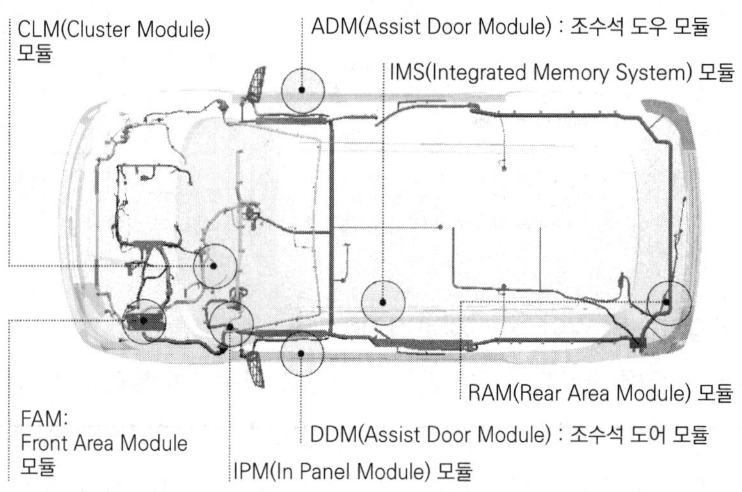

그림 15-9 바디 CAN 통신 모듈 장착위치

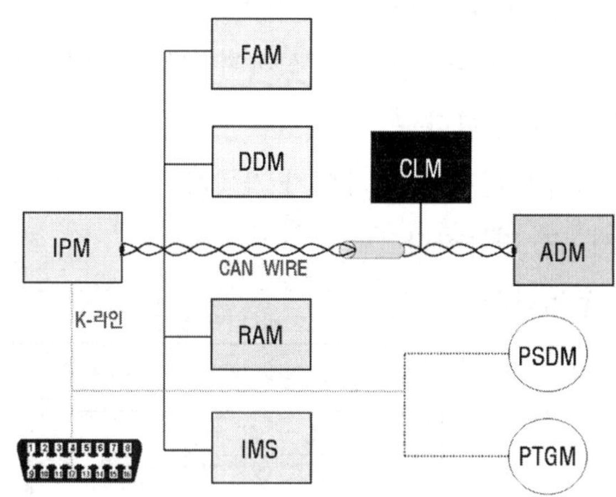

그림 15-10 바디 CAN 통신장치의 구성

(1) 인패널 모듈(IPM, In-Panel Module)

인패널 모듈은 실내 인스트루먼트 패널 좌측에 BCM과 정션박스가 일체로 통합되어 있으며, 기능은 다음과 같다.

항목	세부 내용	장착 위치
단품 구성	• Power Board : 릴레이 + 퓨즈 + 전원 분배 • Electronic Board : 컨트롤 모듈 (ECU) • RKE 리시버 & 안테나 내장 • 음성 경보 모듈 내장 • 차임 부저 내장	
주요 기능	• RKE & 도난 경보 제어 • 와이퍼 제어 • 음성 경보 제어 • 방향지시등 제어 • 스위치 인디케이터 제어 • 집중 도어 록 제어 • 오토라이트 제어 • 열선 타이머 제어 • 실내 조명 제어 • 스캐너 통신 Gate	

(2) 프런트 에어리어 모듈(FAM : Front Area Module)

프런트 에어리어 모듈은 엔진룸에 정션박스와 일체로 통합되어 있으며, 기능은 다음과 같다.

항목	세부 내용	장착 위치
단품 구성	• Power Board : 릴레이 + 퓨즈 + 전원 분배 • Electronic Board : 컨트롤 모듈 (ECU) • 와셔 모터 릴레이 내장 : 프런트 & 리어	Electric Board 커넥터 Powr Board 커넥터
주요 기능	• 헤드램프 제어 • 미등 제어 : 프런트 • 안개등 제어 : 프런트 • 방향지시등 + 비상등 제어 : 프런트 • 와이퍼 제어 : 프런트 • 앞 유리 열선 제어	

(3) 리어 에어리어 모듈(RAM : Rear Area Module)

리어 에어리어 모듈은 최후 측 쿼터 패널 내부에 정션박스와 일체로 통합되어 있으며, 기능은 다음과 같다.

항목	세부 내용	장착 위치
단품 구성	• Power Board : 릴레이 + 퓨즈 + 전원 분배 • Electronic Board : 컨트롤 모듈(ECU)	
주요 기능	• 후미등 & 번호판 등 제어 • 방향지시등 + 비상등 제어 : 리어 • 후진등 제어 • 브레이크 등 고장 모니터링 • 슬라이딩 도어 파워윈도우 + 쿼터 글라스 모터 제어 • 룸 램프 제어 • 리어 와이퍼 제어 • 뒷유리 열선 제어	

(4) IMS(IMS : Integrated Memory System) 모듈

IMS 모듈은 운전석 파워시트 하부에 장착되어 있으며, 기능은 다음과 같다.

항목	세부 내용	장착 위치
주요 기능	• 파워시트 수동 제어 • 조정식 페달 수동 제어(선택 사양) • 메모리 기억 및 재생 : 운전석 시트 + 아웃 사이드미러 + 조정식 페달(선택 사양) → 2명 • 승 하차 연동 제어 : 시트 슬라이딩 • RKE 리모컨 연동 IMS 제어 : 2EA	

(5) 운전석 도어 모듈(DDM : Drive Door Module)

운전석 도어 모듈은 운전석 도어트림 내부에 장착되어 있으며, 기능은 다음과 같다.

항목	세부 내용	장착 위치
주요 기능	• 파워윈도우 제어 : 전 도어 + 운전석 세이프티 + 윈도우 록 • 파워 쿼터 글라스 제어 • 아웃사이드미러 제어 : 각도 + 폴딩 + 열선 + 후진 연동 • 집중 도어 록 제어 • 도어 커티시 램프 제어 : 운전석 I• MS 제어 : IMS 스위치 입력 + 아웃사이드 미러	

(6) 승객석 도어 모듈(ADM : Assist Door Module)

승객석 도어 모듈은 승객석 도어트림 내부에 장착되어 있으며, 기능은 다음과 같다.

항목	세부 내용	장착 위치
주요 기능	• 파워윈도우 제어 • 아웃사이드미러 제어 : 각도 + 폴딩 + 열선 + 후진 연동 • 집중 도어 록 제어 • 도어 커티시 램프 제어 : 조수석	

3 바디 캔 통신의 제어 기능

(1) 미등(tail light) 자동 소등 제어

인패널 모듈은 다기능 스위치로부터 미등 입력신호 및 조도센서의 신호를 기준으로 FAM과 RAM으로 제어 신호를 송신한다.

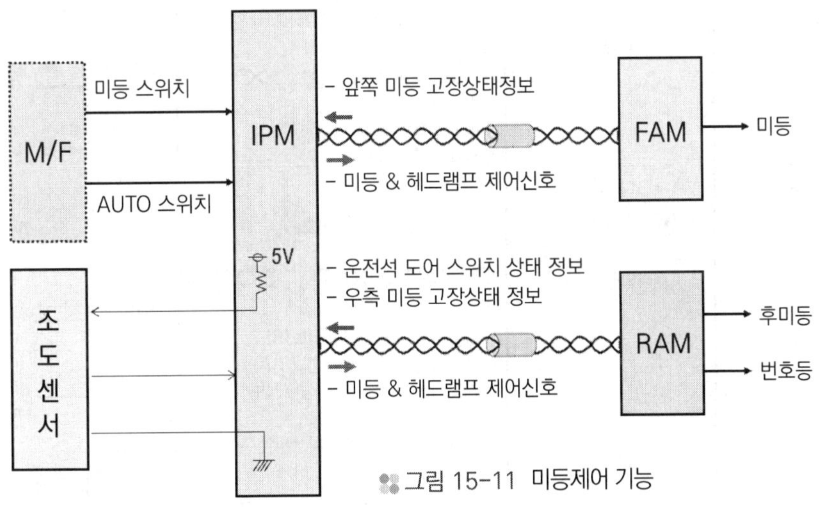

그림 15-11 미등제어 기능

(2) 헤드램프 로우 제어

인패널 모듈은 다기능 스위치로부터 오토라이트 입력신호를 수신하면, 오토라이트 조도센서 전압값에 대응하여 전조등과 미등의 작동신호를 FAM과 RAM으로 제어 신호를 송신한다.

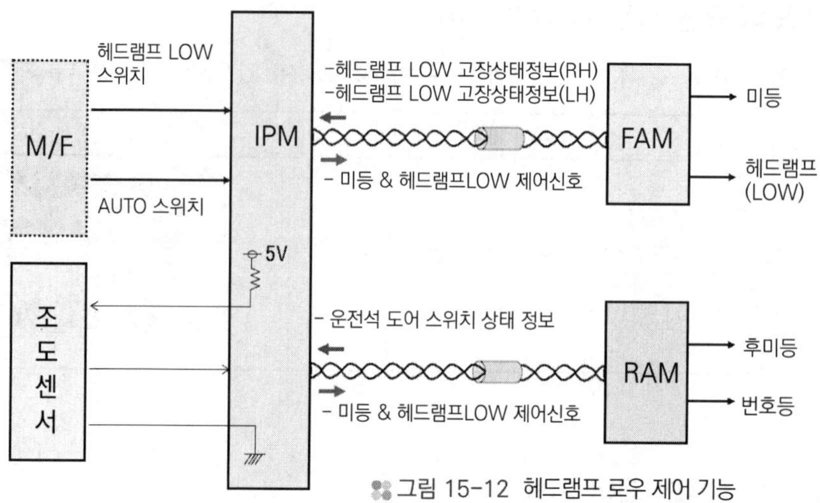

그림 15-12 헤드램프 로우 제어 기능

(3) 방향지시등 제어

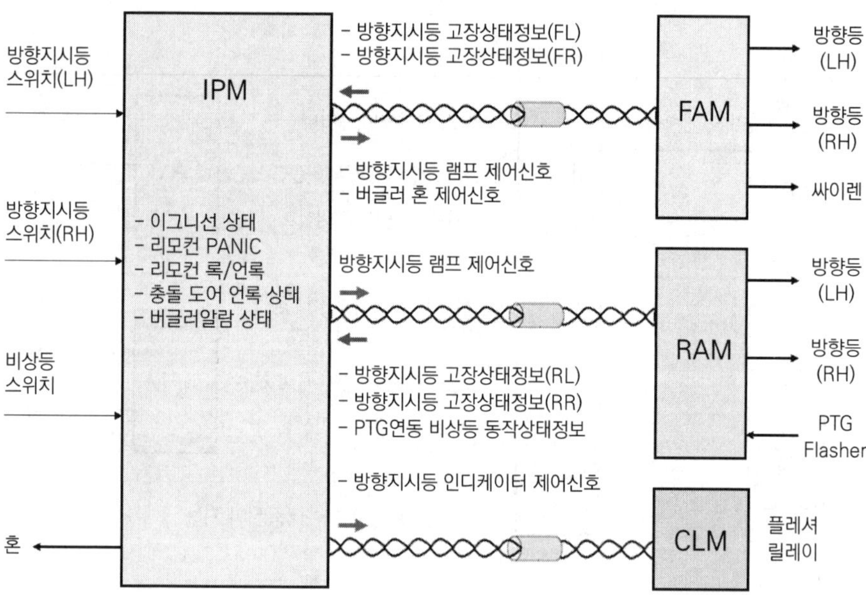

그림 15-13 방향지시등 제어

(4) 후진등 제어

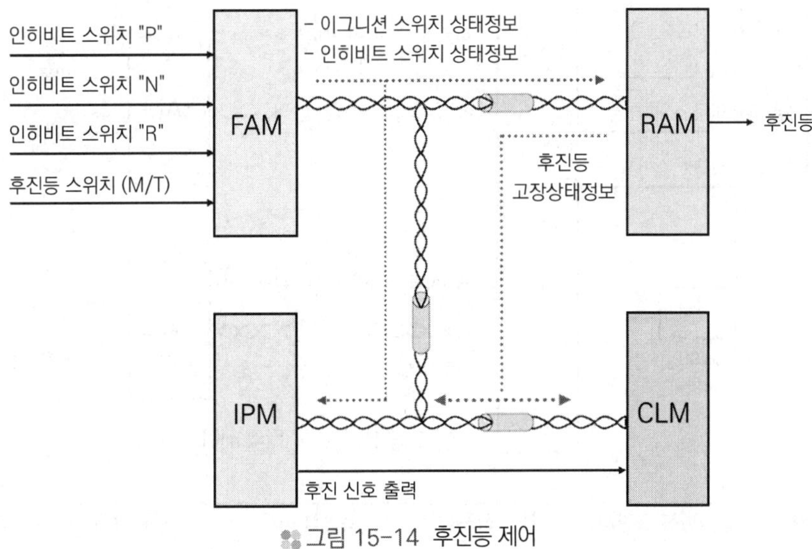

그림 15-14 후진등 제어

(5) 정지등 제어

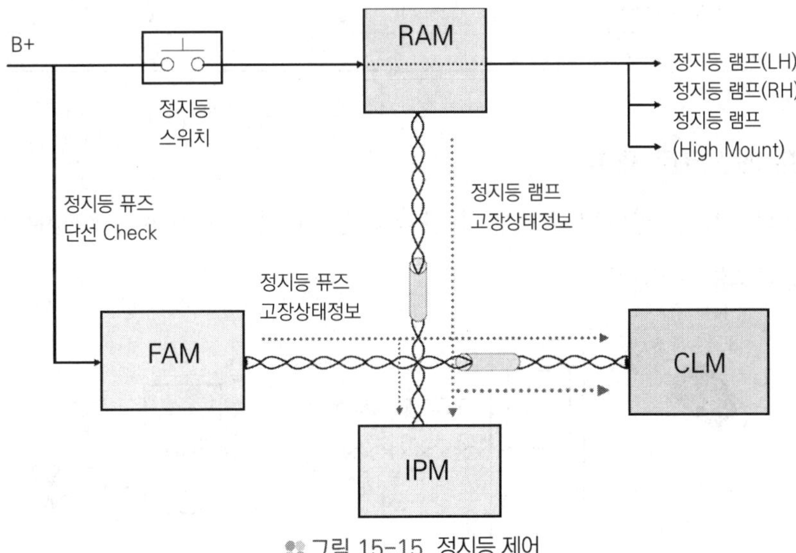

그림 15-15 정지등 제어

(6) 배터리 세이브 제어

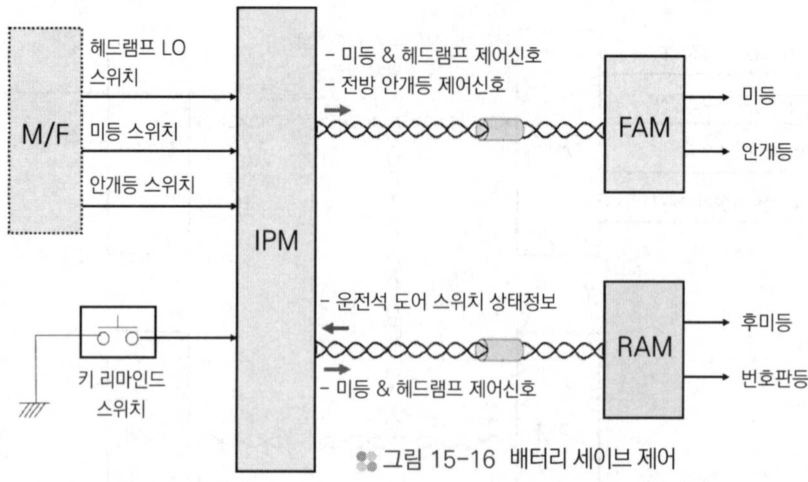

그림 15-16 배터리 세이브 제어

이그니션 키	멀티펑션 스위치	안개등 점등상태	운전석도어	미등 상태	안개등 상태
-	OFF	OFF	-	OFF	OFF
삽입	미등 ON	ON	-	ON	ON
삽입	전조등 LOW	ON	-	ON	ON
탈거	미등 ON	ON	CLOSE	ON	ON
탈거	미등 ON	-	OPEN	OFF	OFF
탈거	전조등 LOW	ON	CLOSE	ON	ON
탈거	전조등 LOW	-	OPEN	OFF	OFF

(7) 헤드렘프 에스코트 제어

IPM은 스마트 키 및 멀티펑션 스위치 제어 관련 신호를 수신하여, 조건에 적합하게 헤드렘프 구동 신호를 출력한다.

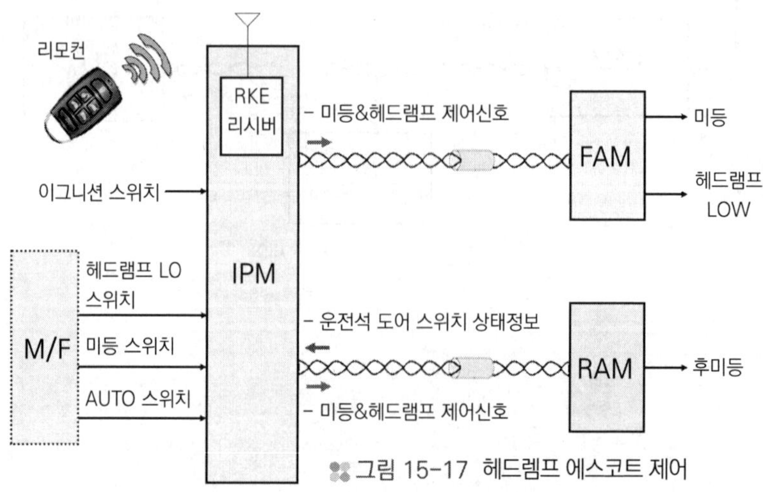

그림 15-17 헤드렘프 에스코트 제어

1) 조건 1: 헤드램프 LOW 스위치 ON & 키 OFF & 운전석 도어 개폐

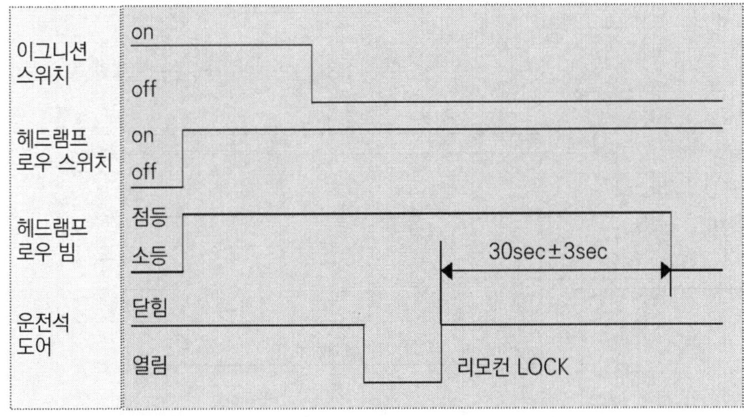

그림 15-18

2) 조건 2: AUTO 스위치 ON(헤드램프 점등) & 키 OFF & 운전석 도어 개폐

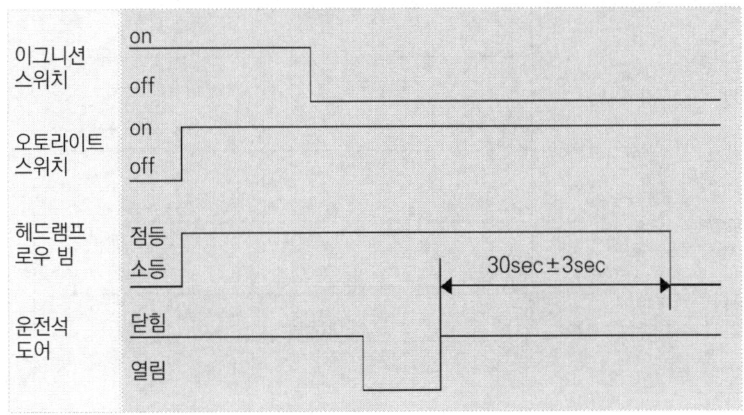

그림 15-19

3) 조건 3: 헤드램프 스위치 ON & 키 OFF & 운전석 도어 개폐 & 30초 이내 헤드램프 스위치 OFF

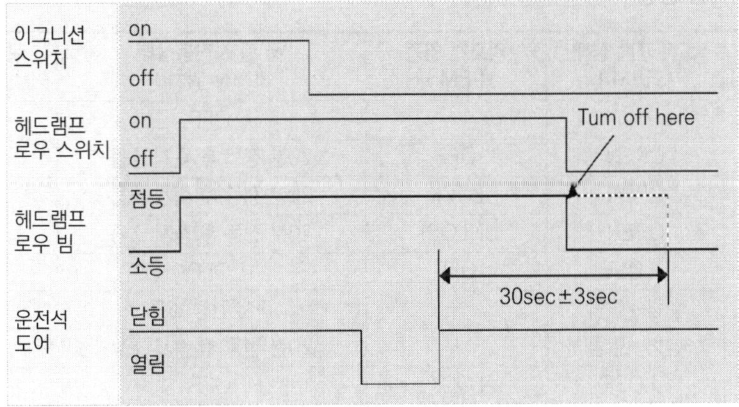

그림 15-20

4) 조건 4: 헤드램프 스위치 ON & 키 탈거 & 운전석 도어 열린 상태 유지

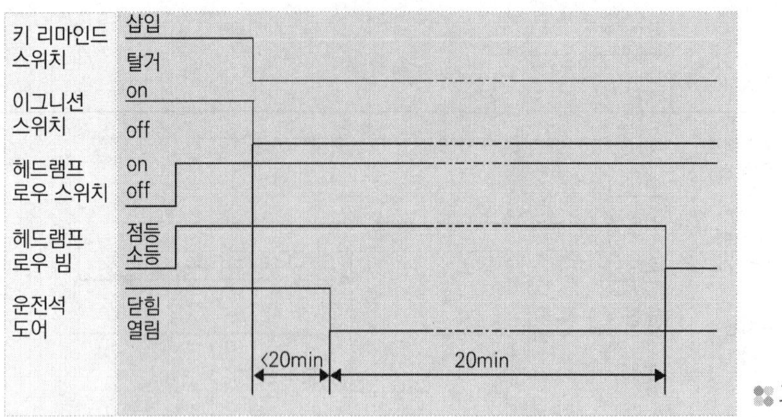

그림 15-21

5) 조건 5: 헤드램프 스위치 ON & 키 탈거 & 운전석 도어 닫힌 상태 유지

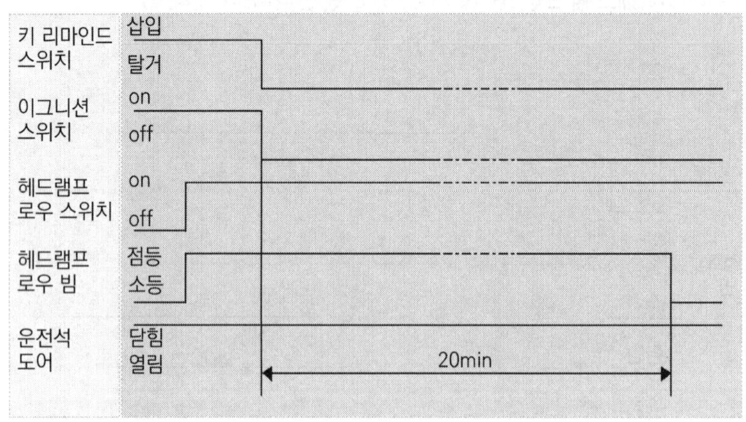

그림 15-22

(8) 실내등 제어

표15-4 실내등 작동 상황

룸 램프 스위치	도어 개폐 상태 (RAM)	리모컨 연동 (IPM)	룸 램프 작동상태 (Door 위치)	룸 램프 작동상태 (ON 위치)
ON	-	-	OFF	ON
Door	OPEN	OFF	20분 점등 후 즉시 소등	OFF
	OPEN	LOCK	20분 점등 후 즉시 소등	OFF
	OPEN	UNLOCK	20분 점등 후 즉시 소등	OFF
	CLOSE	OFF	OFF	OFF
	열림→닫힘	-	즉시 감광 소등	OFF
	닫힘→열림	-	20분 점등 후 즉시 소등	OFF
	CLOSE	LOCK	OFF	OFF
	CLOSE	UNLOCK	30초 점등 후 즉시 소등	OFF

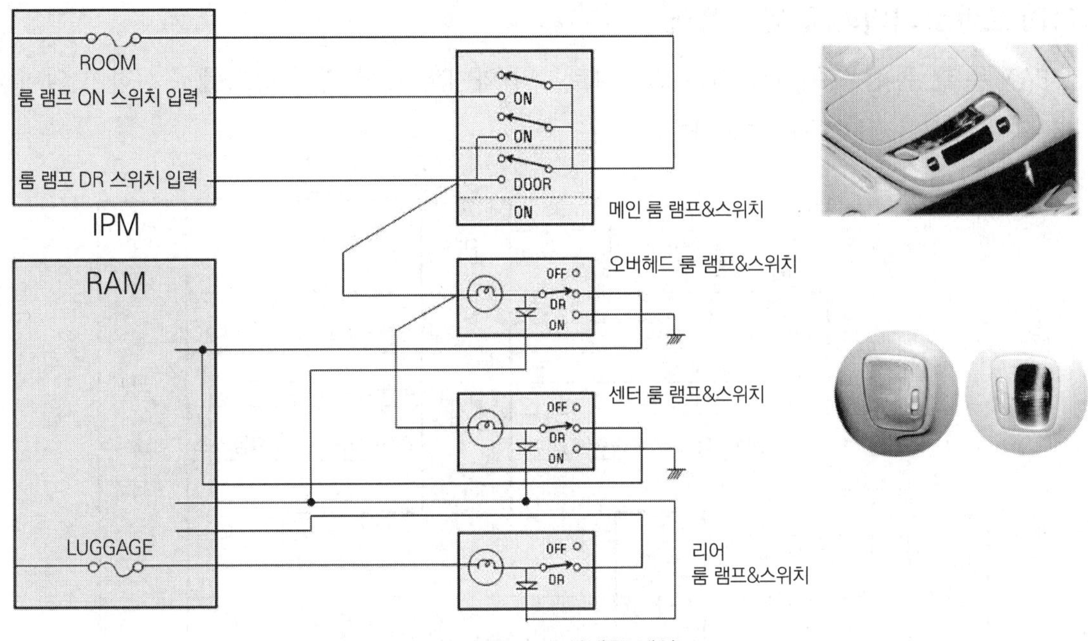

그림 15-23 실내등 제어

(9) 패널 라이트 및 스위치 조명등 제어

IPM은 멀티펑션 스위치 및 조도센서의 신호를 수신하여 패널라이트 및 각종 스위치 조명 신호를 출력한다.

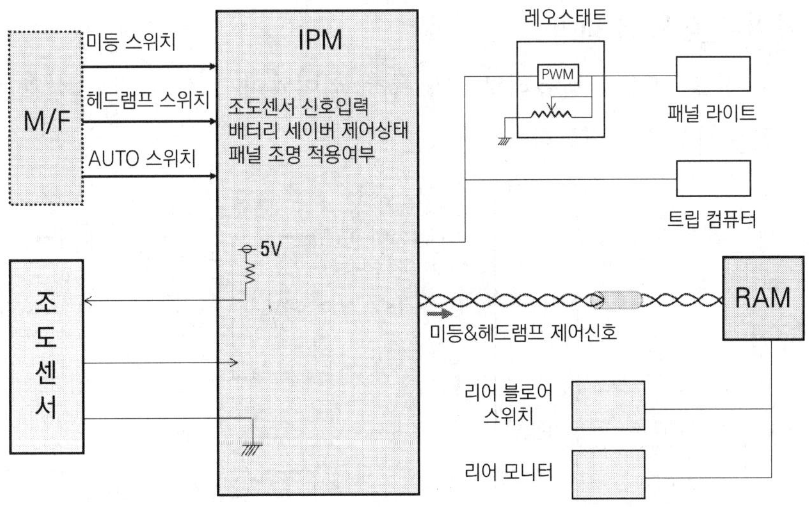

그림 15-24 패널 라이트 및 스위치 조명등 제어

(10) 프런트 와이퍼 및 와셔 제어

FAM은 캔 통신을 통해 인패널 컴퓨터로부터 와이퍼 제어 관련 신호를 수신하여 와이퍼, 와셔의 구동 신호를 출력한다.

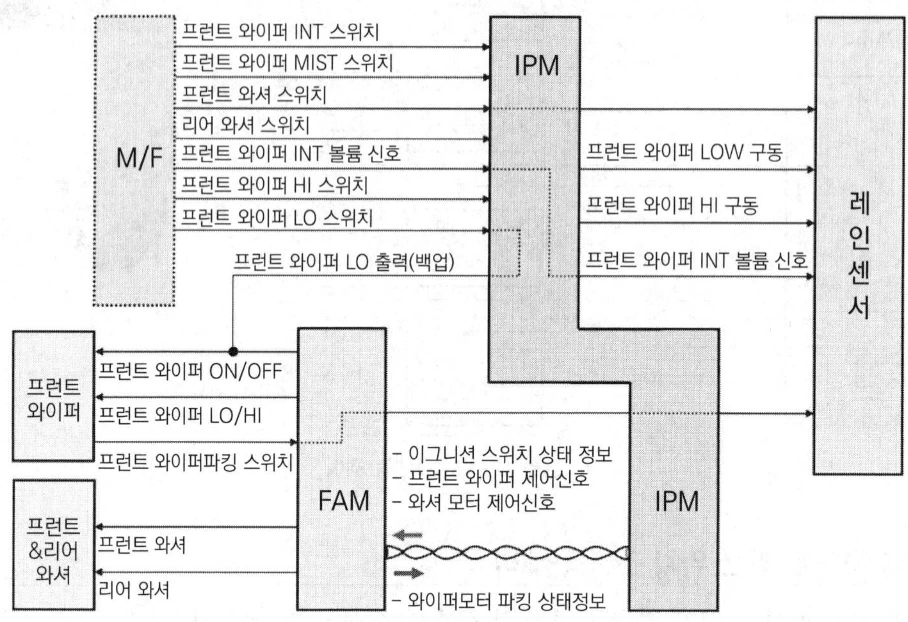

그림 15-25 프런트 와이퍼 및 와셔 제어

(11) 리어 와이퍼 및 와셔 제어

RAM은 캔 통신을 인패널 컴퓨터로부터 통해 리어와이퍼 제어 관련 신호를 수신하여 리어 와이퍼 구동 신호를 출력한다.

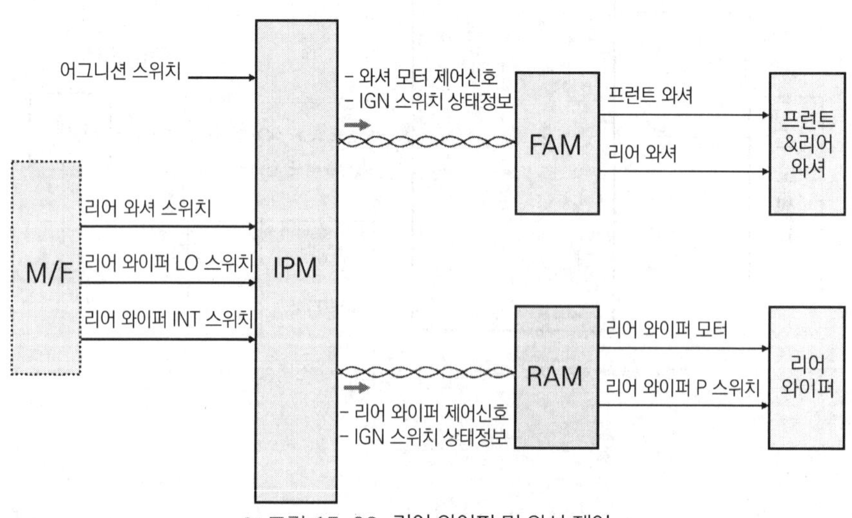

그림 15-26 리어 와이퍼 및 와셔 제어

(12) 열선 제어

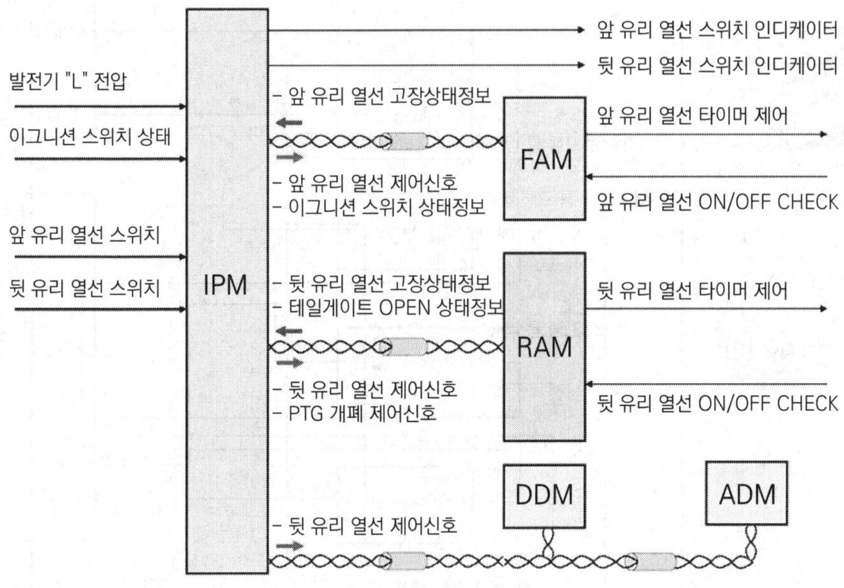

그림 15-27 열선 제어

(13) 파워 윈도우 제어

순위	제어 기능	제어(판정)모듈	비고
1	파워윈도우 세이프티 제어 : 운전석 Only	세이프티 ECU	← DDM 그림 15-28 파워 윈도우 모터 및 세이프티 ECU
2	파워윈도우 록 제어	DDM	CAN data
3	리모컨 연동 파워윈도우 제어	DDM	← IPM
4	파워윈도우 타이머 제어	IPM	CAN data
5	슬라이딩 도어 파워윈도우 제어	RAM	
6	쿼터 글라스 파워윈도우 제어	RAM	

(14) 경고등 및 인디게이터 제어

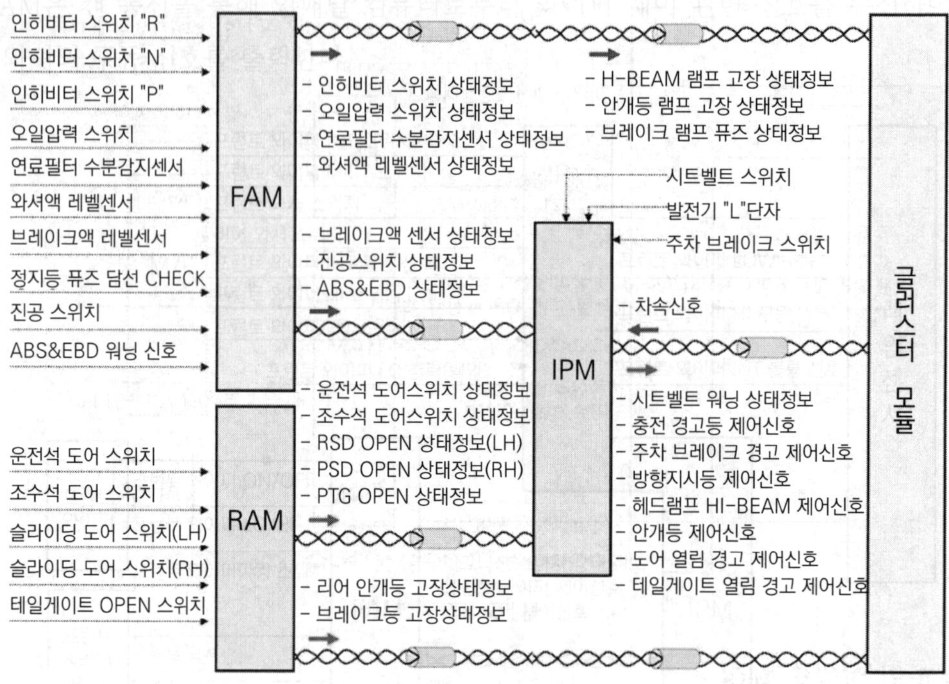

인히비터 스위치 "R"
인히비터 스위치 "N"
인히비터 스위치 "P"
오일압력 스위치
연료필터 수분감지센서
와셔액 레벨센서
브레이크액 레벨센서
정지등 퓨즈 담선 CHECK
진공 스위치
ABS&EBD 워닝 신호
FAM
- 인히비터 스위치 상태정보
- 오일압력 스위치 상태정보
- 연료필터 수분감지센서 상태정보
- 와셔액 레벨센서 상태정보
- 브레이크액 센서 상태정보
- 진공스위치 상태정보
- ABS&EBD 상태정보
- H-BEAM 램프 고장 상태정보
- 안개등 램프 고장 상태정보
- 브레이크 램프 퓨즈 상태정보
시트벨트 스위치
발전기 "L"단자
주차 브레이크 스위치
- 차속신호
IPM
클러스터 모듈
운전석 도어 스위치
조수석 도어 스위치
슬라이딩 도어 스위치(LH)
슬라이딩 도어 스위치(RH)
테일게이트 OPEN 스위치
RAM
- 운전석 도어스위치 상태정보
- 조수석 도어스위치 상태정보
- RSD OPEN 상태정보(LH)
- PSD OPEN 상태정보(RH)
- PTG OPEN 상태정보
- 리어 안개등 고장상태정보
- 브레이크등 고장상태정보
- 시트벨트 워닝 상태정보
- 충전 경고등 제어신호
- 주차 브레이크 경고 제어신호
- 방향지시등 제어신호
- 헤드램프 HI-BEAM 제어신호
- 안개등 제어신호
- 도어 열림 경고 제어신호
- 테일게이트 열림 경고 제어신호

그림 15-29 경고등 및 인디게이터 제어

하이브리드 자동차

학습목표

1. 하이브리드 자동차의 필요성을 설명할 수 있다.
2. 하이브리드 자동차의 종류와 작동을 설명할 수 있다.
3. 연료전지(fuel cell)의 특징과 작동을 설명할 수 있다.
4. 하이브리드 자동차의 구조와 작동을 설명할 수 있다.
5. 주행상태에 따른 배터리 제어를 설명할 수 있다.

Chapter 01 하이브리드(hybrid) 자동차 개요

하이브리드 자동차는 엔진과 모터를 설치하여 차량의 속도나 주행상태 등에 따라 엔진과 모터의 힘을 적절하게 제어함으로써 자동차의 운행효율을 극대화한 자동차이다. 또한 하이브리드 자동차는 외부 전원을 이용한 충전장치가 없고 엔진의 여유 구동력을 이용하여 배터리를 충전하기 때문에, 기존의 내연기관에 비하여 고연비, 고효율의 자동차로서 유해 배출가스를 줄일 수 있는 친환경자동차이다. 그러나 엔진이 설치된 하이브리드 자동차를 기존의 내연기관 자동차와 전기자동차와 비교했을 때, 종합적인 효율의 향상이라는 과제에 직면한다.

전기 자동차는 발전소의 발전효율과 배터리의 충전·방전 효율, 모터 효율, 충전기 효율, 송전효율 등을 고려하면 10·15모드로 주행할 때 종합효율이 약 21% 정도이며, 가솔린엔진 자동차는 종합효율이 약 14% 정도이다. 그러나 하이브리드 자동차에는 발전기를 설치하기 때문에 송전손실이 적다. 또한, 발전한 전력을 직접 모터로 공급할 수 있으므로 충전 및 방전에 의한 손실이 적어서 하이브리드 자동차의 종합효율은 약 25% 정도이다. 한편, 배기가스 배출량을 살펴보면, 하이브리드 자동차는 촉매를 높은 효율로 이용할 수 있으므로 화석연료를 사용하는 자동차보다 질소산화물(NOx)을 1/10에서 1/100까지 감소시킬 수 있다. 이와 같이 하이브리드 자동차는 부하의 변동을 최적화하여 엔진을 특정부하에 맞추어 설계하면 효율을 최상으로 향상시킬 수 있으며, 내연기관의 효율 향상과 배터리 기술의 발전이 앞으로의 과제이다.

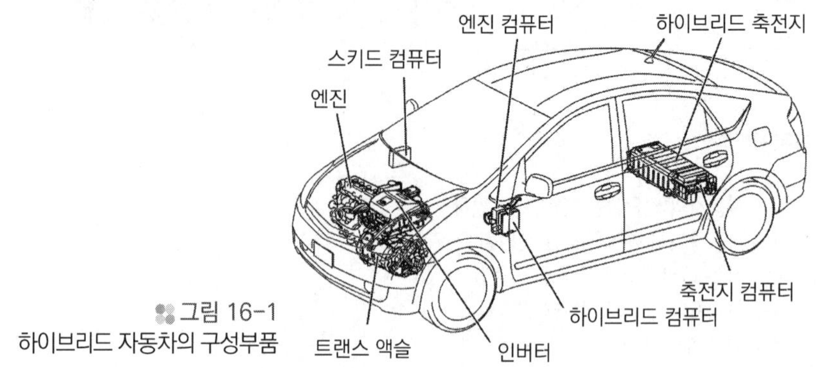

그림 16-1
하이브리드 자동차의 구성부품

Chapter 02 하이브리드 자동차의 형식

하이브리드 자동차는 일반적으로 2개의 동력원으로 내연기관과 배터리를 이용한 모터를 결합하여 구동된다. 즉, 가솔린 엔진과 모터, 수소를 연료로 하는 엔진과 연료전지, 천연가스와 가솔린 엔진, LPG 엔진 또는 디젤엔진과 모터 등 2개의 동력원을 함께 사용하는 자동차이다. 하이브리드 자동차는 엔진과 모터의 제어방식과 연결방식에 따라 직렬형, 병렬형, 직·병렬형으로 분류할 수 있다.

1 병렬방식 하이브리드자동차(parallel hybrid electric vehicle)

병렬방식 하이브리드 자동차는 변속기 앞·뒤에 엔진 및 모터를 병렬로 설치하고, 주행 상태에 따라 최적의 성능과 효율을 발휘할 수 있도록 자동차 구동에 필요한 동력을 엔진과 모터에 적절히 분배한다.

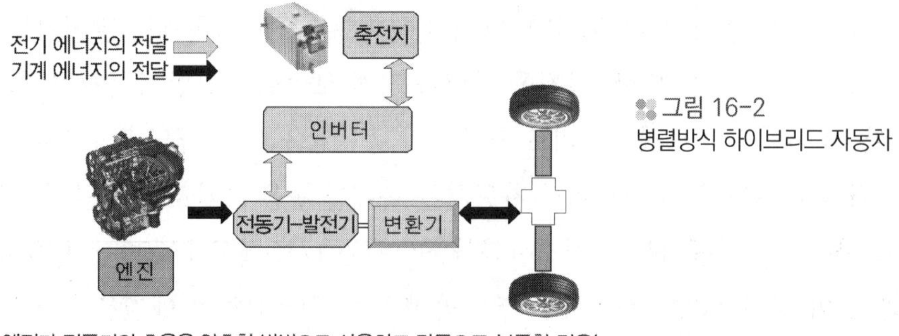

그림 16-2
병렬방식 하이브리드 자동차

병렬 하이브리드는 내연기관 자체가 구동축에 바로 연결되기 때문에, 직렬 하이브리드와 달리 엔진에서 만들어진 에너지를 전기에너지로 바꿀 필요 없이 바로 차량을 구동할 수 있다. 병렬 하이브리드 차량의 경우 출발과 저속 주행 단계에서는 전기모터를 사용하고, 일정 속도 이상으로 올라가면 내연기관을 이용하여 주행할 수 있다.

병렬형 하이브리드 자동차는 모터의 위치에 따라 FMED(Flywheel Mounted Electric Device) 방식과 TMED(Transmission Mounted Electric Device) 방식으로 구분할 수 있으며, 엔진을 구동하여 배터리 충전이 가능하기 때문에 외부 충전이 필요 없다. 또한 병렬방식은 기존의 자동차 구조를 이용할 수 있으므로 제조비용 면에서 직렬방식에 비해 유리하나, 동력전달 장치의 구조와 제어가 다소 복잡하다.

2 직렬방식 하이브리드 자동차(series hybrid electric vehicle)

직렬방식 하이브리드 자동차는 엔진, 발전기, 모터를 직렬로 연결한 것이다. 엔진은 발전기를 구동하는 역할만 수행하여 생성된 에너지를 배터리에 충전하며, 모터는 전체 자동차의 구동에너지를 담당하는 원리이다. 예를 들어 자동차를 움직일 때 모터가 자동차를 구동하며, 이후 자동차가 더 큰 힘을 요구하면 모터는 더 큰 에너지를 발휘하는데, 이때 배터리의 에너지 보유량은 떨어진다. 이때 배터리의 충전량을 보상하기 위해 엔진을 작동시켜 제너레이터를 구동한다. 따라서 고전압배터리의 에너지 충전량을 일정하게 유지하고, 모터는 충전된 배터리로부터 에너지를 공급받은 전기로 모터를 구동하여 자동차를 구동하는 방식이다.

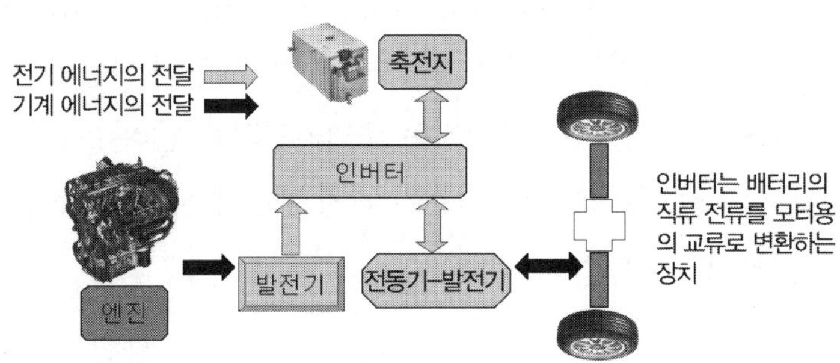

그림 16-3 직렬방식 하이브리드 자동차

직렬방식 하이브리드 차량은 전기자동차의 가장 큰 단점인 1회 충전으로 주행 가능한 거리를 늘리는 데 도움이 된다. 직렬형 하이브리드의 장점은 모터와 엔진을 분리 설치할 수 있으므로 자동차 레이아웃 설계 시 편하다는 점과 엔진의 효율이 가장 좋은 구간(RPM)에서 작동시켜 배터리를 충전할 수 있으므로 에너지 변환 효율이 높다는 점이다.

하지만 직렬형 하이브리드의 단점은 자동차 전체 에너지를 모터가 담당하기 때문에 큰 힘을 발휘하려면 구동토크가 큰 모터를 장착해야 하므로 배터리의 용량과 엔진의 크기도 커진다는 점이다. 따라서 직렬형 하이브리드 자동차는 차량의 크기 및 용도에 적합한 최적의 모터와 엔진, 배터리의 선정이 필요하다.

Chapter 03 연료전지(fuel cell)

1 연료전지의 개요

연료전지(fuel cell)의 원리는 물을 전기분해하면 수소와 산소로 분해할 수 있으며, 반대로 수소를 산화시켜 수소의 전자가 양극으로 이동하는 과정에서 전류를 얻고, 수소의 이온이 전해질을 통해 양극으로 이동한 후 산소와 만나는 과정에서 열이 발생하기 때문에 식수와 온수를 얻을 수 있다.

이러한 연료전지는 발전설비 분야와 제로 이미션 자동차(ZEV : zero emission vehicle)에 쓰인다. 제로 이미션 자동차, 즉, 수소자동차는 완전 무공해 자동차이기 때문에 미래의 자동차로 각광을 받고 있다. 또한 연료전지는 내연기관과는 달리 무연소 에너지 발생장치이므로 연소할 때 발생하는 유해한 배기가스가 없기 때문에 환경친화적인 동력발생 장치이며, 효율도 내연기관에 비해 높다.

2 연료전지의 특징

하이브리드 자동차는 화석연료를 이용하는 내연엔진을 제2의 동력원으로 사용하기 때문에 전기자동차와는 달리 완전 무공해 자동차라고 할 수 없다. 이와 같은 배경에서 가솔린 엔진 자동차와 비슷한 정도로 긴 주행거리를 갖는 하이브리드 전기자동차의 장점을 살리면서, 하이브리드 전기자동차의 가장 큰 단점인 유해 배기가스의 발생을 보완해 줄 수 있는 것이 연료전지 하이브리드 전기자동차이다. 연료전지 하이브리드 전기자동차는 자동차를 구동시키는 주요 동력원으로 전기자동차의 모터와 배터리를 이용하며, 제2의 동력원으로는 하이브리드 전기자동차에 사용하던 내연기관 대신에 연료전지를 사용한다. 연료전지는 수소와 산소가 화학적 결합 반응을 할 때 발생하는 전기에너지를 이용하는 형태이며, 연료전지는 다음과 같은 장점이 있다.

① 연료전지는 완전 무공해 동력원이다.
② 연료전지는 수소와 산소가 공급되면 항상 전기에너지가 발생한다.
③ 연료전지는 내연엔진에 비해 2배 정도의 에너지 효율을 갖는 고효율 동력원이다.

또 연료전지 하이브리드 전기자동차는 다음과 같은 장점이 있다.

① 동력원으로 무공해의 배터리와 무공해의 연료전지를 사용하므로 완전 무공해 자동차이다.
② 연료전지 하이브리드 자동차는 연료로 수소가스나 메탄올, 에탄올, 기존의 가솔린 엔진을 그대로 사용할 수 있기 때문에, 연료주입에 필요한 시간이 전기자동차를 재충전하기 위한 시간에 비해 훨씬 짧다.
③ 연료전지 하이브리드 자동차는 제2의 동력원으로 수소를 연료로 사용하는 연료전지를 사용함에 따라, 가솔린 엔진 자동차와 동일한 수준의 주행거리를 가질 수 있다.
④ 고효율의 연료전지 사용으로 인해 자동차의 연료소비율이 매우 향상된다.
⑤ 화석연료를 사용하지 않기 때문에 에너지원의 다양화를 이룰 수 있다.

3 연료전지의 작동원리

연료전지의 구조를 살펴보자면, 전해질을 사이에 두고 두 전극이 샌드위치의 형태로 위치한다. 두 전극을 통하여 수소이온과 산소이온이 지나가면서 전류를 발생 시키고 부산물로 열과 물을 생성한다. 연료전지의 음극(anode)을 통하여 수소가 공급되고 양극(cathode)을 통하여 산소가 공급되면, 음극을 통해 들어온 수소분자는 촉매(catalyst)에 의해 양성자와 전자로 나누어진다.

나누어진 양성자와 전자는 서로 다른 경로를 통해 양극에 도달하는데, 양성자는 연료전지의 중심에 있는 전해질(electrolyte)을 통해 흘러가고, 전자는 외부회로를 통해 이동하면서 전류를 흐르게 하며 양극에서는 다시 산소와 결합하여 물이 된다.

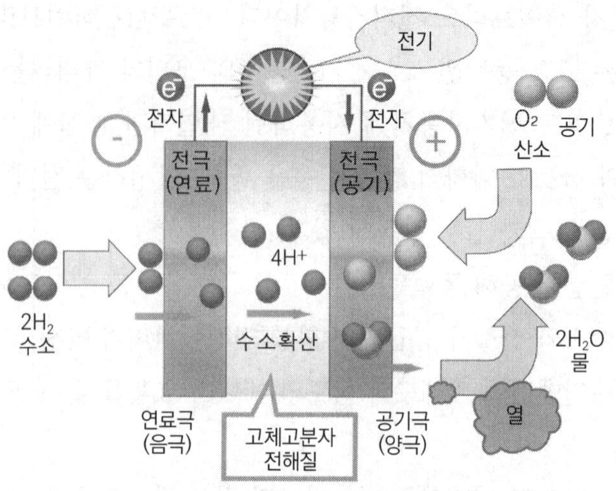

그림 16-4 연료 전지의 작동원리

4 연료전지의 발전장치

연료전지를 이용한 발전장치는 다음과 같이 3부분으로 구성된다.

① 연료 처리기구(fuel processor)는 천연가스나 메탄올, 가솔린 등 탄화수소 연료를 진한 수소가스로 개질시키는 장치다. 이렇게 개질된 수소가스와 공기 중의 산소는 전류를 얻기 위해 출력영역(power section)으로 공급된다.

② 출력영역(power section) 내에서 화학적 반응으로 발생한 전류는 직류(DC)전류이며, 출력영역은 원하는 양의 전력을 얻기 위하여 여러 개의 연료전지 다발(fuel cell stack)로 구성되어 있다.

③ 출력영역에서 출력된 직류전류는 출력 조절기(power conditioner)를 통해 교류(AC)전류로 변환된다.

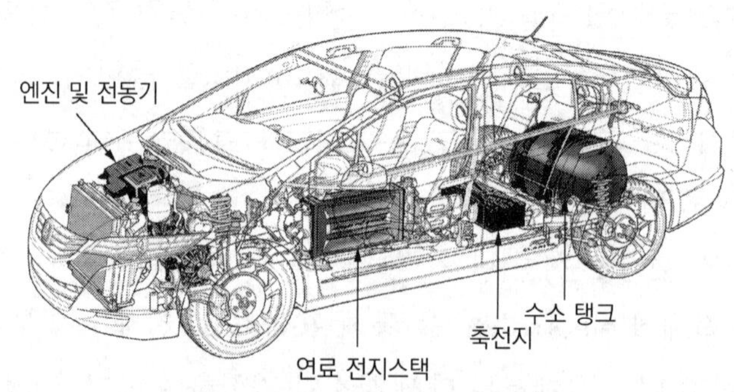

그림 16-5 연료전지 하이브리드 자동차

Chapter 04

하이브리드 자동차의 구성

1 하이브리드 자동차용 엔진

하이브리드 자동차용 엔진은 알루미늄 합금을 사용하여 경량화와 함께 내부의 마찰손실을 최소화하여 연료소비율을 향상시키고, 유해 배출가스를 감소시킨다. 최근 하이브리드 차량에서 주로 사용하는 앳킨슨 싸이클 엔진은 기존 MPI 엔진보다 출력은 다소 떨어지지만 하이브리드 시스템에서 효율적으로 모터의 출력을 보조할 수 있다.

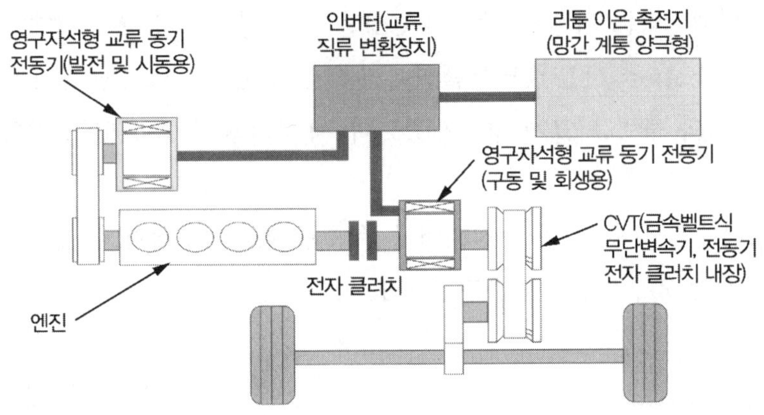

그림 16-6 하이브리드 자동차의 구성도

2 하이브리드용 변속기

하이브리드 자동차용 변속기는 동력 분배 장치, 발전기, 모터 및 감속기구로 구성된다. 엔진의 동력은 자동차에서의 동력과 발전기에서의 동력으로 나누어진다. 발전된 전력은 모터와 배터리로 공급된다. 발전기가 엔진의 회전속도를 무단계로 제어하여 전자제어 무단변속기와 같은 기능을 한다.

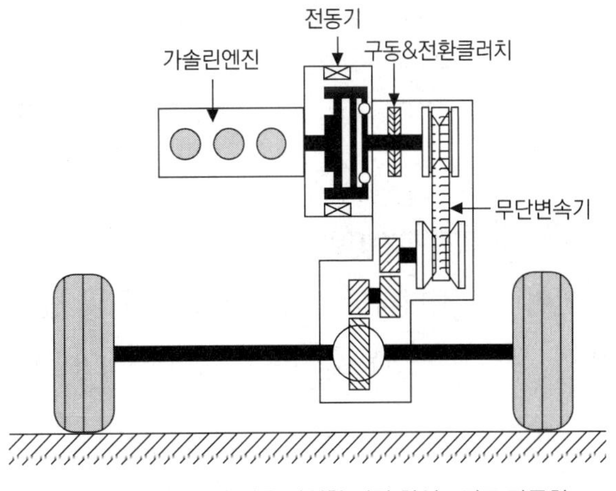

그림 16-7 무단변속기를 설치한 병렬 하이브리드 자동차

3 모터와 발전기

엔진의 보조동력원이 되는 모터는 다소 높은 효율의 3상교류모터를 사용한다. 이 모터는 제동을 할 때 자동차의 운동 에너지를 전기 에너지로 변환하여 배터리에 충전하는 역할도 한다. 발전기도 교류 동기형이며 배터리의 충전과 모터를 구동하는 전력을 발전하고, 충전량을 조정한다.

4 배터리(battery)

전기자동차용 배터리는 니켈카드뮴(Ni-Cd)전지, 니켈수소(Ni-MH)전지, 리튬이온 전지(Lithium-ion battery, LIB), 리튬폴리머 전지(Lithium-Polymer battery, LiPo) 등을 사용하여 용량과 출력을 크게 향상시켰으며, 배터리의 소형화 및 경량화가 가능하게 되었다.

발전기와 모터에 의해 충전 및 방전제어가 주행 중에도 이루어지며, 충전상태가 일정하게 조정되기 때문에 외부로부터의 충전이 필요 없다.

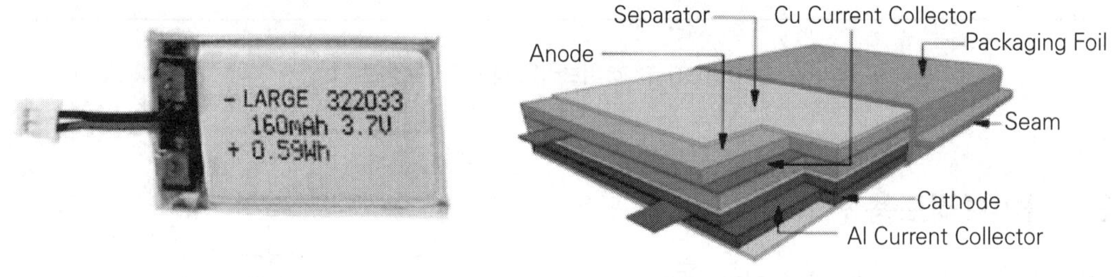

그림 16-8 리튬폴리머 배터리 구조

5 인버터(inverter)

인버터는 배터리의 직류전류를 모터 및 발전기 구동용의 교류전류로 변환시키는 기구이며, 충전되는 전류를 최적의 상태로 제어한다.

Chapter
05 주행상태에 따른 배터리 제어

1 시동모드

하이브리드 전기자동차는 배터리를 포함한 모든 전기 동력장치가 정상일 경우에는 모터를 이용하여 엔진 시동을 제어한다.

그러나 배터리에 이상이 있거나 배터리 충전상태가 규정 값 이하로 떨어지면, 하이브리드 컴퓨터가 모터를 이용한 엔진 시동을 중지시키고 12V 기동모터를 작동시켜 엔진시동을 제어한다.

2 출발 및 가속모드

출발 또는 가속모드에서 하이브리드 컴퓨터는 운전자의 요구 회전력을 연산하여 엔진과 모터의 회전력 분배량을 결정하고, 배터리의 충전상태에 따라 모터의 출력을 제어한다. 또 하이브리드 컴퓨터는 배터리의 충전상태가 낮은 경우에는 출발 또는 가속모드에서 모터 구동을 제한하거나 충전모드로 전환하는 충전상태에 따른 제어를 실행한다.

3 정속주행 모드

엔진과 모터의 부하가 낮은 정속주행 모드에서는 엔진의 동력과 모터의 동력을 효율적으로 관리하여 운행한다. 그러나 정속주행 모드일지라도 배터리의 충전 상태가 낮으면, 하이브리드 컴퓨터는 엔진의 여유출력이 발생하는 영역에서 충전모드로 전환하는 충전상태에 따른 제어를 실행한다.

4 감속 및 회생 제동모드

내연기관만을 사용하는 자동차에서는 제동할 때 발생하는 에너지가 열로 소멸되지만, 하이브리드 전기자동차에서는 모터를 발전모드로 전환하여 제동할 때 발생하는 에너지의 일부를 전기에너지로 회수한다. 하이브리드 컴퓨터는 배터리의 충전상태에 따라 감속 또는 제동모드에서 충전모드로 전환하는 회생 제동시스템을 실행한다.

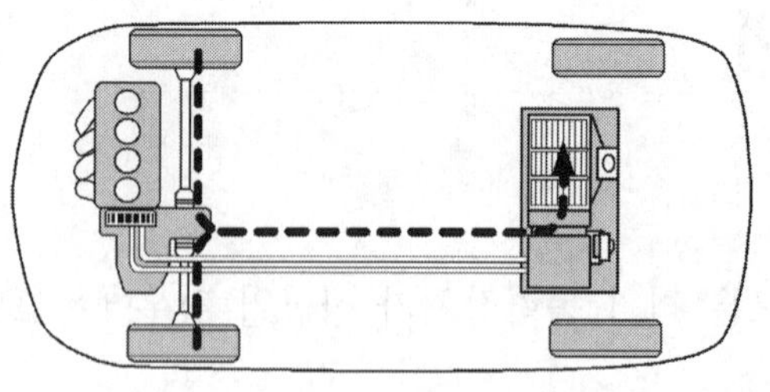

그림 16-9 감속 및 회생 제동모드

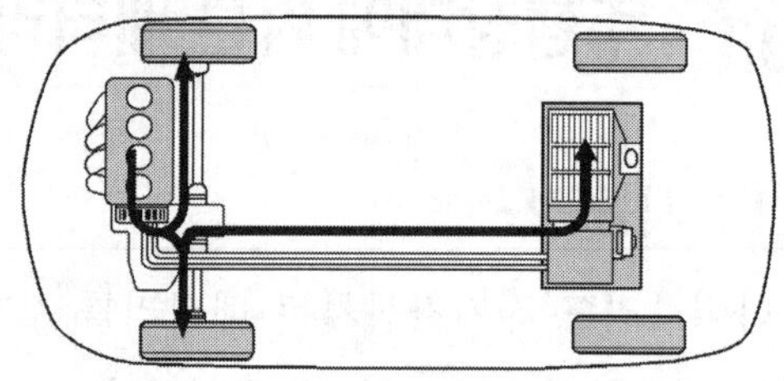

그림 16-10 정속주행 모드

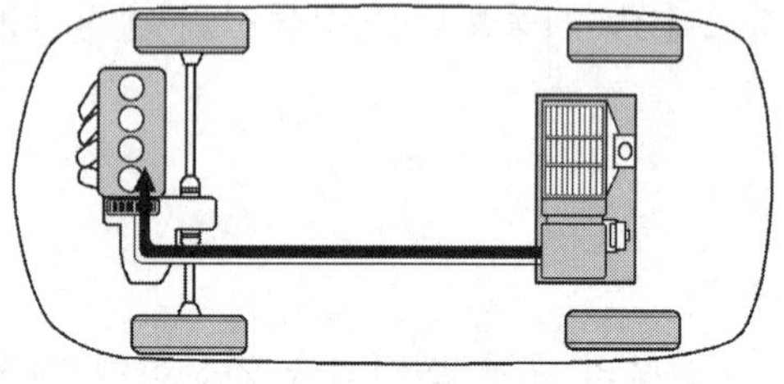

그림 16-11 시동모드

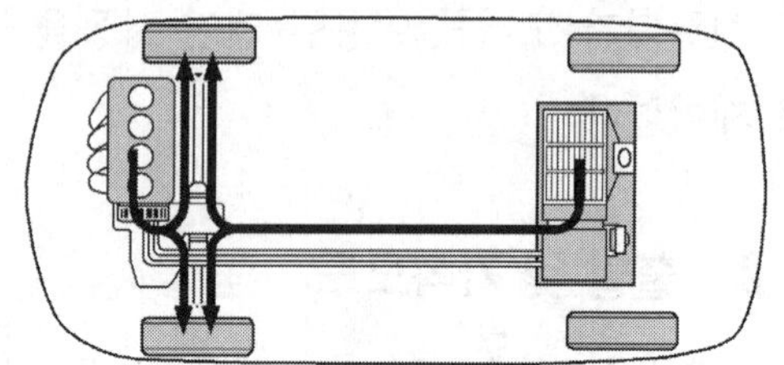

그림 16-12 출발 및 가속모드

5 자동정지 모드(공회전 정지)

자동차가 정지할 때 연료소비율을 줄이고, 유해 배기가스 배출을 감소시키기 위해 엔진의 작동을 자동으로 정지시키는 기능이다. 이때 배터리에서는 전장부하 만큼의 에너지만 DC - DC 컨버터를 통하여 방전된다. 하이브리드 컴퓨터는 자동정지 모드가 해제되면 모터를 이용하여 엔진의 시동과 연료분사를 제어하여 엔진을 다시 가동한다.

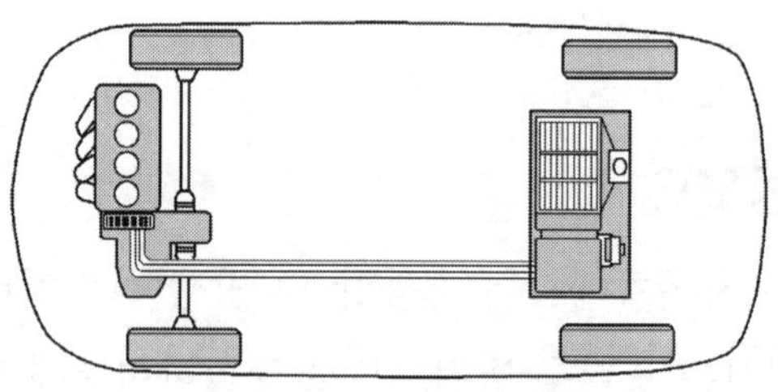

그림 16-13 자동정지 모드

Part 17 도난방지장치

학습목표

1. 자동차의 도난방지장치에 대해 알 수 있다.
2. 이모빌라이저 장치에 대해 알 수 있다.

자동차 도난방지장치에는 단순한 경보 수준의 장치부터 이모빌라이저(immobilizer) 장치까지 다양한 종류가 있다. 여기서는 일반적인 도난경보장치와 이모빌라이저 장치에 대해 설명한다.

Chapter 01 도난경보장치

1 도난방지장치의 개요 및 구성

도난경보장치는 대부분 종합경보 장치의 일부 기능이며, 자동차의 도난 상황이 발생하였을 때 경고음(사이렌)을 통하여 경보한다. 또, 시동회로를 차단하여 엔진이 시동되지 않도록 한다. 도난경보장치는 자동차에 등록된 리모컨에 의해 작동되며, 그림 17-1과 17-2는 도난방지장치의 개략도와 회로도의 한 예이며, 자동차 종류에 따라서 차이가 있다. 그리고 요소별 기능과 작동은 다음과 같다.

① **리모컨** : 도어의 잠금(lock)/풀림(unlock) 스위치 정보를 무선으로 수신기로 송출한다.

② **수신기** : 리모컨으로부터 입력받은 신호가 사전에 등록된 코드와 일치하는지를 비교하여 일치하면 잠금에서는 5ms 동안 트랜지스터를 ON으로 하고, 풀림에서는 100ms 동안 ON으로 한다.

③ **ECU** : 수신기 트랜지스터의 ON/OFF에 따른 전압 및 시간의 변화 및 각종 입력정보를 종합적으로 판단하여 도어의 잠금 및 도난경계 모드 진입 또는 잠금 풀림 및 도난

경계 모드 해제를 실행한다.

④ 출력 : 도난경계 상태로 진입, 경보, 해제할 때 작동하는 요소들이다.

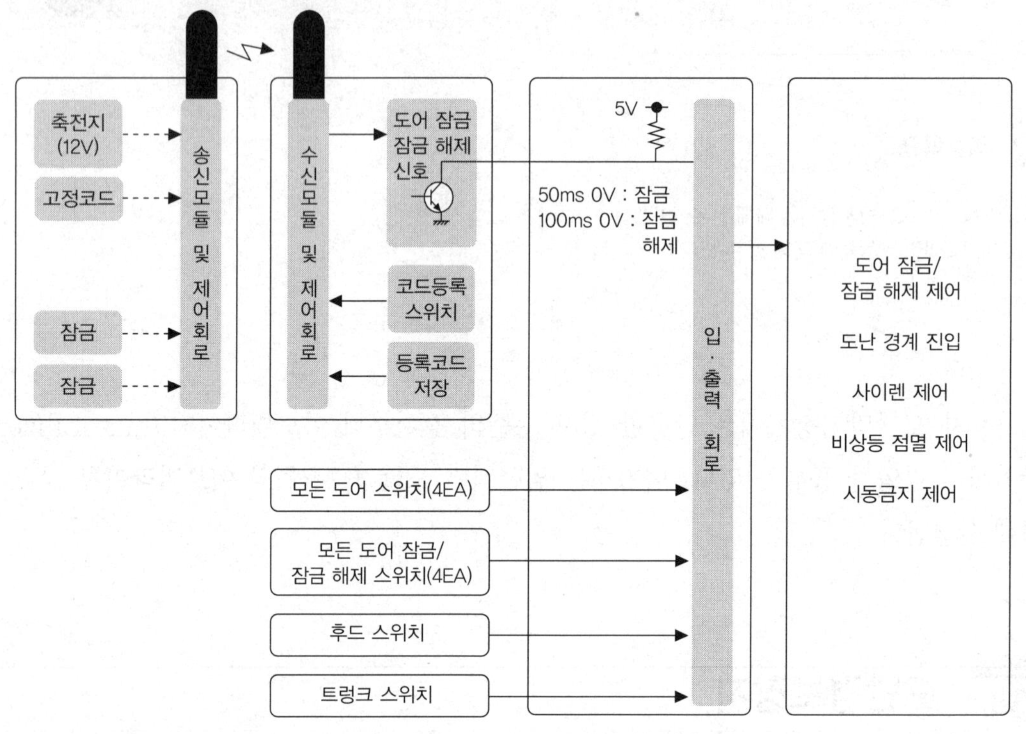

그림 17-1 도난경보 장치의 개략도

2 도난방지장치의 주요제어

(1) 도난경계 모드 진입

도난경계 모드는 도난상황이 발생하였을 때 도난경보 모드로 진입하기 위한 전 단계이다. 컴퓨터(ECU)는 수신기로부터 도어 잠금 신호(50ms 동안 트랜지스터를 ON)가 입력되면 각종입력 정보들을 확인하고, 다음의 조건을 만족하면 경계상태로 진입한다. 다음의 조건을 하나라도 만족하지 않으면 도난경계 상태로 진입하지 않는다.

① 후드스위치(hood switch)가 닫혀있을 것.

② 트렁크스위치가 닫혀있을 것.

③ 모든 도어의 도어스위치가 닫혀있을 것.

④ 모든 도어의 도어 잠금 스위치가 잠겨있을 것.

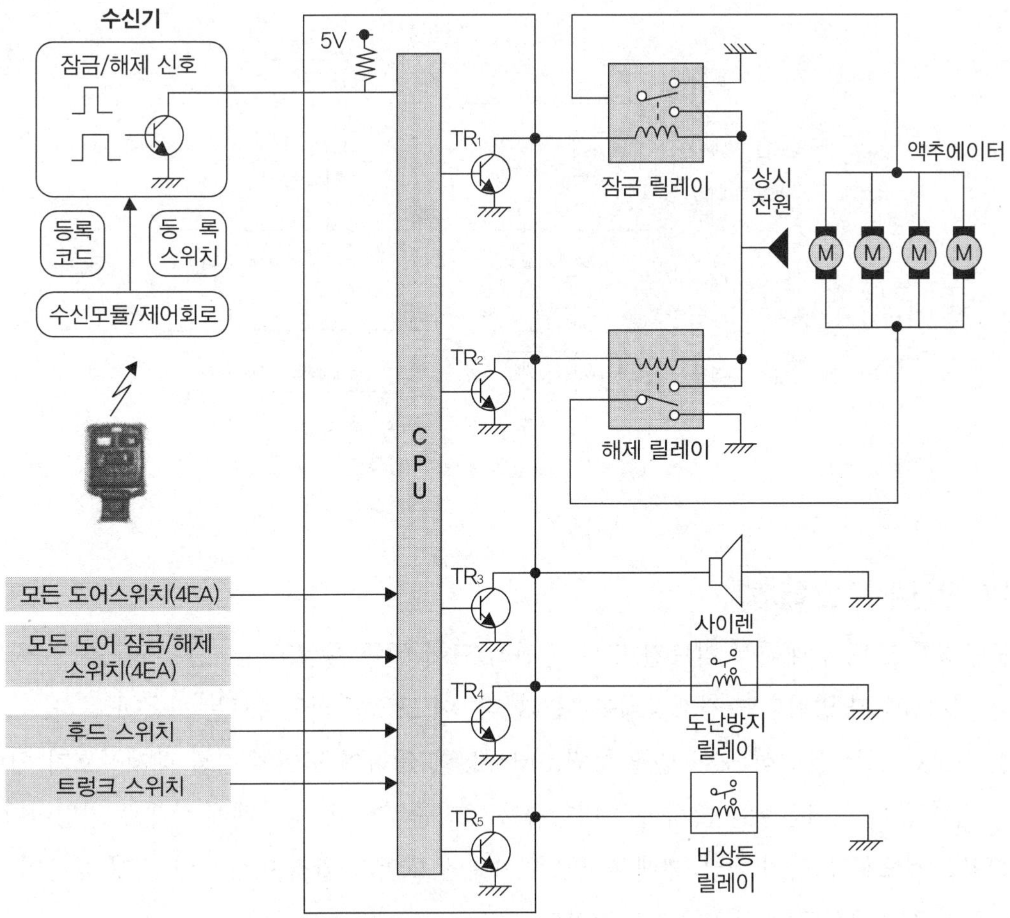

그림 17-2 도난경보장치의 회로도

도난경계 모드의 타임차트는 다음과 같다.

① 컴퓨터는 후드와 트렁크 그리고 모든 도어가 닫힌 상태에서 리모컨의 잠금 신호가 수신되면, 도어 잠금과 비상등 구동신호를 출력하고 경계상태로 진입한다.

② 컴퓨터는 후드, 트렁크, 각 도어 중 어느 하나라도 열린 상태로 리모컨의 잠금 신호를 수신한 경우 도어 잠금만 수행하고 비상등은 출력하지 않으며, 경계상태로도 진입하지 않는다.

③ 위 ②항 상태에서 각 도어가 완전히 닫힌 경우, 비상등을 출력하고 경계상태로 진입한다.

④ 경계상태에서 리모컨 잠금 신호를 수신하면 비상등을 1회 출력한다.

⑤ 경계상태의 진입은 리모컨과 운전석도어 손잡이로 가능하며, 경계상태 진입 이후 일정 시간이 지나면 슬립 모드로 진입한다.

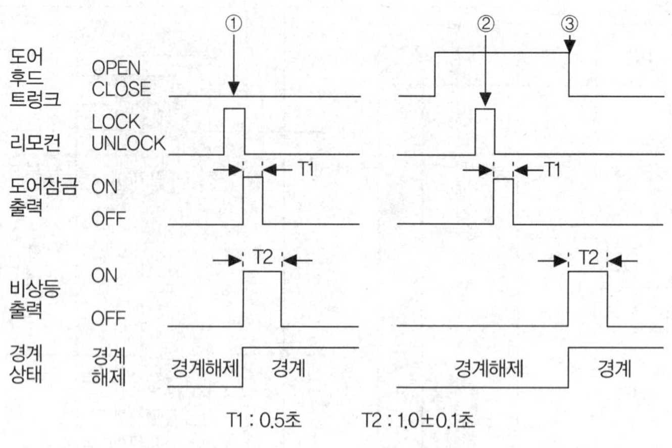

그림 17-3 도난경계 모드 타임차트

(2) 도난경계 모드 해제

도난경계 모드 상태에서 리모컨 또는 운전석 도어 핸들 풀림(unlock)에 의하여 도어의 잠금 해제신호가 입력되면 경계상태를 해제한다. 이 모드의 타임차트는 다음과 같다.

① 리모컨 또는 운전석 도어 핸들 풀림(unlock)에 의하여 도어의 잠금 해제신호가 입력되면 잠금 해제신호를 출력하고 비상등을 2회 출력하며, 경계해제 상태로 진입한다.

② 리모컨으로 도어의 잠금 해제 후 30초 이내에 도어가 열리지 않으면 도어 잠금이 되면서 자동으로 경계상태에 재진입한다.

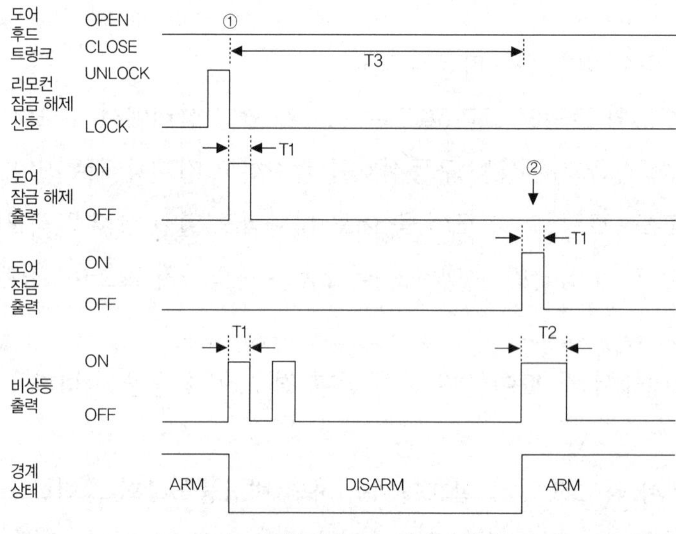

그림 17-4 도난경계 모드 해제 타임차트

(3) 도난경보 모드

도난경보 모드는 경계상태에서 외부의 침입이 발생하였을 때, 경고음을 작동시킴과 동시에 엔진의 시동이 되지 않도록 하여 자동차의 도난을 방지하는 모드이다. 경계상태에서 각종 도어 중 1개 이상이 열리면 도난방지 릴레이를 ON으로 하여 시동회로를 차단하고, 비상등과 차량의 경고음을 주기적으로 작동시킨다. 그리고 컴퓨터(BCM)는 도난상황, 즉 경보모드 진입상태에서는 시동회로를 차단하여 차량이 시동되지 않도록 한다.

(4) 경보모드 해제

경보 중 리모컨으로 도어 잠금을 해제하면 잠금 해제출력을 0.5초 동안 ON으로 하고, 비상등 점멸 및 경고음 구동을 정지하고 도난방지 릴레이를 OFF시켜 경계 해제상태가 된다.

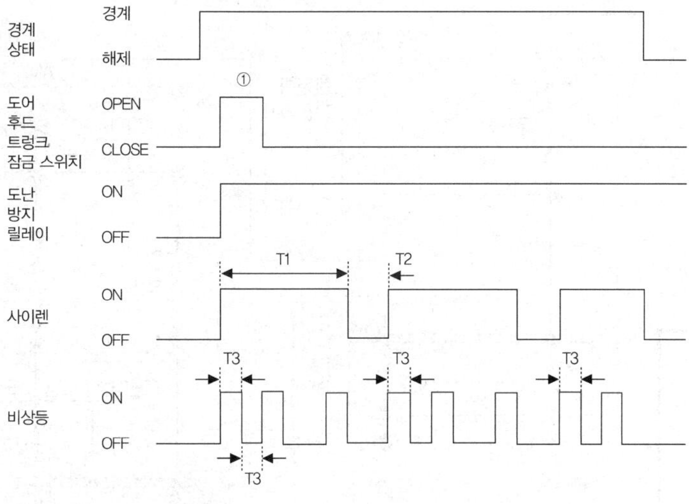

그림 17-5 도난경보 모드 타임차트

T1 : 0.1초
리모컨
잠금 해제
신호
UNLOCK
LOCK
T1
도어
잠금해제
출력
ON
OFF
T1
비상등
출력
ON
OFF
T1
사이렌
ON
OFF
도난
방지
릴레이
ON
OFF
경계
상태
경계
해제
ARM
DISARM

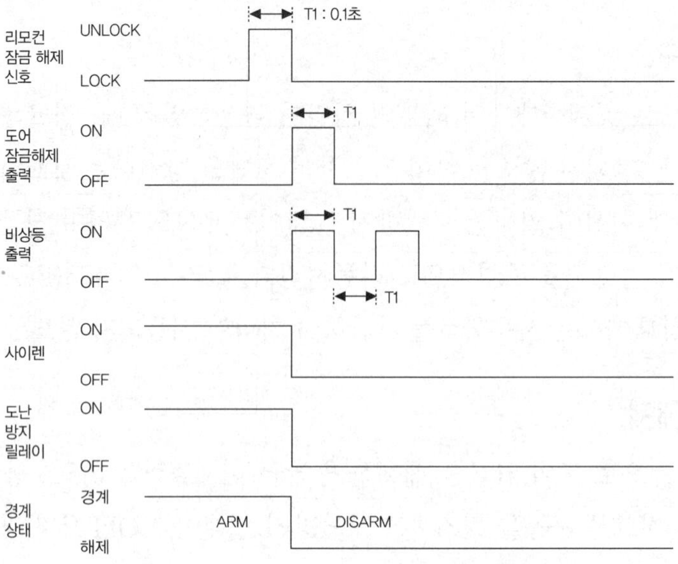

그림 17-6 도난경보 모드 해제 타임차트

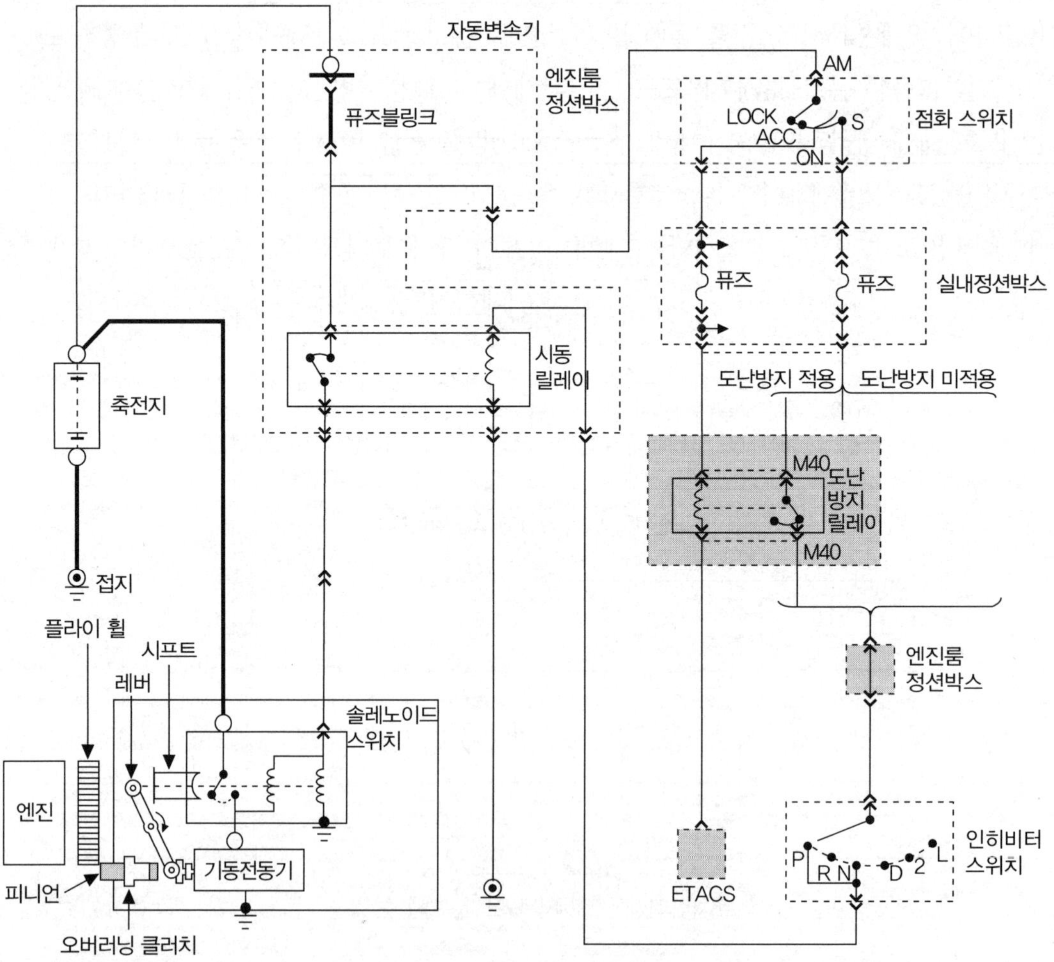

자동변속기
엔진룸
정션박스
퓨즈블링크
AM
LOCK
ACC
ON
S
점화 스위치
퓨즈
퓨즈
실내정션박스
시동
릴레이
축전지
도난방지 적용
도난방지 미적용
M40
도난
방지
릴레이
M40
접지
플라이 휠
시프트
레버
엔진룸
정션박스
솔레노이드
스위치
엔진
기동전동기
피니언
오버러닝 클러치
ETACS
P
R
N
D
2
L
인히비터
스위치

그림 17-7 도난방지 릴레이 회로도

Chapter 02

이모빌라이저(immobilizer) 장치

이모빌라이저 장치는 무선통신으로 점화스위치가 기계적으로 일치할 뿐만 아니라 점화스위치와 자동차가 무선으로 통신하여 암호코드가 일치하는 경우에만 엔진이 시동되도록 한 도난방지장치이다. 이 장치에 사용하는 점화스위치(시동 S/W) 리모트컨트롤러(트랜스폰더)에는 자동차와 무선으로 통신할 수 있는 특수 반도체가 들어있다. 따라서 기계적으로 일치하는 복제된 점화스위치나 다른 수단으로는 엔진에 시동을 걸 수 없기 때문에 도난을 원천적으로 봉쇄할 수 있다. 앞에서 설명한 도난방지장치와는 차원이 다른 장치이며, 자동차 종류마다 장치의 구성 및 원리는 차이가 있다. 여기서는 그 한 예를 설명하도록 한다.

1 이모빌라이저 장치의 구성

점화스위치를 ON으로 하면 엔진 컴퓨터는 스마트 스위치(리모컨key)에 점화스위치 정보와 암호를 요구한다. 이때 스마트 리모컨은 안테나 코일을 구동(전류공급)함과 동시에 안테나 코일을 통해 트랜스폰더(transponder)에 점화스위치 정보와 암호를 요구한다. 따라서 트랜스폰더는 안테나 코일에 흐르는 전류에 의해 무선으로 신호를 공급받음과 동시에 점화스위치 정보와 암호를 무선으로 송신한다.

트랜스폰더에 송신된 점화스위치 정보는 무선으로 안테나 코일에 전달되고 스마트라를 거쳐 엔진 컴퓨터로 전달된다. 엔진 컴퓨터는 점화스위치 정보가 수신되면 이미 등록된 정보와 비교·분석하여 일치하는 경우에는 엔진을 시동하고, 일치하지 않는 경우에는 시동금지 기능을 실행하는데, 시동을 금지할 경우에는 점화장치 또는 연료분사를 차단한다. 또한 장치의 고장 여부를 경고등 제어를 통하여 운전자에게 알려준다.

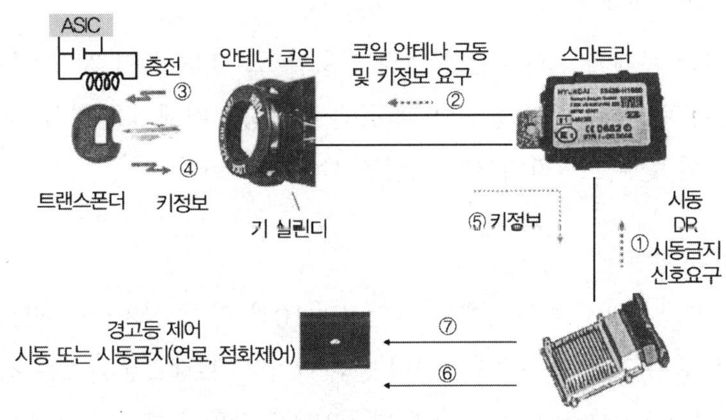

그림 17-8 이모빌라이저 장치의 구성 및 에어원리

2 트랜스폰더(transponder)의 충·방전 원리

전류가 흐르는 안테나 코일에 트랜스폰더가 가까이 접근하면 트랜스폰더에 들어 있는 코일에 전자유도 작용이 일어난다. 이때 축전기(condenser)가 충전된다. 따라서 트랜스폰더는 점화스위치를 ON으로 한 직후 작동할 수 있는 에너지를 얻고, 동시에 스마트라로부터 점화스위치 정보와 암호를 요구하는 신호를 수신한다. 그리고 축전기가 충전되면 곧바로 방전되면서 무선으로 점화스위치 정보를 송신한다.

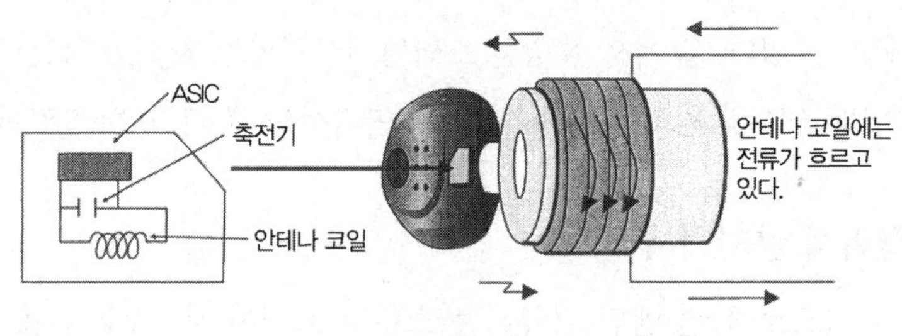

그림 17-9 트랜스폰더의 충·방전

3 이모빌라이저 구성부품의 기능

(1) 엔진 컴퓨터(ECU)

엔진 컴퓨터(ECU)는 점화스위치를 ON으로 하였을 때 BCM를 통하여 차량의 고유 ID 코드 정보를 받고, 수신된 고유 ID 코드 정보를 이미 등록된 고유 ID 코드 정보와 비교·분석하여 엔진의 시동 여부를 판단한다.

(2) BCM (body control module)

BCM은 자동차의 본체에서 다양한 센서의 신호를 모니터링하여 제어하는 장치로서 엔진 컴퓨터(ECU)와 트랜스폰더가 통신할 때 중간에서 통신매체의 역할을 한다. 또한 차량의 도난경보 시스템 및 이모빌라이저 시스템을 제어·관리한다.

(3) 트랜스폰더(transponder)

트랜스폰더는 점화스위치 손잡이에는 그림 17-10과 같이 설치되어 있으며, 점화스위치 정보를 무선으로 주고받는 송수신기이며 중계기이다. 트랜스폰더에는 전지가 들어 있지 않기 때문에 반영구적으로 사용할 수 있다. 그러나 작동할 때는 무선으로 에너지를 공급받아 축전기의 충전과 방전을 통하여 작동한다.

트랜스폰더는 BCM으로부터 무선으로 점화스위치 정보 요구 신호를 받으면 자신이 가지고 있는 신호를 무선으로 보내는 역할을 한다. 따라서 이모빌라이저 장치에서 사용하는 점화스위치는 일반적으로 사용하는 것과는 다르다.

안테나 코일은 점화스위치 키 실린더에 구리선을 감아 일체형으로 한 것이다. 이 코일은 BCM로부터 전원을 공급받아 트랜스폰더(스마트키)에 무선으로 에너지를 공급하여 충전하는 작용을 한다. 그리고 BCM과 스마트키 사이의 정보를 전달하는 신호전달 매체로 작용을 한다.

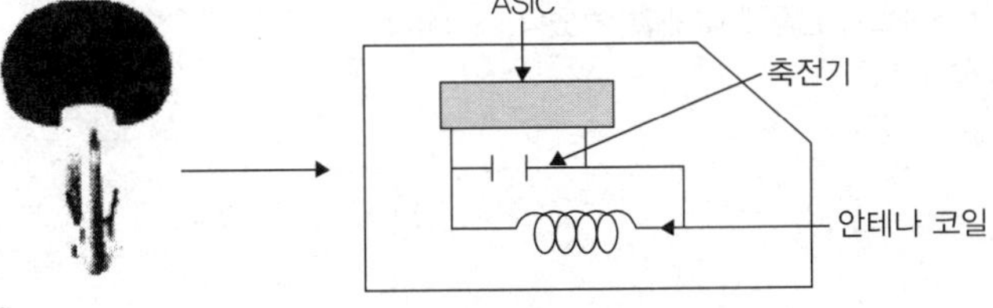

그림 17-10 트랜스폰더[4] 안테나 코일

(4) 트랜스폰더(스마트키) 등록

이모빌라이저 장치는 고유 ID를 부여받고 BCM에 등록된 점화스위치에 의해서만 엔진 시동이 가능하기 때문에, 트랜스폰더는 일정한 절차에 의해 등록하여야만 사용할 수 있다. 그림 17-11은 트랜스폰더(스마트키) 등록 방법의 예를 나타낸 것이다. 스마트키 트랜스폰더(Key) 등록 방법은 차량에 따라 다소 다르므로, 제작사의 정비지침서를 참고하여야 하며 스마트키 등록 시에는 보안 PIN 번호를 입력해야 한다.

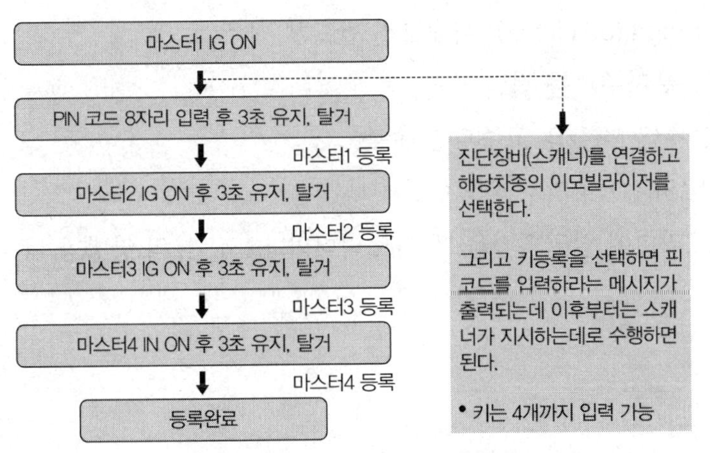

그림 17-11 트랜스폰더 등록절차

> Reference
>
> **PIN(Product Identification Number) 코드**(cord)란 차대번호 끝자리로 생성된 6자리 숫자의 암호로 암호화된 프로그램 장비에 의해 자동 생성되는 코드를 말한다. 트랜스폰더를 등록할 때와 BCM을 초기화할 때 필요하다.

스마트키

학습목표

1. 스마트키의 필요성에 대해 알 수 있다.
2. 스마트키의 구성요소에 대해 알 수 있다.
3. PIC 장치의 작용에 대해 알 수 있다.
4. 파워모드 인증을 위한 스마트키 인증에 대해 알 수 있다.
5. 림프 홈 기능에 대해 알 수 있다.
6. 경고등 제어에 대해 알 수 있다.

Chapter 01 스마트키의 개요

스마트키 장치는 스마트키 또는 카드를 소지한 운전자가 도어 잠금 및 잠금 해제, 점화스위치 조작 및 엔진의 시동을 컨트롤할 수 있는 시스템이다. 스마트 키의 구성품은 다음과 같다.

① 마이크로 컨트롤러: 리모트 컨트롤, 트랜스폰더, 이모빌라이저, ID카드 내장.

② ASIC(Application specific integrated circuit): 비메모리 반도체 칩.

③ 트랜스폰더: 코일이 작동하도록 저주파를 전달.

④ RF(Radio frequency)안테나: 433 MHz의 고주파를 송출.

⑤ LF(Lowfrequency)안테나: 125KHz의 저주파를 수신.

⑥ 트랜스폰더 코일: 카드가 카드리더에 삽입되었을 때 카드리더와 125KHz의 양방향 LF 통신 수행.

스마트키는 기존 자동차 입·출입 및 시동 방법과 비교할 때 다음과 같이 구분된다.

항목	기존방식	스마트키 장치
도어 열림	• 점화스위치를 키 실린더에 끼운 후 잠금 해제 방향으로 회전. • 리모컨의 잠금 해제(unlock)버튼 조작.	• 스마트키를 소지한 상태에서 도어 손잡이를 터치한다.
도어 잠금	• 점화스위치를 키 실린더에 끼운 후 잠금 방향으로 회전. • 리모컨의 잠금(lock)버튼 조작.	• 스마트키를 소지한 상태에서 도어 손잡이의 잠금 버튼을 누른다.
트렁크 열림	• 리모컨으로 트렁크 열림(open)버튼 조작.	• 스마트키를 소지한 상태에서 트렁크의 리드 핸들을 당긴다.
엔진 시동	• 점화스위치를 키 실린더에 끼운 후 시동위치로 조작하여 시동한다.	• 푸시버튼을 누른 상태에서 로터리 노브를 회전시킨다.

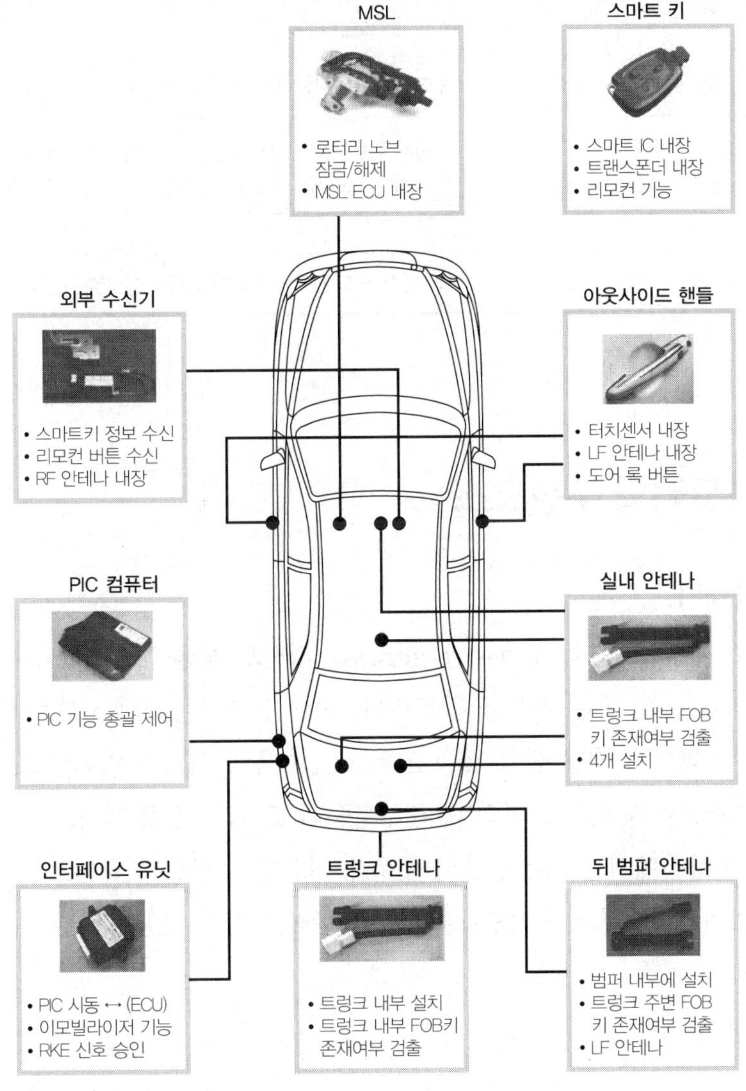

그림 18-1 스마트키의 구성도

PIC 장치의 기능은 다음과 같다.

순서	기능	세부 내용
1	키리스 엔트리 기능	일반적인 리모컨 기능과 같이 도어 잠금 및 잠금 해제, 트렁크 잠금 해제 제어기능(도어를 잠금으로 하였을 때 도난경계 진입).
2	스마트키 인증에 의한 도어 잠금 해제	스마트키를 소지하였을 때 도어핸들의 터치센서를 만지는 것만으로도 도어의 잠금이 해제되는 기능.
3	스마트키 인증에 의한 도어 잠금	스마트키를 소지하였을 때 도어핸들의 잠금 버튼을 누르는 것만으로도 도어가 잠기는 기능(도어를 잠금으로 하였을 때 도난경계 진입).
4	스마트키 인증에 의한 트렁크 잠금 해제	스마트키를 소지하였을 때 트렁크를 별도의 조작 없이 열 수 있는 기능.
5	스마트키 인증에 의한 MSL 해제	스마트키를 소지하였을 때 무선 인증에 의해 MSL 잠금을 해제하고 엔진 시동이 가능한 가능.
6	스마트키 인증에 의한 엔진 시동	스마트키를 소지하였을 때 무선 인증에 의해 엔진 시동이 가능한 가능.
7	림프 홈 시동(트랜스폰더에 의한 시동)	스마트키에 고장이 발생하였을 때, 이모빌라이저 기능과 동일하게 스마트키를 MSL 노브에 끼웠을 때 트랜스폰더를 인증하여 MSL 해제 및 엔진 시동이 가능하게 하는 기능.
8	경고등 제어	계기판의 PIC 램프를 통하여 장치의 상태를 운전자에게 알리는 기능.

Chapter 02 스마트키의 구성요소

1 PIC 컴퓨터

PIC 컴퓨터는 패시브 액세스(passive access), 패시브 잠금 해제(passive unlocking), 그리고 패시브 인증 등 모든 기능을 관리한다. PIC 컴퓨터는 커패시티브(capacitive)센서, 잠금 버튼, 브레이크 페달 신호, key in contact 등의 신호를 입력받고, 내·외부 안테나를 동시에 출력제어하며, 자동차의 다른 부품들과 CAN 통신을 한다.

스마트키와의 통신에서는 PIC 컴퓨터 내부에 변조된 스마트키 확인요구(challenge)신호를 보내고 스마트키로부터의 응답(response)신호를 받는 수신기로부터 스마트키 확인 신호를 받는다.

2 스마트키

PIC 장치의 스마트키는 2개이며, 기능은 다음과 같다.

① **수동 작동** : 스마트키 확인(challenge) 요구 신호를 PIC 컴퓨터로부터 받아 자동으로 응답(response)신호를 보낸다.

② 잠금, 잠금 해제, 트렁크 등 3가지를 작동시키는 푸시버튼으로 되어 있다.

③ 비상상태에서 도어 개폐를 기계적으로 할 수 있는 키가 있다.

④ 리모컨 내의 배터리 불량이나 통신에 장애가 있을 때 일시적으로 작동이 안 되며 계기판에 배터리 부족 경고등이 점등한다.

그림 18-2 스마트키의 외관

그림 18-3

3 안테나(antennas)

(1) 내부 및 외부 안테나

자동차 실내 및 외부에 3~4개의 LF(저주파수) 안테나가 설치되어 있다. 안테나는 PIC 컴퓨터의 안테나 신호를 자기장의 변하로 변형시켜 PIC의 확인요구 신호를 받는다. 자동차 외부에는 3개의 안테나가 설치되어 있고, 이중 도어 손잡이(운전석과 조수석)의 2개 안테나는 앞 도어 주위 2곳을 담당하며, 뒤 범퍼에 설치된 안테나는 트렁크 주위를 담당한다. 자동차 실내와 트렁크 부분에는 5개의 실내 안테나가 있으며, 2개의 안테나는 승객(passenger), 다른 2개의 안테나 중 한 개는 hat shelf(승용차 뒷유리 설치부분의 스피커를 설치하는 공간으로 모자 등을 올려놓을 수 있는 부분)를, 나머지 한 개는 트렁크 부분을 담당한다.

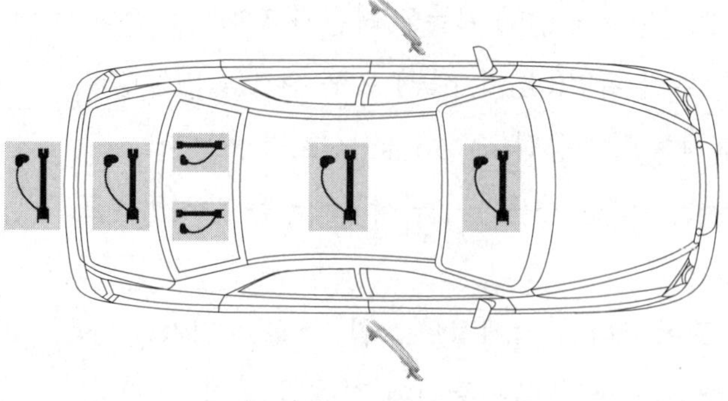

그림 18-4 안테나 설치 위치

(2) 이모빌라이저 백업 안테나(림프 홈[limp home]용)

비상상태일 때 트랜스폰더(transponder)를 확인하기 위해 자성의 확인 요구 신호를 출력 및 수신한다.

(3) 외부 수신기

스마트키의 확인 신호를 PIC 컴퓨터 외부에 설치된 수신기에서 받고, 이것은 시리얼 통신을 통하여 PIC 컴퓨터로 전달된다.

4 도어 손잡이

앞 도어의 도어 손잡이(운전석과 조수석)는 주파수 신호를 출력할 수 있도록 페라이트 안테나를 사용하며, 커패시티브 센서와 잠금 기능을 실행하기 위한 버튼이 설치되어 있다.

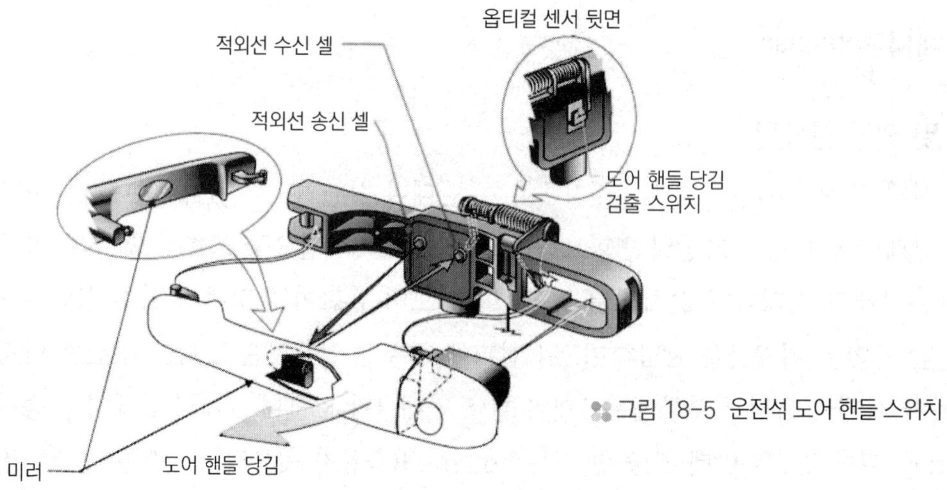

그림 18-5 운전석 도어 핸들 스위치

(1) 잠금 버튼(lock button)

스마트키가 수신거리 이내에 있을 때 잠금 버튼을 누르면 도어 전체가 잠긴다. 그리고 도난경계 진입조건이 되면 경계모드로 진입한다.

(2) 커패시티브 센서(capacitive sensor)

스마트키가 수신거리 이내에 있을 때 사용자의 손이 도어 손잡이(도어 손잡이 안쪽에 있는 센서)에 닿는 순간 도어의 잠금을 해제하는 센서이며, 이때 도난경계 상태도 해제된다.

(3) 도어 래치(door latch)

사용자가 도어 손잡이를 잡아당길 때 너무 빨리 당기면, 도어 잠금 상태가 해제되지 않고 잼(jam)이 되는 경우가 있다. 이때 잼이 되어도 다시 한번 도어 손잡이를 잡아당기면 열릴 수 있도록 한 앤티 잼 래치(anti jam latch)를 사용한다.

5 MSL(Mechatronic Steering Lock)

MSL은 자동차의 허가받지 않은 사용을 금지할 때 조향핸들을 블로킹(blocking)하기 위한 장치이다. 그리고 엔진을 시동할 때 페일 세이프(fail safe) 기능은 트랜스폰더가 설치된 스마트키로 작동시킬 수 있다.

스마트키를 MSL에 끼웠을 때 BCM(body control module)이 스마트키가 적합하다고 인증하면 MSL의 잠금을 해제한다. 그러나 PIC의 경우 점화스위치를 끼운 후 돌리지 않고 패시브 시동(passive start)기능을 실행하여야 하므로 무선통신에 의한 사용자 확인 및 이모빌라이저 기능이 필수이다.

① MSL 장치 중 PIC 노브는 운행 중 조향핸들이 잠기는 것을 방지하기 위하여 자동변속기의 변속레버가 P위치에 있을 경우에만 잠금(lock)위치로 회전된다. 즉 MSL 장치는 변속레버가 P위치에 있을 경우에만 키 인터 록(key inter lock)이 되도록 조향핸들과 변속레버가 케이블에 의해 연결되어 있다.

② MSL 노브에는 스마트키를 꼽을 수 있는 구멍이 있는데 이것을 키 인 스위치(key in switch)라 한다.

6 IFU(Inter Face Unit)

IFU는 PIC 인증 데이터로 엔진 시동명령을 실행하며, 통신에 의한 엔진 시동이 불가능할 때 스마트키를 끼운 후 트랜스폰더의 인증으로 MSL 해제 및 엔진시동 인증이 가능하도록 한다. 또 리모컨에 의한 도어 잠금, 잠금 해제, 트렁크 열림 작동에서 받은 데이터를 번역, 중계하여 BCM으로 전달한다.

Chapter 03 PIC 장치의 기능

1 도어 잠금 해제(passive access or entry) 기능

(1) 도어 잠금 해제의 작동범위

스마트키는 그림 18-6에 나타낸 바와 같이 자유공간의 외부 안테나로부터 최소 0.7에서 최대 1.5m 범위 안에서 도어 손잡이가 부착된 외부 안테나를 통해 자동차로부터 보내온 스마트키 요구 신호를 받아들여 이를 해석한다.

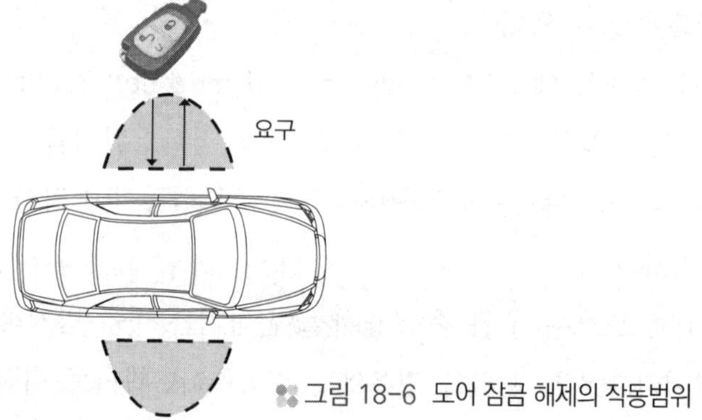

그림 18-6 도어 잠금 해제의 작동범위

(2) 도어 잠금 해제의 작동 다이어그램

커패시티브 센서(capacitive sensor)가 부착된 도어 손잡이에 운전자가 접근하는 것은 운전자가 자동차 실내로 들어가기 위한 의도를 나타내는 것으로, 이때 장치 트리거(system trigger) 신호로 인식한다. 즉 스마트키를 지닌 운전자가 자동차에 접근하여 도어 손잡이를 터치하면 도어 손잡이 내에 있는 안테나는 유선으로 PIC 컴퓨터로 신호를 보낸다. 신호를 받은 PIC 컴퓨터는 다시 도어 손잡이의 안테나를 통하여 스마트키 확인 요구 신호를 무선으로 보내고, 스마트키는 무선으로 외부 수신기로 응답신호 데이터를 보낸다.

데이터를 받은 외부 수신기는 유선(시리얼 통신)으로 PIC 컴퓨터로 데이터를 보내고, PIC 컴퓨터는 자동차에 맞는 스마트키라고 인증을 한다. 그리고 PIC 컴퓨터는 CAN 통신을 통해 도어 잠금 해제(unlock)신호를 운전석 도어모듈과 BCM으로 보낸다. 이에 따라 운전석 도어모듈이 잠금 해제 릴레이를 작동시키고, BCM은 방향지시등 릴레이(비상등)를 0.5초 동안 2회 작동시켜 도난경계를 해제한다.

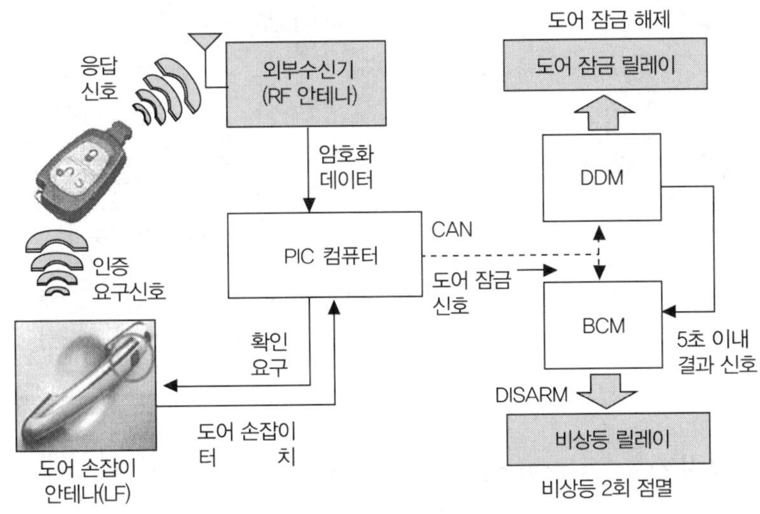

그림 18-7 도어 잠금 해제 작동도

2 도어 잠금(passive locking, exit) 기능

잠금 버튼을 누르는 것은 운전자가 도어를 잠그려는 의도이며, 이때 장치 트리거 신호로 인식된다. 즉 전체 도어가 닫힌 상태에서 도어 손잡이에 있는 잠금 버튼을 누르면 도어 손잡이는 PIC 컴퓨터로 신호를 보낸다.

신호를 받은 PIC 컴퓨터는 다시 도어 손잡이의 안테나를 통해 스마트키 확인 요구 신호를 무선으로 보내며, 스마트키는 응답 신호를 외부 수신기로 보낸다. 신호를 받은 외부 수신기는 유선(시리얼 통신)으로 PIC 컴퓨터로 데이터를 보내고, PIC 컴퓨터는 자동차에 맞는 스마트키라고 인증을 한다. 이때 운전석 도어모듈은 잠금 릴레이를 작동시키고, BCM은 방향지시등 릴레이(비상등)를 1초 동안 1회 작동시키고 도난경계 상태로 진입한다.

만약, 자동차 실내에 스마트키가 있으면 PIC 컴퓨터는 내부의 스마트키가 잠금 신호를 수신하는 것을 방지하기 위하여 내부 안테나로 작동중지 신호를 보낸다.

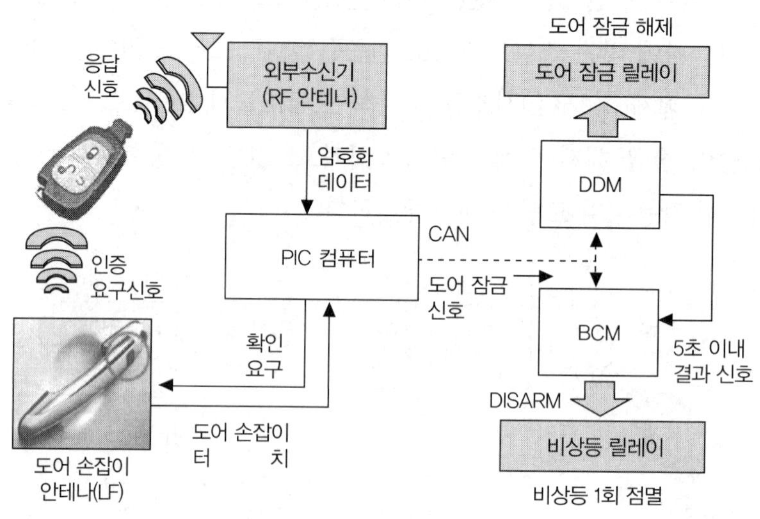

그림 18-8 도어 잠금 작동도

3 트렁크 열림(passive access trunk) 기능

트렁크 리드 버튼을 누르는 것은 운전자가 트렁크를 열려는 의도이며, 이때 즉 트렁크 리드 버튼을 누르면 리드 버튼은 PIC 컴퓨터로 신호를 보낸다. 신호를 받은 PIC 컴퓨터는 다시 범퍼 안테나를 통해 스마트키 확인 요구 신호를 무선으로 보내며, 스마트키는 응답 신호 데이터를 무선으로 외부 수신기로 보낸다.

데이터를 받은 외부 수신기는 응답이 맞으면 유선(시리얼 통신)으로 PIC 컴퓨터로 데이터를 보내고, PIC 컴퓨터는 자동차에 맞는 스마트키라고 인증한다. 인증이 완료되면 PIC 컴퓨터는 CAN 통신을 통해 트렁크 열림 신호를 BCM으로 보낸다.

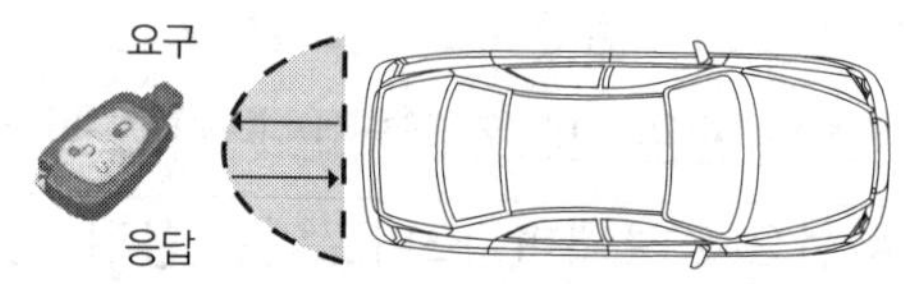

그림 18-9 트렁크 열림 작동범위

또 트렁크가 닫히면 PIC 컴퓨터는 스마트키로 인해 트렁크가 다시 열리는 것을 방지하기 위해 범퍼 안테나로 작동중지 신호를 보낸다. 그리고 PIC 컴퓨터는 트렁크 내부에 스마트키가 있는지 확인한다. 만약 사용하는 스마트키라면 PIC 컴퓨터는 BCM으로 트렁크 리드 릴레이를 구동하기 위한 열림 신호를 보낸다.

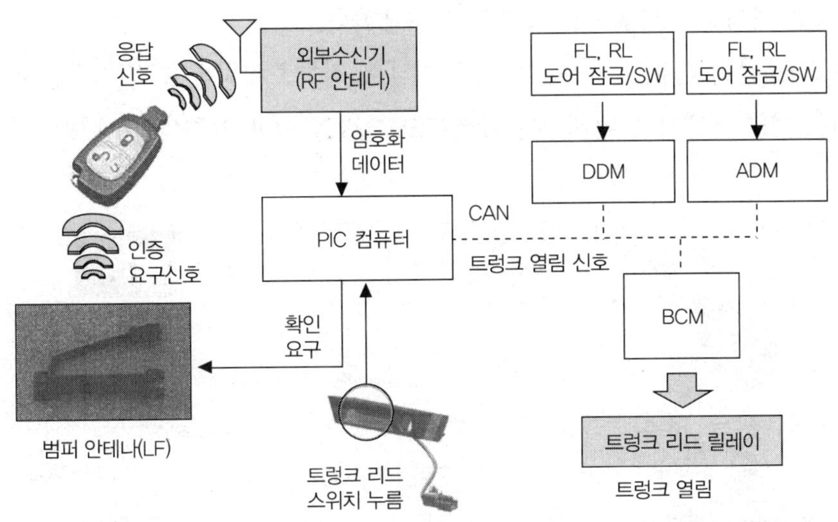

그림 18-10 트렁크 열림 기능 작동도

Chapter 04 파워모드 인증을 위한 스마트키 인증(ignition, stop)

파워모드 스위치 작동은 점화스위치를 통해 실행된다. PIC 장치는 PIC 컴퓨터에 의해 MSL이 해제된 후 운전자에게 엔진 시동(크랭킹)과 가동정지뿐만 아니라 파워모드의 조작(OFF, ACC, IG)을 허용한다.

작동과정은 다음과 같다. 먼저 파워모드 인증을 위하여 브레이크 페달을 밟으면 브레이크 스위치는 PIC 컴퓨터로 신호를 보낸다. 신호를 받은 PIC 컴퓨터는 다시 실내 안테나를 통해 스마트키 확인 요구 신호를 무선으로 보내고, 스마트키는 무선으로 외부 수신기로 응답신호 데이터를 보낸다.

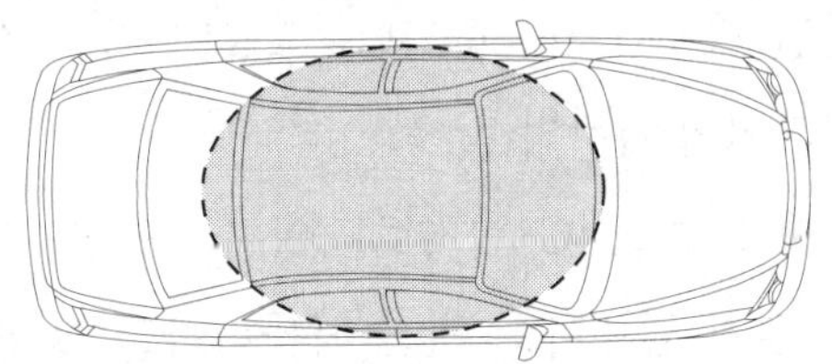

그림 18-11
파워모드 작동을 위한 스마트키 인증 작동범위

데이터를 받은 외부 수신기는 응답이 맞으면 유선(시리얼 통신)을 통해 PIC 컴퓨터로 데이터를 보내며, PIC 컴퓨터는 자동차에 맞는 스마트키라고 인증한다. 인증이 되면 PIC 컴퓨터는 유선을 통해 MSL로 해제 신호를 보낸다. 신호를 받은 MSL은 점화스위치의 키 실린더 잠금을 해제하고 파워모드의 조작을 허용한다.

파워모드의 조작을 허용한 난 후 약 10초 이내에 점화스위치를 조작하지 않으면 MSL은 다시 잠긴다. 이를 해제하기 위해서는 브레이크 페달을 밟아 인증을 다시 받아야 한다.

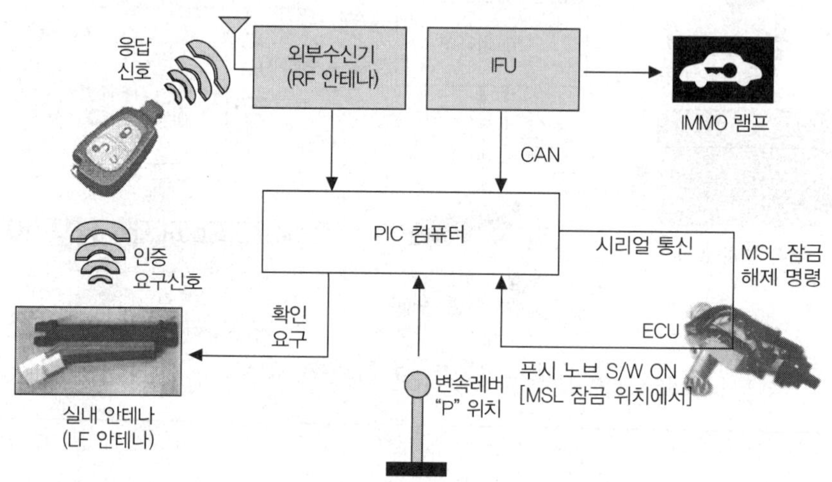

그림 18-12 파워모드 작동을 위한 스마트키 인증 작동도(1)

Chapter 05 파워모드 인증을 위한 스마트키 인증(cranking)

이 기능은 MSL 노브 해제상태에서 노브를 IG 위치로 돌리면 인증된 스마트키의 경우 엔진 시동이 가능하지만, 그렇지 않은 경우는 시동이 되지 않는 경우이다. 일반적인 이모빌라이저 기능과 같다.

즉 노브를 IG 위치로 ON시키면 PIC가 IFU로 스마트키 인증신호를 보낸다. 이때 IFU는 엔진 컴퓨터로 엔진 시동허가를 보내고, 엔진 컴퓨터는 크랭킹할 때 연료분사가 가능하도록 제어하므로 엔진이 시동된다.

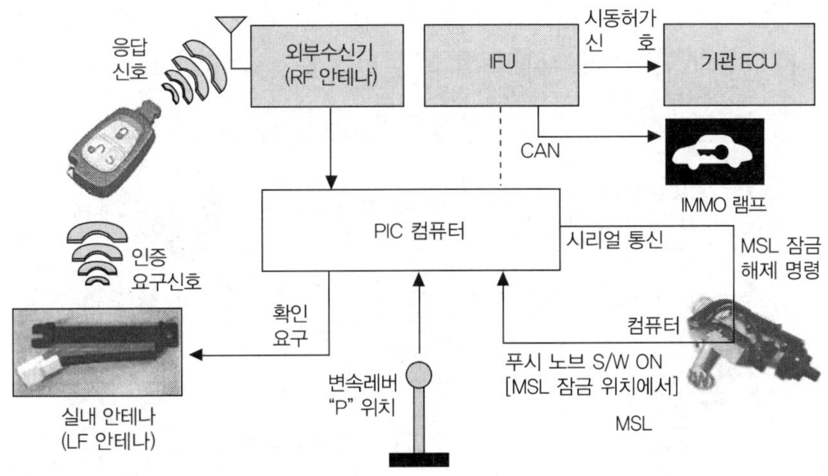

그림 18-13 파워모드 작동을 위한 스마트키 인증 작동도(2)

Chapter 06 림프 홈(limp home)

이 기능은 림프 홈 시동이라고 부르는 것이며, 스마트키의 배터리(battery) 방전이나 외부 수신기의 불량으로 인한 MSL 잠금 해제 시 및 엔진 시동이 불가능할 때 스마트키를 MSL 노브의 스타트 스위치에 접촉 또는 삽입 후 통신을 통해 MSL 해제 및 엔진 시동이 가능하도록 하는 보완기능이다.

스마트키를 MSL 노브의 구멍에 끼우면 스마트키 내에 들어있는 트랜스폰더(이모빌라이저 기능과 같음)가 작동한다. 즉 스마트키를 MSL 노브에 끼우면 이 신호가 IFU(BCM)로 입력되며, 이때 IFU는 안테나 코일을 구동시켜 스마트키에 들어있는 트랜스폰더와 무선으로 통신한다.

IFU는 통신 실행 후 트랜스폰더에 대한 인증을 성공하면(정보를 분석하여 암호와 핀 코드가 일치되는 경우) 통신라인을 통해 PIC 컴퓨터와 엔진 컴퓨터로 정보를 전달한다. 따라서 IFU는 이 정보에 의해 경고등을 제어하는 한편, MSL로 잠금 해제 신호를 보내어 MSL을 해제시키고, 동시에 엔진 컴퓨터는 엔진 시동이 가능하도록 제어한다.

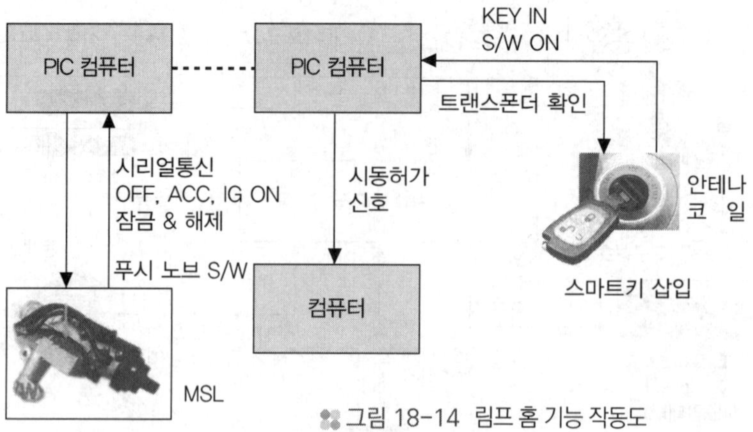

그림 18-14 림프 홈 기능 작동도

Chapter 07 경고등 제어

1 램프모드 상태

이모빌라이저 램프 구동은 장치의 상태에 따라 BCM 또는 IFU가 ON/OFF 제어를 한다.

2 램프 표시에 따른 장치의 상태

(1) 정상인 경우

① 트랜스폰더에 의해 인증된 경우

조건	IG OFF인 경우	IG ON에서 인증 실패
램프 상태	최대 10초 동안 점등	2초 동안 점등

② 스마트키(PIC 리모컨)에 의해 인증된 경우

조건	IG OFF인 경우	IG ON에서 인증 실패
램프 상태	최대 10초 동안 점등	2초 동안 점등

③ 빠른 재시동 : IG OFF 중에 10초 동안 램프 점등

④ 도어를 여닫을 경우

조건	IG OFF인 경우	IG ON에서 인증 실패
램프 상태	10초 동안 다시 점등	이전 램프 상태 유지

(2) 비정상인 경우

① 트랜스폰더에 의한 인증 실패 : 깜박거림.

② PIC 리모컨에 의한 인증 실패 : 깜박거림. IG ON일 때의 깜박거림은 IG OFF 상태에서도 계속되며, 새로운 IG OFF/ON에서도 인증에 실패하면 깜박거림은 다시 시작된다.

③ 재시동 초과시간

조건	ECU 시간초과	인증 요구 취소
램프 상태	OFF	OFF

④ 도어를 여닫을 때 PIC 리모컨 이탈(out)발생

조건	IG OFF인 경우	IG ON에서 인증 실패
램프 상태	램프 OFF/버저 OFF	기존 램프상태 유지/버저 ON

⑤ 트랜스폰더 키 out : OFF(인증요구 취소)

⑥ 포브로 ACC OFF : OFF(인증요구 취소)

⑦ 브레이크 페달을 놓고 포브로 10초 이내에 ACC ON : OFF(인증요구 취소)

⑧ MSL 과열 또는 MSL 해제 안 됨(통신 문제로 인한) : OFF(인증요구 취소)

(3) IG ON으로 전환

① IG ON에서 인증 성공 : 램프 ON

② IG ON에서 인증 실패 : 램프 깜박거림

③ IG ON에서 인증 성공 및 엔진 컴퓨터 통신 실패 : 2초 후 램프 OFF

Chapter
08 그 밖의 제어

1 조향 칼럼 잠금(block of steering column)

조향 칼럼 잠금(block) 장치는 기계적 장치와 비슷하며 MSL 장치의 노브를 시계방향으로 회전시키면 ON이고, 시계 반대방향으로 회전시키면 OFF이다. 스마트 스타트 스위치가 OFF 일때 조향 칼럼 잠금 조건은 다음과 같다.

① PIC 노브가 OFF 위치에 있고,

② 스마트키가 끼워져 있지 않은 상태, 즉, key in 스위치가 활성화되어 있지 않고,

③ 변속레버가 P 위치에 있는 경우이다.

즉, PIC 컴퓨터가 MSL 장치를 작동시켜 잠금 상태가 되게 한다. 만약, 조향 칼럼이 올바르게 잠기지 않은 상태에서 운전자가 자동차에서 떠나면(도어가 열리면) 버저(경고음)를 울려 운전자에게 경고한다. 키 인터록(key inter lock)기능을 사용하기 때문에 변속레버가 P 위치에 있지 않으면 MSL 노브는 잠기지(lock) 않는다. 또 스마트키가 끼워져 있더라도 운전자가 스마트키를 빼는 순간 MSL은 잠금 상태가 된다.

2 스마트키의 활성화와 비활성화(무력화)

도난경계 상태로 진입하면 PIC 장치는 내부의 스마트키를 찾는다. 만약, 자동차 내부에서 스마트키가 발견되면 스마트키는 도난경계 상태가 해제될 때까지 그 기능이 비활성화된다. 리셋(reset) 후에도 PIC 장치는 도난경계 상태이면 자동차 내부의 스마트키를 검색한다. 즉 PIC 컴퓨터가 리셋되더라도 자동차 내부의 모든 스마트키는 비활성화 상태를 유지한다.

3 페일 세이프(fail safe, limp home, 백업용)

스마트키의 배터리가 방전된 경우 또는 통신장애가 발생한 경우에는 다음과 같은 페일 세이프 기능이 활성화된다.

① 도어 또는 트렁크의 열림/잠금 기능 : 기계적인 키(점화스위치)를 이용한다.

② 조향 칼럼의 해제 : 스마트키는 자동응답 장치(트랜스폰더)를 내장하고 있다. 엔진을 시동하기 위해서 운전자는 MSL에 스마트키를 끼워야 한다. BCM이 키(key) 삽입신호를 인식하면 자동응답 장치 안테나로 통신한다. 자동응답 장치 코드가 맞으면 BCM

은 해제신호를 PIC 컴퓨터로 보내고, PIC 컴퓨터는 시리얼 라인을 통하여 MSL로 전한다.

③ 엔진 시동 : 운전자가 위치로 MSL Key 스위치를 돌린 경우, 엔진 컴퓨터는 K - 라인을 통해 이모빌라이저 확인요구 신호를 BCM으로 보내고, BCM은 유효신호에 응답한다. 즉 엔진 컴퓨터가 엔진시동 여부를 최종적으로 판단한다.

4 운전자에게 알림(경고) 기능

(1) 스마트키 이탈경고

운전자가 엔진이 가동되는 상태 또는 빠른 시동조건 상태에서 스마트키를 지니고 자동차에서 떠날 경우, 자동차 도난 등의 우려를 경고음으로 알려주는 기능이다. 즉 도어가 열렸다가 닫히고, MSL 노브가 ON 위치에 있는 상태에서 운전자가 스마트키를 지니고 자동차로부터 떠나게 되면, PIC 컴퓨터는 자동차 내부에서 인증된 스마트키를 찾는다.

만약, 인증된 스마트키가 없으면 PIC 컴퓨터는 BCM에 경고음을 울리도록 신호를 보낸다(경고 버저는 5초 동안 작동). 버저가 작동하는 동안 도어가 열렸다가 다시 닫히고 나서 인증받은 스마트키가 발견되면 버저는 바로 정지한다.

(2) 스마트키 비활성화 경고

스마트키가 BCM(IFU)이나 PIC 컴퓨터와 통신을 하였지만 인증을 받지 못하는 경우, PIC 컴퓨터는 BCM에 경고음으로 경고하도록 신호를 보낸다. 버저가 작동하는 동안 인증된 스마트키가 발견되면 버저는 곧바로 정지한다.

(3) 엔진을 시동할 때 스마트키 없음 경고

패시브(passive) 시동기능이 작동하기 위해서는 자동차 내부에 인증된 스마트키가 있어야 한다. 인증된 스마트키가 없는 상태에서 엔진시동을 하려면, 브레이크 페달을 밟고 PIC 노브를 조작하면 PIC 컴퓨터가 BCM으로 이모빌라이저 램프가 점멸하도록 신호와 함께 계기판에 스마트키 인식 불량이라는 메시지를 보내며, 이때 버저 기능은 제외된다.

(4) 변속레버 위치경고

변속레버가 P위치에 있지 않고, ACC와 이 OFF된 상태에서 도어를 열면 PIC 컴퓨터는 BCM에 경고음으로 경고신호를 보내도록 신호를 보낸다. 버저는 경고가 해제될 때까지

지속적으로 작동한다. 이때 MSL은 잠기지 않는다.

(5) 스마트키 리마인더(remainder) 경고

스마트키 리마인더 경고는 패시브 인증일 때 존재하며, 이 기능은 BCM이 관리한다.

(6) MSL 장치 잠기지 않음 경고

PIC 컴퓨터는 다음의 조건에서 MSL 장치가 잠기지 않았음을 BCM을 통해 버저를 작동시켜 알린다.

① 점화스위치가 삽입되어 있지 않고, 스마트키가 없을 경우(인식 안 됨)

② ACC나 이 ON 되어 있지 않은 상태에서

③ MSL이 0 위치에 있지 않은 상태에서 도어가 열리면 경고음을 작동시킨다.

(7) 스마트키 배터리 전압저하 검출

스마트키의 배터리 전압이 낮은 경우를 확인하기 위해 스마트키에는 배터리 전압측정과 낮은 전압상태를 검출할 수 있도록 되어 있다. 배터리 전압측정은 버튼을 누르거나 측정요구 신호가 수신되었을 때 한다.

배터리 전압이 낮을 경우, 시동 On 후 또는 시동 Off 이후에 계기판에 Keyless Remote Battery Low 라는 경고의 메시지를 표시하며 스마트키의 배터리 수명은 보통 2~3년 정도이다. 스마트키의 전압이 낮은 경우에 브레이크를 밟고 스마트키를 이용하여 스타트버튼을 누르면 시동이 켜지거나 Key On이 된다.

(8) 도어 잠금 경보

전체 도어 중 1개라도 열려있는 상태에서 아웃사이드 핸들에 있는 잠금 버튼을 누르면 도어는 잠기지 않으며, 이때 경고음을 낸다.

(9) 트렁크 다시 열림 경고

트렁크를 여닫을 때 트렁크 안에 스마트키가 존재하면 트렁크가 닫히는 순간 트렁크에 스마트키가 있다는 경고음을 운전자에게 알린다.

친환경자동차 전기문화

초 판 발 행 | 2022년 1월 20일
제 1 판 2 쇄 | 2023년 8월 25일

저 자 | **이진구, 박경택, 이상근**
발 행 인 | **김길현**
발 행 처 | **(주) 골든벨**
등 록 | **제 1987-000018호** © 2022 GoldenBell Corp.
I S B N | **979-11-5806-559-1**
가 격 | **23,000원**

교정 | 권여준
편집 및 디자인 | 조경미 · 박은경 · 권정숙
웹매니지먼트 | 안재명 · 서수진 · 김경희
공급관리 | 오민석 · 정복순 · 김봉식
제작 진행 | 최병석
오프 마케팅 | 우병춘 · 이대권 · 이강연
회계관리 | 김경아

(우)04316 서울특별시 용산구 원효로 245(원효로 1가 53-1) 골든벨 빌딩 5~6F
• 도서 주문 및 발송 02-713-4135 / 회계 경리 02-713-4137
해외 오퍼 및 광고 02-713-7453
• FAX : 02-718-5510 • http : //www.gbbook.co.kr • E-mail : 7134135@naver.com